駿台

東大 入試詳解 化学

25年

第3版

2023〜1999

問題編

JN068482

駿台文庫

●有機

●有機・理論

解答用紙（見本）

実際のサイズはA3（29.7 cm × 42 cm），1行の大きさは6 mm × 236 mmです。行数指定の問題等の参考にしてください。

理 科 （ 解答する科目名 ）

注意：あらかじめ届け出た科目について解答しなさい。
第1問，第2問の解答を表面，第3問の解答を裏面の所定の欄に記入しなさい。
各小問等の記号・番号等を明記して解答を記入すること。

第1問

1 点数

第2問

2 点数

第3問

3
点
数

問題中の旧表記一覧

問題は基本的に出題当時のまま掲載してあります。一部，現在は教科書で扱われない単位・表現などが含まれていますので，下記を参照してください。

1. 単位など

- 体積

  $1\,l$（リットル）$= 1\,\mathrm{L}$（リットル）

- 気圧

  $1\,\mathrm{atm}$（気圧）

  $= 760\,\mathrm{mmHg}$（水銀柱ミリメートル，ミリメートルエイチジー）

  $= 1.013 \times 10^3\,\mathrm{Pa}$

  （注）気体定数

  $8.31 \times 10^3\,\mathrm{Pa \cdot L \cdot K^{-1} \cdot mol^{-1}} = 0.082\,\mathrm{atm} \cdot l \cdot \mathrm{K^{-1} \cdot mol^{-1}}$

2. 名称など

旧表記		新表記
6,6-ナイロン	→	ナイロン 66
カルボキシル基	→	カルボキシ基
ショ糖	→	スクロース
ヒドロキシル基	→	ヒドロキシ基
沪紙	→	ろ紙

3. 記号など

旧表記	新表記
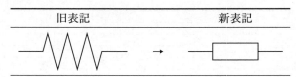	

4. その他

- 熱化学方程式

  物質の変化とともに，反応にともなって発生する熱または吸収される熱（反応熱）を反応式の右辺に付記した式。反応熱は，発熱反応のときは＋，吸熱反応のときは−の符号をつけ，左辺と右辺は矢印（→）ではなく等号（＝）で結ぶ。本書の「解答・解説」では，熱化学方程式の下にエンタルピー変化を付した反応式を並記した。

2023 年

解答時間：2 科目 150 分
配　　点：120 点

第 1 問

次の I，II の各問に答えよ。必要があれば以下の値を用いよ。構造式は例にならって示し，鏡像異性体は区別しなくてよい。

元　素	H	C	O
原子量	1.0	12.0	16.0

［構造式の例］

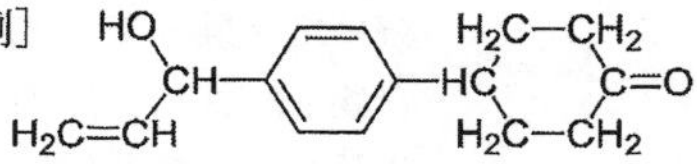

I　次の文章を読み，問ア～オに答えよ。

　黒田チカ博士は日本の女性化学者のさきがけであり，天然色素の研究で顕著な業績を残した。以下では，黒田が化学構造を解明した色素成分に類似の芳香族化合物 A の構造を考える。A は分子量 272 で，炭素，水素，酸素の各元素のみからなる。次の実験 1 ～ 8 を行い，A の構造を決定した。

実験 1 ：136 mg の A を完全燃焼させると，352 mg の二酸化炭素と 72.0 mg の水が生じた。

実験 2 ：A を亜鉛末蒸留（解説 1 ）すると，ナフタレンが生成した。

解説 1 ：試料を粉末状の金属亜鉛と混合して加熱・蒸留すると，主要炭素骨格に対応する芳香族炭化水素が得られる。例えば，下式に示すように，モルヒネを亜鉛末蒸留するとフェナントレンが生成する。

一部の炭素および水素原子の表記は省略した。太線で示した主要炭素骨格に対応する芳香族炭化水素フェナントレンが得られる。

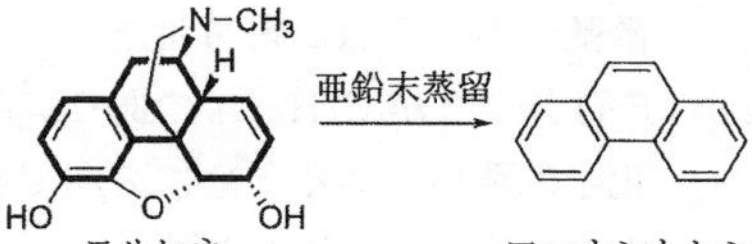

亜鉛末蒸留

モルヒネ　　　　　　　　　　フェナントレン

実験 3 ：酸化バナジウム（V）を触媒に用いてナフタレンを酸化すると，分子式 $C_8H_4O_3$ の化合物 B と分子式 $C_{10}H_6O_2$ の化合物 C が生成した。C は平面分子でベンゼン環を有し，同じ化学的環境にあるために区別できない 5 種類の炭素原子をもつ（解説 2 ）。なお，A は部分構造として C を含む。すなわち，C の一部の水素原子を何らかの置換基にかえたものが A である。

— 7 —

解説 2：解説 1 に示したフェナントレン（分子式 $C_{14}H_{10}$）を例に考えると，分子の対称性から，同じ化学的環境にあり区別できない炭素原子が 7 種類ある。

実験 4：A に塩化鉄（Ⅲ）水溶液を作用させると呈色した。

実験 5：A に過剰量の無水酢酸を作用させると，アセチル基が 2 つ導入されたエステル D が得られた。

実験 6：D にオゾンを作用させたのちに適切な酸化的処理を行い（図 1 — 1 (a)），続いて実験 5 で生成したエステル結合を加水分解すると，化合物 E，化合物 F，コハク酸 $HOOC–CH_2–CH_2–COOH$，二酸化炭素および酢酸が生じた。この酢酸は，アセチル基に由来するものである。また，反応途中で生成する 1, 2–ジカルボニル化合物は，酸化的分解を受けてカルボン酸となった（図 1 — 1 (b)）。一連の反応でベンゼン環は反応しなかった。

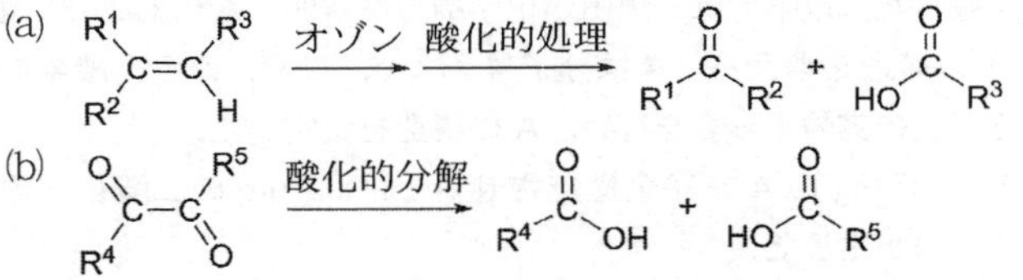

図 1 — 1　実験 6 の反応の概要：(a)炭素間二重結合のオゾン分解（$R^{1\sim3}$：炭化水素基など），(b)1, 2–ジカルボニル化合物の酸化的分解（R^4，R^5：ヒドロキシ基や炭化水素基など）

実験 7：E にヨウ素と水酸化ナトリウム水溶液を作用させると，黄色固体 G と酢酸ナトリウムが得られた。

実験 8：F は分子式が $C_8H_6O_6$ であり，部分構造としてサリチル酸を含み，同じ化学的環境にあるために区別できない 4 種類の炭素原子をもつ。また，F を加熱すると分子内脱水反応が起こり，化合物 H が得られた。

〔問〕

　ア　実験 1 より，化合物 A の分子式を示せ。
　イ　実験 3 より，化合物 B および C の構造式をそれぞれ示せ。
　ウ　化合物 E の構造式を示せ。
　エ　化合物 H の構造式を示せ。
　オ　化合物 A の構造式を示せ。

Ⅱ　次の文章を読み，問**カ**～**サ**に答えよ。

　三員環から七員環のシクロアルカンのひずみエネルギーを図１—２(a)に示す。メタン分子の H–C–H がなす角は約 109° である（図１—２(b)）。シクロプロパンの C–C–C がなす角は 109° より著しく小さく（図１—２(c)），ひずみエネルギーが大きい。そのため，<u>シクロプロパンは臭素と容易に反応し，化合物 I を生じる。</u>
　　　　　　　　　①

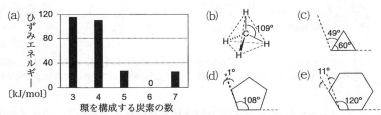

図１—２　(a)シクロアルカンの環構成炭素数と分子あたりのひずみエネルギー，(b)メタンの立体構造，(c)～(e)正多角形の内角と正四面体構造の炭素がなす理想的な角度とのずれ

　シクロアルカンが平面構造であると仮定すると，内角が 109° からずれることにより，シクロヘキサンよりもシクロペンタンの方がひずみエネルギーが小さく，安定であると予想される（図１—２(d)，(e)）。しかし，実際にはシクロヘキサンが最も安定である。これは分子構造を三次元的に捉えることで説明できる。

　分子の立体構造を考える上で，図１—３に示す投影図が有用である。ブタンを例にすると，C^α と C^β の結合軸に沿って見たとき，投影した炭素と水素がなす角はおよそ 120° である。<u>C^α，C^β 間の単結合が回転することで異性体の一種である配座異性体を生じる。</u>ブタンのメチル基どうしがなす角 θ が 180° のときをアン
　②
チ形という。C^α と C^β の結合をアンチ形から 60° 回転すると置換基が重なった不安定な重なり形の配座異性体となる。さらに 60° 回転した配座異性体をゴーシュ形という。ゴーシュ形はメチル基どうしの反発により，アンチ形より約 4 kJ/mol 不安定である。

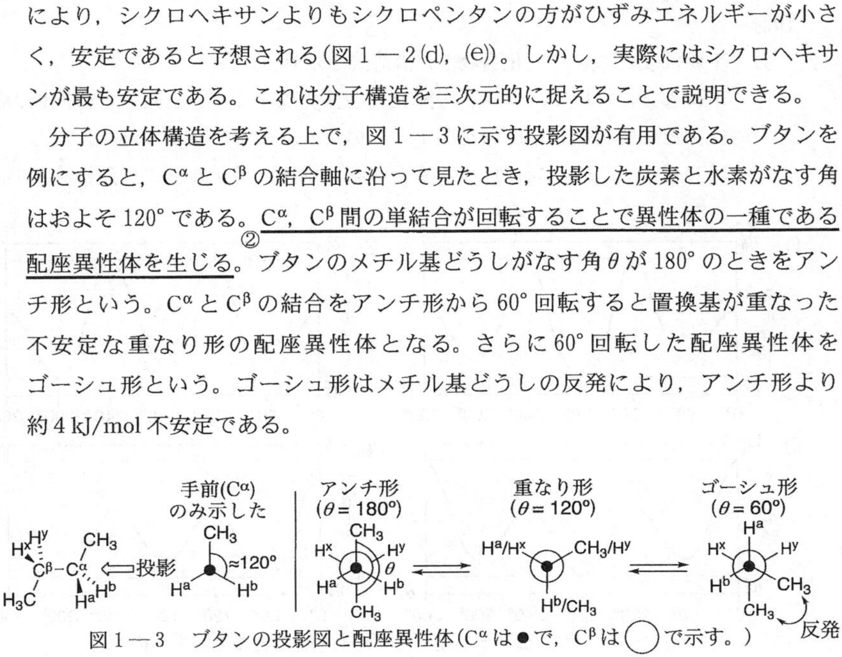

図１—３　ブタンの投影図と配座異性体（C^α は● で，C^β は ◯ で示す。）

　シクロヘキサンのいす形の配座異性体 J（図1—4）の各 C—C 結合の投影図を考えると，すべてにおいて CH_2 どうしが　$\boxed{\quad a \quad}$　となる。また，C—C—C がなす角が 109° に近づくため，ひずみエネルギーをもたない。J には環の上下に出た水素（H^b，H^y）と環の外側を向いた水素（H^a，H^x）がある。不安定な K を経て配座異性体 L へと異性化することで，水素の向きが入れ替わる。

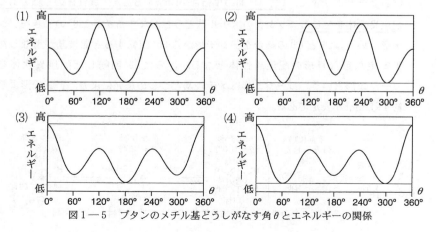

図1—4　シクロヘキサンの環反転（いくつかの中間体は省略。一部の CH_2 は略記。）
　　　　と投影図（C^α は ● で，C^β は ◯ で示す。シクロヘキサンの残りの部分は ⌢ で略記。）

　1,2-ジメチルシクロヘキサンには立体異性体 M と N がある。立体異性体 M に③
はいす形の配座異性体としてエネルギー的に等価なもののみが存在する。立体異
性体 N にはエネルギーの異なる2つのいす形の配座異性体がある。④

〔問〕

カ　下線部①について，化合物 I の構造式を示せ。

キ　下線部②について，ブタンの配座異性体のエネルギーと角 θ との関係の模式図として相応しいものを図1—5の(1)～(4)の中から1つ選べ。なお，メチル基どうしの反発に比べ水素と水素，水素とメチル基の反発は小さい。

図1—5　ブタンのメチル基どうしがなす角 θ とエネルギーの関係

ク 空欄 | a | に入る語句として適切なものを以下から選べ。

　　　アンチ形　　　　重なり形　　　　ゴーシュ形

ケ 下線部③に関して，最も安定ないす形の配座異性体の投影図を立体異性体 M，N についてそれぞれ示せ。投影図はメチル基が結合した 2 つの炭素の結合軸に沿って見たものを J の投影図（図 1 — 4 ）にならって図示すること。なお，CH_2 とメチル基がゴーシュ形を取るときの反発は，メチル基どうしのそれと同じとみなしてよい。

コ 最も安定ないす形の配座異性体において，立体異性体 M，N のどちらが安定か選び，理由とともに答えよ。

サ 下線部④に関して，N の最も安定ないす形の配座異性体において，2 つのメチル基が占める位置を図 1 — 6 の構造式中の空欄 | b | ～ | e | から選べ。

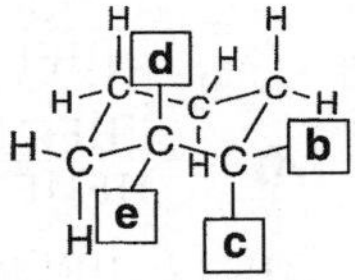

図 1 — 6　1, 2–ジメチルシクロヘキサンの構造式

第2問

次のⅠ，Ⅱの各問に答えよ。

Ⅰ　次の文章を読み，問ア～オに答えよ。

　　フッ化水素 HF は，<u>他のハロゲン化水素とは異なる性質をもつ</u>。また，フッ
素<u>①</u>樹脂の原料として用いられるほか，<u>ガラスの表面加工や半導体の製造過程におけ</u>
<u>②</u>
<u>る酸化被膜の処理においても重要な役割を果たす</u>。

　　気体では HF 2 分子が会合し，1 分子のようにふるまう二量体を形成する。か
つては低濃度のフッ化水素酸（HF の水溶液）中においても，気体中と同様に二量
体を形成し得ると考えられていた。しかし，<u>凝固点降下の実験で，低濃度のフッ</u>
<u>③</u>
<u>化水素酸中における二量体の形成を裏付ける結果は得られていない</u>。現在では
フッ化水素酸中において，主に以下の二つの平衡が成り立つと考えられている。

$$HF \rightleftharpoons H^+ + F^- \qquad K_1 = \frac{[H^+][F^-]}{[HF]} = 7.00 \times 10^{-4}\,\mathrm{mol \cdot L^{-1}} \qquad (式1)$$

$$HF + F^- \rightleftharpoons HF_2^- \qquad K_2 = \frac{[HF_2^-]}{[HF][F^-]} = 5.00\,\mathrm{mol^{-1} \cdot L} \qquad (式2)$$

　　<u>これらの平衡にもとづき，$[H^+]$と$[HF]$の関係を考えることができる</u>。ここで
<u>④</u>
K_1，K_2は平衡定数であり，$[H^+]$，$[F^-]$，$[HF]$，$[HF_2^-]$はそれぞれ H^+，F^-，
HF，HF_2^- のモル濃度を表す。また，以下の問では水の電離は考えないものと
する。

〔問〕

ア　下線部①について，HF，塩化水素 HCl，臭化水素 HBr，ヨウ化水素 HI
を沸点の高いものから順に並べよ。また，沸点の順がそのようになる理由
を，以下の語句を用いて簡潔に答えよ。
〔語句〕　水素結合，ファンデルワールス力，分子量

イ　下線部②について，二酸化ケイ素 SiO₂ とフッ化水素酸の反応では，2 価
の酸である A が生成する。SiO₂ と気体のフッ化水素の反応では，正四面
体形の分子 B が生成する。A と B の分子式をそれぞれ答えよ。

ウ 下線部③について，フッ化水素酸中の二量体の形成が凝固点降下に与える影響を考える。ある濃度のフッ化水素酸中において，二量体を形成すると仮定したときに，凝固点降下の大きさは二量体を形成しないときと比べてどうなると考えられるか，理由とともに簡潔に答えよ。ただし，ここではフッ化水素酸中の HF の電離は考えないものとする。

エ 下線部④について，十分に低濃度のフッ化水素酸は弱酸としてふるまうため，式1の平衡を考えるだけでよい。式1のみを考え，pH が 3.00 のフッ化水素酸における HF の濃度 [HF] を有効数字 2 桁で求めよ。答えに至る過程も記せ。

オ 下線部④について，(a) 式1の平衡のみを考える場合および(b) 式1と式2の両方の平衡を考える場合における [HF] と $[H^+]$ の関係として最も適切なものを，図 2－1 のグラフの(1)～(5)からそれぞれ選べ。ただし二量体の形成は考えないものとする。

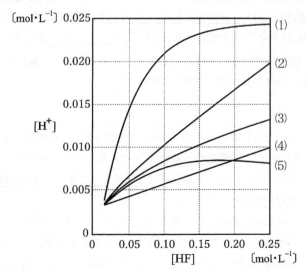

図 2－1　フッ化水素酸における [HF] と $[H^+]$ の関係

Ⅱ　次の文章を読み，問**カ**〜**コ**に答えよ。

　　金属アルミニウム Al および金属チタン Ti は，地殻に豊富に存在する元素から
なる軽金属で，様々な分野で用いられている。

　　金属 Al の主な工業的製造プロセスでは，原料として酸化アルミニウム Al_2O_3
を主成分とするボーキサイトが用いられる。ボーキサイトに水酸化ナトリウム
$NaOH$ 水溶液を加えて高温・高圧とし，不溶物を除去する。不溶物を除去した
溶液を冷却し，pH を調整して水酸化アルミニウム $Al(OH)_3$ を沈殿させ，これを
1300 ℃ 程度で熱処理することで高純度の Al_2O_3 を得る。最後に，Al_2O_3 の溶融
塩（融解塩）電解により金属 Al を得る。

　　金属 Ti の主な工業的製造プロセスでは，原料として酸化チタン TiO_2 を主成
分とする鉱石などが用いられる。ここでは，TiO_2 を原料として考える。TiO_2 と
コークスを 1000 ℃ 程度に加熱し，ここに塩素ガス Cl_2 を吹き込むことで，塩化
チタン $TiCl_4$ を得る。蒸留精製した $TiCl_4$ を金属マグネシウム Mg を用いて還元
することで，金属 Ti を得る。この過程で生成した塩化マグネシウム $MgCl_2$ は，
溶融塩電解により，金属 Mg と Cl_2 としたのち，再利用される。

　　金属 Al と金属 Ti の性質の違いとして，展性・延性の違いが挙げられる。金属
Al は展性・延性が高く加工性に優れる。金属 Ti は展性・延性が低く変形しにく
いため，強度が要求される用途に用いられる。

〔問〕

　　カ　下線部⑤に関して，ボーキサイトに含まれる化合物として，Al_2O_3，酸化
　　　　鉄 Fe_2O_3，二酸化ケイ素 SiO_2 を考える。これらの中で，加熱下で NaOH
　　　　水溶液と反応し，溶解する化合物をすべて挙げ，各化合物と NaOH 水溶
　　　　液の化学反応式を書け。

　　キ　下線部⑥に関して，3 価の Al イオンは，溶液中では水分子 H_2O あるい
　　　　は水酸化物イオン OH^- が配位した錯イオン $[Al(H_2O)_m(OH)_n]^{(3-n)+}$
　　　　（m，n は整数，$m+n=6$）および沈殿 $Al(OH)_3$（固）として存在し，そ
　　　　れらが平衡状態にあるとする。平衡状態における錯イオンの濃度の pH 依
　　　　存性が図 2－2 のように表されるとき，錯イオンの濃度の合計が最も低く
　　　　なり，$Al(OH)_3$（固）が最も多く得られる pH を整数で答えよ。

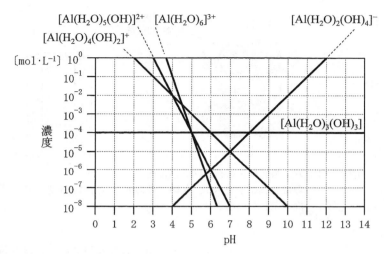

図 2 ― 2　　pH と錯イオンの濃度の関係

ク　下線部⑦, ⑧, ⑨に関して, それぞれの化学反応式を書け。また, 全体と
　　　しての化学反応式を書け。下線部⑦の反応では, コークスは C のみから
　　　なるものとし, CO_2 まで完全に酸化されるものとする。下線部⑨の反応
　　　に関しては, 溶融塩電解全体としての化学反応式を書け。

ケ　下線部⑨に関して, 2 価の Mg イオンの還元には, $MgCl_2$ 水溶液の電気
　　　分解ではなく, 溶融塩電解が用いられる理由を簡潔に述べよ。

コ　下線部⑩に関して, 結晶構造から考察する。金属原子が最も密に詰まった
　　　平面(ここでは最密充填面と呼ぶ)の数は結晶構造によって異なり, 最密充
　　　填面の数が多い金属結晶ほど変形しやすい傾向がある(注)。金属 Ti の結
　　　晶構造は六方最密構造に分類されるが, 理想的な六方最密構造からずれた
　　　構造をとる。ここでは, 図 2 ― 3 に示すような図中の矢印方向に格子が伸
　　　びた結晶構造を考える。このとき, 最密充填面の数は 1 つとなる。一方,
　　　金属 Al は面心立方格子の結晶構造をとる(図 2 ― 4)。図 2 ― 5 の(ⅰ)～(ⅲ)
　　　の中から, 面心立方格子の最密充填面として最も適切なものを答えよ。ま
　　　た, 面心立方格子における最密充填面の数を答えよ。互いに平行な面は等
　　　価であるとし, 1 つと数えること。

　　(注)　金属に力が加わるとき, 金属原子層が最密充填面に沿ってすべるよ
　　　　　うに移動しやすいことが知られている。

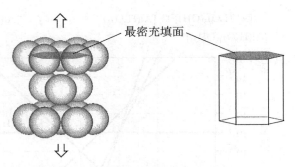

図 2 — 3　　六方最密構造の模式図と最密充填面
　　　　　　　球は金属原子を示す。矢印は理想的な六方最密構造からのずれの方
　　　　　　　向を示している。

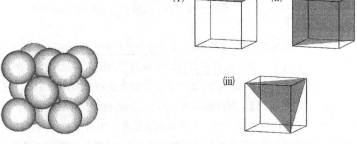

図 2 — 4　　面心立方格子の模式図　　　図 2 — 5　　面心立方格子の最密充填面
　　　　　　　球は金属原子を示す。　　　　　　　　　　　（網掛け部分）の候補

第 3 問

次の I，II の各問に答えよ。必要があれば以下の値を用いよ。

元　素	H	N	O	Fe
原子量	1.0	14.0	16.0	55.8

気体定数 $R = 8.31 \times 10^3$ Pa・L/(K・mol)，アボガドロ定数 $N_A = 6.02 \times 10^{23}$/mol，
円周率 $\pi = 3.14$，標準状態：273 K，1.01×10^5 Pa
すべての気体は，理想気体としてふるまうものとする。

I　次の先生と生徒の議論を読み，問**ア**〜**オ**に答えよ。

先生　アンモニア NH_3 は，空気中の窒素 N_2 と水素 H_2 から合成されているのを
　　　知っているかい？

$$N_2(気) + 3H_2(気) = 2NH_3(気) + 92.0 \text{ kJ}$$

　　　最近では，二酸化炭素を排出しないエネルギー源として注目されているよ。

生徒　授業で習いました。　　a　　の原理と呼ばれる<u>平衡移動の原理</u>があっ
①
　　　て，この反応では　　b　　圧にするほど，また，　　c　　熱反応なので
　　　　d　　温にするほど，アンモニア生成の方向へ平衡が移動するのですよ
　　　ね。でも，反応速度を増加させるためには　　e　　温にしなければなりま
　　　せん。

先生　そうだ。産業上極めて重要な化学反応だけれど，とても困難な反応なん
　　　だ。この反応を可能としているのが触媒だ。触媒は一般的に，図 3 — 1 のよ
　　　うに，触媒反応を起こす金属と，それを支える担体とからなっているんだ。
　　　触媒を用いたアンモニア合成法は，触媒を開発した人の名前から，ハー
　　　バー・ボッシュ法とも呼ばれているんだ。ここでは，　　a　　の原理とと
　　　もに，アンモニア合成法について考えてみよう。

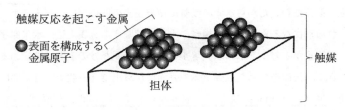

図 3 — 1　触媒の構造

先生　ある触媒 1.00 g 上へ吸着した窒素の体積 V と圧力 p の関係を図 3 — 2 に示しているよ。真空状態から大気の圧力 p_0 まで少しずつ窒素の圧力 p を大きくし，吸着した窒素量を標準状態における体積 V〔mL〕に換算して図に表しているんだ。窒素は触媒表面に可逆的に吸着する（図 3 — 3 左）。触媒上に窒素分子が一層で吸着すると考えると，一分子が占有する面積が分かれば，吸着量から触媒の表面積を求めることができるね。この吸着した窒素は，圧力を下げることで完全に脱離するんだ。再度圧力を大きくして窒素を吸着させても，同じ量を吸着するんだ。

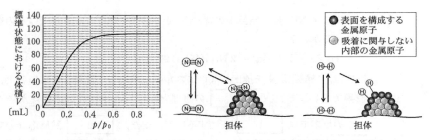

図 3 — 2　触媒 1.00 g への窒素の吸着体積と圧力の関係図

図 3 — 3　N_2（左）および H_2（右）の触媒表面への吸着（断面図）

先生　水素の方はどうなるか，知っているかい？

生徒　窒素が担体と金属のいずれにも分子のまま吸着するのに対して，水素分子は表面金属原子に対しては原子状に解離して強く吸着する（図 3 — 3 右）から，容易に脱離せず圧力に対して不可逆とみなせる吸着現象であると聞きました。

先生　そうだね。だから水素の吸着体積と圧力の関係図は，図 ⎡　　f　　⎤ で表される形になるんだ。この場合，水素を解離する金属上に，水素原子と表面金属原子が 1 対 1 で水素が吸着するから，金属だけの表面積を求めることができる。担体を含めた触媒全体の表面積が算出できる窒素とは対照的だね。

生徒　金属 1.00 mol に対して，水素原子が 0.100 mol しか吸着しないとすると，表面を構成している金属原子が 10 % しかないことを示すのですね。

— 18 —

先生　そうだね。さて，吸着した窒素に対して触媒が果たすべき役割を考えてみよう。ハーバー・ボッシュ法に　　e　　温が必要な理由が他に分かるかい？

生徒　触媒には　　g　　という能力が必要になり，そのために　　e　　温が必要になります。

先生　その通り。　　a　　の原理だけではなく，触媒についても勉強になったね。

生徒　はい。私も大学で，アンモニア合成を簡単にする触媒研究に挑戦します！

〔問〕

ア　下線部①に関して，　　a　　～　　e　　にあてはまる語句を記せ。

イ　下線部②に関して，窒素一分子の占有面積を $0.160\ \mathrm{nm^2}$（$1\ \mathrm{nm} = 10^{-9}\ \mathrm{m}$）とし，触媒 $1.00\ \mathrm{g}$ に対する標準状態の窒素の飽和吸着量を図 3 ― 2 から読み取ると，触媒 $1.00\ \mathrm{g}$ の表面積は何 $\mathrm{m^2}$ か，有効数字 2 桁で答えよ。答えに至る過程も記せ。

ウ　図　　f　　に相当する図で最も適切なものを図 3 ― 4 の(i)～(iii)の中から一つ選べ。なお，吸着 3 回目以降の結果は 2 回目と同じであった。

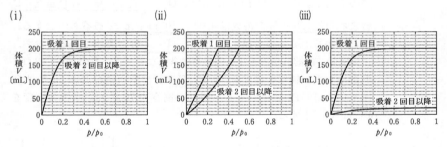

図 3 ― 4　　触媒 $10.0\ \mathrm{g}$ への水素の吸着体積と圧力の関係図
　　　　　　体積 V は，$300\ \mathrm{K}$，$1.01 \times 10^5\ \mathrm{Pa}$ における換算
　　　　　　体積である。

エ　下線部③に関して，ある触媒 $10.0\ \mathrm{g}$ 上に $300\ \mathrm{K}$ で水素を吸着させた。この触媒上の金属が $5.00 \times 10^{-2}\ \mathrm{mol}$ であったとして，**ウ**で選んだ図から水素の吸着量を読み取ると，表面を構成している金属原子は何％になるか，有効数字 2 桁で答えよ。答えに至る過程も記せ。

オ　　g　　にあてはまる語句を 10 文字程度で答えよ。

― 19 ―

Ⅱ　次の文章を読み，問**カ〜サ**に答えよ。

　　コロイド溶液は，粒子の表面状態や大きさに依存したふるまいを示す。水酸化鉄(Ⅲ)粒子を 53.4 g/L の濃度で純水中に分散したコロイド溶液を用いて，以下の 2 つの実験を行った。なお，粒子は半径のそろった真球であり，実験の過程で溶解しないものとする。また，コロイド溶液の密度は粒子の濃度によらず一定で，純水の密度 1.00 g/cm³ と同じとしてよい。

実験 1 ：粒子表面の電荷は，粒子表面のヒドロキシ基と溶液中のイオンとの可逆反応(図 3 — 5)により，pH に応じて変化する。コロイド溶液の pH を 3.0 に調整した。このコロイド溶液を電気泳動した結果，粒子は $\boxed{\text{h}}$ 極側へ移動した。また，pH＝3.0 のコロイド溶液に水酸化ナトリウム水溶液を徐々に添加していったところ，<u>ある時点で沈殿を生じた</u>。なお，粒子表面の電荷が全体として 0 となる pH(等電点)は，④ 7.0 だった。

実験 2 ：半透膜で仕切られた U 字管の左側にコロイド溶液，右側に純水をそれぞれ 10.0 mL ずつ入れた。液面の高さの変化がなくなるまで待った結果，<u>左右の液面の高さの差 Δh(cm)は 1.36 cm となった</u>(図 3 — 6)。粒⑤ 子の半径によらず，粒子の組成は $Fe(OH)_3$，<u>粒子の単位体積当たりに含まれる鉄(Ⅲ)イオンの数は 4.00×10^4 mol/m³</u> であるものとする。⑥ これらから，粒子の半径 r_1(m)は $\boxed{\text{i}}$ m と算出される。なお，この実験では溶液中のイオンの影響は考えなくてよいものとし，コロイド溶液および純水の温度を 300 K，U 字管の断面積を 1.00 cm²，大気圧 1.01×10^5 Pa に相当する水銀柱の高さを 76.0 cm，水銀の密度を 13.6 g/cm³ とする。

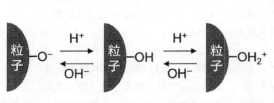

図 3 — 5　粒子表面のヒドロキシ基とコロイド溶液中の水素イオン，水酸化物イオンの可逆反応

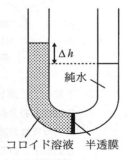

図 3 — 6　実験 2 の模式図

〔問〕

カ ［ h ］にあてはまる語句を答えよ。また、その理由を図 3 ― 5 の反応にもとづいて述べよ。

キ 下線部④に関して、その理由を図 3 ― 5 の反応にもとづいて述べよ。

ク 下線部⑤に関して、この結果から推定される、液面の高さの変化がなくなった後の U 字管左側のコロイド溶液中の粒子のモル濃度は何 mol/L か、有効数字 2 桁で答えよ。答えに至る過程も記せ。なお、コロイド溶液は希薄溶液であり、粒子 6.02×10^{23} 個を 1 モルとする。

ケ 下線部⑥に関して、粒子の半径を 1.00×10^{-8} m と仮定した場合の、粒子 1 モルあたりの質量は何 g か、有効数字 2 桁で答えよ。答えに至る過程も記せ。

コ ［ i ］にあてはまる値は 1.00×10^{-8} よりも大きいか小さいか、理由とともに答えよ。

サ 実験 2 と同様の実験を、粒子の質量濃度が同じく 53.4 g/L、半径 r が r_1 よりも大きい水酸化鉄（Ⅲ）コロイド溶液を用いて行ったとする。得られる Δh と r の関係として最も適切なものを図 3 ― 7 の⑴～⑸の中から一つ選べ。また、その理由を簡潔に述べよ。

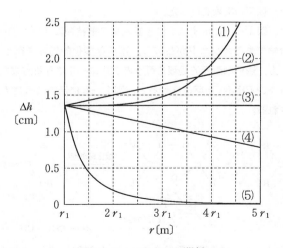

図 3 ― 7　　r と Δh の関係

2022 年

解答時間：2 科目 150 分
配　　点：120 点

第 1 問

次のⅠ，Ⅱの各問に答えよ。必要があれば以下の値を用いよ。構造式は，Ⅰでは[構造式の例Ⅰ]に，Ⅱでは[構造式の例Ⅱ]にならって示せ。

元　素	H	C	O	Na
原子量	1.0	12.0	16.0	23.0

標準状態(273 K，1.01×10^5 Pa)における水素 1 mol の体積：22.4 L

[構造式の例Ⅰ]

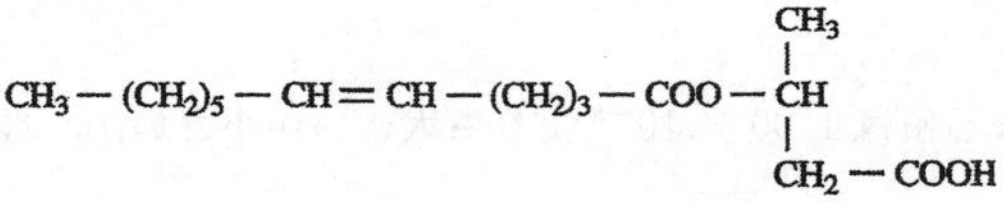
CH3
CH3 — (CH2)5 — CH = CH — (CH2)3 — COO — CH
CH2 — COOH

[構造式の例Ⅱ]

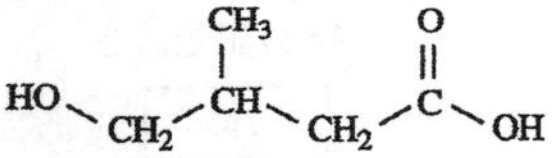
CH3
O
HO
CH2
CH
CH2
C
OH

Ⅰ　次の文章を読み，問ア～オに答えよ。

油脂 A はグリセリン(1,2,3-プロパントリオール) 1 分子に対し，分岐のない高級脂肪酸 3 分子が縮合したエステル化合物である。A に含まれる炭素間二重結合はすべてシス形であり，三重結合は含まれない。A の化学構造を決定するため，以下の実験を行った。

なお，図 1―1 に示すように，炭素間二重結合にオゾン O_3 を作用させると環状化合物であるオゾニドが生成し，適切な酸化的処理を行うとカルボン酸になる。一方，適切な還元的処理を行うとアルコールになる。また，カルボン酸をジアゾメタン CH_2N_2 と反応させると，図 1―2 に示すようにカルボキシ基がメチル化される。

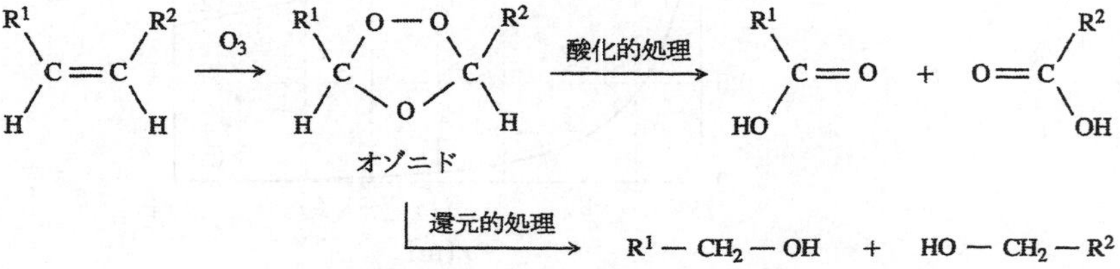
O3
オゾニド
酸化的処理
還元的処理
R1 — CH2 — OH　+　HO — CH2 — R2

図 1―1　炭素間二重結合のオゾン分解(R^1，R^2：炭化水素基など)

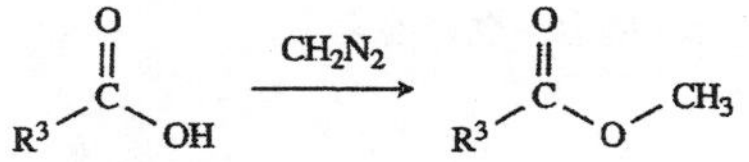

図 1 — 2　ジアゾメタンによるカルボン酸のメチル化（R³：炭化水素基など）

実験 1：2.21 g の A を水酸化ナトリウムと反応させて完全に加水分解したところ，グリセリン 230 mg と 2 種類の脂肪酸（飽和脂肪酸 B と不飽和脂肪酸 C）のナトリウム塩が生成した。

実験 2：2.21 g の A を白金触媒存在下で水素と十分に反応させたところ，標準状態換算で 168 mL の水素を消費し，油脂 D が得られた。A は不斉炭素原子をもつが，D は不斉炭素原子をもたなかった。

実験 3：C にオゾンを作用させ，酸化的処理を行った。生じた各種カルボン酸をジアゾメタンと反応させたところ，次の 3 種類の化合物が得られた。

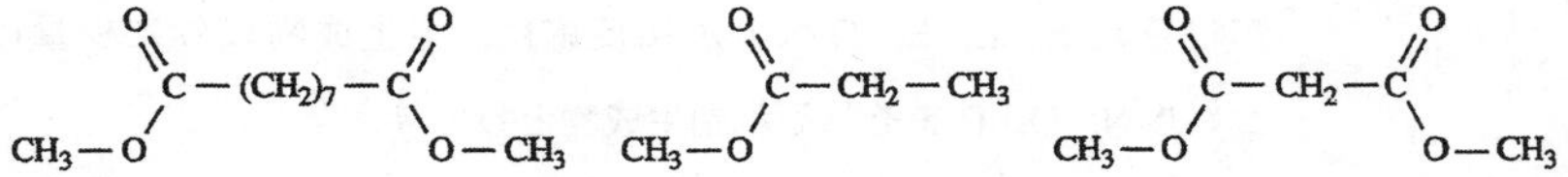

実験 4：C をジアゾメタンと反応させた後に，オゾンを作用させ還元的処理を行ったところ，次の 3 種類の化合物が得られた。

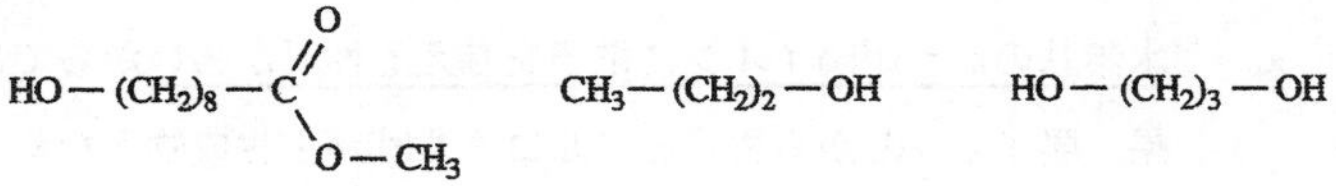

〔問〕

ア　油脂 A の分子量を有効数字 3 桁で答えよ。

イ　脂肪酸 B と C の分子式をそれぞれ示せ。

ウ　B と C の融点はどちらのほうが低いと考えられるか答えよ。さらに，分子の形状と関連付けて，理由を簡潔に説明せよ。

エ　実験 4 を行わず，実験 1 ～ 3 の結果から C の化学構造を推定したところ，一つに決定できなかった。考えうる C の構造式をすべて示せ。

オ　実験 1 ～ 3 に加えて実験 4 の結果も考慮に入れると，C の化学構造を一つに決定できた。A の構造式を示せ。

Ⅱ　次の文章を読み，問**カ〜ケ**に答えよ。

　　C_5H_{10} の分子式をもつ４種類のアルケン**E〜H**に対して実験５と６を行った。また，実験６の生成物に対して実験７〜９を行った。なお，それぞれの反応中に二重結合の移動や炭素骨格の変化は起きないものとする。立体異性体は考慮しなくてよい。

実験５：**E〜H**に対して白金触媒を用いた水素の付加反応を行うと，**E**と**F**からは化合物**I**が，**G**と**H**からは化合物**J**が得られた。

実験６：**E〜H**に対して酸性条件下で水の付加反応（以下，水和反応）を行うと，**E**と**F**からはアルコール**K**が，**G**からはアルコール**L**がそれぞれ主生成物として得られた。**H**からはアルコール**L**とアルコール**M**の混合物が得られた。**E**，**F**，**G**への水和反応は，主生成物以外に少量のアルコール**N**，**O**，**P**をそれぞれ副生成物として与えた。

解説１：実験６の結果はマルコフニコフ則に従っているが，この経験則は炭素陽イオン（以下，陽イオン）の安定性によって説明できる（図１—３）。アルケン（**a**）への水素イオンの付加は２種類の陽イオン（**b**）と（**c**）を与える可能性があるが，陽イオン（**b**）のほうがより安定である。これは，<u>水素より炭化水素基のほうが陽イオンに電子を与える性質が強い</u>からである。その結①果，陽イオン（**b**）から生じるアルコール（**d**）が主生成物となる。

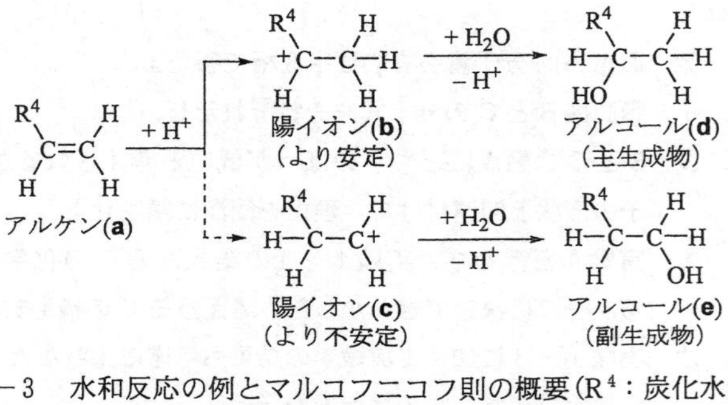

図１—３　水和反応の例とマルコフニコフ則の概要（R^4：炭化水素基）

実験 7 ：二クロム酸カリウム $K_2Cr_2O_7$ を用いて 6 種類のアルコール K〜P の酸
　　　　化を試みたところ，K だけが酸化されなかった。

実験 8 ：K〜P の中で，L と N だけがヨードホルム反応に陽性を示した。

実験 9 ：K〜P を酸性条件下で加熱すると水の脱離反応（以下，脱水反応）が進行
　　　　し，いずれの化合物からも分子式 C_5H_{10} のアルケンが得られた。

解説 2 ：図 1 ― 4 に実験 9 の脱水反応の概要を示す。この反応はアルコール(**f**)か
　　　　ら生じる陽イオン(**g**)を経由するが，陽イオン(**g**)から速やかに水素イオン
　　　　が脱離することでアルケン(**h**)が生成する。すなわち，脱水反応の速度は
　　　　陽イオン(**g**)の生成速度によって決まる。なお，安定な陽イオン(**g**)ほど生
　　　　成しやすくその生成速度は速いと考えてよい。

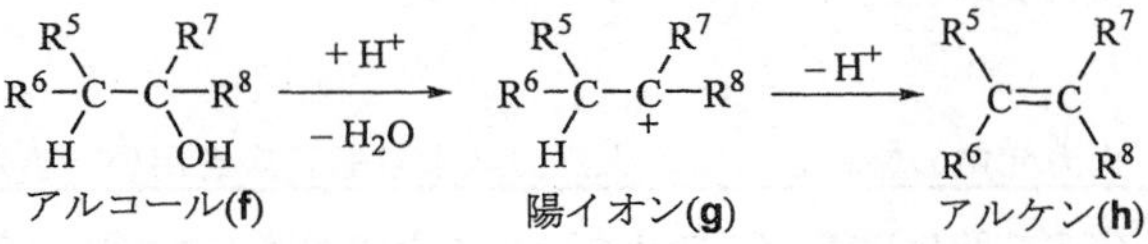

$$\underset{\text{アルコール(f)}}{\overset{R^5\ \ \ R^7}{\underset{H\ \ \ OH}{R^6-\overset{|}{\underset{|}{C}}-\overset{|}{\underset{|}{C}}-R^8}}} \xrightarrow[-H_2O]{+H^+} \underset{\text{陽イオン(g)}}{\overset{R^5\ \ \ R^7}{\underset{H}{R^6-\overset{|}{\underset{|}{C}}-\overset{+}{\underset{|}{C}}-R^8}}} \xrightarrow{-H^+} \underset{\text{アルケン(h)}}{\overset{R^5\ \ \ \ R^7}{\underset{R^6\ \ \ \ R^8}{C=C}}}$$

図 1 ― 4　脱水反応の概要（$R^{5\sim8}$ ：水素か炭化水素基）

解説 3 ：実験 9 の脱水反応が 2 つ以上の異なるアルケンを与える可能性がある場
　　　　合，炭素間二重結合を形成する炭素上により多くの炭化水素基が結合し
　　　　たアルケンの生成が優先することが一般的である。この経験則はザイ
　　　　ツェフ則と呼ばれている。

〔問〕

　カ　化合物 I と J の構造式をそれぞれ示せ。

　キ　アルコール K〜P の中から不斉炭素原子をもつものすべてを選び，該当す
　　　　る化合物それぞれの記号と構造式を示せ。

　ク　アルコール K〜P の中で，脱水反応が最も速く進行すると考えられるのは
　　　　どれか，記号で答えよ。下線部①〜③を考慮すること。

　ケ　アルケン E〜H のなかで，それぞれに対する水和反応とそれに続く脱水反
　　　　応が元のアルケンを主生成物として与えると考えられるのはどれか，該当
　　　　するすべてを選び記号で答えよ。ただし，マルコフニコフ則およびザイ
　　　　ツェフ則が適用できる場合はそれらに従うものとする。

第2問

次のⅠ，Ⅱの各問に答えよ。必要があれば以下の値を用いよ。

元素	H	C	N	O	K	Fe
原子量	1.0	12.0	14.0	16.0	39.1	55.8

物質（状態）	CH_4（気）	CO_2（気）	H_2O（液）
生　成　熱 [kJ/mol]	75	394	286

アボガドロ定数 $N_A = 6.02 \times 10^{23}$/mol，気体定数 $R = 8.31 \times 10^3$ Pa・L/(K・mol)

Ⅰ　次の文章を読み，問**ア〜オ**に答えよ。

　　火力発電の燃料として，天然ガスよりも石炭を用いる方が，一定の電力量を得る際の二酸化炭素 CO_2 排出が多いことが問題視されている。そこで，アンモニア NH_3 を燃料として石炭に混合して燃焼させることで，石炭火力発電からの CO_2 排出を減らす技術が検討されている。

　　従来 NH_3 は，主に天然ガスに含まれるメタン CH_4 と空気中の窒素 N_2 から製造されてきた。その製造工程は，以下の3つの熱化学方程式で表される反応により，CH_4（気）と N_2（気）と H_2O（気）から，NH_3（気）と CO_2（気）を生成するものである。

　　（**反応1**）　CH_4（気）＋ H_2O（気）＝ CO（気）＋ 3 H_2（気）－ 206 kJ

　　（**反応2**）　CO（気）＋ H_2O（気）＝ H_2（気）＋ CO_2（気）＋ 41 kJ

　　（**反応3**）　N_2（気）＋ 3 H_2（気）＝ 2 NH_3（気）＋ 92 kJ

　　このように得られる NH_3 は，燃焼の際には CO_2 を生じないものの，製造工程で CO_2 を排出している。発電による CO_2 排出を減らすために石炭に混合して燃焼させる NH_3 は，CO_2 を排出せずに製造される必要がある。

　　そこで，太陽光や風力から得た電力を使い，水の電気分解により得た水素を用いる NH_3 製造法が開発されている。

〔問〕

ア 下線部①に関して，石炭燃焼のモデルとして C（黒鉛）の完全燃焼反応（反応 4），天然ガス燃焼のモデルとして CH_4（気）の完全燃焼反応（反応 5）を考える。C（黒鉛）1.0 mol，CH_4（気）1.0 mol の完全燃焼の熱化学方程式をそれぞれ記せ。ただし，生成物に含まれる水は H_2O（液）とする。また，反応 4 により 1.0 kJ のエネルギーを得る際に排出される CO_2（気）の物質量は，反応 5 により 1.0 kJ のエネルギーを得る際に排出される CO_2（気）の物質量の何倍か，有効数字 2 桁で答えよ。

イ 下線部②に関して，NH_3（気）の燃焼反応（反応 6）からは N_2（気）と H_2O（液）のみが生じるものとする。C（黒鉛）と NH_3（気）を混合した燃焼（反応 4 と反応 6）により 1.0 mol の CO_2（気）を排出して得られるエネルギーを，反応 5 により 1.0 mol の CO_2（気）を排出して得られるエネルギーと等しくするためには，1.0 mol の C（黒鉛）に対して NH_3（気）を何 mol 混ぜればよいか，有効数字 2 桁で答えよ。答えに至る過程も示せ。

ウ 下線部③の製造工程により 1.0 mol の NH_3（気）を得る際に，エネルギーは吸収されるか放出されるかを記せ。また，その絶対値は何 kJ か，有効数字 2 桁で答えよ。答えに至る過程も示せ。

エ CO_2 と NH_3 を高温高圧で反応させることで，肥料や樹脂の原料に用いられる化合物 A が製造される。1.00 トンの CO_2 が NH_3 と完全に反応した際に，1.36 トンの化合物 A が H_2O とともに得られた。化合物 A の示性式を，下記の例にならって記せ。

　　　示性式の例：$CH_3COOC_2H_5$

オ 下線部④に関して，下線部③の製造工程により 1.0 mol の NH_3（気）を得る際に排出される CO_2（気）の物質量を有効数字 2 桁で答えよ。また，この CO_2 排出を考えたとき，反応 6 により 1.0 kJ のエネルギーを得る際に排出される CO_2（気）の物質量は，反応 5 により 1.0 kJ のエネルギーを得る際に排出される CO_2（気）の物質量の何倍か，有効数字 2 桁で答えよ。

Ⅱ　次の文章を読み，問**カ**〜**コ**に答えよ。

　　金属イオン M^{n+} は，アンモニア NH_3 やシアン化物イオン CN^- などと配位結合し，錯イオンを形成する。金属イオンに配位結合する分子やイオンを配位子とよぶ。図２−１に NH_3 を配位子とするさまざまな錯イオンの構造を示す。銅イオン Cu^{2+} の錯イオン(a)は４配位で正方形をとる。<u>錯イオン(b)は２配位で直線形，錯イオン(c)は６配位で正八面体形，錯イオン(d)は４配位で正四面体形をと</u>⑤
る。

　　正八面体形をとる錯イオンは最も多く存在し，図２−２に示すヘキサシアニド鉄(Ⅱ)酸イオン $[Fe(CN)_6]^{4-}$ はその一例である。鉄イオン Fe^{3+} を含む水溶液にヘキサシアニド鉄(Ⅱ)酸カリウム $K_4[Fe(CN)_6]$ を加えると，古来より顔料として使われるプルシアンブルーの濃青色沈殿が生じる。図２−３に，この反応で得られるプルシアンブルーの結晶構造を示す。<u>Fe^{2+} と Fe^{3+} は１：１で存在し，⑥
CN^- の炭素原子，窒素原子とそれぞれ配位結合する。鉄イオンと CN^- により形成される立方体の格子は負電荷を帯びるが，格子のすき間にカリウムイオン K^+ が存在することで，結晶の電気的な中性が保たれている。</u>しかし，K^+ の位置は一意に定まらないため，図２−３では省略している。<u>格子のすき間は微細な空間⑦
となるため，プルシアンブルーは気体やイオンの吸着材料としても利用される。</u>

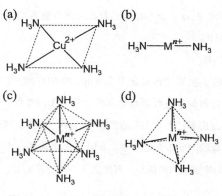

図２−１　NH_3 を配位子とする錯イオン

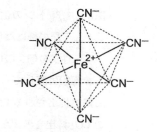

図２−２　ヘキサシアニド鉄(Ⅱ)
酸イオン $[Fe(CN)_6]^{4-}$
Fe^{2+} に結合する６つ
の CN^- を示している。

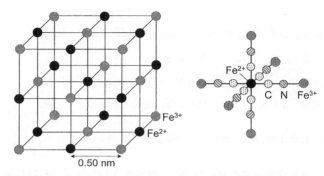

図 2 — 3　プルシアンブルーの結晶構造

周期的に配列する鉄イオンとシアン化物イオンの一部を取り出した構造である。Fe^{2+} と Fe^{3+} は CN^- を介して結合するが，左図では CN^- を省略し，Fe^{2+} と Fe^{3+} を実線で結んでいる。右図は，Fe^{2+} に結合する 6 つの CN^- と，これらの CN^- に結合する 6 つの Fe^{3+} を示している。

〔問〕

カ　下線部⑤に示した錯イオン(b)，(c)，(d)について，中心の金属イオンとして最も適切なものを，以下の(1)～(3)の中から一つずつ選べ。
　(1)　Co^{3+}，(2)　Zn^{2+}，(3)　Ag^+

キ　Cu^{2+} を含む水溶液に，少量のアンモニア水を加えると，青白色沈殿が生じる。この青白色沈殿に過剰のアンモニア水を加えると，錯イオン(a)が生じる。下線部⑧に対応するイオン反応式を記せ。

ク　下線部⑥より，プルシアンブルーを構成する K，Fe，C，N の割合を，最も簡単な整数比で示せ。

ケ　図 2 — 3 に示すように，隣接する鉄イオン間の距離は 0.50 nm である。プルシアンブルーの密度は何 g/cm^3 か，有効数字 2 桁で答えよ。答えに至る過程も示せ。

コ　下線部⑦について，プルシアンブルー 1.0 g あたり，300 K，1.0×10^5 Pa に換算して 60 mL の窒素 N_2 が吸着した。図 2 — 3 に示す一辺が 1.00 nm のプルシアンブルーの中に，N_2 が何分子吸着したか。小数点第 1 位を四捨五入して整数で答えよ。答えに至る過程も示せ。N_2 は理想気体とみなしてよいものとする。

第3問

次のⅠ，Ⅱの各問に答えよ。必要があれば以下の値を用いよ。

元　素	H	C	O	Fe
原子量	1.0	12.0	16.0	55.8

気体定数　$R = 8.31 \times 10^3 \, Pa \cdot L/(K \cdot mol)$

Ⅰ　次の文章を読み，問ア〜カに答えよ。

　　地球温暖化対策推進のため，二酸化炭素 CO_2 排出の抑制は重要な課題である。日本の主要産業の一つである製鉄では，溶鉱炉中でコークスを利用した<u>酸化鉄 Fe_2O_3 の還元反応によって銑鉄を得る方法</u>①が長年採用されているが，近年 CO_2 排出抑制に向けて，水素を利用した還元技術を取り入れるなど，さまざまな取り組みがなされている。

　　一方で，排出された CO_2 を分離回収，貯留・隔離するための技術開発も盛んにおこなわれている。回収した CO_2 を貯留する手段として海洋を用いる方法がある（図3−1）。海水温は，大気と比較して狭い温度域（0〜30 ℃程度）に維持されており，海洋は膨大な CO_2 貯蔵庫として機能しうる。CO_2 をパイプで海水中に送り込み，ある水深で海水に放出することを考える。CO_2 は15 ℃，$1.00 \times 10^5 \, Pa$ では気体であり（図3−2），<u>水深の増加に伴って，放出時の CO_2 密度 $\rho \, [g/L]$ は増加する</u>②。<u>ある水深以降では，CO_2 は液体として凝縮された状態で放出される</u>③。<u>液体 CO_2 は，浅い水深では上昇するが，深い水深では下降する</u>④ので，液体 CO_2 を深海底に隔離することができる。

　　海水面の圧力は $1.00 \times 10^5 \, Pa$，海中では，水深の増加とともに1 mあたり圧力が $1.00 \times 10^4 \, Pa$ 増加するものとする。海水温は水深にかかわらず15 ℃で一定とする。また，放出時における CO_2 の温度，圧力は周囲の海水の温度，圧力と等しく，気体 CO_2 や液体 CO_2 の海水への溶解は無視するものとする。

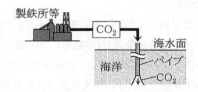

図3−1　排出 CO_2 の海洋への貯留・隔離

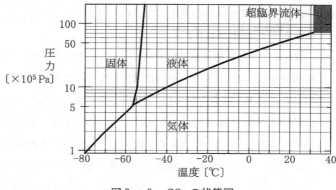

図 3 — 2　　CO_2 の状態図

〔問〕

ア　下線部①に関して，高炉法はコークスと酸素の反応により得られる一酸化炭素 CO を用いた製鉄法であり，Fe_2O_3 を CO で段階的に還元し，Fe_3O_4，$\underline{FeO\ を経て最終的に鉄\ Fe\ を得る}$。下線部⑤における反応の化学反応式をすべて記せ。
⑤

イ　下線部⑤の反応により，Fe_2O_3 から Fe を 7.50×10^7 トン（日本の 2019 年銑鉄生産量に相当）生成する際に排出される CO_2 は何トンか，有効数字 2 桁で答えよ。答えに至る過程も記せ。

ウ　下線部②に関して，水深 10.0 m で放出される CO_2 の密度 ρ は何 g/L か，有効数字 2 桁で答えよ。ただし，CO_2 は理想気体としてふるまうものとする。答えに至る過程も記せ。

エ　下線部③に関して，CO_2 が液体として放出される最も浅い水深は何 m か，有効数字 1 桁で答えよ。

オ 下線部④に関する以下の説明文において，| a |～| c |にあてはまる語句をそれぞれ答えよ。

　　CO_2分子の間に働く分子間力は| a |であり，低圧では分子間の距離が長く，高圧にすると単位体積当たりの分子数が増加する。一方，H_2O分子の間には| b |による強い分子間力が働くので，低圧においても分子間の距離が短く，高圧にしても単位体積当たりの分子数があまり変化しない。高圧となる深海では，CO_2とH_2Oで単位体積当たりの分子数が近くなる。一方で，構成元素の観点からCO_2のほうがH_2Oより| c |が大きい。よって，このような深海ではCO_2密度ρ〔g/L〕はH_2Oの密度より高くなり，CO_2はH_2Oが主成分の海水中で自然に下降する。

カ CO_2放出水深とCO_2密度ρ〔g/L〕の関係を示した最も適切なグラフを，以下の図3—3に示す(1)～(5)の中から一つ選べ。

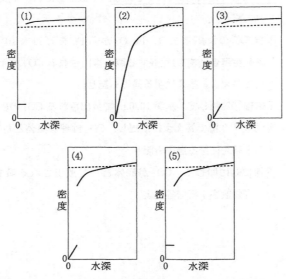

図3—3　CO_2放出水深とCO_2密度（実線——），海水密度（破線……）の関係

Ⅱ　次の文章を読み，問**キ**～**シ**に答えよ。

　　抗体（Ab）はタンパク質であり，特定の分子に結合する性質をもつ。病気に関連した分子に対する Ab は，医薬品として用いられる。例えば炎症の原因となるサイトカイン（Ck）という分子に Ab が結合すると，Ck の作用が不活性化されるため，Ck に対する Ab は炎症にかかわる病気の治療薬として使用されている。

　　Ck と Ab は式1の可逆反応で結合し，複合体 Ck・Ab を形成する（図3－4）。

$$\text{Ck} + \text{Ab} \rightleftharpoons \text{Ck} \cdot \text{Ab} \tag{式1}$$

　　反応は水溶液中，温度一定で起こり，Ck，Ab 等の濃度は，[Ck]，[Ab]等と表すこととする。また，Ab の初期濃度$[\text{Ab}]_0$は Ck の初期濃度$[\text{Ck}]_0$に対して十分に大きく，反応による Ab の濃度変化は無視できる（$[\text{Ab}] = [\text{Ab}]_0$）ものとする。

　　式1の正反応と逆反応の反応速度定数をそれぞれk_1, k_2とすると，各反応の反応速度v_1, v_2はそれぞれ，$v_1 = k_1[\text{Ck}][\text{Ab}]$，$v_2 = k_2[\text{Ck} \cdot \text{Ab}]$と表される。ここで，$[\text{Ab}] = [\text{Ab}]_0$であることに注意すると，Ck・Ab の生成速度$v$は，

$$v = v_1 - v_2 = \boxed{}\text{d}$$

と表される。このとき，$\alpha = \boxed{}\text{e}$，$\beta = \boxed{}\text{f}$とおくと，

$$v = -\alpha[\text{Ck} \cdot \text{Ab}] + \beta$$

と表され，vを$[\text{Ck} \cdot \text{Ab}]$を変数とする一次関数として取り扱うことができる。これにより，$[\text{Ck} \cdot \text{Ab}]$の時間変化の測定結果から，$\alpha$を求めることができる。さらに，$\alpha$は$[\text{Ab}]_0$に依存するので，さまざまな$[\text{Ab}]_0$に対して$\alpha$を求めることで，$k_1$, k_2を得ることができる（図3－5）。

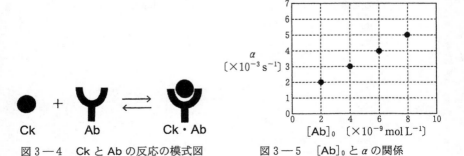

図3－4　Ck と Ab の反応の模式図　　　図3－5　$[\text{Ab}]_0$とαの関係

反応が十分に進行すると，$v_1 = v_2$ の平衡状態に達する。ここで，$[Ab] = [Ab]_0$ であるので，平衡定数 K は，

$$K = \frac{k_1}{k_2} = \boxed{\text{g}}$$

と表される。このとき，Ck の Ab への結合率 X は，

$$X = \frac{[Ck \cdot Ab]}{[Ck]_0} = \boxed{\text{h}}$$

と表すことができ，どの程度の Ck を不活性化できたかを表す指標となる。X の値は $[Ab]_0$ によって変化する（図3―6）。目標とする X の値を得るために必要な $[Ab]_0$ の値を見積もるためには，<u>K の逆数である $1/K$ がよく用いられる。</u>
⑦

　用いる Ab の種類によって k_1，k_2 は異なり，<u>これにより平衡状態での $[Ck \cdot Ab]$
⑧
や平衡状態に達するまでの時間などが異なる</u>（図3―7）。Ab を医薬品として用いる際には，<u>これらの違いを考慮して，適切な種類の Ab を選択することが望ま
⑨
しい。</u>

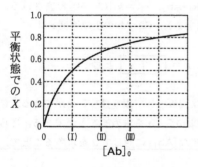

図3―6　$[Ab]_0$ と平衡状態での X の関係

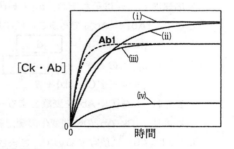

図3―7　Ck 水溶液にさまざまな Ab を加えた際の $[Ck \cdot Ab]$ の時間変化

〔問〕

キ $\boxed{\text{d}}$ 〜 $\boxed{\text{f}}$ にあてはまる式を，k_1, k_2, $[Ck \cdot Ab]$, $[Ck]_0$, $[Ab]_0$ のうち必要なものを用いてそれぞれ表せ。

ク 下線部⑥に関して，図3—5に示す結果から，$k_1 [L\,mol^{-1}s^{-1}]$，$k_2 [s^{-1}]$ の値をそれぞれ有効数字1桁で答えよ。

ケ $\boxed{\text{g}}$ にあてはまる式を $[Ck \cdot Ab]$, $[Ck]_0$, $[Ab]_0$，また，$\boxed{\text{h}}$ にあてはまる式を K，$[Ab]_0$ を用いてそれぞれ表せ。

コ 下線部⑦に関して，$1/K$ は濃度の単位をもつ。図3—6の横軸上で，$1/K$ に対応する濃度を，(I)〜(III)の中から一つ選び，理由とともに答えよ。

サ 下線部⑧に関して，表3—1に異なる3種類の Ab（**Ab1** 〜 **Ab3**）の反応速度定数を示す。Ck 水溶液に **Ab1** を加えた際の $[Ck \cdot Ab]$ の時間変化を測定したところ，図3—7の破線のようになった。この結果を参考に，同様の測定を **Ab2**，**Ab3** を用いて行った場合に対応する曲線を，図3—7の(i)〜(iv)の中からそれぞれ一つずつ選べ。なお，測定に使用した $[Ck]_0$，$[Ab]_0$ はそれぞれ，すべての測定で同一とする。

表3—1　　3種類の Ab（**Ab1** 〜 **Ab3**）の反応速度定数

	Ab1	**Ab2**	**Ab3**
$k_1 [L\,mol^{-1}s^{-1}]$	1.0×10^6	5.0×10^5	1.0×10^5
$k_2 [s^{-1}]$	1.0×10^{-3}	5.0×10^{-4}	1.0×10^{-3}

シ 下線部⑨に関して，Ck 水溶液に表3—1の Ab を加える際，より低い $[Ab]_0$ で，かつ短時間に $X = 0.9$ の平衡状態を得るために適切なものを，**Ab1** 〜 **Ab3** の中から一つ選べ。また，このとき必要となる $[Ab]_0$ は何 $mol\,L^{-1}$ か，有効数字1桁で答えよ。

第 1 問

次の I，II の各問に答えよ。構造式は例にならって示せ。構造式を示す際には不斉炭素原子に＊を付けること。ただし，立体異性体を区別して考える必要はない。

（構造式の例）

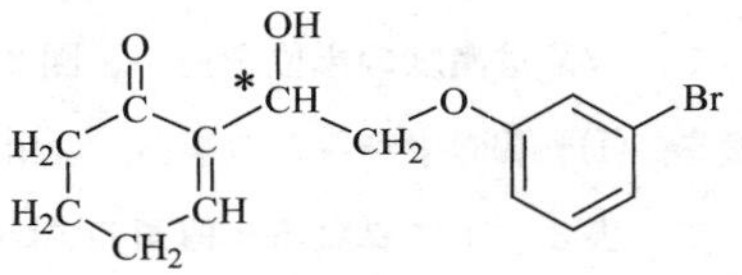

$$\begin{array}{c}
\text{O} \qquad \text{OH} \\
\| \qquad * \\
\text{H}_2\text{C} \diagdown \quad \diagup \text{CH} \diagdown \text{CH} \diagup \diagdown \text{CH}_2 \diagdown \text{O} \diagdown \text{Br} \\
\text{H}_2\text{C} \quad \text{CH} \\
\diagdown \text{CH}_2 \diagup
\end{array}$$

I　次の文章を読み，問 **ア**〜**カ** に答えよ。

分子式 $C_6H_{12}O$ で表される化合物 A〜F は，<u>いずれも不斉炭素原子を一つだけもっている</u>。それぞれの構造を決定するために，以下の実験を行った。

実験 1：金属ナトリウムを加えると，A と D からは水素が発生しなかったが，B，C，E，F からは発生した。

実験 2：白金触媒を用いた水素の付加を試みると，A と B への水素付加は起きなかったが，C，D，E，F からは分子式 $C_6H_{14}O$ の生成物が得られた。水素付加反応によって，<u>C と D からは不斉炭素原子をもたない化合物が得られ</u>，<u>E と F からは同一の化合物が得られた</u>。
　　　　①　　　　　　　　　　　　　　　　　　②

実験 3：二クロム酸カリウムを用いて酸化を試みると，A，C，D は酸化されなかったが，B からはケトン，E と F からはカルボン酸が得られた。

実験 4：ヨードホルム反応を示したのは B のみであった。

実験 5：カルボニル基の有無を確認することができる赤外吸収スペクトルを測定した結果，A〜F にカルボニル基の存在は認められなかった。

実験 6：下線部②の結果を受け，図 1−1 に示すオゾン分解実験を行った。E をオゾン分解すると，化合物 G とアセトアルデヒドが得られた。

実験 7：G に存在するカルボニル基を還元すると，不斉炭素原子をもたない化合物が得られた。

実験 8：F をオゾン分解すると化合物 H が得られた。H の分子式は $C_5H_{10}O_2$ で
あったが，図 1 — 1 の例から予測されるカルボニル化合物ではなかっ
た。H は二つの不斉炭素原子をもっており，銀鏡反応を示した。

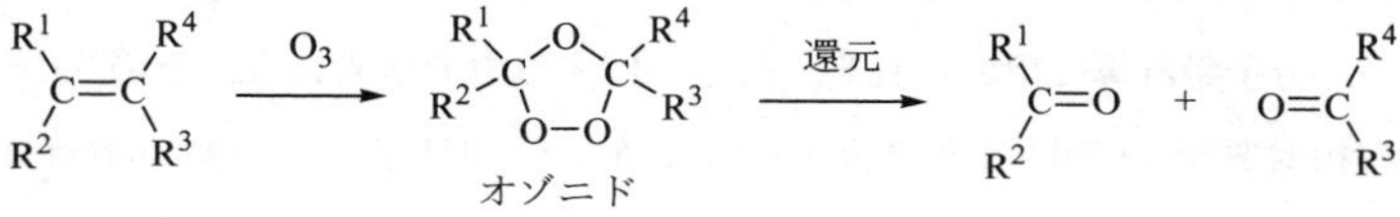

（R^{1-4}：水素もしくはアルキル基など）

図 1 — 1　オゾン分解の例

注 1）炭素間二重結合を形成する炭素原子に酸素原子が直接結合した構造は考慮
しない。

注 2）反応中に二重結合の移動は起こらないものとする。

〔問〕

ア　化合物 A として考えられる構造異性体のうち，五員環をもつものすべて
の構造式を示せ。

イ　化合物 B として考えられる構造異性体のうち，四員環をもつものは一つ
である。その構造式を示せ。

ウ　化合物 C として考えられる構造異性体は一つである。その構造式を示
せ。

エ　下線部①を考慮すると，化合物 D として考えられる構造異性体は一つで
ある。その構造式を示せ。

オ　実験 6 と 8 において生成した化合物 G と H の構造式をそれぞれ示せ。

カ　以下の空欄　a　〜　c　にあてはまる適切な語句を答えよ。

　化合物 C の沸点は化合物 D の沸点より高い。その主な理由は，D には
存在しない　a　基が分子間の　b　結合を形成するからであ
る。一方，C の沸点は化合物 E の沸点より低いが，C と E はともに
　a　基をもっているので，この沸点差を説明するためには，分子間
の　b　結合の強さを比較する必要がある。そこで，　a　基周
辺の空間的な状況に着目する。すなわち，C は E と比較して　a
基周辺が空間的にこみ合っているため，分子間の　b　結合の形成が
より　c　いると理解できる。これが，C の沸点が E の沸点より低
い主な理由の一つである。

Ⅱ　次の文章を読み，問**キ〜サ**に答えよ。

　　多くの元素には，中性子の数が異なる　　d　　が存在し，それらの相対質量（^{12}C の質量を 12 とする質量）とその存在比から加重平均で算出される原子量が，分子量計算に用いられる。たとえば大気中の窒素には，その 99.6 ％ を占める相対質量 14.003 の窒素原子（^{14}N）の他に，中性子が一つ多い相対質量 15.000 の窒素原子（^{15}N）が 0.4 ％ 含まれているため，窒素の原子量は 14.007 となる。

　　　d　　どうしの化学的性質は，ほぼ同じであるため，これらを含む化合物の反応性もほとんど変化しないことが知られている。したがって，分子内の特定の位置にある元素の　　d　　の存在比を操作した化合物を用いて反応を行い，得られた生成物の特定の位置にある元素の　　d　　の存在比の変化を調べると，反応に伴う結合の形成や切断の過程を追跡することができる。たとえば，^{15}N をもつアニリン（C$_6$H$_5$^{15}NH$_2$）と亜硝酸ナトリウム（NaNO$_2$）を用いた以下に示す反応においては，ジアゾニウム塩に含まれる二つの窒素は，それぞれ異なる起源をもつことが明らかにされている。

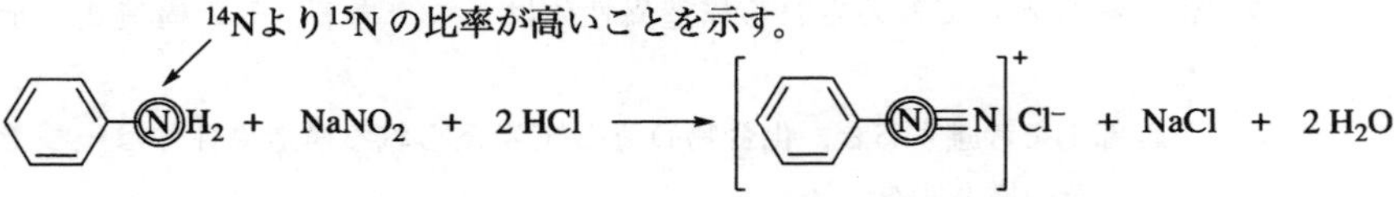

^{14}Nより^{15}N の比率が高いことを示す。

　　今回，^{15}N の存在比を 100 ％ に高めた試薬 Na^{15}NO$_2$ を用いて，以下の実験を行った。ニトロベンゼン（C$_6$H$_5$NO$_2$）を塩酸中でスズ（Sn）と反応させて得られた化合物 I に対し，濃塩酸中で氷冷しながら Na^{15}NO$_2$ を加えたところ，化合物 J の沈殿が生じた。続いてこの J の沈殿を回収し，これを水に溶かし，^{14}N$_2$ ガスで満たした密閉容器内において，室温で分解させたところ，化合物 K が主として得られ，それに伴い化合物 L および化合物 M がそれぞれ少量ずつ得られた。K，L および M はともにベンゼン環を有していた。下線部④の操作で得られた J を 2-ナフトールと反応させたところ，橙赤色の化合物 N を含む試料が得られた。この試料に含まれる化合物 N の分子量は 249.00 であった。

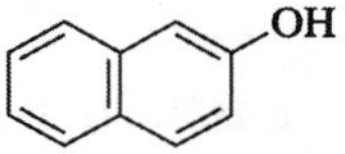

$$\text{（2-ナフトールの構造式）OH}$$

2-ナフトール

　一方，下線部⑤と同じ反応を行い，J の分解反応が大部分進行したところで，残った J を回収し，2-ナフトールと反応させたところ，分子量 248.96 の化合物 N を含む試料が得られた。

〔問〕

キ　　　 d 　　にあてはまる適切な語句を答えよ。

ク　下線部③の操作で化合物 I が生成する反応の化学反応式を示せ。なお，スズはすべて塩化スズ($SnCl_4$)に変換されるものとする。

ケ　化合物 M を熱した銅線に触れさせて，その銅線を炎の中に入れたところ，青緑色の炎色反応がみられた。また，M を水酸化ナトリウム水溶液と高温高圧下で反応させ，反応後の溶液を中和したところ，化合物 K が得られた。一方，反応後の溶液を中和することなく，下線部④の操作で得られた化合物 J と 0 ℃ で反応させたところ，化合物 L が得られた。L と M の構造式をそれぞれ示せ。^{15}N を含む場合には，^{14}N より ^{15}N の存在比が高いと考えられる窒素を，反応式中の例にならって◎で囲って示せ。

コ　下線部⑦の操作で得られた化合物 N に含まれる ^{15}N と ^{14}N の存在比を整数値で示せ。なお，ここでは原子量を H = 1.00，C = 12.00，O = 16.00，^{14}N および ^{15}N の相対質量を $^{14}N = 14.00$，$^{15}N = 15.00$ と仮定して計算せよ。

サ　下線部⑥，⑦それぞれの操作で得られた化合物 N に含まれる ^{15}N と ^{14}N の存在比が異なるのはなぜか，下線部⑤の条件で起こっている反応に含まれる過程の可逆性に着目して，理由を簡潔に説明せよ。

第2問

次のⅠ，Ⅱの各問に答えよ。必要があれば以下の値を用いよ。

気体定数 $R = 8.31 \times 10^3$ Pa・L/(K・mol) $= 8.31$ J/(K・mol)

$\sqrt{2} = 1.41,\ \sqrt{3} = 1.73,\ \sqrt{5} = 2.24$

Ⅰ　次の文章を読み，問**ア**〜**キ**に答えよ。

　　ある水素吸蔵物質(記号 **X** で表す)は式1の可逆反応により水素を取り込み(吸蔵し)**X** H$_2$ となる。

$$\text{X H}_2(固) \rightleftarrows \text{X}(固) + \text{H}_2(気) \qquad\qquad (式1)$$

　気体物質が平衡状態にある場合，各成分気体の濃度の代わりに分圧を用いて平衡定数を表すことができ，この平衡定数を圧平衡定数という。式1の反応が平衡状態にある場合，その圧平衡定数 $K_p^{(1)}$ は水素の分圧 p_{H_2} を用いて

$$K_p^{(1)} = p_{H_2}$$

と表すことができる。また，水素の分圧が $K_p^{(1)}$ より小さいとき，式1の反応は起こらない。

　内部の体積を自由に変えることのできるピストン付きの密閉容器に，水素を含む混合気体と，その物質量よりも十分大きい物質量の **X** を入れ，以下の実験を行った。式1の反応は速やかに平衡状態に達するものとし，527 ℃ において $K_p^{(1)} = 2.00 \times 10^5$ Pa とする。また，**X** への水素以外の成分気体の吸蔵は無視でき，**X** および **X** H$_2$ 以外の物質は常に気体として存在するものとする。気体はすべて理想気体とし，容器内の固体の体積は無視できるものとする。

実験1：容器を水素 1.50 mol とアルゴン 1.20 mol で満たした。その後，<u>容器内の混合気体の圧力を 2.70×10^5 Pa，温度を 527 ℃ に保ったまま，長時間放置した</u>①。このとき，**X** に水素は吸蔵されていなかった。その後，温度を 527 ℃ に保ちながら徐々に圧縮すると，<u>ある体積になったとき</u>②，水素の吸蔵が始まった。その後，さらに圧縮すると，<u>混合気体の圧力は 2.20×10^6 Pa となった</u>③。

実験 2： 容器を水素 1.50 mol とヨウ素 1.20 mol で満たした。その後, 容器内の混合気体の圧力を 2.70×10^5 Pa, 温度を 527 ℃ に保ったまま, 式 2 の反応が平衡状態に達するまで放置した。

$$H_2(気) + I_2(気) \rightleftarrows 2\,HI(気) \qquad (式 2)$$

このとき, 容器内にヨウ化水素は 2.00 mol 存在しており, また, X に水素は吸蔵されていなかった。その後, 温度を 527 ℃ に保ちながら徐々に圧縮すると, <u>ある体積になったとき</u>, 水素の吸蔵が始まった。④ その後, さらに平衡状態を保ちながら圧縮すると, <u>混合気体の圧力は</u>⑤ <u>2.20×10^6 Pa</u> となった。

〔問〕

ア 下線部①のときの混合気体の体積は何 L か, 有効数字 2 桁で答えよ。

イ 下線部②のときの混合気体の圧力は何 Pa か, 有効数字 2 桁で答えよ。

ウ 下線部②のときと同じ体積と温度で, 容器に入れる水素とアルゴンの全物質量を一定としたまま, 全物質量に対する水素の物質量比 x を変えて圧力を測定した。このとき, x と容器内の混合気体の圧力の関係として適切なグラフを, 以下の図 2-1 に示す(1)～(4)の中から一つ選べ。ただし, X は容器内にあり, 混合気体を容器に入れる前に水素は吸蔵されていないものとする。

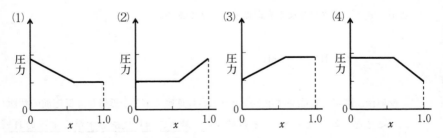

図 2-1　水素の物質量比 x と容器内の混合気体の圧力の関係

エ 下線部③のとき，X は何 mol の水素を吸蔵したか，有効数字 2 桁で答え
よ。答えに至る過程も記せ。

オ 式 2 の反応の圧平衡定数を有効数字 2 桁で答えよ。

カ 下線部④のときの混合気体の圧力は何 Pa か，有効数字 2 桁で答えよ。答
えに至る過程も記せ。

キ 下線部⑤のときのヨウ化水素の分圧は何 Pa か，有効数字 2 桁で答えよ。
答えに至る過程も記せ。

Ⅱ　次の文章を読み，問**ク〜シ**に答えよ。

　　生物の体内では様々なタンパク質が化学反応に関わり，生命活動の維持に寄与
している。タンパク質は，約 20 種類のアミノ酸がペプチド結合を介して直鎖状
　　　　　　　　　　　　⑥
につながった高分子で，一般に図 2−2 のヘモグロビンの様に複雑な立体構造を
とる。

　　タンパク質の中で酵素として働くものは，立体構造の決まった部位に特定の化
合物を結合させ，生体内の化学反応の速度を大きくする役割を持つ。例えばカタ
　　　　　　　　　　⑦
ラーゼと呼ばれる酵素は，生体反応で発生し毒性を持つ過酸化水素を速やかに分
　　　　　　　　　　　　　　　　　　　　　　　　　　　　　　　　　　⑧
解する。

　　また，酵素の中には，それ自身を構成するカルボキシ基など，酸塩基反応に関
わる特定の官能基から，酵素に結合した基質 Y へ水素イオン H^+ を供給するこ
とで，式 3 で示される反応を促進するものがある。

$$Y + H^+ \longrightarrow YH^+ \qquad\qquad\qquad (式 3)$$

　　反応後，酵素の官能基は水から十分大きい速度で H^+ を獲得し，反応前の状態
に戻ることで新たな Y へ H^+ を供給する。酵素の周りにある水から Y への H^+
　　　　　　　　　　　　　　　　　　　　⑨
の供給よりも，酵素の官能基から Y への H^+ の供給が十分に速く起こる場合，Y
に H^+ が供給される速度は溶液の pH によらず一定となる。

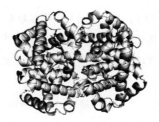

図2—2　ヘモグロビンの立体構造

〔問〕

ク　下線部⑥に関連して，図2—3の構造式で示される(a)アラニン，(b)アスパ
ラギン酸，(c)リシン，それぞれの水溶液に塩酸を加えて酸性にし，さらに
アミノ酸の濃度が同一となるよう水で希釈した。ここへ一定の濃度の水酸
化ナトリウム水溶液を滴下したとき，滴下した水酸化ナトリウム水溶液の
体積 V_{NaOH} に対する pH の変化について，(a)〜(c)の3種類のアミノ酸それ
ぞれに対応するものを，図2—4に示した(5)〜(7)のグラフより選べ。

(a)　アラニン　　　　　　(b)　アスパラギン酸　　　(c)　リシン

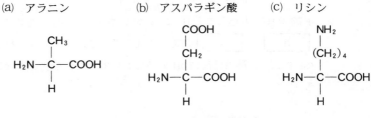

図2—3　アミノ酸の構造式

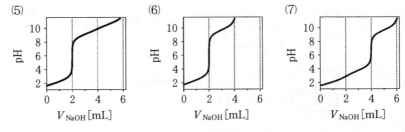

図2—4　アミノ酸の滴定曲線

ケ 下線部⑦について，ウレアーゼと呼ばれる酵素は，尿素 $(NH_2)_2CO$ がアンモニアと二酸化炭素に加水分解する反応を促進する。この反応の化学反応式を示し，反応開始時のアンモニアの生成速度は尿素の減少速度の何倍か答えよ。

コ 下線部⑧について，H_2O_2(液) と H_2O(液) の生成反応の熱化学方程式をそれぞれ記せ。また，H_2O_2(液) から H_2O(液) と酸素への分解反応の反応熱を求め，有効数字 2 桁で答えよ。ただし，H_2O_2(液) と H_2O(液) の生成熱はそれぞれ 187.8 kJ/mol，285.8 kJ/mol とする。

サ 下線部⑧について，H_2O_2(液) が H_2O(液) と酸素に分解する反応の速度定数は，カタラーゼを加えることで 27 ℃ で 10^{12} 倍大きくなる。過酸化水素の分解反応の反応速度定数 k が，定数 A，分解反応の活性化エネルギー E_a，気体定数 R，絶対温度 T を用いて式 4 で表されるとき，カタラーゼの存在下における E_a を求め，有効数字 2 桁で答えよ。答えに至る過程も記せ。ただし，27 ℃ におけるカタラーゼを加えない場合の E_a は 75.3 kJ/mol とし，A はカタラーゼの有無によらず一定とする。

$$\log_{10} k = -\frac{E_a}{2.30\,RT} + A \qquad\qquad (式\ 4)$$

シ 下線部⑨に関連して，H^+ の供給について説明した次の文章中の　d　，　e　にあてはまる語句を，以下よりそれぞれ一つ選べ。ただし，酵素は高い pH 領域においても変性を起こさないものとする。

　　高い pH 領域では，H^+ を供給する官能基から H^+ が失われ，H^+ が酵素の周りの水から Y に供給される。このとき，酵素と Y の濃度が一定とすると，溶液の pH の増加に伴い，式 3 の反応速度は pH の　d　関数に従って　e　する。

　　d　… 1 次，2 次，指数，対数
　　e　… 増加，減少

第 3 問

次のⅠ，Ⅱの各問に答えよ。必要があれば以下の値を用いよ。

元　素	H	C	O
原子量	1.0	12.0	16.0

AgCl の溶解度積（25 ℃）　$K_{sp1} = 1.6 \times 10^{-10}\,\mathrm{mol^2/L^2}$

Ag_2CrO_4 の溶解度積（25 ℃）　$K_{sp2} = 1.2 \times 10^{-12}\,\mathrm{mol^3/L^3}$

アボガドロ定数　$N_A = 6.02 \times 10^{23}\,\mathrm{/mol}$

$\sqrt{2} = 1.41,\ \sqrt{3} = 1.73,\ \sqrt{5} = 2.24,\ \sqrt{6} = 2.45$

Ⅰ　次の文章を読み，問**ア～オ**に答えよ。

　　試料水溶液中の塩化物イオン Cl^- の濃度は，塩化銀 AgCl とクロム酸銀 Ag_2CrO_4 の水への溶解度の差を利用した滴定実験により求めることができる。ここに $x\,\mathrm{mol/L}$ の Cl^- を含む試料水溶液が 20.0 mL ある。試料水溶液には，あ<u>①</u>らかじめ指示薬としてクロム酸カリウム K_2CrO_4 を加え，クロム酸イオン $CrO_4{}^{2-}$ の濃度を $1.0 \times 10^{-4}\,\mathrm{mol/L}$ とした。試料水溶液に $1.0 \times 10^{-3}\,\mathrm{mol/L}$ の硝酸銀 $AgNO_3$ 水溶液を滴下すると，すぐに白色沈殿（AgCl）が生じた。さらに $AgNO_3$ 水溶液を滴下すると白色沈殿の量が増加し，<u>ある滴下量を超えると試料水溶液が赤褐色を呈した</u><u>。この赤褐色は Ag_2CrO_4 の沈殿に由来する。</u>
<u>②</u>　　<u>③</u>

　　本滴定実験において，AgCl により濁った水溶液が赤褐色を呈したと目視で認められた終点は，Ag_2CrO_4 が沈殿し始める点（当量点）とは異なる。そこで，対照実験として，試料水溶液と同体積・同濃度の K_2CrO_4 水溶液に炭酸カルシウムを添加し，下線部②の赤褐色を呈する直前の試料水溶液と同程度に濁った水溶液を用意した。この濁った水溶液に，滴定に用いたものと同濃度の $AgNO_3$ 水溶液を滴下し，<u>下線部②と同程度の呈色を認めるのに必要な $AgNO_3$ 水溶液の体積</u>を求めた。対照実験により補正を行った結果，当量点までに滴下した $AgNO_3$ 水<u>④</u>溶液は 16.0 mL であることがわかった。実験はすべて 25 ℃ で行った。

〔問〕

ア この滴定実験は，試料水溶液の pH が 7 から 10 の間で行う必要がある。pH が 10 より大きいと，下線部③とは異なる褐色沈殿が生じる。この褐色沈殿が生じる反応のイオン反応式を答えよ。

イ 本滴定実験に関連した以下の(1)～(5)の文のなかで，誤りを含むものを二つ選べ。

(1) 対照実験により得られた下線部④の値を，下線部②で赤褐色を呈するまでに滴下した $AgNO_3$ 水溶液の体積より差し引くことにより，当量点までの滴下量を求めることができる。

(2) フッ化銀は水への溶解度が大きいため，本滴定実験は，フッ化物イオンの定量には適用できない。

(3) $AgCl$ は，塩化ナトリウム $NaCl$ 型構造のイオン結晶であるが，$NaCl$ とは異なり水への溶解度は小さい。これは，Na と Cl の電気陰性度の差と比べて，Ag と Cl の電気陰性度の差が大きいためである。

(4) 問**ア**の褐色沈殿に水酸化ナトリウム水溶液を加えると，錯イオンが生成することにより沈殿が溶解する。

(5) 試料水溶液の pH が 7 より小さいと，$CrO_4{}^{2-}$ 以外に，クロムを含むイオンが生成するため，正確な定量が難しくなる。

ウ 当量点において，試料水溶液中に溶解している Ag^+ の物質量は何 mol か，有効数字 2 桁で答えよ。答えに至る過程も記せ。

エ 当量点において，試料水溶液中のすべての Cl^- が $AgCl$ として沈殿したと仮定し，下線部①の x を有効数字 2 桁で答えよ。答えに至る過程も記せ。

オ 実際には，当量点において，試料水溶液中に溶解したままの Cl^- がごく微量存在する。この Cl^- の物質量は何 mol か，有効数字 2 桁で答えよ。答えに至る過程も記せ。

Ⅱ　次の文章を読み，問**カ〜コ**に答えよ。

　　水素 H_2 は，太陽光や風力等の再生可能エネルギーにより水から製造可能な燃料として注目されている。燃料電池自動車は，1.0 kg の H_2 で 100 km 以上走行できる。しかし，1.0 kg の H_2 は 1 気圧 25 ℃ における体積が 1.2×10^4 L と大きいため，燃料として利用するには H_2 を圧縮して貯蔵する技術が必要となる。燃料電池自動車では，1.0 kg の H_2 を 7.0×10^7 Pa に加圧して 25 ℃ における体積を 18 L にしている。H_2 を輸送する際には，− 253 ℃ に冷却して液化し，1.0 kg の H_2 を 14 L にしている。また，炭化水素への可逆的な水素付加反応を用いて，H_2 を室温で液体の炭化水素として貯蔵する技術も開発されている。たとえば，⑤トルエンに水素を付加し，トルエンと同じ物質量のメチルシクロヘキサンを得る反応が用いられる。

　　1.0 kg の H_2 を適切な金属に吸蔵させると，液化した 1.0 kg の H_2 よりも小さな体積で貯蔵することができる。Ti-Fe 合金は，Fe 原子を頂点とする立方体の中心に Ti 原子が位置する単位格子を持つ（図 3 ― 1）。この合金中で H_2 は水素原子に分解され，水素原子の直径以上の大きさを持つすき間に水素原子が安定に存在できる。このとき，⑥6 個の金属原子からなる八面体の中心◎（図 3 ― 2）に水素原子が位置する。

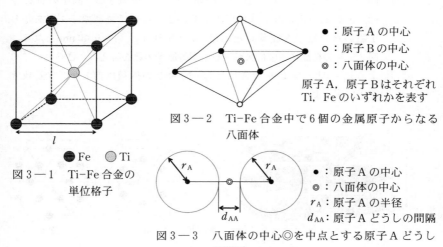

図 3 ― 1　Ti-Fe 合金の
　　　　　単位格子

● Fe　　● Ti

● ：原子 A の中心
○ ：原子 B の中心
◎ ：八面体の中心

原子 A，原子 B はそれぞれ
Ti，Fe のいずれかを表す

図 3 ― 2　Ti-Fe 合金中で 6 個の金属原子からなる
　　　　　八面体

● ：原子 A の中心
◎ ：八面体の中心
r_A ：原子 A の半径
d_{AA} ：原子 A どうしの間隔

図 3 ― 3　八面体の中心◎を中点とする原子 A どうし
　　　　　の間隔

〔問〕

カ 下線部⑤に関して，$1.0\,\text{kg}$ の H_2 をトルエンとすべて反応させて得たメチルシクロヘキサンの $25\,℃$ における体積は何 L か，有効数字 2 桁で答えよ。ただし，メチルシクロヘキサンの密度は $0.77\,\text{kg/L}(25\,℃)$ である。

キ 下線部⑥に関して，Ti-Fe 合金の単位格子の一辺の長さ $l = 0.30\,\text{nm}$，Ti の原子半径 $0.14\,\text{nm}$，Fe の原子半径 $0.12\,\text{nm}$ のとき，図 3 － 2 の八面体において隣り合う原子 A と原子 B は接する。一方，図 3 － 3 に例を示す，八面体の中心◎を中点とする原子どうしの間隔（原子 A どうしは d_{AA}，原子 B どうしは d_{BB}）は 0 より大きな値をとり，八面体の中心◎にすき間ができる。このとき，d_{AA}，d_{BB} それぞれを l および原子 A，B の半径 r_{A}，r_{B} を用いて表せ。さらに，d_{AA}，d_{BB} のどちらが小さいかを答えよ。

ク 図 3 － 2 において，原子 A，B の組み合わせにより八面体は 2 種類存在し，このうち原子 A が Ti で原子 B が Fe である八面体の中心◎にのみ水素原子が安定に存在できる。この理由を，原子どうしの間隔と水素原子の大きさを比較して述べよ。ただし，Ti-Fe 合金中の水素原子の半径は $0.03\,\text{nm}$ とする。

ケ 原子 A が Ti である八面体の中心◎にのみ水素原子が 1 個ずつ吸蔵されるとき，Ti-Fe 合金中の水素原子の数は Ti 原子の数の何倍かを答えよ。

コ La-Ni 合金（図 3 － 4）も H_2 を水素原子として吸蔵する。図中の面 α，β は，ともに一辺 a の正六角形である。この合金は金属原子 1 個あたり 1 個の水素原子を吸蔵した結果，$a = 0.50\,\text{nm}$，$c = 0.40\,\text{nm}$ となる。図 3 － 4 の結晶格子中に吸蔵される水素原子の数を答えよ。さらに，このように $1.0\,\text{kg}$ の H_2 を吸蔵した La-Ni 合金の体積は何 L か，有効数字 2 桁で答えよ。

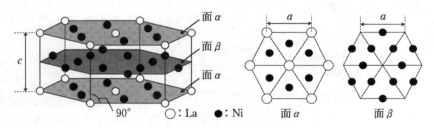

図 3 － 4　La-Ni 合金の結晶格子

2020 年

解答時間：2科目 150分
配　　点：120点

第1問

　次のⅠ，Ⅱの各問に答えよ。必要があれば以下の値を用いよ。構造式は例にならって示せ。

元　素	H	C	O	I
原子量	1.0	12.0	16.0	126.9

（構造式の例）

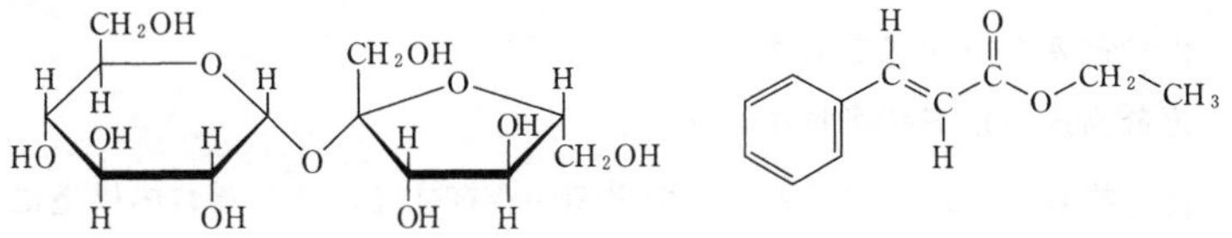

Ⅰ　次の文章を読み，問ア～カに答えよ。

　天然化合物 A は，分子量 286 で，炭素，水素，酸素の各原子のみからなる。71.5 mg の A を完全燃焼させると，143 mg の二酸化炭素と，40.5 mg の水が生じた。A を加水分解すると，等しい物質量の化合物 B と化合物 C が得られた。B の水溶液をフェーリング液に加えて加熱すると赤色沈殿が生じたが，A の水溶液では生じなかった。① C に塩化鉄(Ⅲ)水溶液を加えると特有の呈色反応を示したが，A では示さなかった。

　セルロースやデンプンは，多数の B が縮合重合してできた多糖である。セルロースを酵素セルラーゼにより加水分解して得られるセロビオースと，デンプンを酵素アミラーゼにより加水分解して得られるマルトースは，上の構造式の例（左側）に示したスクロースと同じ分子式で表される二糖の化合物である。

　これらの二糖は酵素 X，または，酵素 Y によって単糖に加水分解できる。X

— 49 —

はセロビオースを，Y はマルトースを加水分解して，いずれにおいても B のみ
を生成したが，X はマルトースを，Y はセロビオースを加水分解できなかった。
スクロースは X により加水分解されなかったが，Y により加水分解され，等し
い物質量の B と化合物 D が生成した。A は X により加水分解され，B と C が生
成したが，Y による加水分解は起こらなかった。

　C を酸化することにより化合物 E が得られた。E は分子内で水素結合を形成し
た構造を持ち，E に炭酸水素ナトリウム水溶液を加えると二酸化炭素が発生し
た。E と無水酢酸に濃硫酸を加えて反応させると，解熱鎮痛剤として用いられる
化合物 F が得られた。

〔問〕

ア　化合物 A の分子式を示せ。

イ　化合物 B，D，F の名称を記せ。

ウ　化合物 B には鎖状構造と六員環構造が存在する。それぞれの構造におけ
　　　る不斉炭素原子の数を答えよ。

エ　セロビオース，マルトース，スクロースの中で，下線部①で示した反応に
　　　より赤色沈殿を生じる化合物をすべて答えよ。また，その理由を述べよ。

オ　化合物 C の構造式を示せ。

カ　化合物 A の構造式を示せ。

Ⅱ　次の文章を読み，問**キ～サ**に答えよ。

　セルロースは地球上に最も多く存在する有機化合物であり，石油資源に頼らな
い次世代の化学工業を担う重要化合物と考えられている。セルロースを濃硫酸中
で加熱すると，最終的に糖ではない化合物 G が主として得られる。G は炭素，
水素，酸素の各原子のみからなり，バイオ燃料，生分解性高分子，医薬品合成の
原料として広く利用可能である。G を生分解性高分子 H などの化合物に変換す
るため，以下の実験 1 ～ 3 を行った。

実験1：水中でアセトンに過剰量の水酸化ナトリウムとヨウ素を反応させると，
　　　　特有の臭気を有する黄色の化合物 I が沈殿し，反応液中に酢酸ナトリウ
　　　　ムが検出された。アセトンの代わりに G を用いて同じ条件で反応させ
　　　　たところ，I が沈殿した。続いて，I を除いた反応液を塩酸を用いて酸
　　　　性にすると，ともに直鎖状化合物である J と K の混合物が得られた。
　　　　分子式を比較すると J と K の炭素原子の数は，いずれも G より一つ少
　　　　なかった。K は不斉炭素原子を有していたが，J は有していなかった。
　　　　58.0 mg の G を水に溶かし，0.200 mol/L の炭酸水素ナトリウム水溶液
　　　　で滴定したところ，2.50 mL で中和点に達した。一方，67.0 mg の K
　　　　を水に溶かし，0.200 mol/L の炭酸水素ナトリウム水溶液で滴定したと
　　　　ころ，5.00 mL で中和点に達した。

実験2：J とエチレングリコール(1, 2-エタンジオール)を混合して縮合重合させ
　　　　たところ，物質量 1：1 の比でエステル結合を形成しながら共重合し，
　　　　平均重合度 100，平均分子量 1.44×10^4 の高分子 H が得られた。

実験3：K を加熱すると分子内で一分子の水が脱離し，化合物 L が得られた。L
　　　　に光照射すると，その幾何異性体 M が生成した。L と M はともに臭素
　　　　と反応した。L と M をそれぞれ，より高温で長時間加熱すると，M の
　　　　み分子内で脱水反応が起こり，化合物 N を与えた。

〔問〕

　キ　化合物 I の分子式を示せ。

　ク　実験2の結果から，化合物 J の分子量を求めよ。

　ケ　下の例にならい，高分子 H の構造式を示せ。

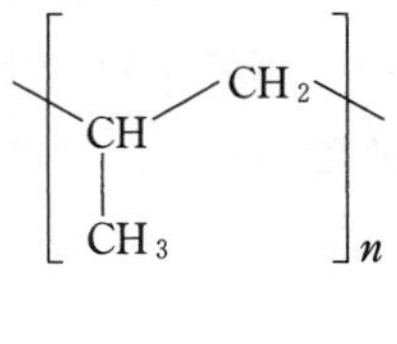

$$\left[\begin{array}{c} \mathrm{CH} \\ | \\ \mathrm{CH_3} \end{array}\!\!-\!\!\mathrm{CH_2}\right]_n$$

コ　化合物 K, L, N の構造式をそれぞれ示せ。ただし、鏡像異性体は考慮しなくてよい。

サ　化合物 G の構造式を答えよ。

第2問

次の I, II の各問に答えよ。必要があれば以下の値を用いよ。

元　素	H	C	N	O	Cl	Ar
原子量	1.0	12.0	14.0	16.0	35.5	39.9

アボガドロ定数　$N_A = 6.02 \times 10^{23}/mol$

$\sqrt{2} = 1.41$, $\sqrt{3} = 1.73$

I　次の文章を読み、問 ア ～ カ に答えよ。

空気は N_2 と O_2 を主成分とし、微量の希ガス（貴ガス）や H_2O（水蒸気）、CO_2 などを含んでいる。レイリーとラムゼーは、空気から O_2, H_2O, CO_2 を除去して得た気体の密度が化学反応で得た純粋な N_2 の密度より大きいことに着目し、①　　　　　　　　　　　　　　　　　　　　　　②　　　　　　　　　　Ar を発見した。

空気中の CO_2 は、緑色植物の光合成によって還元され、糖類に変換される。この反応に着想を得て、光エネルギーによって CO_2 を CH_3OH や $HCOOH$ など③　　　　　　　　　　　　　　　　　　　　　　　　　　　　　　　　　の有用な化合物に変換する人工光合成の研究が行われている。

〔問〕

ア　希ガスに関する以下の(1)～(5)の記述から、正しいものをすべて選べ。

(1)　He を除く希ガス原子は 8 個の価電子をもつ。

(2)　希ガスは、放電管に封入して高電圧をかけると、元素ごとに特有の色に発光する。

⑶　He は，全ての原子のうちで最も大きな第 1 イオン化エネルギーをもつ。

⑷　Kr 原子の電子数はヨウ化物イオン I^- の電子数と等しい。

⑸　Ar は，HCl より分子量が大きいため，HCl よりも沸点が高い。

イ　空気に対して，以下の一連の操作を，操作 1 →操作 2 →操作 3 の順で行い，下線部①の気体を得た。各操作において除去された物質をそれぞれ答えよ。ただし，空気は N_2，O_2，Ar，H_2O，CO_2 の混合気体であるとする。

　操作 1：NaOH 水溶液に通じる

　操作 2：赤熱した Cu が入った容器に通じる

　操作 3：濃硫酸に通じる

ウ　問**イ**の実験で得た気体は，同じ温度と圧力の純粋な N_2 よりも密度が0.476 %大きかった。問**イ**の実験で得た気体中の Ar の体積百分率，および，実験に用いた空気中の Ar の体積百分率はそれぞれ何%か，有効数字 2 桁で答えよ。ただし，空気中の N_2 の体積百分率は 78.0 %とする。

エ　問**イ**の実験で，赤熱した Cu の代わりに赤熱した Fe を用いると，一連の操作後に得られた気体の密度が，赤熱した Cu を用いた場合よりも小さくなった。その理由を，化学反応式を用いて簡潔に説明せよ。

オ　下線部②について，NH_4NO_2 水溶液を加熱すると N_2 が得られる。この反応の化学反応式を記せ。また，反応の前後における窒素原子の酸化数を答えよ。

カ　下線部③について，CO_2 と H_2O から HCOOH と O_2 が生成する反応を考える。この反応は，CO_2 の還元反応と H_2O の酸化反応の組み合わせとして理解できる。それぞれの反応を電子 e^- を用いた反応式で示せ。

Ⅱ　次の文章を読み，問**キ〜コ**に答えよ。

　多くの分子やイオンの立体構造は，電子対間の静電気的な反発を考えると理解
④
できる。例えば，CH_4分子は，炭素原子のまわりにある四つの共有電子対間の
反発が最小になるように，正四面体形となる。同様に，H_2O分子は，酸素原子
のまわりにある四つの電子対（二つの共有電子対と二つの非共有電子対）間の反発
によって，折れ線形となる。電子対間の反発を考えるときは，二重結合や三重結
合を形成する電子対を一つの組として取り扱う。例えば，CO_2分子は，炭素原
子のまわりにある二組の共有電子対（二つのC＝O結合）間の反発によって，直
線形となる。

　多数の分子が分子間力によって引き合い，規則的に配列した固体を分子結晶と
よぶ。例えば，CO_2は低温で図2―1に示す立方体を単位格子とする結晶とな
る。図2―1の結晶中で，CO_2分子の炭素原子は単位格子の各頂点および各面
の中心に位置し，酸素原子は隣接するCO_2分子の炭素原子に近づくように位置
⑤
している。

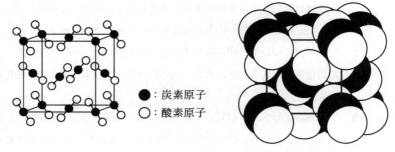

●：炭素原子
○：酸素原子

図2―1　（左）CO_2の結晶構造の模式図。（右）分子の大きさを考慮して描
　　　　いたCO_2の結晶構造。

〔問〕

キ　いずれも鎖状の HCN 分子および亜硝酸イオン NO_2^- について，最も安定な電子配置（各原子が希ガス原子と同じ電子配置）をとるときの電子式を以下の例にならって示せ。等価な電子式が複数存在する場合は，いずれか一つ答えよ。

（例）　　$\ddot{O} :: C :: \ddot{O}$　　　　$\left[H : \ddot{O} : H \atop H \right]^+$

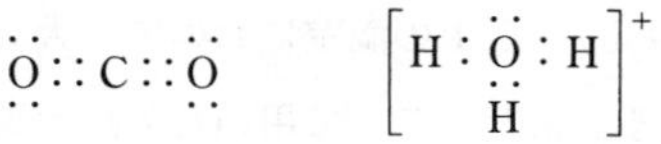

ク　下線部④の考え方に基づいて，以下にあげる鎖状の分子およびイオンから，最も安定な電子配置における立体構造が直線形となるものをすべて選べ。

　　　　HCN　　　NO_2^-　　　NO_2^+　　　O_3　　　N_3^-

ケ　図 2－1 に示す CO_2 の結晶について，最も近くにある二つの炭素原子の中心間の距離が 0.40 nm であるとする。このとき，CO_2 の結晶の密度は何 g/cm^3 か，有効数字 2 桁で答えよ。答えに至る過程も記せ。

コ　下線部⑤について，CO_2 の結晶中で，隣り合う CO_2 分子の炭素原子と酸素原子が近づく理由を，電気陰性度に着目して説明せよ。

第 3 問

次の I，II の各問に答えよ。必要があれば以下の値を用いよ。

元 素	H	C	O	Na	S	Cl
原子量	1.0	12.0	16.0	23.0	32.1	35.5

気体定数　$R = 8.31 \times 10^3 \, Pa \cdot L/(K \cdot mol)$

I　次の文章を読み，問**ア**〜**オ**に答えよ。

　　アメリカやアフリカにある塩湖の泥中に存在するトロナ鉱石は，主に炭酸ナトリウム，炭酸水素ナトリウム，水和水からなり，炭酸ナトリウムを工業的に製造

するための原料や洗剤として用いられる。

　①トロナ鉱石 4.52 g を 25 ℃ の水に溶かし，容量を 200 mL とした。この水溶液にフェノールフタレインを加えてから，1.00 mol/L の塩酸で滴定したところ，変色するまでに 20.0 mL の滴下が必要であった（第一反応）。次に，メチルオレンジを加えてから滴定を続けたところ，変色するまでにさらに 40.0 mL の塩酸の滴下が必要であった（第二反応）。以上の滴定において，大気中の二酸化炭素の影響は無視してよいものとする。また，ここで用いたトロナ鉱石は炭酸ナトリウム，炭酸水素ナトリウム，水和水のみからなるものとする。

〔問〕

ア　第一反応および第二反応の化学反応式をそれぞれ記せ。

イ　第一反応の終点における pH は，0.10 mol/L の炭酸水素ナトリウム水溶液と同じ pH を示した。この pH を求めたい。炭酸水素ナトリウム水溶液に関する以下の文章中の　　a　　～　　e　　にあてはまる式，　　f　　にあてはまる数値を答えよ。ただし，水溶液中のイオンや化合物の濃度は，例えば $[Na^+]$，$[H_2CO_3]$ などと表すものとする。

　　炭酸の二段階電離平衡を表す式とその電離定数は

$$H_2CO_3 \rightleftharpoons H^+ + HCO_3^- \qquad K_1 = \boxed{a}$$
$$HCO_3^- \rightleftharpoons H^+ + CO_3^{2-} \qquad K_2 = \boxed{b}$$

である。ただし，25 ℃ において，$\log_{10} K_1 = -6.35$，$\log_{10} K_2 = -10.33$ である。

　　炭酸水素ナトリウム水溶液中の物質量の関係から

$$[Na^+] = \boxed{c}$$

の等式が成立する。また，水溶液が電気的に中性であることから

$$\boxed{d}$$

の等式が成立する。以上の式を，$[H^+]$ と $[OH^-]$ が $[Na^+]$ に比べて十分小さいことに注意して整理すると，$[H^+]$ は K_1，K_2 を用いて，

$$[H^+] = \boxed{e}$$

と表される。よって，求める pH は　　f　　となる。

ウ 下線部①のトロナ鉱石に含まれる炭酸ナトリウム，炭酸水素ナトリウム，水和水の物質量の比を求めよ。

エ 下線部①の水溶液の pH を求めよ。

オ 健康なヒトの血液は中性に近い pH に保たれている。この作用は，二酸化炭素が血液中の水に溶けて電離が起こることによる。血液に酸(H^+)を微量加えた場合と塩基(OH^-)を微量加えた場合のそれぞれについて，血液の pH が一定に保たれる理由を，イオン反応式を用いて簡潔に説明せよ。

Ⅱ　次の文章を読み，問**カ**〜**コ**に答えよ。

　火山活動は，高温高圧の地下深部で溶融した岩石(マグマ)が上昇することで引き起こされる。マグマは地下深部では液体であるが，上昇して圧力が下がると，<u>マグマ中の揮発性成分が気体(火山ガス)になり</u>，マグマは液体と気体の混合物となる(図3—1)。このとき，<u>マグマのみかけの密度は，気体ができる前のマグマの密度より小さくなる</u>。この密度減少がマグマの急激な上昇と爆発的噴火を引き起こす。

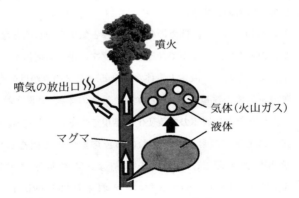

図3—1　火山活動の模式図

　火山ガスの一部は，マグマから分離して地中の割れ目などを通って上昇し，地表で噴気として放出される(図3—1)。火山ガスの組成(成分とモル分率)は，マグマから分離した時点で表3—1に示すとおりであり，上昇とともに式1の平衡が移動

することで変化するものとする。噴気の放出口では，単体の硫黄の析出がしばしば観察される。その理由の一つとして，<u>式 1 において，ほぼ正反応のみが進行すること</u>④が考えられる。

$$SO_2(気) + 3\,H_2(気) \rightleftarrows H_2S(気) + 2\,H_2O(気) \qquad (式 1)$$

表 3 − 1　火山ガスの組成

成　分	H_2O	CO_2	SO_2	H_2S	HCl	H_2	その他
モル分率[%]	97.80	0.34	0.87	0.04	0.39	0.45	0.11

〔問〕

カ　下線部②に関して，地中の深さ 3 km 付近でマグマの質量の 1.00％ に相当する H_2O のみが気体になる場合を考える。1.00 L のマグマから生じた H_2O(気)の体積を有効数字 2 桁で求めよ。答えに至る過程も記せ。ただし，このときの圧力は 8.00×10^7 Pa，温度は 1047 ℃，H_2O(気)ができる前のマグマの密度は 2.40×10^3 g/L とし，H_2O(気)は理想気体とみなしてよいものとする。

キ　下線部③に関して，問**カ**の条件で液体と気体の混合物となったマグマのみかけの密度は，気体ができる前のマグマの密度の何倍か，有効数字 2 桁で求めよ。ただし，液体と気体からなるマグマのみかけの密度は，(液体の質量＋気体の質量)/(液体の体積＋気体の体積)で表される。また，気体が生じたときの液体の体積変化は無視できるものとする。

ク　式 1 の正反応の常温常圧における反応熱は正の値をもつ。必要な熱化学方程式を記し，この値を求めよ。常温常圧における SO_2(気)，H_2S(気)，H_2O(液)の生成熱は，それぞれ 296.9 kJ/mol，20.2 kJ/mol，285.8 kJ/mol とし，H_2O(液)の蒸発熱は 44.0 kJ/mol とする。

ケ　式 1 の平衡の移動に関する以下の文章中の　g　～　j　にあてはまる語句を答えよ。ただし，　h　と　j　には「正」または「逆」のいずれかを答えよ。

　　　圧力一定で温度が下がると，一般に □g□ 反応の方向に平衡が移動するため，式1の □h□ 反応がより進行する。また，温度一定で圧力が下がると，一般に気体分子の総数を □i□ させる方向に平衡が移動するため，式1の □j□ 反応がより進行する。

ロ　下線部④の結果として，なぜ単体の硫黄を析出する反応が起こるのか，表3―1に示した成分のモル分率を参考にして，簡潔に述べよ。ただし，「その他」の成分は考慮しなくてよい。また，この硫黄が析出する反応の化学反応式を記せ。

2019年

解答時間：2科目 150分
配　　点：120点

第1問

次の文章を読み，問**ア**～**ケ**に答えよ。必要があれば以下の値を用いよ。構造式を示す場合は，例にならって，不斉炭素原子上の置換様式(紙面の上下)を特定しない構造式で示すこと。

元　素	H	C	N	O
原子量	1.0	12.0	14.0	16.0

(構造式の例)

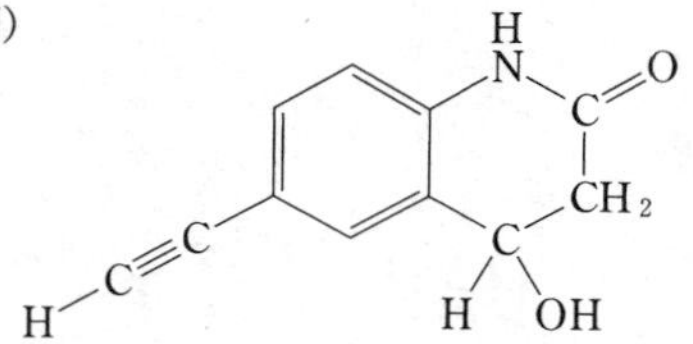

フェノールでは，様々な置換反応がベンゼン環上の特定の位置で起こりやすい。この置換反応は，多様な医薬品や合成樹脂を合成する際に利用される。そこで，フェノールから下記の化合物**A**，**B**，**C**および**D**を経由して，医薬品と関連する化合物**E**を合成する計画を立て，以下の実験1～8を行った。

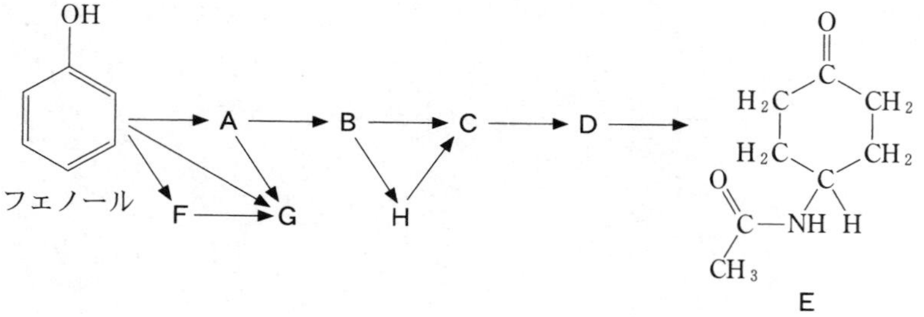

実験 1 ：フェノールに，希硝酸を作用させると，互いに同じ分子式を持つ A と
　　　　　化合物 F の混合物が得られた。この混合物から，A と F を分離した。

実験 2 ：フェノールに，濃硝酸と濃硫酸の混合物を加えて加熱し，十分に反応さ
　　　　　せると，化合物 G が得られた。A および F を，それぞれ同条件で反応
　　　　　させても，G が得られた。

実験 3 ：A を濃塩酸中で鉄と処理した。その後，炭酸水素ナトリウム水溶液を
　　　　　加えたところ，二酸化炭素が気体として発生し B が得られた。

実験 4 ：B に，水溶液中で X を作用させると C が得られた。

実験 5 ：B に，希硫酸中で X を作用させると，C と異なる化合物 H が得られ
　　　　　た。H は，塩化鉄（Ⅲ）水溶液で呈色しなかった。

実験 6 ：H に，Y の水溶液を作用させた後に，希硫酸を加えたところ，C と酢酸
　　　　　が得られた。C と酢酸の物質量の比は， 1 ： 1 であった。

実験 7 ：C に，ニッケルを触媒として Z を作用させると，D が得られたが，未反
　　　　　応の C も残った。そこで C と D の混合物のエーテル溶液を分液ロート
　　　　　に移し，Y の水溶液を加えてよく振った。水層とエーテル層を分離した
　　　　　後に，エーテル層を濃縮して D を得た。

実験 8 ：D に，硫酸酸性の二クロム酸カリウム水溶液を作用させると，目的とす
　　　　　る E が得られた。

　フェノールとホルムアルデヒドの重合反応により，電気絶縁性に優れるフェノー
ル樹脂が合成できる。塩基性触媒存在下にて処理すると，フェノールとホルムアル
デヒドは，付加反応と縮合反応を連続的に起こし，フェノールの特定の位置が置換
されたレゾールが生成する。レゾールを加熱すると，フェノール樹脂が得られる。
これに関連する以下の実験 9 ～11 を行った。

実験 9 ：フェノールとホルムアルデヒドを物質量の比 2 ： 3 で重合し，さらに加
　　　　　熱すると，フェノール樹脂が得られた。

実験10：実験 9 で得られたフェノール樹脂を完全燃焼させたところ，水と二酸化
　　　　　炭素が生成した。

実験11：示性式 $C_6H_4(CH_3)OH$ で表されるクレゾールは，三種類の異性体を持
　　　　　つ。塩基性触媒存在下，クレゾールとホルムアルデヒドの重合反応によ

り三種類のクレゾールに対応する生成物を得た。三種類の生成物をそれ
ぞれ加熱すると，一つの生成物のみがフェノール樹脂と同様の硬い樹脂
になった。

〔問〕

ア　化合物 A の構造式を示せ。

イ　化合物 G の構造式を示せ。

ウ　化合物 H の構造式を示せ。

エ　化合物 D の構造式を示せ。また，D には立体異性体が，いくつ存在しうる
か答えよ。

オ　X，Y および Z の物質名をそれぞれ書け。

カ　実験 7 の分液操作で C と D が分離できる理由を述べよ。

キ　下線部①のレゾールの例としてフェノール 2 分子とホルムアルデヒド 1 分子
の反応において得られる化合物 I がある。I は，2 分子のフェノールのベン
ゼン環がメチレン基（—CH$_2$—）によってつながれた構造を持つ。I の構造式
をすべて示せ。

ク　実験 10 において生成した水に対する二酸化炭素の重量比を有効数字 2 桁で
求めよ。なお，実験 9 においては，反応が完全に進行したものとする。

ケ　実験 11 において硬い樹脂を与えるクレゾールの異性体の構造式を示し，そ
れが硬化した理由および他の異性体が硬化しなかった理由を述べよ。

第2問

次のⅠ，Ⅱの各問に答えよ。必要があれば以下の値を用いよ。

元　素	H	O	P	Ca	Ni	Cu	Au
原子量	1.0	16.0	31.0	40.1	58.7	63.5	197

ファラデー定数　$F = 9.65 \times 10^4\,\mathrm{C/mol}$

Ⅰ　次の文章を読み，問**ア〜オ**に答えよ。

　　リン酸カルシウムを含む鉱石に，コークスを混ぜて強熱するとP_4の分子式で①表される黄リン(白リンとも呼ばれる)が得られる。黄リンを空気中で燃焼させると白色の十酸化四リンが得られる。十酸化四リンは，強い吸湿性を持ち乾燥剤や脱水剤に利用され，水と十分に反応するとリン酸になる。リン酸は，図2−1に示したように，水素-酸素燃料電池の電解質として使われる。

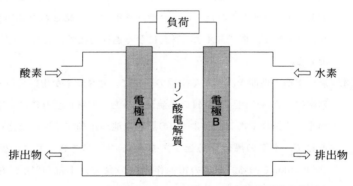

図2−1　　リン酸電解質を用いた水素-酸素燃料電池の模式図

〔問〕

　　ア　下線部①の反応は以下の化学反応式で表される。

$$2\,Ca_3(PO_4)_2 + 10\,C \rightarrow P_4 + 10\,CO + 6\,CaO$$

　　上記の反応は，十酸化四リンを生成する第一段階の反応と，十酸化四リン
　　と炭素の間の第二段階の反応の組み合わせとして理解できる。それぞれの
　　反応の化学反応式を示せ。

イ　下図は，無極性分子の十酸化四リンの分子構造の一部を立体的に示したも
　　のである。この構造を解答用紙に描き写し，他の必要となる構造を描き加
　　えることで分子構造を完成させよ。

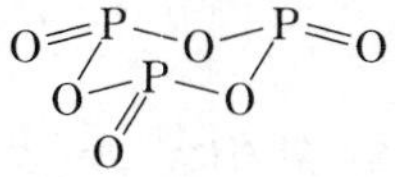

$$O{=}P{-}O{-}P{=}O$$
$$O{-}P{-}O$$
$$O$$

ウ　図2−1の電極 **A** と電極 **B** でのそれぞれの反応を電子 e^- を用いた反応式
　　で示せ。また，正極となる電極は電極 **A** と電極 **B** のどちらであるかを答
　　えよ。

エ　図2−1の燃料電池を電圧 0.50 V において，10 時間作動させたところ，
　　90 kg の水が排出された。このとき，電池から供給された電力量は何 J
　　か，有効数字2桁で答えよ。答えに至る過程も記せ。なお，1 J ＝ 1 C·V
　　である。

オ　燃料電池の性能を評価する指標の一つに，発電効率が用いられる。発電
　　効率は，燃料に用いた物質の燃焼熱のうち，何％を電力量に変換できた
　　かを示す指標である。図2−1の燃料電池が作動する際の反応は，全体
　　として，水素の燃焼反応として捉えることができ，水素の燃焼熱は
　　286 kJ/mol である。問**エ**の電池作動時の発電効率は何％か，有効数字
　　2桁で答えよ。

Ⅱ　次の文章を読み，問**カ**〜**サ**に答えよ。

　　ある黄銅鉱から得られた試料 C は，$CuFeS_2$ を主成分とし，不純物としてニッケルおよび金を含んでいた。この試料 C から銅と鉄を精製するため，以下の実験を行った。

実験 1：試料 C を酸素とともに強熱すると気体 D が発生し，硫黄を含まない固体 E が得られた。気体 D は水に溶解することで，亜硫酸水溶液として除去した。

実験 2：固体 E をさらに強熱すると融解し，上下二層に分離した。上層からは金属酸化物の混合物である固体 F が，下層からは金属の混合物である固体 G が得られた。固体 F にニッケルおよび金は含まれなかった。

実験 3：固体 F を希硝酸中で加熱すると，Cu^{2+} イオンと Fe^{3+} イオンを含む水溶液 H が得られた。

実験 4：水溶液 H に過剰量の塩基性水溶液 X を加えると，銅を含まない赤褐色の固体 I が得られた。

実験 5：固体 I を強熱すると Fe_2O_3 が得られた。この得られた<u>Fe_2O_3 をメタンの存在下で強熱したところ，純粋な鉄が得られた</u>。
②

実験 6：固体 G を陽極，黒鉛を陰極として，硫酸銅（Ⅱ）水溶液中で電解精錬を行ったところ，陰極側で純粋な銅が得られた。

〔問〕

　カ　気体 D の化学式を答えよ。

　キ　実験 3 の水溶液 H に適切な金属を加えることで Cu^{2+} イオンのみを還元できる。以下の金属のうち，この方法に適さない金属が一つある。その金属を答え，用いることができない理由を二つ述べよ。

　　　　ニッケル　　スズ　　鉛　　カリウム

　ク　実験 4 の水溶液 X として適切な溶液の名称を答えよ。

　ケ　固体 I の化学式を答えよ。

コ 下線部②では，鉄のほかに二酸化炭素と水が生成した。1.0 mol の鉄を得るのにメタンは何 mol 必要か，有効数字 2 桁で答えよ。

サ 実験 6 の電解精錬において，1.00 L の硫酸銅(Ⅱ)水溶液中，3.96×10^5 C の電気量を与えた。固体 G 中の銅，ニッケル，金の物質量の比は，94.0：5.00：1.00 であり，陽極に用いた固体 G 中の物質量の比は電解精錬前後で変わらなかった。電解精錬後の水溶液のニッケル濃度は何 g/L か，有効数字 3 桁で答えよ。与えられた電気量は，全て金属の酸化還元反応に用いられ，水溶液の体積および温度は電解精錬前後で変わらないものとする。

第3問

次のⅠ，Ⅱの各問に答えよ。

Ⅰ　次の文章を読み，問**ア**～**オ**に答えよ。

酸化還元滴定を行うために以下の溶液を調製した。

溶液 **A**：0.100 mol/L のチオ硫酸ナトリウム($Na_2S_2O_3$)水溶液。

溶液 **B**：ある物質量のヨウ化カリウム(KI)とヨウ素(I_2)を水に溶かして 1.00 L とした水溶液。

次に以下の実験を行った。

実験 1：溶液 **B** から 250 mL を取り，水を加えて希釈し 1.00 L とした。ここから 100 mL を取り，これに溶液 **A** を滴下した。溶液が淡黄色になったところでデンプン溶液を数滴加えると，溶液は青紫色になった。さらに，溶液 **A** を滴下し，溶液が無色になったところで，滴下をやめた。滴下した溶液 **A** の全量は，15.7 mL であった。

実験 2：少量の硫化鉄(Ⅱ)に希硫酸をゆっくり加えて，気体 **C** を発生させた。溶液 **B** から 250 mL を取り，この溶液に気体 **C** をゆっくり通

して，反応させた。この溶液に水を加えて希釈し 1.00 L とした。ここから 100 mL を取り，これに溶液 A を滴下した。溶液が淡黄色になったところでデンプン溶液を数滴加えると，溶液は青紫色になった。さらに溶液 A を滴下し，溶液が無色になったところで，滴下をやめた。滴下した溶液 A の全量は，10.2 mL であった。

〔問〕

ア 実験 1，2 では，ヨウ素とチオ硫酸ナトリウムが反応し，テトラチオン酸ナトリウム($Na_2S_4O_6$)が生じる。この化学反応式を記せ。

イ 実験 2 で気体 C とヨウ素との間で起こる反応を化学反応式で記せ。また，反応の前後で酸化数が変化したすべての元素を反応の前後の酸化数とともに記せ。

ウ 溶液 B を調製するときに溶かしたヨウ素の物質量は何 mol か，有効数字 3 桁で答えよ。答えに至る過程も記せ。

エ 実験 2 で反応した気体 C の物質量は何 mol か，有効数字 3 桁で答えよ。答えに至る過程も記せ。

オ 各滴定に用いたビュレットの最小目盛りは 0.1 mL であり，滴下した溶液の量には，± 0.05 mL 以内の誤差があるとする。このビュレットを用いた場合，実験に用いる各溶液の濃度を変えると，求められる気体 C の物質量の誤差の範囲に影響が及ぶことがある。以下に挙げた(1)～(4)の中で，求められる気体 C の物質量の誤差の範囲が最も狭くなるものを選び，その理由を述べよ。

(1) 溶液 A のチオ硫酸ナトリウムの濃度を 2 倍にする。

(2) 溶液 A のチオ硫酸ナトリウムの濃度を 0.5 倍にする。

(3) 溶液 B のヨウ素の濃度を 2 倍にする。

(4) 溶液 B のヨウ素の濃度を 0.5 倍にする。

Ⅱ　次の文章を読み，問**カ**〜**シ**に答えよ。必要があれば以下の値を用いよ。

$$\sqrt{2} = 1.41, \quad \sqrt{3} = 1.73$$

　二種類の陽イオン M_A，M_B と一種類の陰イオン X からなるイオン結晶には，図3—1に示す結晶構造をもつものがある。この結晶構造では，一辺の長さが a の立方体単位格子の中心に M_A が，頂点に M_B が位置し，X は立方体のすべての辺の中点にある。

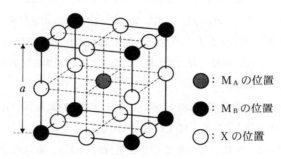

●：M_A の位置

●：M_B の位置

○：X の位置

図3—1　M_A，M_B，X からなるイオン結晶の構造

〔問〕

　カ　図3—1に示すイオン結晶の組成式を M_A，M_B，X を用いて表せ。

　キ　M_A および M_B の配位数をそれぞれ答えよ。

　ク　図3—1の結晶構造において，M_A と X をすべて原子 Y に置き換え，すべての M_B を取り除いたとする。このとき，Y の配列は何と呼ばれるか答えよ。

　ケ　図3—1の結晶構造において，M_A と X をすべて陰イオン Z に置き換え，単位格子のすべての面の中心に新たに M_B を付け加えたとする。このときに得られるイオン結晶の組成式を，M_B と Z を用いて表せ。また，この構造をもつ物質を一つ答えよ。

コ　図 3 ― 1 の結晶構造をもつ代表的な物質として，M_A が Sr^{2+}，M_B が Ti^{4+}，X が O^{2-} であるチタン酸ストロンチウムがある。その単位格子の一辺は $a = 0.391\,nm$ である。イオン半径 $0.140\,nm$ をもつ O^{2-} と，Sr^{2+} および Ti^{4+} が接していると仮定して，各陽イオンの半径は何 nm か，小数第 3 位まで求めよ。

サ　図 3 ― 1 の結晶構造をもつイオン結晶の安定性には，構成イオンの価数の組み合わせが重要である。X を O^{2-} とし，表 3 ― 1 にある M_A と表 3 ― 2 にある M_B からそれぞれ一つを選んでイオン結晶を作るとする。価数の観点から安定な M_A と M_B の組み合わせをすべて答えよ。

表 3 ― 1　M_A のイオン半径 r_A

M_A	Ca^{2+}	Cs^+	La^{3+}	Ce^{4+}
r_A[nm]	0.134	0.188	0.136	0.114

表 3 ― 2　M_B のイオン半径 r_B

M_B	Fe^{3+}	Zr^{4+}	Mo^{6+}	Ta^{5+}
r_B[nm]	0.065	0.072	0.059	0.064

シ　図 3 ― 1 の結晶構造をもつイオン結晶の安定性には，構成イオンの相対的な大きさも重要となる。その尺度として，以下のパラメータ u を用いることとする。

$$u = \frac{r_A + r_X}{r_B + r_X}$$

ここで，r_A，r_B，r_X は，それぞれ M_A，M_B，X のイオン半径である。X が O^{2-}（$r_X = 0.140\,nm$）のとき，問**サ**で選択した M_A と M_B の組み合わせの中で，パラメータ u の値に基づき，最も安定と予想されるものを答えよ。また，その理由を記せ。

2018年

解答時間：2科目150分
配　　点：120点

第1問

次の文章を読み，問**ア**～**コ**に答えよ。必要があれば以下の値を用いよ。構造式は例にならって示せ。

元　素	H	C	N	O	S
原子量	1.0	12.0	14.0	16.0	32.1

（構造式の例）

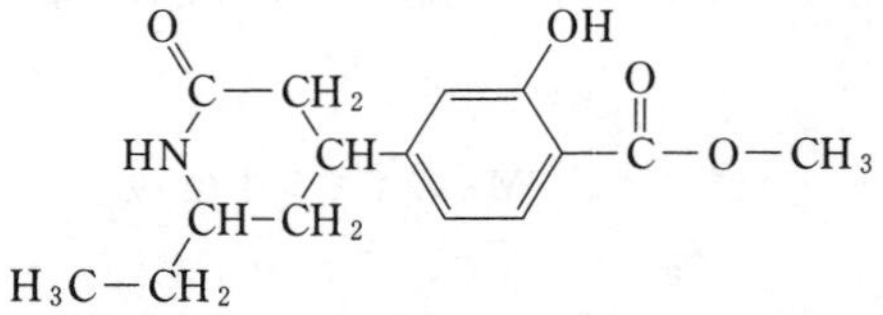

二分子のα-アミノ酸の脱水縮合反応で得られるジペプチドにおいて，末端アミノ基と末端カルボキシ基の間でさらに分子内脱水縮合反応が進行すると，ジケトピペラジンとよばれる環状のペプチドが得られる。ジケトピペラジン類は多くの食品に含まれ，その味に影響することが知られている。また，いくつかのジケトピペラジン類は医薬品の候補としても注目されている。

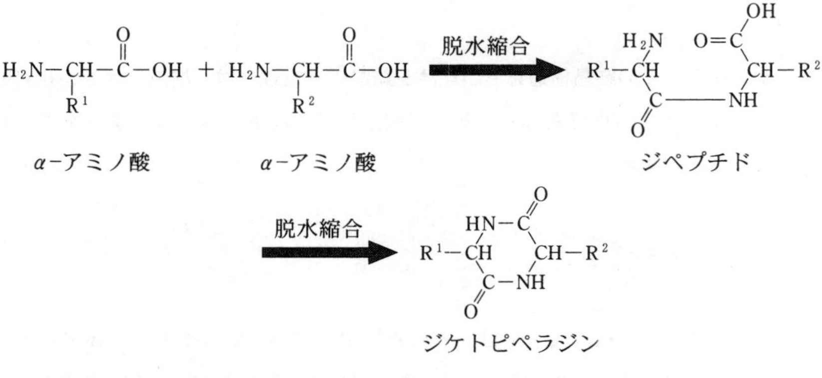

ジケトピペラジン類**A**，**B**，**C**，**D**に関して，次の実験を行った。**A**，**B**，**C**，**D**の構成要素となっているα-アミノ酸はすべてL体である。側鎖（$-R^1$，$-R^2$）の構造は，次の①～⑧の候補から選ぶこととする。

① —CH₂—SH

② —CH—CH₃
　　　　|
　　　　OH

③ —CH₂—C—OH
　　　　‖
　　　　O

④ —CH₂—⬡—OH

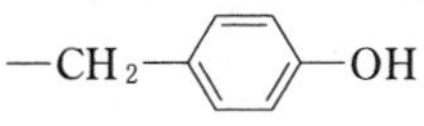

⑤ —CH₂—⬡

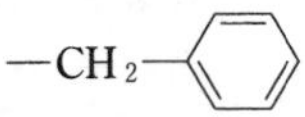

⑥ —CH₂—CH₂—S—CH₃

⑦ —CH—CH₃
　　　|
　　　CH₃

⑧ —CH₂—CH₂—CH₂—CH₂—NH₂

実験1：A，B，C，D それぞれに含まれるアミド結合を塩酸中で完全に加水分解したところ，A，C，D からは二種類の α-アミノ酸が得られたが，B からは一種類の α-アミノ酸のみが得られた。

実験2：A，B，C，D それぞれを十分な量のナトリウムとともに加熱融解し，A，B，C，D を分解した。<u>エタノールを加えて残存したナトリウムを反応させた後に</u>，水で希釈した。<u>これらの溶液に酢酸鉛(Ⅱ)水溶液を加えると黒色沈殿が生じた</u>のは，A と C の場合のみであった。
　(i)　　　　　　　　　　　　　(ii)

実験3：A，B，C，D それぞれを濃硝酸に加えて加熱すると，A，B のみが黄色に呈色した。

実験4：A，B，C，D のうち B のみが，<u>塩化鉄(Ⅲ)水溶液を加えると紫色に呈色した</u>。
　　　　　　　　　　　　　　　　　　(iii)

実験5：A を過酸化水素水に加えると，分子間で ▢ a ▢ 結合が形成され，二量体を与えた。この結合は ▢ b ▢ 剤と反応させることで切断され，もとの A が得られた。

実験6：実験1における B の加水分解後の生成物を十分な量の臭素と反応させたところ，二つの臭素原子を含む化合物 E が得られた。

実験7：C を完全燃焼させると，66.0 mg の二酸化炭素と 24.3 mg の水が生じた。

実験8：D を無水酢酸と反応させたところ，化合物 F が得られた。

実験9：D，F それぞれの電気泳動を行った。D は塩基性条件下で陽極側に大きく移動したが，中性条件下ではほぼ移動しなかった。一方で，F は塩基性条件下でも中性条件下でも陽極側に大きく移動した。

〔問〕

ア　下線部(i)について，エタノールとナトリウムとの反応の化学反応式を示せ。

イ　下線部(ii)の現象から推定される側鎖構造の候補を，①～⑧の中からすべて答えよ。

ウ　下線部(iii)の現象から推定される側鎖構造の候補を，①～⑧の中からすべて答えよ。

エ　　　a　　，　　b　　にあてはまる語句をそれぞれ記せ。

オ　A，Bの立体異性体は，それぞれいくつ存在するか答えよ。なお，立体異性体の数にA，B自身は含めない。

カ　Eの構造式を示せ。

キ　Cに含まれる炭素原子と水素原子の数の比を整数比で求めよ。答えに至る過程も記せ。

ク　Cの構造について，①～⑧の数字で$-R^1$，$-R^2$の組み合わせを答えよ。数字の順序は問わない。

ケ　Dの構造について，①～⑧の数字で$-R^1$，$-R^2$の組み合わせを答えよ。数字の順序は問わない。また，実験9の電気泳動において，Dが中性条件下でほぼ移動しなかった理由を簡潔に説明せよ。

コ　Fの構造式を示せ。

第2問

次の文章を読み，問**ア**〜**ケ**に答えよ。必要があれば表2－1および表2－2に示す値を用いよ。

金属酸化物は，金属元素の種類に応じてさまざまな性質を示し，工業的には耐熱材料や触媒として有用である。表2－1は，Mg，Al，Ca，Baの四つの元素からなる代表的な酸化物の特徴を示している。一般に金属酸化物を得るには，金属単体を酸化する方法や<u>金属元素を含む化合物を加熱する方法</u>がある。
①
天然に産出する金属酸化物の中には，金属の単体を製造する際の原料として用いられるものがある。たとえば，<u>Al単体</u>は，融解した氷晶石に<u>純粋なAl_2O_3</u>を少し
②　　　　　　　　　　　　　　　　　　　　　　　　　③
ずつ溶かし，融解塩電解することで得られる。<u>この融解塩電解では，用いる電解槽
④
の内側を炭素で覆い，これを陰極とし，炭素棒を陽極としている。</u>

表2－1　Mg，Al，Ca，Baの各元素の代表的な酸化物の性質

酸　化　物　の　組　成	MgO	Al_2O_3	CaO	BaO
酸　化　物　の　密　度 [g/cm³]	3.65	3.99	3.34	5.72
金属イオンのイオン半径 [nm]	0.086	0.068	0.114	0.149

表2－2　各元素の性質

元　　　　　　　　素	C	O	Mg	Al	Ca	Ba
原　　子　　量	12.0	16.0	24.3	27.0	40.1	137
単　体　の　密　度 [g/cm³]	—	—	1.74	2.70	1.55	3.51
単　体　の　融　点 [℃]	—	—	649	660	839	727

〔問〕

ア 下線部①の例として，消石灰 $Ca(OH)_2$ の水溶液に適量の CO_2 を吹き込んで得られる白色沈殿を取り出し，これを強熱して生石灰 CaO が生じる反応があげられる。$Ca(OH)_2$ から白色沈殿が生成する反応と，白色沈殿から CaO が生成する反応のそれぞれについて化学反応式を示せ。

イ MgO，CaO，BaO の結晶は，いずれも図2－1に模式的に示す NaCl 型の結晶構造をもつイオン結晶である。MgO の単位格子の一辺の長さ（図中の a）が 0.42 nm であるとき，CaO の単位格子の一辺の長さを有効数字2桁で求めよ。ただし，O^{2-} のイオン半径はどの結晶中でも同じものとする。

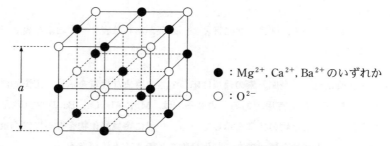

● : Mg^{2+}, Ca^{2+}, Ba^{2+} のいずれか

○ : O^{2-}

図 2 — 1　　MgO，CaO，BaO の結晶構造の模式図

ウ　物質の融点は，その物質を構成する粒子間にはたらく化学結合と深く関係する。MgO，CaO，BaO の結晶のうち最も融点の高いものを推定し，化学式とともに，その理由を記せ。

エ　表に基づき，Al の単体を酸化して Al_2O_3 を得るときの酸化物と単体の体積比 (= 酸化物の体積 ÷ 単体の体積) を，有効数字 2 桁で求めよ。

オ　下線部②における Al の単体は，Al^{3+} を含む水溶液の電気分解では得ることができない。その理由を簡潔に説明せよ。

カ　下線部③における純粋な Al_2O_3 は，天然のボーキサイトを精製することで得られる。バイヤー法とよばれる精製法では，ボーキサイトを濃水酸化ナトリウム水溶液に加熱溶解させる。その際，水酸化ナトリウムはボーキサイトに含まれる $Al_2O_3 \cdot 3H_2O$ と反応する。その反応の化学反応式を示せ。

キ　問 カ の 反 応 で 生 成 す る 水 溶 液 の pH を 調 整 す る と，錯 イ オ ン $[Al(H_2O)_m(OH)_n]^{(3-n)+}$ が生成しうる。$m + n = 6$ で表わせる錯イオンのうち，$n = 2$ のときのすべての幾何異性体の立体構造を描け。ただし，H_2O と OH^- の立体構造は考慮しなくてよい。

ク　下線部④において，陽極で CO と CO_2 が発生した。それぞれが発生する際の陽極での反応を電子 e^- を用いた反応式で示せ。

ケ　下線部④において，陽極の炭素が 72.0 kg 消費され，陰極で Al が 180 kg 生成した。また，陽極では CO と CO_2 が発生した。このとき，発生した CO_2 の質量は何 kg か，有効数字 3 桁で答えよ。答えに至る過程も記せ。

第 3 問

次の I，II の各問に答えよ。必要があれば以下の値を用いよ。

気体定数　$R = 8.3 \times 10^3 \, \mathrm{Pa \cdot L/(K \cdot mol)}$

I　次の文章を読み，問 **ア〜オ** に答えよ。

濃度 $9.0 \times 10^{-2} \, \mathrm{mol/L}$ の塩酸 $2.0 \, \mathrm{L}$ に，気体のアンモニアを圧力 $1.0 \times 10^5 \, \mathrm{Pa}$ のもとで毎分 $0.20 \, \mathrm{L}$ の速度で溶かした。アンモニアの導入を開始した時刻を $t = 0$ 分とし，$t = 40$ 分にアンモニアの供給を止めた。$t = 40$ 分から濃度 $1.0 \, \mathrm{mol/L}$ の水酸化ナトリウム水溶液を毎分 $10 \, \mathrm{mL}$ の速度で滴下し，$t = 80$ 分に止めた。この水溶液に　　a　　mol の塩化アンモニウムを溶解させたところ，水素イオン濃度は $1.0 \times 10^{-9} \, \mathrm{mol/L}$ となった。

気体のアンモニアは理想気体とし，アンモニアと塩化アンモニウムはすべて水溶液に溶けるものとする。また，アンモニアの溶解による溶液の体積変化は無視できるものとし，すべての時刻において温度は $27 \, ℃$ で一定であり，平衡が成立しているものとする。

アンモニアは水溶液中で以下のような電離平衡にある。

$$\mathrm{NH_3 + H_2O \rightleftharpoons NH_4^+ + OH^-}$$

この平衡における塩基の電離定数 K_b は，

$$K_b = \frac{[\mathrm{NH_4^+}][\mathrm{OH^-}]}{[\mathrm{NH_3}]} = 1.8 \times 10^{-5} \, \mathrm{mol/L}$$

で与えられる。

〔問〕

ア　$t = 10$ 分における水素イオン濃度を有効数字 2 桁で求めよ。答えに至る過程も記せ。

イ　アンモニウムイオン NH_4^+ は，水溶液中で次の電離平衡にある。

$$NH_4^+ \rightleftarrows NH_3 + H^+$$

アンモニウムイオンの電離定数 K_a を有効数字 2 桁で求めよ。

ただし，水のイオン積 K_w は，$K_w = [H^+][OH^-] = 1.0 \times 10^{-14} (mol/L)^2$ とする。

ウ　$t = 40$ 分における水素イオン濃度を有効数字 2 桁で求めよ。答えに至る過程も記せ。

エ　$t = 0$ 分から $t = 80$ 分における pH の変化の概形として最も適当なものを図 3 — 1 の (1) ～ (6) のうちから選べ。

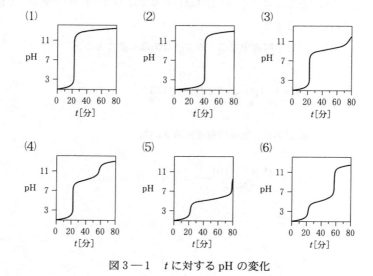

図 3 — 1　　t に対する pH の変化

オ　　| a |　にあてはまる数値を有効数字 2 桁で求めよ。

Ⅱ　次の文章を読み，問**カ**～**コ**に答えよ。

　　メタンは，化石資源である天然ガスの主成分として産出される。天然ガスを冷却して液体にしたものは液化天然ガスとよばれ，運搬が容易であり，広く燃料として利用されている。メタンは，化学工業における重要な原料でもある。Ni などの触媒を使って高温でメタンと水蒸気を反応させることにより，一酸化炭素と水素が製造されている。この反応をメタンの水蒸気改質反応とよぶ。さらに，一酸化炭素と水素を，Cu と ZnO を成分とする触媒を使って反応させることにより，メタノールが工業的に合成されている。

〔問〕

　カ　一定圧力のもとで理想気体の温度を下げていくと，その体積はシャルルの法則にしたがって直線的に減少し，絶対温度 0 K で体積は 0 になる。横軸を絶対温度，縦軸を体積とした理想気体のグラフを図 3 — 2 に破線で示した。一方，実在気体では，臨界点より低く三重点より高い一定圧力のもとで，温度を下げていくと，分子間力のために温度 T_1 で凝縮して液体になる。さらに温度を下げて温度 T_2 に達すると，凝固し固体になる。図 3 — 2 を解答用紙に描き写し，絶対温度に対する実在気体およびその液体と固体の体積の変化を示すグラフを，理想気体との違いがわかるように同じ図の中に実線で描け。

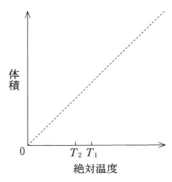

図 3 — 2　物質の絶対温度と体積の関係

キ　メタンの水蒸気改質反応を化学反応式で示せ。

ク　一酸化炭素と水素からメタノールを合成する反応は，以下の式 1 で表すことができる。

$$CO（気）+ 2 H_2（気） \rightleftarrows CH_3OH（気）　　　　（式 1）$$

この反応を利用したメタノールの合成が，高圧下で行われる理由を説明せよ。

ケ　2 L の密閉容器に，1.56 mol の一酸化炭素，2.72 mol の水素および触媒を封入して，ある温度に保った。式 1 において，平衡に達したとき，0.24 mol の水素が残っていた。このとき，容器内に存在する一酸化炭素およびメタノールの物質量をそれぞれ求めよ。

コ　室温で，CO（気）の生成熱が 110 kJ/mol，CO_2（気）の生成熱が 394 kJ/mol，H_2（気）の燃焼熱が 286 kJ/mol，CH_3OH（液）の燃焼熱が 726 kJ/mol，CH_3OH（液）の蒸発熱が 38 kJ/mol であるとき，式 1 で 1 mol の CH_3OH（気）を合成するときの反応熱を求めよ。反応熱を求めるために必要な熱化学方程式を示し，答えに至る過程も記せ。さらに，式 1 のメタノール生成反応は，発熱反応か吸熱反応かを答えよ。

2017年

解答時間：2科目 150分
配　　点：120点

第1問

　次の文章を読み，問**ア**〜**キ**に答えよ。必要があれば以下の値を用いよ。構造式は例にならって示せ。

元　素	H	C	N	O
原子量	1.0	12.0	14.0	16.0

（構造式の例）

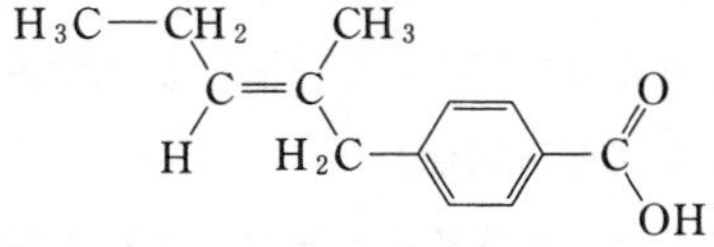

$$H_3C-CH_2 \quad CH_3$$

　有機化合物AとBは，炭素，水素，酸素からなる同じ分子式で表され，ともに分子量 86.0 の炭素-炭素二重結合を一つもつエステルである。また，AおよびBには，ホルミル基（アルデヒド基：-CHO）が含まれていない。43.0 mg のAを完全に燃焼させ，生じた物質を　　 a 　　 の入ったU字管と　　 b 　　 の入ったU字管へ順に通したところ，それぞれ 27.0 mg の水と 88.0 mg の二酸化炭素が吸収されていることがわかった。Bを加水分解して得られた生成物の一つは，三つの炭素原子をもつカルボン酸であった。

　次に，アクリロニトリルとAを物質量の比 2：1 で混合したのち付加重合すると，完全に反応が進行し，高分子化合物Cが得られた。Cの平均分子量は 9.60×10^4 であった。

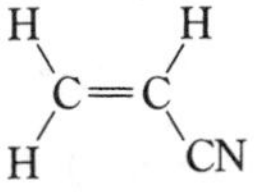

$$\begin{matrix} H & & H \\ & C=C & \\ H & & CN \end{matrix}$$

アクリロニトリル

　一方，Bの付加重合により得られた高分子化合物の一部を架橋し，エステル結合

を加水分解したものは，<u>水を吸収・保持する性質を示した。</u>
　　　　　　　　　　　　　①

〔問〕

ア　□ a □ ，　□ b □　に当てはまる最も適切な化合物名をそれぞれ記せ。

イ　Aの分子式を答えよ。答えに至る過程も記せ。

ウ　Bの構造式を示せ。

エ　化合物DはAおよびBと同じ分子式で表され，カルボキシ基をもつ。化合物
　　　Dの構造式として考えられるものをすべて示せ。

オ　Aを加水分解すると化合物EとFを生じ，そのうち不安定なFはすみやかに
　　　Gへ変化した。化合物E，F，Gの構造式を示せ。

カ　高分子化合物Cの一分子あたりに平均して含まれる窒素原子の数を有効数字
　　　2桁で答えよ。答えに至る過程も記せ。

キ　下線部①について，吸収した水を保持する理由を簡潔に説明せよ。

第2問

次のⅠ，Ⅱの各問に答えよ。

Ⅰ　次の文章を読み，問ア～オに答えよ。

　　廃棄されたスマートフォンや液晶テレビなどの機器から，金属を回収し再資源
化する技術の開発が進められている。その一つとして，廃棄された機器を酸で処
理して沈殿操作を行うことで，金属を分離・回収する方法がある。

　　Zn^{2+}，Cu^{2+}，Pb^{2+}，Fe^{3+}，Ag^+，Ba^{2+}，Al^{3+}，Li^+ を含む金属イオンの混
合水溶液から，それぞれのイオンを分離するため，以下の実験1から4を連続し
て行った。この溶液に最初から含まれている陰イオンの影響は考えなくてよい。

実験 1 ：この溶液に希塩酸を加えたところ，白色の沈殿を生じたため，ろ過を行い沈殿とろ液 (a) に分離した。このろ紙上の沈殿に熱湯を十分に注いだところ，沈殿の一部が溶解した。その溶解液にクロム酸カリウムを加えたところ，黄色の沈殿を生じた。

実験 2 ：ろ液 (a) に H_2S を通じる操作を行ったところ，CuS の黒色の沈殿を生じた。これをろ過して得られたろ液に対して 操作 a ， 操作 b ， 操作 c を連続して行ったところ， 操作 c によって二種類の金属水酸化物の沈殿を生じたため，ろ過を行い沈殿とろ液 (b) に分離した。

実験 3 ：ろ液 (b) に H_2S を再度通じたところ，ZnS の白色の沈殿を生じたため，ろ過を行い沈殿とろ液 (c) に分離した。

実験 4 ：ろ液 (c) に希硫酸を加えたところ，白色の沈殿を生じた。最終的に溶液に残った金属イオンは一種類のみであった。

〔問〕

　ア　実験 1 における波線部のろ紙上に残った沈殿は，試薬，熱，電気を使うことなく，ある方法によって金属単体へと還元できる。その金属元素の硝酸①塩を試験管内で水に溶かしてアンモニア水を加えたところ褐色の沈殿を生じたが，さらに加えると沈殿が消失した。ここに，ある脂肪酸を加え加熱②したところ，試験管の内面に金属が析出した。

　　(1)　下線部①の方法を答えよ。

　　(2)　下線部②に関して，この反応で金属を析出させることができる脂肪酸のうち，最小の分子量をもつ物質を答えよ。

　イ　実験 2 において，T さんは誤って 操作 a 〜 操作 c の代わりに，以下の操作を連続して行ってしまった。

　　　操作 x 　　炭酸ナトリウム水溶液を十分に加える。

　　　操作 y 　　煮沸する。

　　　操作 z 　　希硫酸を十分に加える。

　　操作 z の後で最終的に得られた沈殿に含まれる金属元素が,

操作 x と 操作 z において起こす反応の反応式をそれぞれ示せ。

ウ　実験2における,本来の操作方法である 操作 a , 操作 b ,

操作 c をそれぞれ答えよ。

エ　実験4で得られた上澄み液を,白金線に付けてバーナー炎中に入れたところ,炎色反応を示した。その炎色と,それを示した元素を答えよ。

オ　一般に,Cu^{2+} と Zn^{2+} が溶けた溶液の水素イオン濃度 $[H^+]$ を調整し,H_2S を通じると CuS のみを沈殿させることができる。以下に示す実験条件および値を用いて,このときの $[H^+]$ の下限を有効数字2桁で答えよ。また,答えに至る過程も記せ。ただし $[H_2S]$ は常に一定とする。

$[H_2S] = 1.0 \times 10^{-1}\,\text{mol}\cdot\text{L}^{-1}$, $[Cu^{2+}] = 5.0 \times 10^{-2}\,\text{mol}\cdot\text{L}^{-1}$,

$[Zn^{2+}] = 1.0 \times 10^{-1}\,\text{mol}\cdot\text{L}^{-1}$

CuS の溶解度積　　$K_{sp(CuS)} = 6.5 \times 10^{-30}\,\text{mol}^2\cdot\text{L}^{-2}$

ZnS の溶解度積　　$K_{sp(ZnS)} = 3.0 \times 10^{-18}\,\text{mol}^2\cdot\text{L}^{-2}$

H_2S の電離定数　　$H_2S \rightleftharpoons H^+ + HS^-$ 　　$K_1 = 8.0 \times 10^{-8}\,\text{mol}\cdot\text{L}^{-1}$

　　　　　　　　　　　$HS^- \rightleftharpoons H^+ + S^{2-}$ 　　$K_2 = 1.5 \times 10^{-14}\,\text{mol}\cdot\text{L}^{-1}$

Ⅱ　次の文章を読み,問カ～コに答えよ。

　　大気の約8割を占める窒素は自然界で雷,火山の噴火や森林火災で酸化され,③NO, NO_2, N_2O_4 などの窒素酸化物を生成する。④NO_2 は大気中の水分と反応して硝酸を生成し,酸性雨の要因となる。硝酸は強い酸化作用を示し,水素よりイオン化傾向の小さな銀や銅などの金属を溶かす。⑤このとき,一般的に希硝酸を用いると NO が,濃硝酸を用いると NO_2 が発生するとされるが,実際には NO と NO_2 がともに発生し,その割合は硝酸の濃度に依存する。

　硝酸は，過去には硝酸ナトリウムや硝酸カリウムに濃硫酸を加えて蒸留すること⑥で製造された。現在では，窒素から作ったアンモニアを酸化して NO を発生させ，これをさらに酸化した NO_2 を水と反応させるオストワルト法により製造される。NO_2 が発生する過程では，一部のNO_2同士が反応して N_2O_4 を生じる。⑦

〔問〕

カ　下線部③に示す窒素酸化物のように，窒素は多数の酸化状態をとることができる。窒素が最大の酸化数をとる窒素化合物と，最小の酸化数をとる窒素化合物の化学式を，それぞれの窒素の酸化数とともに一つずつ答えよ。

キ　下線部④の化学反応式を示せ。

ク　下線部⑤の NO と NO_2 の割合が硝酸濃度に依存する理由を，NO と NO_2 が硝酸水溶液と反応することを踏まえて簡潔に説明せよ。

ケ　下線部⑥の化学反応式を示せ。またこのとき，濃硫酸の代わりに濃塩酸を使わない理由を簡潔に説明せよ。

コ　下線部⑦の N_2O_4 を生じる反応は，吸熱反応と発熱反応のいずれであるかを答えよ。またその理由を，以下のNO_2の電子式に着目して簡潔に説明せよ。

NO_2 の電子式　　$:\overset{..}{O}:N::\overset{..}{O}:$

第3問

　次のⅠ，Ⅱの各問に答えよ。必要があれば以下の値を用いよ。

元　素	H	C	N	O	S	Fe	Pt	Pb
原子量	1.0	12.0	14.0	16.0	32.1	55.8	195	207

気体定数　$R = 8.3 \times 10^3 \, Pa \cdot L \cdot K^{-1} \cdot mol^{-1}$

ファラデー定数　$F = 9.65 \times 10^4 \, C \cdot mol^{-1}$

Ⅰ　次の文章を読み，問**ア**～**ウ**に答えよ。

　　図3―1のように，鉛と酸化鉛(Ⅳ)を電極に用い，電解液として希硫酸を用い
た鉛蓄電池と，白金を電極として用いた電解槽を接続できるようにした。鉛蓄電
池を十分に充電した後，以下の操作1を行った。

　操作1：スイッチを接続し，水酸化ナトリウム水溶液を電気分解したところ，
　　　　　電解槽の両極で気体が発生した。電解槽の白金電極Bで発生した気体
　　　　　を，水上置換法を用いて捕集した。

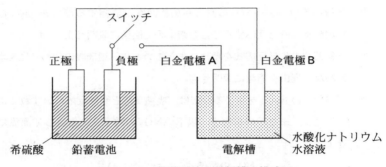

図3―1　鉛蓄電池と電解槽の模式図

〔問〕

　ア　鉛蓄電池の放電時に，正極および負極で起こる変化を，それぞれ電子 e^-
　　　を用いたイオン反応式で示せ。

　イ　図3―2は，操作1を行ったときの，鉛蓄電池における放電時間に対する
　　　物質の重量変化を示している。電解液の重量が(6)のように変化したと
　　　き，鉛蓄電池の正極および負極の重量変化を示す直線として最も適当なも
　　　のを，図3―2の(1)～(6)のうちから，それぞれ一つずつ選べ。ただし，
　　　同じものを選んでもよい。

　ウ　操作1において，1000秒間電気分解した。このとき，(i)白金電極Bで発

生した気体は何か。(ii)その物質量は何 mol か。またこのとき，(iii) 27 ℃，

1.013 × 10⁵ Pa で水上置換法を用いて捕集した気体の体積は何 L か。それぞれ，有効数字 2 桁で答えよ。答えに至る過程も記せ。ただし，水の飽和蒸気圧は 27 ℃ で 4.3 × 10³ Pa とする。また，発生した気体は水に溶けず，理想気体として扱えるものとする。

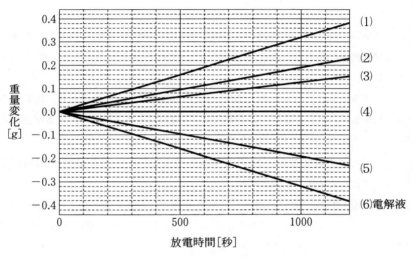

図 3 — 2　　放電時間に対する物質の重量変化

Ⅱ　次の文章を読み，問エ〜キに答えよ。

　　N₂ と H₂ の混合気体を密閉容器に入れて高温にすると，次の化学反応が可逆的に起こり，やがて平衡状態に達する。

$$N_2(気) + 3H_2(気) \rightleftharpoons 2NH_3(気)$$

この可逆反応の正反応は，発熱反応であることが知られている。この可逆反応が平衡状態にあるとき，反応温度を　　a　　したり，圧力を　　b　　すると，ルシャトリエの原理から考えると，NH₃ の生成率が増加する。工業的には，NH₃ は，四酸化三鉄が主成分の触媒を用いて生産される。
①

　気体の反応では，反応の進行に伴う濃度変化を測定するよりも圧力変化を測定するほうが容易なので，濃度の代わりに分圧をもとに反応の進行を考えることが多い。N_2，H_2，NH_3 のそれぞれの分圧を P_A，P_B，P_C とし，これらを用いて Q を以下の式で定義する。

$$Q = \frac{(P_C)^2}{(P_A) \cdot (P_B)^3}$$

各気体の分圧は反応の進行とともに変化するので，Q もそれに応じて変化し，平衡状態に達するとある一定値になる。このときの Q の値を圧平衡定数（K_P）という。

　平衡状態にある N_2，H_2，NH_3 の混合気体に，圧力を加えたり，反応物や生成物を加えたりした直後の Q の値を K_P と比較することにより，反応がどちらに進むかを知ることができる。

　NH_3 の生成反応について次の実験を行った。以下では，すべての気体は理想気体として扱えるものとする。

実験 1：容積一定の容器 I に，$3.0\,\mathrm{mol}$ の N_2 と $6.0\,\mathrm{mol}$ の H_2 を入れ，温度 T_1 で反応させた。平衡に達したとき，H_2 の分圧は反応開始前における H_2 の分圧の 0.9 倍であった。

実験 2：容積が可変な容器 II に N_2 と H_2 を入れ，全圧 P を一定に保ち，温度 T_2 で反応させた。平衡に達したとき，N_2，H_2，NH_3 の物質量は，それぞれ，4.0，2.0，$1.0\,\mathrm{mol}$ であった。

〔問〕

エ　┃　a　┃ ，┃　b　┃ に入る語句として適切なものを以下から選び，記号で答えよ。

┃　a　┃　（a―1）高く　　（a―2）低く

┃　b　┃　（b―1）高く　　（b―2）低く

オ　下線部①に関して，図 3―3 の曲線 (1) は，触媒を用いない場合の NH_3 の生成率の時間変化を示している。触媒を用いた場合の NH_3 の生成率の時

間変化を示す曲線を(1)～(4)のうちから選べ。ただし，触媒の有無以外の反応条件は同じとする。

カ　実験1の平衡状態において，生成した NH_3 の物質量は何 mol か。有効数字2桁で答えよ。

キ　実験2の平衡状態に，全圧および温度を一定に保ちながら混合気体に N_2 を 3.0 mol 加えた。加えた直後の Q を Q_1 とし，Q_1 と K_P を，それぞれ全圧 P を用いて表せ。さらに，正反応と逆反応のいずれの方向に平衡が移動するかを，Q_1 と K_P を用いて説明せよ。

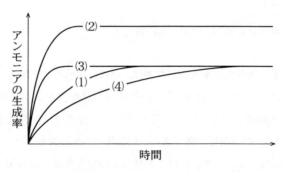

図3―3　アンモニア（NH_3）の生成率の時間変化

2016年

第1問

次のⅠ，Ⅱの各問に答えよ。必要があれば以下の値を用いよ。

元　素	H	C	N	O	Na	S
原子量	1.0	12.0	14.0	16.0	23.0	32.1

気体定数　$R = 8.3 \times 10^3 \, \text{Pa·L·K}^{-1}\text{·mol}^{-1}$

Ⅰ　次の文章を読み，問ア～エに答えよ。

　　イオン化合物の水への溶解度は，温度によって変化する。溶解度は，水 100 g に溶ける無水物の質量[g]で表される。溶解度と温度の関係を表した曲線は溶解度曲線とよばれる。図1－1は，化合物A，化合物B，硫酸ナトリウム（Na_2SO_4）の溶解度曲線である。化合物A，Bの溶解度は，温度上昇とともに単調に増加する。一方，硫酸ナトリウムの溶解度は，32.4℃より低温では温度上昇とともに単調に増加するが，それより高温では単調に減少する。32.4℃より低温において水溶液を濃縮すると十水和物（$Na_2SO_4 \cdot 10\,H_2O$）が析出し，32.4℃より高温では，水溶液を濃縮すると無水物（Na_2SO_4）が析出する。

　　化合物Aのように，溶解度が大きく，かつその温度変化が大きな化合物では，溶解度の温度変化を利用して不純物を取り除き分離することができる。例え
　　①
ば，化合物A 70 g と化合物B 15 g の混合物から化合物A を分離する場合について，各化合物の溶解度曲線は混合物の場合でも変わらないとして考えてみる。80℃の水 100 g に混合物を完全に溶かし，加熱して水を蒸発させ水溶液の質量を 135 g にした後，30℃に冷却する。この操作で，化合物A のみが 　a　 g 析出することになる。析出した固体をろ過し，水で固体を洗えば高純度の化合物Aを得ることができる。

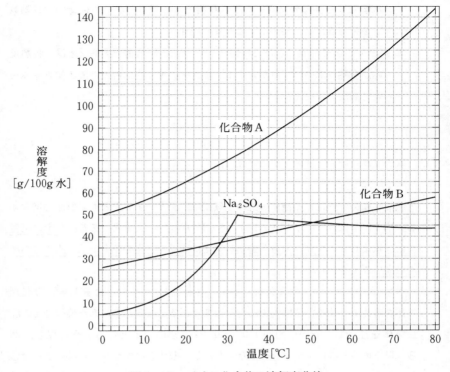

図1—1　イオン化合物の溶解度曲線

〔問〕

ア　下線部①の操作は何とよばれるか，名称を記せ。

イ　空欄　　a　　の値を有効数字2桁で答えよ。また，純粋な化合物Aを最大量取り出すには，何℃まで冷却すればよいか答えよ。

ウ　硫酸ナトリウム十水和物に水を加えて水溶液Xを作った。この水溶液Xについて以下のことが分かっている。

　　(1)　水溶液Xの温度を60℃に保って，さらに無水物を10g溶かすとちょうど飽和に達し，それ以上溶けない。

　　(2)　水溶液Xを20℃に冷却すると32.2gの十水和物が析出する。

　　　水溶液 X を作る際に用いた十水和物と水の量はそれぞれ何 g か，有効数字 2 桁で答えよ。答えに至る過程も記せ。

　エ　32.4 ℃ より高温における硫酸ナトリウムの無水物の溶解反応は，吸熱反応か発熱反応のいずれか答えよ。またその理由を溶解度曲線の傾きをふまえて簡潔に述べよ。

Ⅱ　次の文章を読み，問 **オ〜ク** に答えよ。

　　気液平衡の状態にある液体の飽和蒸気圧は，温度の上昇とともに急激に増大する。図 1 — 2 は，ヘキサン(C_6H_{14})と水(H_2O)の蒸気圧曲線である。②一定の温度では，水よりもヘキサンの方が飽和蒸気圧は高く，一定の圧力では，水の方が沸点は高いことを示している。

　　ヘキサン 0.10 mol，水蒸気 0.10 mol，窒素 0.031 mol からなる 100 ℃ の混合気体を考える。体積と容器内の温度が可変であるピストンを備えた装置にこの混合気体を注入し，その圧力が 1.0×10^5 Pa で常に一定となるように保ちながら，以下の冷却操作 1 〜 3 を行った。ただし，液体のヘキサンと水は混ざり合わないものとし，窒素はこれらの液体には溶けないものとする。また，気体はすべて理想気体として扱えるものとする。

　操作 1 ：混合気体を温度 100 ℃ から徐々に冷却していくと，体積が減少し，③ある温度で水滴が生じ始めた。

　操作 2 ：さらに冷却していくと，④55 ℃ においてヘキサンも凝縮し始めた。

　操作 3 ：さらに冷却していくと，水とヘキサンの 2 種類の液体が徐々に増加した。

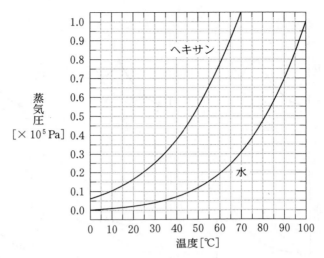

図 1 － 2　　ヘキサンと水の蒸気圧曲線

〔問〕

オ　下線部②に関して，水の分子量はヘキサンより小さいにもかかわらず，水の沸点はヘキサンより高い。その理由を 60 字以内で述べよ。

カ　下線部③に関して，水滴が生じ始める温度は何 ℃ か。

キ　下線部④に関して，このときに水蒸気として存在する水の量は何 mol か。有効数字 2 桁で答えよ。答えに至る過程も記せ。

ク　冷却操作 1 ～ 3 を行った時の，ヘキサンの分圧の変化を示す線の模式図として最も適当なものを，以下の図 1 － 3 に示す (1) ～ (6) のうちから一つ選べ。また，そのような変化を示す理由も 150 字程度で述べよ。

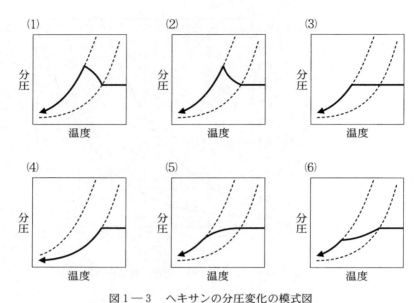

図1－3　ヘキサンの分圧変化の模式図

破線は，図1－2に示したヘキサンおよび水の蒸気圧曲線を示す。

第2問

次のⅠ，Ⅱの各問に答えよ。

Ⅰ　次の文章を読み，問ア～オに答えよ。必要があれば以下の値を用いよ。

$$\sqrt{2} = 1.41, \quad \sqrt{3} = 1.73, \quad \sqrt{5} = 2.24$$

　　炭素の単体および化合物は，4個の価電子を隣接する原子と共有することで共有結合を形成する。一般に，分子の形状や共有結合性の結晶の構造は価電子の反発の影響を受ける。例えば，メタン分子は4つの共有電子対の反発を最小とするために正四面体型の形状をとり，水分子は2つの共有電子対と2つの非共有電子対の反発によって折れ線型の形状となる。ダイヤモンドは炭素原子が隣接する4個の原子と共有結合を形成した正四面体が連なった構造(図2－1)をとり，電気

伝導性を示さない。

　黒鉛は，炭素原子が隣接する 3 個の原子と共有結合を形成し，蜂の巣状の平面
構造が積層した構造をとる。黒鉛の一層分からなるシート状の物質はグラフェン
とよばれ，ダイヤモンドとは異なり電気伝導性を示す。一方，六方晶窒化ホウ素
の一層分からなるシート状の物質(h-BN シート)は，グラフェンとよく似た平面
構造(図 2 — 2)をもつが，電気伝導性を示さない。

　炭素の同族元素であるスズは，炭素とは異なり複数の安定な酸化数(＋2 と
＋4)を持つことから，その化合物は酸化還元反応に利用できる。例えば，塩化
スズ(Ⅱ)は還元剤やめっき剤に用いられる。スズは合金の原料としても重要で，
スズと鉛を主成分とするはんだは，スズと鉛のいずれの単体よりも融点が低く，
他の金属とよくなじむことから金属の接合に用いられてきた。

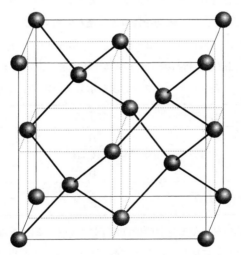

図 2 — 1　ダイヤモンドの単位格子

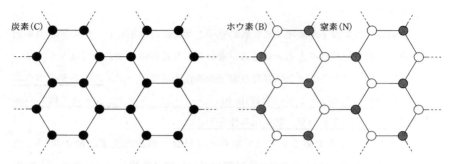

図 2 — 2　グラフェン(左)と h–BN シート(右)の構造

〔問〕

ア　下線部①を参考にし，以下の分子(1)～(3)について，電子式と分子形状を表 2 — 1 にならってそれぞれ記せ。ただし，分子形状については語句群から選んで記せ。同じ語句を繰り返し選んでもよい。

(分子)　(1)　NH_3　　　(2)　CO_2　　　(3)　BF_3

(語句群)【直線　折れ線　正三角形　正方形　正四面体　三角すい】

表 2 — 1　メタンおよび水分子の電子式と分子形状

化学式	電子式	分子形状
CH_4	H $\overset{\cdots}{H\!:\!\underset{\cdots}{C}\!:\!H}$ H	正四面体
H_2O	$H\!:\!\overset{\cdots}{\underset{\cdots}{O}}\!:\!H$	折れ線

イ　下線部②のダイヤモンドの単位格子において，原子を球とみなし，隣接する原子は互いに接しているとする。このとき，単位格子の体積に占める原子の体積の割合(%)を有効数字 2 桁で答えよ。答えに至る過程も記せ。

ウ　下線部③に関して，h–BN シートが電気伝導性を示さない理由を，価電子に着目して 30 字程度で説明せよ。

エ　下線部④に関連した以下の(1)～(5)の文で誤っているものをすべて選べ。

(1) ニトロベンゼンに塩酸と塩化スズ(Ⅱ)を加えて加熱すると，アニリン塩酸塩が得られた。

(2) 過マンガン酸カリウムの酸性水溶液に塩酸酸性の塩化スズ(Ⅱ)水溶液を加えると，黒色の沈殿が生成した。

(3) 塩化スズ(Ⅱ)水溶液に亜鉛板を浸すと，スズが析出した。

(4) スズをめっきした鉄板に傷を付けて放置すると，露出した鉄が赤色にさびた。

(5) 酢酸銀(Ⅰ)の酢酸酸性水溶液に塩化スズ(Ⅱ)水溶液を滴下すると，塩素ガスが発生して銀が析出した。

オ　下線部⑤に関して，1.0 kg のスズを融解した液体を溶媒とし，23 g の鉛を均一に溶かした。このスズ―鉛合金の融液を十分ゆっくり冷却すると，図2―3のような温度変化を示した。図2―3中の A で示す時間領域において，単体のスズの場合とは異なり，時間とともに温度が下がる理由を 30 字程度で説明せよ。ただし，融液から析出する固体は純粋なスズであると考えてよい。

また，凝固点が 220 ℃ のスズ―鉛合金を得るには，1.0 kg のスズ融液に何 g の鉛を溶かせば良いかを有効数字 2 桁で答えよ。答えに至る過程も記せ。

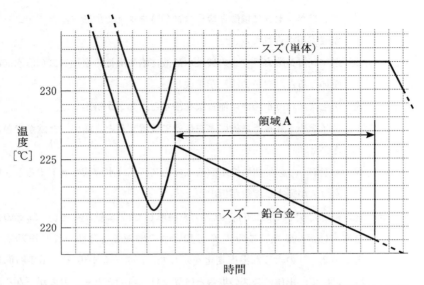

図2—3　単体のスズおよびスズ—鉛合金を冷却した時の温度と時間の関係

Ⅱ　次の文章を読み，問カ～ケに答えよ。

　　周期表の中で水素を除く1族元素をアルカリ金属といい，身近な例としてリチウムやナトリウム，カリウムなどが挙げられる。アルカリ金属の結晶内での原子配列は体心立方格子であり，他の金属に比べて融点が特に低い。アルカリ金属の融点が低いのは　　a　　が弱いからであり，これは金属の単位体積あたりの自由電子の密度が低いためである。また，アルカリ金属は族の下方ほど融点が　　b　　。これはアルカリ金属の　　c　　が族の下方にいくほど増大するためと説明できる。アルカリ金属を十分な量の純酸素ガス中で加熱すると，リチウムは酸化物 Li_2O，ナトリウムは過酸化物 Na_2O_2，カリウムは超酸化物 KO_2 を生じる。超酸化カリウム KO_2 は二酸化炭素と反応して酸素を放出することから，避難用酸素マスクなどに活用されている。アルカリ金属は水や酸素だけでなく水素とも反応し，イオン性の水素化物を生じる。例えば水素化ナトリウム NaH は，還元剤や塩基として様々な化学反応に活用されている。

　アルカリ金属イオンは，酸素原子が環状に配置された王冠形の化合物であるク
ラウンエーテルと錯イオンを形成する。図2-4に示すクラウンエーテルA
は，溶液中でアルカリ金属イオン M^+ と錯イオン $A \cdot M^+$ を形成するが，この平
衡反応はアルカリ金属イオン M^+ のイオン半径に応じて顕著に異なる平衡定数
K を示す(表2-2)。ここで，クラウンエーテルAと K^+ の反応の平衡定数が
最大となるのは，Aの空隙の大きさに対して K^+ の大きさが最適であるためと考
えられている。

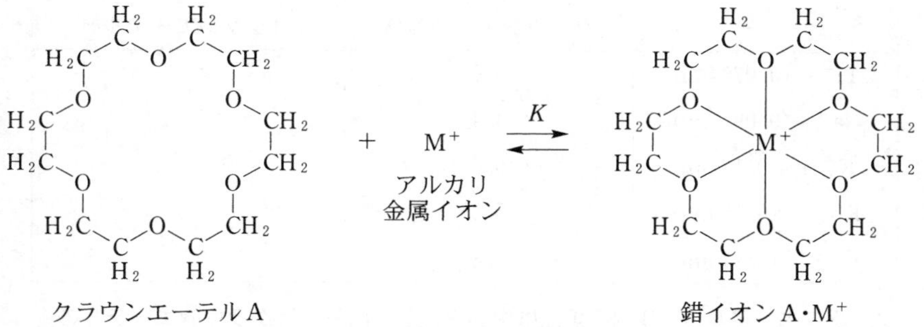

図2-4　錯イオン $A \cdot M^+$ が形成される反応

溶液中に存在する陰イオンや溶媒分子は省略されている。図中の K はこの反応
の平衡定数を示す。

表2－2　クラウンエーテルA，Bと各アルカリ金属イオンの反応の平衡定数 K

陽イオン（イオン半径）	平衡定数 $K[\mathrm{L \cdot mol^{-1}}]$ の常用対数 $\log_{10} K$	
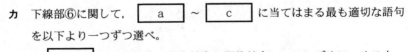	クラウンエーテルA	クラウンエーテルB
Li$^+$　（0.076 nm）	3.0	
Na$^+$　（0.095 nm）	4.4	
K$^+$　（0.13 nm）	6.0	
Rb$^+$　（0.15 nm）	5.3	
Cs$^+$　（0.17 nm）	4.8	

クラウンエーテルA，B内の黒点は中心を表し，両矢印はクラウンエーテルの中心と酸素原子の中心の距離を示す。

〔問〕

カ　下線部⑥に関して，　| a |　～　| c |　に当てはまる最も適切な語句を以下より一つずつ選べ。

a	金属結合　共有結合　配位結合　ファンデルワールス力
b	高　い　　低　い
c	価電子数　原子半径　電気陰性度　ファンデルワールス力

キ　下線部⑦に関して，この反応の化学反応式を記せ。また，超酸化物イオン O$_2^-$ に含まれる全電子数を記せ。

ク　下線部⑧に関して，水素化ナトリウムを構成するナトリウムと水素のどちらが陽イオン性が強いかを答え，その理由を30字程度で説明せよ。また，水素化ナトリウムと水が反応する際の化学反応式を記せ。

ケ　下線部⑨に関して，表2−2のクラウンエーテル B が錯イオン B・M$^+$ を生成する反応の平衡定数が最大となるアルカリ金属イオン（Li$^+$，Na$^+$，K$^+$，Rb$^+$，Cs$^+$）を予想せよ。また，その根拠を 100 字以内で説明せよ。必要であれば図を用いてもよい。ただし図は字数に数えない。

第3問

次の I，II の各問に答えよ。必要があれば以下の値を用い，構造式は例にならって示せ。

元　素	H	C	N	O	Na
原子量	1.0	12.0	14.0	16.0	23.0

（構造式の例）

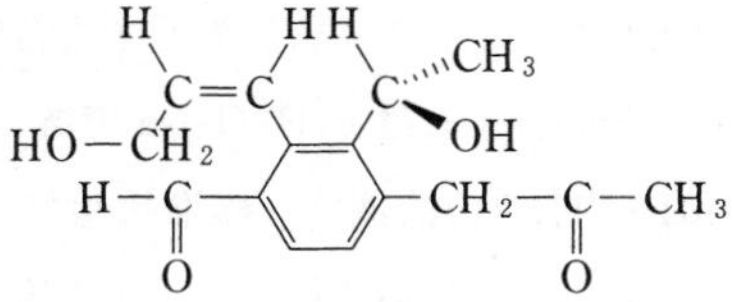

不斉炭素原子まわりの結合の示し方：

C，W，X は紙面上に，Y は紙面の手前に，そして Z は紙面の奥にある。

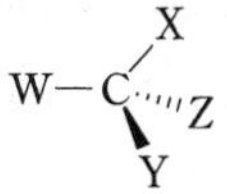

I　分子式が $C_{10}H_{10}O_4$ である芳香族化合物 A の構造を決定するため，以下に示す実験 1 ～ 5 を行った。問ア～オに答えよ。

なお，空気中の二酸化炭素の溶解の影響，水の蒸発の影響，および化学反応に起因する溶液の容積変化の影響については，無視できるものとする。また，25 ℃ における水のイオン積 K_w は $1.0 \times 10^{-14}\,mol^2 \cdot L^{-2}$，気体はすべて理想気体とし，標準状態における 1 mol の体積は 22.4 L である。

実験 1 ：化合物 A をアンモニア性硝酸銀水溶液に加えて穏やかに加熱すると，銀が析出した。

実験 2 ：$0.250\ \mathrm{mol \cdot L^{-1}}$ の水酸化ナトリウム水溶液 10.0 mL を，ホールピペット①を用いてメスフラスコ②に移した。次に，このメスフラスコに水を加えてよく振った後に静置する操作を繰り返し，最終的にメスフラスコ上部に描かれた標線に溶液量を合わせることによって，500 mL の希釈水酸化ナトリウム水溶液をつくった。

　　この希釈水酸化ナトリウム水溶液 50.0 mL を，ホールピペット③を用いて三角フラスコ④に移した。ここに化合物 A 19.4 mg を加えてしばらく撹拌したが，化合物 A はほとんど溶けなかった。しかし，三角フラスコを加熱すると化学反応が起こり，完全に溶解した。この溶液を 25 ℃ に冷却してから pH を測定したところ，11.0 であった。

実験 3 ：実験 2 の生成物を分析したところ，不斉炭素原子を含まない化合物 B のナトリウム塩であり，その分子式は $C_8H_7O_3Na$ であった。

実験 4 ：実験 2 で得られた pH が 11.0 の溶液に，標準状態で 1.12 mL の二酸化炭素をゆっくり吹き込んで中和反応を行った。その後，この溶液に対してエーテルによる抽出操作を行ったが，化合物 B はナトリウム塩のまま水層にとどまっていた。

実験 5 ：単離した化合物 B を少量の濃硫酸を含むエーテルに加えて穏やかに温めると，化合物 C が生成した。なお，化合物 B と化合物 C を構成する炭素原子の数は同じであった。

〔問〕

　ア　実験 2 の下線部①～④のガラス器具の使用準備として，明らかに不適切な操作を以下の(1)～(4)から選び，その理由を簡潔に説明せよ。

　　(1)　下線部①のホールピペットの内部を，$0.250\ \mathrm{mol \cdot L^{-1}}$ の水酸化ナトリウム水溶液でよくすすいだ（共洗いした）。

　　(2)　下線部②のメスフラスコとして，内側が水でぬれているものをそのまま使用した。

(3) 下線部③のホールピペットを，室温で長時間放置して乾燥状態とした。

(4) 下線部④の三角フラスコを，希釈水酸化ナトリウム水溶液で共洗いした。

イ　与えられた分子式と実験 2 の結果から，化合物 A に存在することがわかった官能基の名称とその個数を示せ。

ウ　実験 4 で行った中和反応の化学反応式を示せ。

エ　化合物 A および化合物 C の構造式を示せ。

オ　上記の実験の報告書（レポート）を作成した。報告書を作成する上で明らかに不適切なものを，以下の(1)～(5)から二つ選べ。

(1) 薬品が飛散したときに手と眼球への付着を避けるため，手袋と保護眼鏡を使用したことを記載した。

(2) 実験 1 において銀が析出した様子は，参考書に載っていた類似の反応の様子とは異なっていた。そこで，参考書に載っていた様子をそのまま記載した。

(3) 実験 2 において，実験書には 25 ℃ で pH を測定するように書かれていたが，実際には 40 ℃ で測定を行ってしまった。そこで，測定は 25 ℃ ではなく 40 ℃ で行った，と記載した。

(4) 実験 2 の生成物の分子式を同じ操作で三回繰り返し求めたところ，一回目と二回目は $C_8H_7O_3Na$，三回目は $C_8H_{11}O_3Na$ となったため，三回目は失敗と判断した。そこで，二回分析して組成式が $C_8H_7O_3Na$ となった，とだけ記載した。

(5) 別の実験によってわかった化合物 C の性質と，参考書に書かれていた化合物 C の性質を比較した内容を，考察として記載した。

Ⅱ　次の文章を読み，問カ〜コに答えよ。

　　図3−1に示すアドレナリン(L1)は，L-チロシンから作られる生体分子である。L1は，体の中のタンパク質であるアドレナリン受容体(R)と結合して，心拍数や心収縮力の増加などの生理作用を引き起こす。

　　ここではL1とRの結合について考える。L1はRの特定の立体構造をとる部位に適合し，図3−2に示すように主にイオン結合，水素結合，ファンデルワールス力によってRと複合体を形成する。一方，図3−2をもとに考えると，L1の鏡像異性体(光学異性体)は，L1に比べてRに　　a　　結合する。

　　L1と似た構造をもつある医薬品(L2)は，化合物Dから合成される。このL2はRに結合し，L1の生理作用を阻害する。このため，L2は狭心症や不整脈の治療に用いられる。L1，L2，およびL2の原料であるDについて，以下の実験を行った。

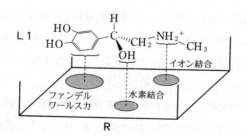

図3−1　L1の構造式

図3−2　L1とRとの結合の模式図

実験6：Dは，炭素と水素と酸素からなる分子量144.0の化合物であり，ある量を完全燃焼させたところ，二酸化炭素165.0 mgと水27.0 mgが得られた。

実験 7 ：Dに塩化鉄(Ⅲ)の水溶液を加えると，紫色の呈色反応を示した。Dの炭素原子はすべてベンゼン環の炭素原子であり，水素原子が結合していない炭素原子が三つ連続して並んだ部分構造があることがわかった。

実験 8 ：L 2 の構造式を調べると以下のとおりであり，　　b　　はDのヒドロキシ基から水素原子を取り除いた構造であることがわかった。

$$\boxed{b}-CH_2-\overset{\overset{\displaystyle H}{|}}{\underset{\underset{\displaystyle OH}{|}}{C}}-CH_2-NH-CH\Big\langle\begin{array}{l}CH_3\\CH_3\end{array}$$

実験 9 ：図 3 — 3 に示すように，膜に吸着させたRにL 1 を結合させる実験を行った。このとき，Rに対してL 1 の量は十分に多いので，結合していないL 1 のモル濃度[L 1]は一定とみなせるものとする。一つのRにはL 1 が一つだけ結合し，L 1 の生理作用はすべてのRに対して何%のRがL 1 と結合しているかを示す結合率(%)に依存する。Rに対するL 1 の結合率が 80 % になったとき，[L 1]は　　c　　であった。

　　ただし，この実験においては式(1)が成り立ち，平衡定数 K_{L1} は式(2)で表される。ここでは，Rは膜の表面に吸着しているが水溶液中に均一に溶けている溶質と同様に扱ってよいものとし，また，結合していないRのモル濃度およびRとL 1 の複合体R・L 1 のモル濃度を，それぞれ[R]および[R・L 1]と表す。

$$R + L1 \rightleftarrows R\cdot L1 \qquad (1)$$

$$K_{L1} = \frac{[R\cdot L1]}{[R][L1]} \qquad (2)$$

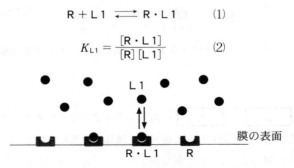

図 3 — 3　RにL 1 を結合させる実験の模式図

実験10：図3－4に示すように，L2はL1の代わりにRと結合しようとする
（競合）。実験9の水溶液にさらにL2も加え，L1とL2を競合させて
L1がRに結合することを妨げる実験を行った。一つのRにはL1また
はL2のどちらか一つだけが結合する。L2はL1に比べてRと
　d　　結合し，平衡定数K_{L2}はK_{L1}の1000倍の大きさであった。
[L1]は実験9のときと同じく　　c　　とし，さらに結合していない
L2のモル濃度[L2]を　　e　　としたところ，平衡状態においてすべ
てのRに対してL1と結合しているRの割合を示す結合率は10％で
あった。

　ただし，この実験においては，式(1)および式(2)と同時に，式(3)も
成り立ち，平衡定数K_{L2}は式(4)で表される。ここでは，Rは実験9と
同様に扱えるものとし，結合していないRのモル濃度およびRとL2
の複合体R・L2のモル濃度を，それぞれ[R]および[R・L2]と表す。

$$R + L2 \rightleftarrows R \cdot L2 \qquad (3)$$

$$K_{L2} = \frac{[R \cdot L2]}{[R][L2]} \qquad (4)$$

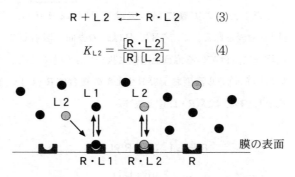

図3－4　　RにL1とL2を同時に結合させる実験の模式図

〔問〕

カ　　　a　　，　　d　　にあてはまる適切な語を選択肢(1)～(3)からそれ
ぞれ選べ。ただし，同じ選択肢を繰り返し選んでもよい。

　(1) 強　く　　　　(2) 同じ強さで　　　(3) 弱　く

キ　下線部⑤について，図 3 ― 2 の R を構成するアミノ酸の中で，pH が 7.4
　　で L 1 の–NH₂⁺–とイオン結合していると考えられる側鎖をもつものを，
　　選択肢 (1) ～ (6) の中からすべて選べ。

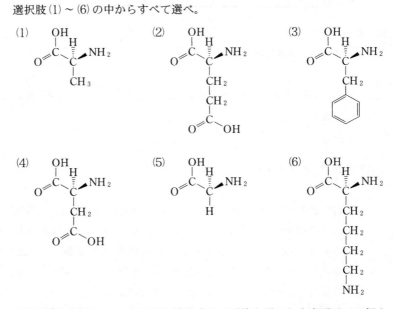

ク　下線部⑥に関連して，下に示す構造式 E の下線を引いた水素原子の 1 個ま
　　たは 2 個を，下に示す 4 個の置換基のいずれかと置き換えた場合，不斉炭
　　素原子をもつ構造式は何通りできるか答えよ。ただし，鏡像異性体は別の
　　構造として数えるものとする。

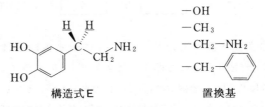

　　　　　　　　　構造式 E　　　　　　　　　置換基

ケ　化合物 D の構造式を示せ。答えに至る過程も示せ。

コ　　□ c □ ，　□ e □ にあてはまる値を K_{L1} を用いて表せ。答えに至
　　る過程も示せ。ただし，結合率は下線部⑦で定義される。

2015年

解答時間：2科目150分
配　　点：120点

第1問

次のⅠ，Ⅱの各問に答えよ。

Ⅰ　次の文章を読み，問**ア**～**オ**に答えよ。必要があれば以下の値を用いよ。

元　素	H	C	O
原子量	1.0	12.0	16.0

気体定数　$R = 8.3 \times 10^3\ \mathrm{Pa \cdot L \cdot K^{-1} \cdot mol^{-1}}$

二酸化炭素(CO_2)は人間の生活において身近な気体であり，炭酸飲料や入浴剤など多くの場面で登場する。これらには，CO_2 気体の水に対する高い溶解度が活かされている。また，ドライアイス(CO_2 固体)も冷却剤として広く利用されている。これは，ドライアイスが低温であるだけでなく，液体になることなく空気中に拡散する(昇華する)という便利な性質によるところが大きい。

CO_2 など大気圧下で昇華する固体の多くは分子性結晶であり，その分子間力のうちの主な引力は［ a ］力である。CO_2 分子のCとOの間は［ b ］重結合で結ばれており，OCO結合角は［ c ］度である。ドライアイスの蒸気圧が一酸化炭素(CO)固体の蒸気圧よりはるかに低い主な理由は，COの極性が小さいことに加え，［ a ］力は［ d ］が大きいほど大きくなるからである。

CO_2 の性質を調べるため，図1―1に示す実験装置を考えよう。温度−196℃，容積0.50Lの容器Aには質量2.7gのドライアイスのみが，温度0℃，容積0.50Lの容器Bには0.25Lの水のみが入っている。2つの容器は細い管でつながれており，その間にはバルブがある。最初の状態では，バルブは閉じている。バルブ，圧力計および管内部の体積は無視できるものとする。

図1―2は CO_2 の状態図である。なお，以下の問では，気体は全て理想気体とし，気体の圧力と液体への溶解度の関係については，ヘンリーの法則が成り立つものとする。

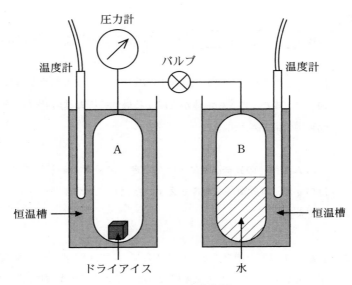

図1−1　実験装置

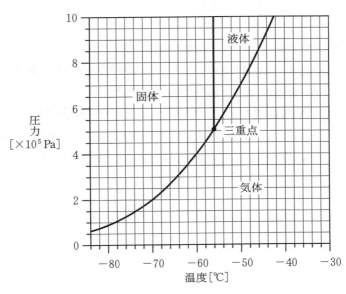

図1−2　CO_2 の状態図

〔問〕

ア 空欄 | a | ～ | d | に当てはまる言葉や数字を答えよ。

イ 図 1 ― 2 において，圧力 1.0×10^5 Pa でドライアイスが昇華する温度は何℃か，また，CO_2 の液体が生成する最低の圧力は何 Pa か，それぞれ有効数字 2 桁で答えよ。

ウ 容器 A を問**イ**の昇華温度に上げたとき，容器 A 内のドライアイスの質量は何 g か，有効数字 2 桁で答えよ。ただし，ドライアイスの体積は無視してよい。

エ 容器 A の温度を問**ウ**の温度からさらに上げていくと，ある温度でドライアイスがすべて昇華して気体になった。そのときの温度は何℃か，有効数字 2 桁で答えよ。さらに温度を上げ，容器が 0 ℃ になったとき，容器内の圧力は何 Pa か，有効数字 2 桁で答えよ。

オ 問**エ**の操作が終了した状態でバルブを開けると，CO_2 気体は容器 B に流れ込み，水に溶け込んでいく。十分に時間が経ち平衡状態に達したとき，水に溶け込んだ CO_2 の物質量は何 mol か，また容器内の圧力は何 Pa か，それぞれ有効数字 2 桁で答えよ。答えに至る過程も記せ。ただし，0 ℃ における 1.0×10^5 Pa の CO_2 気体の水に対する溶解度は 0.080 mol・L^{-1} とする。また，0 ℃ における水の蒸気圧は無視してよい。

Ⅱ　次の文章を読み，問**カ〜コ**に答えよ。必要があれば以下の値を用いよ。

$\log_{10} 2 = 0.30$, $\log_{10} 2.7 = 0.43$, $\log_{10} 3 = 0.48$

　　弱酸とその塩，または弱塩基とその塩を含む溶液は，少量の強酸や強塩基を加えてもpHがごくわずかしか変化しない。このような作用を緩衝作用と言い，私たちの血液や細胞内のpHを一定に保つという重要な役割を果たしている。ここでは，酢酸水溶液に水酸化ナトリウム水溶液を加えたときのpHを求めることにより，緩衝作用を検証しよう。ただし，全ての実験は25℃で行い，溶液の混合による体積変化は無視できるものとする。

　　酢酸は水溶液中でその一部だけが電離しており，電離していない分子と電離によって生じたイオンの間に，以下に示す電離平衡が成り立っている。

$$CH_3COOH \rightleftarrows CH_3COO^- + H^+$$

酢酸の電離定数をK_aとする。また，酢酸水溶液のモル濃度をc，電離度をαとすると，cとαを用いて，$K_a = \boxed{}$ e と表される。酢酸の電離度は1に比べて十分小さいので，$1 - \alpha \fallingdotseq 1$ と近似すると，cとK_aを用いて，H^+のモル濃度は$[H^+] = \boxed{}$ f と表される。

　　まず，溶液A($0.10\ \text{mol·L}^{-1}$の酢酸水溶液)をビーカーにとり，pHを測定した。次に，$1000\ \text{mL}$の溶液Aに，$500\ \text{mL}$の溶液B($0.10\ \text{mol·L}^{-1}$の水酸化ナトリウム水溶液)を加えた。この混合溶液をCとし，pHを測定した。このとき，酢酸ナトリウムは，以下のように，ほぼ完全に電離している。

$$CH_3COONa \longrightarrow CH_3COO^- + Na^+$$

　　次に，$1500\ \text{mL}$の溶液Cに，$10\ \text{mL}$の溶液D($1.0\ \text{mol·L}^{-1}$の水酸化ナトリウム水溶液)を加え，pHを測定した。その結果，pHに大きな変動はなく，緩衝作用が確認された。

　一方，④1000 mL の溶液 A に，1000 mL の溶液 B を加えて中和反応を行った。
このとき，溶液は中性にはならず，塩基性を示した。これは，以下に示すように，酢酸イオンの一部と水が反応して OH^- が生じるためである。

$$CH_3COO^- + H_2O \rightleftharpoons CH_3COOH + OH^-$$

〔問〕

カ　空欄　e ，　f に入る適切な式を記せ。

キ　下線部①に関して，溶液 A の pH を有効数字 2 桁で答えよ。答えに至る過程も記せ。ただし，25 ℃ における酢酸の電離定数を $K_a = 2.7 \times 10^{-5}$ $mol \cdot L^{-1}$ とする。

ク　下線部②に関して，溶液 C の pH を有効数字 2 桁で答えよ。答えに至る過程も記せ。

ケ　下線部③に関して，このときの pH を有効数字 2 桁で答えよ。答えに至る過程も記せ。

コ　下線部④に関して，このときの pH を有効数字 2 桁で答えよ。答えに至る過程も記せ。ただし，水と反応して生成する酢酸の量は，酢酸イオンの量と比べて，きわめて少ないものとする。また，水のイオン積を $K_w = 1.0 \times 10^{-14} \, mol^2 \cdot L^{-2}$ とする。

第2問

次のⅠ，Ⅱの各問に答えよ。必要があれば以下の値を用いよ。

元　素	H	C	O	Cu	Br	I
原子量	1.0	12.0	16.0	63.5	79.9	127

Ⅰ　次の文章を読み，問**ア**〜**カ**に答えよ。

　　2価の銅イオン(Cu^{2+})を含む水溶液にヨウ化物イオンを加えると Cu^+ に還元され，固体が沈殿する。たとえば，<u>硫酸銅(Ⅱ)水溶液に十分な量のヨウ化カリウム水溶液を加えると，白色のヨウ化銅(Ⅰ)の沈殿とヨウ素(I_2)が生じる。</u>_①^{注1)}生じたヨウ素の量を，チオ硫酸ナトリウム($Na_2S_2O_3$)などを用いて滴定すれば，もとの硫酸銅水溶液の濃度を決定できる。

　　一方，固体中の銅は +1 や +2 など様々な価数をとりうる。水溶液中と同様の反応を，銅を含む固体の化合物に適用すると，固体中に含まれる銅の量を決定できる。

　　これらを踏まえて，以下の実験1〜5を行った。

実験1：固体の酸化銅(Ⅱ)に十分な量のヨウ化カリウム水溶液を加え，さらに塩酸を加えると，酸化銅(Ⅱ)は白色の沈殿へと変化した。ここにデンプン溶液を加えたところ，溶液は紫色になった。

実験2：固体の酸化銅(Ⅰ)に十分な量のヨウ化カリウム水溶液を加え，さらに塩酸を加えると，酸化銅(Ⅰ)は白色の沈殿へと変化した。ここにデンプン溶液を加えたところ，溶液の色に変化は見られなかった。

実験3：銅の粉末を空気中で徐々に加熱しながら質量変化を測定したところ，図2—1のようになった。ある温度 T_1 を越えたところで質量は増加しはじめ，<u>その後一定となった。</u>_②さらに温度を上げると，温度 T_2 で質量は減少しはじめた。その後加熱をやめて急冷し，固体Aを得た。Aの質量は 0.30 g であった。

実験4：ヨウ素 0.115 g に十分な量のヨウ化カリウム水溶液を加え，この溶液中のヨウ素を 0.10 mol・L^{-1} のチオ硫酸ナトリウム水溶液で滴定したところ，9.0 mL で終点に達した。

実験 5 ：Aに十分な量のヨウ化カリウム水溶液を加え，さらに塩酸を加えると，
　　　　　　　　　　　　　　　　　　　　　　　　　③
　　　　　　Aは白色の沈殿へと変化し，溶液の色は褐色となった。この溶液中のヨ
　　　　　　　　　　　　　　　　　　　　　　　　　　　　　④
　　　　　　ウ素を 0.10 mol·L^{-1} のチオ硫酸ナトリウム水溶液で滴定したところ，
　　　　　　24.0 mL で終点に達した。

注 1 ）生じたヨウ素は，ヨウ化カリウム水溶液に三ヨウ化物イオンとなって溶け
　　　　る。

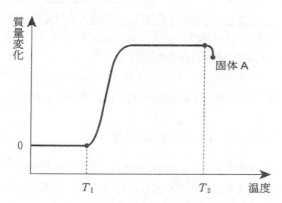

図 2 ― 1 　銅の粉末を加熱した時の質量変化

〔問〕

　ア　下線部①の化学反応式を記せ。

　イ　下線部②でどのような物質が生じているか。化学式を記せ。

　ウ　固体A中に含まれる物質は何か。また，そのように考えた理由を 30 字程
　　　度で述べよ。

　エ　下線部③で，塩酸の代わりに硝酸を用いるのは適切でない。この理由を
　　　30 字程度で説明せよ。

　オ　下線部④で，溶液中に含まれるヨウ素（I$_2$）の物質量は何 mol か。有効数
　　　字 2 桁で答えよ。答えに至る過程も記すこと。

　カ　固体Aの中に含まれる銅の含有率（質量パーセント）を有効数字 2 桁で答え
　　　よ。答えに至る過程も記すこと。

II　次の文章を読み，問キ～シに答えよ。

　　ハロゲンの単体は酸化力を有するため種々の金属と反応し，対応するハロゲン
化物が生成する。また，ハロゲンの単体は H_2 とも反応し，ハロゲン化水素
（HF，HCl，HBr，HI）が生成する。ハロゲン化水素の沸点の序列は，
HF（19.5 ℃）> HI（− 35.1 ℃）> HBr（− 67.1 ℃）> HCl（− 85.1 ℃）である。

　　フッ素は，天然には蛍石や氷晶石など，フッ化物イオンとして存在する。F_2
は水と激しく反応する。

　　Cl_2 は，工業的には塩化ナトリウムの電気分解などにより製造される。Cl_2 が
初めて作られたのは，酸化マンガン（IV）と濃塩酸の反応による（図 2 − 2）。

　　Br_2 は，工業的には酸性溶液中で Cl_2 による臭化物イオンの酸化によって製造
される。Br_2 は種々の有機化合物の臭素化剤として用いられるが，Br_2 の取り扱
いにくさが問題として挙げられる。そのため，適切な条件下で O_2 が臭化物イオ
ンを Br_2 に酸化できることを利用して，反応中に Br_2 を発生させる臭素化法が開
発されている。

　　I_2 も Cl_2 によるヨウ化物イオンの酸化によって製造される。I_2 は，有機化合物
中の特定の官能基の検出，様々な滴定，水分の定量などに用いられる。我が国
は，ヨウ素の生産量，輸出量ともに世界第二位である。

〔問〕

　キ　下線部⑤に関して，O_2 や S などの単体も酸化力を有する。O_2, S, F_2,
　　　I_2 を酸化力が強い順に並べよ。

　ク　下線部⑥に関して，HF の沸点が他のハロゲン化水素の沸点に比べて高い
　　　理由を 20 字程度で説明せよ。

　ケ　下線部⑦の化学反応式を記せ。

　コ　下線部⑧の化学反応式を記せ。また，図 2 − 2 のような装置で純粋な Cl_2
　　　を得たいときに，どのような精製装置，捕集装置（捕集方法）を用いるのが
　　　適切かを簡潔に説明せよ。精製装置に関しては，何をどのように除去する
　　　かを明確に記すこと。

サ　下線部⑨に関して，臭素化反応は有機化合物の不飽和度の決定にも利用される。二重結合を含む炭素数 20 の直鎖の炭化水素が 10.0 g ある。この炭化水素に Br_2 を反応させると，質量が 33.3 g になった。すべての二重結合が Br_2 と反応したとして，この炭化水素 1 分子に含まれる二重結合の数を整数で答えよ。答えに至る過程も記すこと。

シ　下線部⑩に関して，式(1)の反応が速やかに，かつ完全に進行することが知られている。[注2]

$$I_2 + SO_2 + CH_3OH + H_2O \longrightarrow 2\,HI + HSO_4CH_3 \qquad (1)$$

　この反応を利用して，購入したエタノール中に含まれる水分の定量を以下のように行った。

　ビーカーに，十分な量のヨウ化物イオン，SO_2 を含むメタノール 90.0 mL および購入したエタノール 10.0 mL を加えた。この溶液に陽極，陰極を浸し，100 mA の電流を 120 秒間流したところで，溶液に I_2 特有の色が観測された。一方，購入したエタノールを加えずに実験を行ったところ，電流を流し始めた直後に I_2 の色が観測された。購入したエタノール中の含水率(質量パーセント)を有効数字 2 桁で答えよ。答えに至る過程も記すこと。ただし，陽極では，ヨウ化物イオンの酸化反応以外は起こらないものとする。陰極での反応は考えなくてよい。購入したエタノールの密度は 0.789 g·mL^{-1} とする。ファラデー定数は $F = 9.65 \times 10^4$ C·mol^{-1} とする。

注 2 ）反応を効率よく進行させるためには塩基が必要であるが，酸化・還元反応に直接関わらないので，塩基を式(1)から除いて簡略化してある。

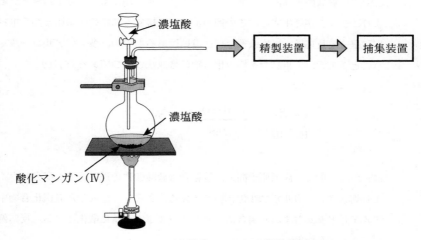

図 2 ― 2　　実験室での Cl_2 の製造装置

第 3 問

次の I，II の各問に答えよ。必要があれば以下の値を用い，構造式は例にならっ
て示せ。

元　素	H	C	N	O	Na	S	K	Mn
原子量	1.0	12.0	14.0	16.0	23.0	32.1	39.1	54.9

（構造式の例）

$$CH_3-(CH_2)_2-CH=\underset{CH_3}{\overset{}{C}}-CH_2-\!\!\!\!\!\!-COOH$$

I　次の反応 1，反応 2 に関する記述を読み，問 **ア～カ** に答えよ。なお，本問では
反応中に炭素骨格が変化したり，二重結合の位置が移動する反応は起こらないも
のとする。

〔反応1〕　濃硫酸を高温に加熱して，エタノールを加えると，分子内脱水反応によりエチレンが発生する。この例のように隣接する二つの炭素原子から水分子が脱離する反応は，温度条件などに違いはあるものの，多くのアルコールで行うことができ，二重結合を持つ化合物の合成法の一つである（式(1)）。

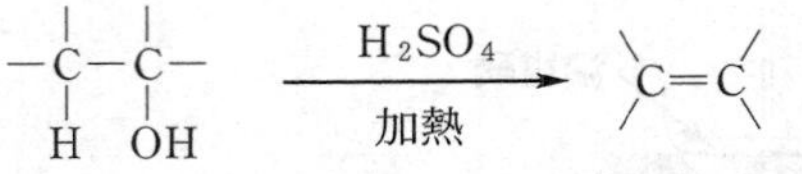

$$-\overset{\underset{\displaystyle H}{|}}{C}-\overset{\underset{\displaystyle OH}{|}}{C}- \quad \xrightarrow[\text{加熱}]{H_2SO_4} \quad \diagup C=C \diagdown \qquad (1)$$

〔反応2〕　一般に，炭素原子間の二重結合は硫酸酸性の過マンガン酸カリウムにより切断され，カルボニル化合物を与える。さらに，生成した有機化合物中にアルデヒド基が含まれる場合は，すべてカルボキシ基に酸化される。反応例を以下に示す（式(2)）。

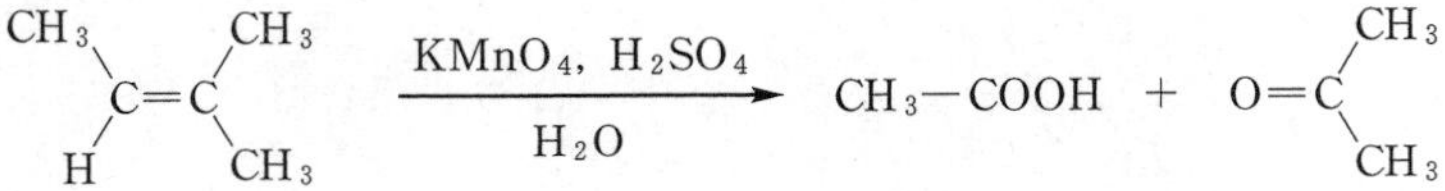

$$\underset{H}{\overset{CH_3}{C}}=\underset{CH_3}{\overset{CH_3}{C}} \quad \xrightarrow[H_2O]{KMnO_4,\ H_2SO_4} \quad CH_3-COOH \ + \ O=\underset{CH_3}{\overset{CH_3}{C}} \qquad (2)$$

〔問〕

ア　次に示すアルコールを用いて，反応1によりアルケンの合成を行う場合，生成する可能性のあるすべてのアルケンの構造式を示せ。立体異性体については考慮する必要はない。

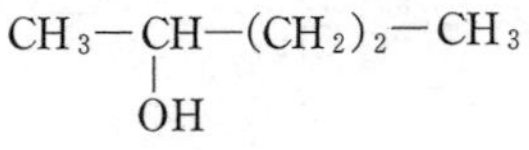

$$CH_3-\underset{OH}{\overset{}{CH}}-(CH_2)_2-CH_3$$

イ　問**ア**の反応により得られたアルケンの混合物をそのまま原料として用いて，さらに反応2により二重結合の切断を行う場合，生成する可能性のあるすべての有機化合物の構造式を示せ。炭酸および二酸化炭素は有機化合物とはみなさない。

ウ　硫酸酸性の過マンガン酸塩は基本的に式(3)に従った酸化反応を起こす。しかしながら，実際に酸化反応の実験を行うと，式(4)に示すように4価のマンガンの段階で反応が止まってしまう場合がある。このため，式(3)で計算した理論量の過マンガン酸塩を反応に用いた場合は反応が完結しないこともある。

$$MnO_4^- + 5e^- + 8H^+ \longrightarrow Mn^{2+} + 4H_2O \qquad (3)$$
$$MnO_4^- + 3e^- + 4H^+ \longrightarrow MnO_2 + 2H_2O \qquad (4)$$

　下記のアルケン(分子式 $C_{13}H_{26}$)27.3 g を用いて，反応2の操作を行う際に，全体の 25.0 % の過マンガン酸カリウムが式(4)の反応を起こし，残りは式(3)に従って反応するものと仮定する。この場合，反応に必要な最小限の過マンガン酸カリウムの量は何 g か。有効数字2桁で答えよ。答えに至る過程も示すこと。

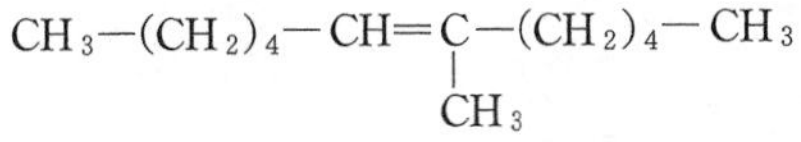

$$CH_3-(CH_2)_4-CH=\underset{\underset{CH_3}{|}}{C}-(CH_2)_4-CH_3$$

エ　問ウの反応を行うと，カルボン酸とケトンが生成する。これらを分液操作により分離し，それぞれ蒸留操作により精製を行いたい。反応混合物から2種類の生成物を，それぞれ蒸留前の粗生成物として得るまでの分離操作について，簡潔に説明せよ。

オ　$C_7H_{16}O$ の分子式を持つ第三級アルコールAを用いて，反応1によるアルケンの合成を行い，さらに得られたすべての有機化合物を用いて，反応2の操作を行った。生成したすべての有機化合物の調査を行ったところ，ケトンのみが得られていることがわかった。化合物Aの構造として考え得る構造式をすべて示せ。立体異性体については考慮する必要はない。

カ　二重結合を一つ持つ炭化水素Bを用いて，反応2の操作を行い，生成した

すべての有機化合物の調査を行ったところ，1種類のケトンのみが得られ
ていることがわかった。その生成物中のカルボニル基をアルコールに還元
した後，反応 1 の操作により，二重結合を導入した。さらに得られたすべ
ての有機化合物を用いて，ふたたび反応 2 の操作により，二重結合を切断
したところ，1種類の有機化合物のみが生成し，これはナイロン 66（6,6-
ナイロン）の合成原料のジカルボン酸と同じ化合物であった。化合物 B の
構造として考え得る構造式をすべて示せ。

Ⅱ　次の文章を読み，問**キ〜シ**に答えよ。

単結合はその結合を軸として自由に回転できるが，通常，二重結合は回転でき
ない。しかし，光をあてると二重結合が回転する場合がある。たとえば，式(5)
のようにトランス-スチルベンに紫外光をあてると，シス-スチルベンへ変化す
る。

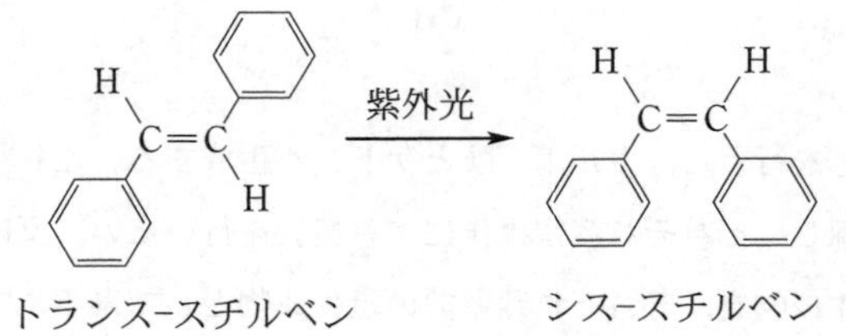

トランス-スチルベン　　　　　シス-スチルベン

トランス-スチルベンの −CH＝CH− を −N＝N− で置き換えた化合物である<u>ト
ランス-アゾベンゼンに紫外光をあてると，式(6)のようにシス-アゾベンゼンへ
変化する。</u>①アゾベンゼンのシス形に可視光をあてるか，加熱すると，トランス形
に戻る。<u>光をあてててトランス形からシス形に変化させると，分子全体の形だけで
なく，極性も変化する。</u>②分子全体の極性は，<u>ベンゼン環に置換基を導入するこ</u>
③でも変化する。

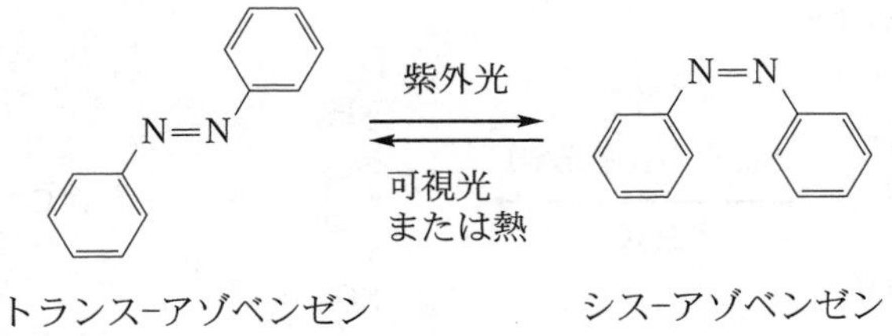

（6）

トランス-アゾベンゼン　　　　シス-アゾベンゼン

　アゾ化合物は DVD-R の記録層用途の色素や，繊維を染色する染料として使用される。染料の一種であるオレンジⅡは，式(7)のようにスルファニル酸と 2-ナフトールを出発物質として合成される。

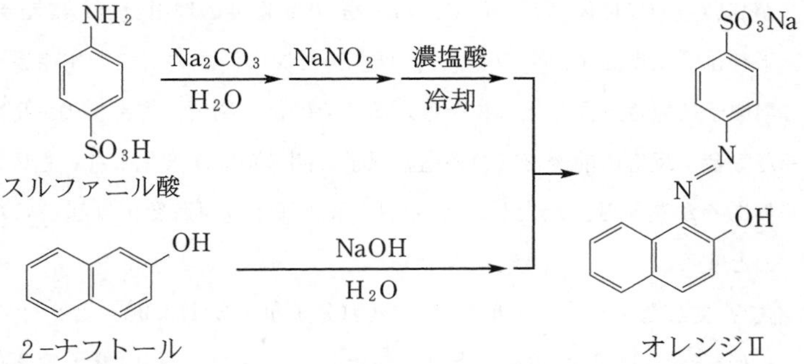

（7）

スルファニル酸

2-ナフトール　　　　　　　　　　　　　　　　オレンジⅡ

　式(8)のようにオレンジⅡを還元すると，スルファニル酸ナトリウムと化合物 C が生成する。化合物 C に大量の無水酢酸を反応させると，分子式 $C_{14}H_{13}NO_3$ の化合物 D が得られる。

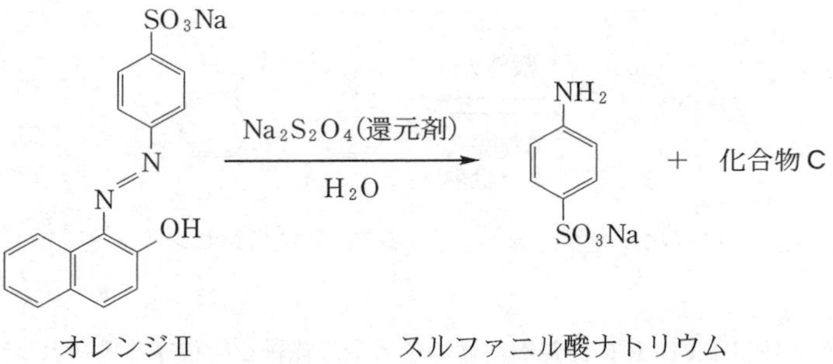

$$\text{オレンジ II} \xrightarrow[\text{H}_2\text{O}]{\text{Na}_2\text{S}_2\text{O}_4(\text{還元剤})} \text{スルファニル酸ナトリウム} + \text{化合物 C} \qquad (8)$$

〔問〕

キ 下線部②に関して，アゾベンゼンのトランス形とシス形のうち，より極性が高い方の異性体がどちらであるかを 30 字程度の理由とともに記せ。

ク 下線部③に関して，トランス-アゾベンゼンの任意の二つの水素原子を塩素原子に置き換えた化合物を考える。その化合物で下線部①の反応が進んだ場合，反応の前後で二つの塩素原子の間の距離が変化しないものは何通りあるかを記せ。ただし，$-\text{N}=\text{N}-$ 部分以外の構造変化は起こらないものとする。

ケ 式(7)にしたがって，スルファニル酸(分子量 173.1)3.98 g と 2-ナフトール(分子量 144.0)2.88 g を出発物質として，オレンジ II(分子量 350.1)を合成したところ，4.83 g が得られた。オレンジ II の収率を有効数字 2 桁で答えよ。ただし，オレンジ II の収率は次の式で求められるものとし，理論上得られるオレンジ II の物質量とは，いずれかの出発物質が完全に消失するまで反応が進行する場合に，生成し得るオレンジ II の最大の物質量であるものとする。なお，無機試薬は反応に十分な量を使用したものとする。

$$収率(\%) = \frac{\text{実際に得られたオレンジ II の物質量}}{\text{理論上得られるオレンジ II の物質量}} \times 100$$

コ 式(7)の反応の実験操作で，反応溶液を濃塩酸と混ぜるときにあらかじめ

氷を加えて冷却する。ここで，温度を上げると，収率を低下させる反応が起こる可能性がある。構造式を用いて，その反応を化学反応式で示せ。

サ 化合物Cと化合物Dの構造式をそれぞれ示せ。

シ 式(7)の反応の実験を行い，報告書（レポート）を作成した。報告書を作成する上で明らかに不適切なものを次の(1)～(5)から二つ選べ。

(1) 実験手順書で指示された薬品の質量と実際に使用した質量が違ったので，指示された質量で計算した収率を記載した。

(2) 反応溶液を濃塩酸と混ぜるときに実験手順書には1回で加えるように書かれていたが，実際には2回に分けて加えたので，実際に行った実験操作を記載した。

(3) 固体の析出や気体の発生などの反応の様子について，実験ノートをもとに観察結果を記載した。

(4) オレンジⅡの収率を計算したところ110 % になったが，収率は最大で100 % であるべきなので，収率は100 % であったと記載した。

(5) 観察された色の変化や気体の発生について実験前に立てた仮説と比較し，考察を記載した。

2014年

解答時間：2科目150分
配　　点：120点

第1問

次のⅠ，Ⅱの各問に答えよ。

Ⅰ　次の文章を読み，問**ア**～**オ**に答えよ。必要があれば以下の値を用いよ。

元　素	H	Li	C
原子量	1.0	6.9	12.0

結　合	H—H	H—O	O＝O
結合エネルギー〔$kJ \cdot mol^{-1}$〕	436	463	496

アボガドロ定数　$N_A = 6.0 \times 10^{23}\ mol^{-1}$

1 molの水素ガスH_2の燃焼反応は，下記の熱化学方程式(1)で与えられる。

$$H_2(気) + \frac{1}{2}O_2(気) = H_2O(液) + 286\ kJ \qquad (1)$$

この反応は，石炭や石油等の化石燃料を燃焼させたときに発生する二酸化炭素や窒素酸化物を出さないので，水素ガスは地球に優しい燃料の候補として注目されている。

また，水素ガスは質量あたりの燃焼エネルギーがあらゆる物質の中で最大である。石炭，石油が燃えて二酸化炭素と水になるとき，質量1gあたりの燃焼エネルギーは，それぞれ約30 kJ，約46 kJである。それに対して，水素ガスの質量1gあたりの燃焼エネルギーは［　a　］kJである。

これらの理由から，水素ガスを自動車等の燃料に使うという魅力的な見通しが生まれる。しかし，水素ガスが燃料として一般的に利用されるためには克服しなければならない問題がいくつかある。まずは，十分な量の水素ガスをどうすれば確保できるかという問題である。地球上に水素は大量に存在するが，ほぼすべて

の水素は化合物に組み込まれていて，水素ガスとしてはほとんど存在しない。し
たがって，燃料に使う水素ガスを得るには，水素を含む化合物から水素ガスを製
造する必要がある。燃料に使う水素ガスは，主に，天然ガスの主成分であるメタ
ン CH_4 と水蒸気 H_2O の反応により製造されている。その反応は，下記の熱化学
方程式 (2) で与えられる。

$$CH_4(気) + 2\,H_2O(気) = 4\,H_2(気) + CO_2(気) - 165\,kJ \qquad (2)$$

しかし，この水素ガス製造法は化石燃料に依存しており，二酸化炭素の発生を
抑えることにはならない。そのため化石燃料を用いずに水素ガスを効率的に製造
する方法の研究開発が続けられている。

克服しなければならないもう一つの問題は，水素の貯蔵と輸送に関してであ
る。室温の 1 気圧下では，水素ガスの体積は質量 1 g あたり約 12 L にもなる。
体積を減らすために加圧すると肉厚の金属容器が必要となり，その質量のため
に，質量あたりの燃焼エネルギーが高いという水素ガスの利点が失われる。体積
を減らす他の方法として，水素ガスを金属と反応させて化合物を作る方法があ
る。たとえば，水素ガスと金属リチウム Li を反応させて<u>固体の LiH</u> を作ると，
その体積は水素の質量 1 g あたり，わずか　　b　　mL になる。その化学反応
式は式 (3) で与えられる。

$$H_2 + 2\,Li \longrightarrow 2\,LiH \qquad (3)$$

生成した LiH を水と反応させると水素ガスが生成し，これを燃料に使うこと
ができる。水素貯蔵の効率を上げるために，様々な水素化合物に関する研究が続
けられている。

〔問〕

ア　熱化学方程式(1)から　　　a　　　の値を有効数字 2 桁で求めよ。

イ　表に示した結合エネルギーを用いて，水素ガスの質量 1 g あたりの燃焼エ
ネルギーを有効数字 2 桁で求めよ。求めた値が上記**ア**で求めた　　a　
の値と一致するか否かを答えよ。また，その理由を 40 字程度で述べよ。

ウ　熱化学方程式(2)の反応を用いてメタンから水素ガスを製造し，その水素
ガスを燃焼してエネルギーを得る場合，メタンの質量 1 g あたり何 kJ の
燃焼エネルギーが得られるか。有効数字 2 桁で求めよ。ただし，水の蒸発
熱は 44 kJ·mol^{-1} とする。

エ　Li 原子の最外殻電子に働く原子核の正電荷は，他の電子の電荷で打ち消
されて，近似的に＋1 と考えられる。下線部①の固体の LiH 中では，Li
原子と H 原子の間に電荷の偏りが起きている。どちらの原子に負電荷が
偏るか答えよ。また，その理由を，Li 原子と H 原子の電子配置に基づい
て，40 字程度で述べよ。

オ　　　b　　　の値を有効数字 2 桁で求めよ。ただし，LiH の結晶構造は，
図 1 ― 1 に示す塩化ナトリウム型構造をとり，隣り合う Li 原子と H 原子
の距離は 0.20 nm とする。

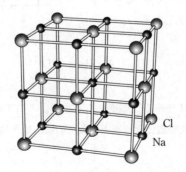

図 1 ― 1　　塩化ナトリウム型構造

II　次の文章を読み，問**カ**〜**サ**に答えよ。

　化学反応式が一見して単純であっても，複数の反応によって反応物が生成物へ変化する場合がある。例えば，気体の水素分子 H_2 と気体のヨウ素分子 I_2 から気体のヨウ化水素分子 HI が生成する次の反応を考えよう。

$$H_2 + I_2 \xrightarrow{k_1} 2\,HI \tag{4}$$

　ここで k_1 は反応速度定数である。この反応は 600 K 以上の高温において進行し，9 kJ·mol^{-1} の発熱反応である。反応⑷では逆反応は考慮しなくてよい。また，HI の生成速度 v_{HI} は次式で表されるように，H_2 のモル濃度 $[H_2]$ と I_2 のモル濃度 $[I_2]$ の積に比例することが実験事実として知られている。

$$v_{HI} = k_1 [H_2][I_2] \tag{5}$$

　⑸式が成り立つことから，一見すると H_2 と I_2 が衝突し，反応⑷が進行するように見える。しかし，次の二つの反応の組み合わせによって HI が生成する説が有力である。

$$I_2 \rightleftharpoons 2\,I \tag{6}$$

$$H_2 + 2\,I \xrightarrow{k_2} 2\,HI \tag{7}$$

ここで k_2 は反応速度定数である。ヨウ素原子 I は気体として存在し，反応⑹では平衡が成立している。反応⑺では逆反応は考慮しなくてよい。また，H_2 はほとんど解離しないものとする。反応⑹の正反応は，150 kJ·mol^{-1} の 　c　 反応であり，平衡定数は，

$$K = \frac{[I]^2}{[I_2]} \tag{8}$$

で表される。$[I]$ は I のモル濃度である。

　反応(6)で生成した I は，H_2 と衝突し，エネルギーの高い中間状態を経由し
②
て，反応(7)に従って HI が生成する。反応(7)による HI の生成速度 v_{HI} は，

$$v_{HI} = k_2[H_2][I]^2 \qquad (9)$$

で表される。反応(6)の正反応，逆反応の速度が反応(7)に比べて圧倒的に速く，
③
常に平衡が成立しているとする。このとき，HI の生成速度 v_{HI} は，$[H_2]$ と $[I_2]$
の積に比例し，実験事実と合致する。

　この例から分かるように，単純な化学反応式で記述される化学反応でも，実際
に起きている過程は複雑な場合がある。

〔問〕

カ　空欄　　c　　に当てはまる語句は吸熱か発熱か答えよ。その理由を
　　30～50字程度で記せ。

キ　反応(6)において，圧力一定で温度を上昇させたとき，平衡はどちらに移
　　動するか答えよ。その理由を40～80字程度で記せ。

ク　下線部②は何と呼ばれる状態か答えよ。

ケ　反応(7)の反応熱は何 $kJ \cdot mol^{-1}$ か，有効数字3桁で答えよ。

コ　下線部③において，反応(7)の反応速度が$[H_2]$と$[I_2]$の積に比例すること
　　を示せ。また，k_1，k_2，K の間に成り立つ関係式を記せ。

サ　反応(6)の正反応・逆反応の速度よりも，反応(7)の反応速度の方が圧倒的
　　に速いとしよう。このとき，HI の生成速度は$[H_2]$と$[I_2]$に対してどのよ
　　うな依存性をもつか。例えば，$[H_2][I_2]^2$ に比例する，のように答えよ。

第2問

次のⅠ，Ⅱの各問に答えよ。必要があれば以下の値を用いよ。

元　素	H	C	O	S	K	Cr	Mn	Fe
原子量	1.0	12.0	16.0	32.1	39.1	52.0	54.9	55.8

Ⅰ　次の文章を読み，問ア～キに答えよ。

　　クロム化合物は，ギリシャ語の色（クロマ）が語源であるように酸化数や構造によって様々な色を呈する。二クロム酸カリウムを水に溶かし，水酸化カリウムを用いて溶液を塩基性にすると溶液は黄色になり，この溶液を希硫酸を用いて酸性①にすると赤橙色になる。酸化数が＋6のクロム化合物は，有機化合物に対する酸化剤としてよく用いられる。

　　マンガン化合物は，幅広い酸化数をとり得る。酸化マンガン（Ⅳ）は，過酸化水素を水と酸素に分解する優れた触媒である。過マンガン酸カリウムは，強力な酸化作用を有し，その水溶液は特徴的な赤紫色を呈することから，酸化還元滴定によく用いられる。

　　これらを踏まえて，以下の実験1～3をおこなった。

実験1：ある濃度の二クロム酸カリウムの希硫酸溶液2.0 mLと2-プロパノール2.0 mLを試験管に入れた。図2－1のように試験管に誘導管をつけて，この溶液を65～70 ℃に加熱したところ，溶液の色が緑色に変化した。反応終了時に，氷水で冷やされた試験管には反応生成物である無色②透明の液体が0.30 g溜まった。

実験2：ある温度で3.0 ％（質量パーセント）の過酸化水素水1.0 mLに粉末の酸化マンガン（Ⅳ）10 mgを加えると，過酸化水素は完全に分解し，過酸化水素1.0 molあたり98 kJの反応熱が観測された。

実験3：硫化鉄（Ⅱ）と書かれた試薬瓶に入っている試薬中の硫化鉄（Ⅱ）の純度を求めるために以下の実験をおこなった。過マンガン酸カリウム1.6 gを

希硫酸 20 mL に溶かし，水を用いて 25 mL に希釈した。瓶の中の試薬
1.0 g を希硫酸 100 mL に加えると，<u>気体が発生し</u>，試薬はすべて溶解
③
した。この溶液を十分に煮沸した後，調製した<u>過マンガン酸カリウム溶</u>
④　　　　　　　　　　　　　　　　　　　⑤
<u>液で滴定した</u>ところ，5.4 mL 滴下したところで終点に達した。

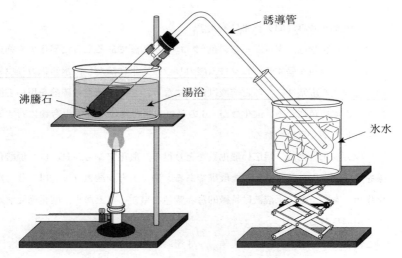

図 2 — 1　　実験 1 の反応装置

〔問〕

ア　下線部①の化学反応式を記せ。

イ　下線部②の化合物の構造式を記せ。

ウ　実験 1 で用いた二クロム酸カリウム溶液の濃度は何 mol・L^{-1} か。有効数
字 2 桁で答えよ。下線部②の化合物が生成する反応の化学反応式および答
えに至る過程も記すこと。ただし，氷水で冷やされた試験管には下線部②
の化合物のみが溜まったとする。

エ　実験 2 の反応を酸化マンガン(IV) 20 mg を用いておこなう場合，過酸化水
素 1.0 mol あたり何 kJ の反応熱が観測されるか。有効数字 2 桁で答え
よ。

オ　下線部③の気体の化学式を記せ。また，その気体の特徴として正しいものを下記の選択肢(1)～(6)の中からすべて選べ。

(1)　水溶液は弱酸性を示す。

(2)　水溶液は弱アルカリ性を示す。

(3)　下方置換で捕集できる。

(4)　上方置換で捕集できる。

(5)　黄緑色の気体である。

(6)　褐色の気体である。

カ　下線部④に関して，溶液を煮沸せずに滴定すると，硫化鉄(Ⅱ)の純度の実験値が 100 ％(質量パーセント)を超えてしまった。この理由を 40～60 字程度で説明せよ。

キ　実験 3 の結果から，試薬中の硫化鉄(Ⅱ)の純度(質量パーセント)を有効数字 2 桁で求めよ。下線部⑤の反応の化学反応式および答えに至る過程も記すこと。ただし，試薬に含まれる不純物は，過マンガン酸カリウムとは反応しないものとする。

Ⅱ　次の文章を読み，問**ク**～**セ**に答えよ。

　アルカリ金属は　　a　　が大きく，常温で激しく水と反応する。一方，銅や銀は　　a　　が小さいため，水と反応しないが，　　b　　の大きい硝酸を用いると一酸化窒素を発生し溶ける。また，アルカリ金属 M はハロゲン X_2 と反応し，ハロゲン化物 MX を生成する。MX の水に対する溶解度はアルカリ金属イオン M^+ とハロゲン化物イオン X^- のイオン半径の大きさと関係がある。MX の水への溶解は次の熱化学方程式(1)で表される。

$$\text{MX（固）} + \text{aq} = M^+ \text{aq} + X^- \text{aq} + Q \tag{1}$$

MX の溶解熱 Q が大きい程，MX の溶解度は高い。ここで，MX の溶解の過程を MX のイオン化と水和に分けて，次のように考える。

　固体の MX（固）が気相のイオン M^+（気）と X^-（気）へイオン化するときの熱化学方程式は式(2)で表される。

$$\text{MX（固）} = M^+ \text{（気）} + X^- \text{（気）} + Q_{イオン化}^{注} \tag{2}$$

　M^+（気）と X^-（気）の間には静電気的な引力が働き，イオン化熱 $Q_{イオン化}^{注}$ は負

で，$Q_{イオン化}$の大きさはイオン間の距離に反比例する。そこで，$Q_{イオン化}$とM^+のイオン半径r_M，X^-のイオン半径r_Xとの間に，近似的に式(3)が成り立つとする。

$$Q_{イオン化} = -\frac{\alpha}{r_M + r_X} \quad (\alpha \text{は正の定数}) \tag{3}$$

つづいて，M^+(気)，X^-(気)の水和はそれぞれ熱化学方程式(4)と(5)で表される。

$$M^+(気) + aq = M^+aq + Q_M \tag{4}$$

$$X^-(気) + aq = X^-aq + Q_X \tag{5}$$

Q_MおよびQ_Xは正で，イオン半径が小さいほど大きい。水和熱$Q_{水和}$はQ_MとQ_Xの和で表される。そこで，$Q_{水和}$とM^+のイオン半径r_M，X^-のイオン半径r_Xとの間に，近似的に式(6)が成り立つとする。

$$Q_{水和} = Q_M + Q_X = \beta\left(\frac{1}{r_M} + \frac{1}{r_X}\right) \quad (\beta \text{は正の定数}) \tag{6}$$

MX の溶解熱 Q におよぼす $Q_{イオン化}$ と $Q_{水和}$ の効果を考えると，$Q_{イオン化}$の絶対値が　　c　　ほど，また $Q_{水和}$ が　　d　　ほど，MX の溶解度は高くなる。

　　ここで，陽イオンが同じで陰イオンの異なる 2 種類のアルカリ金属のハロゲン化物，塩 A，B について考える。A の陰イオン半径は陽イオン半径と等しく（$r_X = r_M$），B の陰イオン半径は陽イオン半径の半分である（$r_X = 0.5\,r_M$）。B の $Q_{イオン化}$ から A の $Q_{イオン化}$ を差し引くと　　e　　となり，一方，B の $Q_{水和}$ から A の $Q_{水和}$ を差し引くと　　f　　となる。したがって，陰イオン半径が変わると，$Q_{イオン化}$ と $Q_{水和}$ の変化の度合いが異なり，MX の溶解熱が変化する。このため，陰イオン半径の異なる MX について水に対する溶解度の違いを推測することができる。

注）　$Q_{イオン化}$には固体の MX（固）が気体の MX（気）へ変化する昇華熱が含まれる。

〔問〕

　ク　空欄　　a　　，　　b　　それぞれにあてはまる適切な用語を選択肢(1)～(6)の中から選びその番号を記せ。

　　　(1)　酸　性　　　　　　(2)　塩基性　　　　　　(3)　イオン化傾向

　　　(4)　酸化力　　　　　　(5)　電気陰性度　　　　(6)　原子半径

　ケ　下線部⑥に関して，銅と希硝酸との化学反応式を記せ。

　コ　空欄　　c　　，　　d　　それぞれにあてはまる適切な語を選択肢(1)および(2)から選びその番号を記せ。

(1)　大きい　　　　　　　　　　　(2)　小さい

サ　空欄　$\boxed{\text{e}}$　,　$\boxed{\text{f}}$　それぞれにあてはまる式を α, β, r_M を用いて記せ。

シ　NaF のイオン化熱 Q_{NaF}, Na^+ イオンおよび F^- イオンの水和熱 Q_{Na}, Q_F, イオン半径 r_{Na}, r_F を以下に示す。NaF について式(3)および(6)の定数 α, β を有効数字 2 桁で求めよ。

Q_{NaF} [kJ·mol^{-1}]	Q_{Na} [kJ·mol^{-1}]	Q_F [kJ·mol^{-1}]	r_{Na} [nm]	r_F [nm]
− 923	406	524	0.12	0.12

ス　シで求めた α, β を用い，塩 **A** と塩 **B** のどちらの溶解度が高いか答えよ。また，その理由を $Q_{イオン化}$ と $Q_{水和}$ の絶対値の変化量を比較し 50 字程度で述べよ。

セ　ハロゲン化物イオンのイオン半径を以下に示す。リチウムイオンのイオン半径は 0.09 nm である。ハロゲン化リチウムについて，溶解度が最も高いと考えられる塩と溶解度が最も低いと考えられる塩の化学式をそれぞれ記せ。

ハロゲン化物イオン	F^-	Cl^-	Br^-	I^-
イオン半径 [nm]	0.12	0.17	0.18	0.21

第 3 問

次の I，II の各問に答えよ。必要があれば以下の値を用いよ。

元　素	H	C	N	O	Ag
原子量	1.0	12.0	14.0	16.0	107.9

I　次の文章を読み，問 **ア**〜**キ**に答えよ。

〔文 1〕　天然に存在するグルコースのほとんどは，D 型である。図 3 — 1 に示すとおり，炭素❶についたヒドロキシ基(以下，❶OH 基と呼ぶ)が六員環をはさんで炭素❻の反対側にある D-グルコースは，α-D-グルコースと呼ばれる。α-D-グルコースを水に溶かすと，<u>α-D-グルコースとは異なる環状分子や鎖状分子を含む平衡混合物</u>として存在する。
①

図 3 — 1　α-D-グルコース水溶液中の平衡混合物

（簡略化のため，環を構成する C 原子は省略してある）

〔文 2〕　図 3 — 2 に示すとおり，ポリマー分子 P 1 は，5 個の α-D-グルコース（A～E）間で①OH 基と④OH 基どうしが脱水縮合して生じる α-グリコシド結合か，または，①OH 基と⑥OH 基どうしが脱水縮合して生じる α-グリコシド結合により五糖の単量体を構成し，その単量体が n 個重合した構造をもつ。

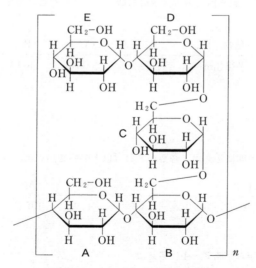

図 3 — 2　ポリマー分子 P 1 の構造

〔問〕

ア　下線部①の環状分子に該当する糖を表している構造式を(1)～(6)からすべて選び，番号で記せ。

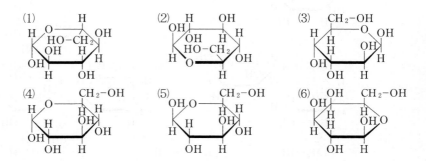

イ　α-D-グルコース水溶液をアンモニア性硝酸銀水溶液と反応させると，銀が析出するが，一般的な脂肪族アルデヒドをアンモニア性硝酸銀水溶液と反応させる場合と比べて銀の析出速度が遅い。その理由を 30 字程度で記せ。

ウ　上記**イ**の反応後，α-D-グルコースはどのような化合物に変換されるか，構造式を記せ。ただし，反応溶液はアルカリ性であることを考慮せよ。

エ　α-D-グルコース水溶液中の六員環構造をもつ分子どうしが脱水縮合した以下の二糖(1)～(6)のうち，還元作用を示さないものをすべて選び，番号で記せ。

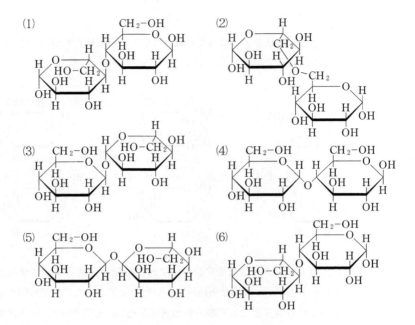

オ　酵素 Q は，α-D-グルコースどうしの❶OH 基と❻OH 基間で生じた α-グ
　　リコシド結合のみを加水分解する。酵素 Q を用いてポリマー分子 P 1（重
　　合度 n）内に存在する❶OH 基と❻OH 基間で生じた α-グリコシド結合を
　　すべて加水分解した場合の化学反応式を記せ。ただし，ポリマー分子 P 1
　　の分子式は $(C_{30}H_{50}O_{25})_n$ と表記し，重合部分の両末端は化学反応式に反
　　映させなくてよいものとする。

カ　α-D-グルコースを十分量のアンモニア性硝酸銀水溶液と反応させると，
　　1 mol の α-D-グルコースあたり 2 mol の銀が析出する。8.1 g のポリマー
　　分子 P 1 を酵素 Q と反応させて，P 1 分子内に存在する❶OH 基と❻OH
　　基間で生じた α-グリコシド結合をすべて加水分解した後，酵素 Q を除い
　　てから十分量のアンモニア性硝酸銀水溶液と反応させた。その結果，析出
　　する銀の重量を有効数字 2 桁で記せ。ただし，重合部分の末端の反応は考
　　慮しなくてよいものとし，また，ポリマー分子 P 1 の分子量として $810\,n$
　　を用いよ。

キ　α-D-グルコースで五糖を構成する際の異性体の数について考える。下記の 3 条件をすべて満たす異性体の数は全部でいくつあるか記せ。なお，ポリマー分子 P 1 を構成する単量体も 3 条件を満たしており，異性体の数に含まれる。

　　条件 1 ：下図に示す三糖（A ― B ― C）の部分構造をもつ。

　　条件 2 ：残り 2 個の α-D-グルコースは，A，B のいずれに対しても脱水縮合していない。

　　条件 3 ：縮合の様式はすべて，❶OH 基と❹OH 基間で生じる α-グリコシド結合か，または，❶OH 基と❻OH 基間で生じる α-グリコシド結合のいずれかである。

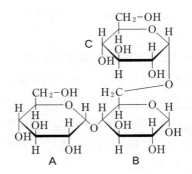

Ⅱ　次の文章を読み，問ク〜ソに答えよ。

〔文3〕　ナイロン66(6,6-ナイロン)は，ジカルボン酸 X とジアミン Y の縮合
　　重合によって得られる。実験室でナイロン66をつくる場合には，X の代わり
　　に酸塩化物[注] Z を使うと加熱や加圧が不要となり，以下の操作(ⅰ)〜(ⅲ)を行うこ
　　とで簡単に合成することができる。

　(ⅰ)　ビーカーに溶媒 S1 を入れ，化合物 Z を溶かす。

　(ⅱ)　別のビーカーに溶媒 S2 を入れ，水酸化ナトリウムと化合物 Y を溶か
　　　　　　　　　　　　　　　　　　　②
　　　す。

　(ⅲ)　(ⅰ)で調製した溶液に(ⅱ)で調製した溶液を静かに注ぐと，(ⅱ)の溶液が上層と
　　　なり，2つの液の境界面にナイロン66の薄膜が生成する。これをピンセッ
　　　トでつまんで引き上げ，試験管などに巻き付けて，ナイロン66の繊維を得
　　　る。

　　　一方，工業的には X と Y を直接縮合重合してナイロン66を合成する。実用
　　のために力学的強度を上げるには，ポリマーの重合度を十分に高くする必要が
　　ある。重合度の高いナイロン66を工業的に生産するには，X と Y の物質量の
　　　　③
　　比が重要である。そのため，まず最初に，物質量の等しい X と Y からなる塩
　　を作る。その後，270 ℃ 程度にまで加熱して，溶融状態で脱水縮合反応を進行
　　させ，ナイロン66を得る。

〔文4〕　2-アミノプロパン $(CH_3)_2CHNH_2$ にアクリル酸の酸塩化物[注]を加えて
　　反応させるとモノマー M が得られる。さらに M を重合させることでポリマー
　　P2 が得られる。P2 はある温度以下では水に溶解し，その溶液は透明であ
　　る。しかし，ある温度以上に加熱すると水に不溶となり，透明な溶液は白濁す
　　る。この現象は可逆的で，冷却すると再び透明な溶液に戻る。2-アミノプロ
　　パンの代わりにアミノメタン CH_3NH_2 を用いた場合はこのような性質を示さ
　　ない。低温領域においては，P2 の構造中で親水性の　　a　　結合部位が水
　　分子と水素結合を形成することで P2 は水に溶解する。一方，高温領域では水
　　分子が P2 から遊離し不溶となる。P2 中に存在する　　b　　基の疎水性が

この不溶化に大きく寄与している。このように，Ｐ２は温度に応答する"賢い"高分子であり，環境や再生医療の分野などで様々な機能性材料として応用する研究が盛んに行われている。

注）酸塩化物：ここでは，カルボン酸の–COOH を–COCl に置換した化合物をさす。

〔問〕

　ク　Ｚの構造式をすべての価標を省略せずに記せ。

　ケ　下線部②について，水酸化ナトリウムを加える理由として最も適当なものを下記の選択肢より１つ選べ。

　　(1)　カルボキシ基を中和することで縮合を加速する。

　　(2)　縮合速度を抑えることで重合度の高いポリマーを合成する。

　　(3)　縮合速度を抑えることでポリマーの強度を適切に調整する。

　　(4)　塩化水素を中和することで縮合速度が低下することを防ぐ。

　　(5)　酸塩化物をカルボン酸に加水分解することで縮合を加速する。

　　(6)　水酸化ナトリウムの溶解熱を利用して縮合を加速する。

　コ　Ｓ１とＳ２の組み合わせとして最も適当なものを１つ選べ。

　　(1)　Ｓ１：ジクロロメタン，Ｓ２：水

　　(2)　Ｓ１：水，Ｓ２：ジクロロメタン

　　(3)　Ｓ１：アセトン，Ｓ２：水

　　(4)　Ｓ１：水，Ｓ２：アセトン

　　(5)　Ｓ１：ジエチルエーテル，Ｓ２：水

　　(6)　Ｓ１：水，Ｓ２：ジエチルエーテル

　　(7)　Ｓ１：エタノール，Ｓ２：ジエチルエーテル

　　(8)　Ｓ１：ジエチルエーテル，Ｓ２：エタノール

　サ　下線部③について，ＸとＹの物質量が等しくない場合を考える。最初に存在していたＸとＹがもつカルボキシ基とアミノ基の総数をそれぞれ N_x, N_y とする。ここで $N_x/N_y = r\,(0 < r < 1)$ とする。カルボキシ基がすべて反応したとき，反応後の全分子数を N_x と r を用いて表せ。

シ 合成したナイロン 66 の重合度の平均値(平均重合度)は,(最初の全分子数)／(反応後の全分子数)で計算できるものとする。**サ**の条件において,平均重合度を r を用いて表せ。

ス **サ**の条件において,カルボキシ基がすべて反応したときの平均重合度を 200 以上にしたい。そのためには,重合開始時において **X** の物質量に対する **Y** の物質量の過剰分を何% 以下に抑える必要があるか。有効数字 2 桁で求めよ。

セ P 2 の構造式を記せ。なお,ポリマーの構造式は以下の例にならって繰り返し単位を記すこと。

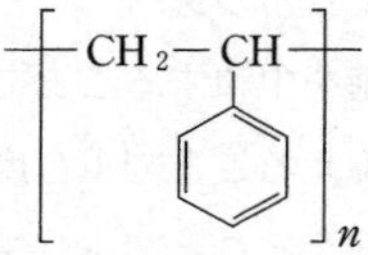

$$\left[\!\!\begin{array}{c} CH_2-CH \\ | \\ \text{(benzene ring)} \end{array}\!\!\right]_n$$

ソ 空欄　a　,　b　にあてはまる最も適切な語句をそれぞれ記せ。

解答時間：2科目 150分
配　　点：120点

第1問

次のⅠ，Ⅱの各問に答えよ。必要があれば以下の値を用いよ。

元　素	H	C	N	O	Na	S
原子量	1.0	12.0	14.0	16.0	23.0	32.1

$\log_{10} 2 = 0.30$,　　　$\log_{10} 3 = 0.48$,　　　$\log_{10} 5 = 0.70$

Ⅰ　次の文章を読み，問**ア〜カ**に答えよ。

　　市販の水酸化ナトリウムは白色の小球状をしており，<u>湿った空気中に置いておくとその表面が濡れてくる。</u>① また空気中で速やかに二酸化炭素を吸収する。

　　日本薬局方によれば 1 mol·L^{-1} 水酸化ナトリウム水溶液を調製する場合は，以下のような手順で行うこととされている。

　　「水酸化ナトリウム約 42 g を量り水 950 mL に溶かす。これに<u>水酸化バリウム 8 水和物飽和水溶液</u>② を沈殿がもはや生じなくなるまで滴下し，よく混ぜて密栓し，24 時間放置した後ろ過する。このろ液の濃度を次のような操作で決定する。乾燥したアミド硫酸 1.5 g 前後を精密に量り，新たに煮沸して冷却した水 25 mL に溶かす。これを上記の水酸化ナトリウム水溶液で滴定する。」

　　<u>上記の手順で調製した水酸化ナトリウム水溶液を用いて，濃度不明の酢酸水溶液 100 mL を適当な pH 指示薬を用いて滴定したところ，20 mL で中和点に達する</u>③ ことがわかった。

　　（注）　アミド硫酸は右の構造式をもつ一価の酸である。

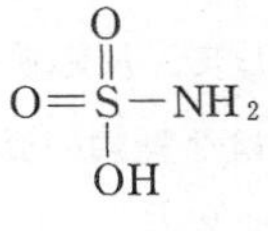

$$\begin{array}{c} \text{O} \\ \| \\ \text{O=S−NH}_2 \\ | \\ \text{OH} \end{array}$$

〔問〕

ア　下線部①の現象を何と呼ぶか。

イ　下線部②について，沈殿が生じる化学反応式を書き，なぜこのような操作が必要なのか 50 字から 100 字程度で記せ。

ウ　アミド硫酸 1.444 g を秤量して，問題文に示された手順に従い滴定したところ水酸化ナトリウム水溶液は 15.20 mL 必要であった。調製した水酸化ナトリウム水溶液の濃度を有効数字 3 桁で求めよ。

エ　下線部③について，水酸化ナトリウム水溶液 10 mL を滴下した時点でのpH を求めよ。ただし酢酸の電離定数を 1.8×10^{-5} mol·L^{-1} とする。

オ　電離定数 4.0×10^{-4} mol·L^{-1} をもつ弱酸型の pH 指示薬 X がある。X の分子式を HA と表すと溶液中では下式のように電離している。

$$HA \rightleftharpoons H^+ + A^-$$

HA，A$^-$ の濃度比が 0.1 以上 10 以下の範囲にあるときに色調の変化が肉眼でわかると仮定する。この pH 指示薬 X の色調の変化が肉眼でわかるpH の値の範囲を有効数字 2 桁で求めよ。

カ　下線部③で記した滴定に pH 指示薬 X を用いることが適当かどうか，**オ**の結果をもとにして理由とともに 50 字から 100 字程度で記せ。

Ⅱ　次の文章を読み，問**キ**〜**サ**に答えよ。

　ファントホッフは，図 1 — 1 に示すような仮想的な反応箱中での気体分子の化学反応を理論的に考察し，気体反応の濃度平衡定数が温度のみに依存することを
④
示した。

　ファントホッフの考察に関連して，以下に(1)式で表される気体分子の反応を例として，反応箱への気体分子の出し入れ操作を説明する。ここで，A，B および C は 3 種類の異なる分子の化学式を表す。ただし，反応(1)は反応箱中でのみ進行するものとする。また，気体は理想気体とみなせるものとする。

$$A + 2B \rightleftharpoons 2C \qquad\qquad (1)$$

　反応箱中には分子 A，B および C の混合気体が含まれており，反応箱とシリンダは一定温度 T〔K〕に保たれている。反応箱に装備されている半透膜 A は分子 A のみを通し，半透膜の両側（シリンダ側と反応箱側）における分子 A の示す分圧が等しくなると，見かけ上，半透膜 A を通る分子 A の移動はなくなる。ここで，半透膜 A の両側における分子 A の分圧の差は速やかに解消されるものとする。半透膜 B，C の分子 B，分子 C に対する動作もそれぞれ同様であるとする。

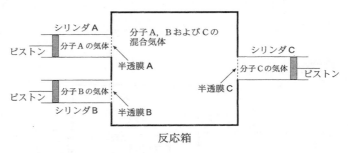

図 1 — 1　　ファントホッフの反応箱

　以下に示すような手順によって，左側の 2 つのシリンダ A および B 内の気体を反応箱に導入し，反応箱から右側のシリンダ C 内へ気体を移すことを考える（図 1 — 2）。

準備　図 1 — 2 (a) に示された状態を始めの状態とする。すなわち，シリンダ A および B 内にはそれぞれ 1 mol の分子 A と 2 mol の分子 B が含まれており，シリンダ C の体積はゼロである。このとき，シリンダ A および B 内にある分子と反応箱中にある分子はそれぞれ半透膜の両側で同じ分圧を示しており，反応箱中では (1) 式で表される反応は平衡状態となっている。⑤ここで，シリンダ A，B の体積はそれぞれ V_A，V_B〔L〕であり，濃度平衡定数は K であった。

操作1　左側の 2 つのピストンを押し込んで，シリンダ A および B 内の気体を全て反応箱に移動させる(図 1 — 2 (b))。なお，反応箱中での反応は十分に遅く，この操作の直後では，反応箱中の混合気体は平衡状態にはないものとする。

操作2　反応箱中の混合気体が平衡状態となるのを待ってから，右側のピストンを引き出してシリンダ C 内に 2 mol の分子 C を取り込む(図 1 — 2 (c))。この間，ピストンは非常にゆっくりと動かされており，シリンダの体積が変化しているにもかかわらず，反応箱中の混合気体は平衡状態に保たれているとする。

(a)　始めの状態

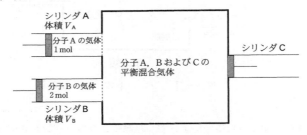

(b)　操作 1 が終了した状態

(c)　操作 2 が終了した状態

図 1 — 2　　反応箱の状態

〔問〕

キ　下線部④に関連して，化学反応が化学平衡の状態にあるとき，反応物質の濃度と生成物質の濃度との間には，温度が一定ならば一定の数量関係がある。この法則名を記せ。

ク　操作 1 の終了後，十分長い時間が経過すると反応箱中の混合気体は平衡状態になる。(1)式で表される反応はどちら向きに進行したか，判断理由となる原理の名称とともに 50 字から 100 字程度で記せ。

ケ　操作 2 が終了したとき，反応箱中の混合気体は平衡状態となっている。反応箱中の混合気体の平衡は，始めの状態と操作 2 の後ではどのような関係にあるか，下記の選択肢(i)〜(iii)の中から適切なものを選べ。また，それが適切であると考えた理由を 50 字から 100 字程度で記せ。

　　　　図 1 — 2(a)と比べると，図 1 — 2(c)における平衡混合気体では，式(1)において，

　　(i)　平衡が左に移動している。

　　(ii)　平衡がどちら側にも移動していない。

　　(iii)　平衡が右に移動している。

コ 下線部⑤で与えられているシリンダの体積 V_A, V_B および濃度平衡定数 K を使って，操作 2 が終了したときのシリンダ C の体積 V_C を表せ。答に至る計算過程も記せ。

サ (1)式で表される反応が反応箱中で平衡状態に達した後，温度を上昇させると反応は左向きに進行して新たな平衡状態に達した。右向きの反応を正反応とするとき，正反応は吸熱反応であるか発熱反応であるか，50 字以内の理由とともに記せ。

第 2 問

次の Ⅰ，Ⅱ の各問に答えよ。必要があれば以下の値を用いよ。

Cu の原子量　63.5

Ⅰ　次の文章を読み，問 **ア〜カ** に答えよ。

　レアメタルや貴金属等はさまざまな製品に幅広く用いられており，それらの希少性・重要性から多くのリサイクル技術が開発されている。通常，製品には複数の金属が混在しており，目的とする金属を回収するには，溶解，沈殿，溶媒抽出，電解精錬など複数の化学操作が用いられる。

　まず溶解と沈殿の例として，金と銀を含む固体(固体 A)からの金と銀の回収を考える。最初に固体 A に濃硝酸を加えてろ過する。このろ液に少量のアンモニア水を加えると，褐色を呈する ┃ a ┃ の沈殿が生じ，一方の金属を回収することができる。また，このろ過操作で残った固体を取り出して，2 種類の酸 ┃ b ┃ と ┃ c ┃ を加えて再びろ過すると，もう一方の金属が溶解したろ液を得ることができる。

　金属の純度をさらに高めるために，溶媒抽出法が用いられる。溶媒抽出法では，混ざり合わない 2 つの液体，例えば水と極性の小さい有機溶媒を振り混ぜて目的成分を一方の液相に抽出する。特に金属の抽出操作では，キレート剤を用いる。キレート剤とは 1 つの分子中に金属イオンへ配位できる原子を 2 つ以上持つ試薬である。

　例として，キレート剤である 8–キノリノール(HQ と表記)によるインジウムイオン(In^{3+})の抽出を考える。HQ は，水層と有機層に分配し，ある pH 条件では図 2 — 1 のように水層において一価の酸として働き，Q^- と H^+ に電離する。

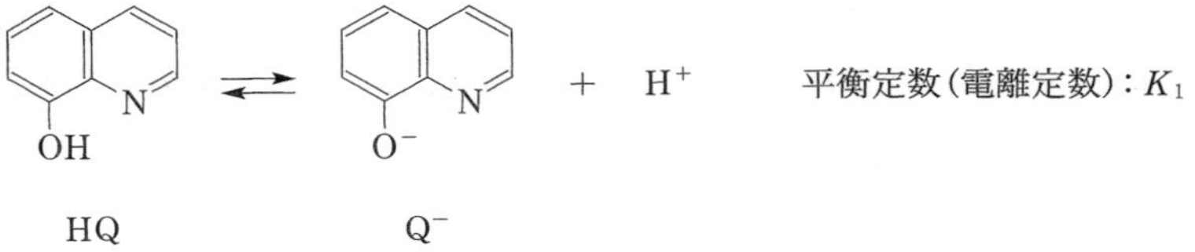

図 2 — 1　　HQ の電離平衡

　また，分配の平衡定数 K_2 は有機層および水層における HQ 濃度$[HQ]$有機層 および $[HQ]$水層 を用いて $K_2 = [HQ]$有機層$/[HQ]$水層 と表すことができる。以上の条件のもと，有機層へ溶解させた HQ は水層へ移動して，<u>In^{3+} と錯体を形成して全体として無電荷となり，有機層へ抽出される</u>。このとき，In^{3+} に配位する原子の数は
①
6 である。

　純度の向上には電解精錬も用いられる。ここでは銅の電解精錬を考える。純度が低い粗銅で構成される陽極(アルミニウム，銀，鉄を含む)と，純銅で構成される陰極とを体積 2.0 L の硫酸銅(Ⅱ)水溶液に入れて，0.30 V で電気分解を行う。その結果，<u>陽極の質量は 112.0 g 減少して，陰極の質量は 110.0 g 増加した</u>。ま
②
た，水溶液中の硫酸銅(Ⅱ)の濃度は 0.020 mol・L^{-1} 減少した。<u>このとき，陽極の下
③
に陽極泥と呼ばれる沈殿が生じた</u>。

〔問〕

ア $\boxed{\text{a}}$ にあてはまる化学式と $\boxed{\text{b}}$，$\boxed{\text{c}}$ にあてはまる物質名を記せ。

イ $\boxed{\text{a}}$ の沈殿に過剰のアンモニア水を加えるとイオンとして溶解する。このイオンの化学式を記せ。

ウ In^{3+} が存在しないとき，HQ の有機層への分配の程度を表す分配比 $D = [HQ]_{有機層}/([HQ]_{水層} + [Q^-]_{水層})$ を，水層における水素イオン濃度 $[H^+]_{水層}$，および K_1，K_2 を用いて表せ。

エ 下線部①に関して，生成する錯体の構造を記せ。なお，In^{3+} と配位結合する原子については，その原子と In^{3+} を点線で結び配位結合していることを明示すること。立体構造を表記する必要はない。

オ 下線部③に関して，陽極泥を構成する金属元素を沈殿した理由とともに記せ。

カ 下線部②に関して，陽極の減少量 112.0 g のうち銅以外の重量を有効数字 2 桁で求めよ。ただし，水溶液の体積変化は無視できるものとする。

Ⅱ　元素に関する以下の文章を読み，問**キ～シ**に答えよ。

　元素を太陽系における物質量が大きい順に並べると，水素，$\boxed{\text{d}}$，酸素，炭素，窒素となる。$\boxed{\text{d}}$ は第 $\boxed{\text{e}}$ 族元素に属し，イオン化エネルギーが全ての元素の中で最も大きい。一方，酸素のイオン化エネルギーは，第 2 周期元素の平均値に近い。酸素の同素体であるオゾンは，成層圏で太陽からの紫外線を吸収し，地球表層の生物を紫外線の有害な作用から保護している。生物や化石燃料の主要構成元素である炭素の同位体のうち，質量数 $\boxed{\text{f}}$ の同位体は，半減期（半分が放射壊変して別の同位体に変化するのに要する時間）が 5730 年の放射性同位体で，考古学試料などの年代測定に用いられている。大気中の二酸化炭素に含まれる放射性炭素の比率はほぼ一定であるが，地球に到達する宇宙線強度の変化，化石燃料の使用，1945 年以降の核実験の影響などによって変動してきた。窒素は空気の約 8 割を占め，アミノ酸をはじめとする多くの生体物質に含まれており，生命活動を支える重要な元素の 1 つである。

〔問〕

キ | d | にあてはまる元素名と | e | ， | f | にあてはまる数値を記せ。

ク 第 | e | 族，第 3 周期の元素は，80 K 以下の低温で面心立方格子の結晶となり，その単位格子の 1 辺の長さは 0.526 nm である。この結晶における原子間距離（最近接の二つの原子間の距離）を有効数字 2 桁で求めよ。ただし単位格子の中には 4 個の原子があるものとする。計算の過程も記せ。必要ならば以下の値を用いよ。$\sqrt{2} = 1.41$，$\sqrt{3} = 1.73$，$\sqrt{5} = 2.24$

ケ **ク**で述べたように，第 | e | 族，第 3 周期の元素の結晶は低温条件でなければ存在できないが，同じく第 3 周期に属する塩素を含む KCl は室温でも安定に結晶が存在できる。その理由を両者の結合の性質に着目して 50 字から 100 字程度で記せ。

コ 標準状態で 44.8 L の空気（モル分率 0.20 の酸素を含む）に紫外線を照射したところ，オゾンが生成した。反応後の気体の体積は，反応前と比べて標準状態で 1.4 L 減少していた。反応後の気体に含まれているオゾンのモル分率を有効数字 2 桁で求めよ。計算の過程も記せ。ただし，紫外線の照射によって起こる反応はオゾンの生成のみと考える。

サ 下線部④の影響により，大気中の二酸化炭素に含まれる放射性炭素の比率は変動してきた。宇宙線強度の増加，および化石燃料の使用は，放射性炭素の比率を増加させるか，減少させるか。それぞれについて記せ。

シ 一般的に分子の形は，共有電子対，非共有電子対，不対電子の間の静電的な反発などの効果を反映して決まる。たとえば水分子は，2 つの非共有電子対と 2 つの O–H 結合の共有電子対との反発により，非共有電子対を含めて考えれば正四面体に近い形状になるため折れ曲がった分子構造をとる。これらをふまえて，以下の選択肢(1)〜(4)から，分子またはイオン全体として極性をもつものを全て選び，その番号を記せ。

(1) 二酸化窒素　　　　　　　　(2) 四酸化二窒素

(3) 三フッ化窒素　　　　　　　(4) アンモニウムイオン

第3問

次のⅠ，Ⅱの各問に答えよ。

Ⅰ　次の文章を読み，航空宇宙・エレクトロニクス分野で重要な役割を果たしているポリマーPに関する問ア～カに答えよ。

ポリマーPは，以下に示す実験1～3により，モノマーM1とM2を原料として合成される。その反応の流れを図3－1にまとめた。

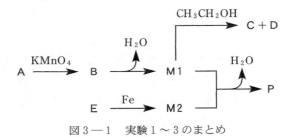

図3－1　実験1～3のまとめ

実験1：モノマーM1の合成

モノマーM1は，テトラメチルベンゼンの位置異性体の1つである化合物Aを出発原料として，二段階で合成される。化合物Aの溶液に過マンガン酸カリウムを加えて40℃で数時間反応させたのち，反応過程で生成した酸化マンガンの沈殿をろ過により除去してから，ろ液を酸性にすることにより，化合物Bが得られる。これを減圧下で200℃に加熱すると，2分子の水を失って，モノマーM1が生成する。

モノマーM1は，以下の性質を示す。すなわち，モノマーM1に2分子のエタノールを付加させると互いに異性体の関係にある化合物Cと化合物Dを与える。

実験2：モノマーM2の合成

モノマーM2は，図3－2に示す化合物Eを塩化アンモニウム水溶液中で鉄粉を用いて還元することにより合成できる。この反応ではモノマーM2の塩酸塩と鉄の酸化物が生成する。鉄の酸化物の沈殿をろ過により除去したのち，ろ液に濃アンモニア水溶液を加えると，モノマーM2の結晶が析出する。

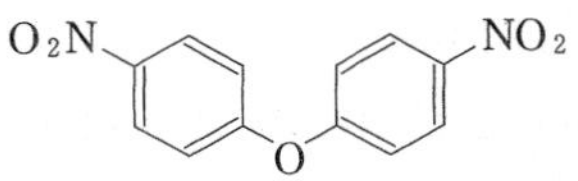

$$O_2N \overset{}{\underset{}{\bigcirc}} - O - \bigcirc - NO_2$$

図 3 ― 2　化合物 E の構造式

実験 3 ：ポリマー P の合成

　　モノマー M1 の溶液に等モル量のモノマー M2 をゆっくり加えて室温で重合させる。ついで，この重合生成物を 230 ℃ に加熱すると，さらに縮合反応により水が失われてポリマー P が生成する。なお，ポリマー P に含まれる窒素原子に水素原子は結合していない（ただし，ポリマーの末端部を除く）。

〔問〕

ア　テトラメチルベンゼンと呼ばれる化合物に，位置異性体はいくつあるか。

イ　化合物 A の構造式を記せ。

ウ　化合物 C と D の構造式を記せ。

エ　モノマー M1 とモノマー M2 の構造式を記せ。

オ　下記の選択肢 (1) ～ (5) から，モノマー M2 の性質として適切なものを 1 つ選べ。

　(1)　水酸化ナトリウムと反応してナトリウム塩となる

　(2)　硫酸酸性二クロム酸カリウム水溶液で還元される

　(3)　次亜塩素酸カルシウム水溶液で酸化される

　(4)　ヨードホルム反応を示す

　(5)　フェーリング反応を示す

カ　ポリマー P の構造式を記せ。なお，ポリマーの構造式は以下の例にならって繰り返し単位を記すこと。

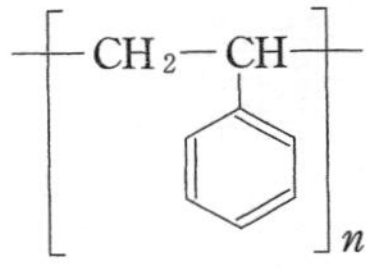

$$\left[\begin{array}{c} -CH_2-CH- \\ \bigcirc \end{array}\right]_n$$

Ⅱ　今をさかのぼること百年ほど前，東京大学にゆかりのある化学者が，生命現象を化学の視点から理解することに重要な寄与をした。次の文1と文2を読み，問**キ～ス**に答えよ。

〔文1〕　池田菊苗は昆布のうま味成分が L–グルタミン酸ナトリウムであることを明らかにし，味覚の1つとして「うま味」を提唱した。L–グルタミン酸（アミノ酸F）は，小麦に含まれるタンパク質を加水分解することで得られるアミノ酸混合物から分離精製することができる。この方法として，アミノ酸の側鎖の構造を反映して変化する　　a　　の違いを利用する電気泳動や，溶質とイオン交換樹脂の相互作用を利用するクロマトグラフィーなどがある。アミノ酸Fをアミノ酸混合物から精製する2つの実験を行った。

実験4：図3—3に示すアミノ酸F，G，Hの混合物からアミノ酸Fを分離するために pH　　b　　の緩衝液を用いて電気泳動を行ったところ，アミノ酸Fのみが　　c　　側へと移動した。

実験5：図3—4に示すように，スルホ基をもつポリスチレン樹脂（イオン交換樹脂）を円筒形のカラムにつめ，アミノ酸F，G，Hの混合物の希塩酸水溶液（pH 2.0）を流した（操作1）。ついで，pH 4.0 の緩衝液（操作2），pH 7.0 の緩衝液（操作3），pH 11.0 の緩衝液（操作4）を順に流し，それぞれの操作における溶出液を三角フラスコ A～C に集めた。フラスコの内容物を分析するとアミノ酸Fはある1つの三角フラスコにだけ含まれていた。

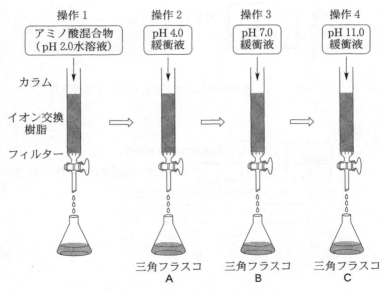

図 3 ─ 3　L─グルタミン酸(アミノ酸 F)およびアミノ酸 G, H の構造式(この表
　　　記法において，不斉炭素原子に結合した H は紙面の奥に，NH₂ は紙面
　　　の手前にある)

図 3 ─ 4　イオン交換樹脂を用いたアミノ酸の分離

〔文 2 〕　高峰譲吉と上中啓三は，血圧を上げるなどの強い生理作用を示すホルモ
ンであるアドレナリンの結晶化に世界で初めて成功し，医薬品として世に出し
た。アドレナリンは L-チロシンから 4 段階の化学反応（反応 1 ～反応 4 ）を経
て体内で合成され，副腎髄質から分泌される。これらの化学反応はそれぞれ酵
素 E 1 ～酵素 E 4 によって促進され，図 3 ― 5 に示すように，化合物 I，J，K
を経てアドレナリンが合成される。なお，化合物 I，J，K のうち少なくとも 1
つは不斉炭素原子を持たない。また，酵素 E 2 による反応 2 では，化合物 J に
加えて　　d　　が生成する。

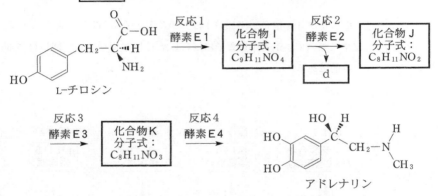

図 3 ― 5 　　生体内におけるアドレナリンの合成経路

〔問〕

キ　　　a　　　にあてはまる適切な用語を記せ。

ク　　　b　　　および　　c　　にあてはまる適切な数字および用語の組み合
わせを，下記の選択肢(1)～(6)の中から選べ。

	b	c
(1)	4.0	陰　極
(2)	7.0	陰　極
(3)	11.0	陰　極
(4)	4.0	陽　極
(5)	7.0	陽　極
(6)	11.0	陽　極

ケ　下線部に関して，実験5における操作1を行った後に，アミノ酸Fがイオン交換樹脂に吸着している様子を構造式で示せ。なお，イオン交換樹脂の構造式は下記のようにベンゼン環とスルホ基だけを示せばよい。また，アミノ酸の立体構造を表記する必要はない。

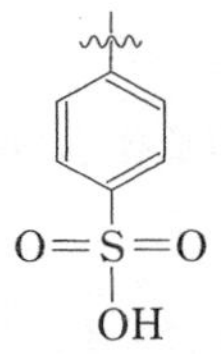

コ　三角フラスコBおよび三角フラスコCに含まれるアミノ酸の記号をそれぞれ記せ。なお，アミノ酸が含まれない場合には「無」と解答すること。

サ　酵素E1および酵素E3の役割は何か。それぞれについて，下記の選択肢(1)～(6)の中から適切なものを選べ。

(1)　第二級アルコールを生成する

(2)　エーテル結合を生成する

(3)　カルボキシル基を還元する

(4)　カルボキシル基を酸化する

(5)　ベンゼン環を酸化する

(6)　アミノ基を酸化する

シ　　 d 　　にあてはまる化合物名を記せ。

ス　化合物I，J，Kのうち不斉炭素原子を持たないものはどれか。該当する化合物すべてについて，記号とともに構造式を記せ。

第1問

次のⅠ，Ⅱの各問に答えよ。必要があれば以下の値を用いよ。

元　素	Na	Cl
原子量	23.0	35.5

Ⅰ　次の文章を読み，問**ア**〜**オ**に答えよ。

塩化ナトリウム（NaCl）は，ナトリウムイオン（Na^+）と塩化物イオン（Cl^-）が静電気的引力により結びついたイオン結晶である。強いイオン結合で結びついたNaCl結晶ではあるが，<u>極性溶媒である水に入れるとその結合は切れ，Na^+ と Cl^- に電離して水和イオンとなり，溶解する。</u>①

1気圧のもとで，純水は 0℃ で凍るが，NaCl を水に溶かすと，凝固し始める温度は 0℃ 以下になる。このような現象を凝固点降下と呼ぶ。凝固点は冷却曲線を調べることにより知ることができる。例えば，純水をゆっくり冷やしていくと 0℃ で氷が析出し始め，すべて氷になるまで 0℃ のままである。従って，冷却曲線は，図1−1のように 0℃ においてある時間一定となる。

今，ある濃度の NaCl 水溶液をゆっくり冷やしたときの冷却曲線が，図1−2のようになったとする。溶液が十分希薄であるとすると，凝固点降下度から，この NaCl 水溶液の濃度（質量パーセント）は $\boxed{\text{a}}$ ％ と見積もられる。

NaCl は，30℃ では濃度 27％ まで水に溶ける。30℃ で色々な濃度の NaCl 水溶液を準備し，冷却曲線を調べた。その結果，凝固点は，濃度が低い水溶液を用いた実験では濃度に比例して降下し，濃度が高くなると比例関係からずれてさらに降下するようになった。しかしながら，<u>凝固点は，濃度 23％ の水溶液で最も低い温度に達したのち，それ以上の濃度の水溶液では変化しなくなった。</u>②

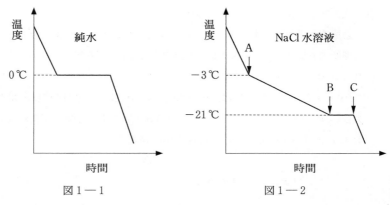

図1—1　　　　　　　　　図1—2

〔問〕

ア　下線部①について，水分子 H_2O の形状と電荷の偏りを図示せよ。

イ　下線部①について，水溶液中で Na^+ は水分子とどのように結びついて存在しているか，1〜2行程度で説明せよ。

ウ　　　　a　　　を有効数字2桁で求めよ。求める過程も記せ。ただし，水のモル凝固点降下は $1.85\ K \cdot kg/mol$ とする。

エ　図1—2に示す冷却曲線において，A点（−3℃）とB点（−21℃）の間で冷却曲線が右下がりになる理由を，この間で起きている状態の変化に基づいて1〜2行程度で述べよ。

オ　下線部②について，最も低い凝固点は何℃か。その理由とともに1〜2行程度で答えよ。

Ⅱ　次の文章を読み，問**カ〜ケ**に答えよ。

　　合成高分子であるポリスチレン（PS）はスチレンの重合により合成される。重合開始剤を加え，全てのスチレンを連鎖的に反応させた後に，片方の末端に官能基 X を導入した PS–X を合成した。

　　PS–X のトルエン溶液では，官能基間の会合により， 2 分子の PS–X からなる会合体 $(PS–X)_2$ が生成し，単分子である PS–X との間に(1)式の平衡が成立する。27 ℃における平衡定数は $K = 0.25$ L/mol である。

$$2\,PS–X \rightleftharpoons (PS–X)_2 \tag{1}$$

　　PS–X の分子量を決定するために以下の実験を行った。10 g の PS–X をトルエンに溶解し， 1 L の溶液とした。この溶液を，溶媒のみを通す半透膜で隔てられた容器の左側に入れ，右側には液面が同じ高さになるようにトルエンを入れた（図 1 — 3 ）。十分な時間の経過後，　　　b　　　の液面が高くなって安定した。この液面差をゼロにするために必要な圧力は浸透圧と呼ばれる。温度 27 ℃において測定された浸透圧は 1.2×10^3 Pa であった。

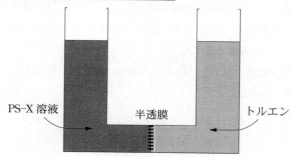

PS–X 溶液　　　　半透膜　　　　トルエン

図 1 — 3

（注）　PS–X は全て同じ分子量であり，トルエンに完全に溶解し，官能基は解離せず，分子間の 2 分子会合にのみ寄与するものとする。必要ならば，次の値を用いよ。

気体定数　$R \fallingdotseq 8.3 \times 10^3$ Pa·L/(K·mol)，$\sqrt{2} \fallingdotseq 1.41$，$\sqrt{3} \fallingdotseq 1.73$，
　　　　$\sqrt{5} \fallingdotseq 2.24$

〔問〕

カ 　 b 　 に適切な語句を入れよ。

キ 　濃度 10 g/L のスチレンのトルエン溶液の浸透圧は 27 ℃ で 2.4 × 10⁵ Pa

であった。重量濃度が同じであるにもかかわらず，下線部③の PS–X 溶液の

浸透圧の方がはるかに小さい理由を 1 ～ 2 行程度で述べよ。

ク 　27 ℃ において(1)式の平衡が成立した時，会合前の PS–X 1 モルに対して

会合体(PS–X)₂が何モル形成されるかを有効数字 2 桁で答えよ。解答に至る

過程も示せ。

ケ 　問**ク**の結果に基づいて，PS–X の分子量を有効数字 2 桁で答えよ。解答に

至る過程も示せ。

第 2 問

次の Ⅰ，Ⅱの各問に答えよ。

Ⅰ　次の文章を読み，問**ア～オ**に答えよ。必要があれば以下の値を用いよ。なお，

文中のエネルギーは，いずれも 25 ℃，1 気圧(1.013 × 10⁵ Pa)における値の絶

対値とする。

元　素	Na	Cl	Ag	Cs
原子量	23.0	35.5	107.9	132.9

$\sqrt{2} ≒ 1.41$，$\sqrt{3} ≒ 1.73$，アボガドロ定数：$6.02 × 10^{23}$/mol

　　イオン結晶は，陽イオンと陰イオンのイオン結合によりできている。イオンの

半径は，イオン結晶の単位格子の大きさとイオンの充填様式から計算できる。

図 2 ― 1 に代表的なイオン結晶である塩化ナトリウム(NaCl)，塩化セシウム

(CsCl)の結晶構造を示す。NaCl，CsCl の単位格子は立方体であり，その 1 辺の

長さはそれぞれ，0.564 nm，0.402 nm である。

　　ある結晶がイオン結晶であることは，結晶の格子エネルギー(イオン結合をす

べて切断し，イオンを互いに遠く離して静電気的な力を及ぼしあわない状態にするのに必要なエネルギー）の理論値 U_A と，図２—２より熱化学的に求められる実験値 U_B がよく一致することにより示される。図２—２に示す CsCl の U_B は，CsCl（固体）の生成熱（433 kJ/mol），Cs（固体）の昇華熱（79 kJ/mol），Cs（気体）の第一イオン化エネルギー（376 kJ/mol），Cl_2（気体）の結合エネルギー（242 kJ/mol），Cl（気体）の電子親和力（354 kJ/mol）により，ヘスの法則を用いて熱化学的に求めることができる。

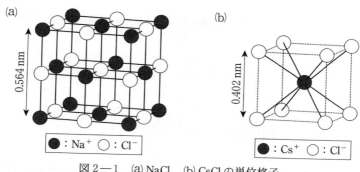

(a)　0.564 nm　●：Na^+　○：Cl^-

(b)　0.402 nm　●：Cs^+　○：Cl^-

図２—１　(a) NaCl, (b) CsCl の単位格子

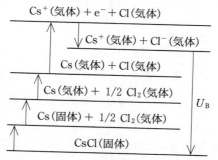

Cs^+（気体）＋e^-＋Cl（気体）

Cs^+（気体）＋Cl^-（気体）

Cs（気体）＋Cl（気体）

Cs（気体）＋ 1/2 Cl_2（気体）

Cs（固体）＋ 1/2 Cl_2（気体）

CsCl（固体）

U_B

図２—２　CsCl の格子エネルギーの実験値 U_B を求めるための熱化学的関係

〔問〕

　　ア　セシウムイオン（Cs^+）の半径は 0.181 nm である。図２—１を用いてナトリウムイオン（Na^+）の半径を計算せよ。ただし，図２—１(a)，図２—１(b)の塩化物イオン（Cl^-）の半径の値は同じとする。

イ　金属ナトリウム (Na) の密度は $1.00\ g/cm^3$ であり，体心立方格子をとる。 Na の金属結合半径と Na^+ の半径はどちらが小さいか，計算式を示して答えよ。

ウ　Na の金属結合半径と Na^+ の半径に差が生じる理由を 40 字以内で述べよ。

エ　図 2 ― 2 に示す U_B(kJ/mol) を計算せよ。計算の過程も示せ。

オ　イオン結晶のなかでも，周期表の両端の元素からできている NaCl や CsCl では，U_A と U_B の値がよく一致する。一方，塩化銀 (AgCl) では U_A と比較して U_B が大きく異なる。この理由を 40 字以内で述べよ。

Ⅱ　次の文章を読み，問**カ**～**サ**に答えよ。

　配位子が金属イオンに結合した構造を持つ化合物を錯体と呼び，イオン性の錯体は錯イオン，その塩は錯塩と呼ばれる。錯体は金属イオンの種類，配位子に依存して，図 2 ― 3 のように様々な構造 (α～δ) を形成できる。1893 年にウェルナーは，コバルト化合物を詳細に調べ，現在の錯体化学の基礎となる "配位説" を提唱した。

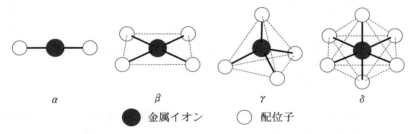

α　　　　　β　　　　　γ　　　　　δ

●　金属イオン　　　○　配位子

図 2 ― 3　様々な錯体の構造 (それぞれの錯体の配位子は 1 種類とは限らない)

　"配位説" 以降，様々な錯体が発見されている。例えば，ヒトの血液中では，ヘモグロビンの　$\boxed{\text{a}}$　錯体が酸素を運搬する役割を担っており，$\boxed{\text{a}}$　の不足により貧血となる。人工的に合成された錯体は，エレクトロニクス材料，抗がん剤などの様々な分野で用いられている。硬水の軟化，水の硬度測定などは，金属イオンと 1 対 1 で錯体を生成しやすいエチレンジアミン四酢酸 (EDTA) (図 2 ― 4) のナトリウム塩を用いて行われている。有用物質合成に利用されている錯体は，触媒として働いて，反応の　$\boxed{\text{b}}$　を減少させることで反応速度を

増加させる。このように錯体は，現在の我々の生活に非常に密着した化合物群となっている。

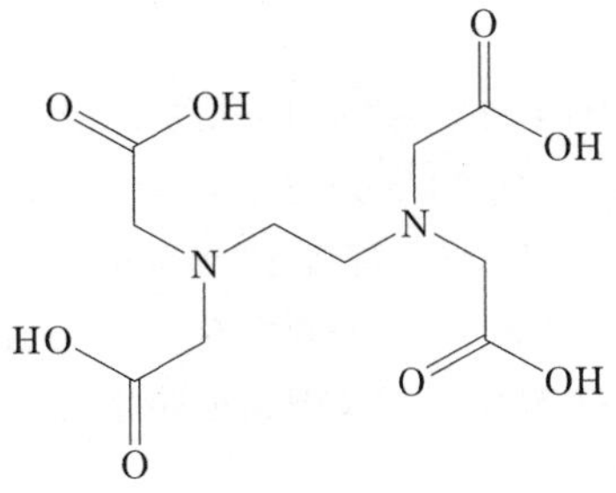

図2―4　EDTA の分子構造

〔問〕

カ　下線部①の例として，構造(α, γ)を持つアンミン錯体を形成する金属イオンを，Zn^{2+}，Cu^{2+}，Na^+，Ag^+，Mg^{2+} の中からそれぞれ１つずつ選べ。

キ　下線部②の化合物の代表例は，４つのアンモニア分子，２つの塩化物イオンを配位子として有する$[Co(NH_3)_4Cl_2]^+$ である。この錯体は八面体構造(δ)をとり，２つの幾何異性体が存在する。それらの分子構造を描け。

ク　　　　a　　　に入る金属の元素記号を答えよ。

ケ　２つのアンモニア分子，２つの塩化物イオンを配位子として有する白金イオン(Pt^{2+})の錯体は構造(β)を有し，その幾何異性体の１種は下線部③として利用されている。この白金錯体において考えられる幾何異性体の分子構造を全て描け。

コ　下線部④の EDTA 溶液と EDTA がカルシウムイオン(Ca^{2+})へ配位すると色が変化する指示薬を用いて滴定を行い，Ca^{2+} 溶液 0.10 L の濃度を測定した。0.010 mol/L の EDTA 溶液を 5.0 mL 滴下することで反応が終了し，溶液の色が変化した。この溶液における Ca^{2+} 濃度を求めよ。ただし，Ca^{2+} へ EDTA が配位した Ca-EDTA 錯体の生成定数 $K = [Ca\text{-}EDTA]/([EDTA][Ca^{2+}])$ は 3.9×10^{10} L/mol であり，pH の変化，Ca^{2+} 溶液中の陰イオンの効果は考慮しなくても良い。

サ　　 b 　　に入る語句を答えよ。

第3問

次のⅠ，Ⅱの各問に答えよ。必要があれば以下の値を用い，構造式は例にならって示せ。

元　素	H	C	O
原子量	1.0	12.0	16.0

（構造式の例）

不斉炭素原子まわりの結合の示し方：

W，C，X は紙面上にあり，Z は紙面の手前に，Y は紙面の奥にある。

Ⅰ　次の文章を読み，問ア～オに答えよ。

L–チロキシン（分子量　777）は甲状腺が産生する甲状腺ホルモンの一種であり，工業的に合成された L–チロキシンが薬として処方されている。

図3―1に，L–チロキシンを合成する経路の一つを示す。L–チロシン（分子量　181）を出発物質として反応1により官能基 X^1 を持つ化合物 A を合成する。次に反応2により化合物 B を合成し，これを反応3により化合物 C に変換する。さらに反応4を経て化合物 D を合成し，これを反応5により化合物 E に変

換する。次に，反応 6 により化合物 F を合成する。反応 7 において，官能基 X^3 はヨウ素に置換され，化合物 G が生成し，同時に窒素ガスが発生する。さらに 2 つの反応を経て目的の化合物である L-チロキシンが合成される。

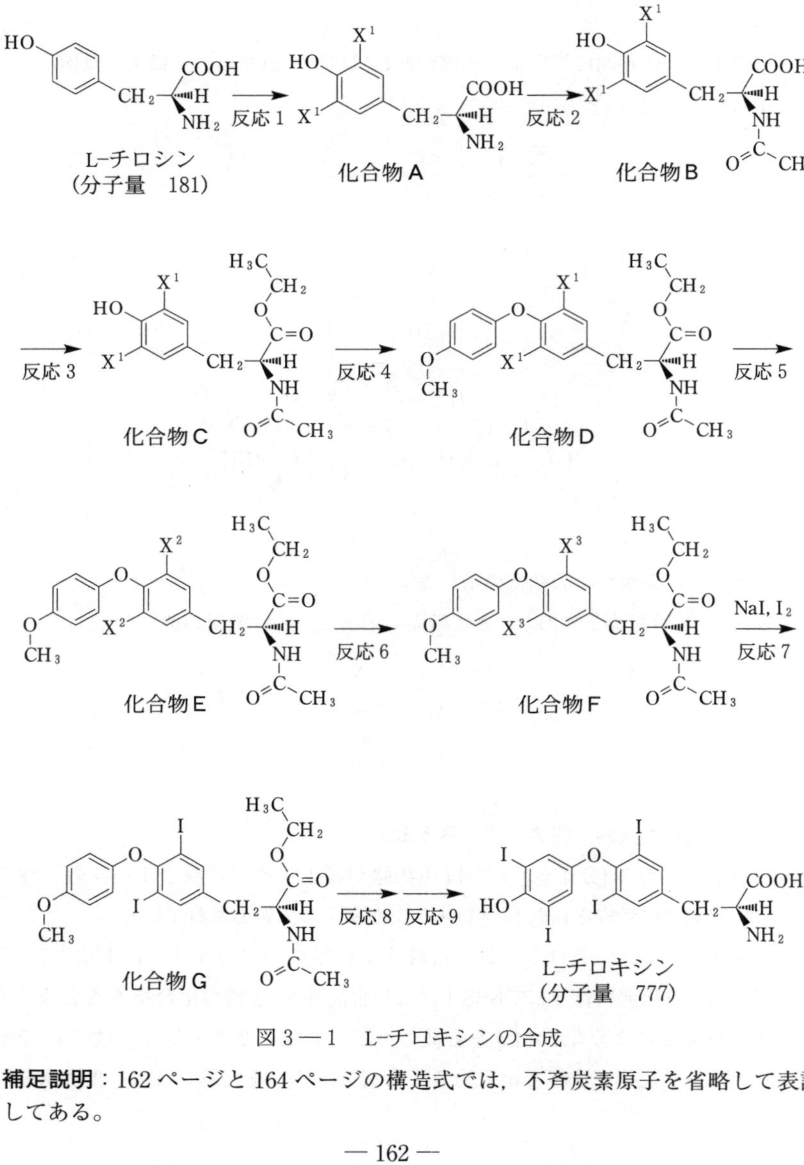

図 3—1　L-チロキシンの合成

補足説明：162 ページと 164 ページの構造式では，不斉炭素原子を省略して表記してある。

〔問〕

ア　反応 1，反応 2，反応 3，反応 5，反応 6 で使用する試薬として最も適切なものを下記の(1)～(16)から，それぞれ一つ選べ。

(1)　メタノール，塩化水素　　　　　(2)　濃塩酸，過マンガン酸カリウム

(3)　濃硝酸，濃硫酸　　　　　　　　(4)　水酸化ナトリウム，無水酢酸

(5)　塩化ナトリウム，濃硫酸　　　　(6)　酸素，触媒

(7)　亜硝酸ナトリウム，濃硫酸　　　(8)　水素，触媒

(9)　エタノール，塩化水素　　　　　(10)　濃塩酸，濃硫酸

(11)　塩素，触媒　　　　　　　　　　(12)　水酸化ナトリウム，酢酸

(13)　濃塩酸，酢酸　　　　　　　　　(14)　濃塩酸，無水酢酸

(15)　炭酸水素ナトリウム，酢酸　　　(16)　メタノール，水酸化ナトリウム

イ　反応 4 において化合物 C と化合物 D の混合物が得られた。ここから未反応の化合物 C を除き化合物 D を得る目的で抽出操作を行った。この操作として最も適当なものを下記の(1)～(4)から一つ選べ。

(1)　水酸化ナトリウム水溶液とクロロホルムで分液操作を行い水層を回収する。

(2)　水酸化ナトリウム水溶液とクロロホルムで分液操作を行い有機層を回収する。

(3)　希塩酸とクロロホルムで分液操作を行い水層を回収する。

(4)　希塩酸とクロロホルムで分液操作を行い有機層を回収する。

ウ　有機合成反応では反応が完全には進行しないことも多く，例えば反応 2 において

$$収率(\%) = \frac{得られた化合物 B の物質量}{化合物 A の物質量} \times 100$$

として合成の効率を評価する。図 3 ― 1 で示した 9 つの反応の収率がいずれも 70 % であると仮定して，5.43 kg の L-チロシンを用いて合成を行った場合に得られる L-チロキシンの重量を有効数字 2 桁で求めよ。

エ　合成した L-チロキシンを同定するために燃焼法により元素分析を行った。62 mg の L-チロキシンを完全燃焼したときに発生する二酸化炭素の重量を有効数字 2 桁で求めよ。

オ　合成した L−チロキシンを精密に分析したところ微量の D−チロキシン
（L−チロキシンの鏡像異性体）が混入していることが分かった。この構造
式として適当なものを下記の(1)〜(8)から選べ。

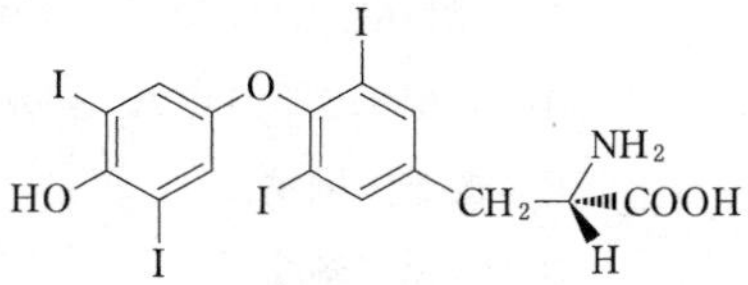

(1)

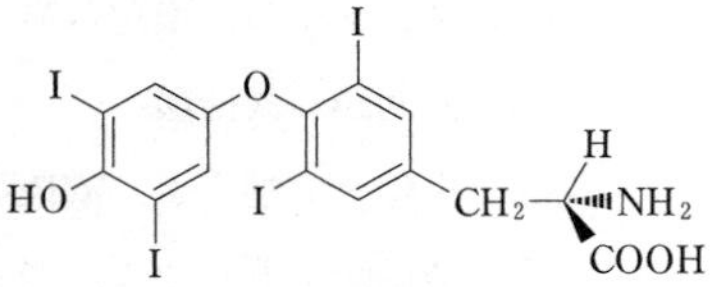

(2)

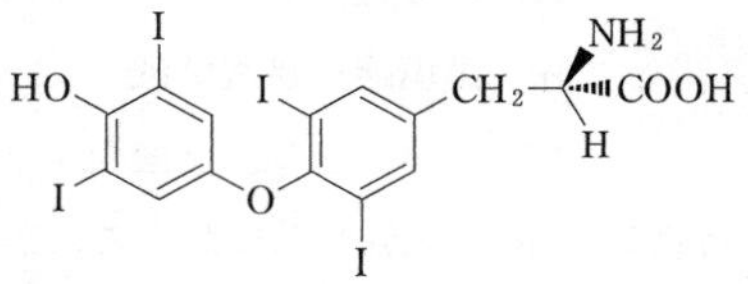

(3)

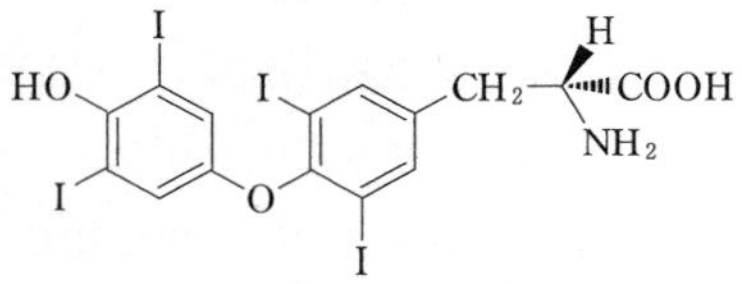

(4)

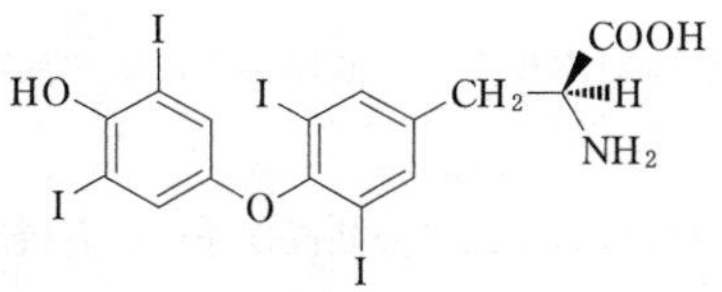

(5)

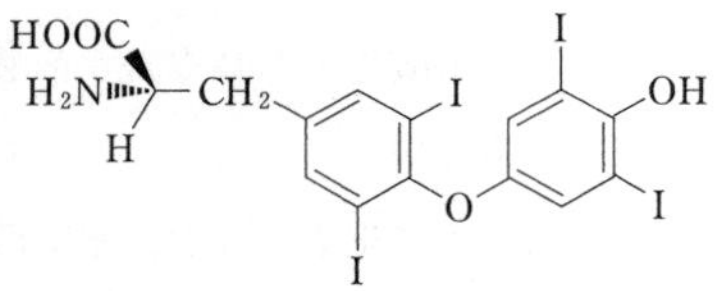

(6)

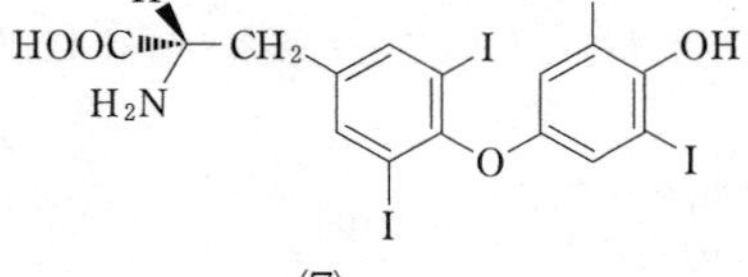

(7)

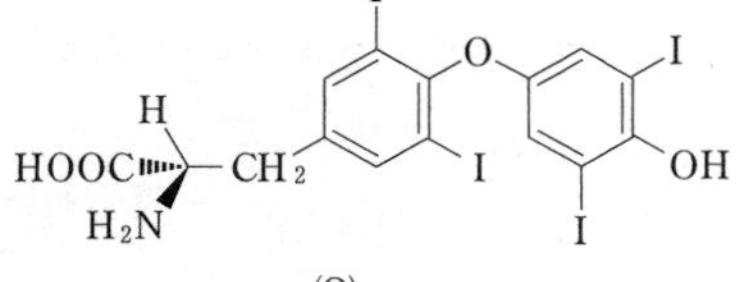

(8)

Ⅱ　炭素数 3 の有機化合物は，ポリマーの原料として極めて重要である。次の文章を読み，問**カ**〜**サ**に答えよ。

(実験 1)　化合物 H は炭素数 3 で分子量 42 の常温・常圧で気体の化合物であり，炭素原子と水素原子のみからなっている。この化合物 H を重合反応させると熱可塑性を持つポリマー X を得ることができた。一方で，化合物 H を触媒存在下で酸素によって酸化すると，分子量 72 の化合物 I (沸点 141 ℃)が得られた。化合物 I は炭酸水素ナトリウムと反応して水溶性の塩 J を生じた。また，化合物 I をメタノールと反応させると化合物 K(沸点 80 ℃)と水が生じた。なお，化合物 H, I, J, K は臭素と反応しうる部分構造を有する。

(実験 2)　化合物 J に架橋剤を加えて重合を行うと，網目構造をもつポリマー Y が得られた。このポリマー Y に水を加えると，吸水して膨らんだ。さ①らに，これを塩化カルシウム水溶液に浸漬すると，体積が小さくなった。②

(実験 3)　分子式 $C_3H_6O_3$ を有する化合物 L は酵素によるグルコースの分解反応によって得られる。この化合物は不斉炭素原子を有しており，炭酸水素ナトリウムと反応して水溶性の塩を生じた。化合物 L を脱水縮合すると分子式 $C_6H_8O_4$ の化合物 M が得られた。さらに化合物 M を重合するとポリマー Z が得られた。

〔問〕

カ　化合物 I の構造式を示せ。

キ　化合物 K の構造式を示せ。また，化合物 I と化合物 K の沸点が大きく異なる理由を 25 字以内で述べよ。

ク　下線部①の理由を下記の選択肢から選べ。

(1)　ポリマーの官能基間の静電引力

(2)　ポリマーの官能基の水和

(3)　ポリマーの官能基の凝集

(4)　ポリマーの重合度の上昇

(5)　ポリマー外へのナトリウムイオンの移動

ケ　下線部②の理由を 25 字以内で述べよ。

コ　化合物 M の構造式を示せ。ただし，立体異性体は考慮しなくてよい。

サ　実験 3 で得られるポリマー Z は，実験 1 で得られるポリマー X よりも土壌中で容易に低分子量の化合物に変換される。この理由を下記の選択肢から選べ。

(1)　揮発しやすいため

(2)　還元されやすいため

(3)　加水分解されやすいため

(4)　再重合しやすいため

(5)　脱水反応を起こしやすいため

2011年

解答時間：2科目150分
配　　点：120点

2011

第1問

次のⅠ，Ⅱの各問に答えよ。

Ⅰ　次の文章を読み，問ア〜カに答えよ。

表1—1は各元素の原子1個あたりのイオン化エネルギーIと電子親和力Eの値を示している。

表1—1

元　素	イオン化エネルギー(I) ($\times 10^{-19}$ J)	電子親和力(E) ($\times 10^{-19}$ J)
H	21.8	1.2
C	23.4	2.1
O	29.7	5.4
F	33.4	5.6

表中の値は原子1個あたりである

米国の化学者マリケンは分子の極性を考える際に，まず極端な構造として二原子分子XZのイオン構造を考えた。つまり

X^+Z^- または X^-Z^+

である。XZという分子が全体では中性を保ちながらX^+Z^-というイオンの対をなす構造になるためには，X原子から電子を奪い，Z原子に電子を与えればよい。その結果放出されるエネルギーは，$E_Z - I_X + \varDelta$で与えられる。ここで，E_ZはZ原子の電子親和力，I_XはX原子のイオン化エネルギー，$\varDelta$はクーロン力による安定化エネルギーである。一方，XZという分子がX^-Z^+というイオン構造

になった場合に放出されるエネルギーは $E_x - I_z + \Delta$ で与えられる。ここで，E_x は X 原子の電子親和力，I_z は Z 原子のイオン化エネルギーである。どちらのイオン構造がより安定であるかは，これらの差

$$x_{xz} = \boxed{\text{a}}$$

を考えればよい。x_{xz} が正の場合は，X^+Z^- がより安定に，x_{xz} が負の場合は，X^-Z^+ がより安定になる。上式を変形してわかるように，$\boxed{\text{b}}$ の値がより大きい原子が分子中で負の電荷を帯びると考えられる。マリケンは $\boxed{\text{b}}$ の 1 / 2 を原子の電気陰性度とした。

　構成する原子の電気陰性度の違いから，分子が極性をもつことがある。極性の大きさは，電気双極子モーメントの大きさによって記述される。例えば二原子分子であれば，2 つの原子間の距離を L，それぞれの原子の電荷を $+\delta$，$-\delta$ とすると，電気双極子モーメントの大きさは $L\delta$ である。電気双極子モーメントの大きさが 0 の分子を無極性分子という。

(注)　ここで定義した電気陰性度は一般にマリケンの電気陰性度と呼ばれるもので，エネルギーの単位を持つ。電気陰性度には他にポーリングの電気陰性度と呼ばれるものがあり，両者は近似的には比例関係にある。

〔問〕

　ア　$\boxed{\text{a}}$ を与えられた記号を用いて表せ。

　イ　$\boxed{\text{b}}$ を E，I を用いて表せ。

　ウ　酸素原子について $\boxed{\text{b}}$ を有効数字 3 桁で求めよ。

　エ　次の二原子分子を極性の大きな順番に左から並べ，理由とともに記せ。ただし，原子間距離は同じと仮定せよ。

　　① CH　　　　　　　② OH　　　　　　　③ HF

　　(注)　これらの分子は必ずしも安定であるとは限らない。

オ　HF 分子の電気双極子モーメントの大きさは 6.1×10^{-30} C・m である。HF の原子間距離を 9.2×10^{-11} m とすると，分子の中ではどちらの原子からどちらの原子に電子が何個分移動したとみなすことができるか。ただし，電子の持つ電荷の絶対値は 1.6×10^{-19} C とする。有効数字 2 桁で答えよ。答に至る過程も示せ。

カ　二酸化炭素分子は無極性であるが，二酸化窒素分子は極性を有する。それぞれについて理由を説明せよ。

Ⅱ　次の文章を読み，問**キ**～**サ**に答えよ。問**ケ**～**サ**については答に至る過程も示せ。

アンモニア水溶液の電離平衡

$$NH_3 + H_2O \rightleftarrows NH_4^+ + OH^-$$

の正反応および逆反応の反応速度について考える。正反応の反応速度は

$$v_1 = k_1[NH_3]$$

逆反応の反応速度は

$$v_2 = k_2[NH_4^+][OH^-]$$

と表される。ただし，k_1 および k_2 は反応速度定数である。

反応速度定数を決定するために次のような実験を行った。温度 20 ℃ の希薄なアンモニア水溶液を用意した。その水溶液の温度を瞬間的に 25 ℃ まで上昇させた。電離定数の温度依存性のため，平衡移動が起こった。このときの $[OH^-]$ の時間変化を，水溶液の電気伝導度を測定することにより調べた。その結果を図 1 ― 1 に示した。図 1 ― 1 の実線は $[OH^-]$ の時間変化，破線は時間が十分経過した後の $[OH^-]$ の値を示す。図 1 ― 1 の実線のグラフの傾きを解析し，時間変化率 $\Delta[OH^-]/\Delta t$ を，$[OH^-]$ の平衡濃度からのずれ

$$x = [OH^-] - [OH^-]_{eq}$$

の関数としてグラフにしたものを図 1 ― 2 に示した。ただし，記号 $[\cdots]_{eq}$ は 25 ℃ の電離平衡における分子やイオンの濃度を表す。理論的には $[OH^-]$ の時間変化率は x の 2 次式

$$\frac{\Delta[OH^-]}{\Delta t} = Ax^2 + Bx \tag{1}$$

で表される。図 1 — 2 のデータでは，式(1)中の x^2 の項が小さく無視できるため，グラフが直線になったと考えられる。

25 ℃ におけるアンモニアの電離定数は $K_b = 1.7 \times 10^{-5}\,\mathrm{mol \cdot L^{-1}}$ である。電離平衡においては，正反応と逆反応の速度が等しく，

$$k_1[\mathrm{NH_3}]_{eq} = k_2[\mathrm{NH_4^+}]_{eq}\,[\mathrm{OH^-}]_{eq}$$

であるため，関係式

$$K_b = \frac{k_1}{k_2}$$

が成立する。また，アンモニアの水への溶解度の温度依存性は無視できるとする。

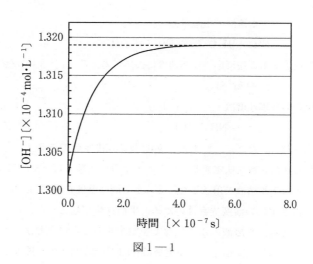

図 1 — 1

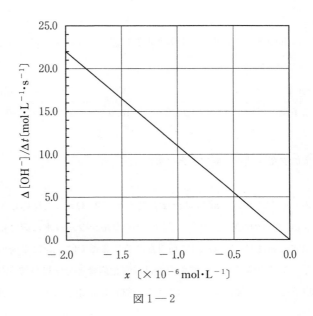

図 1 — 2

〔問〕

キ　$\Delta[\mathrm{OH}^-]/\Delta t$ を k_1，k_2，$[\mathrm{NH}_3]$，$[\mathrm{NH}_4{}^+]$，および $[\mathrm{OH}^-]$ を用いて表せ。

ク　x の定義から OH^- の濃度は $[\mathrm{OH}^-]=[\mathrm{OH}^-]_{\mathrm{eq}}+x$ と表すことができる。$[\mathrm{NH}_4{}^+]$ を $[\mathrm{NH}_4{}^+]_{\mathrm{eq}}$ および x を用いて表せ。また，$[\mathrm{NH}_3]$ を $[\mathrm{NH}_3]_{\mathrm{eq}}$ および x を用いて表せ。

ケ　式(1)中の B を，k_1，k_2，$[\mathrm{NH}_4{}^+]_{\mathrm{eq}}$，および $[\mathrm{OH}^-]_{\mathrm{eq}}$ を用いて表せ。

コ　k_2 を，B，K_{b}，および $[\mathrm{OH}^-]_{\mathrm{eq}}$ を用いて表せ。

サ　図 1 — 1 および図 1 — 2 のデータにもとづいて k_2 の値を求め，有効数字 2 桁で答えよ。

第2問

次のⅠ，Ⅱの各問に答えよ。必要があれば以下の値を用いよ。

元素	H	C	O	K	Ca	Mn
原子量	1.0	12.0	16.0	39.1	40.1	54.9

Ⅰ　次の文章を読み，問**ア〜カ**に答えよ。

　　カルシウムイオン(Ca^{2+})はシュウ酸イオン($C_2O_4^{2-}$)と反応してシュウ酸カルシウム(CaC_2O_4)の沈殿をつくる。シュウ酸カルシウムは水に溶けにくいため，この沈殿生成反応は Ca^{2+} の検出に利用される。ここでは，シュウ酸カルシウムの沈殿生成と，シュウ酸イオンが酸化を受け二酸化炭素2分子に分解されることを利用して，以下に示す手順により，ある水溶液試料に含まれる Ca^{2+} の量を求める実験を行った。

手順1　水溶液試料 10.00 mL を量り取った。

手順2　手順1の試料に水 200 mL を加え，さらに塩酸を加え微酸性にした。そこに十分な量のシュウ酸アンモニウム($(NH_4)_2C_2O_4$)水溶液を加え，加熱した後，アンモニア水を加えてアルカリ性にして，室温で2時間静置し，シュウ酸カルシウムを完全に沈殿させた。

手順3　生じた沈殿をろ紙でろ別し，<u>ろ紙上の沈殿を冷水で洗浄</u>した。
　　　　　　　　　　　　　　　　　　　①

手順4　ろ紙上の沈殿を温めた硫酸(濃硫酸を6倍に希釈したもの)で完全に溶かし，その液をすべてビーカーに回収した。さらにビーカーに水 200 mL，濃硫酸 5 mL を加え，70 ℃ に加熱した。

手順5　ビーカー内の溶液を，<u>濃度 1.00×10^{-2} mol·L^{-1} の過マンガン酸カリウム水溶液</u>で滴定した。
　　　　　　　　　　　　　　　　　　　　　　　　　　②

〔問〕

ア　手順 1 および 5 において，体積を量るのに使用する最も適切な実験器具は何か。それぞれについて，実験器具の名称を 1 つ記せ。

イ　手順 5 の下線部②でおこる反応の反応式を記せ。

ウ　手順 5 の下線部②の滴定の終点において見られる溶液の色の変化を，20字以内で記せ。

エ　手順 1 から 5 までの実験を 5 回行い，以下に示す滴定値を得た。ただし，1 回目の実験においては，滴定の操作に慣れていなかったため終点を行き過ぎてしまったという。水溶液試料 1.00 L 中に Ca^{2+} は何 mg 含まれていると結論できるか。3 桁の数値で答えよ。

実験回数	1 回目	2 回目	3 回目	4 回目	5 回目
滴定値〔mL〕	4.69	4.47	4.45	4.44	4.48

オ　手順 3 の下線部①における洗浄が不適切だと，Ca^{2+} の分析値が真の値よりも小さくなる場合がある。その場合に考えられる原因を，30 字以内で記せ。

カ　手順 3 の下線部①における洗浄が不適切だと，問**オ**とは逆に，Ca^{2+} の分析値が真の値よりも大きくなる場合がある。その場合に考えられる原因を，30 字以内で記せ。

Ⅱ　次の文章を読み，問**キ**〜**サ**に答えよ。

　　水酸化ナトリウム(NaOH)は，工業的には食塩水の電気分解によって製造される。現在は主に，隔膜法やイオン交換膜法が用いられている。これらの方法では，図2—1に示すように，電解槽内部が隔膜もしくはイオン交換膜により，陽極室と陰極室に分けられている。

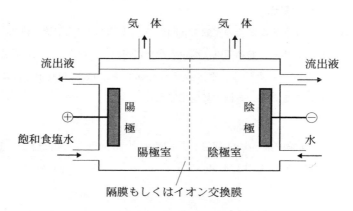

気　体　　　　気　体

流出液　　　　　　　　　　　　　　　　流出液

⊕　　陽極　　　　　　　陰極　　　⊖

飽和食塩水　　　　　　　　　　　　　　水

陽極室　　陰極室

隔膜もしくはイオン交換膜

図2—1　水酸化ナトリウム製造のための電解槽

陽極室では，次の反応がおこり，

$$\boxed{\text{i}}\ \boxed{\text{A}}\ \longrightarrow\ \boxed{\text{ii}}\ \boxed{\text{B}}\ +2\,e^- \tag{1}$$

陰極室では，次の反応がおこる。

$$\boxed{\text{iii}}\ \boxed{\text{C}}\ +2\,e^-$$
$$\longrightarrow\ \boxed{\text{iv}}\ \boxed{\text{D}}\ +\ \boxed{\text{v}}\ \text{OH}^- \tag{2}$$

隔膜法では，陰極室からの流出液に<u>Na^+, Cl^-, OH^- が含まれるため，純度の高い NaOH を得るために，蒸発濃縮が必要である</u>[①]。一方，イオン交換膜法では，イオン交換膜が $\boxed{\text{E}}$ のみを選択的に透過させるため，純度の高い NaOH を得ることができる。

　　近年，イオン交換膜法の消費電力量削減のために，陰極で酸素を直接還元する方法が開発されている。この電極では次の反応がおこる。

$$O_2+\ \boxed{\text{vi}}\ \boxed{\text{F}}\ +\ \boxed{\text{vii}}\ e^-\ \longrightarrow\ \boxed{\text{viii}}\ \text{OH}^- \tag{3}$$

〔問〕

キ 本文中の $\boxed{\text{i}}$ ～ $\boxed{\text{viii}}$ に適切な数値を，$\boxed{\text{A}}$ ～ $\boxed{\text{F}}$ に適切な化学式（イオン式を含む）を入れよ。

ク 下線部①に関して，陰極室の流出液 1000 g を取り出して濃度を測定したところ，NaCl および NaOH の質量パーセント濃度は，それぞれ 17.6％，12.0％ であった。NaOH を濃縮するために，取り出した流出液を加熱して水を蒸発させ，25 ℃ で NaOH の飽和水溶液となるようにした。この時，水を何 g 蒸発させたか答えよ。

　　なお，25 ℃ における NaCl および NaOH の水への溶解度は，水 100 g あたりそれぞれ 35.9 g，114 g である。NaCl および NaOH の溶解度は混合溶液でも変化しないものとし，また析出物はすべて NaCl の無水物とする。

ケ 問**ク**において，濃縮後の NaOH の濃度を質量パーセント濃度で求めよ。

コ イオン交換膜法により食塩水の電気分解を行っていたところ，イオン交換膜に亀裂が生じ，新たに漂白作用を示す塩が生成した。この塩の物質名と，生成する際の反応式を記せ。

サ イオン交換膜法における陰極反応として式(3)を用いた場合について，陽極と陰極の反応を組み合わせた全体の熱化学方程式を記せ。必要であれば，次の熱化学方程式を利用せよ。反応熱は，いずれも 25 ℃，1 気圧 $(1.013 \times 10^5 \, \text{Pa})$ における値とする。

$$H_2 + \frac{1}{2} O_2 = H_2O\,(液) + 286 \text{ kJ}$$

$$NaCl + H_2O\,(液) = NaOH + \frac{1}{2} H_2 + \frac{1}{2} Cl_2 - 223 \text{ kJ}$$

第 3 問

次の I，II の各問に答えよ。ただし，原子量は次の値を用い，構造式は下記の例のように示せ。

元素	H	C	O	I
原子量	1.0	12.0	16.0	127.0

構造式の描き方例。＊印をつけた炭素原子は不斉炭素原子を表す。

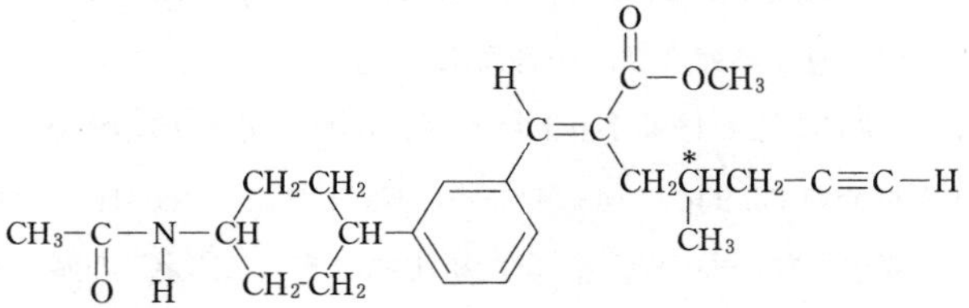

$$
\begin{array}{c}
CH_3-C-N-CH \\
\parallel \quad \mid \\
O \quad H
\end{array}
$$

I　次の文章を読み，問ア〜オに答えよ。

みかんの皮は，昔から漢方薬や入浴剤として使われている。この果皮の成分として，炭素原子と水素原子だけからなる化合物 A が得られた。化合物 A は不斉炭素原子を有し，常温・常圧で無色透明の液体である。化合物 A の構造を決定するために以下のような実験を行った。

実験1　ある一定量の化合物 A を完全燃焼させたところ，二酸化炭素 11.0 mg，水 3.6 mg が得られた。また，分子量の測定値は 138 ± 3 であった。

実験2　化合物 A 50.0 mg に水素を付加させたところ，標準状態に換算して 16.5 mL の H_2 を吸収し，飽和化合物 B を生じた（ただし，標準状態の H_2 1.00 mol の体積は 22.4 L とする）。

実験3　下記のアルケンを酸性の過マンガン酸カリウム溶液中で熱すると，ケトンとカルボン酸を生じる。

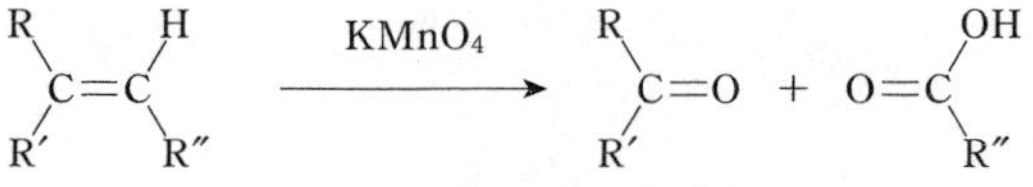

$$
\begin{array}{c}
R \qquad H \\
C=C \qquad \xrightarrow{KMnO_4} \qquad C=O \ + \ O=C \\
R' \qquad R''
\end{array}
$$

（R，R'，R"：炭化水素基）

化合物 A を酸性の過マンガン酸カリウム溶液中で熱すると，生成物の 1 つとして以下の部分構造式をもつモノカルボン酸(一価カルボン酸)C が得られた。

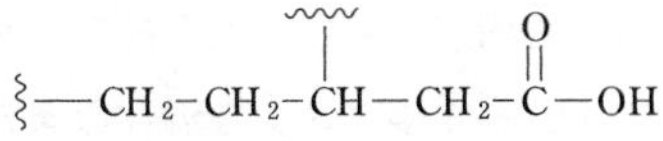

$$ \xi\text{—}CH_2\text{-}CH_2\text{-}\overset{\displaystyle\sim}{CH}\text{-}CH_2\text{-}\overset{\displaystyle O}{\overset{\|}{C}}\text{—}OH $$

実験 4　ヨードホルム反応は以下の式(1)にしたがって進行するという。

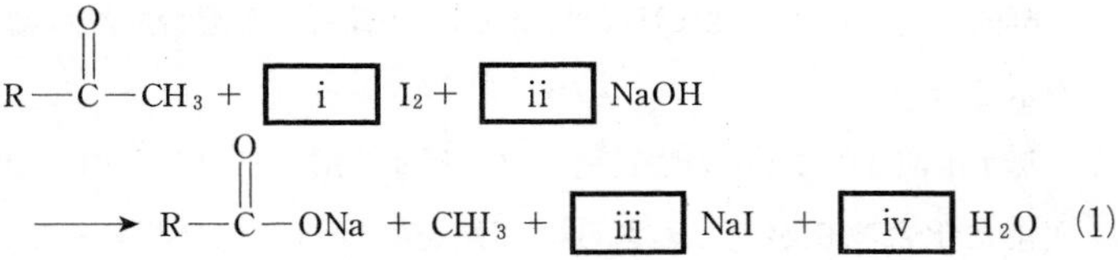

$$ R\text{—}\overset{\displaystyle O}{\overset{\|}{C}}\text{-}CH_3 + \boxed{\text{ i }}\; I_2 + \boxed{\text{ ii }}\; NaOH $$

$$ \longrightarrow R\text{—}\overset{\displaystyle O}{\overset{\|}{C}}\text{—}ONa + CHI_3 + \boxed{\text{ iii }}\; NaI + \boxed{\text{ iv }}\; H_2O \quad (1) $$

モノカルボン酸 C はヨードホルム反応を示し，モノカルボン酸 C 0.100 mol に対して，消費されたヨウ素 I_2 の重量は 152.4 g であった。この実験と実験 3 の結果から，モノカルボン酸 C の構造が決定できた。

〔問〕

ア　化合物 A の分子式を求めよ。

イ　実験 2 から，化合物 A に含まれる不飽和結合の種類と数について 2 通りの組み合わせが考えられる。それぞれを記せ。

ウ　式(1)の係数 $\boxed{\text{ i }}$ ～ $\boxed{\text{ iv }}$ を記せ。

エ　上記実験 1 ～ 4 で得られた情報から，化合物 A として考えられる構造式は 3 種類にしぼられる。これらの構造式を示せ。ただし光学異性体は同一の化合物とみなす。

オ　実験 2 で得られた飽和化合物 B は不斉炭素原子をもたないことがわかった。この情報により，問エで推定された候補の中から化合物 A を特定することができた。その構造式を示せ。また，化合物 A の不斉炭素原子を＊でしるせ。

Ⅱ　次の文章を読み，問カ〜コに答えよ。

　　カルボン酸 2 分子が縮合してできる化合物は，酸無水物と呼ばれる。代表的な酸無水物として，無水酢酸(D)が知られている。酸無水物の中には，異なる 2 種類のカルボン酸が縮合した構造をもつ，混合酸無水物と呼ばれる化合物も知られている。酸無水物はアルコールやアミンと温和な条件で反応し，それぞれエステル化合物やアミド化合物を与える。

〔問〕

　カ　酢酸とプロピオン酸(CH_3CH_2COOH)が縮合した混合酸無水物 E の構造式を示せ。

　キ　無水酢酸(D)に 2 倍の物質量のプロピオン酸カリウムを加え加熱すると，次第に化合物 E が生じ，さらに加熱を続けると化合物 F も生成しはじめる。化合物 F の構造式を示せ。

　ク　問キの反応で加熱を長時間続けても，無水酢酸(D)が完全に消費されることはなく　　v　　が成り立つため，化合物 D, E, F の物質量はある一定の比に近づくという。

　　　上記文中の　　v　　の中に適当な語句を入れよ。

　ケ　有機溶媒と水酸化カリウム水溶液からなる二層の溶媒を用いて，化合物 E と 2-メチルペンタン-1,5-ジアミンを反応させた。反応を完結させるのに十分な物質量の化合物 E を用いたところ，6 種類の化合物 G〜L が新たに生成した。これらの化合物のうち，2 種類の有機化合物 G, H は水層にあり，有機層にはアミド結合を有する 4 種の化合物 I, J, K, L があった。これらの化合物のうち，J, K は分子量が同一であった。化合物 J, K の構造式を示せ。ただし，光学異性体は同一の化合物とみなす。

　コ　問ケの実験で生成した化合物 G, H それぞれの構造式を示せ。

2010年

解答時間：2科目 150分
配　　点：120点

第1問

次のI，IIの各問に答えよ。

I　次の文章を読み，問**ア**〜**エ**に答えよ。必要があれば以下の値を用いよ。

元素	H	C	O
原子量	1.0	12.0	16.0

気体定数：$R = 8.3 \, \text{Pa} \cdot \text{m}^3 \cdot \text{K}^{-1} \cdot \text{mol}^{-1}$
水の飽和蒸気圧(27 ℃)：$3.5 \times 10^3 \, \text{Pa}$

結果だけでなく，答に至る過程も示せ。気体はすべて理想気体とし，液体の体積および液体に対する気体(H_2，O_2，CO_2)の溶解は無視できるものとする。

　　近年，メタンハイドレートと呼ばれるメタンの水和物が，日本近海の海底に多量に存在することが明らかになった。メタンハイドレートは水分子とメタン分子とからなる氷状の固体結晶である。高濃度にメタンを蓄える性質から「燃える氷」としても知られており，新しいエネルギー資源としてその有効利用に大きな期待が寄せられている。

　　水中における水分子は，水素結合によって周りの水分子と会合し，分子の集団を形成する。このような分子の集団はクラスターと呼ばれる。液体の水を冷却すると，水分子間の水素結合が切断されにくくなるため，クラスターのサイズが大きくなり，やがて氷の結晶へと成長する。水中にメタンのような疎水性分子が存在すると，水分子は疎水性分子を取り囲むようにしてクラスターを形成する。メタンハイドレートの結晶では，水分子がメタン分子の周りを"かご"状に取り囲んだ構造をとることが知られている。このようにして，メタン分子と水分子からハイドレートが形成され，全体としてエネルギーが低下する。以下では，メタンハイドレート(固体)の組成比は，メタン：水＝4：23，またメタンハイドレート

(固体)の密度は $0.91\,\mathrm{g\cdot cm^{-3}}$ とする。

〔問〕

ア　メタン(気体)と水(液体)からメタンハイドレート(固体)が生成する反応
は，低温・高圧ほど有利である。その理由をルシャトリエの原理に基づいて
80字以内で説明せよ。

イ　以下の式を用いて，メタンハイドレート(固体)の完全燃焼を熱化学方程式
で記せ。ただし，式中でメタンハイドレートを $4\,CH_4\cdot 23\,H_2O$(固)と表す。
また，燃焼後の水はすべて液体とする。

$$4\,CH_4\cdot 23\,H_2O(固)=4\,CH_4(気)+23\,H_2O(液)+Q_1\,[kJ] \qquad (1)$$

$$C(黒鉛)+2\,H_2(気)=CH_4(気)+Q_2\,[kJ] \qquad (2)$$

$$C(黒鉛)+O_2(気)=CO_2(気)+Q_3\,[kJ] \qquad (3)$$

$$H_2(気)+\frac{1}{2}\,O_2(気)=H_2O(液)+Q_4\,[kJ] \qquad (4)$$

ウ　容積 $1.0\times 10^3\,cm^3$ の密閉容器を $0\,℃$ で $5.1\times 10^4\,Pa$ の酸素で満たし，
その中に体積 $1.0\,cm^3$ のメタンハイドレート(固体)を入れ，完全燃焼させ
た。燃焼後に容器内に存在する水の物質量[mol]を有効数字2桁で求めよ。

エ　問**ウ**における燃焼の後，密閉容器を $27\,℃$ に保ち，平衡状態とした。この
とき，容器内の圧力[Pa]を有効数字2桁で求めよ。

Ⅱ　次の文章を読み，以下の問**オ**〜**ク**に答えよ。

　　生体内で起こる多くの化学反応において，酵素と呼ばれるタンパク質が触媒として働いている。酵素(E)は，基質(S)と結合して酵素─基質複合体(E・S)となり，反応生成物(P)を生じる。また酵素─基質複合体から酵素と基質に戻る反応も起こる。これらの反応は次式(1)〜(3)のように表すことができる。

$$E + S \longrightarrow E \cdot S \tag{1}$$

$$E \cdot S \longrightarrow E + P \tag{2}$$

$$E \cdot S \longrightarrow E + S \tag{3}$$

〔問〕

　オ　以下の文の空欄（　a　）〜（　d　）に入る適切な式を記せ。ただし，反応(1)，(2)，(3)の反応速度定数をそれぞれ k_1, k_2, k_3 とし，酵素，基質，酵素─基質複合体，反応生成物の濃度をそれぞれ[E]，[S]，[E・S]，[P]とする。

　　反応(1)によってE・Sが生成する速度は $v_1 =$（　a　），反応(2)においてPが生成する速度は $v_2 =$（　b　）と表される。一方，E・Sが分解する反応は，反応(2)と反応(3)の2経路があり，それぞれの反応速度は，$v_2 =$（　b　），$v_3 =$（　c　）と表される。したがってE・Sの分解する速度 v_4 は，$v_4 =$（　d　）となる。

カ　多くの酵素反応では酵素—基質複合体 E・S の生成と分解が釣り合い，E・S の濃度は変化せず一定と考えることができる。この条件では，反応生成物 P の生成する速度 v_2 は，次式(4)となることを示せ。

$$v_2 = \frac{k_2 \times [\mathrm{E}]_\mathrm{T} \times [\mathrm{S}]}{K + [\mathrm{S}]} \tag{4}$$

ただし，$[\mathrm{E}]_\mathrm{T}$ は全酵素濃度，

$$[\mathrm{E}]_\mathrm{T} = [\mathrm{E}] + [\mathrm{E} \cdot \mathrm{S}] \tag{5}$$

である。また，

$$K = \frac{k_2 + k_3}{k_1} \tag{6}$$

である。

キ　インベルターゼは加水分解酵素の一種であり，スクロースをグルコースとフルクトースに分解する。

$$\mathrm{C_{12}H_{22}O_{11}} \ + \ \mathrm{H_2O} \ \longrightarrow \ \mathrm{C_6H_{12}O_6} \ + \ \mathrm{C_6H_{12}O_6} \tag{7}$$
　　　スクロース　　　　　　　　　　グルコース　　フルクトース

式(7)の反応速度はスクロースを基質 (S) として式(4)に従い，$K = 1.5 \times 10^{-2}$ $\mathrm{mol \cdot L^{-1}}$ とする。インベルターゼ濃度が一定の場合，スクロース濃度が $1 \times 10^{-6} \sim 1 \times 10^{-5} \ \mathrm{mol \cdot L^{-1}}$ の範囲にあるとき，スクロース濃度と反応速度 v_2 との関係として最も適切なものを(A)～(D)から選べ。また，その理由を式(4)を用いて簡潔に説明せよ。

　(A)　反応速度 v_2 はスクロース濃度にほぼ比例する。

　(B)　反応速度 v_2 はスクロース濃度の 2 乗にほぼ比例する。

　(C)　反応速度 v_2 はスクロース濃度にほぼ反比例する。

　(D)　反応速度 v_2 はスクロース濃度によらずほぼ一定である。

ク　問**キ**において，スクロース濃度が $1 \sim 2 \ \mathrm{mol \cdot L^{-1}}$ の範囲にあるとき，スクロース濃度と反応速度 v_2 との関係として最も適切なものを，問**キ**の(A)～(D)から選び，その理由を式(4)を用いて簡潔に説明せよ。

第 2 問

次の I，II の各問に答えよ。必要があれば以下の値を用いよ。

元素	Li	C	O	Al	Co
原子量	6.9	12.0	16.0	27.0	58.9

ファラデー定数：$F = 9.65 \times 10^4\,\mathrm{C \cdot mol^{-1}}$

I　次の文章を読み，問**ア**〜**オ**に答えよ。

　　一度放電したら，充電して再び用いるのが困難な電池を一次電池という。リチウムの単体が一次電池の負極として広く用いられるのは，高い電圧を取り出すのに有利なためである。アルカリ金属である<u>リチウムの単体は水と激しく反応する</u>①ため，電解質には有機溶媒やポリマーが用いられる。

　　一方，繰り返し充電と放電が可能な電池を二次電池といい，中でもリチウムイオン二次電池は携帯機器の電源として急速に普及した。リチウムの単体からなる電極は充電と放電の繰り返しには適していないため，負極には<u>黒鉛</u>②を電極の表面に接着したものが用いられる。また，正極には電極表面にコバルト酸リチウム $LiCoO_2$ を接着したものが用いられる。

　　充電のときには，図 2 — 1 のように電解質中で正極側をプラス，負極側をマイナスとする電圧を加える。<u>負極では黒鉛が電解質中のリチウムイオンと反応し，炭素とリチウムからなる化合物が形成される</u>③（反応 1 ）。この反応と同時に<u>正極の $LiCoO_2$ は，電解質へリチウムイオンが引き抜かれて $Li_{(1-x)}CoO_2$（$0 < x \leqq 1$）(＊注)へ変化する</u>④（反応 2 ）。一方，放電のときには，負極では炭素とリチウムの化合物がリチウムイオンを放出して黒鉛へ戻る反応（反応 3 ）が起こるのと同時に，正極では $Li_{(1-x)}CoO_2$ が電解質からリチウムイオンを受け取って $LiCoO_2$ へと戻る反応（反応 4 ）が起こり，外部回路に電流が発生する。

（＊注）　化合物の中には，各元素の構成比を整数で表現することが困難なものがあり，その場合は小数を用いて化学式を表現することがある。例えば本文中の化合物 $Li_{(1-x)}CoO_2$（$0 < x \leqq 1$）は，充電反応の進行に伴って $LiCoO_2$ 中の Li がところどころ失われている。失われた Li の量が充電前に存在した Li のうちの割合 x に相当するとき，化合物全体で平均した組成は Li：Co：O ＝ $1-x$：1：2 となっている。

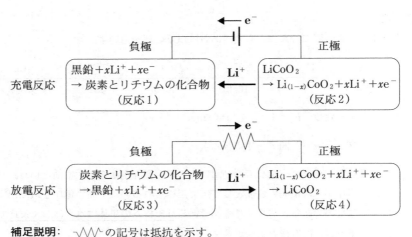

補足説明: ⌇ の記号は抵抗を示す。

図2—1　リチウムイオン電池の充電反応と放電反応

(1) 化合物 X の炭素平面を斜めから見た図

(2) 化合物 X の1つの炭素平面を上から見た図

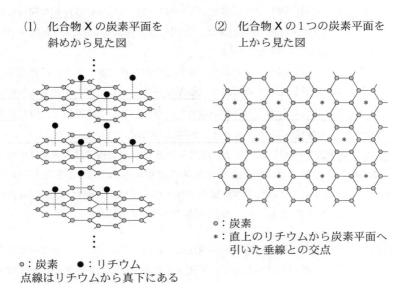

◦：炭素
*：直上のリチウムから炭素平面へ引いた垂線との交点

◦：炭素　　●：リチウム
点線はリチウムから真下にある炭素平面への垂線

補足説明: (1)　炭素平面の六角形のすべての頂点に炭素原子があるものとする。

図2—2　炭素とリチウムからなる化合物 X の構造

〔問〕

ア　下線①の反応式を書け。

イ　下線②の黒鉛は炭素の単体であり，ダイヤモンドなどの同素体が存在する。炭素以外の元素の単体のうち，互いに同素体となる物質が存在するものの組み合わせを 1 つ挙げ，以下の例にならって物質名で答えよ。なお，化学式は使わないこと。

　　　（例）　黒鉛とダイヤモンド

ウ　充電後のリチウムイオン電池の負極の表面には，下線③の反応によって化合物 X が生成した。化合物 X は炭素とリチウムだけで構成されており，以下の 2 つの特徴を持つ。化合物 X に含まれる炭素とリチウムの原子数の比を求めよ。

　　特徴(1)　黒鉛は，炭素が正六角形の網目状に結合した平面（これを炭素平面とよぶ）をつくり，その平面がいくつも積み重なっている。一方，化合物 X は図 2 — 2 の(1)のように，黒鉛の各炭素平面の間にリチウムが挿入された構造になっている。

　　特徴(2)　図 2 — 2 の(2)に示すとおり，リチウムからその直下にある炭素平面へ垂線を引くと，垂線は炭素のつくる正六角形の中心で炭素平面と交わっている。この垂線と交わる正六角形が互いに隣り合うことなく最密となるように，リチウムが配置されている。

エ　0.60 g の化合物 X をリチウムイオン電池の負極に用いて 20 mA の電流値で放電するとき，放電が可能な最大の時間（秒）を有効数字 2 桁で計算せよ。ただし，負極においては図 2 — 1 の反応 3 以外の反応は起こらないものとする。なお，途中の計算過程も記すこと。

オ　$LiCoO_2$ の Co のうちの一部を Al と入れ替えてつくった化合物 $LiCo_{(1-y)}Al_yO_2$（$0 < y < 1$）を正極に用いて充電を行うと，下線④と同様の反応によって $Li_{(1-x)}Co_{(1-y)}Al_yO_2$ が生じる。$LiCoO_2$ と $LiCo_{(1-y)}Al_yO_2$ それぞれ 1.96 g を正極に用いて充電を行い，両方の正極の x が等しくなるように充電を停止したところ，$LiCo_{(1-y)}Al_yO_2$ を用いた正極に充電された電荷量は 9.65×10^2 C であった。また充電後の $Li_{(1-x)}CoO_2$ と $Li_{(1-x)}Co_{(1-y)}Al_yO_2$ の重量の差は 4.2×10^{-3} g であった。x と y の値を有効数字 2 桁で求めよ。なお，途中の計算過程も記すこと。

Ⅱ　次の文章を読み，問カ〜ケに答えよ。

　　水酸化銅（Ⅱ）$Cu(OH)_2$ は，濃アンモニア水中で(1)式の反応を起こし，正電荷を持った正方形構造の錯イオンとなる。

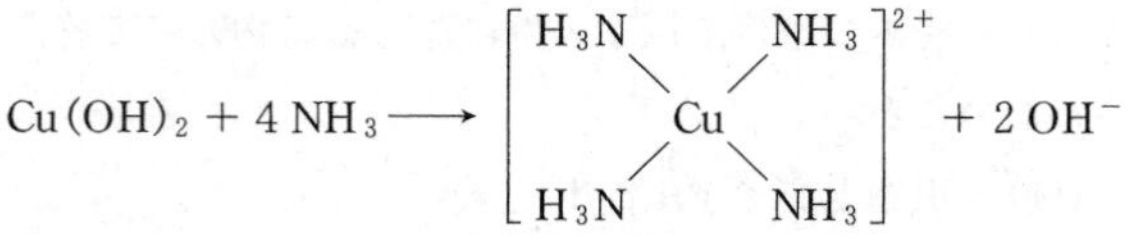

$$Cu(OH)_2 + 4\,NH_3 \longrightarrow \left[\begin{array}{ccc} H_3N & & NH_3 \\ & Cu & \\ H_3N & & NH_3 \end{array} \right]^{2+} + 2\,OH^- \qquad (1)$$

　　また，塩化パラジウム（Ⅱ）$PdCl_2$ に濃アンモニア水を加え，加熱を続けると，(2)式の反応が起こり，塩化パラジウム（Ⅱ）は正電荷を持った正方形構造の錯イオン A となる。

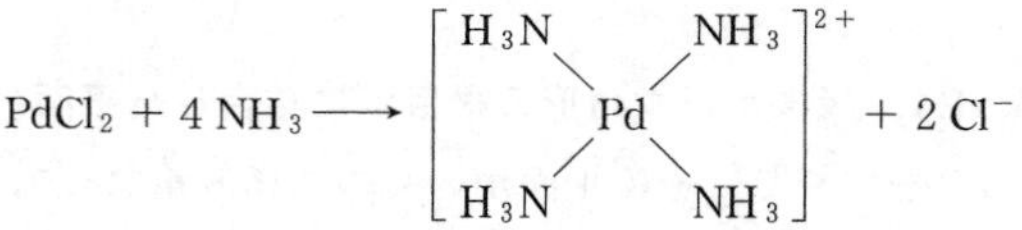

$$PdCl_2 + 4\,NH_3 \longrightarrow \left[\begin{array}{ccc} H_3N & & NH_3 \\ & Pd & \\ H_3N & & NH_3 \end{array} \right]^{2+} + 2\,Cl^- \qquad (2)$$

$$\mathbf{A}$$

　　このように，銅（Ⅱ）やパラジウム（Ⅱ）の錯イオンは正方形構造をとりやすいことが知られている。

〔問〕

カ　(1)式および(2)式において，NH_3 と金属イオンの間の化学結合は何結合と呼ばれるか。

キ　塩化パラジウム（Ⅱ）の水溶液に，塩化パラジウム（Ⅱ）に対して 2 倍の物質量の $NaCl$ を加えると，塩化パラジウム（Ⅱ）は負の電荷をもった錯イオン B となる。錯イオン B の構造式を示せ。

ク　(2)式の反応の後，未反応のアンモニアを完全に取り除き，錯イオン A に対して 2 倍の物質量の HCl を加えると，電荷を持たない化合物 C が沈殿する。この時，化合物 C に対して 2 倍の物質量の塩化アンモニウムが生成する。ここで化合物 C に対して，正方形構造を有する 2 種類の異性体を考えることができる。この 2 種類の異性体の構造式を，その違いがわかるように示せ。

ケ　錯イオン A および錯イオン B の水溶液を混合すると，化合物 D が沈殿する。化合物 D と化合物 C は構成する元素の組成が等しく，かつ化合物 D は化合物 C の 2 倍の式量を持つ。化合物 D の構造式を示せ。

第 3 問

次の I，II の各問に答えよ。

I　次の文章を読み，問**ア**～**エ**に答えよ。化学構造式を示す場合は，不斉炭素上の
置換様式（紙面の上下）を特定しない平面構造式で示すこと。

（平面構造式の例）

　ある植物の果汁に含まれる酸味成分として分子式 $C_4H_6O_5$ を持つ化合物 **A** を
得た。化合物 **A** の化学構造式を決定するために以下の実験を行った。

　化合物 **A** の 0.10 mol・L^{-1} の水溶液 10 mL をつくり，0.10 mol・L^{-1} の水酸化
ナトリウム水溶液で滴定したところ，20 mL で中和点に達し，溶液はアルカリ性
であった。この実験により，平面構造式の候補は 5 個に絞られた。ただしここ
で，モノ炭酸エステルは中性の水中において容易に分解するため，候補として考
慮しない。

（モノ炭酸エステルの例）

　化合物 **A** をエーテル中で金属ナトリウムと反応させたところ，化合物 **A**
1.0 mol あたり，水素 1.5 mol が発生し，反応後も金属ナトリウムは残ってい
た。この反応により化合物 **A** の平面構造式の候補は，<u>5 個から 3 個に絞られた。</u>
　　　　　　　　　　　　　　　　　　　　　　　　　　　　　　　①

　化合物 **A** をクロム酸二カリウムで酸化したところ，分子式 $C_4H_4O_5$ の化合物
B が得られた。この反応により，<u>上記 3 個の候補の 1 個が除外され，候補は 2 個</u>
　　　　　　　　　　　　　　　　　②
<u>に絞られた。</u>

　化合物 **A** に強酸を加えると，分子内から水が 1 分子除去されて，化合物 **C** と
D の混合物が得られた。この化合物 **C** と **D** は，いずれもオゾンおよび臭素と反
応した。2 つの化合物 **C** と **D** が得られたことから，<u>上記 2 個の候補の 1 個が除</u>
　　　　　　　　　　　　　　　　　　　　　　　　　　③
<u>外され，</u>化合物 **A** の平面構造式が特定できた。

〔問〕

　ア　下線部①で除外された 2 個の平面構造式を示せ。

　イ　下線部②および③で除外された平面構造式をそれぞれ示し，各々の理由を
　　記せ。

　ウ　化合物 A および B の平面構造式をそれぞれ示せ。

　エ　化合物 C と D の組み合わせに対して考えられる 2 個の平面構造式を示
　　せ。

Ⅱ　次の文章を読み，問**オ～ケ**に答えよ。

　　互いに混ざり合わない等容量の有機溶媒と水または緩衝液を分液漏斗(図3－1)内で混合し，そこに化合物を加えて撹拌すると，化合物は2種の溶媒にある特定の比率で分配される。その比率を $a:(1-a)$ とすると，a は0から1の範囲で化合物に固有の値となり，化合物の親水性が高いと0，親油性が高いと1に近い値となる。この分配操作は，複数の化合物の混合物から特定のものを分離する目的に利用される。以下では，3つの異なる条件にて多段階の分配操作を行い，1回の分配操作では分離できない混合物の分離を試みた。

実験a　3つの化合物E，F，Gがそれぞれ1gずつ含まれる混合物がある。これらは図3－2に構造式を示したいずれかの化合物に該当する。この混合物を図3－3の操作段階数 $n=1$ に示したように，等容量の有機溶媒とpH＝7の緩衝液を用いて分配した。次に操作段階数 $n=2$ に示したように，得られた下層の水相1－iを新しい等容量の有機溶媒と，また，上層の有機相1－Iを新しい等容量の緩衝液と混合して分配した。更に，操作段階数 $n=3$ に示したように，得られた下層2－iiを新しい等容量の有機溶媒と混合，上層2－Iを下層2－iと混合，上層2－IIを新しい等容量の緩衝液と混合して，分配操作を行った。このような操作を順次繰り返すことにより，操作段階数 $n=9$ に示したように，9つの分液漏斗が得られた。上から分液漏斗の番号を①から⑨としたとき，上層と下層をあわせた各分液漏斗に含まれる化合物の存在量は図3－4aの折れ線グラフのように示された。

実験b　緩衝液のpHを変えて実験aと同様の操作を行ったところ，図3－4bのように化合物E，F，Gの分布が変化した。実験aおよび実験bの操作では，化合物EとFを分離することができなかった。

実験c　3つの化合物の混合物を少量の酸とともに熱した後に中和したところ，化合物Fは化合物Hに変化したが，化合物Eと化合物Gは変化しなかった。この混合物に対して，実験aと同様にpH＝7の緩衝液を用いた分配操作を行ったところ，化合物E，G，Hは図3－4cのような分布を示した。

〔問〕

オ　実験 b の操作段階数 $n = 3$ において，中央の分液漏斗内（3 —**Ⅱ** と 3 —**ii** を合わせたもの）に含まれる化合物 E の量は 0.18 g であった。操作段階数 $n = 1$ において，上層には化合物 E が何 g 含まれていたか。

カ　実験 b では酸性，アルカリ性のいずれの緩衝液を用いたと考えられるか，理由とともに記せ。

キ　化合物 E，F，G は，それぞれ図 3 —2 の構造式のいずれに該当するか，構造式を用いて示せ。

ク　実験 c における酸処理により化合物 F から化合物 H が生じた反応を構造式を用いて示せ。

ケ　図 3 —4 c で示された化合物 E，G，H の分離をさらに改善させるため，実験 c の操作段階数が 49 回になるまで同様の分配操作を行った。このとき，各化合物の分布の近似曲線は図 3 —5 の b から f のいずれになると予想されるか。なお，図 3 —5 a は図 3 —4 c の折れ線グラフを曲線で近似したものである。

図 3 — 1　分液漏斗

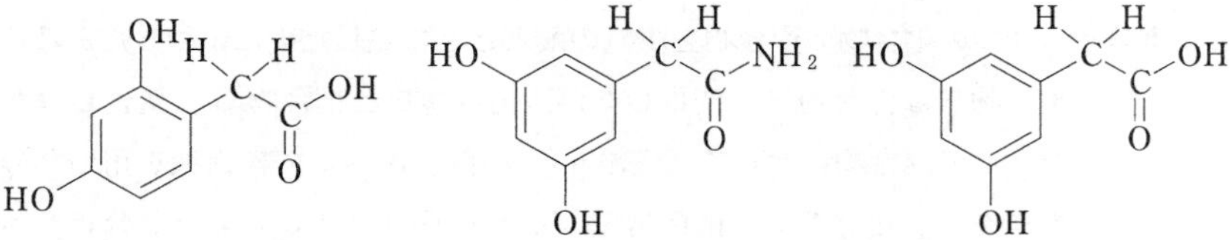

図 3 — 2　混合物に含まれる 3 つの化合物の構造式

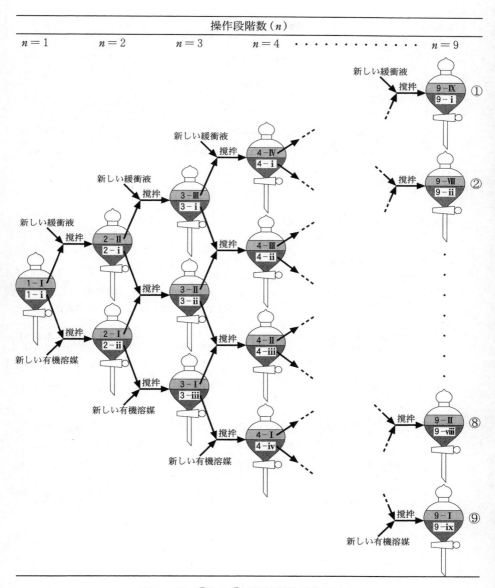

図 3 － 3 　①から⑨は分液漏斗番号を示す

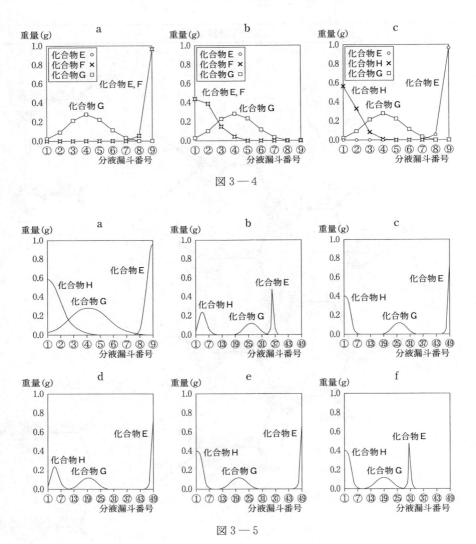

図 3 — 4

図 3 — 5

解答時間：2 科目 150 分

配　　点：120 点

第 1 問

次の I, II の各問に答えよ。必要があれば以下の値を用いよ。

元素	H	C	N	O	Fe
原子量	1.0	12.0	14.0	16.0	55.8

I　次の文章を読み，問**ア〜カ**に答えよ。

　　夜空に浮かんだ火星が赤く見えるのは，火星の地表に赤鉄鉱という鉱石が多量に含まれているからである。赤鉄鉱は酸化鉄(III) Fe_2O_3 を主成分とし，鉄が酸素や水と反応することによって生成する。2004 年，米国の火星探査機オポチュニティは，火星の地表から採取した岩石の顕微鏡観察を行ない，液体の水の作用でできたと考えられる球状の赤鉄鉱を発見した。また，探査機スピリットによって火星の地表で針鉄鉱という鉱石も見出された。針鉄鉱は酸化水酸化鉄(III) $FeO(OH)$ を主成分とし，水中での化学反応により生成する。このような発見から，かつて火星には液体の水が存在し，生命誕生の機会があったと推測されている（＊脚注）。

　　水中における鉄酸化物の生成は，以下の反応により始まる。

$$Fe \longrightarrow Fe^{2+} + 2\,e^- \tag{1}$$

$$2\,H_2O + O_2 + 4\,e^- \longrightarrow 4\,OH^- \tag{2}$$

ここで，式(1)は金属鉄が鉄イオンとなって水中に溶解し，電子 e^- が放出される酸化反応，式(2)は式(1)で放出された電子によって水中に溶けこんだ酸素が還元される反応を表す。次にこれらの反応の生成物から，水酸化鉄(II) $Fe(OH)_2$ が

　（＊脚注）　2008 年，米国の探査機フェニックスは，火星の地表のすぐ下に氷が存在することを確認した。

生成する。

$$Fe^{2+} + 2\,OH^- \longrightarrow Fe(OH)_2 \tag{3}$$

水酸化鉄（II）は水中の酸素によってさらに酸化され，水酸化鉄（III）$Fe(OH)_3$ が生じる。

$$4\,Fe(OH)_2 + 2\,H_2O + O_2 \longrightarrow 4\,Fe(OH)_3 \tag{4}$$

最後に，<u>水酸化鉄（III）の脱水反応によって，酸化水酸化鉄（III）や酸化鉄（III）が</u>
① <u>生成する。</u>

〔問〕

ア　Fe の原子番号は 26 である。Fe_2O_3 において，鉄イオンの K 殻，L 殻，M 殻に含まれる電子数をそれぞれ記せ。

イ　体積 V の Fe がすべて酸化されて体積 aV の Fe_2O_3 になったとき，a の値を有効数字 2 桁で求めよ。答に至る過程も示せ。ただし，Fe と Fe_2O_3 の密度はそれぞれ $7.87\,g \cdot cm^{-3}$ と $5.24\,g \cdot cm^{-3}$ とする。

ウ　下線部①について，Fe_2O_3 および $FeO(OH)$ が生成する反応を反応式で示せ。

エ　式(1)〜(4)および問**ウ**で求めた反応式を利用して，Fe から $FeO(OH)$ が生成する反応を 1 つの反応式で示せ。

オ　現在の火星の大気圧は 610 Pa であり，その 0.13 % を酸素が占めるとされている。このような酸素分圧下で，25℃ の水 $1.00 \times 10^3\,l$ 中に溶解する酸素の質量は何 g になるか，有効数字 2 桁で求めよ。答に至る過程も示せ。なお，25℃，酸素分圧 $1.01 \times 10^5\,Pa$ の下で水 $1.00\,l$ に溶ける酸素の質量は $4.06 \times 10^{-2}\,g$ であり，ヘンリーの法則が成り立つものとする。

カ　問**オ**において溶解していた酸素がすべて反応したとき，生成する $FeO(OH)$ の質量を有効数字 2 桁で求めよ。答に至る過程も示せ。

Ⅱ　次の文章を読み，問**キ〜コ**に答えよ。有効数字は 2 桁とし，答に至る過程も示せ。熱化学反応はすべて 25 ℃，1.01×10^5 Pa における熱量および物質の状態を扱うこととする。

　廃棄プラスチックの有効利用法の一つに，プラスチックを焼却したときに発生する熱をエネルギーとして利用する方法がある。C_nH_{2n+2} の組成式で与えられるアルカン①の燃焼熱（1 mol あたり）は炭素数 n が増すにつれて増加する。しかし，図 1 — 1 に示すように，1 g あたりに換算した燃焼熱は n の増大と共に一定値に近づく傾向がある。C_nH_{2n} の組成式で与えられるシクロアルカン②の場合，$n \geqq 5$ では 1 g あたりの燃焼熱は，n によらず 46〜47 kJ・g^{-1} で一定である。これらのことは，n が 5 から 12 程度のアルカンやシクロアルカンを主成分とする石油系燃料と，n が極めて大きいアルカンであるポリエチレン③およびポリプロピレン④では，同質量あたりの燃焼熱はほとんど変わらないことを意味する。

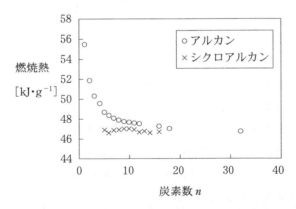

図 1 — 1　炭素数 n のアルカンおよびシクロアルカンの 1 g あたり
　　の燃焼熱（25 ℃，1.01×10^5 Pa）

〔問〕

キ　下線部①に関して，アルカン C_nH_{2n+2} の燃焼の熱化学方程式を書け。ただし，アルカン 1 g あたりの燃焼熱を状態によらず $46.0\,kJ\cdot g^{-1}$ とする。

ク　燃焼熱は結合エネルギーの値から近似的に求めることができる。下線部②，③に関連して，シクロオクタン C_8H_{16} およびポリエチレンそれぞれの，1 g あたりの燃焼熱を，表 1 ― 1 の結合エネルギーを用いて推定せよ。ただし，ポリエチレンは図 1 ― 2 に示す化学構造をもつと仮定し，その重合度 m は 10,000 とする。

表 1 ― 1　結合エネルギー

結　合	C―H	C―C	C＝O	O＝O	O―H
結合エネルギー $[kJ\cdot mol^{-1}]$	4.1×10^2	3.7×10^2	8.0×10^2	5.0×10^2	4.6×10^2

$$H \!-\!\!\left[\, CH_2 \!-\! CH_2 \,\right]_m\!\!-\! H$$

図 1 ― 2　ポリエチレンの化学構造式

ケ　下線部④のポリプロピレンの原料であるプロピレンは，以下の長鎖アルカンの分解反応によって合成される。

$$C_nH_{2n+2} \longrightarrow CH_2＝CH―CH_3 + C_{n-3}H_{2n-4}$$

プロピレンの燃焼熱が $2.04 \times 10^3\,kJ\cdot mol^{-1}$ であるとき，この反応の反応熱を求めよ。ただし，炭素数 n と炭素数 $n-3$ のアルカンの燃焼熱は問**キ**で求めた熱化学方程式から求めよ。

コ　プロピレンは，以下のプロパンの脱水素反応によっても合成できる。

$$CH_3―CH_2―CH_3 \longrightarrow CH_2＝CH―CH_3 + H_2$$

プロピレンとプロパンの燃焼熱が，それぞれ $2.04 \times 10^3\,kJ\cdot mol^{-1}$ と $2.20 \times 10^3\,kJ\cdot mol^{-1}$ であるとき，この反応の反応熱を求めよ。必要であれば，水に関する熱量として表 1 ― 2 の値を用いよ。

表 1 — 2　水に関する熱量 [kJ·mol^{-1}]

融解熱 (0 ℃)	6.02
蒸発熱 (25 ℃)	44.3
蒸発熱 (100 ℃)	40.6
生成熱 (25 ℃，気体)	242

（各熱量は圧力によらないものとする。）

第 2 問

次の I，II の各問に答えよ。必要があれば以下の値を用いよ。

元素	H	Na	S	Fe	Cu	Pb
原子量	1.0	23.0	32.1	55.8	63.5	207.2

　　$\log_{10} 2 = 0.301,\ \log_{10} 3 = 0.477,\ \log_{10} 5 = 0.699$

I　次の文章を読み，問**ア**〜**キ**に答えよ。

　　あるガラスに含まれる金属元素を分析するために，以下の実験を行った。ただし，このガラスは，Pb^{2+}，Cu^{2+}，Fe^{2+}，Na^+ を金属イオンとして含むことがわかっている。

実験 1 ：細粉化したガラス 1.0 g を白金るつぼにとり，50 % 硫酸 8 m*l* と 46 % フッ化水素酸 8 m*l* を白金るつぼに加えた。次にケイ素をフッ化物として揮発させるため，300 ℃ で 1 時間加熱した。白金るつぼを冷やし，蒸留水と希硫酸を加えたところ，白色沈殿 A を得た。沈殿をろ過した後，ろ液の全量をメスフラスコに移し，蒸留水で 50 m*l* に希釈した。

実験 2 ：実験 1 で調製した溶液 10 m*l* に塩酸 10 m*l* を加え，酸性にした。この溶液に 2.0×10^{-3} mol の硫化水素 H_2S を通じたところ，黒色の沈殿 CuS を 2.0×10^{-6} mol 得た。沈殿をろ紙で回収した後，ろ液をビーカーに

　　　集め煮沸した。ピペットで硝酸を数滴加えた後，十分量のアンモニア水
　　を加えたところ，赤褐色の沈殿を得た。沈殿はろ紙で集め，ろ液は以下
　　の実験3に使用した。

実験3：円筒形のカラムに，スルホ基($-SO_3H$)をもった十分量の陽イオン交換
　　　樹脂を詰め，カラムの上から十分量の塩酸と蒸留水を流し，カラムを洗
　　　浄した。次に，実験2で得たろ液を十分に煮沸した。このろ液を冷却し
　　　③
　　　た後，カラムに流し，さらに 20 ml の蒸留水をカラムに流し，溶出液を
　　　全て回収した(図2−1)。この溶出液を 1.0×10^{-2} mol・l^{-1} の水酸化
　　　ナトリウム水溶液で滴定したところ，中和するまでに 18.0 ml を要し
　　　た。

陽イオン交換樹脂

ろ液

フィルター

溶出液

図2−1

〔問〕

ア　下線部①について，ガラスの主成分である二酸化ケイ素とフッ化水素との
　　反応式を記せ。

イ　白色沈殿Aは何か。化学式で示せ。

ウ　下線部②について，硫化水素の全量が溶液に溶け込んだとする。このとき，溶液中に含まれる硫化水素の全量の濃度 $[H_2S]_{total}$ は以下の式で表される。

$$[H_2S]_{total} = [H_2S] + [HS^-] + [S^{2-}]$$

また，硫化水素は以下に示す2段階の電離平衡が成り立つ。

$$H_2S \rightleftharpoons HS^- + H^+ \qquad K_{a1} = 1.0 \times 10^{-7}(mol \cdot l^{-1})$$

$$HS^- \rightleftharpoons S^{2-} + H^+ \qquad K_{a2} = 1.0 \times 10^{-14}(mol \cdot l^{-1})$$

$[H_2S]_{total}$ に対する $[S^{2-}]$ の割合 $\alpha (= [S^{2-}]/[H_2S]_{total})$ を，電離平衡定数 K_{a1}, K_{a2} および $[H^+]$ を用いて表せ。答のみ記すこと。

エ　CuS と FeS の溶解度積 $(K_{sp(CuS)}, K_{sp(FeS)})$ は以下の式で表される。

$$K_{sp(CuS)} = [Cu^{2+}][S^{2-}] = 4.0 \times 10^{-38}(mol^2 \cdot l^{-2})$$

$$K_{sp(FeS)} = [Fe^{2+}][S^{2-}] = 1.0 \times 10^{-19}(mol^2 \cdot l^{-2})$$

溶液の pH を 1.0 から 6.0 まで変えた時，$K_{sp(CuS)}/\alpha$ の値と $K_{sp(FeS)}/\alpha$ の値は，それぞれどのように変化するか。横軸に pH，縦軸に $\log_{10}(K_{sp}/\alpha)$ をとって，グラフを描け。答に至る過程も示せ。

オ　下線部②について，Fe^{2+} が溶液中に 4.0×10^{-4} mol $\cdot l^{-1}$ 存在するとき，FeS が沈殿しない pH の範囲を求め，有効数字2桁で答えよ。答に至る過程も示せ。

カ　下線部③について，この操作を行う理由を30字以内で記せ。

キ　ガラス 1.0 g 中に含まれるナトリウムイオンの重量(g)を有効数字2桁で求めよ。答に至る過程も示せ。

Ⅱ　次の文章を読み，問ク〜コに答えよ。

　　元素の多くは，複数の同位体が一定の比率で混ざった状態で天然に存在する。表2−1に，天然に存在する主な元素の同位体とその存在比(%)をまとめた。これらの元素から構成される分子の質量は，各元素の同位体存在比を反映した分布を示す。例えば天然に存在する二酸化炭素分子の質量分布は，表2−2のようになる。ただし，各同位体原子の相対質量はその質量数と同じであるものとし，分子の質量はその分子を構成する各原子の相対質量の和で表されるものとする。

〔問〕

　ク　銅は，^{63}Cu と ^{65}Cu の2つの同位体がある一定の比率で混ざった状態で天然に存在する。天然に存在する ^{63}Cu と ^{65}Cu の存在比(%)を有効数字2桁で求め，表2−1にならって記せ。ただし，銅の原子量は 63.5 とする。

　ケ　天然の同位体比の原子で構成された硝酸銀水溶液 X がある。ここに，天然の同位体比の原子で構成された臭化ナトリウム水溶液を添加し，臭化銀を沈殿させた。沈殿した臭化銀の質量分布を表2−2にならって記せ。ただし，臭化銀はその組成式である AgBr として沈殿したものとする。

　コ　問ケと同じ硝酸銀水溶液 X に，銀原子として ^{109}Ag のみを含む 0.050 mol・l^{-1} の硝酸銀($^{109}AgNO_3$)水溶液 10.0 ml を添加した後，問ケと同じ臭化ナトリウム水溶液を添加し，臭化銀を沈殿させた。沈殿した臭化銀の質量分布を測定したところ，表2−3に示す結果が得られた。硝酸銀水溶液 X に含まれていた硝酸銀の物質量(mol)を有効数字2桁で求めよ。答に至る過程も示せ。

表 2 — 1

元素	同位体	存在比（%）
C	^{12}C	99
	^{13}C	1
N	^{14}N	100
O	^{16}O	100
Br	^{79}Br	50
	^{81}Br	50
Ag	^{107}Ag	50
	^{109}Ag	50

表 2 — 2

質量	存在比（%）
44	99
45	1

表 2 — 3

質量	存在比（%）
186	20
188	50
190	30

第 3 問

次の I ，II の各問に答えよ。

I　次の文章を読み，問ア～カに答えよ。構造式は例にならって解答せよ。

（構造式の例）

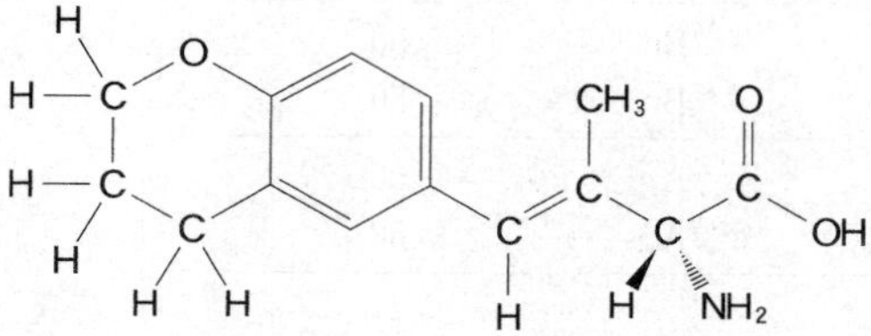

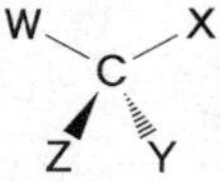

W，C，X が紙面上にある場合，Z は紙面の手前に，Y は紙面の奥にある。

不斉炭素原子まわりの結合の示し方：

(1)　分子式 $C_8H_{12}O_4$ の化合物 A～D がある。化合物 A，B，D は環状構造をもち，化合物 C は環状構造をもたない。化合物 A，B の環は 10 個の原子で構成され(十員環)，化合物 D の環は 6 個の原子で構成される(六員環)。化合物 A～D の中で，D のみが不斉炭素原子をもつ。

(2)　化合物 A～D に対して，それぞれ炭酸水素ナトリウム水溶液を加えたが，気体は発生しなかった。

(3)　1 mol の化合物 A～D にそれぞれ水酸化ナトリウム水溶液を加えて加熱したのち，室温まで冷却し，希塩酸を加えて酸性にした。その結果，化合物 A からは 2 mol の化合物 E が，化合物 B からは 1 mol の化合物 F と 1 mol の化合物 G が，化合物 C からは 1 mol の化合物 H と 2 mol の化合物 I が，化合物 D からは 1 mol の化合物 J と 1 mol の化合物 K がそれぞれ得られた。

(4)　1 mol の化合物 E にナトリウムを作用させると，1 mol の水素分子が発生した。

(5)　化合物Fとヘキサメチレンジアミンを縮合重合させると，6，6-ナイロンが生じた。

(6)　化合物Hに臭素を作用させると，不斉炭素原子を有する化合物Lが得られた。

(7)　リン酸触媒を用いて，高温高圧下でエチレンに水蒸気を作用させると，化合物Iが得られた。

(8)　化合物Jと化合物Kは，互いに光学(鏡像)異性体である。

〔問〕

　　ア　化合物Eの分子式を示せ。

　　イ　化合物Aの構造式を示せ。

　　ウ　(5)における反応の化学反応式を示せ。

　　エ　化合物Bの構造式を示せ。

　　オ　化合物Cとして考えられる立体異性体の構造式をすべて示せ。

　　カ　化合物Dの構造式を示せ。

Ⅱ　次の文章を読み，問キ〜ケに答えよ。

　　炭素—炭素原子間の単結合は，一般にそれを軸として回転することができる。炭素—炭素結合回りの回転にともなって，分子の立体構造が変わり，分子のエネルギーは変化する。このとき，原子の立体的な混み具合が小さいものほどエネルギーが低く，分子は安定になる。

　　エタンを例としてあげる。図3—1のように，エタンの水素原子に，それぞれH_a，H_b，H_c，H_x，H_y，H_zと名前を付けて区別する。**構造式M**と**構造式N**は，炭素—炭素結合の回転による異性体である。立体的な混み具合と結合の回転との関係は，**投影式**を用いるとわかりやすい。太矢印の方向から，結合した二つの炭素原子が重なるように投影する。H_a，H_b，H_cが結合する手前の炭素原子を中心点（●）で，H_x，H_y，H_zが結合する後方の炭素原子を円で描くと，**構造式M**および

構造式Nは，それぞれ**投影式M**および**投影式N**のように表せる。H_aとH_x，H_bとH_y，H_cとH_zがそれぞれ重なる**投影式M**はエネルギーが高い状態を表し，原子の混み具合が小さい**投影式N**はエネルギーが低い状態を表す。また，回転角θを**投影式M, N**に示すように定義すると，θとエネルギーの関係は，図3―2のグラフの曲線のようになる。

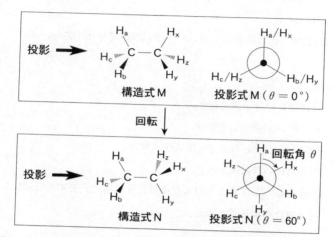

図3―1　（構造式の太いくさびは紙面の手前へ出た結合，破線のくさびは紙面の奥へ出た結合を表す。）

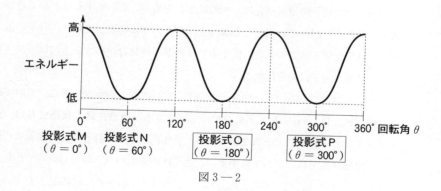

図3―2

〔問〕

キ　図3—2における，**投影式O**と**投影式P**を示せ。なお，エタンの水素原
　　子は，**投影式M**や**投影式N**にならって，名前を付けて区別すること。

ク　ブタン(CH_3—CH_2—CH_2—CH_3)の太字の炭素—炭素結合回りの回転角
　　とエネルギーの関係は，図3—3のグラフの曲線のようになる。これは，メ
　　チル基が水素原子より立体的に大きいことに関係している。太字の炭素—炭
　　素結合に関する**投影式Q, R, S**を示せ。メチル基はCH_3，太字の炭素上の
　　水素原子は H で表示せよ。

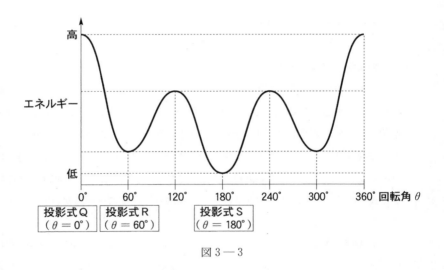

図3—3

ケ　図3—1のH_a，H_xの位置にそれぞれヒドロキシ基を配置したエチレング
　　リコールの場合，**投影式O**に対応する構造に比べて，**投影式N**および**投影
　　式P**に対応する構造がより安定となる。その理由を40字以内で示せ。

2008年

解答時間：2科目150分
配　　点：120点

第1問

次のⅠ，Ⅱの各問に答えよ。必要があれば以下の値を用いよ。

元素	H	C	N	O	Zn
原子量	1.0	12.0	14.0	16.0	65.4

ファラデー定数：9.65×10^{4} C・mol^{-1}

Ⅰ　次の文章を読み，問**ア**～**オ**に答えよ。

反応熱を簡便に測定する実験装置の一つに，図1―1に示されるような氷熱量計がある。氷熱量計では，反応容器内で熱の出入りを伴う変化が起こると，氷の融解または水の凝固が起こり，それに伴う体積変化がガラス細管内の水のメニスカスの読みとして測定される。融解・凝固に伴う熱量変化と体積変化は一対一に対応するため，測定しにくい熱量を測定しやすい「長さ」に変換して測定できるのが特長である。また，氷と水が共存している限りは，常に一定温度(0℃)で測定できるという利点がある。

氷の融解熱は6.00 kJ・mol^{-1}，0℃における水と氷の密度はそれぞれ1.00 g・cm^{-3}と0.917 g・cm^{-3}である。氷熱量計のデュワー瓶(熱の出入りを遮断する容器)の中には水90.0 gと氷10.0 gが入っているものとし，ガラス細管の穴の断面積は高さによらず一定で0.0100 cm^{2}とする。また，反応前の反応物の温度は全て0℃と仮定する。

〔問〕

ア　反応容器内で1.00 mol・l^{-1}の塩酸と水酸化カリウム水溶液をそれぞれ6.00 mlずつ混合すると，メニスカスが9.05 cm下降した。この反応についての反応熱を求め，熱化学方程式を書け。反応熱の単位はkJ・mol^{-1}とし，有効数字2桁で答えよ。答に至る過程も示せ。

イ　反応容器内で水 10.0 ml に硝酸アンモニウム 0.500 g を溶解させるとメニスカスが 4.40 cm 上昇した。この変化における反応熱を求め，熱化学方程式を書け。反応熱の単位は kJ·mol^{-1} とし，有効数字 2 桁で答えよ。答に至る過程も示せ。

ウ　反応容器内で 6.00 mol·l^{-1} の塩酸と水酸化カリウム水溶液をそれぞれ 15.0 ml ずつ混合すると，氷がすべて融解した。反応後の水の温度を求めよ。水および溶液の比熱（1 g の物質の温度を 1 ℃ 上げるのに必要な熱量）は溶解している塩の濃度や温度によらず一定で，4.20 J·g^{-1}·K^{-1} とする。デュワー瓶と反応容器の比熱は無視してよい。また，反応前後の溶液の密度は 1.00 g·cm^{-3} とする。有効数字 2 桁で答えよ。答に至る過程も示せ。

エ　イでできた溶液を取り出しゆっくり冷却すると −2.3 ℃ で凝固した。水のモル凝固点降下 K_f（K·kg·mol^{-1}）を求めよ。ただし，硝酸アンモニウムは溶液中で完全に電離し，この溶液の濃度では希薄溶液の凝固点降下の式を用いることができるものとする。有効数字 2 桁で答えよ。答に至る過程も示せ。

オ　多くの固体は融解すると体積が増加するが，氷は逆に体積が減少する。この理由を分子間の結合の観点から 100 字程度で説明せよ。

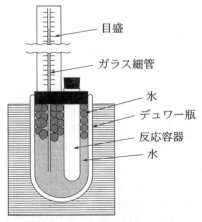

図 1－1　氷熱量計の概略図

Ⅱ　次の文章を読み，問**カ～ク**に答えよ。

　アルカリ系ボタン形酸化銀電池は腕時計やカメラ，電子体温計などの電池として使用されてきた。図1—2にアルカリ系ボタン形酸化銀電池の概略図を示す。正極材料には酸化銀（Ag_2O），負極材料には粒状亜鉛，電解液としては水酸化カリウム濃厚水溶液が用いられている。なお，負極材料の粒状亜鉛には，電解液と接していても水素発生が起こらないような工夫が施されている。

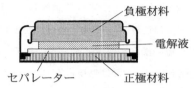

図1—2　アルカリ系ボタン形酸化銀電池の概略図（＊脚注）

〔問〕

カ　この電池の正極および負極では，下式のような反応が主反応として起きていると考えられている。

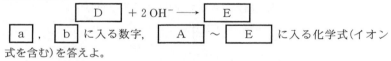

　正極：$Ag_2O +$ [A] $+ 2e^- \longrightarrow$ [a] [B] $+$ [b] OH^-

　負極：$Zn + 2$ [C] $\longrightarrow$ [D] $+ 2e^-$

また，水に不溶な [D] は速やかに下式に示すような反応を起こして電解液に溶解する。

　　　[D] $+ 2OH^- \longrightarrow$ [E]

[a]，[b] に入る数字，[A] ～ [E] に入る化学式（イオン式を含む）を答えよ。

キ　0.10 mA の電流を500時間放電したときの電気量を答えよ。また，この際，消費された亜鉛の質量(g)を，有効数字2桁で答えよ。答に至る過程も示せ。

ク　Ag_2O は，大過剰のアンモニア水を加えると錯イオンを形成して溶解する。また，[D] も大過剰のアンモニア水を加えると錯イオンを形成する。これらの錯イオンについて，それぞれ立体的な特徴が分かるように構造を図示せよ。

─────────────

（＊脚注）　実際には，正極材料として，酸化銀粉末と導電剤である黒鉛を混合したものが，負極材料としてはアマルガム化した亜鉛粉末と電解液を混合したものが用いられている。また，セパレーターとしてはセロハンやポリプロピレンなどのフィルムが用いられている。

第 2 問

次の I, II の各問に答えよ. 必要があれば以下の値を用いよ.

元素	H	C	N	O	I
原子量	1.0	12.0	14.0	16.0	126.9

気体定数 : $R = 8.3 \times 10^3 \, \mathrm{Pa \cdot \mathit{l} \cdot K^{-1} \cdot mol^{-1}}$

I　次の文章を読み, 問**ア**〜**オ**に答えよ.

　ハロゲン単体のうち, フッ素, 塩素は常温常圧で気体, 臭素は液体, ヨウ素は固体として存在する. フッ素は水と激しく反応し, 塩素は水と穏やかに反応する. 臭素, ヨウ素の水との反応性はきわめて低い. ヨウ素の水に対する溶解度は低いが, ヨウ化物イオンが共存する溶液では溶解度が上昇する. これはおもに,

$$I_2 + I^- \rightleftarrows I_3^- \tag{1}$$

の反応で, 三ヨウ化物イオン(I_3^-)を形成するためである. ここで, (1)式の平衡定数 K は, ヨウ素, ヨウ化物イオン, 三ヨウ化物イオンの濃度をそれぞれ $[I_2]$, $[I^-]$, $[I_3^-]$ で表すと,

$$K = \frac{[I_3^-]}{[I_2][I^-]} \tag{2}$$

で示され, $8.0 \times 10^2 \, (\mathrm{mol \cdot \mathit{l}^{-1}})^{-1}$ の値をとる.

　また, ヨウ素は無極性の有機溶媒によく溶解する. このため, 分液漏斗を用いてヨウ素を含む水溶液を水と混ざりあわない無極性有機溶媒とよく振って混合したのち静置すると, ヨウ素を有機溶媒に抽出できる. この場合, 有機層のヨウ素濃度($[I_2]_{有機層}$)と水層のヨウ素濃度($[I_2]_{水層}$)とは平衡にあり, この状態を分配平衡状態と呼ぶ. このとき分配係数 K_D は,

$$K_D = \frac{[I_2]_{有機層}}{[I_2]_{水層}} \tag{3}$$

で定義され, 温度と圧力が一定であれば一定の値となる.

〔問〕

ア　図2－1に示したように，ビーカーに少量のヨウ素の固体を入れ，これに氷水の入った丸底フラスコをかぶせ，ビーカーを 90 ℃ の温水につけた。この後ヨウ素にどのような変化が観察されるか，図2－1にならって結果を図示するとともに，60 字程度で簡潔に説明せよ。

イ　下線部①で示したフッ素，塩素の水との化学反応式をそれぞれ示せ。

ウ　ヨウ化カリウム水溶液にヨウ素を加え，ヨウ素－ヨウ化カリウム水溶液 $1.0\,l$ を調製したところ，溶液中のヨウ素濃度は $1.3 \times 10^{-3}\,\mathrm{mol \cdot l^{-1}}$，ヨウ化物イオン濃度は $0.10\,\mathrm{mol \cdot l^{-1}}$ となった。加えたヨウ素の物質量(mol)を，有効数字2桁で求めよ。答に至る計算過程も記せ。ただしヨウ素とヨウ化物イオンとの間には(1)式以外の反応は起こらないものとし，ヨウ素と水との反応は無視せよ。

エ　$0.10\,\mathrm{mol \cdot l^{-1}}$ のヨウ素の四塩化炭素(テトラクロロメタン)溶液 100 ml を $1.1\,l$ の水と十分に混合し，分配平衡状態に達したときの，水層に移動したヨウ素の物質量(mol)を，有効数字2桁で求めよ。答に至る計算過程も記せ。なお，四塩化炭素層と水層間のヨウ素の分配係数 K_D は，

$$K_D = \frac{[\mathrm{I_2}]_{\text{四塩化炭素層}}}{[\mathrm{I_2}]_{\text{水層}}} = 89 \qquad\qquad (4)$$

とする。また，水と四塩化炭素とは全く混ざりあわず，両溶媒中には $\mathrm{I_2}$ のみが存在するものとする。

オ　$0.17\,\mathrm{mol \cdot l^{-1}}$ のヨウ素の四塩化炭素溶液を，等体積のヨウ化カリウム水溶液と十分に混合した。分配平衡状態に達したとき，水層のヨウ化物イオン濃度は $0.10\,\mathrm{mol \cdot l^{-1}}$ となった。このときの四塩化炭素層のヨウ素の濃度を，有効数字2桁で求めよ。答に至る計算過程も記せ。なお，四塩化炭素中には $\mathrm{I_2}$ のみが存在するものとする。

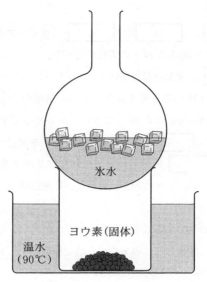

図 2 — 1　ビーカーを温水(90 ℃)につけた直後の様子

Ⅱ　次の文章を読み，問**カ〜ケ**に答えよ。

　自動車の排ガス中には，環境汚染の原因となる窒素酸化物(NO_x)が含まれる。NO_x 成分の大半は難水溶性の一酸化窒素であり，大気中へ放出されると水に溶けやすい赤褐色の　A　へと酸化される。　A　と大気中の水との反応により生成する酸が酸性雨の原因①の一つである。排ガス規制の強化によって，排ガス浄化装置は普及しその性能も向上してきたものの，依然として大気中の NO_x は高い濃度レベルにある。この要因の一つであるディーゼル車の排ガスに対して，近年，尿素を用いた還元反応による NO_x 除去法が検討されている。この除去法では，尿素を水の存在下で気体　B　と気体　C　へ変化させ②た後に，排ガスと混合させ，NO_x を　B　により水と窒素ガスに分解する反応を利用する。特に，酸素共存下でも NO_x を還元できる③のが本手法の特徴である。

〔問〕

カ 　| A |, | B |, | C | に当てはまる化学式を示せ。

キ 　下線部①に関連した以下の実験を行った。

　　　| A | と窒素の混合気体 1.0 l(0 ℃, 1.013 × 10⁵ Pa)を酸素が無い条件で水 10 l に通して反応させたところ, 気相中の | A | は完全に消失し, この溶液の pH は 5.00 となった。この反応で生成する酸が全て硝酸とするときの, | A | と水との化学反応式を記せ。また, 反応前の混合気体中での | A | の分圧(Pa)を有効数字 2 桁で求めよ。答に至る計算過程も示せ。なお, 気体は理想気体とし, 硝酸は完全に電離しているものとする。

ク 　下線部②の化学反応式を示せ。

ケ 　下線部③に関連して, 等モルの一酸化窒素と | B | が酸素を利用して反応するときの化学反応式を示せ。

第3問

次の I, II の各問に答えよ。必要があれば原子量として以下の値を用いよ。

元素	H	C	O
原子量	1.0	12.0	16.0

I 　次の文章を読み, 問ア〜キに答えよ。なお, 構造式は例にならって解答せよ。

（構造式の例）

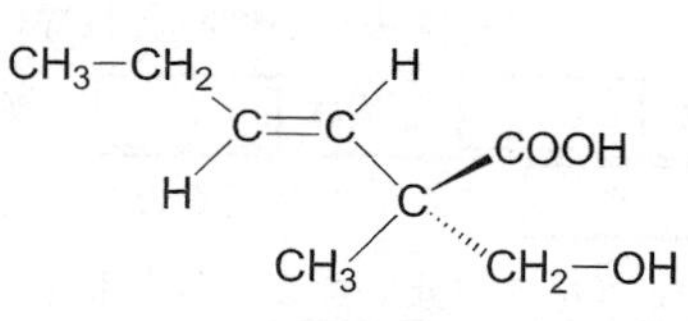

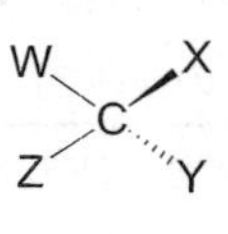

W, C, Z が紙面上にある時, X は紙面の手前に, Y は紙面の向こう側にある。

　炭素，水素，および酸素のみからなり，互いに異性体である酢酸エステル A 〜 L がある。

(1)　化合物 A について元素分析を行った結果，炭素 63.1 ％，水素 8.8 ％であった。

(2)　1 mol の化合物 A 〜 K は触媒存在下，それぞれ 1 mol の重水素分子と過不足なく反応するが，化合物 L は同条件下，重水素分子と反応しない。A から生じた反応生成物の，A に対する質量増加率は 3.5 ％であった。なお，重水素の相対質量は 2.0 とする。

(3)　A 〜 K を適当な条件で加水分解すると，A 〜 E はアルコールを，F 〜 H はアルデヒドを，そして，I 〜 K はケトンを与える。F 〜 K の加水分解では，途中に不安定なアルコール中間体を経て，アルデヒドまたはケトンに異性化するものとする。

(4)　B は不斉炭素原子を一個もつが，A および C 〜 L は不斉炭素原子をもたない。

(5)　C と D は互いにシス・トランス異性体の関係にある。同様に，F と G，並びに J と K もシス・トランス異性体の関係にある。

(6)　E と H を触媒存在下，水素と反応させると，同一生成物が得られる。

(7)　L を加水分解して得られるアルコールを酸化するとケトンが得られる。

〔問〕

　ア　化合物 A の組成式を求めよ。

　イ　化合物 A の分子式を示せ。結果のみでなく答に至る過程も示せ。

　ウ　化合物 B には互いに鏡像の関係にある異性体がある。それら 2 つの鏡像異性体（光学異性体）の構造式を示せ。

　エ　化合物 C と D のうち，トランス異性体の構造式を示せ。

　オ　化合物 H の構造式を示せ。

　カ　化合物 I の構造式を示せ。

　キ　化合物 L の構造式を示せ。

Ⅱ　次の文章を読み，問**ク～コ**に答えよ。構造式を示す場合は化合物 1 ～ 4 の構造式を参照すること。炭素原子に結合した水素原子は省略してよい。

　　細胞や体液の中では多様な化学反応がたえず進んでいる。それらの化学反応のほとんどは，反応物が出会っただけでは起こりにくいが，酵素と呼ばれるタンパク質を主成分とする物質に助けられて速やかに進むようになる。複雑な構造を有する生体内物質は，通常多段階の酵素による反応を経て合成される。

　　ここで以下の E 1 ～ E 6 の 6 種類の酵素を含む酵素混合溶液を考える。

(1)　H-$\overset{|}{\underset{|}{C}}$-H から H-$\overset{|}{\underset{|}{C}}$-OH への反応の触媒である酵素 3 種類（E 1，E 2，E 3）。

(2)　H-$\underset{|}{C}$-OH から $\underset{|}{C}$=O への反応の触媒である酵素 1 種類（E 4）。

(3)　$\underset{|}{C}$=O から H-$\overset{|}{\underset{|}{C}}$-OH への反応の触媒である酵素 2 種類（E 5，E 6）。

　　この酵素混合溶液にステロイド骨格をもつ化合物 M を加えると，図 3 − 1 に示すように，各酵素のはたらきにより，化合物 M が化合物 N に変換され（M→N），その後順次 N→O，O→P，P→Q，Q→R，R→S という，合計 6 つの反応を経由して化合物 S が合成される。十分な時間反応させると，M はすべて S に変換される。ここで各酵素は「上記 6 つの反応のうち 1 つのみの触媒であり，M～R 以外の化合物を基質としない」という性質をもつと同時に，各酵素反応は「不可逆的であり，溶液中に基質以外の化合物や他の酵素が存在しても進行する」とする。

　　化合物 P，R を無水酢酸と反応させると一分子あたり 3 つのアセチル基が導入された。図 3 − 2 に化合物 N～R のうち，4 種類の化合物の構造式 1 ～ 4 を示す。

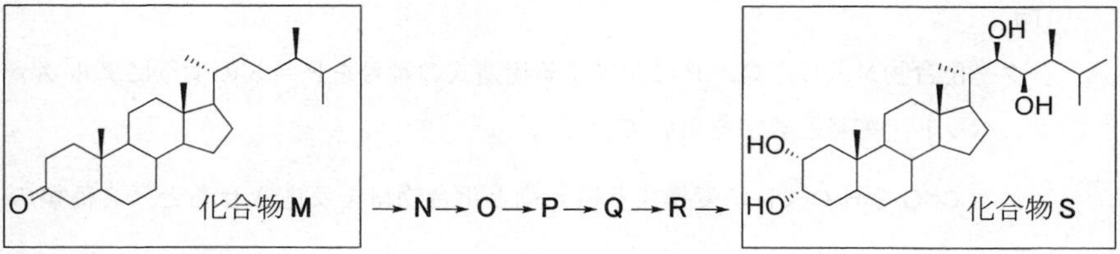

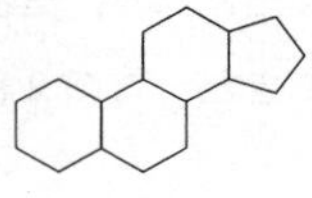

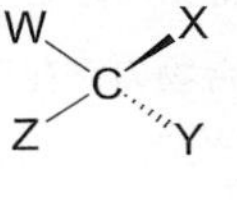

W，C，Zが紙面上にある時，Xは紙面の手前に，
Yは紙面の向こう側にある。

ステロイド骨格

図 3 — 1

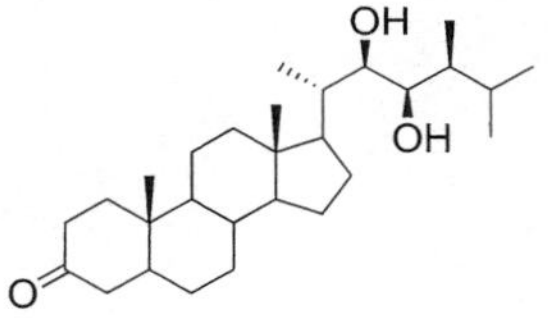

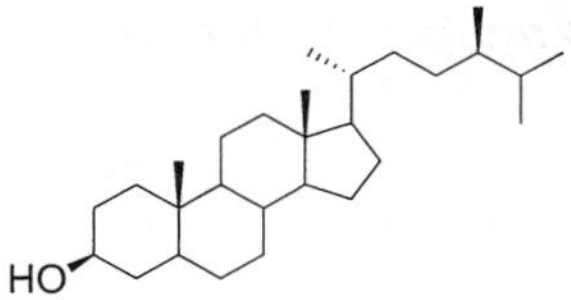

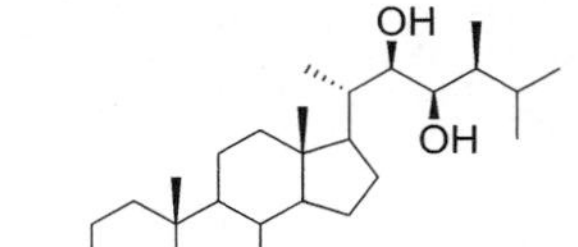

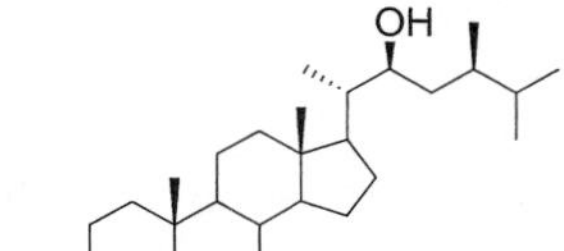

図 3 — 2

〔問〕

ク　化合物 N，O，Q，R に相当する構造式の番号を P＝5 のようにアルファ
　　ベット，等号と数字を用いて示せ。

ケ　$C=O$ を $H-\overset{|}{\underset{|}{C}}-OH$ に変換する還元剤と化合物 M を反応させると，2 種類の
　　立体異性体のみが生成してくる。生成した 2 種類の立体異性体を酵素混合溶
　　液に加え，十分な時間をかけてすべての酵素反応を完結させたところ，溶液
　　中にステロイド骨格をもった 2 種類の化合物の存在が確認できた。この 2 種
　　類の化合物の構造式を示せ。

コ　酵素 E 2 ～ E 6 を含む酵素混合溶液を考える。その溶液中に化合物 M を加
　　えたのち，十分な時間をかけてすべての酵素反応を完結させた場合に，化合
　　物 M ～ S のうち溶液中に存在するものはどれか。可能性のある化合物すべて
　　をアルファベットで示せ。

2007年

解答時間：2科目 150分

配　　点：120点

第1問

　　以下は 1887 年アレニウスによって発表された論文「水に溶解した物質の解離について」の冒頭部分の要約である。この論文は，電解質が水溶液中で陽イオンと陰イオンに電離しているという『電離説』に決定的な裏付けを与えたものである。これを読み，後の問題Ⅰ，Ⅱに答えよ。

水に溶解した物質の解離について

スヴァンテ　アレニウス

　　二年前(1885 年)スウェーデン科学アカデミーに提出された論文でファントホッフは，気体に関するアボガドロの法則——すなわち「ある温度で一定の数の分子を一定体積に含む気体は，気体の種類によらず等しい圧力を示す」という法則——が以下のように一般化されることを示した。

『ほとんどの物質について，<u>ある温度 T で，一定の物質量 n の物質を任意の液
体に溶解した体積 V の溶液が示す浸透圧は，同じ温度 T で，同じ物質量 n の
分子を同じ体積 V に含む気体が示す圧力と等しい。</u>』

しかしこの法則は，すべての物質について成立するわけではない。特に水溶液については，かなり多くのものが法則の例外であり，法則よりも著しく大きな浸透圧を示すことがわかっている。

　　ここで，気体にもアボガドロの法則より大きな圧力を示す例があったことを思い起こして欲しい。高温における塩素や臭素，ヨウ素のふるまいは，その代表例である。これらの物質は，高温では原子に解離しているので，見かけ上アボガドロの法則から外れると考えられている。そうすると，水溶液でファントホッフの法則の例外とされている物質についても，同じような説明を考えてもよさそうである。この論文の目的は，このような説明が水溶液の電気伝導度の測定からも強く支持されることを示すことにある。

　　水溶液の電気伝導現象は『電解質分子(＊訳注 1)の一部は，互いに独立に動

くことのできる「イオン」に解離している』という仮説に基づいて説明される。そうすると，どれだけの割合の電解質分子がイオンに解離しているかがわかれば，ファントホッフの法則から浸透圧を計算することができるはずである。

　私は以前に「電解質の電気伝導性に関して」と題した論文で，互いに独立に動けるイオンに解離した分子を「活性」，解離していない分子を「不活性」と呼んだ。そして無限希釈においてすべての電解質分子は活性になると考えられることを示した。以下の計算もこの仮説に基づいている。活性な分子の数を q，不活性な分子の数を p としたとき，活性な分子の割合，「活性度係数」(α)は以下のようになる。

$$\alpha = \frac{q}{p + q} \tag{1}$$

この α は無限希釈において 1 になるはずである。電解質分子の濃度が高い場合は α は 1 より小さくなるが，以前の論文に示したように，水溶液の電気伝導度の測定から α を導くことができる。

　一方，ファントホッフは，実際の浸透圧(Π)を，物質がすべて不活性であると仮定して計算される浸透圧(Π_0)で割ったものを係数 i として報告している。

$$i = \Pi/\Pi_0 \tag{2}$$

この値を表 1―1 の右から 2 番目の列に示した(＊訳注 2)。そこで，電解質分子が解離した結果生じるイオンの一つ一つが，一つの分子として浸透圧に寄与するとすれば次式が得られる。

$$i = \frac{p + kq}{p + q} \tag{3}$$

ここで k は一つの活性分子が解離して生成するイオンの数(たとえば KCl について $k = 2$，すなわち $K^+ + Cl^-$ であり，$BaCl_2$ あるいは K_2SO_4 について $k = 3$，つまり $Ba^{2+} + Cl^- + Cl^-$，あるいは $K^+ + K^+ + SO_4^{2-}$)である。

（＊訳注 1 ）　現在の理解とは異なるが，当時アレニウスは，すべての電解質はいったん分子の形で水に溶解し，その一部がイオンに解離すると考えていた。文中の「電解質分子」という表現は，この分子状の溶解物を指している。

（＊訳注 2 ）　実際には，アレニウスはこの i の値として，ラウールの凝固点降下の実験結果から得られたものを用いている。

表 1 — 1

物質名	化学式	α	$i = \Pi/\Pi_0$	$i = 1 + (k-1)\alpha$
エタノール	C_2H_5OH	0.00	0.94	1.00
転化糖	$C_6H_{12}O_6$	0.00	1.04	1.00
水酸化ストロンチウム	$Sr(OH)_2$	B	2.61	2.72
アンモニア	NH_3	0.01	1.03	1.01
塩化水素	HCl	0.90	1.98	C
酢酸	CH_3COOH	0.01	1.03	1.01
塩化カリウム	KCl	0.86	1.82	1.86
硝酸カリウム	KNO_3	0.81	1.67	1.81
硫酸マグネシウム	$MgSO_4$	0.40	1.04	1.40
硫酸カドミウム	$CdSO_4$	0.35	0.75	1.35

　　さて，(1)式と(3)式から，以下のように i を α を用いて表すことができる。

$$i = 1 + (k-1)\alpha \tag{4}$$

α は電気伝導度の測定から求めることができるので，k を仮定すれば，電気伝導度の測定からも i が求められる。表 1 — 1 の活性度係数 α は 1 g の物質を水に溶かして 1 l にした濃度における値であり，表 1 — 1 の右端の列には，この α を用いて(4)式から計算された i を示してある。

　　表の右端の 2 つの列の数値，すなわち，浸透圧から求めた i と，電気伝導度の測定から(4)式を用いて計算された i には特筆すべき一致が見られる。このことは(4)式を導く際に用いた以下の仮定が正しいものであることを示している。

　　1)　水溶液中の電解質分子には，陽イオンと陰イオンに解離した活性な分子と，解離しないまま存在する不活性な分子がある。解離によって生成したイオンの数も，ファントホッフの浸透圧の法則の分子数として寄与する。

　　2)　不活性な分子は，溶液を希釈していくにつれ活性に変わる。無限希釈ではすべての分子が活性になる。

これら 2 つの仮定は理論的な意味だけでなく，実用的な意味でも重要である。この論文では，従来ファントホッフの法則の例外とされていた物質について

も，陽イオンと陰イオンへの解離を考えることで法則が適用できることを示してきた。このようにファントホッフの法則が一般的に適用できるなら，我々は，物質(液体に溶けさえすればどんな物質でも)の分子量を決定する非常に便利な方法を手にしたことになるのである。

D

Ⅰ　以下の問ア～オに答えよ。必要であれば次の数値を用いよ。

気体定数 $R = 8.3 \, \mathrm{Pa \cdot m^3 \cdot K^{-1} \cdot mol^{-1}} = 0.082 \, \mathrm{atm \cdot l \cdot K^{-1} \cdot mol^{-1}}$

〔問〕

　ア　下線部Aの法則(ファントホッフの法則)を，モル濃度 C から浸透圧 $\varPi$ を計算する形の式で書け。ただし，絶対温度を T，気体定数を R とする。

　イ　下線部Dの方法は現在も分子量の測定に用いられる。ファントホッフの示した測定値によれば，温度 12 ℃ において，ショ糖の 1.2 ％(重量パーセント)水溶液の示す浸透圧は $8.3 \times 10^4 \, \mathrm{Pa}$ (0.82 atm)であった。この測定値からショ糖の分子量を求めよ。水溶液の密度は $1.0 \, \mathrm{g \cdot cm^{-3}}$ であったとせよ。答に至る計算過程も示すこと。

　ウ　表1―1の空欄Bおよび空欄Cにあてはまる数値をそれぞれ求めよ。

　エ　表1―1のエタノールから硝酸カリウムまでの8つの物質のうち，この論文以前に，ファントホッフの法則から著しく外れる「例外」とされていたと考えられるものすべてを物質名または化学式で書け。

　オ　酢酸は分子の形で水に溶解し，その一部が電離平衡によってイオンに解離している。この場合，アレニウスの活性度係数 α は電離度に等しいと考えられる。以下の式(5)に示す CH_3COOH の電離平衡定数 K を用いて，1 g の物質を水に溶解して 1 l とした濃度における電離度 α を計算せよ。計算の際，α は1より十分小さいと仮定せよ。

$$K = \frac{[CH_3COO^-][H^+]}{[CH_3COOH]} = 1.5 \times 10^{-5} \, \mathrm{mol \cdot l^{-1}} \tag{5}$$

Ⅱ　当時アレニウスは，すべての電解質について，酢酸と同様に分子状に溶解した電解質分子が部分的に電離すると考えていた。しかし今日，塩化カリウムなどのイオン結晶の水溶液では，KCl のような単位の分子状の溶解状態は存在せず，すべてがイオンとして存在していることがわかっている。したがって(1)式の α は 1 となるはずである。しかし，表 1 ― 1 にあるように，電気伝導度の測定から得られた α は 1 より小さい。以降では，その理由について考察する。以下の問 **カ〜ク** に答えよ。<u>答に至る過程も示すこと</u>。必要であれば次の数値を用いよ。

元素	H	C	N	O	Mg	S	Cl	K	Ca	Sr	Cd
原子量	1.0	12.0	14.0	16.0	24.3	32.1	35.5	39.1	40.1	87.6	112.4

〔問〕

カ　上述のように KCl などは，水溶液中ではすべてが解離したイオンとして存在しているが，濃度が高くなると，陽イオンのまわりには陰イオンが，陰イオンのまわりには陽イオンが存在しやすいために，見かけ上，イオンの濃度が減少する。この時，電気伝導度や浸透圧に寄与する「見かけ上のイオン濃度」をイオンの「活量」と呼ぶ。また，活量を，溶解した物質量から計算されるイオンのモル濃度で割ったものを「活量係数」(γ) と呼ぶ。デバイとヒュッケルの理論によれば，電解質 AB の溶解でイオン A^{z+} と B^{z-} が生成するとき，活量係数 γ は次式で表される。

$$\log_{10} \gamma = - 0.5\, z^3 C^{\frac{1}{2}} \tag{6}$$

ここで C は溶解した電解質 AB のモル濃度 $(mol \cdot l^{-1})$ である(すなわち，C は A^{z+} または B^{z-} の濃度であり，A^{z+} と B^{z-} の濃度の和ではない)。$z = 1$ および $z = 2$ について(6)式の γ を C に対してプロットしたものを図 1 ― 1 に示す。KCl などの電解質については，アレニウスの電気伝導度測定による活性度係数 α は活量係数 γ に等しいと考えられる。表 1 ― 1 の塩化カリウムおよび硫酸マグネシウムの<u>2 つ</u>について，1 g の物質を水に溶解して 1 l とした濃度における γ の値を図 1 ― 1 から求めよ。

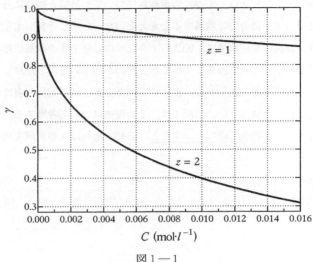

図 1 — 1

キ アレニウスが導出した i と α の関係式(4)は酢酸などの電離平衡を想定した
ものであり，α は解離度に相当する。しかし，塩化カリウムなどの溶解では
α は上記の活量係数 γ に等しいと考えられるので(4)式は成立しない。このよ
うに α が γ と一致する場合は，浸透圧に寄与するイオンの活量は，すべての
イオンの濃度の和に活量係数 γ をかけることで得られる。活量係数 γ から i
を求める式を書け。

ク 表 1 — 1 の塩，特に硫酸塩では(4)式から計算された i (右端の列)は，浸透
圧から得られた i (右から 2 番目の列)より大きな値を示し，上の問 **キ** で見た
ように，電離平衡を想定した(4)式から i を計算していることに原因があると
考えられる。表 1 — 1 の塩化カリウムおよび硫酸マグネシウムの 2 つについ
て，上の問 **キ** で導いた式から，右端の列の i の値を再計算せよ。ただし γ に
は，問 **カ** で求めた値を用いよ。

第 2 問

次の I，II の各問に答えよ。必要があれば下の値を用いよ。

元素	H	C	N	O	Na	Al	Si	S	Ca	Cu
原子量	1.0	12.0	14.0	16.0	23.0	27.0	28.1	32.1	40.1	63.5

アボガドロ定数：$N_A = 6.0 \times 10^{23}\,\mathrm{mol}^{-1}$

気体定数：$R = 8.3\,\mathrm{Pa \cdot m^3 \cdot K^{-1} \cdot mol^{-1}} = 0.082\,\mathrm{atm \cdot \mathit{l} \cdot K^{-1} \cdot mol^{-1}}$

I　次の文章を読み，問**ア～オ**に答えよ。

　金属の多くは，空気中で水や水蒸気と接触すると腐食される。金属の表面を，腐食されにくい別の金属の薄膜でおおうと，腐食を防ぐことができる。おもな方法として，無電解めっきと電気めっきがある。めっきは腐食防止以外にさまざまな用途で使われている。たとえば，銅の無電解めっきはガラスやプラスチックなどの絶縁体の表面に導電性を与えるために使用される。

　古典的な銅の無電解めっき液の成分を下に示す。

硫酸銅	$CuSO_4$
ホルムアルデヒド	$HCHO$
炭酸ナトリウム	Na_2CO_3
水酸化ナトリウム	$NaOH$
酒石酸ナトリウムカリウム （ロシェル塩）	$KNaC_4H_4O_6$

　このめっき液を利用してプラスチックにめっきを行ったところ，プラスチック①表面上で金属銅が析出し，銅と等モルの水素が発生した。水酸化ナトリウムを加えないと，めっきはまったく進行しなかった。なお，この古典的なめっき液では②副反応が進行し，固体が沈殿した。（現在使われているめっき液では，このような副反応はほとんど進行しない。）

〔問〕

ア　下線部①の過程を化学反応式で示せ。

イ　ホルムアルデヒドの役割を 10 字程度で記せ。

ウ　炭酸ナトリウムの役割を 40 字程度で記せ。

エ　下線部②の副反応で沈殿した物質は酸化銅(I)であった。この副反応を化学反応式で示せ。なお，この反応では気体は発生しない。

オ　一辺が 10 cm のプラスチックの立方体全面に均一に無電解めっきを行ったところ，5.5 g の質量の増加がみられた。(1)めっきされた銅の薄膜の厚さ(mm)を求め，有効数字 2 桁で答えよ。(2)めっきにより発生した水素の標準状態での体積(*l*)を求め，有効数字 2 桁で答えよ。それぞれ結果だけでなく導く過程も記せ。ただし，銅の結晶構造は，図 2 — 1 に示すような面心立方格子であり，銅の単位格子の一辺の長さを 0.36 nm(3.6×10^{-8} cm)とする。

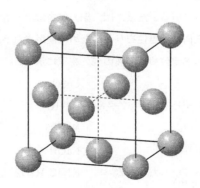

図 2 — 1　銅の単位格子

Ⅱ　次の文章を読み，問**カ**〜**シ**に答えよ。

　ケイ酸塩鉱物中では，正四面体の SiO_4 が酸素を共有して様々な構造をとる。たとえば，SiO_4 が図 2 — 2 のように鎖状に無限につながった場合，骨格部分の最小単位は $\underline{SiO_m{}^{n-}}$ で表される。一方，すべての酸素が隣り合った SiO_4 に共有され，立体的につながると SiO_2 の組成をもつ　　あ　　になる。

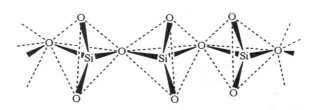

図 2 — 2　　SiO_4 が無限につながった鎖状イオンの骨格構造

　ケイ酸塩または SiO_2 の一部のケイ素がアルミニウムに置き換わったものはアルミノケイ酸塩とよばれる。

　ゼオライト（日本語名：沸石）は立体的なネットワーク構造をもったアルミノケイ酸塩であり，ネットワークの空孔に陽イオンと多量の結晶水を含んでいる。その一般式は $\underline{M_aAl_bSi_cO_d \cdot eH_2O}$ で示される。ここで M は Na，　K，　Ca などの陽イオンになり易い金属元素であり，a，b，c，d，e はそれぞれ組成を示す整数である。ゼオライトは結晶水が除かれてもネットワーク構造が保たれているため，興味深い性質を示す。

　たとえば，A 型ゼオライトと呼ばれるものの結晶は，図 2 — 3 に示すようなネットワーク構造が，図 2 — 4 のようにつながってできあがっている。このゼオライトは $Na_{12}Al_{12}Si_{12}O_{48} \cdot 27 H_2O$ の組成をもち，つぎのように合成される。

　　③水酸化ナトリウム水溶液中で，ケイ酸ナトリウム（$Na_2SiO_3 \cdot 9 H_2O$）とアルミン酸ナトリウム（$NaAlO_2$）を混合するとゲル状の沈殿が生成し，懸濁する。この懸濁液を加熱すると，ゼオライトの結晶が生じる。

　A 型ゼオライトは様々な用途をもち，広範に利用されている。たとえば，④ゼオライト中のナトリウムイオンは容易に他の陽イオンに交換する。⑤この性質を利用

して，洗濯用粉石けんには A 型ゼオライトが加えられている。また，加熱により結晶水を除いたゼオライトは，空気の乾燥剤や有機溶媒の脱水剤として利用できる。さらに，乾燥した A 型ゼオライトは一定の大きさの入り口をもつ空孔をもつため，直鎖状の脂肪族炭化水素は結晶中に取り込まれるが，芳香族化合物や側鎖をもつ脂肪族炭化水素は取り込まれない。この性質を利用すると，分子の形と大きさによって物質を分離することができる。そのため，分子ふるいとも呼ばれる。

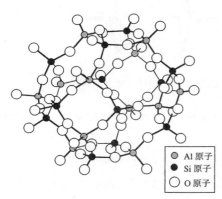

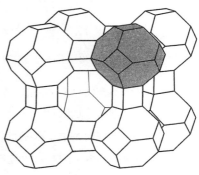

図2－3　A 型ゼオライト中のアルミノ　　図2－4　A 型ゼオライトの模式図
ケイ酸イオンの骨格

Al 原子
Si 原子
O 原子

図中の直線は，酸素を共有するアルミニウムとケイ素を結んで構造を単純化して示したものである。灰色の多面体は図2－3に示した部分に相当する。この多面体が，互いに酸素を共有して連結することにより，三次元ネットワークが結晶全体につながっている。

〔問〕

カ　下線部①のイオンの m および n を記せ。

キ　　あ　　に該当する鉱物名を記せ。

ク　下線部②で M がアルカリ金属のとき，ゼオライトの組成式中の a は b，c，d，e を用いて，また，d は a，b，c，e を用いてそれぞれどのように表せるか。例のように記せ。例：$a = d + e$

ケ　アルミノケイ酸塩の組成については一般に $b \leqq c$ の関係が成立する。これは $b > c$ の組成では不安定になるためであるが，その理由を 40 字程度で記せ。

コ　下線部③における A 型ゼオライトの合成の反応式を記せ。途中に生成するゲル状物質は考慮しなくてよい。

サ　下線部④で，1.0 g の A 型ゼオライトは最大何 mg のカルシウムイオンとイオン交換できるか。有効数字 2 桁で答えよ。

シ　下線部⑤の粉石けん中のゼオライトの果たす役割について，30 字程度で記せ。

第 3 問

次の I，II の各問に答えよ。必要があれば原子量として以下の値を用いよ。なお，構造式は例にならって解答せよ。

元素	H	C	N	O	S
原子量	1.0	12.0	14.0	16.0	32.1

（構造式の例）

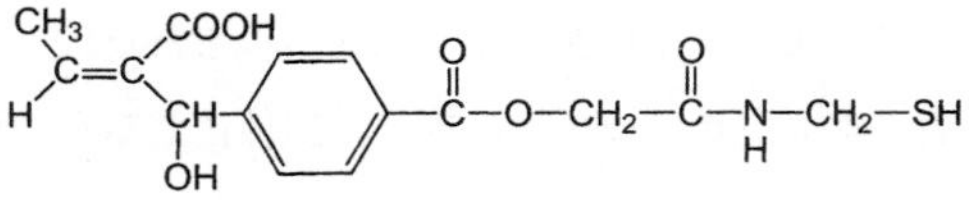

I　次の文章を読み，問**ア**〜**ウ**に答えよ。

炭素，水素，酸素のみからなり，互いに異性体の関係にある分子量 250 以下の

エステルＡ，Ｂ，Ｃがある。学生実験で以下の(1)〜(7)の操作を行うことにより，
これらの構造式を決定することにした。

(1)　図3—1の装置を用いて，Ａ75 mgを乾燥した酸素中で完全に燃焼させたと
　　ころ，塩化カルシウム管の重量が45 mg，ソーダ石灰管の重量が198 mg増加
　　した。

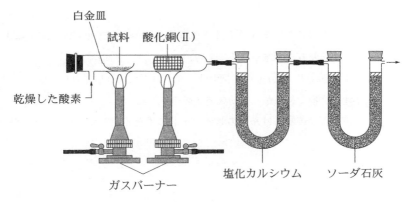

白金皿
試料　酸化銅(Ⅱ)
乾燥した酸素
ガスバーナー
塩化カルシウム　ソーダ石灰

図3—1

(2)　Ａ，Ｂ，Ｃの混合物を水酸化ナトリウム水溶液で完全に加水分解した。反応
　　液が強アルカリ性を示すことを確認した後，分液漏斗に移した。ジエチルエー
　　テルを加えて振り混ぜた後，静置したところ二層に分かれ，ジエチルエーテル
　　層からは化合物Ｄが得られた。

(3)　(2)の操作で得られた水層を三角フラスコに移し，二酸化炭素を十分に通気し
　　た。これを別の分液漏斗に移し，ジエチルエーテルと振り混ぜ，エーテル抽出
　　操作を行ったところ，ジエチルエーテル層から化合物Ｅが得られた。

(4)　(3)の操作で得られた水層を別の三角フラスコに移し，酸性になるまで塩酸を
　　加えた。これを別の分液漏斗に移し，ジエチルエーテルと振り混ぜ，エーテル
　　抽出操作を行ったところ，ジエチルエーテル層から化合物Ｆが得られた。な
　　お，Ｄ，Ｅ，Ｆはすべてベンゼン環を有する構造をもつ。

(5)　化合物Ｄにヨウ素と水酸化ナトリウム水溶液を加えて加熱すると，特有の臭

気をもつ黄色沈殿が生じた。

(6)　化合物 E をニッケル触媒を用いて高温・高圧の条件下，水素で還元すると，
分子式 $C_7H_{14}O$ をもつアルコールが得られた。このアルコールを適当な酸化剤
で酸化して得られたケトンには，不斉炭素原子が存在しなかった。

(7)　化合物 F を過マンガン酸カリウムで十分に酸化して得られた化合物
を，180 ℃ 以上に加熱すると脱水が起こり，分子式 $C_8H_4O_3$ をもつ化合物が
得られた。

〔問〕

ア　化合物 A の分子式を求めよ。結果のみでなく求める過程も示せ。

イ　化合物 D，E，F の構造式を示せ。

ウ　加水分解により化合物 D は A から，E は B から，F は C から生じたと考え
た場合の，化合物 A，B，C の構造式を示せ。

Ⅱ　アミノ酸のアミノ基とカルボキシ基は，脱水縮合してペプチド結合を生じる。
一般に，分子内にペプチド結合をもつ化合物をペプチドという。多くのペプチド
は，側鎖がもつ官能基の種類と配置の仕方によって，特徴ある性質を示す。たと
えば，以下に示す構造をもち動植物に広く分布するグルタチオンは細胞の中で還
元剤として働く。また，人工甘味料アスパルテームは砂糖の約 200 倍の甘味を有
する。この 2 種類のペプチドに関する以下の記述を読み，問エ〜キに答えよ。

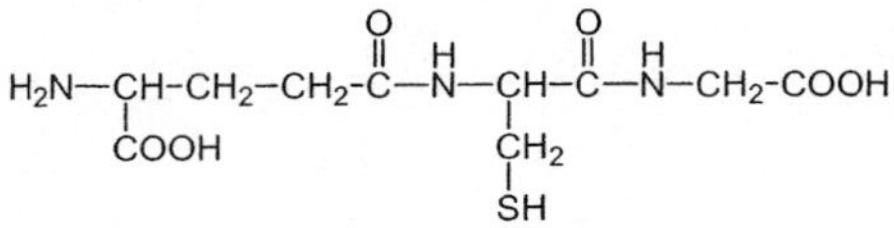

グルタチオン 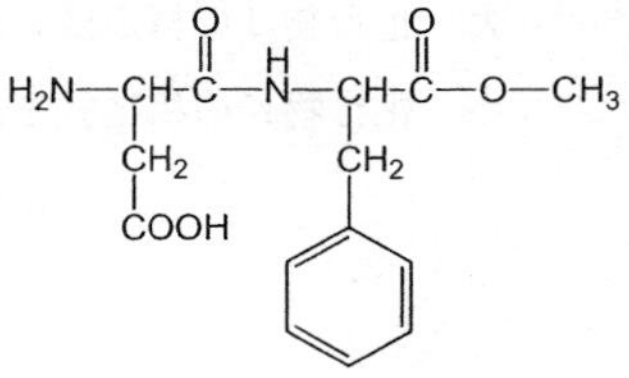　　　　　　　　　　　アスパルテーム

(1)　グルタチオンとアスパルテームの等モル混合物を適当な酸で完全に加水分解すると，6 種類の化合物 G，H，I，J，K，L が得られた。ただし，このうち不斉炭素原子をもつアミノ酸はすべて天然型で，反応によって不斉炭素原子上の配置やアミノ酸の側鎖は影響を受けないものとする。

(2)　化合物 G と H は鏡像異性体（光学異性体）をもたず，その水溶液に平面偏光を通しても偏光の振動面を回転させる性質をもたなかった。一方，化合物 I〜L の水溶液は，偏光の面を回転させる性質をもっていた。

(3)　化合物 G だけが常温・常圧で液体であった。

(4)　化合物 I に濃硝酸を加えて加熱した後，水酸化ナトリウム水溶液を加えて塩基性にすると橙黄色に変色した。

(5)　化合物 J を構成成分とするタンパク質水溶液に，水酸化ナトリウムを加えて加熱した後，酢酸鉛（Ⅱ）水溶液を加えると黒色沈殿を生じた。

(6)　化合物 H〜L の各水溶液に，電極をさして電圧を加え電気泳動を行った。各水溶液の pH を変化させ化合物が移動しなくなる時の pH を調べた。K と L の場合，その pH は H，I，J のいずれの場合よりも小さかった。

(7)　化合物 K 1.00 g を完全燃焼させると 1.32 g の二酸化炭素が生成した。

〔問〕

　　エ　(6)の電気泳動の実験で，化合物が移動しなくなった pH における化合物 H の構造式を示せ。

　　オ　化合物 I の構造式を示せ。

　　カ　化合物 J の構造式を示せ。

　　キ　化合物 K の構造式を示せ。

2006 年

解答時間：2 科目 150 分

配　点：120 点

第 1 問

　以下はマイケル・ファラデーによる 1860 年のクリスマス・レクチャー「ロウソクの化学」の抜粋である。これを読み，後の問 I，II に答えよ。

『レクチャー 1 —ロウソク：炎とその源・形・動き・光』より

　私達は，皆さんがこうして，ここでの催しに関心を持たれて，見に来て下さったことを光栄に思います。そのお礼に，このレクチャーで「ロウソクの化学」をご覧に入れようと思っています。

　…(中略)…

　気流の向き次第で，炎は上にも下にも向くことをお目にかけましょう。この小さな実験装置で簡単にできます。今度はロウソクではありません。煙が少ないアルコールの炎を使います。ただ，<u>アルコール</u>
<u>A</u>
<u>だけの炎は見にくいので，別の物質[原注 1]で炎</u>
<u>に色をつけています。</u>炎を下に吹いてやると，気流が曲がるように細工した，この小さな煙突に，炎が下向きに吸い込まれていくことがわかるでしょう。（図 1 — 1）

[原注 1]：アルコールに塩化銅(II)を溶かしてあった。

図 1 — 1

『レクチャー 2 〜 3 —炎の出す光・水の生成・他』より

　…(中略)…

　この黒い物質は何でしょうか？それはロウソクの中にあるのと同じ炭素です。それは明らかにロウソク中に存在していたはずです。そうでなければここにあるはずがありません。固体の状態を保っている物質は，それ自身が燃える物であろうが，なかろうが，炎の中で明るく輝くのです。

　これは白金製の針金です。高温でも変化しない物質です。これを炎の中で熱
してみると明るく輝いているのがわかるでしょう。炎自身の光が邪魔にならな
いように，炎を弱くしてみます。それでも炎が白金に与えている熱は―炎自身
の熱よりずっと少ないのですが―白金を輝かせています。

　…(中略)…

　ここにはまた(別のビンを取りながら)，オイルランプの燃焼で作られた水が
あります。1リットル(訳注1)の油をきちんと完全に燃やすと，1リットル以
上の水が生成します。こちらは蜜ロウソクから長い時間をかけて作った水で
す。このように，ほとんどの燃える物質は，ロウソクのように炎を出して燃え
る場合，水を生成することがわかります。

『レクチャー4―ロウソクの中の水素・燃えて水に・水の他の成分・酸素』(略)

『レクチャー5―空気中の酸素・大気の性質・二酸化炭素』より

　…(中略)…

　この物質をたくさん手に入れる，いい方法があります。おかげで，この物質
のいろいろな性質を探求することができます。この物質は，ほとんどの皆さん
が予想もしない所に大量にあります。石灰石はどれでも，ロウソクから発生す
るこの気体―「二酸化炭素」と言います―を大量に含んでいます。チョーク(訳注
2)も貝殻もサンゴも皆，この不思議な気体をたくさん含んでいます。この気
体はこういう石の中に「固定」されているのです。

　そして，これはとても重い気体です。空気よりも重いのです。その質量を，
この表の一番下に書いておきました。私達がこれまでに見てきた他の気体の質
量も，比較のために示してあります。

　表1―1　標準状態(0℃，1atm)における28.0 l の気体の質量(訳注1)

水素	2.50 g
酸素	40.0 g
窒素	35.0 g
空気	36.0 g
二酸化炭素	57.0 g

『レクチャー6―炭素/炭・石炭ガス・呼吸―燃焼との類似性・結び』より

　ご覧に入れたように，炭素は固体の形のままで燃えます。そして皆さんがお気付きのように，燃えた後は固体ではなくなるのです。このような燃え方をする燃料は，あまり多くはありません。…（中略）…

　ここにもう一つ，よく燃える，一種の燃料があります。<u>ご覧のように空気中に振りまくだけで発火します。（発火性鉛［原注2］の詰まった管を割りつつ）この物質は鉛です。</u>_Eとても細かい粒子になっていて，空気が表面にも中にも入り込めるので燃えるのです。しかし，こうやって（管の中身を，鉄板の上に山のように積み上げる），かたまりにすると燃えないのはどうしてでしょうか？そう，空気が入って行けないのです。まだ下に燃えていない部分があるのに，生成したものが離れてくれないので，空気に触れることができず，使われずに終わってしまうのです。何と，炭素と違うことでしょう！　<u>先ほどご覧に入れたように，炭素は燃えて，灰も残さずに酸素の中に溶け込んでいきます。</u>_Fところが，ここには（燃えた発火性鉛の灰を指して）燃やした燃料よりも沢山の灰があります。酸素が一体化した分だけ，重たいのです。これで皆さんは，炭素と鉛や鉄の違いがおわかり頂けたことと思います。

［原注2］：発火性鉛は乾燥した酒石酸鉛をガラス管（片方を封じ，他方を絞っ
　　　　　ておく）中で，気体の発生がなくなるまで加熱することで得られる。
　　　　　最後にガラス管の開いてあった端をバーナの火で封じる。管を割って
　　　　　中身を空中に振り出すと，赤い閃光を出して燃える。

(Michael Faraday, *"The Chemical History of a Candle"*, Dover, New York, 2002 より)

（訳注1）：原文のヤード・ポンド法による記述は，意図を損なわぬよう書き改め
　　　　　た。
（訳注2）：日本では，これと異なる物質でできたチョークも多く使われている。

I　以下の問**ア**〜**エ**に答えよ。必要であれば次の原子量を用いよ。

原子量　H：1.0, C：12.0, N：14.0, O：16.0, Ca：40.1, Pb：207.2

〔問〕

　ア　下線部**A**および下線部**B**で観察した光の説明として最も適切なものを**A**，
　　Bそれぞれについて，以下の(1)〜(5)から選び，その番号を答えよ。

　　(1)　化合物中の炭素と水素の元素比により波長が異なる発光

　　(2)　電球のフィラメントなど高温の物質が出す光で，物質の種類によらない

　　(3)　大気中の微粒子が太陽光を散乱して，空が青く見えるのと同じ現象

　　(4)　金属原子やそのイオンが，金属に固有の波長の光を放出する現象

　　(5)　化合物が電離したときに生成する，陰イオンに特有の色

　イ　下線部**C**の蜜ロウソクの成分は，100 ％ セロチン酸（分子式 $C_{26}H_{52}O_2$）で
　　あるとする。99 g の蜜ロウソクの燃焼から生成する水の質量を求めよ。答
　　に至る計算過程も示すこと。

　ウ　下線部**D**について，この固定された二酸化炭素を取り出す方法を一つ，化
　　学反応式を示した上で説明せよ。

　エ　表1—1の窒素および二酸化炭素の質量から，窒素および二酸化炭素の分
　　子量を計算し，上記の原子量から計算される分子量と比較せよ。これらの気
　　体は理想気体であるとする。

II　下線部**E**や下線部**F**のようにファラデーは，炭素と鉛の燃え方の違いを述べて
　いる。炭素が燃焼するときには，二酸化炭素が散逸するのに対して，鉛が燃焼す
　るときには，酸化生成物が散逸せずに留まっている。鉛の燃焼直後の状態を考察
　するために，以下の問**オ**，**カ**に答えよ。必要であれば，次の生成熱を用いよ。

　生成熱(25℃)〔単位：kJ·mol^{-1}〕CO$_2$（気）：394, PbO（固）：219, PbO$_2$（固）：
274

〔問〕

オ　燃焼直後の高温状態では，鉛の酸化物中で一酸化鉛（PbO）が最も安定である。鉛が燃焼して，固体の一酸化鉛を生成する反応の熱化学方程式を書け。

カ　燃焼する前の鉛と酸素の温度は 25 ℃ であるとし，燃焼反応の反応熱はすべて，生成物の温度上昇と融解と蒸発に使われるものとする。このとき，燃焼直後の生成物の状態は，固体，液体，気体の何れであるか，あるいはこれらの共存状態であるかを記し，その温度を求めよ。生成物が共存状態である場合は，それぞれの物質量の比も記すこと。また，答に至る計算過程も示すこと。

　　物質 1 mol の温度を 1 K 上げるために必要な熱量を「モル比熱」と呼び，一般には温度の関数である。ただし，生成物である一酸化鉛については，固体，液体，気体の各状態の範囲内で，ほぼ一定とみなすことができる。その値を，融点，融解熱，沸点，蒸発熱とともに，以下に示す。

　　モル比熱〔単位：J・K^{-1}・mol^{-1}〕PbO（固）：55，PbO（液）：65，PbO（気）：38

　　PbO（固）融点：885 ℃，融点における融解熱：26 kJ・mol^{-1}

　　PbO（液）沸点：1725 ℃，沸点における蒸発熱：223 kJ・mol^{-1}

第 2 問

次の Ⅰ，Ⅱ の各問に答えよ。必要があれば下の値を用いよ。

原子量：　H：1.0　　C：12.0　　O：16.0　　Mg：24.3　Al：27.0

　　　　　Si：28.1　Cl：35.5　Ca：40.1　Fe：55.8

アボガドロ定数：6.0 × 10^{23} mol^{-1}

気体定数：8.3Pa・m^3・K^{-1}・mol^{-1} = 0.082 atm・l・K^{-1}・mol^{-1}

Ⅰ　次の文章を読み，以下の問**ア**〜**カ**に答えよ。

　ケイ素は半導体としての性質をもち，コンピュータや太陽電池の材料として使

われている。コンピュータの集積回路には，できるだけ純粋で大きなケイ素の結晶が必要であり，以下のような方法で製造されている。

　SiO_2 を主成分とするケイ石をコークスとともに加熱し，ケイ素に還元する。得られたケイ素は，鉄，アルミニウム，カルシウムなどの不純物を 0.1 % 程度含む。次に，不純物を含むケイ素を塩化水素(HCl)と反応させ，トリクロロシラン($SiHCl_3$；沸点 31.8 ℃)とした後，蒸留により精製する。<u>精製した $SiHCl_3$ を水素(H_2)で還元し，純粋なケイ素を得る</u>。この純ケイ素は微細な結晶の集まりで
　　　　　　　　　　　　　①
あるため，<u>二酸化ケイ素のるつぼのなかで融解し</u>，この中に種となる結晶を入れ
　　　　　　②
て，これを徐々に引き上げながら冷却することにより大きなケイ素の結晶(単結晶と呼ぶ)を成長させる。この単結晶を薄い板状に切り出し，基板として用いる。

　コンピュータ用の回路には，電気伝導性の高い半導体も必要である。そのためには，上記ケイ素の単結晶(基板)の上に，微量の他元素を添加したケイ素の薄膜を堆積させる。例えば，ケイ素の単結晶を加熱しておき，ここに<u>シランガス
　　　　　　　　　　　　　　　　　　　　　　　　　　　　　　　　③
(SiH_4)とともに微量の気体 A を流す</u>と，単結晶の表面に，気体 A 由来の微量元素を含んだケイ素の薄膜が付着する。この薄膜中では，結晶中のケイ素原子の一部が添加元素と置き換わっている。添加元素は，ケイ素に比べ最外殻電子数が 1個多く，<u>余った電子は結晶中を動き回る</u>ことができる。そのため，純粋なケイ素
　　　　　　④
に比べて高い電気伝導性を示す。添加元素の量を制御することにより，必要とする電気伝導性をもった半導体を作り出すことができる。

　なお，ケイ素の結晶構造は図2—1のようであり，単位格子は1辺が0.54 nm の立方体である。また，微量の元素を添加しても，単位格子の大きさは変わらないものとする。

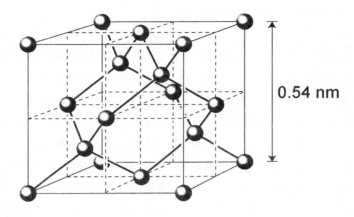

図2—1　ケイ素の単位格子

〔問〕

ア　下線①の化学反応式を書け。

イ　下線②で，金属のるつぼを用いることはできない。この理由を1行程度で述べよ。

ウ　下線③で，気体 A は第3周期の元素と水素との化合物である。気体 A の化学式を記せ。

エ　図2—1の単位格子の中にケイ素原子はいくつ含まれるか。

オ　下線③で，標準状態の SiH_4 ガスを $5.0\,ml$ 流したところ，$3.0\,cm \times 3.0\,cm$ の基板の上に，ケイ素の薄膜が $90\,nm$ 堆積した。流した SiH_4 ガスのうち，何％が薄膜として堆積したか。有効数字1桁で答えよ。なお，微量の添加元素については無視してよい。結果だけでなく，計算の過程も記せ。

カ　下線④で，単位体積あたりの余分な電子の数は $1.0 \times 10^{18}\ cm^{-3}$ であった。薄膜中に含まれる添加元素の原子数とケイ素の原子数との比は
　　　　：1である。四角の中に入る数値を有効数字1桁で答えよ。結果だけでなく，計算の過程も記せ。

Ⅱ　次の文章を読み，問**キ**〜**コ**に答えよ。

　地殻は硬い岩石によって構成されている。岩石の成分元素を定量するために，以下のような実験を行った。なお，岩石の主成分はケイ酸塩であり，アルミニウム，鉄，マグネシウム，カルシウムが含まれているものとする。

　岩石中のケイ素酸化物は通常ポリマー構造であるため，まずポリマー鎖を短く切断する必要がある。そこで，上記の各元素を含んだ岩石試料を炭酸ナトリウムと混合し，高温で融解してケイ酸塩化合物と金属イオンを含んだ酸化物に分解した。得られた試料に希塩酸を加え加熱すると，金属イオンは溶解し，ゲル状物質
①
が沈殿した。これをろ過して取り出し，十分に加熱乾燥することで白色固体を得
②
た。

　次に，ろ液中の成分分離を行った。ろ液に硝酸を加え，Fe^{2+} を Fe^{3+} に酸化した後，ろ液に純水を加えて 500 ml にした。そのろ液を 2 等分して，溶液(A)，(B)を用意した。溶液(A)にアンモニア水を加え，沈殿物をろ過して，固体(C)を得
③
た。溶液(B)にもアンモニア水を加え，生成した沈殿物をろ紙でろ過した。さらに，ろ紙上に残った固体を水酸化ナトリウム水溶液で洗浄し，不溶性の固体(D)
④
を得た。得られた固体(C)，(D)をそれぞれ，1000 ℃ 以上に加熱して，酸化物を得
た。固体(C)から得られた酸化物の乾燥質量は，47.2 mg，固体(D)から得られた
⑤
酸化物の乾燥質量は，31.9 mg であった。

〔問〕

　キ　下線①の試料中に含まれるケイ酸塩化合物から，下線②の白色固体が得られるまでの過程を化学反応式で示せ。

　ク　下線②の白色固体の名称を述べ，その構造の特徴を簡潔に記せ。

　ケ　下線③，下線④の固体(C)，(D)にはどのような化合物が含まれているか，それぞれ化学式で示せ。

　コ　下線⑤の酸化物に含まれる各金属イオンについて，溶液(A)中のモル濃度〔mol・l^{-1}〕を，それぞれ有効数字 2 桁で求めよ。ただし，金属イオンはすべて酸化物になったものとする。結果だけでなく計算の過程も記せ。

第3問

次のⅠ，Ⅱの各問に答えよ。必要があれば原子量として以下の値を用いよ。なお，構造式は例にならって解答せよ。

原子量：　H：1.0　C：12.0　O：16.0

（構造式の例）

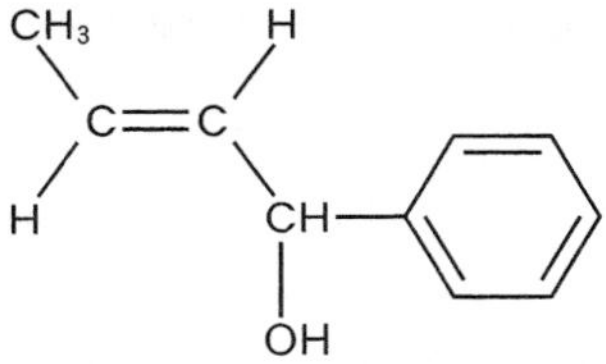

Ⅰ　次の文章を読み，問ア〜エに答えよ。

　有機化合物の構造は，一般に次のような手順で決定される。まず，元素分析によって　□1□　を決定する。次に，沸点上昇度または凝固点降下度などを測定して　□2□　を決定し，　□1□　と　□2□　から分子式を決める。分子式が決定できても，化合物の構造が決定できたことにはならない。炭素原子の結合の仕方は多様であり，結合の仕方が異なる複数の分子が存在しうるためである。これらの化合物は，互いに　□3□　の関係にあるという。　□3□　を区別するためには，様々な化学的および物理的性質の違いを利用する。

　ここに分子式 $C_3H_8O_2$ の3種類の化合物 **A**，**B**，**C** がある。これらの化合物をエーテルに溶解し十分量のナトリウムを加えたところ，1 mol の **A** と **B** からはそれぞれ 1 mol の水素が発生したのに対し，1 mol の **C** からは 1/2 mol の水素が発生した。また，化合物 **A**，**B**，**C** を水に溶解し，塩基性条件下でヨウ素を加えて加熱すると，**B** からのみ黄色沈殿が生成した。次に，化合物 **A**，**B**，**C** を適当な条件で酸化剤と反応させたところ，それぞれから生じた化合物 **D**，**E**，**F** はすべて酸性を示した。分子式はそれぞれ **D**：$C_3H_4O_4$，**E**：$C_3H_4O_3$，**F**：$C_3H_6O_3$

であった。さらに，化合物 **F** は酸触媒の存在下で水を加えて加熱しても変化しなかったことから，エステルではないことがわかった。

〔問〕

　　ア　　$\boxed{1}$ ～ $\boxed{3}$ に適当な語句を入れよ。

　　イ　化合物 **A** 1.0 g を完全燃焼させると，何 g の二酸化炭素が生成するか。有効数字 2 桁で答えよ。また計算式も示せ。

　　ウ　下線①のように，ナトリウムと反応して水素を発生する官能基にはどのようなものがあるか。名称を一つあげよ。

　　エ　化合物 **A**，**B**，**C** の構造式を示せ。

Ⅱ　分子式 C_6H_{12} で表される有機化合物 **G**，**H**，**I**，**J**，**K**，**L** がある。次の文章を読んで，以下の問 **オ**～**キ** に答えよ。

(1)　化合物 **G** と **H** はいずれも臭素と反応し，不斉炭素原子をもたない化合物を生成した。

(2)　オゾン分解を行うと，化合物 **G** からは 1 種類の生成物が，化合物 **H** からは 2 種類の生成物が得られた。

　　オゾン分解とは，次式のようにアルケンにオゾン（O_3）を反応させることによって，二重結合を開裂させ，カルボニル化合物を生成させる反応である。

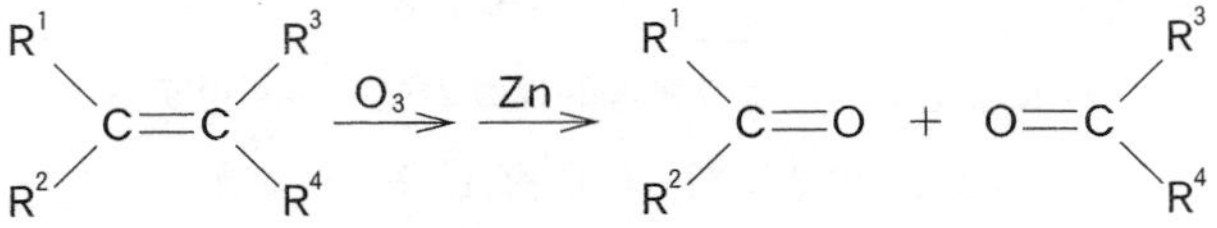

(3)　化合物 **I** と **J** はどちらもイソプロピル基をもち，互いにシス–トランス異性体の関係にあり，化合物 **I** はシス体である。

(4)　化合物 **K** はビニル基をもち，かつ不斉炭素原子を 1 つだけもつ。

(5)　化合物 **L** は臭素と反応しない。また，ニッケルを触媒としてベンゼンに水素を反応させると，この化合物が生成する。

〔問〕

オ　6 種類の化合物 **G~L** の構造式を記せ。

カ　化合物 **G~L** のうち，すべての炭素原子が同一平面上に存在する化合物は
どれか。記号で答えよ。

キ　化合物 **K** に臭素を反応させて生じる化合物には，光学異性体を含めてい
くつの立体異性体が存在するか，答えよ。

第 1 問

I 　直鎖状アルカンの末端にカルボキシル基が 1 個ついたカルボン酸（以下，直鎖状カルボン酸と呼ぶ）を，ベンゼンなどの揮発性溶媒に溶かして水の上に滴下すると，溶媒は揮発し，水面上に直鎖状カルボン酸分子の膜ができる。適当な条件下では，この膜は，直鎖状カルボン酸分子が水面全体に一層に広がった単分子膜となる。

　図 1 − 1 に示すような横 1.00 m，縦 0.50 m の容器に入った水の水面を二つに仕切る板を浮かべた。この板は左右に自由に動くことができる。容器の横方向の中央に板を固定し，板の左側に直鎖状カルボン酸 **X** の溶液を滴下して左側の水面全体に単分子膜を作った。板の固定をはずすと，あたかも単分子膜が板を押しているかのように板が右側に移動した。この板を動かす力は表面圧（P）と呼ばれる。表面圧は単位長さ当たりに働く力として表され，その単位は $\text{N} \cdot \text{m}^{-1}$ である。単分子膜中で一分子が占める面積を $A \, [\text{m}^2]$ とする。分子 **X** の単分子膜の P と A の関係を図 1 − 2 に実線で示す。また，炭素数が異なる直鎖状カルボン酸 **Y** の単分子膜の P と A の関係を破線で示す。

　このような直鎖状カルボン酸単分子膜に関する以下の問**ア**〜**エ**に答えよ。ただし，板と容器の壁が接する場所での直鎖状カルボン酸分子のもれはなく，板の横方向の幅は無視できるものとする。

〔問〕

　ア　図 1 − 2 の中で表面圧が十分大きい領域においては，直鎖状カルボン酸分子の長軸が水面に対して立っている。このとき，直鎖状カルボン酸分子の末端のメチル基とカルボキシル基のうち，水面側に向いているのはどちらか。理由とともに 30 字程度で述べよ。

イ　図 1 ― 1 の容器の右端に板を固定し，0.019 mol の直鎖状カルボン酸 **X** を
1.00 l のベンゼンに溶かした溶液 0.100 ml を水面に滴下して水面全体に単
分子膜を作った。板の固定をはずし，容器の左端から 0.50 m のところまで
板を押したところ，分子 **X** の単分子膜の表面圧は 0.010 N·m^{-1} になった。
この実験結果と図 1 ― 2 のグラフから，アボガドロ数を有効数字 2 桁で求め
よ。答えだけでなく導く過程も示せ。

ウ　図 1 ― 1 の容器の横方向の中央に板を固定した。板で仕切られた左右の水
面に対して，**イ**で用いた **X** の溶液 0.080 ml を左に，同じモル濃度の **Y** の溶
液 0.070 ml を右に滴下したところ，それぞれ水面全体に広がった単分子膜
ができた。板の固定をはずすと，板は左右どちらに動くか。答えだけでなく
導く過程も示せ。ただし，アボガドロ数は $N_A = 6.0 \times 10^{23}$ を用いよ。

エ　**ウ**において，板はやがて静止した。このときどのような条件が成立してい
るか。20 字程度で述べよ。

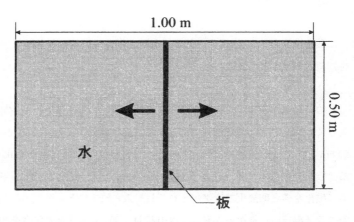

図 1 ― 1　水の入った容器と水に浮かべた板を上から見た模式図

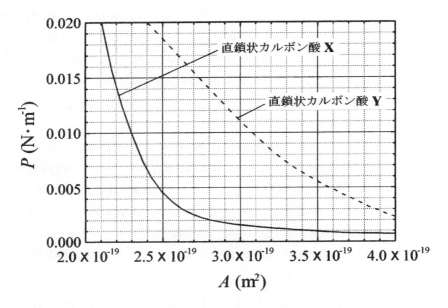

図1―2　表面圧 P と一分子が占める面積 A の関係

II　二酸化窒素 NO_2 は赤褐色の気体であり，常温付近では無色の気体である四酸化二窒素 N_2O_4 と平衡にある。

$$N_2O_4 = 2 NO_2 - 57.2 \, kJ \tag{1}$$

　この試料気体を図1―3のような断面積の等しい円筒形ガラス容器A，Bに封入して，NO_2 による光の吸収を観測することにした。Aは長さ 10 cm，Bは長さ 20 cm であり，いずれも 27 ℃ に保たれている。Aには全圧が 0.0100 atm になるように，またBには全圧が 0.0050 atm になるように，いずれも平衡状態にある二酸化窒素と四酸化二窒素がそれぞれ封入されている。強度の等しい平行光線をガラス容器の一端から入射し，検出器 D_1，D_2 で透過光の強度を測定する。この実験条件下では，ガラス容器を透過した光の強度は，容器内の二酸化窒素の物質量に比例して減少するものとする。

〔問〕

オ　ガラス容器に封入した気体がすべて四酸化二窒素であるとしたときの物質量を n [mol]，その解離度を a（ $0 < a < 1$ ）とすると，実際に存在している四酸化二窒素は $n(1-a)$ [mol] となる。このとき，容器内の気体の全圧 P [atm] と，二酸化窒素の分圧 P_{NO_2} [atm] を与える式をそれぞれ求めよ。ただし，ガラス容器の容積を V [l]，温度を T [K]，気体定数を R [$l \cdot$ atm $\cdot$ K$^{-1} \cdot$ mol^{-1}] とし，気体は理想気体とする。

カ　オで求めた式をもとにして，ガラス容器の中の二酸化窒素の物質量を，n および P_{NO_2} を含まない式で表わせ。

キ　検出器 D_1 と D_2 で検出される光の強度は，下のどれに当たるか。

① 等しい　　　　　　　② D_1 の方が強い　　　　　③ D_2 の方が強い

ク　キの解答の根拠を 50 〜 100 字程度で述べよ。

ケ　ガラス容器 A を 100 ℃ に加熱した。このときの圧力は，容器内の気体が一種類の理想気体である場合に予想される値より大きかった。このとき，検出器 D_1 で検出される光の強度は 27 ℃ のときに比べてどうなるか。

① 変わらない　　　　② 強くなる　　　　　　③ 弱くなる

コ　ケの解答の根拠を 50 字以内で述べよ。

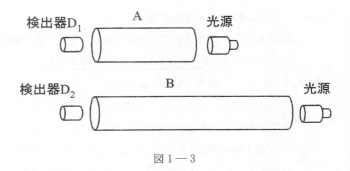

図 1 － 3

第 2 問

次の **I**，**II** の各問に答えよ。必要があれば下の値を用いよ。

原子量：　H：1.0　C：12.0　O：16.0　Na：23.0　Al：27.0　Cu：63.5

ファラデー定数：　$F = 9.65 \times 10^4$ C·mol^{-1}

I　次の文章を読み，問**ア〜エ**に答えよ。

　河川や湖沼などの水質の汚濁源の一つに，工場排水や家庭雑排水に含まれる有機化合物がある。この有機化合物の量は，化学的酸素消費量(Chemical Oxygen Demand：COD)を指標として表すことが多い。COD を求めるには，試料水に過マンガン酸カリウムなどの強い酸化剤を加え，一定条件の下で反応させて試料水中の有機化合物などを酸化させる。そのときに消費された，試料水 1 l あたりの酸化剤の量を，酸化剤としての酸素(O$_2$)の質量(mg)に換算して表す。たとえ①ば，ヤマメやイワナが生息する渓流水の COD は 1 mg·l^{-1} 以下であり，有機化合物などをほとんど含まないきれいな水と言うことができる。

　ある河川から試料水を採取し，現在一般的に用いられている方法により COD を求めた。以下にその操作を示す。

操作 1　〔塩化物イオンの沈殿除去〕：

　　試料水 100.0 ml を三角フラスコにとり，十分な量の硫酸を加えて酸性にし，これに硝酸銀水溶液(200 g·l^{-1}) 5 ml を加えた。②

操作 2　〔過マンガン酸カリウムによる酸化〕：

　　これに 4.80×10^{-3} mol·l^{-1} の過マンガン酸カリウム水溶液 10.0 ml を加えて振り混ぜ，沸騰水浴中で 30 分間加熱した。加熱後，三角フラスコ中の溶液は薄い赤紫色を示していた。これより，試料水中の有機化合物などを酸化するのに十分な量の過マンガン酸カリウムが加えられ，未反応の過マンガン酸カリウムが残留していることがわかった。

操作3　〔シュウ酸による未反応の過マンガン酸カリウムの還元〕:

　　　　この三角フラスコを水浴から取り出し，約 1.2×10^{-2} mol·l^{-1} のシュウ
　　　　酸二ナトリウム($Na_2C_2O_4$)水溶液 10.0 ml を加えて振り混ぜ，よく反応さ
　　　　せた。このとき，溶液の赤紫色が消えて無色となった。

操作4　〔過マンガン酸カリウムによる過剰のシュウ酸の滴定〕:

　　　　三角フラスコ中の溶液を 50〜60 ℃ に保ち，その中に存在している過剰の
　　　　シュウ酸を 4.80×10^{-3} mol·l^{-1} の過マンガン酸カリウム水溶液でわず
　　　　かに赤い色を示すまで滴定したところ，3.11 ml を要した。

操作5　〔純粋な水による比較試験〕:

　　　　以上とは別に，試料水の代わりに 100.0 ml の純粋な水を用いて操作1〜
　　　　4 を行ったところ，操作4の滴定において 4.80×10^{-3} mol·l^{-1} の過マ
　　　　ンガン酸カリウム水溶液 0.51 ml を要した。この操作を行うことで，過マ
　　　　ンガン酸カリウムの一部が加熱により分解する場合や，シュウ酸二ナトリ
　　　　ウム水溶液の濃度が不明確な場合でも，COD を正確に求めることができ
　　　　る。

〔問〕

　ア　試料水に塩化物イオンが含まれている場合，下線部②の操作により塩化銀
　　　(AgCl)の沈殿が生じる。COD の値を正確に求めるためにはこの操作が必要
　　　である。もし，この操作を行わないと，得られる COD の値にどのような影
　　　響を及ぼすか，理由とともに 50 字程度で述べよ。

　イ　操作3における，過マンガン酸カリウムとシュウ酸との酸化還元反応式を
　　　記せ。ただし，シュウ酸二ナトリウム($Na_2C_2O_4$)は硫酸酸性条件でシュウ
　　　酸($H_2C_2O_4$)として存在し，これが酸化されて二酸化炭素と水になるものと
　　　する。

　ウ　下線部①について，4.80×10^{-3} mol·l^{-1} の過マンガン酸カリウム水溶液
　　　1.00 ml は酸素(O_2)の何 mg に相当するか，有効数字2桁で答えよ。結果だ
　　　けでなく，計算の過程も記せ。

　エ　操作1〜5の結果に基づいて，この試料水の COD(mg·l^{-1})を求め，有効
　　　数字2桁で答えよ。結果だけでなく，計算の過程も記せ。

Ⅱ　次の文章を読み，問**オ**〜**ケ**に答えよ。

　アルミニウムは，地殻を構成する元素としては，酸素，ケイ素に次いで多く存在し，金属元素中で最も多量に存在する。酸素との親和性が高く，岩石，土壌などにアルミノケイ酸塩として広く分布している。しかし，アルミノケイ酸塩からアルミニウムを金属として単離することは困難である。そのため，アルミニウム製造の原料としてはボーキサイトが利用される。ボーキサイトは，$Al_2O_3 \cdot nH_2O$ を主成分とするアルミニウムの酸化物およびその水和物の混合物であり，その組成は産地によって異なる。また，酸化鉄などの不純物を含んでいる。金属アルミニウムは次の二つの過程を経て製造される。

(a)　ボーキサイトを NaOH 水溶液に溶解し，不溶物を取り除いてから，二酸化①
　　炭素を吹き込むことにより，アルミニウムを $Al(OH)_3$ として単離する。さらにこれを脱水して Al_2O_3 にする。

(b)　この Al_2O_3 を融解した氷晶石 Na_3AlF_6 に溶解し，融解塩電解により金属アルミニウムを得る。電解は通常，4.50 V の電圧をかけて行われる。

アルミニウムの電解製造には大きな電力量が必要である。エネルギー資源保護のため，アルミニウム製品の多くは回収され，再利用されている。

〔問〕

　オ　ボーキサイトのアルミニウム成分が $Al_2O_3 \cdot 3H_2O$ のみであるとして，下線部①の過程を化学反応式で記すと以下のようになる。

$$Al_2O_3 \cdot 3H_2O + n_A \boxed{} \rightarrow n_B \boxed{}$$

$$n_B \boxed{} + n_C \boxed{} \rightarrow 2Al(OH)_3 + n_D \boxed{} + H_2O$$

ここで $\boxed{}$ 〜 $\boxed{}$ は化学式，n_A〜n_D はその係数である。それぞれにあてはまる化学式，係数を記せ。ただし，イオン式は用いないこと。ま

た，係数が 1 の場合は 1 と記せ。解答用紙に次のような解答欄を作り，そこ
に記入すること。

n_A	A	n_B	B	n_C	C	n_D	D

カ　金属アルミニウムは，アルミニウムを含む水溶液の電気分解では製造でき
ない。その理由を 50 字程度で記せ。

キ　アルミニウム 1.00 kg を生産するために必要な電気量は何 C か。有効数字
2 桁で答えよ。結果だけでなく，求める過程も記せ。

ク　アルミニウム 1.00 kg を生産するために必要な電力量は何 kWh か。有効
数字 2 桁で答えよ。ただし，1 kWh は 3600 kJ である。結果だけでなく，
求める過程も記せ。

ケ　銅の精錬にも電気分解を用いるが，単位質量当たりの製造に必要な電力量
は，アルミニウムの方がはるかに大きい。この理由を三つ，合わせて 60 字
程度で記せ。

第 3 問

　次の I , II の各問に答えよ。必要があれば原子量として，以下の値を用いよ。なお，構造式は例にならって解答せよ。

　原子量：　　H：1.0　　C：12.0　　O：16.0

（構造式の例）

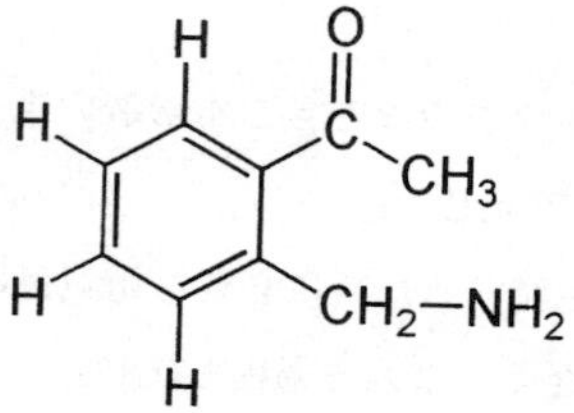

I　次の文章を読み，問ア，イに答えよ。

　エステルの合成やその加水分解には，様々な方法が知られている。よく用いられる方法として，酸触媒を用いるカルボン酸とアルコールのエステル化およびエステルの加水分解反応がある。たとえば，プロピオン酸(CH_3CH_2COOH)とエタノールとのエステル化を，硫酸を触媒として行うと，生成物であるプロピオン酸エチルの加水分解も進行するため，最終的に反応は　　1　　状態に達する。したがって，エステル化の効率を高めるためには，工夫が必要である。一つは，蒸留により回収しやすい　　2　　を，溶媒として大過剰に用いる方法である。また，エステルとともに生成する　　3　　を除去すれば，エステルの生成率を高めることができる。

　一方，不可逆的なエステル化反応や加水分解反応もある。たとえば，化合物 A にエタノールを作用させると，逆反応が起こることなくプロピオン酸エチルが生成する。また，プロピオン酸エチルに水酸化ナトリウム水溶液を作用させると，この反応液中には　　4　　と　　5　　が生成し，反応は不可逆になる。

　上記の化合物 A は，様々なカルボン酸関連化合物の合成に利用される。アニリンと化合物 A を反応させると，化合物 B が得られる。

〔問〕

　ア　　$\boxed{1}$ ～ $\boxed{5}$ に適当な語句を入れよ。

　イ　化合物 A, B を構造式で示せ。

Ⅱ　化合物 C, D, E, F, G は, 炭素, 水素, 酸素だけからなる異性体で, いずれもベンゼン環を含む。これらについてつぎの実験 1 ～ 7 を行った。問ウ～クに答えよ。

　1. 化合物 C 12.2 mg を完全に燃焼させると, 二酸化炭素 30.8 mg と水 5.4 mg が生成した。

　2. 化合物 C 0.25 g をラウリン酸 [$CH_3(CH_2)_{10}COOH$] 8.00 g に溶解し, その溶液の凝固点を測定したところ, 純粋なラウリン酸よりも 1.00 K 低かった。ラウリン酸のモル凝固点降下は 3.90 K・kg・mol^{-1} である。

　3. 化合物 C に炭酸水素ナトリウム水溶液を作用させると, 気体が発生した。

　4. 化合物 D を水酸化ナトリウム水溶液中で加熱した後, 反応液を酸性にすると, 化合物 H と I が生成した。

　5. 化合物 H にアンモニア性硝酸銀水溶液を作用させると, 銀が析出した。

　6. 化合物 E, F, G に $FeCl_3$ 水溶液を作用させると, いずれも着色した。

　7. 化合物 C のベンゼン溶液における存在状態を調べるために, 凝固点降下を測定したところ, ラウリン酸溶液の場合(実験 2)とは異なり, 凝固点降下度は分子量から計算される値の約 {(a) 4 倍, (b) 3 倍, (c) 2 倍, (d) 0.5 倍} であった。

〔問〕

　ウ　化合物 C の組成式を求めよ。

　エ　実験 2 より, 化合物 C の分子量を求めよ。小数点以下を四捨五入して, 整数値で示せ。また計算式も示せ。

　オ　化合物 C, D, H, I を, それぞれ構造式で示せ。

カ　化合物 **E**，**F**，**G** として可能な構造式を 3 つ示せ。ただし，各構造式がどの化合物に対応するかは示さなくてよい。

キ　化合物 **E**，**F**，**G** のうち，一つだけがきわだって低い沸点をもつ。その化合物はどれか，構造式で示せ。また，沸点が低くなる理由を 40 字程度で述べよ。

ク　実験 7 の{　}内の値のうち，正しいものはどれか，記号で答えよ。また，この実験結果から，化合物 **C** はベンゼン中ではどのような状態で存在していると考えられるか，構造式を用いて図示せよ。

解答時間：2科目 150分
配　　点：120点

第1問

I　自然界には高圧下で起こる様々な化学変化や物理現象がある。例えば，地球内部での化学変化は数百万気圧に及ぶ圧力下で起こっている。近年，図1—1に示したダイヤモンドアンビルセルという簡便な装置を用いることにより，実験室においても百万気圧を超える超高圧を発生させることが可能となった。この装置では，図1—1のように金属板にあけた小さな穴の中に試料を充填し，これを上下から，もっとも硬い物質であるダイヤモンドで圧縮することにより超高圧を得る。

　ダイヤモンドアンビルセルを用いて酸素を圧縮する実験を行った。これについて以下の問ア〜エに答えよ。ただし，計算においてはその過程を明示し，答えは有効数字2桁で記すこと。また，気体定数 $R = 0.082\,\mathrm{atm} \cdot l \cdot \mathrm{K}^{-1} \cdot \mathrm{mol}^{-1}$，アボガドロ定数 $N_\mathrm{A} = 6.0 \times 10^{23}\,\mathrm{mol}^{-1}$ とする。

〔問〕

ア　実在気体は，理想気体の状態方程式

$$PV = nRT \tag{1}$$

を完全には満たさない。ここで，P，V および n は気体の圧力，体積および物質量を表し，T は温度である。理想気体からのずれを表すパラメーター Z は，

$$Z = \frac{PV}{nRT} \tag{2}$$

で与えられ，理想気体では Z は常に1である。図1—2は，メタン，酸素について，温度 300 K における P と Z の関係を示したものである。低圧において，$Z < 1$ となる原因を 50 字程度で述べよ。

— 253 —

イ 高圧では $Z > 1$ となる原因を 50 字程度で述べよ。

ウ 温度 300 K において，装置の試料空間に 10 atm の酸素を封入した。この時，対向する 2 つのダイヤモンド面間の距離 d は 0.40 mm であった。これを圧縮し，内部の圧力が 800 atm に達したときの距離 d を求めよ。ただし，試料空間は常に直径 0.40 mm の円柱であり，加圧による温度の変化はなく，酸素の漏れはないものとする。また，酸素は 10 atm では理想気体とみなす。

エ さらに圧縮すると酸素は約 10 万気圧でオレンジ色の分子結晶となる。図 1—3 に示すように，この分子結晶は直方体の単位格子をもち，酸素分子の重心がその頂点および各面の中心に位置している。ダイヤモンド面間の距離 d が 0.0020 mm の時にこの酸素分子結晶が生成されたとして，その単位格子の体積を求めよ。

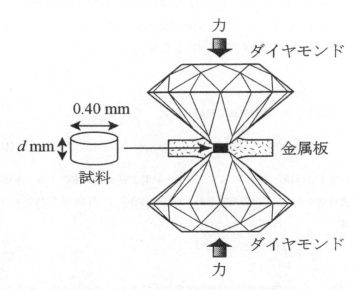

図 1—1　ダイヤモンドアンビルセル

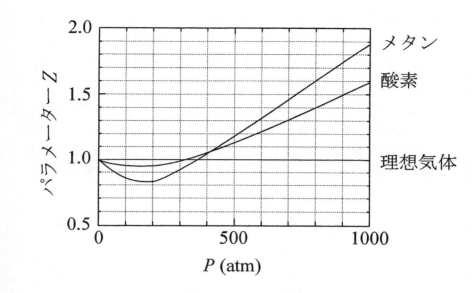

図1－2　Z と P の関係

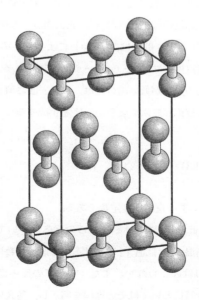

図1－3　酸素分子結晶の構造

II　1823 年，ドイツの化学者デベライナーは，白金の粉末を酸素と水素の混合気体にさらすと，白金表面で水が生成することを発見した。この現象は，後に，スウェーデンの化学者ベルセリウスによって"触媒反応"と呼ばれるようになった。この反応について考えてみよう。

　酸素と水素の混合気体中に置かれた白金の表面では，それぞれの分子が解離して，酸素原子および水素原子として吸着している。白金表面の温度が高い場合には，これらの酸素原子と水素原子が反応し，次のように，反応中間体である OH を経て水分子を生成する。生成した水分子は白金表面から気体中に放出される。

$$O + H \xrightarrow{\ k_1\ } OH \tag{1}$$

$$OH + H \xrightarrow{\ k_2\ } H_2O \tag{2}$$

ここで，k_1，k_2 はそれぞれ反応 (1), (2) の反応速度定数である。白金表面の酸素原子，水素原子の単位面積当りの物質量（表面濃度，単位は $mol \cdot cm^{-2}$）をそれぞれ [O]，[H] とすると，例えば，反応 (1) による OH の生成速度は気体反応と同様に，$k_1[O][H]$（単位は $mol \cdot cm^{-2} \cdot s^{-1}$）で表される。

　一方，白金表面の温度が低い場合には，白金表面に留まった水分子が，吸着している酸素原子と反応して次のように OH を生成する。

$$O + H_2O \xrightarrow{\ k_3\ } 2\,OH \tag{3}$$

ここで，k_3 は反応 (3) の反応速度定数である。

　高温 T_1 および低温 T_2 におけるこれらの反応について，以下の問オ〜キに答えよ。ただし，高温 T_1，低温 T_2 における反応速度定数は表 1 のようであり，高温 T_1 では反応 (3) は起こらない。また，すべての反応は白金表面上でのみ起こるものとする。計算においてはその過程を明示し，答えは有効数字 2 桁で記すこと。

表 1　高温 T_1, 低温 T_2 における反応(1), (2), (3)の反応速度定数

	$k_1(\mathrm{mol}^{-1}\cdot\mathrm{cm}^2\cdot\mathrm{s}^{-1})$	$k_2(\mathrm{mol}^{-1}\cdot\mathrm{cm}^2\cdot\mathrm{s}^{-1})$	$k_3(\mathrm{mol}^{-1}\cdot\mathrm{cm}^2\cdot\mathrm{s}^{-1})$
高温 T_1	5.4×10^6	1.0×10^{12}	—
低温 T_2	2.3×10^{-22}	1.6×10^5	4.4×10^6

〔問〕

オ　高温 T_1 では，反応(1)によって生成した OH は，直ちに反応(2)によって水分子となる。このとき，反応(1)による OH の生成速度と反応(2)による OH の消費速度は等しいと考えてよい。今，何も吸着していない白金を高温 T_1 に保ちながら酸素と水素の混合気体にさらすと，酸素原子および水素原子の表面濃度がそれぞれ$[\mathrm{O}]=6.2\times10^{-10}\,\mathrm{mol}\cdot\mathrm{cm}^{-2}$，$[\mathrm{H}]=2.5\times10^{-9}$ $\mathrm{mol}\cdot\mathrm{cm}^{-2}$ になった。このときの水分子の生成速度を求めよ。ただし，酸素原子および水素原子の表面濃度は常に一定に保たれるものとする。

カ　**オ**の条件下で，OH の表面濃度$[\mathrm{OH}]$を求めよ。

キ　低温 T_2 では，反応速度定数 k_1 が極めて小さいため，反応(1)による OH の生成は起こらないと考えてよい。今，何も吸着していない白金を低温 T_2 に保ちながら酸素と水素の混合気体にさらし，酸素原子と水素原子を**オ**と同様に吸着させたところ，水の生成は見られなかった。これに対し，酸素原子，水素原子の表面濃度に比べてごく少量の水分子を追加して吸着させると，何が起こると予想されるか。理由と共に 100 字程度で述べよ。

第2問

次のⅠ，Ⅱの各問に答えよ。

Ⅰ　以下の文を読み，問ア～オに答えよ。

　　ホタル石(CaF_2)型構造とよばれる結晶構造をもつ酸化物は，酸化物イオン O^{2-} が移動しやすく，その現象を利用して酸素センサーや酸素ポンプなどに応用されている。

　　図2－1はホタル石型構造の単位格子を示している。ホタル石型構造では，陽イオンは立方体の各頂点と各面の中心に位置し，陰イオンは4個の陽イオンに囲まれた位置にある。ホタル石型構造をもつ ZrO_2 に少量の CaO を混合して高温で熱すると，ホタル石型構造を保ったまま陽イオン位置に Zr^{4+} と Ca^{2+} が均一に分布した酸化物 ($Zr_{1-x}Ca_xO_{2-y}$) となる。<u>CaO は ZrO_2 より陽イオン1個当りの O^{2-} の数が少ないため，この酸化物では陰イオン位置に欠損(酸素空孔)が</u>_①<u>生じている。</u>

　　酸素空孔をもつ $Zr_{1-x}Ca_xO_{2-y}$ を 800℃ 程度に加熱すると，酸素空孔を介して O^{2-} が速やかに移動するようになる。この $Zr_{1-x}Ca_xO_{2-y}$ を隔壁としてその両側に多孔質の白金電極を設け，酸素中 800℃ で両電極間に数 V の電圧をかけると，この隔壁は固体の状態で電解質として働くようになる。すなわち，<u>酸素分子は陰極で還元されて O^{2-} となってこの電解質に入り，その中を陽極へ移動</u>_②<u>し，陽極で酸化されて酸素分子に戻る。</u>このような操作で陰極側から陽極側へ酸素を移動させることにより，酸素ポンプとして用いることができる。

2004年　　入試問題

〔問〕

ア　ホタル石型構造の単位格子には，陽イオンと陰イオンがそれぞれ何個存在するか。

イ　ZrO_2 と CaO が物質量(mol)の比で $0.85 : 0.15$ である酸化物を合成した。この酸化物において，下線部①で示される酸素空孔は，陰イオン位置の何 % 存在しているか。結果だけでなく導く過程も記せ。

ウ　問イの酸化物において，$1.00\ cm^3$ 当りに含まれる酸素空孔の数を求めよ。ただし，単位格子の体積 a^3 を $1.36 \times 10^{-22}\ cm^3$ とし，有効数字 2 桁で示せ。結果だけでなく導く過程も記せ。

エ　下線部②の反応での，陰極と陽極における反応式を示せ。

オ　$1.93\ A$ の電流を 500 秒間流すことにより，酸素を陰極側から陽極側へ移動させた。移動した酸素の体積は，$1\ atm$，$800\ ℃$ で何 ml となるか，有効数字 2 桁で示せ。ただし，ファラデー定数を $9.65 \times 10^4\ C \cdot mol^{-1}$，気体定数を $0.082\ atm \cdot l \cdot K^{-1} \cdot mol^{-1}$ とする。結果だけでなく導く過程も記せ。

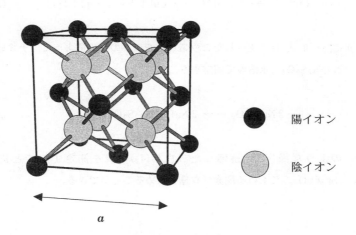

●　陽イオン

○　陰イオン

a

図 2 ― 1　ホタル石型構造の単位格子

図では，各イオンの位置が模式的に示されている。

Ⅱ　次の文章を読み，以下の問**カ**～**サ**に答えよ。必要があれば原子量として以下の値を用いよ。La：138.9　Sr：87.6　Cu：63.5　O：16.0

　　銅を含んだ金属酸化物（以後，銅酸化物と略す）は，現在見つかっている物質の中で最高の温度で超伝導（電気抵抗が零となる現象）を示す物質が発見されるなど，興味深い物質群である。銅酸化物における超伝導の出現の条件は，酸素含有量と密接に結びついている。いま，超伝導を示す代表的な銅酸化物である$La_{2-x}Sr_xCuO_{4-y}$の酸素含有量を，ヨウ素の酸化還元滴定により求めてみよう。

　　試料$La_{2-x}Sr_xCuO_{4-y}$を過剰のヨウ化カリウム（KI）の存在下で酸性水溶液（たとえば，$6 \; mol \cdot l^{-1}$の塩酸）に溶かすと，式(1)で示す反応が起こる。この水溶液において，LaイオンおよびSrイオンの価数はそれぞれ3＋および2＋であるが，Cuイオンは複数の価数をとり，その平均した値を$(2+p)+$とする。また，CuIは難溶性の白色の沈殿である。

$$Cu^{(2+p)+} + (2+p)I^- \longrightarrow CuI\downarrow + \{(1+p)/2\}I_2 \qquad (1)$$

　　次に，反応式(1)で生成したヨウ素（I_2）を以下の反応によって，チオ硫酸ナトリウム（$Na_2S_2O_3$）水溶液で滴定する。

$$I_2 + 2Na_2S_2O_3 \longrightarrow 2NaI + Na_2S_4O_6 \qquad (2)$$

　　このような操作で，遊離したヨウ素（I_2）の量を測定することにより，$La_{2-x}Sr_xCuO_{4-y}$における酸素含有量を求めることができる。

〔問〕

カ 反応式(2)における反応の終点を決めるためには指示薬が必要である。適切な指示薬を記せ。また、指示薬を加えた状態で、反応終点前後の色の変化を記せ。

キ 反応式(1)および(2)に基づいて、滴定に要した $Na_2S_2O_3$ と試料中の $Cu^{(2+p)+}$ の物質量 N (mol) の比 $\dfrac{N(Na_2S_2O_3)}{N(Cu^{(2+p)+})}$ を求めよ。結果だけでなく求める過程も記せ。

ク 試料 $La_{2-x}Sr_xCuO_{4-y}$ のモル質量を M (g·mol^{-1})、試料の質量を W (g)、滴定に要した $Na_2S_2O_3$ 水溶液の濃度および体積をそれぞれ C (mol·l^{-1}) および V (l) とする。このとき、$Cu^{(2+p)+}$ における p を M, W, C, V の関数で表せ。結果だけでなく求める過程も記せ。

ケ 試料 $La_{2-x}Sr_xCuO_{4-y}$ は、全体として電荷をもたない中性の物質である。これに基づいて、y を x および p の関数で表せ。ただし、La, Sr, O のイオンの価数はそれぞれ 3+, 2+, 2− とする。結果だけでなく求める過程も記せ。

コ 試料 $La_{2-x}Sr_xCuO_{4-y}$ のモル質量 M (g·mol^{-1}) を x および p の関数で表せ。ただし、数字の部分は小数点以下 1 桁までとする。結果だけでなく求める過程も記せ。

サ このような手順で、$Na_2S_2O_3$ 水溶液の濃度 C (mol·l^{-1}) がわかっていれば、試料の質量 W (g)、滴定に要した $Na_2S_2O_3$ 水溶液の体積 V (l) を測定することにより、試料 $La_{2-x}Sr_xCuO_{4-y}$ における銅イオンの価数 $(2+p)+$ が決まり、結果として酸素量 $(4-y)$ を決定することができる。$Cu^{(2+p)+}$ における p を試料の質量 W (g)、滴定に要した $Na_2S_2O_3$ 水溶液の濃度 C (mol·l^{-1}) と体積 V (l)、および x の関数で表せ。ただし、数字の部分は小数点以下 1 桁までとする。結果だけでなく求める過程も記せ。

第3問

次のⅠ，Ⅱの各問に答えよ。

Ⅰ　ポリスチレンに関する次の文章を読み，問ア～オに答えよ。

a）ポリスチレン試料 A，B，C がある。試料 A は，スチレンの重合実験によっ
て合成した分子量未知の試料であり，また，試料 B は分子量が 2.00×10^4 の
ポリスチレンの標準試料である。一方，試料 C は少量の p–ジビニルベンゼン
とともにスチレンを付加重合して合成した。これら 3 種類のポリスチレンを用
いて，次の実験を行った。

　試料 A 50.0 mg をトルエンに溶かして，溶液の全量が 100 ml になるように
した。この溶液を，半透膜で仕切った U 字型容器の右側に入れた。また，半透
膜の左側には，右側と同じ高さになるまでトルエンを入れた（図 3 — 1）。溶媒
が蒸発しないように工夫して 30 ℃ で十分に長い時間にわたり放置したとこ
ろ，半透膜の両側の液面の高さに 5.5 mm の差ができた。一方，試料
B 50.0 mg をトルエンに溶かして 100 ml にした溶液について，試料 A で行っ
たのと全く同じ実験を行った。半透膜の両側の液面差は 7.5 mm であった。ま
た，試料 C について同じ実験をしようとしたが，試料 C はトルエンに不溶で
あった。

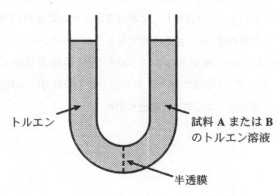

図 3 — 1　　半透膜で仕切った U 字型容器

（注）　重合体は一般にさまざまな分子量をもつ分子からなるが，この問題で
は，同じ分子量の分子からなるものと仮定せよ。

b） ポリスチレンに濃硫酸を作用させてイオン交換樹脂を作った。この樹脂をカ
ラムに充填し pH 3.4 の緩衝液を十分に流した。カラムの上部にアラニン，リ
シン，グルタミン酸を少量の緩衝液(pH 3.4)に溶かしたものを入れ，次に，
同じ緩衝液をカラムの上から少しずつ流したところ，はじめにアミノ酸 **D** が
溶出し，次にアミノ酸 **E** が溶出した。ついで pH 9.2 の緩衝液をカラムの上
から流したところアミノ酸 **F** が溶出した。

〔問〕

ア　スチレンにおいて，結合角を図３—２のように定義する。炭素 C^1 のまわり
の３つの結合角の和 $(\theta^1 + \theta^2 + \theta^3)$ は，下線部①の重合反応において大きく
なるか小さくなるかを記せ。また，この結合角の和は，重合体では何度か。次
の中から最も近い値を一つ選んで記せ(405°，390°，375°，360°，345°，330°，
315°)。

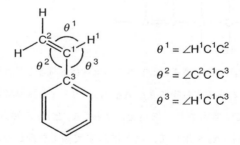

$\theta^1 = \angle H^1 C^1 C^2$

$\theta^2 = \angle C^2 C^1 C^3$

$\theta^3 = \angle H^1 C^1 C^3$

図３—２

イ　下線部②で，半透膜の左側と右側のどちらの液面が高くなるかを記せ。ま
た，液面に差ができる理由を 15 字以内で解答せよ。

ウ　下線部③で，試料 **C** はなぜトルエンに不溶なのか。15 字以内で理由を解答
せよ。

エ　a)における実験から求まる試料 A の分子量はいくらか。有効数字 2 桁で解答せよ。ただし，用いたポリスチレンのトルエン溶液は十分に希薄であり，また液面移動に伴う濃度変化は無視できるものとする。

オ　アミノ酸 **D**，**E**，**F** の組み合わせとして正しいものを(1)～(6)から一つ選び，番号で記せ。

(1)　**D.** アラニン　　　　　**E.** リシン　　　　　　**F.** グルタミン酸

(2)　**D.** アラニン　　　　　**E.** グルタミン酸　　　**F.** リシン

(3)　**D.** リシン　　　　　　**E.** グルタミン酸　　　**F.** アラニン

(4)　**D.** リシン　　　　　　**E.** アラニン　　　　　**F.** グルタミン酸

(5)　**D.** グルタミン酸　　　**E.** アラニン　　　　　**F.** リシン

(6)　**D.** グルタミン酸　　　**E.** リシン　　　　　　**F.** アラニン

II　次の文章を読み，以下の問**カ**～**シ**に答えよ。なお，構造式は例にならって解答せよ。

(例)

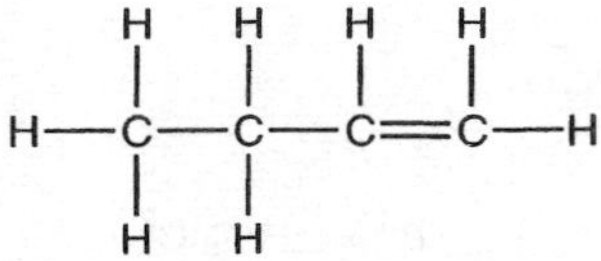

　分子式 $C_4H_{10}O$ で表されるすべての異性体 8 種類を用意した。沸点の高い方から順番にこれらの化合物に A_1，A_2，A_3，・・・と試料番号をつけると，沸点は以下の表に示すとおりであった。なお，A_3 と A_4 の沸点は完全に同一であった。試料 A_1～A_8 を用いて，以下に示す実験 1 を行い試料 B_1～B_8 を得た。また，試料 B_1～B_8 を用いて実験 2 の操作を行い，試料 C_1～C_8 を得た。

試料	沸点
A_1	118 ℃
A_2	108 ℃
A_3	99 ℃
A_4	99 ℃
A_5	83 ℃
A_6	39 ℃
A_7	35 ℃
A_8	33 ℃

実験 1 ：A_1〜A_8 のそれぞれの試料に希硫酸酸性中，二クロム酸カリウムを穏やかな条件で作用させた後，有機成分を蒸留によって精製した。A_1 を用いた場合に得られた有機成分を B_1，A_2 からのものを B_2，以下同様に番号をつけて B_8 までの試料が得られた。B_1〜B_8 の中で最も沸点が高かった試料では，実験 1 の操作前後で沸点に変化はなかった。

実験 2 ：B_1〜B_8 のそれぞれの試料に，十分な量のアンモニア性硝酸銀の水溶液を作用させた後，酸性にして，有機成分を蒸留によって精製した。B_1 を用いた場合に得られた有機成分を C_1，B_2 からのものを C_2，以下同様に番号をつけて C_8 までの試料が得られた。C_1〜C_8 の中で最も沸点が高かった試料は C_1 であった。

〔問〕

カ　試料 A_1〜A_5 と試料 A_6〜A_8 では沸点に大きな開きがある。その原因となる分子間力は何か。

キ　試料 A_1〜A_8 のうち，実験 1 で化学変化が起こったものは何種類か。また，化学変化した場合，反応の前後で，(あ) すべて沸点が高くなった，(い) すべ

て沸点が低くなった，(う) 沸点が高くなったものと低くなったものがある，の
いずれが正しいか。記号で解答せよ。

ク　試料 B_1〜B_8 の中に同一の化合物はあるか。あれば，その構造式を示せ。

ケ　試料 B_1 の化合物の構造異性体の中には不斉炭素原子を有する化合物がいく
つかある。そのうち一つの構造式を示せ。

コ　A，B，C 各試料群の中で最も沸点の高い化合物の沸点をそれぞれ T_A，
T_B，T_C とする。不等号あるいは等号を用いて，沸点の大小関係を示せ。以下
の解答例を参考に T_A，T_B，T_C の関係が明確になるように記述すること。

解答例：$T_A > T_B > T_C$，$T_A = T_B > T_C$

不適切な例：$T_A < T_B > T_C$（T_A と T_C の大小関係が不明）

サ　A，B，C 計 24 個の試料の中には同一の化合物も存在する。この点を考慮
し，24 個すべての試料中には実際に何種類の化合物が存在するか解答せよ。

シ　多くの有機化合物には複数の水素原子が含まれているが，化合物中の水素原
子の中には化学的性質が同一であり，等価なものも存在する。例えば，メタン
やベンゼン，ジメチルエーテルなどの化合物では分子内に存在するすべての水
素原子が等価であり，1 種類の水素原子から成り立っているといえる。一方，
ジメチルエーテルと同様 2 つのメチル基を有する酢酸メチルでは，メチル基の
置かれている環境が異なるため，分子内に 2 種類の水素原子が存在する。ま
た，ブロモエタンの場合にも，分子内に 2 種類の水素原子が存在することにな
る。A_1〜A_8 の 8 種類の化合物の中で，分子内の水素原子の種類が最も少ない
化合物の構造式をすべて示せ。

2003年

解答時間：2科目150分
配　　点：120点

第1問

I　近年，フロン12などのクロロフルオロカーボン類によるオゾン層破壊の問題など，大気化学への関心が高まっている。ここでは簡単な反応速度式を組み合わせて，成層圏におけるオゾンの分解・再生サイクルを調べてみよう。図1—1に示すように，大気中のオゾンの濃度分布は地表から15〜50 kmにある成層圏で高く，30 km付近で極大となっている。成層圏でオゾンは紫外線を吸収して酸素分子と酸素原子に分解する。

$$O_3 \longrightarrow O_2 + O \quad (1)$$

この反応によって，オゾンは人体に有害な紫外線を吸収し，地表に届かないようにさえぎる役割を果たしている。一方，分解反応(1)で生成した酸素原子は，周囲に多量に存在する酸素分子とただちに反応してオゾンを再生する。

$$O + O_2 \longrightarrow O_3 \quad (2)$$

このような分解と再生のサイクルが働いているために，紫外線による光化学反応で成層圏のオゾン濃度が減少することはなく，一定である。

図1—2は大気の平均的な温度分布を示している。このグラフによると，成層圏では高度とともに大気の温度が上昇している。オゾンの分解・再生サイクルにおいて再生反応(2)が発熱反応であることが温度上昇の原因のひとつである。この反応の熱化学方程式は

$$O(\text{気体}) + O_2(\text{気体}) = O_3(\text{気体}) + 106\ \text{kJ} \quad (3)$$

である。

以下の問**ア**〜**オ**に答えよ。解答は有効数字 2 桁とせよ。また，結果だけでなく，途中の考え方や式も示せ。

〔問〕

ア　反応(1)によってオゾンが分解する速度を v_1，反応(2)によってオゾンが再生される速度を v_2 として，v_1，v_2 をそれぞれ反応速度式によって表せ。ただし，反応(1)，(2)の速度定数をそれぞれ k_1，k_2 とし，酸素原子，酸素分子およびオゾンの濃度を[O]，[O$_2$]，および[O$_3$]とする。

イ　下線部の記述が成り立つとき，酸素原子の濃度が次式(4)となることを示せ。

$$[O] = \frac{k_1[O_3]}{k_2[O_2]} \tag{4}$$

ウ　高度 30 km における酸素原子濃度[O]を求めよ。ただし，酸素分子，オゾンの濃度分布は図 1 — 1 に与えられている。また，高度 30 km において，速度定数は $k_1 = 3.2 \times 10^{-4}\,\mathrm{s}^{-1}$，$k_2 = 3.8 \times 10^5 l \cdot \mathrm{mol}^{-1} \cdot \mathrm{s}^{-1}$ とする。

エ　高度 30 km におけるオゾンの再生反応(2)の速度 v_2 を推定せよ。

オ　成層圏における大気の温度は，オゾンの再生反応などによる加熱効果と赤外放射による冷却効果とが釣り合うことによって，図 1 — 2 に示すような分布になっている。ここでは，オゾンの再生反応(2)による加熱効果を見積もってみよう。いま，一定強度の紫外線が 1 日あたり 10 時間照射したとすると，高度 30 km において 1 日に大気 1 l あたり何 J の熱量が発生するかを求めよ。さらに，発生した熱量による加熱効果は 1 日あたり何 K の温度上昇に相当するかを見積もれ。ただし，窒素分子および酸素分子のモル熱容量（1 mol の物質の温度を 1 K だけ上昇させるために必要な熱量）は共に 29 J·K^{-1}·mol^{-1} とし，温度，圧力には依存しないとする。

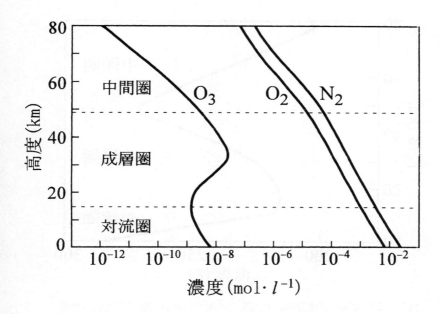

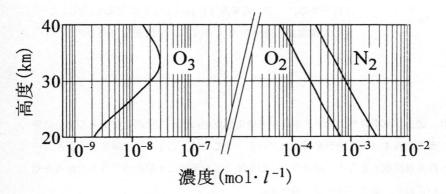

図 1 ― 1　　大気中の窒素分子，酸素分子およびオゾンの濃度分布。

下図は高度 30 km 付近のグラフを拡大したものである。

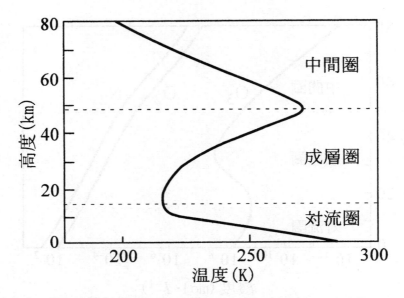

図1—2　大気の温度分布。対流圏では圧力の低い上層ほど大気の温度
　　　　は低下する。一方，成層圏では高度とともに大気の温度は上
　　　　昇し，高度約50 km で極大となる。中間圏では再び低下す
　　　　る。

Ⅱ　最近，水素のもつ化学エネルギーを電極反応によって直接電気エネルギーに変
える燃料電池の開発が進められている。ここでは，図1—3に示すような水素—
酸素燃料電池を考えてみよう。この電池では電解質に水酸化カリウム水溶液を用
いており，負極では水素の酸化反応

$$H_2 + 2OH^- \longrightarrow 2H_2O + 2e^- \tag{5}$$

が起こり，正極では酸素の還元反応が起こる。この酸化還元反応のエネルギーが
電気エネルギーとして取り出される。

以下の問**カ**，**キ**に答えよ。解答は有効数字 2 桁とする。また，結果だけでなく，途中の考え方や式も示せ。必要があれば以下の数値を用いよ。

ファラデー定数　　$9.6 \times 10^4 \mathrm{C \cdot mol^{-1}}$

〔問〕

　カ　正極における還元反応を，反応式(5)にならって示せ。

　キ　水素の燃焼反応の熱化学方程式は

$$H_2(気体) + \frac{1}{2} O_2(気体) = H_2O(液体) + 286 \ kJ \qquad (6)$$

である。水素─酸素燃料電池で取り出すことのできる電気エネルギーが式(6)の反応熱と等しいと仮定したとき，この電池の起電力は何Vになるか。なお，1 Vの起電力で 1 Cの電気量を取り出したときのエネルギーは 1 Jである。

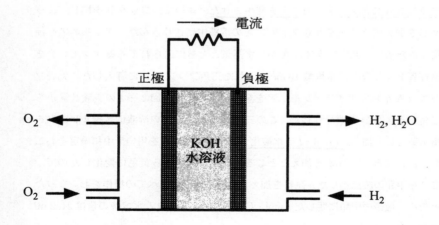

図 1 ─ 3　　水素─酸素燃料電池の模式図。電極には触媒作用をもった多孔質の
　　　　　金属膜を用い，気体と水酸化カリウム水溶液が接触できるように工
　　　　　夫されている。

第 2 問

次の **I**，**II** の各問に答えよ。必要があれば，原子量として下の値を用いよ。

H：1.0　C：12.0　N：14.0　O：16.0　Na：23.0　S：32.1　Cl：35.5

I　有機物に含まれるタンパク質などの有機窒素化合物の量は，それを摂取する生物にとっての有用性，例えば栄養的価値，を示す指標の一つとして用いられている。試料に含まれる有機窒素化合物の窒素をアンモニアに変換して分析する実験について述べた以下の文を読み，問**ア〜エ**に答えよ。

試料 0.20 g に濃硫酸 5 ml と触媒を加えて加熱した。この加熱過程において，試料は分解され，含まれていた有機窒素化合物の窒素は硫酸水素アンモニウムとなる。あらかじめ蒸留水 50 ml を入れておいた丸底フラスコ A に，加熱分解が終了した試料液の全量を移した。そして，図 2 − 1 に示す実験装置を組み立てた。コック B を開き $\underline{10\ mol \cdot l^{-1}}$ 水酸化ナトリウム水溶液 20 ml を少量ずつ丸底フラスコ A に加え，アンモニアを発生させた。$_{\textcircled{1}}$ 続いて，コック B を閉じ，コック C を開いて水蒸気を丸底フラスコ A の溶液中に送り込んだ。アンモニアを捕集するために，丸底フラスコ A から水蒸気とともに送られてくるアンモニアを冷却管 E で冷却し，希塩酸 10 ml を入れた三角フラスコ D に導入した。丸底フラスコ A から発生するアンモニアを全て捕集した後，図 2 − 1 の実験装置から三角フラスコ D を取り外した。この三角フラスコ D 内の溶液にメチルレッドを指示薬として加え，$\underline{x\ mol \cdot l^{-1}}$ 水酸化ナトリウム水溶液を用いて中和滴定をおこ$_{\textcircled{2}}$なったところ，9.2 ml を加えたところで溶液が赤色から黄色に変化したので，ここを中和の終点とした。試料を加えずに全く同様にすべての操作をおこなったところ，最後の中和に要した $x\ mol \cdot l^{-1}$ 水酸化ナトリウム水溶液の量は 21.2 ml であった。

〔問〕

ア　下線部①において，丸底フラスコ A 内の溶液ではどのような化学反応が起こっているか，反応式で示せ。

イ　下線部②の x mol・l^{-1} 水酸化ナトリウム水溶液の濃度を求めるために，次の操作をおこなった。まず，シュウ酸二水和物 $(COOH)_2$・$2H_2O$ を 3.15 g とり，水に溶かして 1000 ml とした。このシュウ酸水溶液 10.0 ml にフェノールフタレインを指示薬として加え，上記 x mol・l^{-1} 水酸化ナトリウム水溶液で滴定したところ，中和に 11.1 ml を要した。x の値を有効数字 2 桁で求めよ。結果だけでなく求める過程も記せ。

ウ　試料 0.20 g から生じたアンモニアのモル数を有効数字 2 桁で求めよ。結果だけでなく求める過程も記せ。

エ　シュウ酸と水酸化ナトリウムの中和反応の終点では，シュウ酸イオンのごく一部が水分子と反応してシュウ酸水素イオンと水酸化物イオンを生じるため，水溶液は弱いアルカリ性を示す。このときの水酸化物イオンの濃度は，中和反応の終点におけるナトリウムイオンの濃度 Y(mol・l^{-1})，水のイオン積 K_w(mol^2・l^{-2})，およびシュウ酸水素イオンがシュウ酸イオンと水素イオンに電離するときの電離定数 K_2(mol・l^{-1})を用いて近似的に求めることができる。このときの pH を，Y，K_w，K_2 で表せ。結果だけでなく求める過程も記せ。

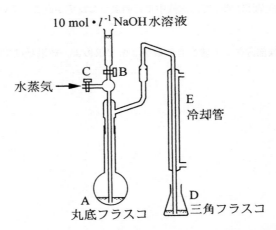

図 2 — 1　丸底フラスコ A 内の試料液からアンモニアを発生させ捕集する装置

II　次の文章を読み，問**オ**〜**キ**に答えよ。

　　硫黄分を含んだ化石燃料を燃焼させると，酸性雨の原因となる可能性が指摘されている。燃焼さじに少量の単体の硫黄を取りバーナーの炎を近づけると，青白い炎をあげ刺激臭を放って燃焼し始めた。このさじを蒸留水を底に入れた集気瓶に入れ，燃焼させ続けた。燃焼後，フタをしてよく振り混ぜ気体を溶かした。
①
この溶液は弱酸性を示した。

　　下線部①で得られた溶液 30 ml にヨウ素水溶液（ 1.0×10^{-3} mol・l^{-1} ）を加えたところ，はじめは滴下したヨウ素溶液の色が消えたが，y ml 加えたとこ
②　　　　　　　　　　　　　　　　　　　　　　　　　　　　　　　　　③
ろでヨウ素溶液の色が残るようになった。このとき溶液の pH は 3.0 に低下した。

〔問〕

オ　下線部①で得られた溶液に硫化水素ガスを導入したところ溶液は白濁した。このときの反応式は次式で与えられる。**a** に当てはまる数値と**A**，**B**の化学式を答えよ。また，この反応で硫化水素はどのように働いているか答えよ。

$$\boxed{\text{a}} \ \ \text{H}_2\text{S} + \boxed{\text{A}} \longrightarrow 3 \boxed{\text{B}} + 3\,\text{H}_2\text{O}$$

カ　下線部②に関して，溶液中でどのような反応が起こっているか，反応式で示せ。

キ　下線部③の y の値を有効数字 2 桁で求めよ。結果だけでなく求める過程も記せ。

第 3 問

　次の Ⅰ，Ⅱ（**a**，**b**）の各問に答えよ。必要があれば，原子量として下の値を用いよ。

$$H : 1.0 \quad C : 12.0 \quad O : 16.0$$

Ⅰ　次の文章を読み，以下の問**ア**〜**オ**に答えよ。

　1985 年に 60 個の炭素原子からなる分子，フラーレン（C_{60}）が発見された。この化合物は図 3 — 1 のようなサッカーボール状の炭素骨格を持っている。この化合物の炭素—炭素間の結合は図 3 — 1 に示したように単結合と二重結合のみからなっており，その二重結合の数は z 個である。

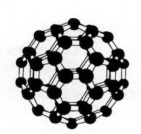
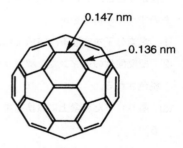

0.147 nm

0.136 nm

図 3 — 1　　C_{60} の分子模型（左）と構造式（右）

分子模型の球は炭素原子を表す。手前の原子を大きめに示してある。

構造式は左図を正面から見たもので，炭素原子は省略してある。

　発見当初，炭素原子からなる六角形の構造はベンゼンのような構造（すべての炭素—炭素間の結合が等価）であると想像されていた。しかし，構造解析の結果，図 3 — 1 に示したような 1, 3, 5−シクロヘキサトリエンの構造であることがわかった。C_{60} の結晶は適当な条件を選ぶと電気を通すことで科学者の興味を集めているが，炭素の単体としては C_{60} の他にも電気を通す **A** と電気を通さない **B**①
の二つが知られている。C_{60} を発煙硫酸（三酸化硫黄を濃硫酸に溶かしたもの）で

処理し，続いてその生成物に水を加えて加熱すると多数のヒドロキシル基を分子の表面に有する $C_{60}(OH)_n$ の組成を持つ化合物が生成した。この反応では未反応の C_{60} が一部残ったので，得られた C_{60} と $C_{60}(OH)_n$ の混合物に溶媒 **C** を加え，溶解度の違いを利用して精製した。つまり，<u>未反応の C_{60} を溶媒 **C** に溶かし出して取り除いた。</u>残った $C_{60}(OH)_n$ をヨウ化メチルと反応させ，すべてのヒドロキシル基をメチルエーテルに変換し $C_{60}(OCH_3)_n$ とした。<u>この化合物の組成を調べるために凝固点降下の実験を行って n の数を決定した。</u>
②
③

〔問〕

ア z はいくつか。

イ もしベンゼン分子 (C_6H_6) が $1,3,5$-シクロヘキサトリエン構造を持っていると仮定すると，どのような性質が期待されるか。次の記述の中からあてはまるものすべての番号を選べ。

(1) 臭素分子を室温下，暗所で加えると置換反応が進行する。

(2) 硫酸酸性の過マンガン酸カリウム水溶液を室温下で加えるとその赤紫色が脱色される。

(3) 隣り合った炭素上に置換基を一つずつ持つ置換体には構造異性体が2つある。

(4) 触媒を用いて水素を付加させるとシクロヘキサンになる。

ウ 下線部①に示す **A** および **B** は何か。

エ 下線部②で使った溶媒 **C** は何か。以下の選択肢の中から一つ選び，その名称を記せ。

　　　水　　　飽和食塩水　　　エタノール　　　トルエン

オ 下線部③について，n の決定は次のように行った。n はいくつか。有効数字2桁で答えよ。

　　$C_{60}(OCH_3)_n$ (123 mg) をベンゼン (50.0 g) に溶解した溶液の凝固点を測定したところ 0.0110 ℃ の凝固点降下を示した。なお 1000 g のベンゼンに溶質 1 mol を溶かした溶液の凝固点降下は 5.12 ℃ である。

Ⅱ　次の文章を読み，以下の問**カ**〜**サ**に答えよ。

　a）立体異性体とは，原子の結合順序が同じであるにもかかわらず，原子や原子
団の立体的な配置が異なる異性体のことで，幾何異性体の他に光学異性体や後
述のジアステレオ異性体も含まれる。分子内に１つの不斉炭素原子を有する化
合物には互いに鏡像の関係にある異性体，すなわち光学異性体が存在する。一
方，分子内に不斉炭素原子が２つ以上存在する場合は，互いに鏡像の関係には
ない立体異性体も存在する。これをジアステレオ異性体と呼ぶ。２つの不斉炭
素原子を有する化合物の例としてアミノ酸の L-トレオニンをあげることがで
き，図３−２の通り L-トレオニンを含めて４種類の立体異性体が存在する。
①
しかしながら，不斉炭素原子が２つあっても，３種類の立体異性体しか存在し
ない場合もある。また，数多くの不斉炭素原子を含む化合物である α-グル
②　　　　　　　　　　　③
コースと α-ガラクトースも，ジアステレオ異性体の関係である。

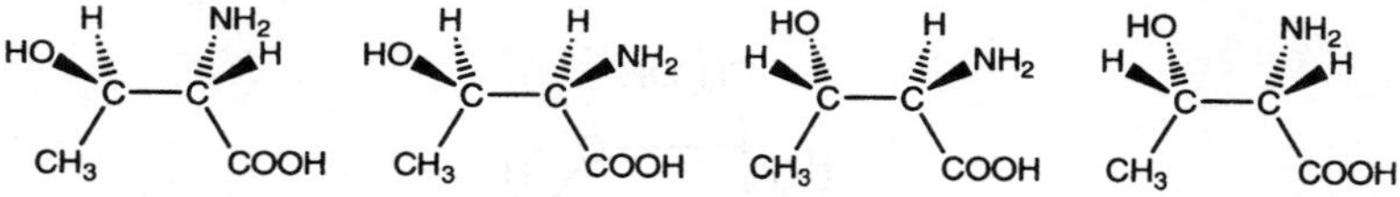

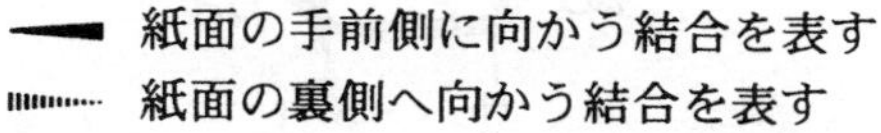

　　　　　━━━━　紙面の手前側に向かう結合を表す
　　　　　ııııııııı　紙面の裏側へ向かう結合を表す
　　　　　　図３−２　　L-トレオニンの立体異性体

〔問〕

　カ　下線部①に関して，L-トレオニンの立体異性体 1, 2, 3 のうち，L-トレオニン
　　の光学異性体はどれか。番号で答えよ。
　キ　下線部①に関して，L-トレオニンの立体異性体 1, 2, 3 のうち，L-トレオニン
　　とジアステレオ異性体の関係にあるものはどれか。番号で答えよ。

ク　下線部②に相当する化合物として D-酒石酸があげられる。図3−2にな
らって構造式を描くと，図3−3の4つの構造式を描けるが，このうち2つは
同一化合物を表しているため，全体として立体異性体は3種類となる。同一化
合物を表している構造式を4〜7の番号で答えよ。

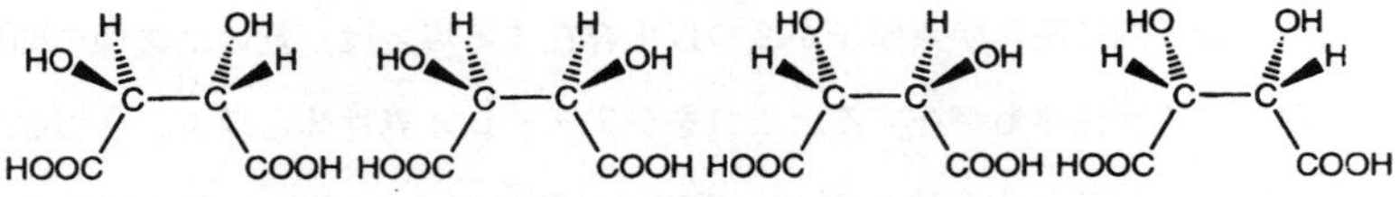

図3−3

ケ　下線部③に関して，6員環構造を持った α-グルコース（図3−4）にはいく
つの不斉炭素原子が存在するか。

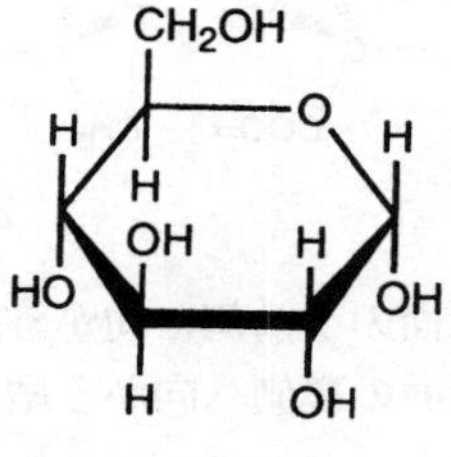

図3−4　α-グルコース

b）α-グルコース（$C_6H_{12}O_6$，分子量 = 180）4.5 g を酢酸に溶解して，さらに過
剰量の無水酢酸と少量の濃硫酸を加えて加熱したところ，分子内の5つのヒド
ロキシル基がすべてアセチル化された生成物が7.8 g 得られた。この生成物
④
を臭化水素を飽和させた酢酸溶液に溶解して室温で5時間反応させると，分子
内の特定のアセトキシ基（CH_3COO—）1つだけが臭素原子に置き換わった臭
素誘導体が得られた。この化合物中の臭素原子は金属触媒を用いた水素による

還元反応により，効率よく水素原子に置換することができた。得られた化合物にメタノール中で水酸化ナトリウムを作用させて，すべてのエステル結合を加水分解し，目的化合物を得た。この目的化合物は銀鏡反応に対して陰性であった。
⑤

〔問〕

コ　下線部④の収量は理論的に求められる量の何パーセントにあたるか。有効数字 2 桁で答えよ。

サ　下線部⑤の化合物の構造を図 3 ― 4 の例にならって示せ。

解答時間：2科目 150 分
配　　点：120 点

第1問

　メタノールは低公害自動車燃料の一つに考えられており，また，改質反応により水素を取り出すことができるので水素貯蔵源としても利用できる。メタノールに関する以下の各問に答えよ。ここで，気体はすべて理想気体とする。また，以下に記す化学式において，（気），（液）はそれぞれ気体，液体状態を示す。

　解答は有効数字2桁で答えよ。また，結果だけでなく，途中の考え方や式も示せ。必要ならば，$\sqrt{2} = 1.41$，$\sqrt{3} = 1.73$，$\sqrt{5} = 2.24$，$\sqrt{7} = 2.65$ を用いよ。

I　メタノール（CH_3OH）は主に天然ガスから合成されている。天然ガスの主成分であるメタン（CH_4）を水蒸気と反応させると次のような反応が起こる。

$$CH_4(気) + H_2O(気) \longrightarrow CO(気) + 3\,H_2(気) \tag{1}$$

　一酸化炭素（CO）と水素（H_2）の混合気体を合成ガスという。この合成ガスを触媒を用いて反応させると，次のようにメタノールが生成する。

$$CO(気) + 2\,H_2(気) \rightleftarrows CH_3OH(気) \tag{2}$$

以下の問ア，イに答えよ。

〔問〕

　ア　合成ガスからメタノールが生成する反応(2)の反応熱を求めよ。ただし，反応熱は温度に依存しないものとする。ここで，CO（気）と CH_3OH（液）の生成熱はそれぞれ 111 kJ/mol と 239 kJ/mol であり，CH_3OH（液）の蒸発熱は 35 kJ/mol である。

イ　十分活性な触媒を用いて，反応(2)においてメタノールの生成率を高くするためには，温度や圧力をどのように変えればよいか。理由と共に述べよ。

Ⅱ　メタノールを合成する反応(2)では，CO と H_2 の物質量の比が $1 : 2$ で過不足無く反応する。一方，メタンと水蒸気から反応(1)により生成する合成ガスの CO と H_2 の物質量の比は $1 : 3$ である。反応(2)を利用して合成ガスを有効にメタノールに変換させるために，反応(1)で得られた合成ガスを取りだし，これに二酸化炭素 (CO_2) を加えて，下に示す反応(3)により CO と H_2 の物質量の比を $1 : 2$ になるように調整する。

$$CO_2(気) + H_2(気) \rightleftarrows CO(気) + H_2O(気) \qquad (3)$$

以下の問**ウ**，**エ**に答えよ。

〔問〕

ウ　反応(3)を利用して CO_2 を CO に変換し，上記の調整を行うとき，反応(1)で得られた H_2 の何 % が使われるか。

エ　以上の反応(1)～(3)により，メタン $1.0\ mol$ から最大で何 mol のメタノールを合成できるか。

Ⅲ　水素は将来のクリーンなエネルギー源として期待されている。メタノールと水蒸気との反応(4)により，$1\ mol$ のメタノールから $3\ mol$ の H_2 を取り出すことができる。

$$CH_3OH(気) + H_2O(気) \longrightarrow CO_2(気) + 3\,H_2(気) \qquad (4)$$

反応で得られた混合気体中の H_2 の物質量で表した純度は 75 % であるが，この混合気体を冷水で洗浄することによって純度を上げることが考えられる。これを確かめるため，反応(4)によりメタノール $0.1\ mol$ から生成した CO_2 と H_2 の混合気体を体積可変の容器に水 $5.0\ l$ と共に入れて密封し，0 ℃，$1\ atm$ 下で十分長い時間放置した。以下の問**オ**，**カ**に答えよ。

2002

〔問〕

オ　このとき，容器中の H_2 の分圧 p_{H_2}〔atm〕と混合気体の体積 V〔l〕はどのような関係式で表されるか。また，CO_2 の分圧 p_{CO_2}〔atm〕と混合気体の体積 V〔l〕との関係式も示せ。温度を T〔K〕，気体定数を R〔l・atm/（K・mol）〕とする。CO_2 は 0 ℃，1 atm 下で水 1.0 l に 0.08 mol 溶け，ヘンリーの法則に従うものとする。ただし，水の蒸気圧と H_2 の水への溶け込みは無視できるものとする。

カ　混合気体中の H_2 の純度は何 ％か。

第 2 問

次の **I**，**II** の各問に答えよ。必要があれば原子量として下の値を用いよ。

H：1.0　C：12.0　N：14.0　O：16.0　Na：23.0　Mg：24.3

S：32.1　Cl：35.5　K：39.1　Ca：40.1　Co：58.9　Ag：107.9

I　製塩過程に関連する次の文章を読み，以下の問 **ア〜オ** に答えよ。必要なら表 1 および表 2 を用いよ。またこの過程で複雑な化合物やイオンは形成されないものとする。

　　海の表面付近で採取した海水 1.00 kg をはじめに少し加熱したところ，<u>既に海水において過飽和になっていた炭酸カルシウムがまず沈殿し，二酸化炭素が発生した。</u>①　<u>さらに常温付近で蒸発させ質量モル濃度で X 倍に濃縮すると硫酸カルシウムの水和物が沈殿しはじめた。</u>②　<u>この沈殿は濃縮海水中の水の質量 W がはじめの水の質量 W_0 の 10.2 ％になったときに無水物に変化した。</u>③　蒸発を続けると塩化ナトリウムが沈殿しはじめ，W が 1.87 ％になると沈殿量は約 21 g となった。

〔問〕

ア　下線部①において進行する反応式(1)に当てはまる a，b，**Y**，**Z** を書け。ただし a，b は数値，**Y**，**Z** は化学式を，また(気)，(液)，(固)，(aq)はそれぞれ気相，液相，固相，水に溶解していることを表す。

$$Ca^{2+}(aq) + \boxed{a}\ \boxed{Y(aq)} = CaCO_3(固) + \boxed{b}\ \boxed{Z(液)} + CO_2(気) \quad (1)$$

イ　反応式(1)の 25℃，1 atm 下の海水における平衡定数 K_1 は

$$K_1 = \frac{p_{CO_2}}{m_{Ca^{2+}}(m_Y)^a} \quad (2)$$

で与えられる。$m_{Ca^{2+}}$，m_Y はそれぞれ Ca^{2+}，**Y** の質量モル濃度を，p_{CO_2} は二酸化炭素の分圧を表す。大気と平衡にある海水において $K_{eq} = m_{Ca^{2+}}(m_Y)^a$〔$(mol/kg)^{a+1}$〕とすると K_{eq} はいくらか，有効数字 2 桁で求め，単位も記せ。ただし(1)，(2)式における数値 a は同じである。また，平衡定数 K_1 は $9.4 \times 10^5\,atm/(mol/kg)^{a+1}$，$p_{CO_2}$ は $3.3 \times 10^{-4}\,atm$ とする。

ウ　1.00 kg の表面海水が大気と平衡に達したときに沈殿する炭酸カルシウムの量を $x \times 10^{-3}$ mol とし，x を求める式を記せ。また最も適当な x の値を次の中から選び番号で答えよ。

　　　　　[1]　0.80　　　　　[2]　1.1　　　　　[3]　1.5

エ　下線部②における濃縮液中の硫酸カルシウム水和物の溶解平衡定数 K_2 は

$$K_2 = m_{Ca^{2+}}m_{SO_4^{2-}} = 3.33 \times 10^{-3}\ (mol/kg)^2 \quad (3)$$

で与えられる。**ウ**において沈殿した炭酸カルシウムの量を考慮して，硫酸カルシウム水和物が飽和に達したとき海水は何倍に濃縮されたかを有効数字 2 桁で答えよ。ただし濃縮時の炭酸カルシウムのさらなる沈殿および大気中の CO_2 の溶解は無いものとする。

オ　下線部③において硫酸カルシウム水和物は 0.968 g 沈殿し，その全てが無水物に変化し，0.765 g となった。この水和物は何水塩か，整数値で答えよ。

表1　表面海水の主要イオン濃度

イオン	10^{-3} mol/kg
Na^+	468
Mg^{2+}	53.2
Ca^{2+}	10.2
K^+	10.2
Cl^-	545
SO_4^{2-}	28.2
HCO_3^-	2.38

表2　平方根表

n	$\sqrt{n}$	n	$\sqrt{n}$	n	$\sqrt{n}$
10	3.16	24	4.90	39	6.24
11	3.32	26	5.10	40	6.32
12	3.46	27	5.20	41	6.40
13	3.61	28	5.29	42	6.48
14	3.74	29	5.39	43	6.56
15	3.87	30	5.48	44	6.63
17	4.12	31	5.57	45	6.71
18	4.24	32	5.66	46	6.78
19	4.36	33	5.74	47	6.86
20	4.47	34	5.83	48	6.93
21	4.58	35	5.92	50	7.07
22	4.69	37	6.08		
23	4.80	38	6.16		

II　次の文章を読み，以下の問**カ**〜**ケ**に答えよ。

　　塩化コバルト(II)，塩化アンモニウム，アンモニア水と過酸化水素を反応させ①たのち，塩酸を加えると，化合物**A**の紫色沈殿を生じた。**A**を分離，精製して分析したところ，コバルトの原子1個に対しアンモニア分子5個，塩化物イオン3個を含むイオン性の化合物であることがわかった。**A**を構成する陽イオンの構②造を調べたところ，アンモニア分子と塩化物イオン合わせて6個がコバルトイオンに配位結合した八面体構造であることがわかった。配位結合していない塩化③物イオンは，化合物の水溶液に硝酸銀水溶液を加えると**B**となってほとんど完全に沈殿した。

〔問〕

　カ　下線部①における化合物**A**の合成反応は次の式で与えられる（塩酸は反応式には含まれない）。c〜gに当てはまる数値と**A**の化学式を答えよ。

$$\boxed{} \text{CoCl}_2 + \boxed{} \text{NH}_4\text{Cl} + \boxed{} \text{NH}_3 + \text{H}_2\text{O}_2$$
$$\rightarrow \boxed{} \text{A} + \boxed{} \text{H}_2\text{O}$$

キ　下線部②の陽イオンが何価のイオンであるかを答えよ。またその構造を，下
　　の例にならって立体的に図示せよ。

ク　下線部③において，化合物 **A** 2.5 g の水溶液に十分に硝酸銀水溶液を加えた
　　ときに得られる沈殿 **B** の化合物名を答え，その質量を有効数字 2 桁で求めよ。

ケ　化合物 **A** 中のアンモニア分子 2 個が分子 **L** 2 個に置換した化合物について，
　　すべての異性体の陽イオンの構造を，下の例にならって立体的に図示せよ。

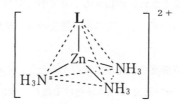

第 3 問

分子量 886 の 2 種類の油脂 **A**，**B** がある。これらの油脂の構造を決定するた
めに以下のような実験を行った。Ⅰ，Ⅱの記述を読み，以下の問に答えよ。

必要があれば，原子量および気体定数（R）として下の値を用いよ。また，構造式
は例にならって解答せよ。

　　H：1.0　　　C：12.0　　　O：16.0　　　$R = 0.082\, l \cdot \text{atm}/(\text{K} \cdot \text{mol})$

（例）

$$\text{CH}_3(\text{CH}_2)_3\text{CH}=\text{CHCH}_2-\underset{\overset{|}{\text{CH}_3}}{\text{CH}}-\underset{\overset{\|}{\text{O}}}{\text{C}}-\text{C}_6\text{H}_4-\text{OCH}_3$$

I　油脂A 132.9 mg を用い，パラジウムを触媒として水素付加を行ったところ，0 ℃，1 atm 換算で 6.72 ml の水素を吸収して油脂Cが得られた。また，油脂Bに対して同様に水素付加を行ってもCが得られた。 <u>油脂C 89.0 mg を水酸化ナトリウム水溶液中で加水分解し，反応液を酸性にした後，</u>①　<u>有機溶媒で抽出した。</u>②　この抽出液から単一の直鎖の高級脂肪酸Dが得られた。Dの収量は 82.6 mg であった。

　　以下の問ア〜エに答えよ。

〔問〕

　ア　水素吸収量から推定される油脂Aの1分子中に存在する炭素原子間の不飽和結合の種類と数について，すべての可能性を示せ。結果だけでなく，求める過程も示せ。

　イ　下線部①の加水分解反応が完全に進行するとき，生成する脂肪酸の全量は何 mg か。有効数字3桁で答えよ。結果だけでなく，求める過程も示せ。

　ウ　下線部②で抽出に用いる溶媒として必要な条件を述べ，下記の中から該当する化合物名をすべて挙げよ。

　　　メタノール，エタノール，ジクロロメタン，酢酸，ジエチルエーテル，
　　　アセトン，トルエン

　エ　高級脂肪酸Dの分子式を示せ。結果だけでなく，求める過程も示せ。

II　炭素原子間に二重結合を持つ化合物にオゾンを反応させると，下式に示すようなオゾニドを形成する。このオゾニドは，パラジウムを触媒として水素を反応させると2分子のアルコールに還元される。この一連の反応は還元的オゾン分解と呼ばれる反応のひとつで，炭素原子間の二重結合の位置を化学的に決定する方法として用いられる。また，炭素原子間に三重結合が存在する場合にも，類似の分解反応により三重結合が切断される。

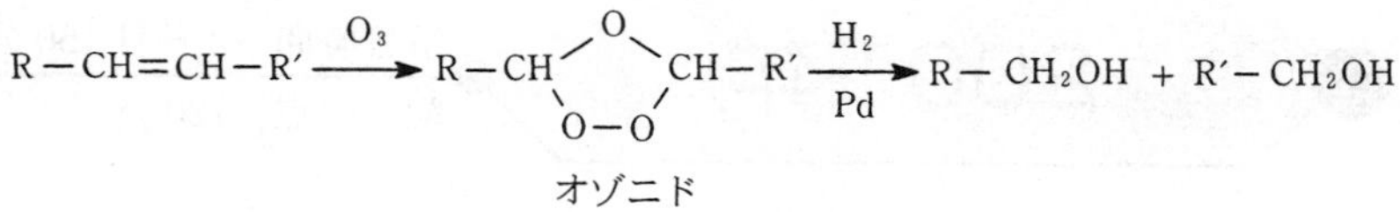

$$R-CH=CH-R' \xrightarrow{O_3} R-CH \begin{matrix} O \\ \diagup \diagdown \\ O-O \end{matrix} CH-R' \xrightarrow[Pd]{H_2} R-CH_2OH + R'-CH_2OH$$

オゾニド

　油脂Aに上述の還元的オゾン分解反応を行ったところ，EとFと二価アルコールGを得た。Eは分子式 $C_6H_{14}O$ を有する一価アルコールであった。Fを加水分解したところ，グリセリンと高級脂肪酸Dとヒドロキシ酸Hが得られた。Hの組成は質量百分率で炭素 62.0 ％，水素 10.4 ％，酸素 27.6 ％であった。

　油脂Bについて同様の還元的オゾン分解反応を行ったところ，EとGに加えて，Fの代わりにIが得られた。Iを加水分解したところ，Fを加水分解した場合と同様に，グリセリンとDとHが得られた。また，Aは偏光面を回転させ不斉炭素を持つことを示したのに対し，Bはそのような作用を示さなかった。

　以下の問オ～クに答えよ。

〔問〕

オ　油脂中に炭素原子間の不飽和結合が存在することを確認する方法の中から，水素付加やオゾン分解以外の方法を2つ挙げよ。

カ　化合物Hの分子式を求めよ。結果だけでなく，求める過程も示せ。

キ　油脂Aの構成成分である高級不飽和脂肪酸の構造式を示せ。結果だけでなく，求める過程も示せ。

ク　油脂Aおよび油脂Bの構造式を示せ。なお，脂肪酸の構造式はその炭化水素基部分の違いに応じて R-COOH，R'-COOH 等と略記する。この例にならって，油脂A，Bの脂肪酸炭化水素基部分は略記してよい。

2001 年

第 1 問

　　近年，酸性雨の発生や地球温暖化など，大気にかかわる環境破壊が問題となっている。その原因の一つとして，火力発電所などにおける化石燃料の燃焼からの排出気体の寄与があげられる。化石燃料の一つである石炭の燃焼および排出気体に関する以下の各問に答えよ。なお，気体はすべて理想気体とし，気体定数を 0.082 $l\cdot$atm$\cdot$K$^{-1}\cdot$mol^{-1} とする。必要ならば，以下の数値を用い，有効数字 2 桁で解答せよ。結果だけでなく，途中の考え方や式も示せ。

　　原子量　H：1.0　　C：12.0　　N：14.0　　O：16.0　　S：32.1

　　$\log_{10}2 = 0.30$　$\log_{10}3 = 0.48$　$\log_{10}7 = 0.85$

I　火力発電所での燃焼過程を以下のように単純化して考えよう。発電所では質量割合で 84 ％ の炭素，10 ％ の水素，1.6 ％ の硫黄，4.4 ％ の灰分（反応に関与しない固形物）を含む石炭を空気（体積割合で窒素 80 ％，酸素 20 ％ を含む）で完全燃焼させる。このとき発生する熱量の 36 ％ が電力に変換される。なお，この石炭 1.0 kg が完全燃焼により放出する熱量は 3.5×10^7 J である。燃焼により空気中の酸素ガスは完全に消費され，窒素ガスは反応に寄与せず排出気体に含まれる。また，生成する硫黄酸化物はすべて二酸化硫黄（SO_2）であるとする。反応生成物はすべて気体として存在するとして，以下の問**ア〜ウ**に答えよ。

〔問〕

ア　全排出気体中の二酸化炭素（CO_2）の体積割合は何 ％ か。

イ　石炭 1000 kg の完全燃焼により，227 ℃，2.0 atm の気体が排出された。この排出気体の体積は何 m³ か。

ウ　日本における年間電力消費量は 3.6×10^{18} J である。これをすべて上述の石炭の燃焼反応により得るとすると，一年間に排出される CO_2 の質量は何 kg か。

II　前述の排出気体は，脱硫装置により硫黄酸化物の大部分が除去された後，大気中に放出される。放出された気体に残留した微量の SO_2 は，大気中に含まれる少量の水滴に溶け込む。これが酸性雨の一因となっている。この状況は，以下の平衡状態によって表すことができるとする。

$$SO_2(gas) + H_2O(liq) \rightleftarrows SO_2 \cdot H_2O(aq) \tag{1}$$

$$SO_2 \cdot H_2O(aq) \rightleftarrows HSO_3^-(aq) + H^+(aq) \tag{2}$$

　ここで（gas），（liq），（aq）はそれぞれ，気相，液相にあること，および水に溶解していることを意味する。(1)式の平衡は，K_1 を平衡定数として，

$$K_1 = \frac{[SO_2 \cdot H_2O(aq)]}{p_{SO_2}} \tag{3}$$

で定義される。p_{SO_2} は大気中の SO_2 の分圧である。また，(2)式の平衡は，K_2 を平衡定数として，

$$K_2 = \frac{[HSO_3^-(aq)][H^+(aq)]}{[SO_2 \cdot H_2O(aq)]} \tag{4}$$

で定義される。以下の問**エ**，**オ**に答えよ。

〔問〕

エ　上述の水滴中の水素イオン濃度を算出する式を導出せよ。なお，水滴への溶解による大気中の SO_2 の減少は無視できるものとする。また，水のイオン積を K_W とせよ。

2001

オ　脱硫装置で除去されずに大気中に放出された SO_2 は拡散して薄まり，25 ℃でその分圧が 6.4×10^{-6} atm となった。他の気体の影響がないものとして，問**エ**で得られた式から水滴の pH の値を求めよ。また，必要ならば以下の数値を用いよ。

$K_1 = 1.25$ atm^{-1}·mol·l^{-1}　$K_2 = 1.25 \times 10^{-2}$ mol·l^{-1}

$K_w = 1.0 \times 10^{-14}$ mol^2·l^{-2}

第 2 問

次の **I**，**II** の各問に答えよ。必要があれば原子量として下の値を用いよ。

H：1.0　C：12.0　O：16.0　Cl：35.5　Ca：40.1　Cu：63.5

I　次の文章を読み，以下の問**ア**〜**エ**に答えよ。

化学実験で気体や固体を乾燥させるための乾燥剤として，以下のようなものがある。

十酸化四リンは白色の粉末で，強力な乾燥剤である。カルシウム化合物には，無水塩化カルシウム，酸化カルシウム，無水硫酸カルシウムなど，吸湿性をもつものが多い。粒状の水酸化ナトリウムはアンモニアの乾燥に適する。濃硫酸は液体の乾燥剤の代表的なものである。シリカゲルは汎用の乾燥剤であり，これは，①ケイ酸ナトリウム（Na_2SiO_3）に水を加えて加熱することにより得られる水あめ状の物質（水ガラス）に塩酸を加え，生じる白色沈澱を加熱乾燥させてつくる。

一方，乾燥剤は家庭でも使われている。食品保存用のシリカゲルや酸化カルシウム，それに②除湿剤としての無水塩化カルシウムがその例である。

〔問〕

　ア　乾燥剤が水分を取り除くしくみについて，次のA，Bに答えよ。

　　A　十酸化四リンは，水と反応することを利用した乾燥剤である。十酸化四リンを水と十分に反応させたときの化学反応式を示せ。

　　B　シリカゲルは，水分子を吸着することを利用した乾燥剤である。この乾燥剤が多くの水分を取り除くことができる理由を1行程度で説明せよ。

　イ　次の(1)～(6)の中から正しいものを2つ選び，番号で答えよ。

　　(1)　塩化水素を乾燥させるためには，無水塩化カルシウムよりも酸化カルシウムを用いる方がよい。

　　(2)　酸化カルシウム，水酸化ナトリウムはいずれも潮解性を示す。

　　(3)　濃硫酸は，その脱水作用により砂糖を炭化させる。

　　(4)　水分を含んだ固体を乾燥させるためには，デシケーター中で十酸化四リンとよく混ぜ合わせて置いておく。

　　(5)　シリカゲルは吸湿により着色する。

　　(6)　文中で述べた7種の乾燥剤は，いずれも水に触れると発熱する。

　ウ　無水炭酸ナトリウム（Na_2CO_3）を水に溶かしても，下線部①のように水あめ状にはならない。炭素とケイ素は同じ14族元素であるが，このような違いを示す理由について，化合物の構造の違いに基づき2行以内で説明せよ。

　エ　下線部②に関し，無水塩化カルシウム10.0gをビーカーに入れて室内に放置したところ，数週間後にはビーカーの中身は無色透明な液体となっていた。この液体からゆっくりと水を蒸発させたところ，無色の結晶が析出し，その重量は19.7gであった。この結晶の化学式を示せ。結果だけでなく，求める過程も示せ。

II　次の文章を読み，以下の問**オ**〜**ケ**に答えよ。

　　銅の鉱石鉱物の一つであるマラカイト（孔雀石）は装飾品の材料としても知られ，その組成は $CH_2Cu_2O_5$ で表される。マラカイトを試験管の中で加熱すると
①
黒色固体**A**に変化し，試験管の器壁には水滴が観察され，無色無臭の気体**B**が発生した。一方，銅（Ⅱ）イオンの水溶液に水酸化ナトリウム水溶液を加えることによって生じる淡青色沈殿物をおだやかに加熱することによっても固体**A**が得られ
②
た。さらにこの固体**A**は，炭素粉末とともに加熱して十分反応させることにより
③
赤色固体**C**に変化し，同時に気体**B**を発生した。

　　銅のさびである緑青の主成分は，マラカイトと同じ物質である。近年，大気汚染が原因となって，銅板の屋根などに生じていた緑青が変質していることが報じられている。これは，緑青を構成する陰イオンが別の陰イオンに置き換わったためである。このことを確認するために，変質をうけた緑青とマラカイトをそれぞ
④
れ希硝酸水溶液に溶かし，その溶液に溶けている気体を除いた後に硝酸バリウム水溶液を加えたところ，変質をうけた緑青を溶かした水溶液からのみ白色沈殿が生じた。

〔問〕

オ　下線部①〜③で起こった変化をそれぞれ化学反応式で示せ。

カ　下線部①において，乾燥後の黒色固体**A**の重さは，最初に用いたマラカイトの重さにくらべ何 % 減少したか。有効数字 2 桁で示せ。結果だけでなく，求める過程も示せ。

キ　下線部③で生じた赤色固体**C**と鉄くぎを希塩酸水溶液の入ったビーカーに一緒に浸した。このときビーカー内で起こる変化を化学反応式で示せ。

ク　下線部④において，緑青やマラカイトを希硝酸水溶液に溶かした溶液は青色であった。一方，これらを大過剰のアンモニア水溶液に溶かした場合は深青色となった。この深青色を示す物質の立体構造を図示せよ。

ケ　下線部④の実験より，変質をうけた緑青はマラカイトにはないどのような陰イオンを含むことがわかるか。考えられるイオン式を 1 つ書け。

第 3 問

次の I，II の各問に答えよ。

I　次の文章を読み，以下の問ア〜エに答えよ。

　　有機化合物の性質を表すのに，"極性" という語がしばしば用いられている。極性は，分子を構成する各原子の性質，配列，あるいは配置にしたがって，分子内に生ずる正負の電荷に基づく分子の電気的非対称性を概念的に表現したものである。すなわち，有機化合物の極性はその分子内に含まれる官能基の種類や配列などにより決定される。個々の物質についていえば，タンパク質の構成単位である　　a　　のように，同一分子内に　　b　　基と　　c　　基を持つ化合物は，極性の極めて高い化合物である。また，セルロースの構成単位である　　d　　のような糖類も，分子内に極性を有する　　e　　基を数多く持っているので，極性の高い化合物である。これに対して，ヘキサンなどの炭化水素や油脂などは極性が低い。

　　極性が近い化合物同士は，互いによく混じり合う。この性質を利用して，有機化合物の分離，精製によく用いられる溶媒抽出が行われる。

〔問〕

ア　　a　　〜　　e　　の空欄に適切な語句を入れよ。

イ　次に示す有機化合物を極性の高い順に並べよ。

　エタノール，酢酸エチル，酢酸，シクロペンタン

ウ　低級脂肪酸と高級脂肪酸では，どちらの方が極性の高い化合物であるか。

　　3 行程度の理由とともに記せ。

エ　低級脂肪酸と高級脂肪酸からなる油脂を，アルカリ性条件下で加水分解した溶液がある。この溶液から，低級脂肪酸と高級脂肪酸を，酢酸エチル，ヘキサンを用いる溶媒抽出で分離したい。その方法を 3 行程度で述べよ。

II　次の文章を読み，以下の問**オ**〜**ケ**に答えよ．必要があれば，原子量として下の値を用いよ．また，構造式は例にならって解答せよ．

　　　H：1.0　　　C：12.0　　　O：16.0

（例）

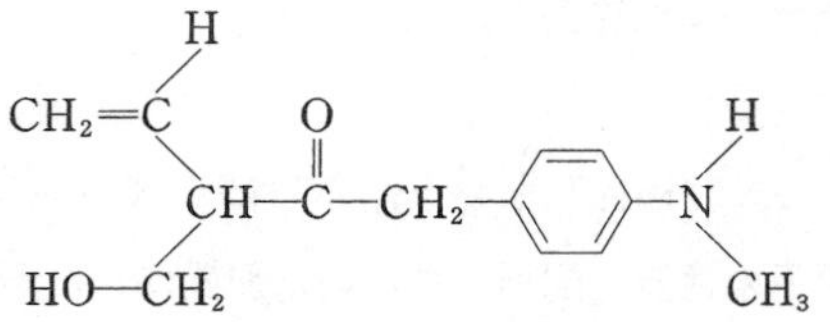

　化合物**A**は $C_{16}H_{16}O_2$ の分子式を持つ構造未知のエステルであり，不斉炭素を持っていて，光学異性体が存在する．この化合物**A** 2.00 g に<u>エタノール 20 ml を加え</u>，更に 4 mol/l 水酸化ナトリウム水溶液 10 ml を加えて室温で撹拌した．化合物**A**が完全に反応したのを確認した後に，有機化合物を分離，精製したところ，酸性化合物**B**および化合物**C**をそれぞれ 1.07 g，0.82 g 得た．化合物**B**は，過マンガン酸カリウムで酸化すると化合物**D**となった．また，化合物**D**は加熱することで容易に脱水して化合物**E**を与えた．

　化合物**B**〜**E**はいずれもベンゼン環を一つ持つ．化合物**B**〜**D**の元素分析を行った結果は表１に示したとおりで，炭素，水素以外の残りの元素はいずれも酸素であった．

　化合物**B**の分子量を求める目的で，純水 50.0 g に 0.069 g の化合物**B**を溶かした溶液の凝固点を測定したところ，0.019 ℃ の凝固点降下を示した．一方，化合物**B** 0.146 g をベンゼン 40.0 g 中に溶かした溶液の凝固点降下は 0.071 ℃ であった．化合物**B**は，ベンゼン中では　**f**　分子が　**g**　という弱い相互作用で会合しているために，見かけの分子量が実際の分子量の約　**f**　倍に算出されたと考えられる．

　なお，1000 g の純水およびベンゼンに溶質 1 mol を溶かした溶液の凝固点降下は，それぞれ 1.86 ℃，5.12 ℃ とする．

表1　元素分析の結果

化合物	C（%）	H（%）
B	70.5	5.9
C	78.7	8.3
D	57.8	3.6

〔問〕

オ　下線部で，エタノールを加えないと，化合物**A**の反応の進行が非常に遅い。理由を1行程度で述べよ。

カ　化合物**B**，**C**の分子式を示せ。結果だけでなく，求める過程も示せ。

キ　　**f**　，　**g**　の空欄に最も適切な語句を入れよ。**f**については，整数値を入れ，求める過程も示せ。

ク　化合物**A**の構造式を示せ。ただし，光学異性体については考慮しなくてよい。結果を導いた過程も示せ。

ケ　化合物**A**の反応で，すべての化合物**A**が化合物**B**と**C**に変換されたとすると，実際に得られた量は理論的に得られる量のそれぞれ何%にあたるか。有効数字2桁で解答せよ。結果だけでなく，求める過程も示せ。

2000年

解答時間：2科目150分
配　　点：120点

第1問

鉄鋼の主要な製錬法である高炉—転炉法（図1を参照）に関して，簡略化した原理を以下に示す。

まず，鉄鉱石（すべてFe_2O_3とする）を溶鉱炉（高炉）で炭素を用いて還元する。溶鉱炉中では①炭素とFe_2O_3が接触し，固体鉄と二酸化炭素ガスを生成する反応と，溶鉱炉下部から吹き込まれた空気中の②酸素ガスと炭素が反応して一酸化炭素ガスを生成し，その一酸化炭素ガスがFe_2O_3を還元して固体鉄を生成する反応が起きている。さらに，③固体鉄に炭素が溶解して，炉底に炭素を含む溶融鉄（銑鉄）ができる。

次に，得られた④銑鉄を転炉内で酸素ガスと反応させることにより，この銑鉄中の炭素を取り除き，純粋な鉄を得る。

下線部①～④に関する問**ア**～**オ**に答えよ。なお，下線部①の反応では一酸化炭素ガスは生成せず，下線部②の反応では生成した一酸化炭素ガスはすべてFe_2O_3の還元反応に使われるものと仮定する。また，両反応過程でのFe_3O_4やFeOの生成は考えない。気体はすべて理想気体とし，気体定数を$0.082\ l\cdot atm\cdot K^{-1}\cdot mol^{-1}$であるとする。必要ならば，以下のデータを用い，有効数字2桁で解答せよ。結果だけでなく，途中の考え方や式も示せ。

原子量　C：12.0　O：16.0　Fe：55.8

$4\,Fe$(固体) $+\ 3\,O_2$(気体) $=\ 2\,Fe_2O_3$(固体) $+\ 1630\ kJ$

C (固体) $+\ O_2$(気体) $=\ CO_2$(気体) $+\ 390\ kJ$

上記の熱化学方程式は温度に依存しないものとする。

〔問〕

ア　下線部①，②で炭素，酸素ガスおよび Fe_2O_3 から固体鉄を生成する過程を，それぞれ 1 つの化学反応式で示せ。

イ　上問アで導いた 2 つの化学反応式をそれぞれ熱化学方程式にせよ。また，各反応で固体鉄 2232 kg が生成する場合，それぞれ何 kJ の吸熱または発熱がみられるか。

ウ　下線部①および②の反応により生成する熱の 40 ％ が固体鉄の温度を 1500 ℃ に上昇させるのに使われる。固体鉄 1.0 モルの温度を 1500 ℃ に上昇させるのに必要な熱量は 57 kJ である。生成する固体鉄の何 ％ が下線部①の反応によるものか。

エ　鉄の融点は 1536 ℃ であるにもかかわらず，下線部③ではそれより低い温度で融解が始まる。その理由を 2 行以内で述べよ。

オ　下線部④で，1000 kg の銑鉄（炭素を重量比で 4.0 ％ 含む）に酸素ガスを反応させると，一酸化炭素ガスと二酸化炭素ガスが 1：1 の体積比で発生した。この時，銑鉄中の炭素をすべて除去するために用いられた酸素ガスは 2.0 atm，27 ℃ では何 l か。

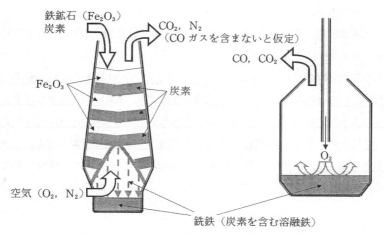

図 1　〔左〕溶鉱炉（高炉）および〔右〕転炉

第2問

次の I，II の各問に答えよ。必要があれば以下の数値を用いよ。

$\log_{10}2 = 0.30$　$\log_{10}3 = 0.48$　$\log_{10}7 = 0.85$

I　次の文章を読み，以下の問 **ア〜エ** に答えよ。

　代表的な窒素酸化物に一酸化窒素と二酸化窒素がある。<u>一酸化窒素は，実験室では銅に希硝酸を反応させて作られる無色の気体である</u>。①　驚くべきことに，生体内でも一酸化窒素は，アミノ酸の一つであるアルギニンを原料に合成されている。こうして生成した<u>一酸化窒素は血管拡張や神経伝達に深く関与する物質である</u>②　ことが，近年明らかになった。血管拡張作用の発見に対し，1998 年には，ノーベル賞が3人の研究者に贈られた。

　一方，二酸化窒素は銅に濃硝酸を反応させて作られる赤褐色の気体である。二酸化窒素は大気汚染物質の一つとして敬遠されているが，これは二酸化窒素に刺激性があり，<u>冷水に溶けると硝酸と亜硝酸（HNO_2）が生じ</u>，③　酸性雨の一因となるためである。

　硝酸は肥料，染料，化学繊維，爆薬などの重要な工業原料であり，工業的にはオストワルト法で合成されている。この方法でも一酸化窒素と二酸化窒素は重要な中間生成物となっている。まず<u>アンモニアと空気の混合気体が，約 800 ℃ に</u>④　<u>加熱した白金網に通され，一酸化窒素が生成する</u>。次に<u>一酸化窒素は酸素との反</u>⑤　<u>応により二酸化窒素に変換される</u>が，平衡反応であるために，反応気体を 140 ℃以下に冷却する必要がある。<u>二酸化窒素を温水に溶かすと硝酸とともに一酸化窒</u>⑥　<u>素が生成する</u>。一酸化窒素は回収され，⑤と⑥の反応を経て，硝酸に変換される。

〔問〕

ア　アンモニアと硝酸の窒素の酸化数を記せ。

イ　下線部①，③，④，⑤の化学反応式を書け。

ウ 下線部⑥の反応における酸化剤と還元剤を化学式で答えよ。

エ 下線部②の血管拡張作用は，一酸化窒素が，あるタンパク質中の鉄イオンに結合することにより発揮される。これと同様に，血液中の酸素輸送タンパク質であるヘモグロビン中の鉄イオンに強く結合して，酸素との結合を阻害することにより毒性を示す，排気ガス中の物質がある。そのうち一酸化窒素以外の二原子分子の化学式を1つ書け。

II 1価の陽イオン A^+ と n 価の陰イオン B^{n-} からなる難溶性塩 A_nB は，飽和水溶液中で次の電離平衡が成立している。

$$A_nB（固）\rightleftharpoons nA^+ + B^{n-}$$

このとき，

$$K_{SP} = [A^+]^n [B^{n-}]$$

は質量作用の法則から一定となり，K_{SP} を溶解度積とよぶ。[X] は X のモル濃度〔mol/l〕を表す。A^+ イオンを含む水溶液に B^{n-} イオンを含む水溶液を加えていくような場合，$[A^+]^n [B^{n-}]$ の値が溶解度積 K_{SP} の値より大きくなると沈殿が生じる。例えば $AgCl$ と Ag_2CrO_4 の溶解度積の値は，それぞれ $1.2 \times 10^{-10} \ mol^2/l^2$ と $9.0 \times 10^{-12} \ mol^3/l^3$ である。

以下の問**オ**〜**ク**に答えよ。

〔問〕

オ 0.10 mol/l の NaCl 水溶液 100 ml に 0.10 mol/l の $AgNO_3$ 水溶液を徐々に加えていく。$AgNO_3$ 水溶液を 90 ml から 110 ml 加えたときの $-\log_{10}[Cl^-]$ の変化を表すグラフは，次ページの図の **a**〜**f** のどれになるか，記号で答えよ。

カ 問**オ**の実験で，NaCl 水溶液にあらかじめ 2.0×10^{-3} mol の K_2CrO_4 を加えておく。この場合，加えた $AgNO_3$ と最初の NaCl の物質量〔mol〕が互いに等しくなったときに Ag_2CrO_4 の赤色沈殿が目に見えるようになった。この理由を2行以内で簡潔に説明せよ。

キ 問 **カ** の実験で，赤色沈殿が目に見えるようになったときの Ag⁺ イオンのモル濃度と $-\log_{10}[Cl^-]$ の値を求め，有効数字 2 桁で答えよ。結果だけでなく，考え方や求める過程も示せ。

ク Ag_2CrO_4 の沈殿が赤色であることから，濃度がわかっている $AgNO_3$ 水溶液を用いて，濃度未知の NaCl 水溶液の濃度が求められる。この理由を 3 行以内で簡潔に説明せよ。

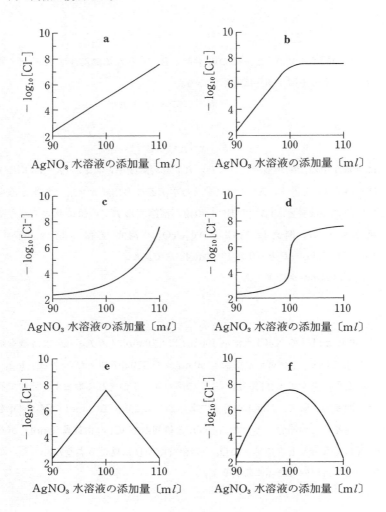

第 3 問

　次の I，II の各問に答えよ。必要があれば，原子量として下の値を用いよ。また，構造式は例にならって解答せよ。

H：1.0　C：12.0　N：14.0　O：16.0　Na：23.0　S：32.1　Cl：35.5

（例）

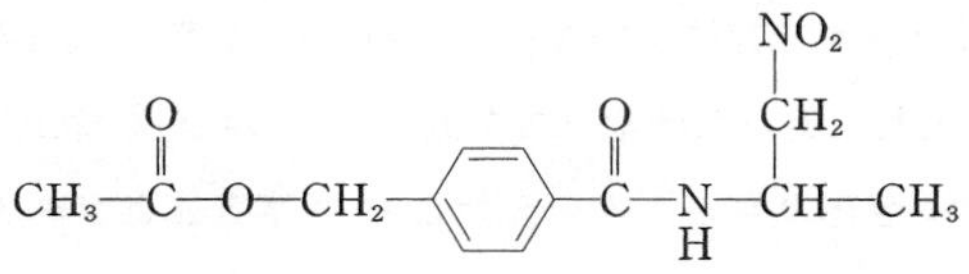

I　芳香族化合物に関する実験(a)，(b)の記述を読み，以下の問 **ア**〜**カ** に答えよ。

(a)　安息香酸，フェノール，ナフタレンを等量ずつ含む混合物 3 g をジエチルエーテル 40 ml に溶解した溶液がある。この溶液に 5 ％炭酸水素ナトリウム水溶液 20 ml を加えて混ぜ，分液漏斗を用いて下層のみを **フラスコ 1** に取り，①
上層は分液漏斗内に残した。続いてこの分液漏斗に 5 ％水酸化ナトリウム水溶液 15 ml を加え，よく振り混ぜた。静置後に溶液の下層を **フラスコ 2** に，上層を **フラスコ 3** に取り分けた。

〔問〕

　ア　(a)の下線部①の分液漏斗の操作上，どのようなことに特に注意する必要があるか。炭酸水素ナトリウム水溶液との反応に関連づけて 2 行程度で説明せよ。

　イ　(a)の操作のあとフェノールを回収するには，**フラスコ 1** 〜 **3** のうちのどのフラスコに取った溶液にどのような操作を行えばよいか。フラスコの番号と操作の概略を 2 行程度で答えよ。

(b) フェノール 9.5 g と濃硫酸 21.5 ml を混合し，まず湯浴であたためた。生じ
た溶液を冷却後，濃硝酸 47.5 ml 中にゆっくりと加えた。このとき気体の発生
が観測された。発生が止まってから湯浴であたためた後，冷水 300 ml 中に注
ぐと，化合物 **X** が結晶として得られた。これをろ過して洗浄した後，再結晶を
行い，得られた純粋な結晶を乾燥後，重量を測定すると，18.2 g であった。

化合物 **X** は炭素，水素，窒素，酸素からなる有機化合物である。これを燃焼
させて重量法で元素分析する方法を図 3−1 に示した。試料の入った白金皿と
酸化銅(II)を燃焼管に入れ，乾いた酸素ガスを流しながら試料を燃焼させる。こ
の燃焼管の出口には，塩化カルシウムを充塡した U 字管 **A** とソーダ石灰を充
塡した U 字管 **B** をつなぎ，ここで吸収された化合物の重量を測定して元素分
析を行う。

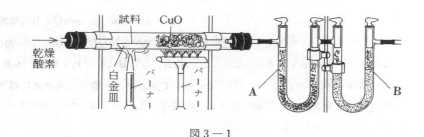

図 3 — 1

〔問〕

ウ　U 字管 **A** と U 字管 **B** のつなぐ順番を逆にしてはならない理由を 1 行程度で
答えよ。

エ　化合物 **X** 21.3 mg を上記の方法で元素分析した結果，U 字管 **A** の重量が
2.5 mg，U 字管 **B** の重量が 24.6 mg それぞれ増加した。化合物 **X** の構造式を示
せ。結果だけでなく，求める過程も示すこと。

オ　得られた純粋な化合物 **X** の量は，理論的に得られる量の何 % か。小数点以
下 1 桁まで示せ。結果だけでなく，求める過程も示すこと。

カ　化合物 **X** にアンモニアを作用させると何が生成するかを記せ。

II　次の文章を読み，以下の問**キ**〜**コ**に答えよ。

　　分子量が 500 以下の化合物**A**の化学構造を決定するため以下の実験を行った。

　　化合物**A**を塩酸で完全に加水分解し，生成物をペーパークロマトグラフィーで展開すると，ニンヒドリンで発色する 3 つの成分が存在することがわかった（図 3−2 参照）。これらの化合物の性質を調べるため，イオン交換クロマトグラフィーを用いてそれぞれを取り分けることとした。イオン交換樹脂は，ポリスチレン樹脂を濃硫酸と反応させて作製したものを用いた。この樹脂は（1）イオンを（2）基の水素イオンと交換して付着するため，（2）基との親和性が高い化合物ほど樹脂に付着しやすい。このイオン交換樹脂をカラムにつめ，500 mg の化合物**A**を加水分解して得た混合物を水に溶かして，カラムに上から注いだ。初めに溶離液として水を流したところ，化合物**B**が溶出した。このことから，化合物**B**は酸性アミノ酸であることがわかった。その後，塩酸の濃度を徐々に高くした溶離液を流したところ，化合物**C**，**D**の順にカラムから溶出した。なお，化合物**C**と**D**は塩酸塩の形で得られたため，イオン交換樹脂を用いて塩酸を除いた。これら 3 つの化
①
合物の分子式と収量を下表に示した。化合物**B**，**C**，**D**はいずれも炭素，水素，窒素，酸素のみからなる，タンパク質を構成する α−アミノ酸で，炭素鎖に枝分かれがなく，化合物**C**にのみメチル基があった。

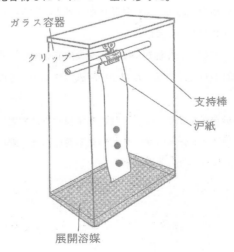

図 3 − 2

　Aは化合物B，C，Dが（3）の比で脱水縮合した化合物である。そこで，アミノ酸の結合の順序を決定するため，化合物Aを塩酸で短時間加水分解したところ，一部のペプチド結合が加水分解されずに残り，化合物EとFが新たに得られた。それぞれを分離して，塩酸で完全に加水分解したところ，化合物Eからは化合物CとDが，化合物Fからは化合物BとDが得られた。酵素のトリプシンは塩基性アミノ酸のカルボキシル基が形成したアミド結合を加水分解する。化合物Aをトリプシンで処理したところ，化合物CとFが生成した。これらの結果および化合物Aの元素分析値（C，47.0 ％；H，7.3 ％；N，16.9 ％で残りは酸素）から，化合物Aの構造式を推定することができた。

表　化合物B，C，Dの分子式と収量

	分　子　式	収　量（mg）
化合物B	$C_4H_7NO_4$	200
化合物C	$C_3H_7NO_2$	134
化合物D	$C_6H_{14}N_2O_2$	220

〔問〕

キ　（1）～（3）に適当な語句あるいは数値をいれよ。なお，（1）には「陽」または「陰」のいずれかがはいる。

ク　下線部①で，どのような種類のイオン交換樹脂を用い，どのような操作を行うと，化合物Dから塩を形成した塩酸を除去できるか。その方法を 2 行程度で答えよ。

ケ　化合物Cの構造式を記せ（アミノ酸の光学異性体は考慮しなくてよい）。

コ　化合物Aの構造式を記せ（アミノ酸の光学異性体は考慮しなくてよい）。

1999年

解答時間：2科目150分
配　　点：120点

第1問

　図1のように，2つのフラスコ I と II，2つのガラスコック A と B，水銀をつめた U 字管が，それぞれガラス管で連結されている実験装置がある。フラスコ I には純水80 g が，またフラスコ II には質量モル濃度2.0 mol/kg の塩化リチウム水溶液100 g が入れてある。コック B により隔てられたフラスコ I 側と II 側の，ガラス管部を含む気体の体積は，それぞれ0.40 l，0.50 l である。フラスコ I にはナトリウム9.2 mg を真空中で封入したガラスアンプルが入れてある。

　今，コック A を閉じ B を開いてから，装置全体を冷却してフラスコ内の液体を凍らせた後，真空ポンプに連結されたコック A を開いて充分に排気した。次に，コック A と B を閉じて，装置全体を300 K にした。その後，充分に時間が経過してから，水銀柱の高さを観察したところ，1.9 mm の差があった。以下の問 **ア**〜**オ** に答えよ。ただし，U 字管は充分に細く，水銀柱の上下による気体の体積変化は無視できるものとする。また，ガラスアンプルの体積，氷の昇華，および水銀の熱膨張による体積変化も無視できるとしてよい。

　気体はすべて理想気体とし，気体定数を0.082 $l \cdot atm \cdot mol^{-1} \cdot K^{-1}$，1 atm は760 mmHg であるとする。必要ならば，原子量として以下の数値を用い，有効数字2桁で解答せよ。結果だけではなく，途中の考え方や式も示せ。

　　H：1.0　　Li：6.9　　O：16.0　　Na：23.0　　Cl：35.5

〔問〕

　ア　フラスコ II の水溶液に溶けている塩化リチウムの質量はいくらか。

　イ　フラスコ I 側の水銀柱の高さを h_I，フラスコ II 側の水銀柱の高さを h_{II} とする。h_I と h_{II} ではどちらが高いか。理由をつけて答えよ。

ウ　フラスコ I のガラスアンプルを破り，ナトリウムを水に接触させた。このとき起こる化学反応の反応式を示せ。

エ　ガラスアンプルを破った後，装置全体の温度が再び 300 K に戻るまで放置した。**ウ**の反応で発生した気体は，フラスコ I 側の水銀柱をどれだけ押し下げるか。ただし，発生した気体の水への溶解度は無視できるとしてよい。

オ　続いて，コック B を開けた。充分に長い時間放置すると，最終的にフラスコ II の塩化リチウム水溶液の質量モル濃度はいくらになるか。ただし，電解質は溶液中で完全に電離しているものとする。

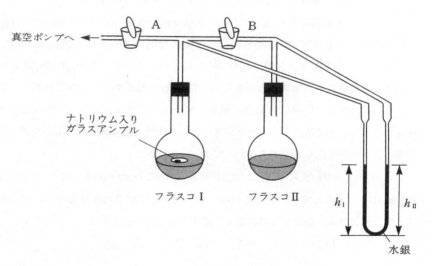

図 1

第2問

次のⅠ，Ⅱの各問に答えよ。必要があれば原子量として下の値を用いよ。

H：1.0　　O：16.0　　S：32.1　　Cu：63.5

Ⅰ　水溶液 **A, B, C, D, E** は，次の(1)～(5)の水溶液のいずれかである。各水溶液を同定するため以下の実験を行った。

(1)　0.1 mol/l　塩酸
(2)　0.1 mol/l　硫酸
(3)　0.1 mol/l　塩化ナトリウム水溶液
(4)　0.1 mol/l　塩化亜鉛水溶液
(5)　0.1 mol/l　炭酸ナトリウム水溶液

実験1　**A**～**E**のすべての水溶液に塩化バリウム水溶液を加えたところ，**A, B** のみに白色沈殿が生じた。

実験2　**C, D, E** に硝酸銀水溶液を加えるとそれぞれに白色沈殿が生じた。

実験3　**A, D** に **B** を加えるとそれぞれに気泡の発生が認められた。

実験4　**C** にアンモニア水を少しずつ加えていくと，白色沈殿が生じ，さらにアンモニア水を加えていくと，この白色沈殿は溶けた。

以下の問**ア**～**オ**に答えよ。

〔問〕

ア　実験1における沈殿反応の化学反応式を **A** と **B** それぞれについて記せ。ただし，それぞれの反応式が **A** と **B** のいずれの場合であるかを明示せよ。

イ　実験2で生じた白色沈殿は同じ化合物であった。その化学式を答えよ。

ウ　実験3において，**D** に **B** を加えて発生した気体の化学式を答えよ。

エ　実験4において，白色沈殿が溶けた反応の化学反応式を記せ。

オ　A ～ E はそれぞれ(1)～(5)のどれに対応しているか。解答用紙に下のような解答欄を作成して答えよ。

A	B	C	D	E

II　銅化合物に関する次の実験を行った。

　実験1　酸化銅(II)に希硫酸を加え，加熱濃縮した後に徐々に冷却したところ，青色の結晶が析出した。

　実験2　実験1で得た結晶を取り出して室温で乾燥させ，そのうち 100 mg を徐々に加熱しながら質量を測定したところ，図1の結果を得た。

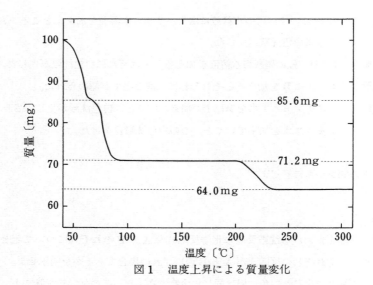

図1　温度上昇による質量変化

以下の問 **カ**〜**ケ** に答えよ。

〔問〕

カ　実験 1 で得た結晶の化学式を記せ。

キ　実験 2 において 270 ℃ まで加熱したときに得られる物質の化学式を記せ。

ク　実験 2 において 150 ℃ まで加熱したときに得られる物質の化学式を記せ。
また，その理由を 2 行以内で述べよ。

ケ　実験 2 において 50 ℃ から 90 ℃ 付近までの比較的低温で大きな質量変化が
起こり，その後 200 ℃ 以上の高温でさらに質量が変化した。このように質量
変化が低温域と高温域に明確に分かれた理由を，銅（II）錯イオンの配位数と関
連づけて，4 行以内で述べよ。

第3問

次のⅠ，Ⅱの各問に答えよ。必要があれば，原子量として下の値を用いよ。

H：1.0　　C：12.0　　O：16.0　　S：32.1

Ⅰ　次の文章を読み，以下の問ア～オに答えよ。

　　天然ガスや石油の主要な成分であるアルカンは一般に化学的に安定な物質である。しかし，アルカンと塩素の混合気体に紫外光を照射すると速やかに反応して，アルカンの水素原子が塩素原子に置換された化合物が得られる。

〔問〕

ア　メタンと塩素の反応によって，メタンの一塩素置換生成物であるクロロメタンが生成する反応を化学反応式で示せ。

イ　プロパンを同様に反応させたところ，2種類の一塩素置換生成物である**A**および**B**が得られた。**A**と**B**を分離し，それぞれをさらに塩素と反応させると，**A**からは3種類の二塩素置換生成物が得られ，**B**からは2種類の二塩素置換生成物が得られた。**A**と**B**の構造式を書け。また，**A**から得られた3種類の二塩素置換生成物の構造式を書け。

ウ　プロパンの8個の水素原子のうち，置換されて**A**を与える水素原子をH_a，置換されて**B**を与える水素原子をH_bとする。H_aとH_bの水素原子1個あたりの置換され易さが同じであると仮定したとき，プロパンと塩素の反応で生成する**A**と**B**の物質量の比はいくつと予想されるか。簡単な整数比で表せ。

エ　実際にプロパンと塩素の反応を行って生成した**A**と**B**の物質量の比を調べたところ，9：11であった。水素原子1個あたりで比較するとH_bはH_aに対して何倍置換され易いといえるか。有効数字2桁で答えよ。結果だけではなく，計算の過程や考え方も記せ。

オ　実験室では塩素は，図1の装置によって酸化マンガン(Ⅳ)に濃塩酸を加えて発生させることができるが，この装置から発生する塩素は水と塩化水素を含んでいる。2個の洗気ビンを用いてそれらを取り除き，乾燥した塩素を集気ビンに

捕集したい。図2に示した洗気ビン，および図3に示した捕集装置から適当な
ものを選び，記号①～⑩で示した各装置の接続部分をゴム管でつないで図4の
ように装置全体を組み立てるものとする。(a)，(b)，および(c)に対応する接続部
分をそれぞれ記号（②～⑩）の中から選んで記せ。

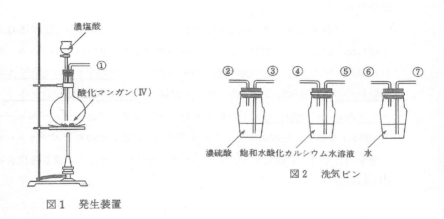

図1　発生装置

図2　洗気ビン

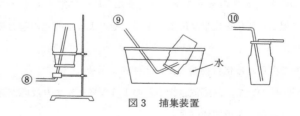

図3　捕集装置

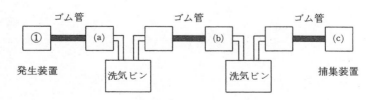

図4　装置全体の概略図

II　次の文章を読み，以下の問**カ〜ケ**に答えよ。

　　ベンゼンおよび無機試薬 **X**，**Y** を用いて次の実験(a)，(b)を行った。

(a)　ベンゼンを **X** と加熱したところ化合物 **P** が生成した。**P** の元素分析による質量百分率はそれぞれ炭素 45.5 ％，水素 3.8 ％，硫黄 20.3 ％であり，残りは酸素であった。

(b)　ベンゼンを **X** および **Y** の混合物と反応させると，ベンゼンの一置換体 **Q** が生成した。次に，ここで得られた **Q** の 4.0 g を丸底フラスコにはかりとり，粒状の金属スズ 14.0 g，続いて濃塩酸 30 mℓ を加えた。丸底フラスコを穏やかに加熱したのち，液体部分を三角フラスコに移し，10 mol/ℓ の水酸化ナトリウム水溶液 80 mℓ を加えた。この混合物を十分に冷却してからジエチルエーテル 100 mℓ を加え，分液漏斗でよく振り混ぜた。静置したのちジエチルエーテル層を分け取り，蒸留してジエチルエーテルを除いたところ，塩基性化合物 **R** が得られた。

〔問〕

　カ　実験(a)の生成物 **P** の分子式を示せ。また，**P** に酢酸ナトリウム水溶液を加えた時に起こる変化を化学反応式で示し，そのような変化の起こる理由を 1 行で説明せよ。

　キ　実験(b)で得られる化合物 **Q**，**R** の示性式を示せ。

　ク　下線部(1)について，反応混合物のどのような変化により反応が完了したことを確認できるか。1 行で述べよ。

　ケ　下線部(2)の操作はどのような目的で行うのか。2 行以内で説明せよ。

東大入試詳解

第3版①20231225

東大入試詳解 化学

25年

第3版

2023~1999

解答・解説編

駿台文庫

は じ め に

　もはや21世紀初頭と呼べる時代は過ぎ去った。連日のように技術革新を告げる
ニュースが流れる一方で，国際情勢は緊張と緩和をダイナミックに繰り返している。
ブレイクスルーとグローバリゼーションが人類に希望をもたらす反面，未知への恐怖
と異文化・異文明間の軋轢が史上最大級の不安を生んでいる。

　このような時代において，大学の役割とは何か。まず上記の二点に対応するのが，
人類の物心両面に豊かさをもたらす「研究」と，異文化・異文明に触れることで多様
性を実感させ，衝突の危険性を下げる「交流」である。そしてもう一つ重要なのが，
人材の「育成」である。どのような人材育成を目指すのかは，各大学によって異なっ
て良いし，実際各大学は個性を発揮して，結果として多様な人材育成が実現されてい
る。

　では，東京大学はどのような人材育成を目指しているか。実は答えはきちんと示さ
れている。それが「東京大学憲章」（以下「憲章」）と「東京大学アドミッション・ポリ
シー」（以下「AP」）である。もし，ただ偏差値が高いから，ただ就職に有利だか
らなどという理由で東大を受験しようとしている人がいるなら，「憲章」と「AP」を
ぜひ読んでほしい。これらは東大のWebサイト上でも公開されている。

　「憲章」において，「公正な社会の実現，科学・技術の進歩と文化の創造に貢献する，
世界的視野をもった市民的エリート」の育成を目指すとはっきりと述べられている。
そして，「AP」ではこれを強調したうえで，さらに期待する学生像として「入学試験
の得点だけを意識した，視野の狭い受験勉強のみに意を注ぐ人よりも，学校の授業の
内外で，自らの興味・関心を生かして幅広く学び，その過程で見出されるに違いない
諸問題を関連づける広い視野，あるいは自らの問題意識を掘り下げて追究するための
深い洞察力を真剣に獲得しようとする人」を歓迎するとある。つまり東大を目指す人
には，「広い視野」と「深い洞察力」が求められているのである。

　当然，入試問題はこの「AP」に基づいて作成される。奇を衒った問題はない。よ
く誤解されるように超難問が並べられているわけでもない。しかし，物事を俯瞰的に
とらえ，自身の知識を総動員して総合的に理解する能力が不可欠となる。さまざまな
事象に興味を持ち，主体的に学問に取り組んできた者が高い評価を与えられる試験な
のである。

　本書に収められているのは，その東大の過去の入試問題25年分と，解答・解説で
ある。問題に対する単なる解答に留まらず，問題の背景や関連事項にまで踏み込んだ
解説を掲載している。本書を繰り返し学習することによって，広く，深い学びを実践
してほしい。

　「憲章」「AP」を引用するまでもなく，真摯に学問を追究し，培った専門性をいか
して，公共的な責任を負って活躍することが東大を目指すみなさんの使命と言えるで
あろう。本書が，「世界的視野をもった市民的エリート」への道を歩みだす一助とな
れば幸いである。

駿台文庫　編集部

目　次

出 題 分 析 と 入 試 対 策

年度	番号	項　　目		内　　　　容
23	1	有機・理論	I	部分構造としてサリチル酸を含む芳香族化合物の対称性と反応
			II	環状炭化水素のひずみエネルギーと配座異性体
	2	無機・理論	I	フッ化水素の性質とフッ化水素酸の電離平衡
			II	Al および Ti の製錬と単体の結晶構造
	3	理　　　論	I	アンモニア合成の平衡と触媒の役割
			II	コロイド粒子の粒子径とコロイド溶液の浸透圧
22	1	有　　　機	I	油脂の構造決定と性質
			II	C_5H_{10} のアルケンの決定と関連化合物の性質
	2	理論・無機	I	種々の燃料の発熱量と二酸化炭素発生量
			II	錯イオンの形と結晶構造
	3	理　　　論	I	CO_2 の状態変化
			II	抗体の関与する反応の機構と速度
21	1	有　　　機	I	分子式が $C_5H_{12}O$ の化合物の決定
			II	アニリンのジアゾ化とカップリング反応
	2	理論・有機	I	水素吸蔵物質への水素の吸蔵およびヨウ化水素の分解の平衡
			II	アミノ酸の酸塩基反応と酵素反応の反応速度
	3	理論・無機	I	モール法による Cl^- の沈殿滴定
			II	水素の貯蔵法〜炭化水素化および水素貯蔵合金
20	1	有　　　機	I	糖類と関連化合物の性質
			II	ポリエステルの構造決定
	2	理論・無機	I	貴ガスの発見と人工光合成
			II	分子やイオンの立体構造，CO_2 の結晶構造
	3	無機・理論	I	Na_2CO_3 と $NaHCO_3$ の混合物の中和と pH 変化
			II	火山ガスの組成と反応

年度	番号	項　　目		内　　　容
19	1	有　　　機		有機合成，フェノール樹脂
	2	無機・理論	I	リンの単体・化合物，燃料電池
			II	無機化合物の分離・精製
	3	理　　　論	I	酸化還元滴定
			II	結晶格子
18	1	有　　　機		アミノ酸とペプチド
	2	無機・理論		金属酸化物，アルミニウムの工業的製法
	3	理　　　論	I	電離平衡
			II	理想気体と実在気体，化学平衡，熱化学
17	1	有　　　機		脂肪族エステルの構造決定，合成高分子
	2	無機・理論	I	金属イオンの分析，溶解度積
			II	窒素化合物
	3	理　　　論	I	鉛蓄電池，電気分解
			II	アンモニア生成の平衡反応
16	1	理　　　論	I	固体の溶解度
			II	気体と蒸気圧
	2	無機・理論	I	分子の形，結晶構造，酸化還元，凝固点降下
			II	アルカリ金属の性質，クラウンエーテルの錯体
	3	有　　　機	I	芳香族化合物の構造決定，実験操作
			II	天然物，化学平衡
15	1	理　　　論	I	CO_2 の性質と状態変化
			II	酢酸の電離平衡・中和反応
	2	無機・理論	I	酸化還元反応を応用した銅の定量分析
			II	ハロゲンの反応とそれを応用した水の定量分析
	3	有　　　機	I	脂肪族化合物の性質と反応
			II	芳香族化合物の性質と反応
14	1	理　　　論	I	水素ガスの製造と貯蔵(熱化学，イオン結晶)
			II	$H_2 + I_2 \longrightarrow 2HI$ の反応経路(反応速度，化学平衡)
	2	無機・理論	I	酸化還元滴定，気体の発生法と性質
			II	イオン化合物の水への溶解性の熱化学的考察
	3	有　　　機	I	糖類の反応と性質
			II	合成高分子(ナイロン 66 と温度応答性高分子)

年度	番号	項　　目		内　　　容
13	1	理論・無機	I	酸塩基，電離平衡
			II	気体平衡
	2	無機・理論	I	錯体，分配平衡，電解精錬
			II	物質の結合，放射性同位体
	3	有　　機	I	ポリマーの合成
			II	アミノ酸の分離，アドレナリンの合成
12	1	理　　論	I	塩化ナトリウム水溶液の凝固点降下と冷却曲線
			II	高分子溶液の浸透圧，会合平衡
	2	無機・理論	I	イオン結晶とイオン半径，格子エネルギー
			II	種々の錯体の形，異性体，モル計算（滴定）
	3	有　　機	I	L-チロキシンの多段階合成（試薬，分離，異性体）
			II	単量体と高分子の構造，性質
11	1	理　　論	I	電気陰性度と極性（定量的扱い）
			II	電離平衡に関する速度論的考察
	2	無機・理論	I	Ca^{2+} の定量分析（反応，滴定，物質量計算）
			II	電解による $NaOH$ の製法（電極反応，溶解度 etc）
	3	有　　機	I	環状不飽和炭化水素の構造決定
			II	酸無水物の反応
10	1	理　　論	I	メタンハイドレート（種々の計算，平衡）
			II	酵素反応の速度式，濃度と速度の関係
	2	無機・理論	I	リチウムイオン電池（反応，物質量計算）
			II	Pd^{2+} の錯イオン生成（反応，異性体など）
	3	有　　機	I	ヒドロキシ酸の構造決定
			II	多段階分配操作による有機物の分離
09	1	理　　論	I	鉄の酸化反応関連（反応式，種々の計算）
			II	炭化水素や高分子の燃焼熱関与の熱化学計算
	2	無機・理論	I	ガラス中の金属元素の分析，溶解度積
			II	同位体と物質の相対質量，存在比
	3	有　　機	I	ジエステル（主に環状）の構造決定
			II	立体配座異性体のエネルギー的安定性

年度	番号	項　目	内　　容
08	1	理　論	Ⅰ　反応熱測定と熱化学，氷⇄水の体積変化
			Ⅱ　酸化銀電池（電極反応，計算）
	2	無機・理論	Ⅰ　ハロゲンの反応，I_2 の分配平衡
			Ⅱ　NOx の除去法，反応
	3	有　機	Ⅰ　酢酸エステルの構造決定
			Ⅱ　ステロイド骨格をもつ化合物の多段階酵素反応
07	1	理　論	水溶液中の電解質の電離とファントホッフの法則
	2	無機・理論	Ⅰ　銅の無電解メッキ（反応，結晶格子，物質量計算など）
			Ⅱ　ケイ酸塩（ゼオライトなど）の構造，化学式，性質
	3	有　機	Ⅰ　芳香族エステルの構造決定
			Ⅱ　ペプチドの加水分解で生じるアミノ酸の決定
06	1	理　論	Ⅰ，Ⅱ　燃焼・燃焼生成物の考察と熱化学，物質量計算
	2	無機・理論	Ⅰ　ケイ素の単体・半導体の製法，構造
			Ⅱ　ケイ酸塩岩石の分析（反応，物質量計算）
	3	有　機	Ⅰ，Ⅱ　$C_3H_8O_2$，C_6H_{12} の異性体，反応，構造決定
05	1	理　論	Ⅰ　単分子膜の表面圧，アボガドロ定数の測定
			Ⅱ　N_2O_4 の解離平衡
	2	無機・理論	Ⅰ　COD の測定
			Ⅱ　Al の工業的製法
	3	有　機	Ⅰ　エステルの合成と加水分解
			Ⅱ　$C_7H_6O_2$ の異性体の構造と性質
04	1	理　論	Ⅰ　実在気体と理想気体
			Ⅱ　反応速度
	2	無機・理論	Ⅰ　酸素ポンプの結晶構造と電気化学
			Ⅱ　複雑な銅酸化物の組成の決定
	3	有　機	Ⅰ　スチレン重合体の構造，性質，溶液の浸透圧
			Ⅱ　$C_4H_{10}O$ の全異性体および誘導体

年度	番号	項　　目	内　　　　　容
03	1	理　　論	I　オゾンの分解・再生に関する熱化学，反応速度
			II　燃料電池
	2	無　　機	I　NH_3 の逆滴定，電離平衡
			II　酸化還元反応
	3	有　　機	I　フラーレンと関連物質の性質
			II　立体異性体，糖類の反応
02	1	理　　論	メタノールの合成と改質
	2	無　　機	海水からの沈殿・溶解平衡，錯イオンの合成・構造
	3	有　　機	不飽和脂肪酸の構造決定
01	1	理　　論	石炭燃焼の排出気体
	2	無　　機	乾燥剤の構造と性質，銅の化合物と銅の反応
	3	有　　機	脂肪酸の極性と分離，エステルの構造決定
00	1	理　　論	鉄の製錬の熱化学
	2	無　　機	窒素の化合物，溶解度積
	3	有　　機	芳香族化合物の分離，ピクリン酸の合成，アミノ酸の配列順序
99	1	理　　論	水溶液の蒸気圧降下
	2	無　　機	イオンの反応，硫酸銅結晶
	3	有　　機	プロパンの塩素置換，塩素の発生，アニリンの合成

出題分析と対策

◆分量と形式◆

　この本の読者には周知のことかもしれないが確認すると，理科2科目で150分の試験時間に対し，大問が3題でそれがI，IIと2つのテーマを扱っていて，1科目あたり75分とするとかなりの分量であり，それもいずれも思考型の問題で全問を解答するのはかなり大変である。形式も従来から変わらず，記述式で単に解答のみを答えるのではなく，解答に至る道筋を示すことが要求され，まぐれで正解にたどり着くような問題はない。もちろん，これは受験生の実力を正しく判定するために最善の方法に違いない。

◆出題内容と難易度◆

　初版の執筆時から通算して過去31年分の東大の化学の入試問題を解いてみて，あらためて感じたことは，いずれも特別な細かい知識を問う問題は少なく，よく考えら

れた思考型の問題であることである。したがって，どの問題も単に公式にあてはめると答えが出るといった単純な問題が皆無というわけではないが非常に少なく，問題文に記述されている化学的な内容をきちんと把握する必要があり，難易度は高いと言える。15年以上前には，高校では学習していない内容を，少しヒントを与えながら考察させるという極めて難しい問題がしばしば出題されたが，ここ15年程度は，高校の学習内容をもとに，その範囲で十分に練られた問題となっている。あまり古い問題についてコメントしてもしょうがないが，やはり東大の入試問題の特徴でもあるので，触れておくことにする。

　ある程度のスパンで過去問を見ていると，化学の分野で歴史的に高い評価を受けている研究について，それを高校化学で学習する内容に即してその意義を評価するという趣旨の問題が散見される。たとえば，理論化学からは，ハーバー・ボッシュ法によるアンモニア合成やマリケンの電気陰性度の考え方，デバイ・ヒュッケルの電解質に関する理論を高校化学で学習する内容と関連付けた問題が出題された。高校ではポーリングの電気陰性度で様々な物質の性質を説明することが多いが，原子の性質と結びつけて考察するとどうなるか考えさせる出題となっていた。無機化学からは，キュリー夫妻がピッチブレンドという鉱石からラジウムを取り出す操作を題材にして，無機化合物に関する単なる知識だけではなく，その背景にある化学の理論を応用する問題が出題された。また，レイリーとラムゼーによる貴ガスのArの発見を空気のそれ以外の成分気体の反応と結びつけて取り上げられた。また，通常とは異なる視点で様々な現象を化学的に考察する問題もあった。高度の分離方法である向流分配の原理を題材にした出題がその例である。有機化学からは，他の分野に比べれば極端に難しい問題は少ないが，複雑な化合物を何段階かの反応により合成するときの，適切な試薬の組み合わせを問う問題や，天然の油脂を加水分解して得られる脂肪酸を分離する方法など，高校での学習だけでは対応が難しい問題も多い。高校化学ではほとんど取り上げられない配座異性体も，問題文中に詳しい説明がなされてはいるが，その場で考察して正解を得るのはやや大変である。

　上述したように，ここ15年程度は極端に難しい問題は減っているが，様々な現象を定量的に記述するという設問は多い。具体的には，様々な化学平衡に関連する問題で，蒸気圧に関連する気体の問題はたびたび登場しているし，これと反応速度を結びつけた問題もよく見られる。無機化学の分野からも，炭酸塩や硫化物に関する定量的な考察を要求する問題がしばしば出題されている。また，無機化合物の結晶構造も，様々な問題の中の一つとしてしばしば取り上げられている。有機化学からは，ある程度炭素数の大きい化合物の異性体の構造を決める問題では，立体異性体もからめて以

前より難しい問題となっている。また，天然物や高分子化合物を題材にして，量的に考察する以前の有機化学の出題ではあまり見かけないような問題も出題されている。また，特に分野は限らないが，ある化学反応が進みやすいかどうかを決めるエネルギーの観点を，様々な問題に組み込んで出題されている。それと，現在社会的な関心を集めている現象を化学的な側面から考察する問題もしばしば取り上げられている。具体的には，地球温暖化の原因と考えられている二酸化炭素の発生量を減らす工夫や水素をエネルギー源として用いるために必要な水素の貯蔵法と関連した物質の性質，メタンハイドレートやリチウムイオン電池などである。これらは高校では学習しないが，その原理は学んでいるので，高校で学習する内容と結びつけてそれらを応用する能力を問う問題となっている。

◆入試対策◆

　出題内容で触れたように，単純な問題はほとんどない。したがって，問題文に示されている内容をきちんと化学的に把握した上で，論理を組み立てることが大切である。そのためには，日頃から論理的な思考を行うことが必要である。もちろん，化学は物質を扱う自然科学の一分野なので，様々な物質の性質を全く知らないままでは対応することができないが，基本的な物質についての知識を正確に覚えた上で，それを化学の様々な法則を適用して，周期表の上でそれらを正しく位置付けるようにすると良い。出題内容では触れられなかったが，実験と関連した設問も多いので，その実験の目的を理解して，実験操作の意味も理解することが必要である。また，化学が社会と無関係には存在しえないのだから，世の中で起こっている様々な事象を化学の視点で眺めるとどうなるか，という考察態度も心掛けると良い。

第 1 問

[解説]

I ア 化合物 A は炭素，水素，酸素からなる化合物であり，H 原子数は偶数なのでその分子式を $C_xH_{2y}O_z$ とおくと，これの完全燃焼は下式で表される。

$$C_xH_{2y}O_z + wO_2 \longrightarrow xCO_2 + yH_2O$$

よって，この反応における量的関係から次式が成立する。

$$\frac{136\ \mathrm{mg}}{272\ \mathrm{g/mol}} \times x = \frac{352\ \mathrm{mg}}{44.0\ \mathrm{g/mol}} \qquad \therefore \quad x = 16$$

$$\frac{136\ \mathrm{mg}}{272\ \mathrm{g/mol}} \times y = \frac{72.0\ \mathrm{mg}}{18.0\ \mathrm{g/mol}} \qquad \therefore \quad y = 8$$

したがって，A の分子式は $C_{16}H_{16}O_z$ と表され，分子量 M_A は

$$M_A = 12 \times 16 + 16 + 16z = 208 + 16z = 272$$

となり，$z = 4$ と求まり，分子式は $C_{16}H_{16}O_4$ と決まる。

イ 酸化バナジウム（V）を触媒にしてナフタレンを酸化すると，一方のベンゼン環に対し，もう一方のベンゼン環が側鎖として振る舞い，いわゆる側鎖の酸化が進行する。その結果，それが完全に進行すると，下式のようにフタル酸が生成し，さらに分子内で脱水して酸無水物の無水フタル酸が生成する。

無水フタル酸の分子式は $C_8H_4O_3$ で，これが化合物 B である。このとき，同時に生成する化合物 C の分子式は $C_{10}H_6O_2$ であり，ナフタレンの 10 個の C 原子はすべて残っている。また，この芳香族炭化水素の側鎖の酸化では，ベンゼン環に直結した C 原子の C−H 結合が弱まっているために起こり，その部分がカルボニル化合物となること，および C 原子数が 10 個の鎖式飽和の化合物と比べ，H 原子数が $22 - 6 = 16$ 個少ないことから，分子内に二重結合と環構造を合わせて 8 個持っていると推定される。ベンゼン環でそのうち 4 個が決まっているので，それ以外の部分に残りの 4 個が含まれる。さらに，化合物 C に環境の異なる C 原子が 5 種類

であることを考え合わせると，化合物 C の構造は下図と決まる。

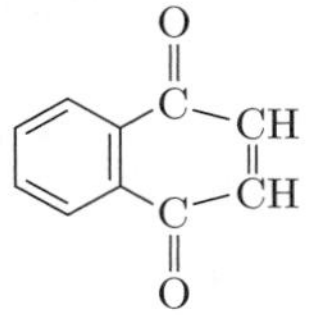

ウ　化合物 E は，化合物 D にオゾンを作用させたのちに適切な酸化処理を行った結果得られた化合物なので，ケトンまたはカルボン酸である。これに実験7のヨードホルム反応を行った結果，黄色固体 G のヨードホルムと酢酸ナトリウムが生成したので，化合物 E はアセトンである。この反応は下式で表される。

$$CH_3COCH_3 + 3I_2 + 4NaOH \longrightarrow CHI_3 + CH_3COONa + 3NaI + 3H_2O$$

エ　分子式が $C_8H_6O_6$ の化合物 F は，部分構造としてサリチル酸を含んでいて，異なる環境にある C 原子が4種類である。また，加熱により分子内脱水反応を起こすので，F は互いにオルト位にカルボキシ基が結合して酸無水物が生成したと推定され，これが化合物 H である。この変化は下式で表される。

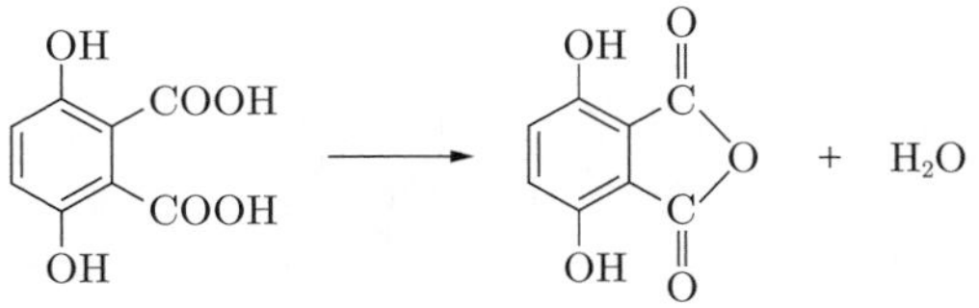

　この結果は，化合物 F がフェノール性ヒドロキシ基を有する化合物 A をアセチル化した後，オゾンを作用させ適切な酸化的処理を行い，続いてエステル結合を加水分解して生成した化合物であることと矛盾しない。

オ　化合物 A のフェノール性ヒドロキシ基がアセチル化された化合物 D にオゾンを作用させたのち適切な酸化的処理を行い，エステル結合を加水分解すると，アセトン，エで求めた化合物 F，コハク酸 $HOOC-CH_2-CH_2-COOH$，二酸化炭素および酢酸が得られたとあり，酢酸はフェノール性ヒドロキシ基をアセチル化した部分から生じたとある。また，化合物 A は部分構造として分子式が $C_{10}H_6O_2$ の化合物 C を含んでいる。化合物 A の分子式が $C_{16}H_{16}O_4$ なので，それは化合物 C の水素原子が C 原子数6個の原子団に置き換わった構造の化合物である。また，化合物 A にはフェノール性ヒドロキシ基が2つあるので，これに含まれる O 原子は他になく，その位置も決まる。さらに，この一連の処理で二酸化炭素が生じていることから，A には $-CO-CH=C$ の部分構造が含まれている。よって，C 原子数6

個の炭化水素基を R と表すと，A の構造およびそれにオゾンを作用させたときに
1, 2-ジカルボニル化合物が生じ，これに酸化的処理を行ったときの変化は下図で
表される。

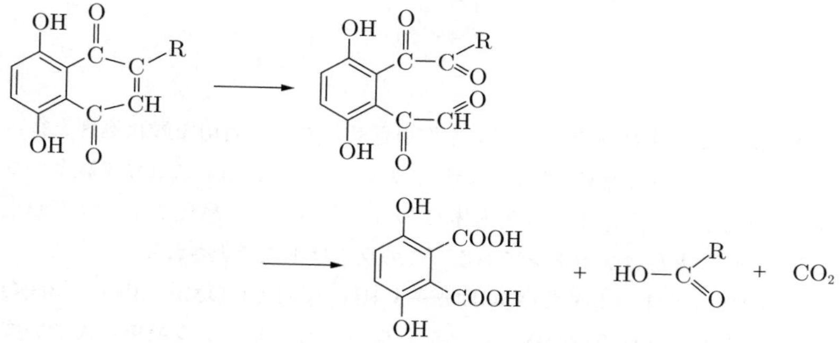

C 原子数が 6 の炭化水素基にオゾンを作用させるとアセトンが生じたことから
R は部分構造として $C=C(CH_3)_2$ を有する。また，コハク酸が生じたことから，
R は $-CH_2CH_2CH=C$ の部分構造を有するので，化合物 A の構造式は下図と決ま
る。

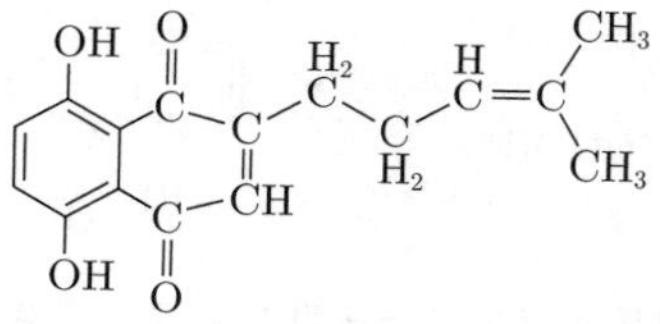

Ⅱ　カ　シクロプロパンは 3 員環を作っている C 原子の結合角が 60° と正四面体構
　造の 109.5° から大きくずれているため，ひずみエネルギーが大きい。そのため，
　シクロプロパン環は非常に不安定で，シクロプロパン臭素を作用させると下式のよ
　うに 1, 3-ジブロモプロパンが生成する。

キ　ブタンの配座異性体で，メチル基どうしの反発が最も小さいのはアンチ形で，こ
　れがエネルギー最小となる。逆に最も反発が大きいのが，$\theta = 0°$ の重なり形で，こ
　のときエネルギーが最大となる。また，$\theta = 60°$ および $\theta = 300°$ のゴーシュ形のと
　きも，メチル基同士の反発は比較的小さく，エネルギーが極小となる。逆に，$\theta =$
　120° および $\theta = 240°$ の重なり形は，$\theta = 0°$ のときよりはメチル基どうしの反発は弱

いものの，エネルギーが極大となる。これらのエネルギー変化を表しているのは(3)
のグラフである。

ク　図1－4のJの投影図に示されているように，いす形の配座異性体のシクロヘ
　　キサンは環を構成している CH_2 どうしはすべてゴーシュ形となっている。

ケ，コ，サ　1,2-ジメチルシクロヘキサンの立体異性体は，2つのメチル基が6員環
　　に対し両方とも同じ側に結合しているか，互いに反対側に結合しているかが違う幾
　　何異性体の関係にある2種類が存在する。それらを図示すると下図の通りである。

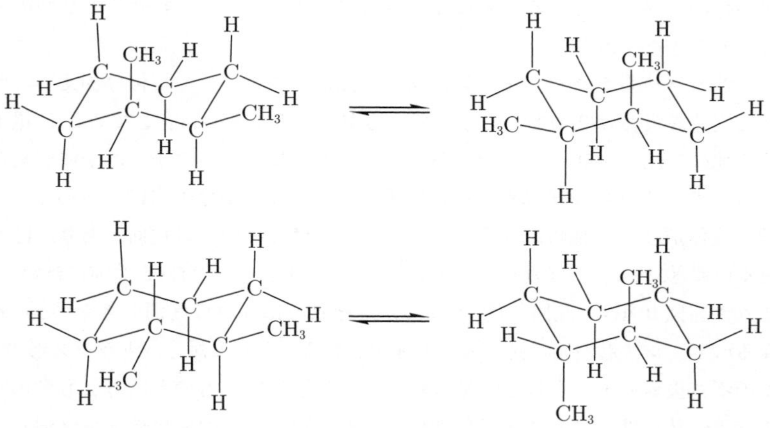

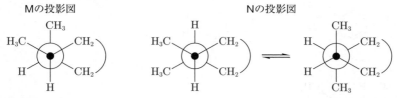

　　上の構造式で表されるのがシス形，下の構造式で表されるのがトランス形である。
シス形では一方のメチル基が6員環の上下に，他方のメチル基が6員環の外側に
向かう方向に結合している配座異性体のみが可能であるのに対し，トランス形では，
2つのメチル基が2つとも6員環の外側に，または2つとも上下の方向に結合した
配座異性体が可能である。よって，Mがシス形，Nがトランス形である。上の構
造式に対応する投影図は下図の通りである。

　　投影図に示されているように，シス形のMでは一方のメチル基はアンチ形とな
るが他方のメチル基どうしおよびメチル基と6員環の CH_2，6員環の CH_2 どうし
はゴーシュ形である。これに対し，トランス形では，6員環に対して2つのメチル

基が互いにアンチ形の配座異性体と互いにゴーシュ形の配座異性体が可能である。これらの配座異性体は、図に示したように 6 員環が舟形を経由して反転することにより両者の配座異性体に変化する。トランス形で最も安定な配座異性体は左の構造式で表され、2 つのメチル基が 6 員環の CH_2 といずれもアンチ形となり、メチル基同士および 6 員環の CH_2 が互いにゴーシュ形となっているものである。右側の構造式で表される配座異性体は、メチル基どうしはアンチ形となっているが、他の組み合わせはいずれもゴーシュ形で、アンチ形が 2 つの左の構造式で表される配座異性体の方が安定である。それは、問題文の図 1 － 6 に合わせると 2 つのメチル基は b と e を占める。

　1,2-ジメチルシクロヘキサンの立体異性体について、一言付け加える。問題文では立体異性体は 2 つあるとなっているが、メチル基の結合している C 原子にはその他に－H，－CH_2～，－$CH(CH_3)$～の互いに異なる原子、原子団が結合しているので、この C 原子は不斉炭素原子となる。これが分子内に 2 つあるので、光学異性体が $2^2 = 4$ 種類ありそうだが、シス形は分子内に対称面があり、H 原子を遠くに置き、残りの原子団の－$CH(CH_3)$～，－CH_2～，－CH_3 を手前に置いたとき、それが右回り（R）と左回り（S）となるが、それらは互いに区別できない meso 体となるので、シス形の光学異性体は 1 種類となる。それに対し、トランス形の方は 2 つの不斉炭素原子のまわりの立体配置が両方とも R のものと両方とも S の互いに鏡像異性体の関係にある光学異性体 2 種が区別され、配座異性体を区別しなければ 3 種類の立体異性体が存在する。ちなみに、上図に示した N の構造式は両方とも R の配置の立体異性体である。

解 答

I　ア　$C_{16}H_{16}O_4$

イ　B 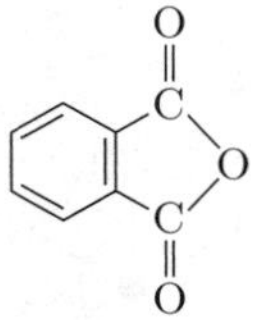
C

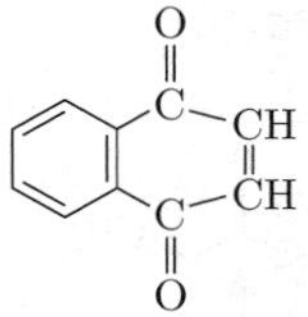

ウ　E

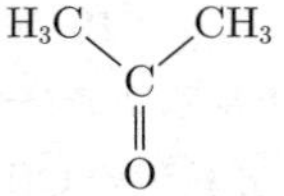

エ　H

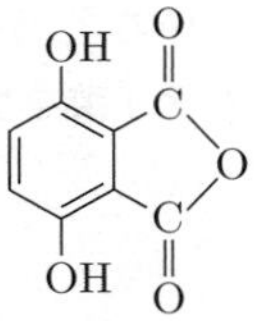

OH O

（ベンゼン環にOH基2つと無水物環：C=O, O, C=O の構造）

オ　A

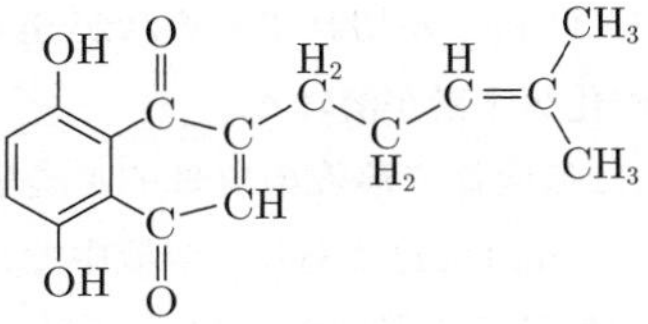

（ベンゼン環、OH基、C=O、CH＝、C=O、CH₂, CH₂, CH, C(CH₃)₂ などの構造）

Ⅱ　カ

$$\underset{Br}{}\text{CH}_2-\text{CH}_2-\text{CH}_2-\text{Br}$$

（Br-CH₂-CH₂-CH₂-Br の構造式）

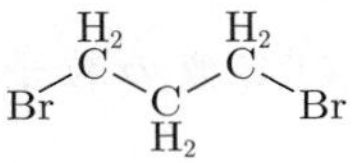

キ　(3)

ク　ゴーシュ形

ケ　M　　　　　　　　　　　N

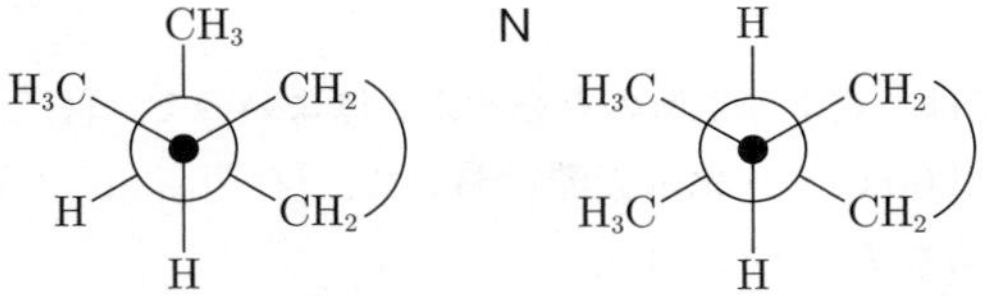

（ニューマン投影式2つ：M は CH₃, H₃C, CH₂, H, CH₂, H の配置、N は H, H₃C, CH₂, H₃C, CH₂, H の配置）

コ　2つのメチル基と6員環を構成する CH₂ との関係が，N には2つアンチ形を取る配座異性体が存在するが，M にはアンチ形は1つしかなく，N の方が安定である。

サ　b と e

第2問

（解説）

Ⅰ　ア　一般に分子性物質の沸点は分子量の大きい分子ほど分子間に働くファンデルワールス力が強く，沸点が高い。ハロゲン化水素でもこの一般則はあてはまり，HCl，HBr，HI の順に沸点が高くなる。しかし，HF はこれらより分子量が小さいにもかかわらず沸点が最も高い。それは，フッ素の電気陰性度が非常に大きく，H－F の結合が大きく分極し分子間に強い分子間引力である水素結合を形成するためである。実際，これらのハロゲン化水素の沸点は，HF が 20℃，HCl が－85℃，HBr が－67℃，HI が－35℃ である。

イ　無機高分子化合物である二酸化ケイ素 SiO_2 は，酸にも塩基にも溶けにくく，こ

れを主成分とするガラスは実験器具の材料として広く用いられている。しかし，フッ化水素とは下式のように反応して，水溶液中ではヘキサフルオロケイ酸を生じ，気体のフッ化水素との反応では四フッ化ケイ素を生じる。

$$SiO_2 + 6HF \longrightarrow H_2SiF_6 + 2H_2O$$

$$SiO_2 + 4HF \longrightarrow SiF_4 + 2H_2O$$

　いずれの反応でも，高分子化合物中の Si-O 結合が切れて，それが Si-F 結合に変わって小分子の化合物となるため，二酸化ケイ素が溶ける。

ウ　希薄溶液の凝固点降下度は，溶質の種類に無関係で溶液の質量モル濃度に比例する。フッ化水素水溶液の質量モル濃度が m〔mol/kg〕であり，溶液中で α の割合で二量体を形成しているとすると，単量体の質量モル濃度が $m(1-\alpha)$〔mol/kg〕，二量体のそれが $\frac{1}{2}m\alpha$〔mol/kg〕となるので，この溶液の粒子濃度は $m\left(1-\frac{\alpha}{2}\right)$〔mol/kg〕となる。したがって，凝固点降下度は二量体を形成しないときの $\left(1-\frac{\alpha}{2}\right)$ 倍となる。

エ　低濃度のフッ化水素酸では，式1の平衡のみを考えればよいので，$[H^+]$ と $[F^-]$ は等しい。よって，pH = 3.00 のフッ化水素酸において，$[H^+] = [F^-] = 1.00 \times 10^{-3}$ mol/L である。この値を K_1 の式に代入すると，

$$K_1 = \frac{[H^+][F^-]}{[HF]} = \frac{1.00 \times 10^{-3}\,\text{mol/L} \times 1.00 \times 10^{-3}\,\text{mol/L}}{[HF]}$$

$$= 7.00 \times 10^{-4}\,\text{mol/L}$$

$$\therefore \quad [HF] = 1.428 \times 10^{-3}\,\text{mol/L} ≒ 1.43 \times 10^{-3}\,\text{mol/L}$$

　なお，このとき式2の HF_2^- の生成は無視して良いとあるが，それを確かめておこう。HF_2^- の生成量は極めて少なく，溶液中の HF および F^- の濃度は上で求めた値と近似できるとすると，K_2 の式にそれらの値を代入して HF_2^- の濃度は以下の通りである。

$$[HF_2^-] = K_2 \times [HF] \times [F^-]$$

$$= 5.00\,\text{L/mol} \times 1.428 \times 10^{-3}\,\text{mol/L} \times 1.00 \times 10^{-3}\,\text{mol/L}$$

$$= 7.14 \times 10^{-6}\,\text{mol/L}$$

　よって，このとき HF_2^- の生成量は極めて少なく，式2の平衡は無視して良いという近似は妥当であったことがわかる。

オ　式1の平衡のみを考える場合は，$[H^+] = [F^-]$ となるので，$K_1[HF] = [H^+]^2$

となり，$[H^+] = \sqrt{K_1[HF]} = \sqrt{7.00 \times 10^{-2}}\sqrt{[HF]} = 2.65 \times 10^{-2}\sqrt{[HF]}$ の関係が成立する。この関係を表しているグラフは，上に凸の放物線の一部で，たとえば $[HF] = 0.25\,mol/L$ のとき $\sqrt{[HF]} = 0.50\,(mol/L)^{1/2}$ となるので，このとき $[H^+] = 1.32 \times 10^{-2}\,mol/L$ となり，(3)のグラフがこれに適する。

一方，式2の平衡も考えると，溶液内の電荷のバランスから $[H^+] = [F^-] + [HF_2^-]$ が成立するので $[HF_2^-] = [H^+] - [F^-]$ である。また，K_1 の式から $[F^-] = \dfrac{K_1[HF]}{[H^+]}$ である。これらを K_2 の式に代入すると，下式が得られる。

$$K_2 = \frac{[H^+] - [F^-]}{[HF] \times \dfrac{K_1[HF]}{[H^+]}} = \frac{[H^+] - \dfrac{K_1[HF]}{[H^+]}}{[HF] \times \dfrac{K_1[HF]}{[H^+]}}$$

これを整理すると，下式の $[H^+]$ についての2次方程式が得られる。

$$[H^+]^2 - K_1[HF] - K_1K_2[HF]^2 = 0$$

これを $[H^+] > 0$ の条件で解くと下式が得られる。

$$[H^+] = \sqrt{K_1[HF] + K_1K_2[HF]^2}$$

これに $K_1 = 7.00 \times 10^{-4}\,mol/L$，$K_2 = 5.00\,mol/L$ を代入すると，以下の結果となる。

$$[H^+] = \sqrt{7.00 \times 10^{-4}\,mol/L\,[HF] + 3.50 \times 10^{-3}[HF]^2}$$

具体的に $[HF] = 0.250\,mol/L$，$0.200\,mol/L$，$0.100\,mol/L$ のときの $[H^+]$ を計算してみると，順に $0.0198\,mol/L$，$0.0167\,mol/L$，$0.0102\,mol/L$ となり，(2)のグラフがその関係を表している。

Ⅱ　カ　Al_2O_3，Fe_2O_3，SiO_2 の中で $NaOH$ 水溶液と反応して溶解するのは両性酸化物である Al_2O_3 のみである。SiO_2 もその一部が反応するが，溶解するとは言えない。Al_2O_3 が $NaOH$ 水溶液と反応するときの反応式は以下の通りである。

$$Al_2O_3 + 2NaOH + 3H_2O \longrightarrow 2Na[Al(OH)_4]$$

キ　$Al(OH)_3$ の沈殿と錯イオンが共存する酸塩基反応は次の2つである。

$$[Al(OH)_4]^- + H^+ \rightleftharpoons Al(OH)_3 + H_2O$$
$$Al(OH)_3 + H^+ + 3H_2O \rightleftharpoons [Al(H_2O)_4(OH)_2]^+$$

ただし，本問では $Al(OH)_3$ の沈殿は下式のように $1.0 \times 10^{-4}\,mol/L$ の $[Al(H_2O)_3(OH)_3]$ との間で溶解平衡にあるとしている。

$$Al(OH)_3 + 3H_2O \rightleftharpoons [Al(H_2O)_3(OH)_3]$$

よって，それを表した錯イオンとの酸塩基反応は下式となる。

$$[Al(H_2O)_2(OH)_4]^- + H^+ \rightleftharpoons [Al(H_2O)_3(OH)_3]$$
$$[Al(H_2O)_3(OH)_3] + H^+ \rightleftharpoons [Al(H_2O)_4(OH)_2]^+$$

　図 2-2 に示されているように，pH = 7.0 のときこの 2 つの平衡が同時に成り立ち，$[Al(H_2O)_2(OH)_4]^-$ および $[Al(H_2O)_4(OH)_2]^+$ のモル濃度が 1.0×10^{-5} mol/L となり，他の錯イオンのモル濃度は 10^{-8} mol/L 以下となっていて，実質存在しない。また，これとは異なる pH のときは，グラフの縦軸が対数目盛になっているので，一方の濃度は 1.0×10^{-5} mol/L より小さくなっても，他方の濃度の増大はより大きく，その合計は 2.0×10^{-5} mol/L より大きくなる。具体的に pH = 8.0 のときで確かめると，$[Al(H_2O)_2(OH)_4]^-$ および $[Al(H_2O)_4(OH)_2]^+$ のモル濃度は，それぞれ 1.0×10^{-4} mol/L および 1.0×10^{-6} mol/L となり，その合計は 1.01×10^{-4} mol/L となり，pH = 7.0 のときの約 5 倍となる。

ク　酸化チタン TiO_2 をコークスと高温に加熱し，ここに塩素を吹き込むと塩化チタン $TiCl_4$ が得られるとある。形式的には，この反応において Ti の酸化数は +4 のままで，Cl の酸化数が 0 から -1 になり，C は CO_2 まで完全に酸化されるとするのでその酸化数が 0 から +4 となるので，全体で次の酸化還元反応が進行すると考えられる。

　　　⑦　$TiO_2 + C + 2Cl_2 \longrightarrow TiCl_4 + CO_2$

　酸化チタンはイオン性物質で高温でも固体で存在するが，塩化チタンは分子性物質なので，容易に融解し高温にすると蒸気になるので，容易に精製することができる。こうして得られた純粋な塩化チタンを下式のようにイオン化傾向の大きい金属であるマグネシウム Mg を用いて還元するとチタンの単体が得られる。

　　　⑧　$TiCl_4 + 2Mg \longrightarrow Ti + 2MgCl_2$

この過程で生じた $MgCl_2$ は以下の溶融塩（融解塩）電解⑨で単体に戻される。

　　　陰極　$Mg^{2+} + 2e^- \longrightarrow Mg$
　　　陽極　$2Cl^- \longrightarrow Cl_2 + 2e^-$

　全体では $MgCl_2 \longrightarrow Mg + Cl_2$ の変化が電気エネルギーによって進められる。これらの一連の過程全体では，下式の反応が進行することになる。もちろん，このように酸化物が C によって直接単体まで還元される反応はおこらず，塩化物にして溶融塩電解を行うことによってはじめて可能な反応である。

　　　$TiO_2 + C \longrightarrow Ti + CO_2$

ケ　Mg はイオン化傾向が大きい金属であり，その塩の水溶液の電気分解を行うと，Mg^{2+} より H_2O の方が還元されやすい。一般に，水素よりイオン化傾向が大きい金属は，それらの陽イオンより H^+ の方が還元されやすいので，それらの塩類を酸

性にして水溶液の電気分解を行えば，金属の単体ではなく H_2 の気体が発生すると考えられるが，H^+ が H 原子まで還元されても，それらが電極表面で再結合して H_2 になる過程が金属の種類によって起こりにくいものがあり，H_2 の気体が発生する過程を進行させるためには余分の電圧を加える必要がある。そのため，Zn よりイオン化傾向の小さい金属では，その塩類も水溶液の電気分解で金属の単体が析出する。しかし，Al よりイオン化傾向の大きい金属では，その塩類の水溶液の電気分解では下式の水の還元の方が起こりやすく，陰極で H_2 が発生して金属の単体は得られない。

$$2H_2O + 2e^- \longrightarrow H_2 + 2OH^-$$

コ　面心立方格子の最密充填面の3つの候補の粒子配列を具体的に図示すると下図の通りである。単位格子の一辺の長さを ℓ，金属の原子半径を r とすると $4r = \sqrt{2}\ell$ である。これらの断面の原子の占有率を平面内の格子配列のくり返しの正方形，長方形，ひし形について計算すると，以下の通りである。

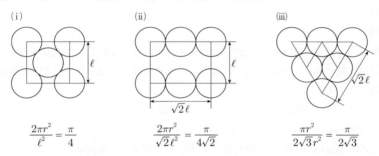

(i)　$\dfrac{2\pi r^2}{\ell^2} = \dfrac{\pi}{4}$

(ii)　$\dfrac{2\pi r^2}{\sqrt{2}\ell^2} = \dfrac{\pi}{4\sqrt{2}}$

(iii)　$\dfrac{\pi r^2}{2\sqrt{3}\,r^2} = \dfrac{\pi}{2\sqrt{3}}$

　　よって，面心立方格子の最密充填面は(iii)である。また，この粒子配列は単位格子の立方体の4本の体対角線と直交していて，4つある。

解 答

I　ア　一般に分子性物質の沸点は分子量が大きい分子ほど分子間に働くファンデルワールス力が強いので，HF 以外は HI ＞ HBr ＞ HCl となる。しかし HF は F の電気陰性度が非常に大きく，H−F 結合が大きく分極しているため分子間に強い分子間引力である水素結合を形成するので，分子量が最小であるにもかかわらず沸点が最も高い。よって，沸点は HF ＞ HI ＞ HBr ＞ HCl となる。

イ　A：H_2SiF_6　　B：SiF_4

ウ　二量体を形成すると，溶液中の溶質粒子の質量モル濃度が減少するため，凝固点降下度もそれに比例して小さくなる。

エ　[HF] = 1.4×10^{-3} mol/L （答えに至る過程は解説参照）

オ　(a) (3)　　(b) (2)

Ⅱ　カ　Al_2O_3

　　　$Al_2O_3 + 2NaOH + 3H_2O \longrightarrow 2Na[Al(OH)_4]$

キ　pH = 7

ク　⑦　$TiO_2 + C + 2Cl_2 \longrightarrow TiCl_4 + CO_2$

　　⑧　$TiCl_4 + 2Mg \longrightarrow Ti + 2MgCl_2$

　　⑨　$MgCl_2 \longrightarrow Mg + Cl_2$

　　全体　$TiO_2 + C \longrightarrow Ti + CO_2$

ケ　Mg はイオン化傾向が大きい金属であり，その塩の水溶液の電気分解を行うと，Mg^{2+} より H_2O の方が還元され H_2 の気体が発生するため。

コ　最密充填面：(iii)　　最密充填面の数：4

第3問

【解説】

Ⅰ　ア　ハーバー・ボッシュ法によるアンモニア合成を題材にした化学平衡の一般則の確認問題である。下式で表されるアンモニア合成反応は，正反応が 92kJ/mol の発熱反応である。

　　　$N_2(気) + 3H_2(気) = 2NH_3(気) + 92$ kJ

　　　$N_2(気) + 3H_2(気) \rightleftharpoons 2NH_3(気)$　　$\Delta H = -92$ kJ

　この可逆反応は，正反応が発熱で気体分子数が減少する反応なので，ルシャトリエの原理から，低温・高圧にするほど平衡はアンモニアの生成の方向に平衡が移動する。しかし，反応速度は温度が高い方が大きくなるので，ある程度の反応温度は必要であり，それをできるだけ低くするために，活性化エネルギーの小さい反応経路を生み出す触媒が重要な役割をしている。ハーバー・ボッシュ法によるアンモニア合成では，鉄を主成分とする触媒が用いられ，400 ～ 450℃程度で十分な反応速度が得られるようになった。

イ　触媒 1.00 g への窒素の飽和吸着量は，標準状態に換算して 112 mL と読める。よって，その物質量は $\dfrac{112 \times 10^{-3}\,\text{L}}{22.4\,\text{L/mol}} = 5.00 \times 10^{-3}$ mol である。これが，触媒表面をちょうど覆うので，その表面積は次のように計算される。なお，$1\,\text{nm}^2 = (1 \times 10^{-9}\,\text{m})^2 = 1 \times 10^{-18}\,\text{m}^2$ である。

　　　$0.160\,\text{nm}^2 \times 5.00 \times 10^{-3}\,\text{mol} \times 6.02 \times 10^{23}\,\text{mol}^{-1} = 4.82 \times 10^{20}\,\text{nm}^2$

$$= 4.82 \times 10^2 \ m^2$$

ウ　N_2 の吸着のように，気体の圧力に応じて N_2 分子の吸着・脱離が可逆的に起こる現象は物理吸着と呼ばれる。これに対し，触媒表面で H_2 がH原子に解離して吸着する現象は化学吸着と呼ばれ，明らかに触媒と H_2 の間で化学反応が起こっている。そのため，1回目の吸着の後，気体を除去しても，金属と強く結合して解離吸着したH原子は簡単には脱離せず，触媒の担体部分に物理吸着した H_2 のみが脱離する。したがって，触媒の金属がすべて解離吸着したH原子で覆われると，2回目以降は担体に物理吸着する分だけしか吸着せず，その量は1回目に比べて激減する。よって，この現象を適切に表しているグラフは(ⅲ)である。

エ　図3−4の(ⅲ)のグラフから，H_2 の飽和吸着量は標準状態に換算して 200 mL であり，そのうち2回目以降の飽和吸着量の 20 mL は担体表面への物理吸着なので，金属と化学吸着した H_2 は 300 K，1.01×10^5 Pa に換算して 180 mL である。これに含まれるH原子と表面にある金属原子の物質量が等しいので，それは以下のように計算される。

$$n_{\text{H原子}} = \frac{1.01 \times 10^5 \ Pa \times 180 \times 10^{-3} \ L}{8.31 \times 10^3 \ (Pa \cdot L/mol \cdot K) \times 300 \ K} \times 2 = 1.46 \times 10^{-3} \ mol$$

よって，表面を構成している金属原子の割合は以下の通りである。

$$\frac{1.46 \times 10^{-3} \ mol}{5.00 \times 10^{-3} \ mol} \times 100 = 29.2\%$$

オ　室温では N_2 は触媒表面に分子のままで吸着するのみで，アンモニア合成にはつながらない。高温にすると，より反応が進みやすい反応中間体であるN原子の状態が触媒表面に実現する。この段階まで反応が進めば，これより容易に解離してH原子となって吸着しているHとの反応が容易に進むようになる。すなわち，アンモニア合成における触媒の重要な役割は，N_2 のN原子への解離である。よって，gの触媒に求められる能力は窒素を原子に解離させる能力とするのが妥当である。

Ⅱ　カ　このコロイドの等電点はpH＝7なので，pH＝3.0のときにはコロイドは H^+ を吸着して正に帯電している。よって，pH＝3.0で電気泳動を行うと，コロイドは陰極側に移動する。

キ　疎水コロイドが安定に存在するのは，コロイド粒子が同符号に帯電しているため，接近すると斥力が働き粒子同士が凝集できないためである。したがって，コロイド粒子が電荷を帯びない状態にすれば，それらが凝集することを妨げる要因はなく，pH＝7.0のとき，コロイド粒子の表面にあるヒドロキシ基は−OHとなり，コロイド粒子同士が凝集し，粒子径がコロイドとして存在できる大きさを超え，沈殿す

る。

ク　液柱の作る圧力を換算すると，$1.01 \times 10^5 \, \text{Pa} = 76.0 \, \text{cmHg} = 76.0 \times 13.6 \, \text{cmH}_2\text{O}$ である。よって，コロイド溶液の $1.36 \, \text{cm}$ の液面差を生じる浸透圧 Π は，以下のように換算される。

$$\Pi = 1.36 \, \text{cmH}_2\text{O} = \frac{1.01 \times 10^5 \, \text{Pa} \times 1.36 \, \text{cmH}_2\text{O}}{76.0 \times 13.6 \, \text{cmH}_2\text{O}} = 1.33 \times 10^2 \, \text{Pa}$$

コロイド溶液のモル濃度を $c \, (\text{mol/L})$ とすると，ファントホッフの式から浸透圧は下式で表され，これと上の数値を等値すると，以下の通り。

$$\Pi = cRT = c \times 8.31 \times 10^3 \, \text{Pa·L/(K·mol)} \times 300 \, \text{K} = 1.33 \times 10^2 \, \text{Pa}$$

$$\therefore \quad c = 5.33 \times 10^{-5} \, \text{mol/L}$$

ケ　半径が $1.00 \times 10^{-8} \, \text{m}$ のコロイド粒子の体積 v は，以下の通りである。

$$v = \frac{4}{3} \pi \times (1.00 \times 10^{-8} \, \text{m})^3 = 4.19 \times 10^{-24} \, \text{m}^3$$

また，コロイド粒子に含まれる $1 \, \text{m}^3$ 当たりの Fe^{3+} の物質量は $4.00 \times 10^4 \, \text{mol/m}^3$ なので，半径が $1.00 \times 10^{-8} \, \text{m}$ のコロイド粒子 1 個に含まれる Fe^{3+} の物質量は次の通りであり，その組成は $Fe(OH)_3$ であるとするので，それが $Fe(OH)_3$ の物質量でもある。

$$n_{Fe^{3+}} = n_{Fe(OH)_3} = 4.00 \times 10^4 \, \text{mol/m}^3 \times 4.19 \times 10^{-24} \, \text{m}^3$$
$$= 1.68 \times 10^{-19} \, \text{mol}$$

よって，その質量は $Fe(OH)_3$ のモル質量が $106.8 \, \text{g/mol}$ なので以下の通りである。

$$w_{コロイド} = 106.8 \, \text{g/mol} \times 1.68 \times 10^{-19} \, \text{mol} = 1.79 \times 10^{-17} \, \text{g}$$

したがって，半径が $1.00 \times 10^{-8} \, \text{m}$ のコロイド粒子のモル質量 $M_{コロイド}$ は以下の通りである。

$$M_{コロイド} = 1.79 \times 10^{-17} \, \text{g} \times 6.02 \times 10^{23} \, \text{mol}^{-1} = 1.08 \times 10^7 \, \text{g/mol}$$

コ　$\Delta h = 1.36 \, \text{cm}$ のとき，両液面はそれぞれ $0.68 \, \text{cm}$ 上下し，コロイド溶液中に $0.68 \, \text{cm}^3$ の水が浸透し，その体積は $10.68 \, \text{cm}^3$ となっている。また，このときのコロイド粒子のモル濃度はクで求めたように $5.33 \times 10^{-5} \, \text{mol/L}$ である。よって，このコロイド溶液中のコロイド粒子の物質量は $5.33 \times 10^{-5} \, \text{mol/L} \times 10.68 \times 10^{-3} \, \text{L} = 5.69 \times 10^{-7} \, \text{mol}$ である。したがって，このコロイド粒子のモル質量 $M'_{コロイド}$ は以下の通りである。

$$M'_{コロイド} = \frac{53.4 \, \text{g/L} \times 10^{-2} \, \text{L}}{5.69 \times 10^{-7} \, \text{mol}} = 9.38 \times 10^5 \, \text{g/mol}$$

　半径が 1.00×10^{-8} m のコロイド粒子のモル質量は，ケで求めたように 1.08×10^{7} g/mol である。コロイド粒子の体積は半径の 3 乗に比例し，その密度は粒子径によらず一定とするので，質量も半径の 3 乗に比例する。したがって，コロイド粒子のモル質量も半径の 3 乗に比例する。実験 2 で浸透圧を測定したコロイド粒子のモル質量が 9.38×10^{5} g/mol であり，半径が 1.00×10^{-8} m のコロイド粒子のモル質量の 1.08×10^{7} g/mol より小さいので，このコロイド粒子の半径は 1.00×10^{-8} m より小さい。上記の仮定に基づいて半径を計算してみると，4.43×10^{-9} m と見積もられる。

サ　上でも述べたように，コロイド粒子のモル質量は半径の 3 乗に比例する。したがって，コロイド粒子の質量濃度が一定のとき，そのモル濃度は半径の 3 乗に反比例する。溶液の浸透圧は溶液のモル濃度に比例し，Δh も水の浸透による濃度変化を無視すれば，溶液のモル濃度に比例する。よって，その状況を正しく表しているのは (5)である。

解答

I　ア　a：ルシャトリエ　　b：高　　c：発　　d：低　　e：高

イ　4.8×10^{2} m^2 （答えに至る過程は解説参照）

ウ　(iii)

エ　29% （答えに至る過程は解説参照）

オ　N$_2$ 分子を N 原子に解離させる

II　カ　陰

　　理由：等電点が pH = 7.0 なので，pH = 3.0 の溶液中ではコロイド粒子は H$^+$ を吸着して正に帯電しているため。

キ　等電点以外の pH においては，コロイド粒子は同じ符号に帯電し，接近すると斥力が働き粒子径が小さいままに保たれ，コロイド溶液の状態を維持するが，等電点ではコロイド粒子は電気的に中性で接近したときに斥力が働かず，粒子が凝集して粒子径がコロイドとして存在し得る大きさより大きくなるため。

ク　5.3×10^{-5} mol/L （答えに至る過程は解説参照）

ケ　1.1×10^{7} g （答えに至る過程は解説参照）

コ　小さい

　　理由：実験 2 で浸透圧を測定したコロイド粒子のモル質量は 9.38×10^{5} g/mol であり，半径が 1.00×10^{-8} m のコロイド粒子のモル質量の 1.08×10^{7} g/mol より小さく，コロイド粒子の体積に比例するこれに含まれる Fe(OH)$_3$ の

物質量が小さいため。

サ　(5)

　　理由：コロイド粒子のモル質量は半径の3乗に比例する。したがって，コロイド
　　　　　粒子の質量濃度が一定のとき，そのモル濃度は半径の3乗に反比例する。
　　　　　一方，溶液の浸透圧は溶液のモル濃度に比例し，Δhも水の浸透による濃
　　　　　度変化を無視すれば，溶液のモル濃度に比例するため。

第1問

[解説]

Ⅰ　ア　油脂の加水分解は下式で表される。

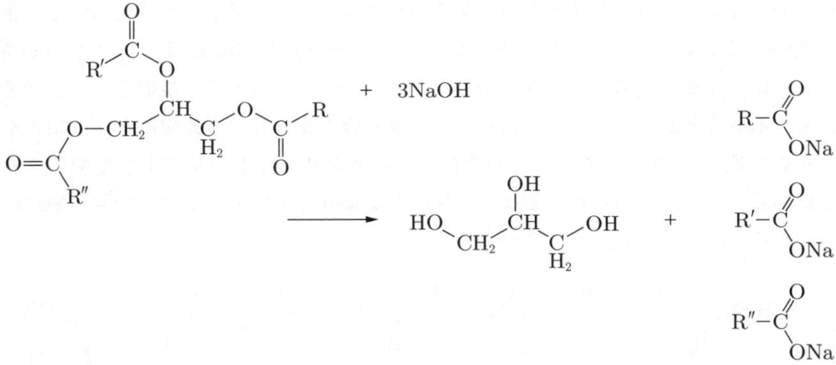

したがって，油脂の物質量と生成するグリセリンの物質量は等しく，油脂Aのモル質量を M〔g/mol〕とすると，下式が成立する。

$$\frac{2.21\,\text{g}}{M} = \frac{0.230\,\text{g}}{92\,\text{g/mol}} \qquad \therefore \quad M = 884\,\text{g/mol}$$

イ　2.21gの油脂Aに付加した水素の物質量は $\dfrac{0.168\,\text{L}}{22.4\,\text{L/mol}} = 7.50 \times 10^{-3}\,\text{mol}$ なので，油脂Aに含まれる二重結合の数を x とすると，下式が成立する。

$$\frac{2.21\,\text{g}}{884\,\text{g/mol}} \times x = 7.50 \times 10^{-3}\,\text{mol} \qquad \therefore \quad x = 3$$

油脂Aの構成脂肪酸は飽和脂肪酸Bと不飽和脂肪酸Cの2種類なので，この二重結合はすべて不飽和脂肪酸Cに含まれる。また，油脂Aは不斉炭素原子をもつが，これに水素が付加した油脂Dは不斉炭素原子をもたないことから，油脂Aの構成脂肪酸は，グリセリンの両端のC原子にエステル結合している脂肪酸が異なっていて，これに水素が付加すると同じ脂肪酸となっていることがわかる。したがって，油脂Dの構成脂肪酸はすべて飽和脂肪酸Bとなっている。また油脂Dの分子量は890となるので，飽和脂肪酸Bの炭化水素基部分のC原子数を n とすると，その化学式は $C_nH_{2n+1}COOH$ と表されるので，油脂Aの分子量は以下のように表され

る。

$$M = 92 + (14n + 1 + 45) \times 3 - 18 \times 3 = 890$$

$$\therefore \quad n = 17$$

　　よって，飽和脂肪酸 B の分子式は $C_{18}H_{36}O_2$，不飽和脂肪酸 C の分子式は $C_{18}H_{30}O_2$ と決まる。不飽和脂肪酸 C のオゾン分解の結果を考慮すると，構成脂肪酸はどちらも直鎖の炭素骨格を有し，飽和脂肪酸 B はステアリン酸と推定される。

ウ　分子性結晶では，分子間引力が強く働くように分子が規則正しく配列する。脂肪酸の結晶でもこの原則は守られていて，直鎖の飽和脂肪酸 B は，結晶中で下図のように分子が一定のジグザグ構造となり棒状の形を取るので，規則正しい配列を容易に取ることができる。これに対し，二重結合のまわりの立体配置がシス型の不飽和脂肪酸 C は下図のように炭素骨格が折れ曲がり，分子が規則正しく配列するのが困難である。そのため，飽和脂肪酸の方がより分子間引力が強く働き，融点が高くなる。

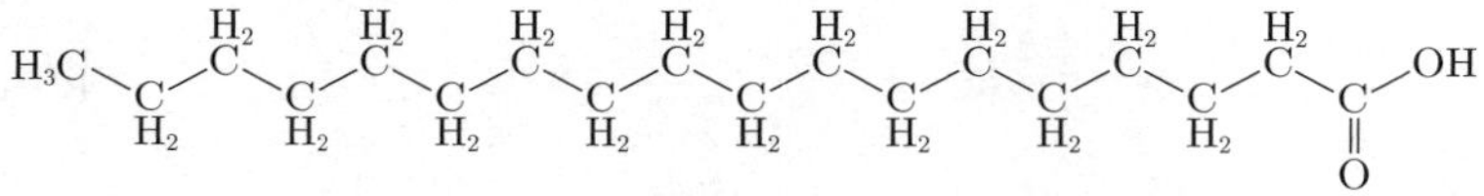

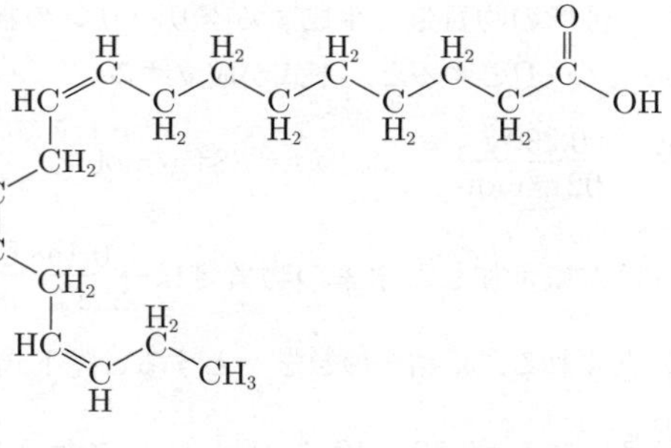

　　実際の結晶では，カルボキシ基同士で水素結合を形成しているが，この際にも棒状の飽和脂肪酸の方がより接近しやすく，水素結合を形成しやすい。

エ　実験 3 の結果，二重結合の位置が決まるのは問題文中の中央に示されている構造式の化合物が生じるメチル基の末端から 3 番目と 4 番目の間にあることだけで，両端に示されているジエステルが生じる二重結合の位置は決まらない。具体的には，以下の 3 種の構造が可能である。

$$CH_3CH_2CH = CHCH_2CH = CHCH_2CH = CH(CH_2)_7COOH$$

$$CH_3CH_2CH = CH(CH_2)_7CH = CHCH_2CH = CHCH_2COOH$$

$$CH_3CH_2CH = CHCH_2CH = CH(CH_2)_7CH = CHCH_2COOH$$

オ　実験4の結果から，不飽和脂肪酸Cは上の3種の中の1番目に示した構造式で表され，最も右の位置にある二重結合がオゾン分解され，還元的処理をしたときに，問題文中の左の構造式の化合物が得られる。ちなみに，不飽和脂肪酸Cはリノレン酸である。よって，油脂Aの構造式は以下の通りである。

$$CH_2-O-CO-(CH_2)_{16}CH_3$$
$$CH-O-CO-(CH_2)_{16}CH_3$$
$$CH_2-O-CO-(CH_2)_7CH=CHCH_2CH=CHCH_2CH=CHCH_2CH_3$$

Ⅱ　カ，キ　C_5H_{10}の分子式のアルケンに水素を付加するとC_5H_{12}の分子式のアルカンが生成する。C_5H_{12}のアルカンには3種の構造異性体があるが，この水素付加反応で生じうるアルカンはペンタン$CH_3CH_2CH_2CH_2CH_3$とメチルブタン$CH_3CH_2CH(CH_3)_2$の2種であり一方が化合物I，他方が化合物Jである。これらの構造式は以下の通りである。

ペンタン

$$H_3C-\overset{\displaystyle CH_2}{\underset{\displaystyle CH_2}{}}-\overset{\displaystyle CH_2}{\underset{\displaystyle CH_3}{}}$$

メチルブタン

$$CH_3-\overset{\displaystyle CH_3}{\underset{\displaystyle CH_2}{C}}-CH_3$$

以下にC_5H_{10}のアルケンの異性体を列挙し，それらに水の付加反応を行ったときにマルコフニコフ則にしたがって主に生成するアルコールを示す。

① $H_3C-CH_2-CH_2-CH=CH_2$ $\xrightarrow{+H_2O}$ $H_3C-CH_2-CH_2-\overset{*}{C}H-CH_3$ (OH)

② $H_3C-CH_2-CH=CH-CH_3$ $\xrightarrow{+H_2O}$ $H_3C-CH_2-CH_2-\overset{*}{C}H-CH_3$ (OH) ，$H_3C-CH_2-CH-CH_2-CH_3$ (OH)

③ $H_3C-CH_2-\underset{CH_3}{C}=CH_2$ $\xrightarrow{+H_2O}$ $H_3C-CH_2-\overset{OH}{\underset{CH_3}{C}}-CH_3$

④ $H_3C-CH=\underset{CH_3}{C}-CH_3$ $\xrightarrow{+H_2O}$ $H_3C-CH_2-\overset{OH}{\underset{CH_3}{C}}-CH_3$

⑤ $H_2C=CH-\underset{CH_3}{CH}-CH_3$ $\xrightarrow{+H_2O}$ $H_3C-\overset{*}{C}H-\underset{CH_3}{CH}-CH_3$ (OH)

—29—

　　主生成物が 2 種類となるのは，②の 2-ペンテンに水が付加した場合のみで，これが化合物 H である。また，同じアルコール L が得られるのは①の 1-ペンテンに水が付加した場合であり，G が 1-ペンテン，L が 2-ペンタノール，M が 3-ペンタノールである。よって，化合物 J はペンタン，化合物 I がメチルブタンと決まる。

　　主生成物としてアルコール K が生成するのは，③の 2-メチル-1-ブテンと④の 2-メチル-2-ブテンである。よって，これらが化合物 E, F である。また，アルコール K は第 3 級アルコールであり，二クロム酸カリウムを用いても酸化されなかったことと矛盾しない。

　　化合物 E, F, G に水を付加したときに少量生成するアルコールは以下の通りである。

① 　G → P

$$H_3C-CH_2-CH_2-CH=CH_2 \xrightarrow{+H_2O} H_3C-CH_2-CH_2-CH_2-CH_2-OH$$

③, ④ 　E, F → N, O

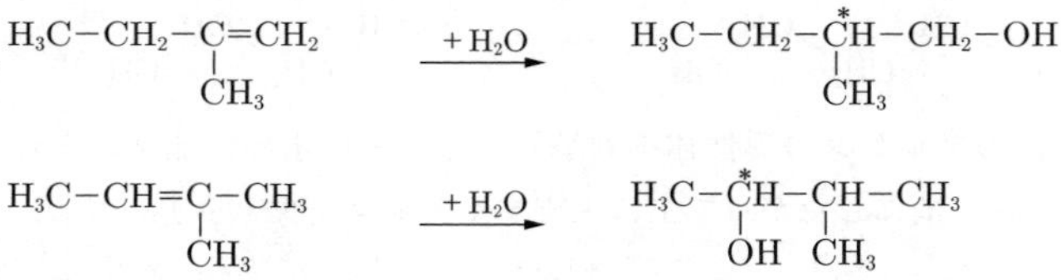

$$H_3C-CH_2-\underset{CH_3}{C}=CH_2 \xrightarrow{+H_2O} H_3C-CH_2-\overset{*}{\underset{CH_3}{C}}H-CH_2-OH$$

$$H_3C-CH=\underset{CH_3}{C}-CH_3 \xrightarrow{+H_2O} H_3C-\overset{*}{\underset{OH}{C}}H-\underset{CH_3}{C}H-CH_3$$

　　また，これらのアルコールの中でヨードホルム反応に陽性なのは G, H から生じる L の 2-ペンタノールと④から生じる 3-メチル-2-ブタノールであり，後者がアルコール N であり，④が 2-メチル-2-ブテンで E である。化合物 G への水の付加によって生成したのがアルコール P なので，③から少量生成するアルコール O は 2-メチル-1-ブタノールであり③が 2-メチル-1-ブテンの F である。上にも示したが，これらのアルコールの中で不斉炭素原子を持つものは以下の構造式の L, N, O の 3 種である。

L 　　　　　　　　　N 　　　　　　　　　O

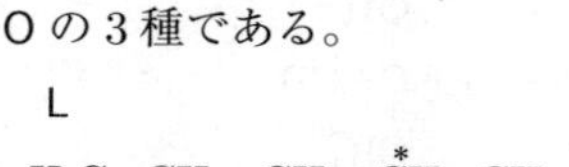

$$H_3C-CH_2-CH_2-\overset{*}{\underset{OH}{C}}H-CH_3 \qquad H_3C-\overset{*}{\underset{OH}{C}}H-\underset{CH_3}{C}H-CH_3 \qquad H_3C-CH_2-\overset{*}{\underset{CH_3}{C}}H-CH_2-OH$$

ク 　解説 2 にあるように，アルコールの脱水反応はヒドロキシ基に H^+ が結合し，さらに水が取れて生じる陽イオンが安定なものほどその生成速度が速く，脱水反応全体も速く進行する。これらのアルコールの中では第 3 級アルコールである K から生じる下図の陽イオンが 2 つのメチル基と 1 つのエチル基が結合している陽イオ

ンで最も安定である。

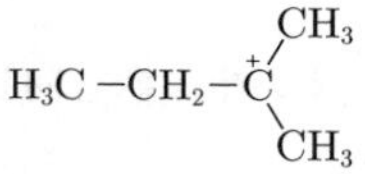

$$H_3C-CH_2-\overset{+}{\underset{}{C}}\overset{CH_3}{\underset{CH_3}{}}$$

ケ　アルケン E ～ H への水の付加が起こったときの主生成物は上に示した通りである。これらのアルコールからザイツェフ則に従って脱水が起こったとき，元のアルケンが生成するのは H の 2-ペンテンと E の 2-メチル-2-ブテンである。

解 答

Ⅰ　ア　884

イ　B：$C_{18}H_{36}O_2$　　　C：$C_{18}H_{30}O_2$

ウ　C

　　理由：B は棒状の分子なので結晶中で規則正しく配列するが，C の炭素鎖はシス
　　　　　型の二重結合の部分で折れ曲がっているため，結晶中で分子が規則正しく
　　　　　配列しに行くいため。

エ　$CH_3CH_2CH=CHCH_2CH=CHCH_2CH=CH(CH_2)_7COOH$

　　$CH_3CH_2CH=CH(CH_2)_7CH=CHCH_2CH=CHCH_2COOH$

　　$CH_3CH_2CH=CHCH_2CH=CH(CH_2)_7CH=CHCH_2COOH$

オ　$CH_2-O-CO-(CH_2)_{16}CH_3$
　　$CH-O-CO-(CH_2)_{16}CH_3$
　　$CH_2-O-CO-(CH_2)_7CH=CHCH_2CH=CHCH_2CH=CHCH_2CH_3$

Ⅱ　カ　I 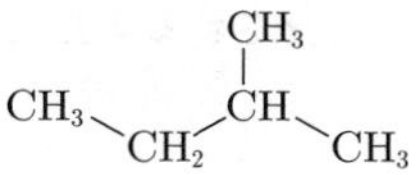
　　J

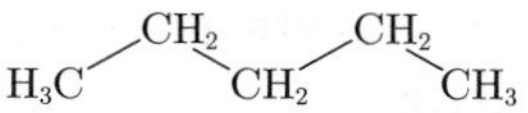

キ　L 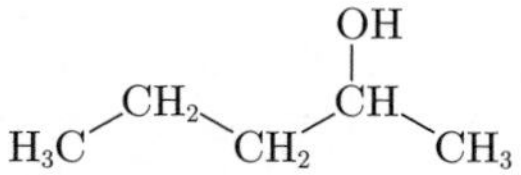
　　N

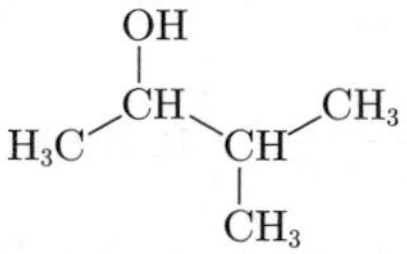

　　O

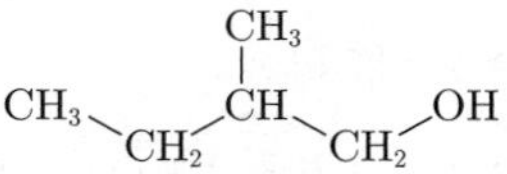

ク　K

ケ　E, H

第2問

解説

Ⅰ　ア　黒鉛の燃焼熱は二酸化炭素の生成熱と同じなので，黒鉛の完全燃焼の熱化学方程式は下式の通りである。

$$C(黒鉛) + O_2(気) = CO_2(気) + 394\,kJ$$

$$C(黒鉛) + O_2(気) \longrightarrow CO_2(気) \qquad \Delta H = -394\,kJ$$

また，メタンの燃焼熱を Q_1〔kJ/mol〕とし，単体を基準にしてメタンの完全燃焼におけるエネルギー（エンタルピー）変化をエネルギー図に示すと下図の通りである。

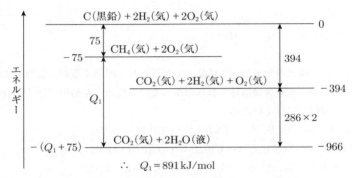

$$\therefore \quad Q_1 = 891\,kJ/mol$$

よって，メタンの完全燃焼の熱化学方程式は下式の通りである。

$$CH_4(気) + 2O_2(気) = CO_2(気) + 2H_2O(液) + 891\,kJ$$

$$CH_4(気) + 2O_2(気) \longrightarrow CO_2(気) + 2H_2O(液) \qquad \Delta H = -891\,kJ$$

それぞれの反応で 1.0 kJ のエネルギーを得る際に消費される黒鉛とメタンの物質量は以下の通りである。

$$黒鉛：\frac{1.0\,kJ}{394\,kJ/mol} = 2.54 \times 10^{-3}\,mol$$

$$メタン：\frac{1.0\,kJ}{891\,kJ/mol} = 1.12 \times 10^{-3}\,mol$$

どちらの反応でもこれと等しい二酸化炭素が生成するので，その排出量は黒鉛の完全燃焼の反応4の方が $\dfrac{2.54 \times 10^{-3}\,mol}{1.12 \times 10^{-3}\,mol} = 2.27 \fallingdotseq 2.3$ 倍多い。

イ　アンモニアの燃焼反応の反応熱を Q_2〔kJ/mol〕とし，単体を基準にしてアンモニアの燃焼におけるエネルギー（エンタルピー）変化をエネルギー図に示すと次ページの図の通りである。

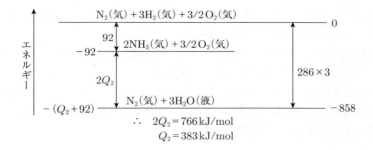

$$\therefore \quad 2Q_2 = 766\,\mathrm{kJ/mol}$$
$$Q_2 = 383\,\mathrm{kJ/mol}$$

　　アで求めたようにメタンの燃焼熱は $891\,\mathrm{kJ/mol}$ であり，この燃焼の際に排出される二酸化炭素は $1.0\,\mathrm{mol}$ である。黒鉛 $1.0\,\mathrm{mol}$ の燃焼で排出される二酸化炭素も $1.0\,\mathrm{mol}$ なので，これに $x\,\mathrm{mol}$ のアンモニアを混合して燃焼させてメタン $1.0\,\mathrm{mol}$ の燃焼と同じエネルギーが得られる条件は以下の通りである。

$$394\,\mathrm{kJ} + 383x\,\mathrm{kJ} = 891\,\mathrm{kJ} \quad \therefore \quad x = 1.29 \fallingdotseq 1.3\,\mathrm{mol}$$

ウ　反応1，2が連続して起こると，CH_4 $1\,\mathrm{mol}$ と H_2O（気）$2\,\mathrm{mol}$ から CO_2（気）$1\,\mathrm{mol}$ と H_2（気）$4\,\mathrm{mol}$ が生成する。したがって，CH_4 $3\,\mathrm{mol}$ と H_2O（気）$6\,\mathrm{mol}$ から始めれば，$4\,\mathrm{mol}$ の N_2（気）と過不足なく反応して $8\,\mathrm{mol}$ の NH_3（気）が生じる。よって，求める反応熱を Q_3〔$\mathrm{kJ/mol}$〕の吸熱とし CH_4 と H_2O（気）から NH_3 が $1\,\mathrm{mol}$ 生成する反応の熱化学方程式は以下の通り。

$$\frac{3}{8}CH_4 + \frac{3}{4}H_2O（気）+ \frac{1}{2}N_2 = \frac{3}{8}CO_2 + NH_3 - Q_3$$

$$\frac{3}{8}CH_4 + \frac{3}{4}H_2O（気）+ \frac{1}{2}N_2 \longrightarrow \frac{3}{8}CO_2 + NH_3 \quad \Delta H = Q_3$$

　　この一連の変化に伴うエネルギー（エンタルピー）変化をエネルギー図で示すと以下の通りである。

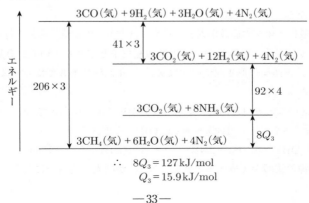

$$\therefore \quad 8Q_3 = 127\,\mathrm{kJ/mol}$$
$$Q_3 = 15.9\,\mathrm{kJ/mol}$$

　　　よって，反応1，2，3を組み合わせてアンモニアを1mol製造する際には137/8 = 15.9 kJ ≒ 16 kJ の吸熱となる。

エ　CO_2 と NH_3 を高温高圧で反応させると下式のよう尿素 $CO(NH_2)_2$ が生成する。

$$CO_2 + 2NH_3 \longrightarrow CO(NH_2)_2 + H_2O$$

　　尿素は炭酸とアンモニアが縮合したアミドと考えることができ，土壌の中で徐々に加水分解され窒素肥料となる。また，$-NH_2$ の原子団を有するので，ホルムアルデヒドと縮合して尿素樹脂となる。

　　1.00トンの CO_2 をすべて尿素にすると，両者の物質量は等しいので，$\dfrac{1.00}{44} \times 60 = 1.36$ トンの尿素が得られる。

オ　ウで考察したように，3 mol の CH_4 と 6 mol の H_2O と 4 mol の N_2 から 8 mol のアンモニアが製造される。その際に 3 mol の CO_2 が排出される。したがって，1.0 mol のアンモニアを得る際には $\dfrac{3}{8} = 0.375 ≒ 0.38$ mol の CO_2 が排出される。

　　反応6のアンモニアの燃焼熱は，イで求めたように 383 kJ/mol である。

　　よって，アンモニアの燃焼で 1.0 kJ のエネルギーを得るために必要なアンモニアの物質量は以下の通りである。

$$アンモニア：\dfrac{1.0\,kJ}{383\,kJ/mol} = 2.61 \times 10^{-3}\,mol$$

　　この間に排出される CO_2 の物質量はこの 0.375 倍で，以下の通りである。

$$2.61 \times 10^{-3}\,mol \times 0.375 = 9.79 \times 10^{-4}\,mol ≒ 9.8 \times 10^{-4}\,mol$$

　　反応5のメタンの燃焼で 1.0 kJ のエネルギーを得る際には 1.12×10^{-3} mol の CO_2 が排出されるので，反応6で排出される CO_2 は $\dfrac{9.79 \times 10^{-4}\,mol}{1.12 \times 10^{-3}\,mol} = 0.874 ≒$ 0.87 倍となる。

Ⅱ　カ　一般にイオンの価数が大きいイオンほど多くの配位子を引き付ける。多くの錯イオンではイオンの価数の2倍の数の配位子と結合している。直線形2配位の(b)は Ag^+，正四面体形4配位の(d)は Zn^{2+}，正八面体形6配位の(c)は Co^{3+} の錯イオンを作る。

キ　下線部⑧の前の青白色沈殿を生じる反応からイオン反応式で示す。

$$Cu^{2+} + 2NH_3 + 2H_2O \longrightarrow Cu(OH)_2 + 2NH_4^+$$
$$Cu(OH)_2 + 2NH_3 + 2NH_4^+ \longrightarrow [Cu(NH_3)_4]^{2+} + 2H_2O$$

　　水酸化物の沈殿が生成するときに，NH_4^+ が副成し溶液内に共存しているので，

上に示した反応式がこの変化を最も正確に表しているが，下線部⑧のみを取り上げて，下式でも許容されると推定される。

$$Cu(OH)_2 + 4NH_3 \longrightarrow [Cu(NH_3)_4]^{2+} + 2OH^-$$

ク　下線部⑥にあるように，プルシアンブルーを構成する Fe^{2+} と Fe^{3+} は1:1で存在し，いずれも CN^- を配位子とする正八面体形の錯イオンとなっている。図2-3に示されている結晶格子では，中心に Fe^{2+} が配置されているが，単位格子の一辺の長さの半分だけずらした結晶格子を考えると中心に Fe^{3+} が配置されて，結晶中で Fe^{2+} と Fe^{3+} は同等であることが分かる。Fe^{2+} には C から Fe^{3+} には N から6個の CN^- が配位していて全体で多核錯イオン形成し，その組成は $[Fe^{II}(CN)_6Fe^{III}]^-$ である。これに電気的中性を満たすように K^+ が取り込まれている。したがって，プルシアンブルーを構成する K，Fe，C，N の割合は

　　　K：Fe：C：N ＝ 1：2：6：6

である。なお，この個数比は単位格子の内部に含まれる粒子数を数えても得られる。具体的には，まず，Fe は立方体の頂点に位置する Fe が $1/8$ 個分 × 8 ＝ 1個分，面心に位置する Fe が $1/2$ 個分 × 6 ＝ 3個分，各辺の中心に位置する Fe が $1/4$ 個分 × 12 ＝ 3個分と立方体の中心にある Fe が1個の合計8個分である。次いで，CN^- は立方体の各辺に位置する CN^- が $1/4$ 個分 × 24 ＝ 6個分，面内に位置する CN^- が $1/2$ 個分 × 24 ＝ 12個分，中心の Fe^{2+} に配位している CN^- が6個の合計24個分である。よって，この組成が $[Fe^{II}(CN)_6Fe^{III}]^-$ であり，電気的中性を満たすように K^+ が取り込まれている。

ケ　結晶の密度は結晶の大きさに依らないので，単位格子について計算する。クで調べたように，単位格子の内部に Fe が8個，CN^- が24個，K^+ が4個含まれるので，その質量は

$$\frac{55.8\,g/mol × 8 + (12.0 + 14.0)\,g/mol × 24 + 39.1\,g/mol × 4}{6.02 × 10^{23}\,/mol} = 2.04 × 10^{-21}\,g$$

単位格子の一辺の長さは $0.50\,nm × 2 = 1.0\,nm = 1.0 × 10^{-7}\,cm$ なので，密度は以下のように計算される。

$$d = \frac{2.04 × 10^{-21}\,g}{(1.0 × 10^{-7}\,cm)^3} = 2.04\,g/cm^3 ≒ 2.0\,g/cm^3$$

コ　図2-3左のプルシアンブルーの単位格子にはクで調べたように，$K[Fe^{II}(CN)_6Fe^{III}]$ の単位が4個分含まれている。$K[Fe^{II}(CN)_6Fe^{III}]$ の式量は

$55.8 × 2 + 26.0 × 6 + 39.1 = 306.7$ なので，その $1.0\,g$ の物質量は $\dfrac{1.0\,g}{306.7\,g/mol} =$

$3.26 \times 10^{-3}\,\text{mol}$ である。一方，1.0 g のプルシアンブルーに吸着された N_2 の物質量は以下の通りである。

$$n_{N_2} = \frac{1.0 \times 10^5\,\text{Pa} \times 60 \times 10^{-3}\,\text{L}}{8.31 \times 10^3\,\text{Pa·L/(mol·K)} \times 300\,\text{K}} = 2.41 \times 10^{-3}\,\text{mol}$$

よって，4個分の $K[Fe^{II}(CN)_6Fe^{III}]$ に吸着された N_2 の分子数を x 個とすると，下式が成立する。

$$\frac{2.41 \times 10^{-3}\,\text{mol}}{3.26 \times 10^{-3}\,\text{mol}} = \frac{x}{4}$$

$$\therefore \quad x = 2.96 \fallingdotseq 3$$

解答

Ⅰ　ア　①　C（黒鉛）+ O$_2$（気）= CO$_2$（気）+ 394 kJ

　　　　　　（C（黒鉛）+ O$_2$（気）$\longrightarrow$ CO$_2$（気）　　$\Delta H = -394\,\text{kJ}$）

　　　　②　CH$_4$（気）+ 2O$_2$（気）= CO$_2$（気）+ 2H$_2$O（液）+ 891 kJ

　　　　　　（CH$_4$（気）+ 2O$_2$（気）$\longrightarrow$ CO$_2$（気）+ 2H$_2$O（液）　　$\Delta H = -891\,\text{k}$）

　　　2.3 倍

イ　1.3 mol（答えに至る過程は解説参照）

ウ　吸収される　絶対値：16 kJ（答えに至る過程は解説参照）

エ　CO(NH$_2$)$_2$

オ　0.38 mol，0.87 倍

Ⅱ　カ　(b) (3)　　(c) (1)　　(d) (2)

キ　Cu(OH)$_2$ + 2NH$_3$ + 2NH$_4$$^+$ $\longrightarrow$ [Cu(NH$_3$)$_4$]$^{2+}$ + 2H$_2$O

ク　K : Fe : C : N = 1 : 2 : 6 : 6

ケ　2.0 g/cm^3（答えに至る過程は解説参照）

コ　3 分子（答えに至る過程は解説参照）

第3問

解説

Ⅰ　ア　酸化鉄（Ⅲ）Fe$_2$O$_3$ が段階的に還元される変化を反応式で示すと以下の通りである。

　　　　3Fe$_2$O$_3$ + CO $\longrightarrow$ 2Fe$_3$O$_4$ + CO$_2$

　　　　Fe$_3$O$_4$ + CO $\longrightarrow$ 3FeO + CO$_2$

　　　　FeO + CO $\longrightarrow$ Fe + CO$_2$

イ　Fe_2O_3 は最終的に Fe になるので，その間に発生する CO_2 は 2 mol の Fe が生成するとき 3 mol 排出される。よって，Fe を 7.50×10^7 トン生成する間に排出される CO_2 は次の通りである。

$$44.0\,\text{g/mol} \times \frac{7.50 \times 10^7 \times 10^6\,\text{g}}{55.8\,\text{g/mol}} \times \frac{3}{2} = 8.87 \times 10^{13}\,\text{g}$$

$$= 8.87 \times 10^7\,\text{トン} \fallingdotseq 8.9 \times 10^7\,\text{トン}$$

ウ　水深 10.0 m における圧力は 2.00×10^5 Pa となるので，たとえば 1.00 mol の CO_2 の 15℃ における体積は以下の通りである。

$$V = \frac{1.00\,\text{mol} \times 8.31 \times 10^3\,\text{Pa·L/(mol·K)} \times 288\,\text{K}}{2.00 \times 10^5\,\text{Pa}} = 11.96\,\text{L} \fallingdotseq 12.0\,\text{L}$$

よって，このときの CO_2 の密度は以下の通りである。

$$\rho = \frac{44.0\,\text{g}}{12.0\,\text{L}} = 3.67\,\text{g/L} \fallingdotseq 3.7\,\text{g/L}$$

エ　図 3-2 より，15℃ で CO_2 が液化するときの圧力は 50×10^5 Pa である。海水面の圧力が 1.00×10^5 Pa で，水深 1 m ごとに 1.00×10^4 Pa ずつ圧力が増加するので，49×10^5 Pa の圧力の増加をもたらす水深は 490 m $\fallingdotseq 5 \times 10^2$ m である。

オ，カ　CO_2 は直線形の無極性分子であり，分子間に働く分子間引力はファンデルワールス力である。一方，水分子間には，ファンデルワールス力以外に強い分子間引力である水素結合が形成される。そのために，水の沸点は分子量が小さいにもかかわらず高く，常温において液体で存在する。

　　さて，問題文の説明だが，CO_2 および H_2O はどういう状態を踏まえて分子間の距離の違いを述べているのだろうか。一般に，気体の状態であれば，分子間の距離は分子の大きさに比べて十分に大きく，圧力の変化に対して分子間の距離に分子の違いはほとんどない。CO_2 についての説明は，気体で存在するとしたときの状況を正しく表している。それに対し，H_2O は低圧でも分子間の距離は短く，高圧になってもそれがあまり変化しないとある。これは，気体で存在する分子にはあてはまらず，水については液体の状態での振る舞いを述べていると考えられる。したがって，ここで低圧といっているのは，大気圧程度を考えていて，高圧は深海で大気圧の数 10 倍から 100 倍程度を考えているものと推察される。そうすると，高圧での CO_2 と H_2O の単位体積当たりの分子数が同程度となるという説明が納得できる。ここに達するまでに CO_2 の液化が始まり，気液平衡の状態で液化が進行し体積が大きく減少し，さらに液体の状態で加圧されてさらに体積が減少すると，その密度が水より大きくなるようになる。したがって，仮に単位体積中の CO_2 の分子数が半分

になったとすると，分子量の違いから CO_2 の方が水より密度が大きくなる。

　以上の考察の結果と液体 CO_2 は浅い水深では上昇するが深い水深では下降するとあるので，その変化を正しく表しているグラフは(4)である。なお，グラフで不連続となっているところは，圧力一定の下で液化が進行していて体積が大きく減少している様子が示されている。他のグラフの矛盾を指摘すると，(1)と(5)は水深の浅いところでの密度が一定となっている。(2)は液化による体積の減少が示されていない。(3)は CO_2 の液化が完了したときに，その密度が水より大きくなっているので，水深が浅いときと深いときの違いが表現されていない。

Ⅱ　キ　与えられた v_1, v_2 の速度式から，見かけの Ck·Ab の生成速度 v は以下の通りである。

$$v = v_1 - v_2 = k_1[Ck][Ab] - k_2[Ck·Ab]$$

　ここで，$[Ab] = [Ab]_0$ としてよく，サイトカインの全量は変わらないので，$[Ck] + [Ck·Ab] = [Ck]_0$ である。よって，$[Ck] = [Ck]_0 - [Ck·Ab]$ である。これらを上式に代入すると下式が得られる。

$$v = k_1[Ck][Ab] - k_2[Ck·Ab]$$
$$= k_1[Ab]_0([Ck]_0 - [Ck·Ab]) - k_2[Ck·Ab]$$
$$= -(k_1[Ab]_0 + k_2)[Ck·Ab] + k_1[Ck]_0[Ab]_0$$

　よって，$\alpha = k_1[Ab]_0 + k_2$, $\beta = k_1[Ck]_0[Ab]_0$ である。

ク　図3-5の $[Ab]_0$ と α の関係を表すグラフは，y 切片が $1.0 \times 10^{-3}\,\mathrm{s}^{-1}$，傾きが

$$\frac{3.0 \times 10^{-3}\,\mathrm{s}^{-1}}{6.0 \times 10^{-9}\,\mathrm{mol/L}} = 5.0 \times 10^5\,\mathrm{L/(mol·s)}$$の直線である。キで導いた α の式と比較

して $k_1 = 5 \times 10^5\,\mathrm{L/(mol·s)}$，$k_2 = 1 \times 10^{-3}\,\mathrm{s}^{-1}$ である。

ケ　式(1)の平衡定数 K は下式で定義される。

$$K = \frac{k_1}{k_2} = \frac{[Ck·Ab]}{[Ck][Ab]}$$

　ここで $[Ab] = [Ab]_0$ および $[Ck] = [Ck]_0 - [Ck·Ab]$ より，K は以下のように表される。

$$K = \frac{k_1}{k_2} = \frac{[Ck·Ab]}{[Ck][Ab]_0} = \frac{[Ck·Ab]}{([Ck]_0 - [Ck·Ab])[Ab]_0}$$

　このとき，Ck が Ab に結合している割合 X は，下式で定義される。

$$X = \frac{[Ck·Ab]}{[Ck]_0}$$

　ここで，K の式を $[Ck·Ab] = K[Ck][Ab]_0$ と変形し，これとサイトカインの全

量が不変より $[Ck]_0 = [Ck] + [Ck \cdot Ab]$ に代入すると $[Ck]_0 = [Ck] + K[Ck][Ab]_0$ となる。これを X の式に代入すると，以下の式が得られる。

$$X = \frac{[Ck \cdot Ab]}{[Ck]_0} = \frac{K[Ck][Ab]_0}{([Ck] + K[Ck][Ab]_0)} = \frac{K[Ab]_0}{1 + K[Ab]_0}$$

コ　K の定義式から，K の単位は L/mol であり，$1/K$ は濃度の次元を持つ。X の式の分母分子を K で割ると下式が得られる。

$$X = \frac{K[Ab]_0}{1 + K[Ab]_0} = \frac{[Ab]_0}{1/K + [Ab]_0}$$

X と $[Ab]_0$ の関係を示す図 3−6 のグラフで，$[Ab]_0$ の値が（Ⅰ），（Ⅱ），（Ⅲ）のときの X の値は順に 0.50，0.67，0.75 と読み取れる。それらの値を X の式に代入して $1/K$ と $[Ab]_0$ の関係を導くと，以下の通りである。

（Ⅰ）$X = 0.50$ のとき　$1/K = [Ab]_0$

（Ⅱ）$X = 0.67$ のとき　$1/K = 0.5[Ab]_0$

（Ⅲ）$X = 0.75$ のとき　$1/K = 0.33[Ab]_0$

よって，（Ⅰ）が $1/K$ に対応する濃度である。

サ　反応初期の反応速度は逆反応が無視できるので，k_1 に比例する。したがって，**Ab1** を用いたときに比べて，**Ab2** では 1/2 になり **Ab3** では 1/10 になる。また，

平衡定数 K は $\dfrac{k_1}{k_2}$ で表されるので，**Ab2** では不変，**Ab3** では 1/10 になる。この

状況を表しているグラフは，**Ab2** が(iii)，**Ab3** が(iv)である。

シ　コで考察したように $X = 0.9$ のとき $1/K = 0.11[Ab]_0$ である。また，短時間に平衡状態に達するためには，正反応，逆反応ともに速度定数が大きい方が良いので，**Ab1** が最適である。**Ab1** を用いたとき，$K = 1.0 \times 10^9$ L/mol となるので，これを $X = 0.9$ のときに当てはめると，$0.11[Ab]_0 = 1.0 \times 10^{-9}$ mol/L より，$[Ab]_0 = 9 \times 10^{-9}$ mol/L が必要となる。

解 答

Ⅰ　ア　$3Fe_2O_3 + CO \longrightarrow 2Fe_3O_4 + CO_2$

　　　　$Fe_3O_4 + CO \longrightarrow 3FeO + CO_2$

　　　　$FeO + CO \longrightarrow Fe + CO_2$

イ　8.9×10^7 トン（答えに至る過程は解説参照）

ウ　3.7 g/L（答えに至る過程は解説参照）

エ　5×10^2 m

オ　a：ファンデルワールス力　　b：水素結合　　d：分子量またはモル質量

カ　(4)

Ⅱ　キ　d：$k_1[\mathsf{Ab}]_0([\mathsf{Ck}]_0 - [\mathsf{Ck\cdot Ab}]) - k_2[\mathsf{Ck\cdot Ab}]$

　　　e：$k_1[\mathsf{Ab}]_0 + k_2$　　f：$k_1[\mathsf{Ck}]_0[\mathsf{Ab}]_0$

ク　$k_1 = 5 \times 10^5\,\mathrm{L/(mol\cdot s)}$,　$k_2 = 1 \times 10^{-3}\,\mathrm{s}^{-1}$

ケ　g：$\dfrac{[\mathsf{Ck\cdot Ab}]}{([\mathsf{Ck}]_0 - [\mathsf{Ck\cdot Ab}])[\mathsf{Ab}]_0}$　　h：$\dfrac{K[\mathsf{Ab}]_0}{1 + K[\mathsf{Ab}]_0}$

コ　（Ⅰ）　理由：$X = 0.5$ のとき $1/K = [\mathsf{Ab}]_0$ となるから。

サ　**Ab2**：(ⅲ)　　**Ab3**：(ⅳ)

シ　**Ab1**　　$[\mathsf{Ab}]_0 = 9 \times 10^{-9}\,\mathrm{mol/L}$

2021 年

第 1 問

【解説】 Ⅰ 分子式が $C_6H_{12}O$ の化合物は，鎖式飽和の化合物と比べて H 原子数が 2 個少ないので，化合物 A ～ F は分子内に二重結合または環構造を 1 つ持っている。また，実験 5 の結果からカルボニル基は存在しないので，分子内に不斉炭素原子を 1 つ持つアルコールまたはエーテルである。

ア　化合物 A は金属ナトリウムと反応しないのでエーテルである。それで五員環を持ち，不斉炭素原子を 1 つ持っている。五員環が O 原子を含まないとすると，分子式と比較して可能な構造はシクロペンタンの骨格に $-OCH_3$ が結合したものしかなく，これには不斉炭素原子がないので，条件に適さない。したがって，五員環は O 原子と 4 個の C 原子からなっている。よって，条件に適する化合物は，この五員環に $-CH_3$ が 2 個または $-CH_2CH_3$ が 1 個置換した構造の化合物である。下図に示すように，1 つの C 原子に 2 個の $-CH_3$ が置換した化合物では，不斉炭素原子がないので，不適である。また，異なる C 原子に 1 個ずつ $-CH_3$ が置換した化合物では，その C 原子が不斉炭素原子となり，不斉炭素原子が 2 個でこれも不適である。

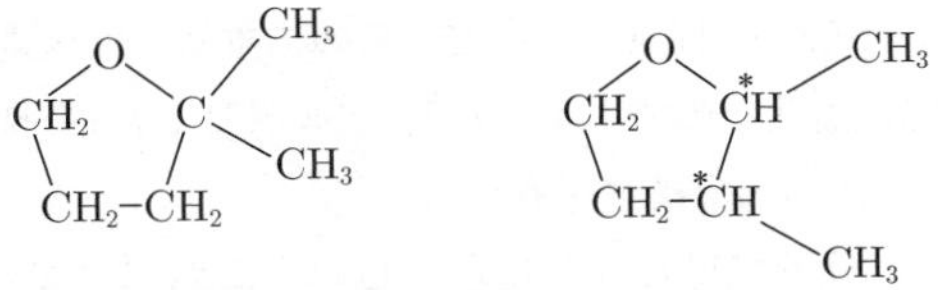

よって，条件に適する化合物は下図の構造式で表される 2 種である。

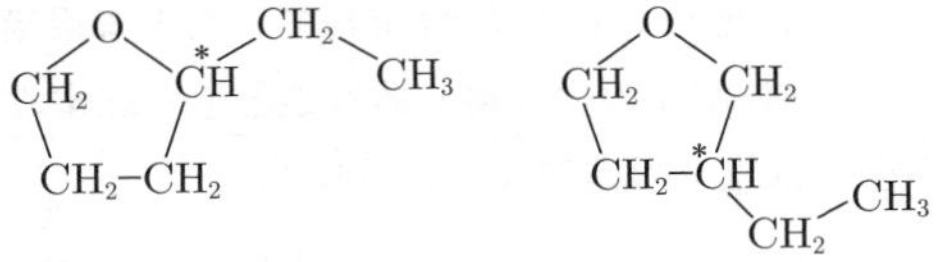

イ　化合物 B は，実験 1，3 の結果から第 2 級アルコールである。それでシクロブタンの骨格を有し，ヨードホルム反応に陽性で，不斉炭素原子を 1 つ持つ化合物の構造は下図に限られる。

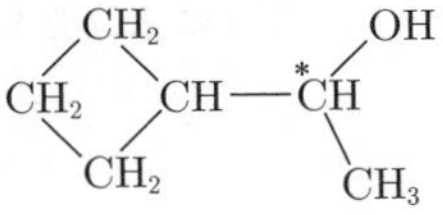

ウ　化合物 C は，実験 1, 2, 3 から分子内に二重結合を有する第 3 級アルコールである。このアルコールは，不斉炭素原子を 1 個有するので，これに結合する原子団の組み合わせは，$-OH$, $-CH_3$, $-CH_2CH_3$, $-CH=CH_2$ 以外にはありえないので，化合物 C の構造式は下図の通りである。また，これに水素が付加すると不斉炭素原子がなくなることとも矛盾しない。

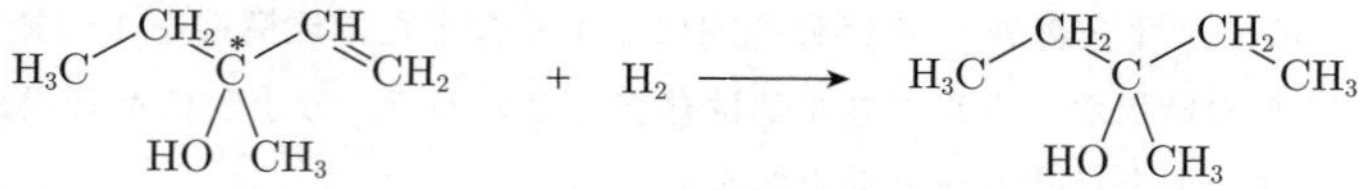

エ　化合物 D は，実験 1, 2, 3 から分子内に二重結合を有するエーテルである。不斉炭素原子に結合する原子，原子団の組み合わせは，水素付加によって不斉炭素原子がなくなることから，$-H$, $-CH_2CH_3$, $-CH=CH_2$, $-OCH_3$ に決まる。

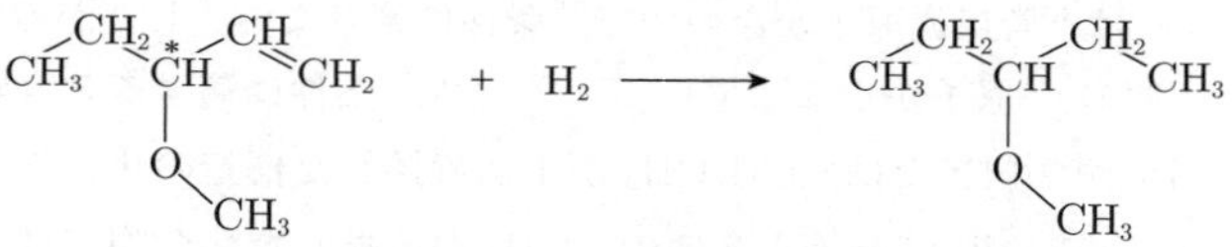

オ　実験 1, 2, 3 の結果から，化合物 E, F は同じ炭素骨格を有する第 1 級アルコールである。化合物 E はオゾン分解によってアセトアルデヒドが生成したので，$CH_3CH=C$ の部分構造を持っている。これに対し，化合物 F のオゾン分解で得られた化合物 H の分子式が $C_5H_{10}O_2$ なので，F の二重結合は炭素骨格の末端にある。また，H は銀鏡反応に陽性なのでホルミル基（アルデヒド基）を持っている。よって，化合物 F は $CH_2=CH$ の部分構造を有する。

　　化合物 E のオゾン分解で得られた化合物 G は，これに含まれるカルボニル基を還元すると不斉炭素原子を持たない化合物が得られたとある。化合物 E が第 1 級アルコールであり，化合物 G には E に含まれていた不斉炭素原子があること，および化合物 G は C 原子数が 4 の化合物であることを考慮すると，化合物 G およびそれが還元される変化は以下の構造式で表される。

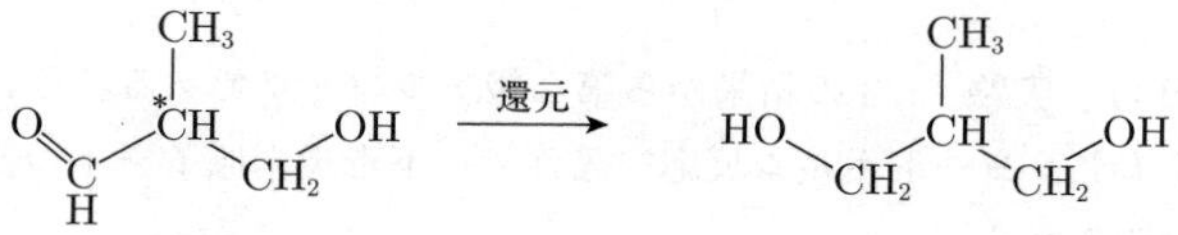

よって，化合物 E の構造式およびこれに水素が付加した化合物の構造式は下図の通りである。

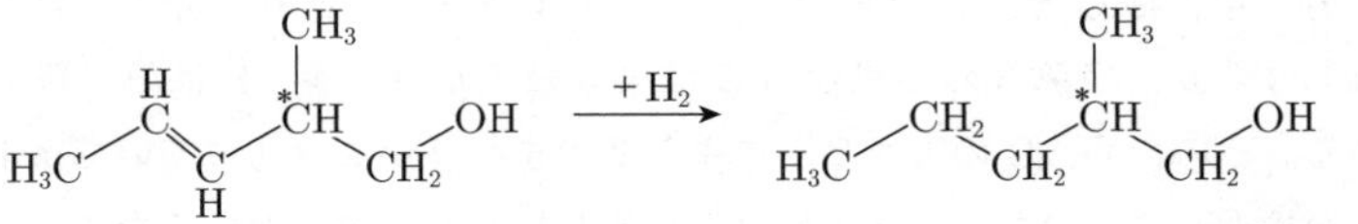

$$\underset{\substack{\text{H}_3\text{C}}}{\overset{\text{H}}{\diagdown}}\text{C}\!\!=\!\!\overset{\text{CH}_3}{\underset{\text{H}}{\overset{|}{\text{C}}}}\!\!\overset{*}{\underset{\text{CH}_2}{\overset{|}{\text{CH}}}}\!\!-\text{OH} \quad \xrightarrow{+\text{H}_2} \quad \text{H}_3\text{C}\!\!-\!\!\text{CH}_2\!\!-\!\!\overset{\text{CH}_3}{\underset{\text{CH}_2}{\overset{|}{\overset{*}{\text{CH}}}}}\!\!-\text{OH}$$

したがって，化合物 F の構造式は以下のように決まり，そのオゾン分解は下式で表される。

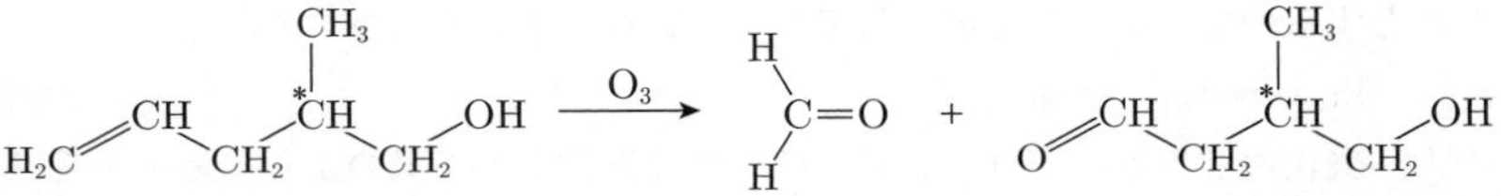

$$\text{H}_2\text{C}\!\!=\!\!\text{CH}\!\!-\!\!\underset{\text{CH}_2}{\overset{\text{CH}_3}{\overset{|}{\overset{*}{\text{CH}}}}}\!\!-\!\!\text{CH}_2\!\!-\!\!\text{OH} \quad \xrightarrow{\text{O}_3} \quad \underset{\text{H}}{\overset{\text{H}}{\diagdown}}\text{C}\!\!=\!\!\text{O} \;+\; \text{O}\!\!=\!\!\text{CH}\!\!-\!\!\underset{\text{CH}_2}{\overset{\text{CH}_3}{\overset{|}{\overset{*}{\text{CH}}}}}\!\!-\!\!\text{OH}$$

　化合物 H は例示されているオゾン分解が起こったとすれば，上式の右辺の 2 番目の化合物であるはずだが，実験 8 の結果はこれとは異なる化合物が得られ，不斉炭素原子を 2 つ持っている。上の構造式に示されている不斉炭素原子とそれに直接結合している C 原子以外に C 原子は 1 つしかなく，鎖式の化合物で不斉炭素原子をもう 1 つ作ることはできない。また，例示されている反応から予測されるカルボニル化合物ではないので，これが下式のように異性化して環状化合物となったと推定される。この反応は，カルボニル基の C＝O 結合に－OH が付加することによって起こる。こうして得られた化合物はヘミアセタールと呼ばれる。得られた五員環が正五角形であるとすれば，結合角は 108° となり，正四面体構造のそれと極めて近く，この環状のヘミアセタールは安定である。高校化学で学習する範囲では，グルコースが鎖状のアルデヒド構造を経由して α－グルコースと β－グルコースに異性化する反応と同様である。

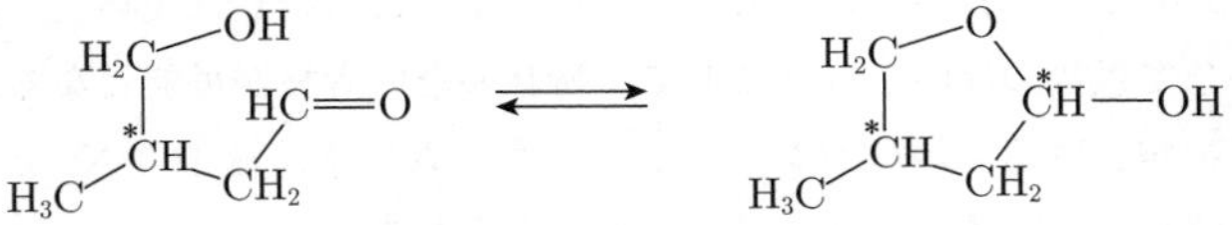

$$\underset{\text{H}_3\text{C}}{\overset{\text{H}_2\text{C}\!-\!\text{OH}}{\overset{|}{\overset{*}{\text{CH}}}\!-\!\underset{\text{CH}_2}{\overset{|}{}}\!\text{HC}\!\!=\!\!\text{O}}} \quad \rightleftharpoons \quad \underset{\text{H}_3\text{C}}{\overset{\text{H}_2\text{C}\;\diagup^{\text{O}}\diagdown}{\overset{*}{\text{CH}}\!-\!\underset{\text{CH}_2}{}\text{CH}\!-\!\text{OH}}}$$

カ　実験 1 の結果から化合物 C はアルコール，化合物 D はエーテルである。アルコールは分子内に極性の大きいヒドロシキ基を持っているので，下図のように分子間に強い分子間引力である水素結合を形成しうる。

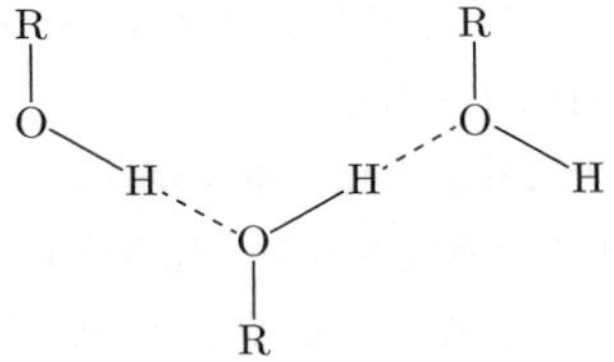

$$\underset{\text{R}}{\overset{\text{R}}{\overset{|}{\text{O}}}}\cdots\text{H}\cdots\underset{\text{R}}{\overset{\text{O}}{|}}\cdots\text{H}\cdots\underset{}{\overset{\text{R}}{\overset{|}{\text{O}}}}\text{H}$$

　一方，化合物 C と化合物 E はどちらもアルコールであり，分子間に水素結合を形成しうるが，実験 3 の結果から C は第 3 級アルコール，E は第 1 級アルコールである。そのため，C の方がヒドロキシ基のまわりがこみあっていてヒドロキシ基同士が接近しにくいため，水素結合を形成しにくく，沸点が低くなる。

Ⅱ　キ　同じ元素で中性子数の異なる原子は，互いに同位体である。

　ク　下線部③の反応はニトロ基の還元である。Sn が還元剤として作用し，$SnCl_4$ となるとするので，その還元剤としての半反応式は下式で表される。

$$Sn \longrightarrow Sn^{4+} + 4e^-$$

　一方，酸化剤となるニトロベンゼンは，酸性溶液中で下式のように電子を受け取ってアニリニウムイオンとなる。

$$C_6H_5NO_2 + 7H^+ + 6e^- \longrightarrow C_6H_5NH_3^+ + 2H_2O$$

　よって，スズとニトロベンゼンは 3：2 の物質量比で反応して過不足なく電子の授受を行う。この変化を表すイオン反応式は以下の通りである。

$$2C_6H_5NO_2 + 3Sn + 14H^+ \longrightarrow 2C_6H_5NH_3^+ + 3Sn^{4+} + 4H_2O$$

これに対のイオンを補うと以下の化学反応式が得られる。

$$2C_6H_5NO_2 + 3Sn + 14HCl \longrightarrow 2C_6H_5NH_3Cl + 3SnCl_4 + 4H_2O$$

ケ　下線部④で示される反応はアニリンのジアゾ化で，下式で表される。

$$C_6H_5NH_2 + NaNO_2 + 2HCl \longrightarrow C_6H_5N_2Cl + NaCl + 2H_2O$$

化合物 J は $C_6H_5N_2^+$ と Cl^- とからなるイオン性の塩化ベンゼンジアゾニウムであり，非常に不安定な物質である。一般的に行われる濃度でジアゾ化を行うと，沈殿が生じることはないが，本問の設定では高濃度で反応させたため，塩化ベンゼンジアゾニウムの結晶が析出したものと考えられる。この結晶は純物質であり，それを水に溶かして以後の反応を行うことで，紛れのない考察が可能となるように配慮したものと推定される。塩化ベンゼンジアゾニウムは水溶液中で N_2 を放出しながら容易に分解して，下式のようにフェノールを生じる。

$$C_6H_5N_2Cl + H_2O \longrightarrow C_6H_5OH + N_2 + HCl$$

この分解反応は，塩化ベンゼンジアゾニウムが N_2 を放出して生じた $C_6H_5^+$ が H_2O と配位結合し，そこで生じた陽イオンが H^+ を失ってフェノールとなるが，溶液中に Cl^- が共存すると，下式のようにクロロベンゼンを生じる反応も起こりうる。

$$C_6H_5N_2Cl \longrightarrow C_6H_5Cl + N_2$$

よって，この過程で主として生じた化合物 K がフェノール，少量得られた化合物 L または M がクロロベンゼンと推定される。化合物 M を熱した銅線に触れさせて，それを炎の中に入れたとき，青緑色の炎色反応が見られたので，化合物 M にはハロ

ゲンが含まれていたことがわかる。よって，M がクロロベンゼンである。クロロベンゼンを高温高圧で水酸化ナトリウムと反応させると，下式のように Cl^- と OH^- の置換反応によりフェノールが生成するが，フェノールは弱酸なので溶液中の過剰量の水酸化ナトリウムによって中和され，ナトリウムフェノキシドとなる。

$$C_6H_5Cl + 2NaOH \longrightarrow C_6H_5ONa + NaCl + H_2O$$

これを中和すればフェノールとなるので，化合物 K がフェノール，化合物 M がクロロベンゼンであることと矛盾しない。

　塩基性溶液中でナトリウムフェノキシドと塩化ベンゼンジアゾニウムを反応させると，下式のジアゾカップリングが進行し，p-フェニルアゾフェノールが生成する。

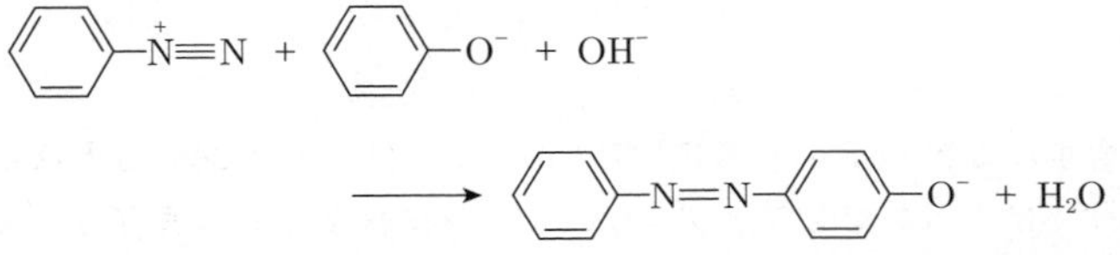

ジアゾカップリング反応は，フェノールの反応性を高めるため通常塩基性溶液中で行うので，生成した p-フェニルアゾフェノールは上式のようにフェノール性ヒドロキシ基が中和された状態となる。ジアゾカップリング反応は，酸性溶液中でも起こりうる。このときは，陰イオンではなく分子が生成する。よって，化合物 L は p-フェニルアゾフェノールとするのが妥当で，その構造式は下図となる。

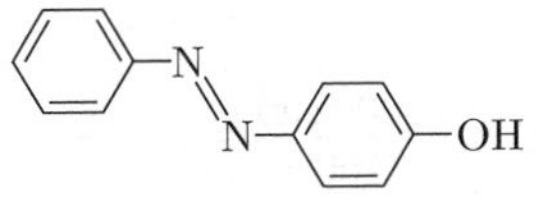

　アニリンのジアゾ化は，亜硝酸ナトリウムと塩酸の反応によって生じた亜硝酸 HONO がアニリニウムイオンと下図のように縮合し，分子内で脱水してジアゾニウムイオンとなるので，$Na^{15}NO_2$ を用いてジアゾ化を行えば，ジアゾニウムイオンの末端の N 原子が ^{15}N となり，p-フェニルアゾフェノール中ではフェノール性ヒドロキシ基に対して p 位の C 原子と結合している N 原子が ^{15}N となる。

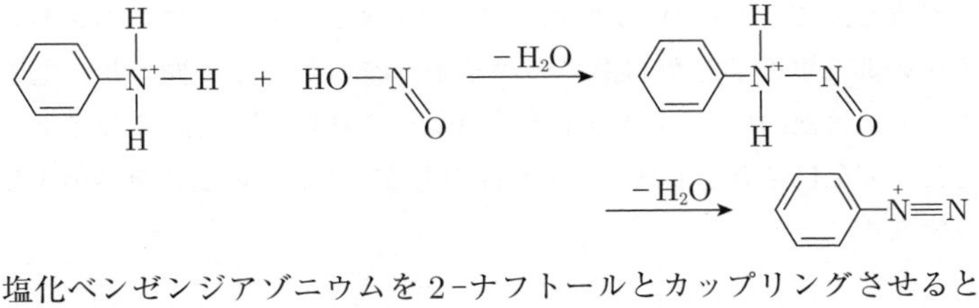

コ，サ　塩化ベンゼンジアゾニウムを 2-ナフトールとカップリングさせると，フェノール性ヒドロキシ基に対して o 位の 2 ヵ所でカップリングが起こる可能性があ

るが，より電子密度の高い 1 位で下式のようにカップリングが進行する。

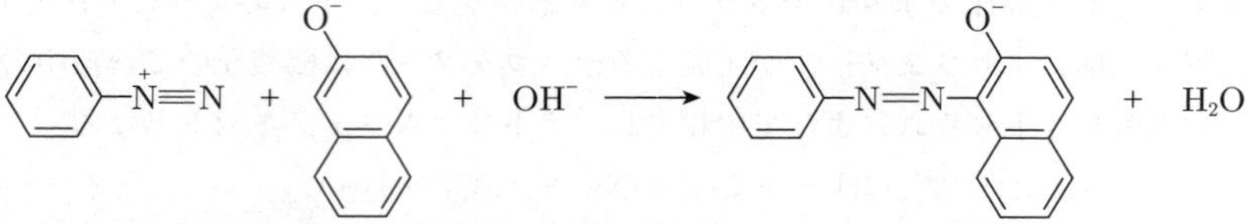

$$\text{（ベンゼンジアゾニウムイオン）} + \text{（2-ナフトール）} + OH^- \longrightarrow \text{（1-フェニルアゾ-2-ナフトール）} + H_2O$$

よって，化合物 N は下図の構造式で表される 1-フェニルアゾ-2-ナフトールでその分子式は $C_{16}H_{12}N_2O$ である。

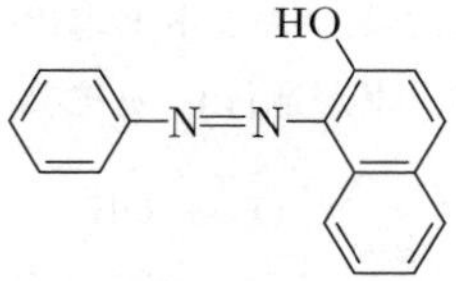

これに含まれる N 原子がすべて ^{14}N であれば，分子量は 248.00 となるが，下線部⑥の操作では，ベンゼンジアゾニウムイオンに含まれる N 原子が ^{14}N と ^{15}N を 1 つずつ含んでいたため，その分子量が 249.00 となったのである。

下線部⑦の操作で得られた化合物 N の分子量が 248.96 となったのは，アゾ基に含まれる N 原子が ^{14}N と ^{15}N だったものが，両方とも ^{14}N に変わったことを示している。2 つの N 原子の相対質量の和は 28.96 となるので，このアゾ基に含まれる N 原子の相対質量は 14.48 であり，^{14}N と ^{15}N の存在率を x％と $(100-x)$％とすると，下式が成立する。

$$14.00 \times \frac{x}{100} + 15.00 \times \frac{(100-x)}{100} = 14.48$$

$$\therefore \quad x = 52\%$$

よって，^{14}N と ^{15}N の存在比は $^{14}N : {}^{15}N = 13 : 12$ である。

ケの解説で述べたように，ベンゼンジアゾニウムイオンが分解しながらフェノールが生成する反応では，ベンゼンジアゾニウムイオンから N_2 分子が脱離して $C_6H_5^+$ の陽イオンが生じ，これが水の O 原子上の非共有電子対を受け取って配位結合を形成し，これから H^+ が取れてフェノールとなる。クロロベンゼンが生じる際も Cl^- の非共有電子対が $C_6H_5^+$ の陽イオンの C 原子との間の共有電子対に変わる。ここで，溶液内に N_2 分子が存在すれば，これらと同様に N 原子上の非共有電子対を使って配位結合を形成する可能性がある。これらの変化を図示すると，以下の通りである。

$$+Cl^- \longrightarrow \text{(chlorobenzene)}$$

$$+ \;\; \xrightarrow{+H_2O} \text{(protonated phenol)} \xrightarrow{-H^+} \text{(phenol, OH)}$$

$$\xrightarrow{+N_2} \text{(benzenediazonium, } N^+\!\!\equiv\!N\text{)}$$

これらの中では，溶媒として多量に存在する水と反応してフェノールが生成する反応が最も起こりやすく，次いで溶液中にある程度の濃度で存在する Cl^- との反応も進行したので，クロロベンゼンが少量だが得られた。これに対し，N_2 との反応は，下線部⑤にあるように $^{14}N_2$ ガスを満たした密閉容器内で分解反応を行ったとしても極めて起こりにくいが，事実として 2–ナフトールとジアゾカップリングを行った生成物中にアゾ基の N 原子が両方とも ^{14}N のものが含まれていたので，下式の反応が可逆的に進行したと判断できる。

$$\text{(}C_6H_5\text{–}N^+\!\!\equiv\!N\text{)} \rightleftharpoons \text{(}C_6H_5^+\text{)} + N_2$$

解 答

Ⅰ　ア

$$\begin{array}{c}
\text{CH}_2\text{--O} \quad ^*\text{CH}\text{--CH}_2\text{--CH}_3 \\
\text{CH}_2\text{--CH}_2
\end{array}
\qquad
\begin{array}{c}
\text{CH}_2\text{--O} \quad \text{CH}_2 \\
\text{CH}_2\text{--}^*\text{CH} \\
\quad \text{CH}_2\text{--CH}_3
\end{array}$$

イ

$$\begin{array}{c}
\text{CH}_2 \\
\text{CH}_2 \quad \text{CH--}^*\text{CH--OH} \\
\text{CH}_2 \quad\quad \text{CH}_3
\end{array}$$

ウ

$$\text{H}_3\text{C--CH}_2\text{--}^*\text{C--CH=CH}_2$$
$$\text{HO} \quad \text{CH}_3$$

エ

$$\text{CH}_3\text{--CH}_2\text{--}^*\text{CH--CH=CH}_2$$
$$\text{O--CH}_3$$

オ　G

H

カ　a：アルコール性ヒドロキシ　　　b：水素　　　c：起こりにくくなって

Ⅱ　キ　d：同位体

ク　$2C_6H_5NO_2 + 3Sn + 14HCl \longrightarrow 2C_6H_5NH_3Cl + 3SnCl_4 + 4H_2O$

ケ　L

M

コ　$^{14}N : {}^{15}N = 13 : 12$

サ　下線部⑥のジアゾカップリングでは，^{14}N と ^{15}N の N 原子を 1 つずつ含むジア
　ゾニウムイオンが 2-ナフトールと反応したが，下線部⑤の操作において，ベンゼ
　ンジアゾニウムイオンが N_2 を放出して分解する過程と溶液中に溶解している N_2
　と再結合してベンゼンジアゾニウムイオンに戻る過程が可逆的に進行して両方とも
　^{14}N の N 原子からなるジアゾニウムイオンが生じ，これが 2-ナフトールとジアゾ
　カップリングしたため。

第2問

【解説】

Ⅰ　ア　下線部①のとき，容器内の気体の全物質量は 2.70 mol，全圧は $2.70 \times$
　　10^5 Pa，温度は 527℃すなわち 800 K なので，気体の状態方程式から，このときの
　　気体の体積は以下のように計算される。

$$V = \frac{2.70\,\text{mol} \times 8.31 \times 10^3\,\text{Pa·L/(mol·K)} \times 800\,\text{K}}{2.70 \times 10^5\,\text{Pa}} = 66.48\,\text{L} \fallingdotseq 66\,\text{L}$$

イ　水素の吸蔵が始まると式1の平衡が成立し，そのときの水素の分圧は圧平衡定
　　数の 2.00×10^5 Pa となる。また，その直前までは気体で存在する水素の物質量は
　　1.50 mol であり，温度も 527℃で下線部①のときと変わらない。よって，この過程
　　で水素の気体についてボイルの法則が成立する。圧縮前の水素の分圧は，全圧とモ
　　ル分率から 1.50×10^5 Pa なので，このときの気体の体積を V'〔L〕とすると，下式
　　が成立する。

$$1.50 \times 10^5\,\text{Pa} \times 66.48\,\text{L} = 2.00 \times 10^5\,\text{Pa} \times V'$$

$$\therefore \quad V' = 49.9\,\text{L} \fallingdotseq 50\,\text{L}$$

このとき，アルゴンの物質量も 1.20 mol で不変であり，混合気体全体についてボイルの法則が成立する。よって，このときの混合気体の全圧を P' [Pa] とすると，下式が成立する。

$$2.70 \times 10^5 \, \text{Pa} \times 66.48 \, \text{L} = P' \times 49.9 \, \text{L}$$

$$\therefore \quad P' = 3.60 \times 10^5 \, \text{Pa} \doteqdot 3.6 \times 10^5 \, \text{Pa}$$

こうして得られた結果は，混合気体の物質量が一定かつ温度一定の条件で圧縮されて，水素の分圧が 1.50×10^5 Pa から 2.00×10^5 Pa と 4/3 倍になっていて，これと同じ割合で混合気体全体の全圧が変化すると考えてもよい。

ウ　下線部②のとき，気体の全物質量に対する水素の物質量比 x は 0.56 であり，$x < 0.56$ のときは水素の吸蔵は起こらない。よって，$0 < x < 0.56$ のときは容器内の気体の全物質量は 2.70 mol で不変であり，温度と体積も同じなので圧力は不変である。それに対し，$x > 0.56$ となると，水素の吸蔵が起こり，容器内の気体の全物質量が減少する。ただし，この間の水素の分圧は 2.00×10^5 Pa で一定となり，アルゴンの物質量の減少に比例してその分圧が減少するので，全圧もこれに対応して直線的に減少する。最終的に $x=1$ となると，全圧は 2.00×10^5 Pa となる。よって，この間の全圧の変化を表すグラフは(4)である。

エ　気体を圧縮して，混合気体の全圧が 2.20×10^6 Pa になったとき，水素に関しては式 1 の平衡が成立しているので，水素の分圧は 2.00×10^5 Pa である。よって，アルゴンの分圧は 2.00×10^6 Pa となっている。この操作の間，アルゴンの物質量は不変であり，温度も 527℃ で一定になっているので，アルゴンについてボイルの法則が成立する。はじめのアルゴンの分圧が 1.20×10^5 Pa だったので，このときの気体の体積を V'' とすると下式が成立する。

$$1.20 \times 10^5 \, \text{Pa} \times 66.5 \, \text{L} = 2.00 \times 10^6 \, \text{Pa} \times V''$$

$$\therefore \quad V'' = 3.99 \, \text{L}$$

このとき，容器内に気体で存在する水素の物質量は，以下の通りである。

$$n_{\text{H}_2} = \frac{2.00 \times 10^5 \, \text{Pa} \times 3.99 \, \text{L}}{8.31 \times 10^3 \, \text{Pa·L/(mol·K)} \times 800 \text{K}} = 0.120 \, \text{mol}$$

よって，このとき吸蔵されている水素は 1.50 mol − 0.12 mol = 1.38 mol $\doteqdot$ 1.4 mol である。

オ　H_2 と I_2 から HI が生成して平衡状態となる変化を反応式とともに示すと以下の通りである。

	H₂	+	I₂	⇌	2HI
反応前	1.50		1.20		0
反応後	0.50		0.20		2.00

よって，このときの気体の体積を V〔L〕として，平衡定数 K を与える式に数値を代入すると以下の通りである。

$$K = \frac{[\text{HI}]^2}{[\text{H}_2][\text{I}_2]} = \frac{(2.00\,\text{mol}/V)^2}{(0.50\,\text{mol}/V) \times (0.20\,\text{mol}/V)} = 40$$

ここで，たとえば，水素の分圧はモル濃度と RT を用いて以下のように表される。

$$P_{\text{H}_2} = \frac{n_{\text{H}_2}RT}{V} = [\text{H}_2]RT$$

よって，他の成分気体の分圧も同様に $[\text{I}_2]RT$，$[\text{HI}]RT$ と表されるので，この可逆反応の平衡定数は下式のように分圧を用いて表すことができ圧平衡定数は K と一致する。

$$K = \frac{[\text{HI}]^2}{[\text{H}_2][\text{I}_2]} = \frac{P_{\text{HI}}^2}{P_{\text{H}_2}P_{\text{I}_2}} = 40$$

カ　下線部④のとき水素の吸蔵が始まったので，その直前までは容器内の各気体の物質量の変化はなく，水素の分圧は $2.00 \times 10^5\,\text{Pa}$ となっている。また，混合気体中の各成分気体の分圧は，下式に示すように物質量と比例する。

$$\frac{p_{\text{H}_2}}{n_{\text{H}_2}} = \frac{p_{\text{I}_2}}{n_{\text{I}_2}} = \frac{p_{\text{HI}}}{n_{\text{HI}}} = \frac{P_{\text{T}}}{n_{\text{T}}} = \frac{RT}{V}$$

よって，ヨウ素とヨウ化水素の分圧は順に $8.00 \times 10^4\,\text{Pa}$，$8.00 \times 10^5\,\text{Pa}$ である。よって，混合気体の全圧は $10.80 \times 10^5\,\text{Pa} ≒ 1.1 \times 10^6\,\text{Pa}$ である。

キ　$\text{H}_2 + \text{I}_2 \rightleftarrows 2\text{HI}$ の可逆反応が平衡状態にあるとき，容器内の気体を圧縮して全圧を $2.20 \times 10^6\,\text{Pa}$ にすると，水素の分圧は $2.00 \times 10^5\,\text{Pa}$ に保たれながら，一部が X に吸蔵される。その結果，この可逆反応の平衡は左に移動して新たな平衡状態に達する。

　平衡時の気体の全圧は $2.20 \times 10^6\,\text{Pa}$ であり，水素の分圧は $2.00 \times 10^5\,\text{Pa}$ なので，ヨウ素とヨウ化水素の分圧の和は $2.00 \times 10^6\,\text{Pa}$ である。したがって，平衡時のヨウ素とヨウ化水素の分圧を $x \times 10^5\,\text{Pa}$，$y \times 10^5\,\text{Pa}$ とすると，下式が成立する。

$$x + y = 20$$

$$\frac{y^2 \times 10^{10}\,\text{Pa}^2}{2 \times 10^5\,\text{Pa} \times x \times 10^5\,\text{Pa}} = 40 \qquad \therefore \quad \frac{y^2}{2x} = 40$$

この連立方程式を解くと，$y = 16.57$，$x = 3.43$ と求まる。よって，平衡時のヨウ

化水素の分圧は有効数字 2 桁で $1.7 \times 10^6 \, \text{Pa}$ である。

　解答は得られたが，この間に何が起こっているのかを確かめておこう。はじめに記したように，気体を圧縮すると水素の分圧が $2.00 \times 10^5 \, \text{Pa}$ より大きくなり水素の吸蔵が起こり，気体で存在する水素の物質量が減少する。その結果，ヨウ化水素の分解が進行する方向に平衡が移動する。水素の吸蔵がはじまったときに，容器内には水素が $0.50 \, \text{mol}$，ヨウ素が $0.20 \, \text{mol}$，ヨウ化水素が $2.00 \, \text{mol}$ 存在していた。これからヨウ化水素が $2z \, \text{mol}$ 分解して平衡になり，全圧が $2.20 \times 10^6 \, \text{Pa}$ になったとすると，このとき容器内に共存するヨウ素の物質量は $(0.20 + z) \, \text{mol}$ である。また，両者の分圧は上で求めたようにヨウ化水素が $16.57 \times 10^5 \, \text{Pa}$，ヨウ素が $3.43 \times 10^5 \, \text{Pa}$ である。同じ容器内の気体なので，両者の物質量と分圧は比例する。よって，下式が成立する。

$$\frac{16.57 \times 10^5 \, \text{Pa}}{(2.00 - 2z) \, \text{mol}} = \frac{3.43 \times 10^5 \, \text{Pa}}{(0.20 + z) \, \text{mol}}$$

$$\therefore \quad z = 0.1513 \, \text{mol}$$

また，容器内に気体で存在する水素の物質量も同様にして求めると以下の通り。

$$\frac{3.43 \times 10^5 \, \text{Pa}}{(0.20 + 0.1513) \, \text{mol}} = \frac{2.00 \times 10^5 \, \text{Pa}}{n_{\text{H}_2}}$$

$$\therefore \quad n_{\text{H}_2} = 0.205 \, \text{mol}$$

ヨウ化水素が分解して等しい物質量のヨウ素と水素が生成したので，吸蔵された水素も含め，容器内には $0.6513 \, \text{mol}$ の水素が存在し，その中の $0.4463 \, \text{mol}$ が吸蔵されたことになる。このとき，容器内の気体の全物質量は $2.254 \, \text{mol}$ で，これが $800 \, \text{K}$，$2.20 \times 10^6 \, \text{Pa}$ で存在しているので，その体積は以下の通りである。

$$V = \frac{2.254 \, \text{mol} \times 8.31 \times 10^3 \, \text{Pa·L/(mol·K)} \times 800 \, \text{K}}{2.20 \times 10^6 \, \text{Pa}} = 6.81 \, \text{L} \fallingdotseq 6.8 \, \text{L}$$

Ⅱ　ク　アラニン，アスパラギン酸，リシンの各水溶液に過剰量の塩酸を加えると，これらは下式の陽イオンとなる。

この状態のアミノ酸の水溶液に水酸化ナトリウム水溶液を加えると，カルボキシ基およびアミノ基の陽イオンの部分が下式のように中和される。

$$R-COOH + OH^- \longrightarrow R-COO^- + H_2O$$
$$R'-NH_3^+ + OH^- \longrightarrow R'-NH_2 + H_2O$$

これらの中和反応は，上のカルボキシ基の中和が pH＝3～5 で起こり，アミノ基の陽イオンの中和が pH＝9～11 で進行する。加える塩酸の量についての記述はないが，各アミノ酸が上記のイオン状態にあり，過剰の塩酸はない溶液となっているとして，考察を進める。各アミノ酸の濃度が同一なので，アラニンの水溶液に水酸化ナトリウム水溶液を加えるとまずカルボキシ基が中和され，pH の急激な増大が起こり，次いでこれと等しい物質量のアミノ基の陽イオンの中和が進行し，それが完了すると pH がさらに増大する。この pH 変化が起こっているのが(6)である。
これに対し，pH が 4 付近までの変化はアラニンと同様だが，pH が 10 付近の変化にアラニンの 2 倍の水酸化ナトリウム水溶液を要している(5)は，カルボキシ基が 1 つとアミノ基の陽イオンが 2 つあるリシンが中和されたときの pH 変化を表している。また，酸性アミノ酸のアスパラギン酸は，pH が 4 付近までの中和にアラニンの 2 倍の水酸化ナトリウムを必要とし，その pH 変化は(7)となる。

ケ　尿素は形式的には炭酸とアンモニアが縮合したアミドであり，その加水分解は次式で表される。

$$(NH_2)_2CO + H_2O \longrightarrow 2NH_3 + CO_2$$

反応式の係数に表されているように，1 分子の尿素が分解すると 2 分子のアンモニアが生成するので，逆反応が無視できる反応開始時のアンモニア生成速度は尿素の分解速度の 2 倍となる。

コ　下線部⑧にある「生体反応で発生し毒性を持つ過酸化水素」の記述を踏まえて解答を作るとすれば，生体内で過酸化水素が発生する反応についての知識が必要であり，また，その反応に関する反応熱の情報も必要である。人体の中で過酸化水素が生成する反応は，生化学の教科書によれば，ミトコンドリアの中で酸素分子が電子を受け取って生成したスーパーオキシドアニオン O_2^- が水溶液中で下式のように不均化することによるそうである。

$$2O_2^- + 2H_2O \longrightarrow H_2O_2 + O_2 + 2OH^-$$

もちろん，こんな反応について知っている受験生はいないし，大学入試の問題として不適切である。したがって，ここでは「H_2O_2(液)と H_2O(液)の生成反応の熱化学方程式」という表現を「H_2O_2(液)と H_2O(液)の生成熱を表す熱化学方程式」と解釈することにする。そうすると，それらは以下の熱化学方程式で表される。

$$H_2(気) + O_2(気) = H_2O_2(液) + 187.8\,kJ$$
$$H_2(気) + O_2(気) \longrightarrow H_2O_2(液) \quad \Delta H = -187.8\,kJ$$

$$H_2（気）+ \frac{1}{2}O_2（気）= H_2O（液）+ 285.8\,kJ$$

$$H_2（気）+ \frac{1}{2}O_2（気）\longrightarrow H_2O（液）\quad \Delta H = -285.8\,kJ$$

過酸化水素の分解反応は下式で表される。

$$2H_2O_2（液）\longrightarrow O_2（気）+ 2H_2O（液）$$

この反応の反応熱を $Q\,kJ/mol$ の発熱として，単体を基準にしてエネルギー図を描くと下図の通りである。

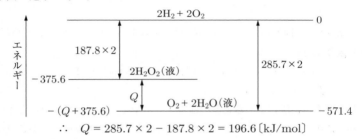

$$\therefore \quad Q = 285.7 \times 2 - 187.8 \times 2 = 196.6\,〔kJ/mol〕$$

また，上式の分解反応のエンタルピー変化は $\Delta H = -196.6\,kJ$ である。

サ　式 4 は速度定数の温度依存性と活性化エネルギーの関係を表す下式のアレニウスの式の対数をとり，その底を 10 に変換した式である。

$$k = Ae^{-\frac{E_a}{RT}}$$

ここで，A は頻度因子と呼ばれる反応に固有の定数，E_a は活性化エネルギー，R は気体定数である。したがって，触媒の有無によって A の値は異なる。それを，出題者は変わらないとして，この式を用いて触媒があるときの活性化エネルギーを計算させようとしているが，これは論理的に誤りであり，設問として成り立たないと考えられる。正しくは，触媒があるときの反応速度を異なる温度で測定し，それらの速度定数 k の対数と $1/T$ の下図のグラフを描くと，その直線の傾きが $-E_a/R$ となることによって求める。これらの直線の傾きの絶対値が小さい方が触媒のあるときである。

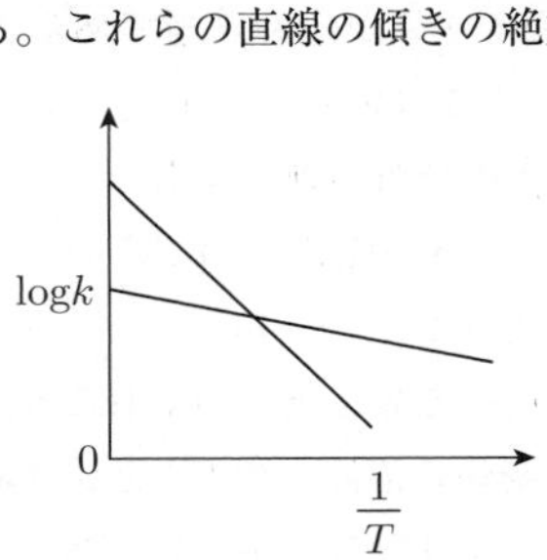

　　　以下には，触媒があると室温における速度定数が 10^{12} 倍になるという条件を式
4 に代入してその活性化エネルギーを計算する手順を示す。触媒のないときとある
ときの速度定数および活性化エネルギーを添字 1，2 で区別して，$\dfrac{k_2}{k_1}$ を式 4 に代
入すると，下式が得られる。

$$\log_{10} \frac{k_2}{k_1} = \log_{10} k_1 - \log_{10} k_2 = 12$$

$$= -\frac{(E_{a2} - E_{a1})}{2.30RT}$$

ここに $E_{a1} = 75.3\,\mathrm{kJ/mol}$，$T = 300\,\mathrm{K}$，$R = 8.31\,\mathrm{J/(mol \cdot K)}$ を代入して整理すると，
以下の通り E_{a2} が求まる。

$$75.3\,\mathrm{kJ/mol} - E_{a2} = 6.88 \times 10^4\,\mathrm{J/mol} = 68.8\,\mathrm{kJ/mol}$$

$$\therefore \quad E_{a2} = 6.5\,\mathrm{kJ/mol}$$

こうして求まった触媒があるときの活性化エネルギーは，触媒がないときのそれに
比べ非常に小さい。このように，触媒があると活性化エネルギーの小さい反応経路
を通って反応が進行するため，反応しうる分子の割合が大きくなる。実際 27℃ で
反応速度が 10^{12} 倍となったということは，この温度では触媒がなければ反応でき
る分子の割合が $1/10^{12}$ 未満だったのが大部分の分子が反応できるようになったと
解釈できる。もっと正確には，上述した頻度因子，すなわち反応物同士が十分大き
なエネルギーを持って衝突したとき，何回の衝突で 1 回反応するかを表す反応に
固有の定数が，触媒がないときには 1/1000 程度と推定されるのに対し，触媒があ
ると触媒表面に反応物が吸着すればほぼ全てが反応するので，その時の頻度因子は
ほぼ 1 となることの寄与も大きい。室温付近で分子 1 mol が持つ平均のエネルギー
が $300R = 2.5\,\mathrm{kJ/mol}$ であり，活性化エネルギーが $6.5\,\mathrm{kJ/mol}$ になれば，反応で
きる分子の割合が反応物分子の半数に近づくと推定される。この両方の効果で反応
速度が 10^{12} 倍となったと考えるのが最も妥当である。カタラーゼという酵素には
Fe^{2+}，Fe^{3+} が含まれ，これと H_2O_2 の間で下式のように酸化還元反応を行うこと
によって効率的に過酸化水素の分解が進行する。

$$H_2O_2 + 2Fe^{2+} + 2H^+ \longrightarrow 2H_2O + 2Fe^{3+}$$

$$H_2O_2 + 2Fe^{3+} \longrightarrow O_2 + 2H^+ + 2Fe^{2+}$$

シ　解答の前に下線部⑨の記述の意味を確かめておこう。式 3 の基質 Y に H^+ が供給
される反応が，酵素とは無関係に溶液中の H^+ を受け取るより，酵素と基質が結合
し酵素に含まれる官能基から受け取る方が十分に速く起こるとき，この反応速度が

溶液の pH によらず一定になる理由は，基質が H^+ を受け取る部位が通常の酸塩基反応を起こす官能基ではなく，溶液中の H^+ を受け取りにくいため，酵素と基質が鍵と鍵穴のように特異的に結びつくことによりその部位が決まった位置関係をとるためである。したがって，pH によらず反応速度が一定となるのは，酵素に含まれる官能基が H^+ を保持しているときに限られる。具体的には酵素が持つ官能基がカルボキシ基であれば pH は 4 以下，アミノ基の陽イオンであれば pH は 8 以下のときである。このように pH によらず反応速度が一定となるとしても，この条件を満たす範囲でなら pH に依存しないということである。この条件が成り立てば，式 3 の反応の反応速度は基質と酵素の濃度の積に比例することになり，一定となる。

　これに対し，高い pH 領域では溶液内には実質的に H^+ は存在しない。また，酵素に含まれるカルボキシ基などの官能基も H^+ を失っていて，酵素と基質が特異的に結合しても酵素から H^+ が供給されることはない。そのため，問題文にあるように酵素と特異的に結合した基質への H^+ の供給は，その周りの水からなされる。ある pH のときの水素イオン濃度は 10^{-pH} mol/L となるので，酵素及び基質の濃度が一定のときは式 3 の反応速度は指数関数にしたがって著しく減少する。もっとも，溶液中には実質的に反応しうる H^+ はないので，ほとんど反応は進行しない。

解　答

I　ア　6.6×10 L

　イ　3.6×10^5 Pa

　ウ　(4)

　エ　1.4 mol（答えに至る過程は解説参照）

　オ　40

　カ　1.1×10^6 Pa（答えに至る過程は解説参照）

　キ　1.7×10^6 Pa（答えに至る過程は解説参照）

II　ク　(a) (6)　　(b) (7)　　(c) (5)

　ケ　$(NH_2)_2CO + H_2O \longrightarrow 2NH_3 + CO_2$　　2 倍

　コ　$H_2(気) + O_2(気) = H_2O_2(液) + 187.8$ kJ

　　　$\left(H_2(気) + O_2(気) \longrightarrow H_2O_2(液)\quad \Delta H = -187.8\,\text{kJ} \right)$

　　　$H_2(気) + \dfrac{1}{2}O_2(気) = H_2O(液) + 285.8$ kJ

　　　$\left(H_2(気) + \dfrac{1}{2}O_2(気) \longrightarrow H_2O(液)\quad \Delta H = -285.8\,\text{kJ} \right)$

サ　6.5 kJ/mol

シ　d：指数　　e：減少

第3問

（解説）

Ⅰ　ア　Ag^+ は塩基性溶液中で下式のように酸化銀 Ag_2O の褐色沈殿を生じる。

$$2Ag^+ + 2OH^- \longrightarrow Ag_2O + H_2O$$

イ　この沈殿滴定はクロム酸カリウム K_2CrO_4 を指示薬とする $AgNO_3$ 水溶液による Cl^- の定量法でモール法と呼ばれる。

（1）　この沈殿滴定では，$AgNO_3$ 溶液を滴下すると $AgCl$ の白色沈殿と Ag_2CrO_4 の赤褐色沈殿を生じる可能性がある。滴下する $AgNO_3$ 溶液のモル濃度が 1.0×10^{-3} mol/L だが，$[CrO_4{}^{2-}] = 1.0 \times 10^{-4}$ mol/L なので，溶液に $AgNO_3$ 溶液を滴下して全体に拡散する前には Ag_2CrO_4 の赤褐色沈殿を生じる。滴下する溶液の体積が 0.02 mL とすると，これが 20 mL の溶液全体に拡散すれば，モル濃度が 1/1000 程度になり，いったん生じた沈殿が溶解する。よって，目視で沈殿生成を確認するためには $AgNO_3$ 溶液を数滴滴下する必要がある。これを見積もるのが対照実験である。したがって，この記述は正しい。実際の Cl^- の定量のための滴定では，Cl^- と $CrO_4{}^{2-}$ によって Ag^+ の奪い合いが起こり，同程度のモル濃度であれば $AgCl$ の白色沈殿が生じる。滴定が進行して Ag^+ の濃度が小さくなると，滴下した直後の $AgNO_3$ 水溶液が，コニカルビーカー全体に拡散する前には Ag_2CrO_4 の赤褐色沈殿を生じるものの，Cl^- が残っていれば滴下した Ag^+ は $AgCl$ の沈殿生成に使われ Ag_2CrO_4 の赤褐色沈殿は消失する。Cl^- のモル濃度が 10^{-5} mol/L 未満になって実質的に Cl^- がなくなると，Ag_2CrO_4 の赤褐色沈殿は消失しなくなる。

（2）　ハロゲン化銀は AgF を除き，水に難溶性であり，この滴定と同様にして定量できる。しかし，AgF はかなり水に溶けるので，この方法では定量できない。よって，この記述も正しい。

（3）　$AgCl$ も $NaCl$ 型の結晶構造のイオン結晶であるが，$AgCl$ の水への溶解度は極めて小さい。Ag と Cl および Na と Cl の電気陰性度の差は後者の方が大きい。よって，この記述は誤りである。$AgCl$ が水に難溶性であるのは，この結晶が純粋なイオン結晶ではなく両原子の電気陰性度の差が小さく，原子間に共有結合の寄与があるためである。

（4）　Ag_2O は両性酸化物ではなく，強塩基の過剰には溶解しない。よって，この記述も誤りである。Ag^+ は錯イオンを作りやすく，アンモニアの過剰に下式のよう

に溶解する。

$$Ag_2O + 4NH_3 + H_2O \longrightarrow 2[Ag(NH_3)_2]^+ + 2OH^-$$

(5) 滴定の際に pH が 7 より小さくなると，下式のようにクロム酸水素イオンが生成し，クロム酸銀の沈殿生成が起こらなくなり，滴定ができなくなる。

$$CrO_4{}^{2-} + H^+ \longrightarrow HCrO_4{}^-$$

よって，この記述も正しい。

ウ　この滴定の当量点は，滴定前の溶液中に存在していた Cl^- の物質量と滴下した Ag^+ の物質量が等しい点である。したがって，当量点において Cl^- の濃度と Ag^+ の濃度は等しい。また，このときに AgCl の溶解度積が成立しているので，その値は $\sqrt{1.6 \times 10^{-5}}$ mol/L である。当量点までに滴下した $AgNO_3$ 水溶液は 16.0 mL であり，溶液の全量は 36.0 mL となっているので，このとき溶液中に存在する Ag^+ の物質量は下式で表される。

$$n_{Ag^+} = \sqrt{1.6 \times 10^{-5}}\,\text{mol/L} \times 36.0 \times 10^{-3}\text{L}$$

$$= \sqrt{\frac{16}{2 \times 5}} \times 10^{-5}\,\text{mol/L} \times 36.0 \times 10^{-3}\text{L}$$

$$\fallingdotseq \frac{4}{1.41 \times 2.24} \times 10^{-5}\,\text{mol/L} \times 36.0 \times 10^{-3}\text{L}$$

$$= 4.56 \times 10^{-7}\,\text{mol} \fallingdotseq 4.6 \times 10^{-7}\,\text{mol}$$

しかし，出題者はこの滴定の当量点を Ag_2CrO_4 が沈殿し始める点としている。滴定の目的が Cl^- の定量であり，そのために指示薬としてクロム酸カリウムを加えてあるのであり，Ag_2CrO_4 の赤褐色沈殿を目視で確認できる点は終点である。この設問では，当量点という語句の使い方が誤っているが，入試では出題者の設定に従わなければならないので，以下にそれに沿った解答を示す。Ag_2CrO_4 が沈殿し始めるときは，ほとんどすべての $CrO_4{}^{2-}$ は溶液中に残っていて溶液の体積が 36.0 mL になっているので，そのときの $CrO_4{}^{2-}$ の濃度は 1.0×10^{-4} mol/L $\times \dfrac{20.0}{36.0} = 5.56 \times 10^{-5}$ mol/L である。また，ごく少量の Ag_2CrO_4 が沈殿しているので Ag_2CrO_4 の溶解度積が成立している。したがって，このときの Ag^+ の濃度は以下のように計算される。

$$[Ag^+] = \sqrt{\frac{1.2 \times 10^{-12}\,\text{mol}^3/\text{L}^3}{5.56 \times 10^{-5}\,\text{mol/L}}} = 1.47 \times 10^{-4}\,\text{mol/L}$$

よって，このとき溶液中に溶解している Ag^+ の物質量は，以下の通りである。

$$n_{Ag^+} = 1.47 \times 10^{-4}\,\text{mol/L} \times 36.0 \times 10^{-3}\text{L} = 5.29 \times 10^{-6}\,\text{mol} \fallingdotseq 5.3 \times 10^{-6}\,\text{mol}$$

エ　この滴定で起こっている変化をイオン反応式で表すと下式である。

$$Ag^+ + Cl^- \longrightarrow AgCl$$

よって，当量点ではそこまでに滴下した Ag^+ の物質量と x mol/L の Cl^- を含む試料溶液中の Cl^- の物質量は等しい。よって，下式が成立する。

$$1.0 \times 10^{-3}\,\text{mol/L} \times 16.0 \times 10^{-3}\,\text{L} = x\,\text{mol/L} \times 20.0 \times 10^{-3}\,\text{L}$$

$$\therefore \quad x = 8.0 \times 10^{-4}\,\text{mol/L}$$

しかし，前問と同様に Ag_2CrO_4 が沈殿し始めるときについて考察することが求められている。また，このときすべての Cl^- が AgCl となって沈殿していると仮定して x を求めよとなっているので，滴下した $AgNO_3$ 水溶液中の Ag^+ は AgCl または溶液中に存在するので，Ag^+ の物質量について下式が成立する。

$$1.0 \times 10^{-3}\,\text{mol/L} \times 16.0 \times 10^{-3}\,\text{L} = x\,\text{mol/L} \times 20.0 \times 10^{-3}\,\text{L} + 5.29 \times 10^{-6}\,\text{mol}$$

$$\therefore \quad x = 5.36 \times 10^{-4}\,\text{mol/L} \fallingdotseq 5.4 \times 10^{-4}\,\text{mol/L}$$

オ　ウで求めたように Ag_2CrO_4 が沈殿し始めるときの Ag^+ の濃度は 1.47×10^{-4} mol/L である。このとき，AgCl も沈殿していてその溶解度積も成立している。よって，このときの Cl^- の濃度は以下のように計算される。

$$[Cl^-] = \frac{1.6 \times 10^{-10}\,\text{mol}^2/\text{L}^2}{1.47 \times 10^{-4}\,\text{mol/L}} = 1.09 \times 10^{-6}\,\text{mol/L}$$

この濃度の 36.0 mL 中に溶解しているのでその物質量は以下の通りである。

$$1.09 \times 10^{-6}\,\text{mol/L} \times 36.0 \times 10^{-3}\,\text{L} = 3.92 \times 10^{-8}\,\text{mol} \fallingdotseq 3.9 \times 10^{-8}\,\text{mol}$$

Ⅱ　カ　トルエンに水素が付加してメチルシクロヘキサンとなる変化は下式で表される。

$$C_6H_5CH_3 + 3H_2 \longrightarrow C_6H_{11}CH_3$$

H_2 1 kg の物質量は 500 mol であり，この反応で得られるメチルシクロヘキサンの物質量は $\dfrac{500}{3}$ mol で，その質量は $98\,\text{g/mol} \times \dfrac{500}{3}\,\text{mol} = 1.63 \times 10^4\,\text{g} = 16.3\,\text{kg}$ である。25℃におけるメチルシクロヘキサンの密度が 0.77 kg/L なので，その体積は $\dfrac{16.3\,\text{kg}}{0.77\,\text{kg/L}} \fallingdotseq 21\,\text{L}$ である。

キ，ク　問題を解く前に，原子半径と単位格子の一辺の長さの関係を確かめておこう。単位格子の立方体の体対角線の長さは Fe 原子および Ti 原子の原子半径の和の 2 倍であり，これが単位格子の一辺の長さの $\sqrt{3}$ 倍であれば，両原子は互いに接しているとして良く，以下のように条件を満たしている。

$$0.30\,\text{nm} \times \sqrt{3} = 0.52\,\text{nm} \quad (0.12\,\text{nm} + 0.14\,\text{nm}) \times 2 = 0.52\,\text{nm}$$

このTi−Fe合金の単位格子は，図3−1ではFe原子を頂点に配置したものが示されているが，下図のようにTiを頂点に位置するように取ることも可能である。

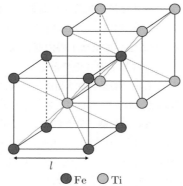

● Fe　○ Ti

図3−2はA原子4個で作られる正方形の中心に八面体の中心◎があるが，設問クにあるように原子Aと原子Bの相互の関係は同等なので，図3−2のAとBを入れ替えて，B原子で作られる正方形の中心に◎を置くことも可能である。ここではA原子4個とB原子2個でできる八面体について考察する。A原子4個の作る正方形の中心にできるすき間の大きさは，この正方形の対角線の長さと原子Aの原子半径で決まり，d_{AA}は以下のように計算される。

$$d_{AA} = \sqrt{2}l - 2r_A$$

一方，この八面体の2個のB原子間の距離は上図に示されているようにlである。よってd_{BB}は下式で表される。

$$d_{BB} = l - 2r_B$$

　具体的にA原子がFe，B原子がTiの場合とA原子がTi，B原子がFeの場合でd_{AA}とd_{BB}を比較してみると，以下の通りである。まず原子AがFeの場合は，

$$d_{AA} = \sqrt{2} \times 0.30\,\mathrm{nm} - 2 \times 0.12\,\mathrm{nm} = 0.184\,\mathrm{nm}$$

$$d_{BB} = 0.30\,\mathrm{nm} - 2 \times 0.14\,\mathrm{nm} = 0.02\,\mathrm{nm}$$

次いで，原子AがTiの場合は，

$$d_{AA} = \sqrt{2} \times 0.30\,\mathrm{nm} - 2 \times 0.14\,\mathrm{nm} = 0.144\,\mathrm{nm}$$

$$d_{BB} = 0.30\,\mathrm{nm} - 2 \times 0.12\,\mathrm{nm} = 0.06\,\mathrm{nm}$$

と求まり，いずれの場合も$d_{AA} > d_{BB}$となっている。

　上で考察したように，原子AがTiの場合は八面体の中心にできるd_{BB}で決まるすき間の大きさが0.06nmとなり，水素原子の原子半径の2倍となるので，このすき間に水素原子を吸蔵できる。これに対し，原子AがFeの場合はd_{BB}で決ま

るすき間の大きさが 0.02 nm となり水素原子が入ることができない。

ケ　図3－1に示されているこの合金の単位格子の内部には，Ti 原子が1個と Fe 原子が1個含まれる。また，H 原子が吸蔵されるのは，4個の Ti 原子に囲まれる部分で，前ページの Ti が頂点に位置する単位格子の各面の中心である。この面心の位置に H 原子が吸蔵されると，単位格子の内部には 1/2 個分×6＝3 個分の H 原子が吸蔵される。よって，Ti 原子の3倍である。

コ　図3－4に示されている La－Ni 合金の結晶格子の図において，○で表されている La 原子は上下の面合わせて面 α の中心の1個と各頂点の 1/3 個分×6＝3 個がこの六角柱の内部に含まれる。また●で表される Ni 原子は上下の面合わせて面 α 内に6個と面 β 内に各辺の中心に 1/2 個分×6＝3 個と内部に6個の合わせて 15 個がこの六角柱に含まれる。よって，この合金の組成は $LaNi_5$ で，六角柱の内部に含まれる金属原子は 18 個である。この合金は，金属原子1個当たり1個の水素原子を吸蔵するので，図3－4の結晶格子に吸蔵される水素原子も 18 個である。

　　図3－4に示されている La－Ni 合金の結晶格子の正六角柱の体積は底面が1辺の長さが a の正六角形なので，$\dfrac{3\sqrt{3}a^2}{2}\times c$ で表される。この内部に 18 個の水素原子が吸蔵され，その割合は結晶の大きさによらない。よって，1.0 kg の水素を吸蔵した La－Ni 合金の体積を $V\,[\mathrm{m}^3]$ とすると，下式が成立する。

$$\frac{18}{\dfrac{3\sqrt{3}\,(0.50\times10^{-9}\,\mathrm{m})^2\times0.40\times10^{-9}\,\mathrm{m}}{2}}=\frac{1.0\times10^3\,\mathrm{mol}\times6.02\times10^{23}\,\mathrm{mol}^{-1}}{V}$$

$$\therefore\quad V=8.69\times10^{-3}\,\mathrm{m}^3=8.69\,\mathrm{L}\doteqdot8.7\,\mathrm{L}$$

解　答

I　ア　$2Ag^+ + 2OH^- \longrightarrow Ag_2O + H_2O$

イ　(3)　(4)

ウ　$5.3\times10^{-6}\,\mathrm{mol}$

エ　$5.4\times10^{-4}\,\mathrm{mol/L}$（答えに至る過程は解説参照）

オ　$3.9\times10^{-8}\,\mathrm{mol}$

II　カ　21 L

キ　$d_{AA}=\sqrt{2}l-2r_A$

　　$d_{BB}=l-2r_B$

　　d_{BB} の方が小さい

ク　原子 A が Ti のときは $d_{BB} = 0.06\,\text{nm}$ となり，Ti 原子 4 個と Fe 原子 2 個からなる八面体のすき間に水素原子が入りうるが，原子 A が Fe のときは $d_{BB} = 0.02\,\text{nm}$ となり，Fe 原子 4 個と Ti 原子 2 個からなる八面体のすき間に水素原子は入れないため。

ケ　3 倍

コ　18 個　　8.7 L

第 1 問

[解説]

Ⅰ ア 化合物 A の分子式を $C_xH_{2y}O_z$ とおくと，その完全燃焼は下式で表される。

$$C_xH_{2y}O_z + wO_2 \longrightarrow xCO_2 + yH_2O$$

化合物 A の分子量が 286 なので，その 71.5 mg の物質量は $\dfrac{71.5\,\text{mg}}{286\,\text{g/mol}} =$

0.250 mmol である。また，この完全燃焼で生じた二酸化炭素と水の物質量それぞ

れは $\dfrac{143\,\text{mg}}{44\,\text{g/mol}} = 3.25\,\text{mmol}$ および $\dfrac{40.5\,\text{mg}}{18\,\text{g/mol}} = 2.25\,\text{mmol}$ である。反応式の係数か

ら $0.250x\,\text{mmol} = 3.25\,\text{mmol}$ および $0.250y\,\text{mmol} = 2.25\,\text{mmol}$ なので，$x = 13$，y

$= 9$ と決まる。したがって，化合物 A の分子式は $C_{13}H_{18}O_z$ となり，分子量と比較

して $12 \times 13 + 18 + 16z = 286$ より $z = 7$ と求まり，分子式は $C_{13}H_{18}O_7$ と決まる。

イ マルトースは α-グルコースが縮合した二糖類であり，セロビオースは β-グル

コースが縮合した二糖類である。よって化合物Bはグルコースである。またスクロー

スは α-グルコースと β-フルクトースが縮合した二糖類であり，化合物 D はフル

クトースである。

化合物 C は化合物 A の加水分解でグルコースとともに得られるが，その変化を

分子式で表すと下式の通りである。

$$C_{13}H_{18}O_7 + H_2O \longrightarrow C_6H_{12}O_6 + C_7H_8O_2$$

よって化合物 C の分子式は $C_7H_8O_2$ と決まり，これが塩化鉄（Ⅲ）水溶液を加え

ると特有の呈色反応を示したことからフェノール性ヒドロキシ基を持つことが分か

る。また，化合物 C を酸化して得られる化合物 E は，分子内で水素結合を形成し，

炭酸水素ナトリウム水溶液を加えると二酸化炭素を発生するので，互いにオルト位

にカルボキシ基とヒドロキシ基が結合したサリチル酸である。これに無水酢酸と濃

硫酸を加えて反応させるとアセチルサリチル酸 F が生成する。化合物 C から一連

の反応でアセチルサリチル酸が生成する変化を化学式で示すと以下の通りである。

ウ　グルコースの構造式は下図の通りである。なお，左図の構造式はフィッシャーの投影図と呼ばれる構造式で，炭素骨格に対して他の原子，原子団がどの方向に伸びているかを表すために工夫されたものである。具体的には，ある炭素原子に着目したとき，これと結合している炭素原子は紙面の奥の方に位置するように配置し，残りの原子，原子団が紙面の手前の方に位置するように配置し，それを手前から奥の方に投影して，分子の立体構造を図示したものである。そうすると，天然に存在するグルコースの立体構造はこれで表される。一般的には，構造式で分子の形は表さないので，炭素骨格に結合している原子，原子団の方向は示されていないが，フィッシャーの投影図はその欠点を克服する一つの方法となっている。

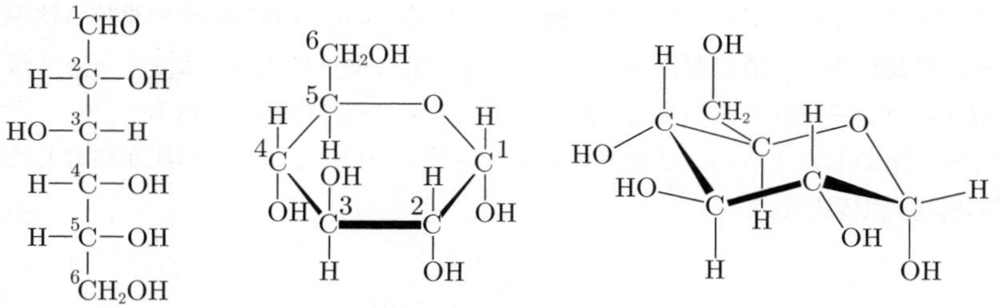

　上右図は α-グルコースの分子の形を表した構造式で，イス形の六員環に結合している原子，原子団が環の上下の軸方向と斜め上下方向に伸びている様子が表されている。1 位の -OH だけ軸方向に伸びているが，これ以外は -CH₂OH および -OH が斜め上または斜め下の方向に伸び得ていて，それは六員環から遠ざかる方向でもある。その結果，グルコースの立体配置は極めて安定である。このグルコースの安定性は，2 ～ 5 位の 4 つの C 原子が不斉炭素原子のまわりの立体配置に依るので，それを表現する方法が工夫されたのである。

　設問に対する解答を確認すると，鎖状構造では 2 ～ 5 位の 4 つの C 原子が不斉炭素原子であり，六員環構造では 1 ～ 5 位の 5 つの C 原子が不斉炭素原子である。

エ　セロビオースおよびマルトースは 2 つのグルコース単位の中で，1 位のヒドロキシ基が縮合せずに残っている方の構成糖単位はヘミアセタールで，この部分を開環するとホルミル基（アルデヒド基）を有する構造に変化可能であり，還元性を示す。下図にマルトースを例にこの構造変化を示す。

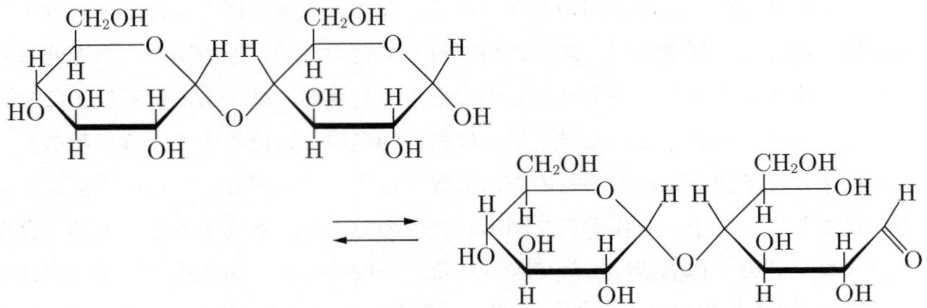

　　これに対し，スクロースは α-グルコースの1位と β-フルクトースの2位のヘ
ミアセタールのヒドロキシ同士が縮合しているため，どちらの糖の単位も開環でき
ず，還元性を示す構造変化ができない。よって，セロビオースとマルトースは下線
部①のフェーリング液の還元に陽性だが，スクロースは陰性である。

オ　イで解説したように，Cは互いにオルト位に −OH と −CH$_2$OH が結合した下図
　の構造式で表される。

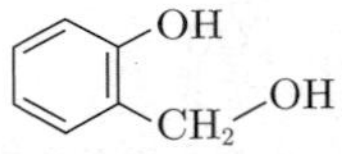

カ　化合物Aは化合物Cとグルコースが縮合した化合物で，グルコースの1位のヒ
　ドロキシ基と化合物Cのアルコール性ヒドロキシ基またはフェノール性ヒドロキ
　シ基の間で水が取れた構造の化合物である。これには，α-グルコースまたは β-グ
　ルコースのどちらかと化合物Cが縮合したものが可能である。化合物Aは酵素X
　によって加水分解されるが，酵素Yでは加水分解されなかった。酵素は基質特異
　性があり，マルトースはマルターゼ，セロビオースはセロビアーゼ，スクロースは
　インベルターゼによって加水分解される。しかし，この設問にある酵素Xはセロ
　ビオースおよび化合物Aを加水分解し，マルトースおよびスクロースの加水分解
　には触媒作用を示さず，酵素Yはマルトースおよびスクロースの加水分解に触媒
　作用を示すが，セロビオースおよび化合物Aは加水分解しないので，上で紹介し
　た酵素のような強い基質特異性はなく，酵素Xは β-グリコシド結合を，酵素Yは
　α-グリコシド結合を加水分解する反応に有効であると考えるほかない。したがっ
　て，化合物Aは β-グリコシド結合を持っていると判断できる。また，塩化鉄(Ⅲ)
　との呈色反応で，化合物Cは陽性だが，化合物Aは陰性なので，化合物Aは β-
　グルコースと化合物Cが縮合した下図の構造の化合物である。

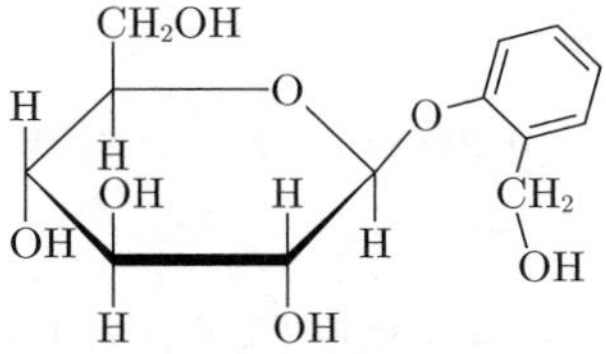

Ⅱ　キ　アセトンに過剰量の水酸化ナトリウムとヨウ素を作用させると，下式のように
ヨードホルムの黄色沈澱が生成する。もちろん，化合物Ｉは分子式が CHI_3 のヨードホルムである。

$$CH_3COCH_3 + 3I_2 + 4NaOH \longrightarrow CHI_3 + CH_3COONa + 3NaI + 3H_2O$$

ク，ケ，コ　化合物Ｊはエチレングリコールと縮合重合するので，ジカルボン酸である。化合物Ｊを $HOCORCOOH$ と表すと，エチレングリコールとの縮合重合は下式で表される。

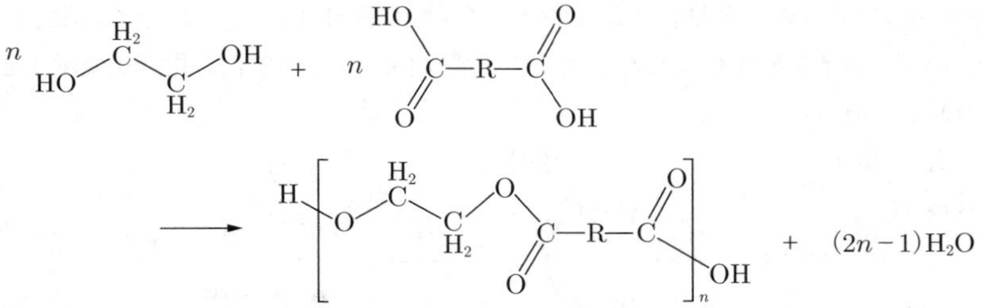

　　縮合重合によって得られた高分子化合物Ｈの平均重合度は 100，平均分子量は 1.44×10^4 なので，その繰り返し単位の式量は 144 である。繰り返し単位は $RC_4H_4O_4$ なので，Ｒの式量は $144 - (12 \times 4 + 1 \times 4 + 16 \times 4) = 28$ であり，$R = -CH_2CH_2-$ と推定され，化合物Ｊの分子量は 118 となる。よって，高分子化合物Ｈの構造式は下図と推定される。

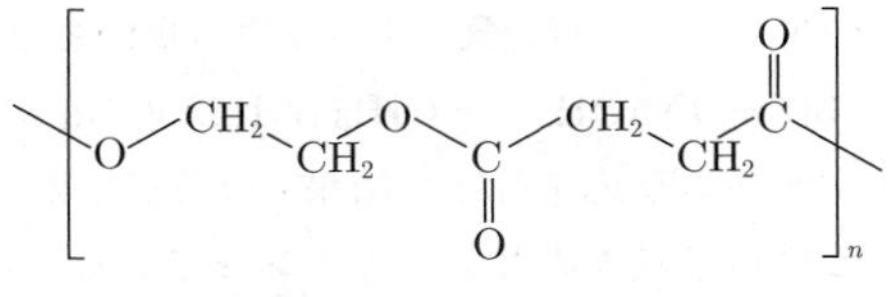

　　実験１の結果で，化合物Ｊ，Ｋは直鎖状でいずれも化合物Ｇより炭素原子数が一つ少ないとある。また，Ｋは不斉炭素原子を有するが，Ｊは有しない。Ｊが上で推定されたコハク酸 $HOCOCH_2CH_2COOH$ であるとして，矛盾はない。また，同じＣ原子数の化合物Ｋの 67.0 mg を中和するために要した 0.200 mol/L の炭酸水素ナトリウム水溶液が 5.00 mL であったことから，Ｋの分子量を M_K とし価数を n

とすると，下式が成立する。

$$\frac{67.0 \times 10^{-3}\text{g}}{M_K} \times n = 0.200\,\text{mol/L} \times 5.00 \times 10^{-3}\text{L}$$

$$\therefore \quad M_K = 67.0n$$

化合物 K は C, H, O からなり C 原子数が 4 とすると，$n = 2$ で $M_K = 134$ である。K がジカルボン酸であることから，分子量と比較して K は下図の構造式のリンゴ酸と推定される。これは，K が不斉炭素原子を有することとも矛盾しない。

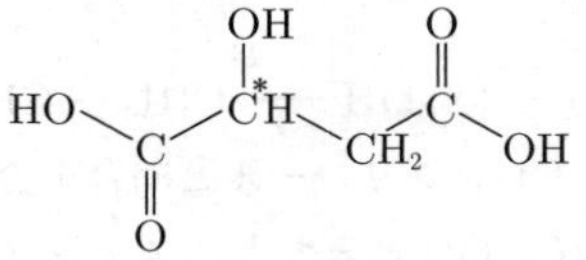

化合物 K がリンゴ酸であれば，実験 3 の記述はその分子内脱水によってフマル酸が生成し，さらに光照射によってマレイン酸に異性化し，さらに分子内脱水によって無水マレイン酸が生成したと考えて矛盾ない。一連の変化を化学式で示すと以下の通りである。

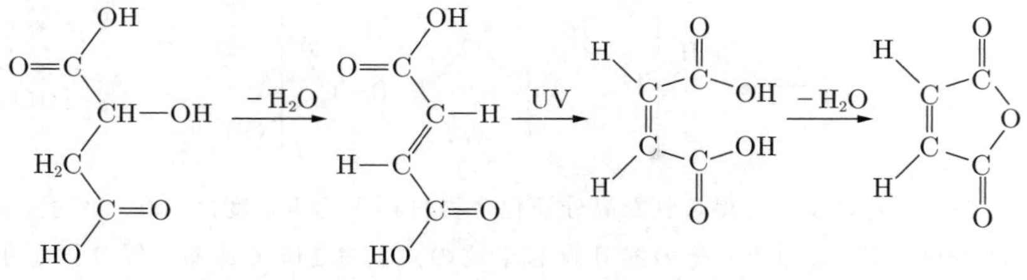

また，L がフマル酸，M がマレイン酸として，両者とも不飽和結合を有していて，臭素との付加反応も起こり，この記述とも矛盾がない。

サ　ヨードホルム反応は，メチルケトン類に陽性で，下式のようにヨードホルムとともに C 原子数が一つ少ないカルボン酸のナトリウム塩が生成する。

$$CH_3COR + 3I_2 + 4NaOH \longrightarrow CHI_3 + RCOONa + 3NaI + 3H_2O$$

化合物 G にヨードホルム反応を行った結果，C 原子数が 4 のジカルボン酸 J が得られたので，G は C 原子数 5 のモノカルボン酸である。したがって，G の構造式は下図と推定される。

また，中和の量的関係から，G の分子量を M_G とすると，下式が成立する。

$$\frac{58.0 \times 10^{-3}\,\text{g}}{M_G} = 0.200\,\text{mol/L} \times 2.50 \times 10^{-3}\,\text{L}$$

$$\therefore \quad M_G = 116$$

この結果は，上で推定された構造式の化合物の分子量と矛盾しない。

　さて，ここまで一連の化合物について，この構造と推定されるとか，この構造で矛盾がないというように歯切れの悪い表現に留めてきたが，それは化合物 G がセルロースを濃硫酸中で加熱すると得られる C，H，O からなる物質であるという記述があるためである。セルロースを濃硫酸中で加熱したときに起こる反応としてすぐに思いつくのは，濃硫酸の脱水作用であり，セルロースの加水分解なので，仮に加水分解が起こってグルコースができたとしても，その末端の C－C 結合が切れて C 原子数が 5 のカルボン酸が主に生成する反応は理解不能である。化合物 G がセルロースを出発物質として得られるという記述を無視すれば，上記の解答は無理がないので，実際の入試の場面では実験 1 以降の記述に基づいて考察する以外にないだろう。

　グルコースからメチルケトン類の化合物が生成する反応については，グルコースの脱水反応から始まって，以下のようにエノールが生成して，それが異性化したと考えられる。

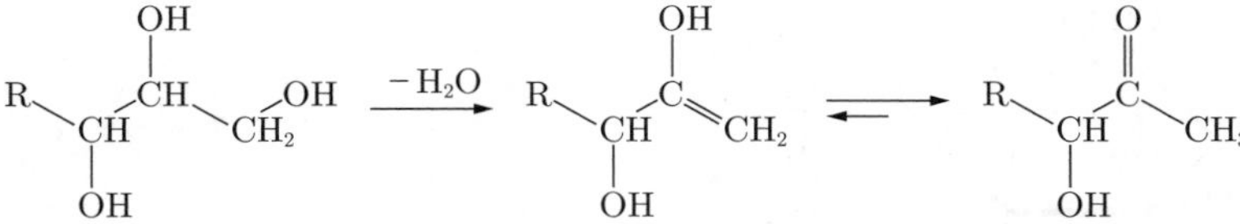

　また，化合物 G にヨードホルム反応を行ったときに，化合物 J だけでなく化合物 K も生成したことをヨードホルム反応の反応機構とともに解説しよう。下図で中央のメチルケトンは左図および右図の 2 種類のエノール構造に異性化しうる。

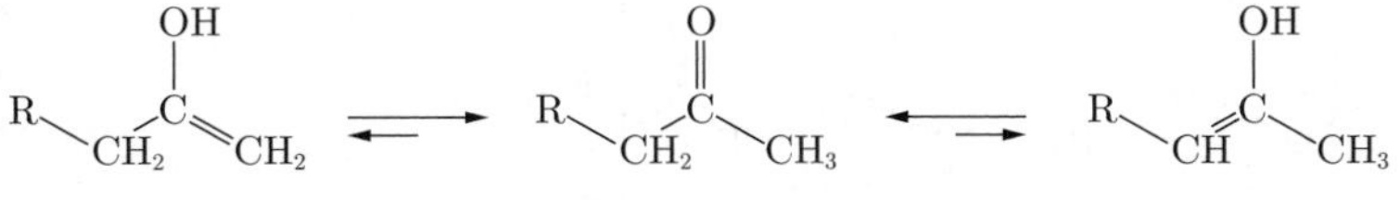

　メチルケトンのメチル基の H が結果的には I と置換されるが，これはエノール構造となったところに I_2 の付加が起こり，次いで NaOH の存在下で脱 HI が起こり，I_2 付加，HI 脱離を繰り返した結果である。この反応が右の構造のエノールで起こると，下図の構造の化合物が生成し，次いで C－I 結合の部分が加水分解されて C－OH に変化し，化合物 K が生成する。

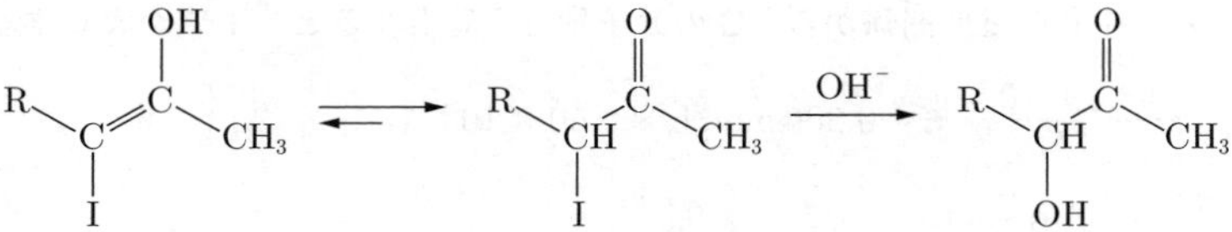

解答

I　ア　$C_{13}H_{18}O_7$

イ　B：グルコース　　　D：フルクトース　　　F：アセチルサリチル酸

ウ　鎖状構造：4　　　六員環構造：5

エ　下線部①で示した反応により赤色沈澱を生じる化合物：

　　　セロビオースとマルトース

　　理由：セロビオースおよびマルトースは構成単糖の一方がヘミアセタールの部分
　　　　　構造を有し開環してホルミル基を有する構造に変化できるが，スクロース
　　　　　は構成単糖のヘミアセタールのヒドロキシ基同士で縮合しているため開環
　　　　　できないため。

オ　

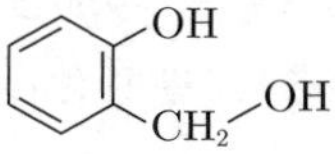

カ　

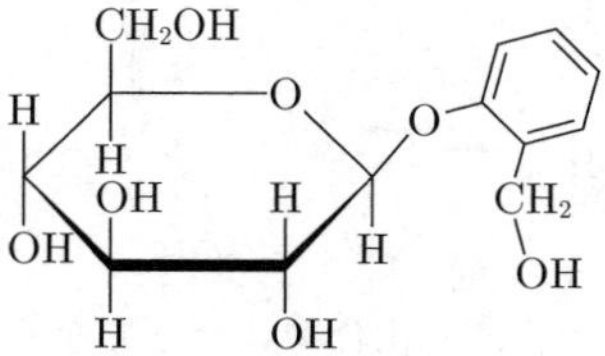

II　キ　CHI_3

ク　118

ケ　

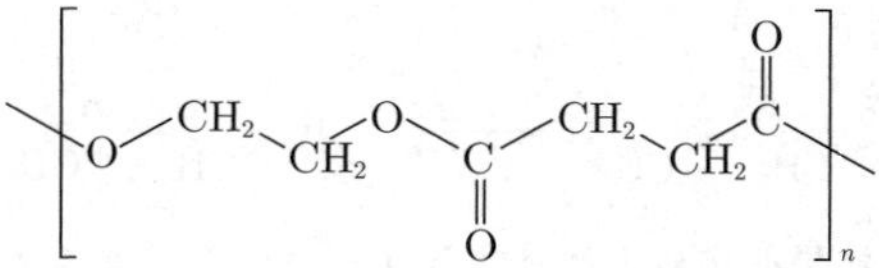

コ　K 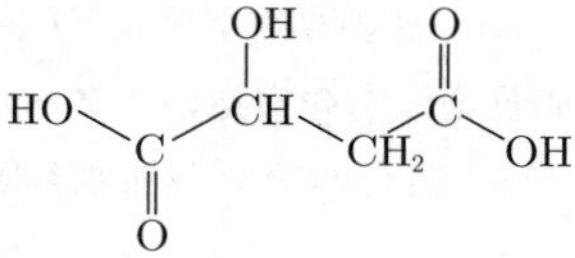
　　　　L

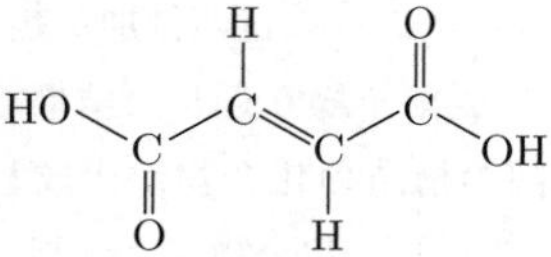

N

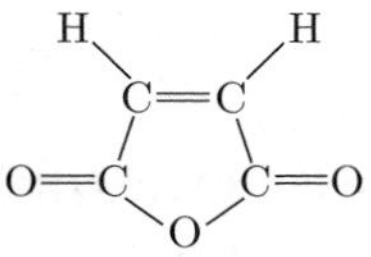

$$\text{（無水マレイン酸の構造式）}$$

サ

$$\text{（構造式）}$$

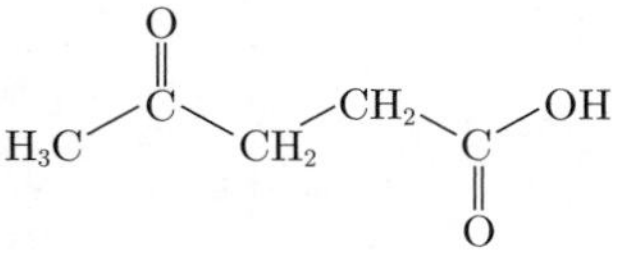

第2問

解説

I　ア　(1)　希ガス（貴ガス）の電子配置は He を除き，最外電子殻に 8 個の電子を持つが，この電子はほとんど化学結合に使われることはなく，価電子ではない。よって，この記述は誤りである。

(2)　希ガスを放電管に低圧で封入して高電圧をかけると，元素ごとに特有の色に発光する。よって，この記述は正しい。

(3)　He の第 1 イオン化エネルギーは，すべての原子の中で最大であり，この記述も正しい。

(4)　Kr 原子の電子配置は $K(2)L(8)M(18)N(8)$ であり，ヨウ化物イオン I^- の電子配置は Xe 原子と同じ $K(2)L(8)M(18)N(18)O(8)$ で，両者の電子配置は異なる。よって，この記述は誤りである。

(5)　Ar と HCl は保有する電子数は等しく，分子量は Ar の方が大きいが，Ar は無極性分子，HCl は極性分子であるため，分子間引力は HCl の方が大きく，HCl の方が沸点が高い。ちなみに Ar の沸点は $-186\,\text{℃}$，HCl の沸点は $-85\,\text{℃}$である。よって，この記述は誤りである。

イ　空気のモデルの混合気体に各操作を行ったときの変化を以下に示す。

操作 1：$CO_2 + 2NaOH \longrightarrow Na_2CO_3 + H_2O$

操作 2：$O_2 + 2Cu \longrightarrow 2CuO$

操作 3：$H_2O + H_2SO_4 \longrightarrow H_3O^+ + HSO_4^-$

これらの一連の操作で N_2 と Ar の混合気体が得られる。

ウ　下線部①の操作で得られた N_2 と Ar の混合気体の平均分子量は純粋な N_2 の分子量より 0.476 ％大きいので $28.0 \times 1.00476 = 28.133$ である。よって，この混合気体中の Ar のモル分率を x とすると，下式が成立する。

2020年　解答・解説

$28.0 \times (1 - x) + 39.9x = 28.133$

∴　$x = 0.0112$

よって，下線部①の操作で得られた N_2 と Ar の混合気体中の Ar の体積百分率は 1.1% である。また，もとの空気中でも Ar と N_2 の物質量比は変らないので，もとの空気中の体積百分率を y% とすると，下式が成立する。

$$\frac{0.0112}{0.9888} = \frac{y}{78.0}$$

∴　$y = 0.883\% \fallingdotseq 0.88\%$

エ　Fe は Cu よりイオン化傾向が大きく，赤熱した Fe は水蒸気と反応して酸化物を形成する。その際に下式のように H_2 を発生する。

$3Fe + 4H_2O \longrightarrow Fe_3O_4 + 4H_2$

したがって，一連の操作で N_2，Ar，H_2 の混合気体が得られ，Cu を用いた場合より混合気体の密度が小さくなる。

オ　亜硝酸アンモニウム水溶液を加熱すると，下式のように N_2 が発生する。

$NH_4NO_2 \longrightarrow N_2 + 2H_2O$

この反応において N 原子の酸化数は NH_4^+ 中が -3，NO_2^- 中が $+3$ で反応後はいずれも 0 となる。

カ　CO_2 と H_2O から HCOOH と O_2 が生成する反応は，以下の半反応式の組み合わせで解釈することができる。

$CO_2 + 2H^+ + 2e^- \longrightarrow HCOOH$

$2H_2O \longrightarrow O_2 + 4H^+ + 4e^-$

よって，CO_2 と H_2O は 1：1 の物質量比で過不足なく電子の授受を行い，下式のように反応する。

$2CO_2 + 2H_2O \longrightarrow 2HCOOH + O_2$

Ⅱ　キ　HCN および NO_2^- の点電子式は，以下の通りである。

H:C⋮⋮N:　　　$\left[:\ddot{O}:N::\ddot{O}: \right]^-$

ク　以下に取り上げられている分子，イオンの構造式をそれらの形とともに示す。

H—C≡N　　　　$^-O{-}N{=}O$　　　　$O{\leftarrow}N^+{=}O$

$O{\leftarrow}O{-}O$　　　$^-N{=}N^+{=}N^-$

—70—

ケ　図2－1に示されている CO_2 の結晶の単位格子において，C原子は立方体の頂点と各面の中心に位置していて，面心立方格子を形成している。また，C原子間の距離が0.40nmなので，単位格子の一辺の長さは $0.40 \times \sqrt{2}$ nm $= 4.0\sqrt{2} \times 10^{-8}$ cm である。単位格子の内部に含まれる CO_2 分子の数はC原子の数と等しく，頂点に位置するC原子が $1/8 \times 8 = 1$ 個分と面心に位置するC原子が $1/2 \times 6 = 3$ 個分で合わせて4個分である。よって，この CO_2 の結晶の密度は以下のように計算される。

$$\frac{44\,\mathrm{g/mol} \times 4}{6.02 \times 10^{23}\,\mathrm{mol}^{-1} \times (4.0\sqrt{2} \times 10^{-8}\,\mathrm{cm})^3} = 1.62\,\mathrm{g/cm}^3 \fallingdotseq 1.6\,\mathrm{g/cm}^3$$

コ　CO_2 を構成するC原子とO原子の電気陰性度はO原子の方が大きく，C＝O結合はCが正に，Oが負に帯電している。そのために，分子間により強く静電引力が働くように，結晶中で隣接する CO_2 分子はO原子をC原子に接近するように位置している。また，結晶中では分子間引力が大きくなるように分子同士が密に詰まっている。その結果，C原子が面心立方格子を形成するように配列している。

解　答

Ⅰ　ア　(2)，(3)

イ　操作1：CO_2

　　操作2：O_2

　　操作3：H_2O

ウ　実験で得た気体中：1.1%

　　実験に用いた空気中：0.88%

エ　FeはCuよりイオン化傾向が大きく，赤熱状態で水蒸気と下式のように反応し酸化物を形成するときに H_2 を発生するため。

　　　　$3Fe + 4H_2O \longrightarrow Fe_3O_4 + 4H_2$

オ　$NH_4NO_2 \longrightarrow N_2 + 2H_2O$

　　　　NH_4^+ 中のN：$-3 \rightarrow 0$，NO_2^- 中のN：$+3 \rightarrow 0$

カ　$CO_2 + 2H^+ + 2e^- \longrightarrow HCOOH$

　　　　$2H_2O \longrightarrow O_2 + 4H^+ + 4e^-$

Ⅱ　キ　　H:C⋮⋮N:　　　[:Ö:N::Ö:]⁻

ク　HCN，NO_2^+，N_3^-

ケ　$1.6\,\mathrm{g/cm}^3$（答えに至る過程は解説参照）

コ　CO_2 を構成する C 原子と O 原子の電気陰性度は O 原子の方が大きく，C＝O 結合は C が正に，O が負に帯電している。そのために，分子間により強く静電引力が働くように分子が接近するため。

第3問

解説

I　ア　第一反応の終点の pH はフェノールフタレインの変色が完了したところなので，8 付近である。このとき，溶液内で主に存在する陰イオンは HCO_3^- であり，これまでに起こった反応は下式で表される。

$$Na_2CO_3 + HCl \longrightarrow NaHCO_3 + NaCl$$

次いで，第二反応では，HCO_3^- が H^+ を受け取り CO_2 となる。HCO_3^- がすべて反応すると，溶液の pH は急に減少してメチルオレンジの変色域を下回り pH ＜ 3 となる。よって，第二反応では以下の反応が進行する。

$$NaHCO_3 + HCl \longrightarrow NaCl + H_2O + CO_2$$

イ　炭酸の二段階電離平衡の電離定数は，以下のように定義される。

$$K_1 = \frac{[H^+][HCO_3^-]}{[H_2CO_3]}$$

$$K_2 = \frac{[H^+][CO_3^{2-}]}{[HCO_3^-]}$$

炭酸水素ナトリウム水溶液中でも炭酸の二段階の電離平衡が成立していて，H_2CO_3 および CO_3^{2-} の濃度は 0 ではありえない。そのため，下式の不均化反応が進行して新たな平衡が成立する。

$$2HCO_3^- \longrightarrow H_2CO_3 + CO_3^{2-}$$

Na^+ の物質量は反応前の HCO_3^- の物質量と等しいので，それらの濃度について下式が成立する。

$$[Na^+] = [HCO_3^-] + [H_2CO_3] + [CO_3^{2-}]$$

また，電気的中性の原理から，陽イオンの電荷の総和と陰イオンの電荷の総和は等しいので下式が成立する。

$$[Na^+] + [H^+] = [HCO_3^-] + 2[CO_3^{2-}] + [OH^-]$$

ここで，$[H^+]$ および $[OH^-]$ が $[Na^+]$ に比べて十分に小さく無視できるとすると，溶液内で $[H_2CO_3] \fallingdotseq [CO_3^{2-}]$ となる。ここで，K_1 と K_2 の積を取り，この関係を代入すると，下式が得られる。

$$K_1 K_2 = \frac{[\mathrm{H^+}][\mathrm{HCO_3^-}]}{[\mathrm{H_2CO_3}]} \frac{[\mathrm{H^+}][\mathrm{CO_3^{2-}}]}{[\mathrm{HCO_3^-}]} = \frac{[\mathrm{H^+}]^2[\mathrm{CO_3^{2-}}]}{[\mathrm{H_2CO_3}]} = [\mathrm{H^+}]^2$$

$$\therefore \quad [\mathrm{H^+}] = \sqrt{K_1 K_2}$$

よってこの溶液の pH は，次のように計算される。

$$\mathrm{pH} = -\log_{10}\sqrt{K_1 K_2} = -\frac{1}{2}\log_{10} K_1 K_2 = \frac{1}{2}(6.35 + 10.33) = 8.34$$

ウ　トロナ石 4.52 g 中に炭酸ナトリウムが x mol，炭酸水素ナトリウムが y mol 含まれていたとすると，アで確かめたように，第一反応の終点までに炭酸ナトリウムが炭酸水素ナトリウムまで中和され，次いで第二反応の終点までに炭酸水素ナトリウムが炭酸まで中和される。第二反応では第一反応で生じた炭酸水素ナトリウムとトロナ石に初めから含まれていた炭酸水素ナトリウムが中和されるので，下式が成立する。

$$x = 1.00\,\mathrm{mol/L} \times 20.0 \times 10^{-3}\,\mathrm{L} = 2.00 \times 10^{-2}\,\mathrm{mol}$$

$$x + y = 1.00\,\mathrm{mol/L} \times 40.0 \times 10^{-3}\,\mathrm{L} = 4.00 \times 10^{-2}\,\mathrm{mol}$$

$$\therefore \quad y = 2.00 \times 10^{-2}\,\mathrm{mol}$$

したがって，トロナ石 4.52 g に含まれていた各成分の質量は，以下の通りである。

Na₂CO₃：$106\,\mathrm{g/mol} \times 2.00 \times 10^{-2}\,\mathrm{mol} = 2.12\,\mathrm{g}$

NaHCO₃：$84\,\mathrm{g/mol} \times 2.00 \times 10^{-2}\,\mathrm{mol} = 1.68\,\mathrm{g}$

水和水：$4.52\,\mathrm{g} - (2.12 + 1.68)\,\mathrm{g} = 0.72\,\mathrm{g}$

この水和水の物質量は $\dfrac{0.72\,\mathrm{g}}{18\,\mathrm{g/mol}} = 4.00 \times 10^{-2}\,\mathrm{mol}$ なので，これらの物質量比は以下の通りである。

Na₂CO₃：NaHCO₃：水和水 ＝ 1：1：2

エ　下線部①の水溶液中には，$\mathrm{CO_3^{2-}}$ と $\mathrm{HCO_3^-}$ がともに $2.00 \times 10^{-2}\,\mathrm{mol}$ ずつ溶けている。同じ溶液中にあるので，それらの濃度比も等しい。よって，この水溶液の $[\mathrm{H^+}]$ は K_2 の式に $[\mathrm{CO_3^{2-}}] = [\mathrm{HCO_3^-}]$ を代入すると，$[\mathrm{H^+}] = K_2$ となる。したがって，pH = 10.33 である。

オ　ヒトの血液中には多量の $\mathrm{CO_2}$ と $\mathrm{HCO_3^-}$ が溶けている。したがって，血液の pH は炭酸の 1 段目の電離平衡によって支配されている。具体的には，K_1 の式を $[\mathrm{H^+}]$ について解いた下式で表される。

$$[\mathrm{H^+}] = \frac{[\mathrm{H_2CO_3}]}{[\mathrm{HCO_3^-}]} \times K_1$$

たとえば，$\mathrm{CO_2}$ と $\mathrm{HCO_3^-}$ が同じ濃度で溶けていると $[\mathrm{H^+}] = K_1$ となり，pH は

6.35 となる。ここに少量の酸が加えられると，下式のようにその分だけ HCO_3^- が減少し，H_2CO_3 が増加するが，両者の濃度比の変化は非常に小さく，pH はほとんど変化しない。

$$HCO_3^- + H^+ \longrightarrow H_2CO_3$$

また，少量の塩基が加えられても，下式のように HCO_3^- が増加し，H_2CO_3 が減少するが，両者の濃度比の変化は非常に小さく，pH はほとんど変化しない。

$$H_2CO_3 + OH^- \longrightarrow HCO_3^- + H_2O$$

Ⅱ　カ　1.00 L のマグマの質量は 2.40×10^3 g であり，その 1.00 ％が H_2O なので，その質量は 24.0 g であり，その物質量 $\dfrac{24.0\,\text{g}}{18.0\,\text{g/mol}} = 1.33$ mol である。この水蒸気の 1027℃，8.00×10^7 Pa における体積は，以下のように計算される。

$$V = \frac{1.33\,\text{mol} \times 8.31 \times 10^3\,\text{Pa·L/(mol·K)} \times 1320\,\text{K}}{8.00 \times 10^7\,\text{Pa}} = 0.182\,\text{L} \fallingdotseq 0.18\,\text{L}$$

キ　2.40 g のマグマに含まれていた液体の水が 0.18 L の気体となったが，液体の水の体積は圧力が変わってもほとんど変化せず 24 mL ＝ 0.024 L として良く，このときのマグマの体積は 1.16 L としてよい。この状態変化の前後で質量は不変なので密度は $1/1.16 \fallingdotseq 0.86$ 倍となる。

ク　反応に関係する物質の生成熱が与えられているので，単体を基準にし，求める反応熱を Q〔kJ/mol〕としてエネルギー図を描くと以下の通りである。

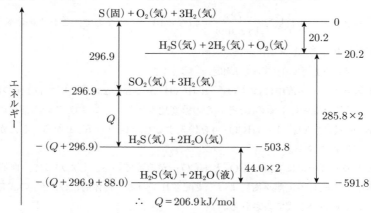

$$\therefore\quad Q = 206.9\,\text{kJ/mol}$$

エネルギー図からも明らかなように，必要な熱化学方程式は以下の通りである。

$$H_2(気) + S(固) = H_2S(気) + 20.2\,\text{kJ}$$

$$H_2(気) + S(固) \longrightarrow H_2S(気) \qquad \Delta H = -20.2\,\text{kJ}$$

$$H_2(気) + \frac{1}{2}O_2(気) = H_2O(液) + 285.8\,J$$

$$H_2(気) + \frac{1}{2}O_2(気) \longrightarrow H_2O(液) \qquad \Delta H = -285.8\,kJ$$

$$H_2O(液) = H_2O(気) - 44.0\,kJ$$
$$H_2O(液) \longrightarrow H_2O(気) \qquad \Delta H = 44.0\,kJ$$
$$S(固) + O_2(気) = SO_2(気) + 296.9\,kJ$$
$$S(固) + O_2(気) \longrightarrow SO_2(気) \qquad \Delta H = -296.9\,kJ$$

ケ　ルシャトリエの平衡移動の法則から，圧力が一定で温度が下がると，その変化を緩和する発熱反応が進行する方向に平衡が移動する。また，温度一定で圧力が下がると，その変化を緩和する気体分子数が増大する反応が進行する方向に平衡が移動する。したがて，式1の平衡は，圧力が一定で温度を下げると正反応が，温度一定で圧力を下げると逆反応が進行する。

コ　マグマから分離し地表で噴気となるまでに起こる変化は，圧力の変化は小さいが温度は大きく下がり，火山ガスに含まれている物質中のSO_2とH_2から式1の正反応が進行しH_2Sが生成する。噴気の放出口付近で，これらが下式のように反応して硫黄の単体が生成する。

$$2H_2S + SO_2 \longrightarrow 3S + 2H_2O$$

解答

I　ア　第一反応　$Na_2CO_3 + HCl \longrightarrow NaHCO_3 + NaCl$
　　　　第二反応　$NaHCO_3 + HCl \longrightarrow NaCl + H_2O + CO_2$

イ　a $\dfrac{[H^+][HCO_3^-]}{[H_2CO_3]}$　　b $\dfrac{[H^+][CO_3^{2-}]}{[HCO_3^-]}$

　　c $[HCO_3^-] + [H_2CO_3] + [CO_3^{2-}]$
　　d $[Na^+] + [H^+] = [HCO_3^-] + 2[CO_3^{2-}] + [OH^-]$
　　e $\sqrt{K_1 K_2}$　　f 8.34

ウ　$Na_2CO_3 : NaHCO_3 : 水和水 = 1 : 1 : 2$

エ　pH = 10.33

オ　血液に少量の酸が加えられると，下式のようにその分だけHCO_3^-が減少し，H_2CO_3が増加するが，両者の濃度比の変化は非常に小さく，pHはほとんど変化しない。

$$HCO_3^- + H^+ \longrightarrow H_2CO_3$$

　また，少量の塩基が加えられても，下式のように HCO_3^- が増加し，H_2CO_3 が減少するが，両者の濃度比の変化は非常に小さく，pH はほとんど変化しない。

$$H_2CO_3 + OH^- \longrightarrow HCO_3^- + H_2O$$

Ⅱ　カ　0.18 L（答えに至る過程は解説参照）

キ　0.86 倍

ク　必要な熱化学方程式

$$H_2(気) + S(固) = H_2S(気) + 20.2\,kJ$$

$$(H_2(気) + S(固) \longrightarrow H_2S(気) \qquad \Delta H = -20.2\,kJ)$$

$$H_2(気) + \frac{1}{2}O_2(気) = H_2O(液) + 285.8\,kJ$$

$$\left(H_2(気) + \frac{1}{2}O_2(気) \longrightarrow H_2O(液) \qquad \Delta H = -285.8\,kJ\right)$$

$$H_2O(液) = H_2O(気) - 44.0\,kJ$$

$$(H_2O(液) \longrightarrow H_2O(気) \qquad \Delta H = 44.0\,kJ)$$

$$S(固) + O_2(気) = SO_2(気) + 296.9\,kJ$$

$$(S(固) + O_2(気) \longrightarrow SO_2(気) \qquad \Delta H = -296.9\,kJ)$$

　　反応熱　206.9 kJ/mol

ケ　g：発熱　　h：正　　i：増加　　j：逆

コ　火山ガスに含まれている物質中の SO_2 と H_2 から式 1 の正反応が進行し H_2S が生成する。噴気の放出口付近で，これらが下式のように反応して硫黄の単体が生成する。

$$2H_2S + SO_2 \longrightarrow 3S + 2H_2O$$

第 1 問

（解説）

ア，イ 実験 1，2 で化合物 A および F，さらに最終的に G が得られる反応は，ベンゼン環のニトロ化であり，A から最終的に E が合成されることから，A は下左図の p − ニトロフェノールである。また，A，F いずれからも十分なニトロ化で G が得られたことから G は下右図 2,4,6 − トリニトロフェノール（ピクリン酸）である。

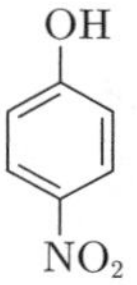

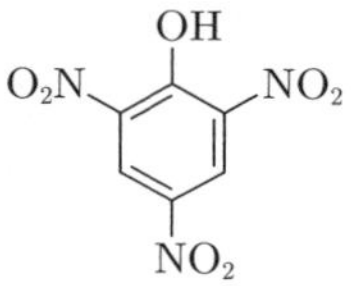

ウ 実験 3 はニトロ基の還元である。通常この反応は，亜鉛と濃塩酸で行われるが，還元剤として鉄を用いることも可能である。これに炭酸水素ナトリウム水溶液を加えると，過剰分の塩酸が下式のように中和され二酸化炭素が発生する。

$$NaHCO_3 + HCl \longrightarrow NaCl + H_2O + CO_2$$

このとき生成する化合物 B は p − アミノフェノールであるが，炭酸水素ナトリウム水溶液が共存している微塩基性の水溶液中では塩酸塩となって溶けている。実験 4，5 で B に化合物 X を作用させると，化合物 C および塩化鉄（Ⅲ）水溶液で呈色しない化合物 H が得られたことから，化合物 X はフェノール類ともエステルを形成しうる化合物である。さらに実験 6 で H の加水分解により，C と酢酸が 1：1 の物質量比で得られたことから，化合物 X は無水酢酸と分かる。B から C および H が生成する変化を構造式で示すと以下の通りである。

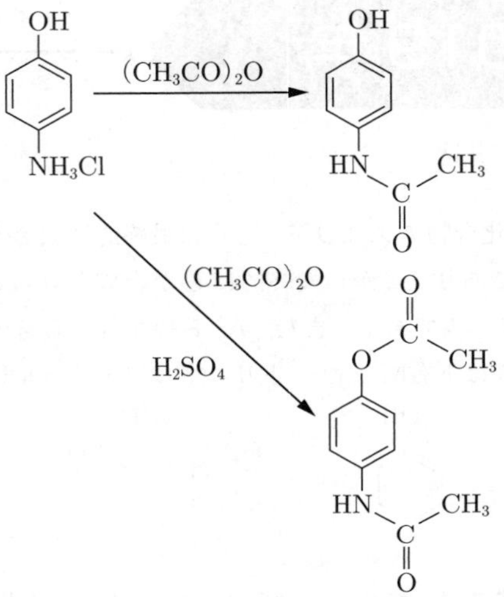

フェノールの酢酸エステルとアミノ基の酢酸アミドを比較すると，後者の方がより安定な化合物であり，穏やかな条件でけん化を行うと，フェノールの酢酸エステルだけ加水分解される。酸性溶液中では，アミドの加水分解も起こりやすいので，エステルの加水分解だけを行うときは塩基性水溶液で行う。よって，Yは水酸化ナトリウムが適する。また，Hの加水分解で酢酸とCが1：1の物質量比で生成したことも，この考察が正しいことを示している。

エ　実験7では，ベンゼン環への水素の付加が起こる。よって，化合物Dは下図の構造式のシクロヘキサンの誘導体である。

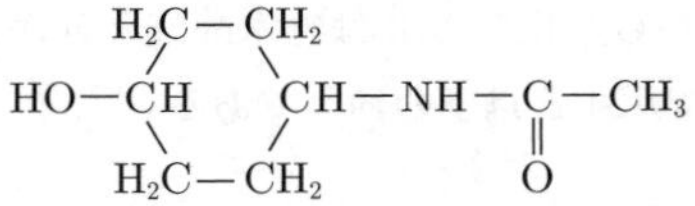

この化合物には，一見2つの不斉炭素原子があるように見えるが，たとえばアルコール性ヒドロキシ基が結合しているC原子から右回りでも左回りでも同じ順に原子がつながっているので，このC原子は不斉炭素原子ではない。アミドが結合しているC原子も同様に不斉炭素原子ではない。したがって，この化合物には光学異性体は存在しない。しかし，環状化合物であるために，2つの原子団が環に対して同じ側に結合しているか反対側に結合しているかが区別され，下図のように幾何異性体が存在する。

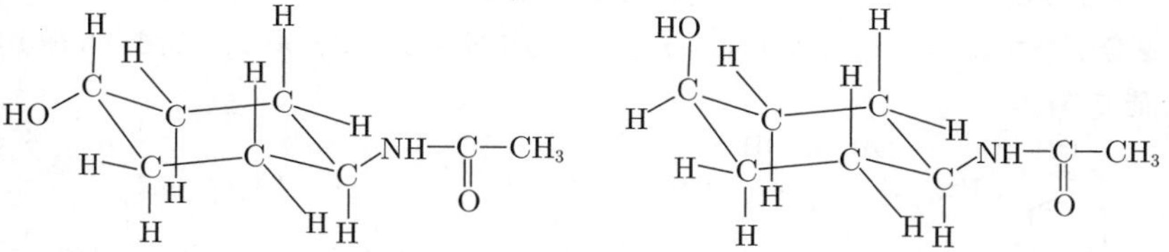

この立体異性体は，グルコースの α と β の関係と同様である。

オ　上述したように，X は無水酢酸，Y は水酸化ナトリウム，Z は水素である。なお，X は酸塩化物である塩化アセチル CH₃COCl でも代用できる。また，Y も水酸化カリウムなどの強塩基でも良い。

カ　実験 7 で C と D のエーテル溶液から両者を分離する操作では，フェノール類が弱酸性の物質であり，アルコールは中性物質であることが応用されている。すなわち，C と D のエーテル溶液に水酸化ナトリウム水溶液を加えると，フェノール類である C のみが下式のように塩を形成して水溶液中に溶け出し，エーテル中にはアルコールである D が残り両者が分離される。

$$H_3C-\underset{O}{\overset{\parallel}{C}}-NH-\!\!\left\langle\bigcirc\right\rangle\!\!-OH + NaOH \longrightarrow H_3C-\underset{O}{\overset{\parallel}{C}}-NH-\!\!\left\langle\bigcirc\right\rangle\!\!-ONa + H_2O$$

キ　フェノールは典型的な o, p−配向性の芳香族化合物で，ヒドロキシ基に対してオルト位とパラ位で置換反応が起こりやすい。フェノールとホルムアルデヒドからレゾールが生成する反応も，下図のようにホルムアルデヒドの C＝O 結合にフェノールの反応性の高い C−H 結合が付加して生成したアルコールとフェノールの反応性の高い C−H 結合から水が取れて縮合して起こる。C＝O 結合に C−H が付加して生成したアルコールは，同様に C＝O 結合にアルコールが付加して生じるエーテル結合を併せ持つアルコールのヘミアセタールと似た性質を持ち，通常のアルコールより縮合反応が起こりやすい。

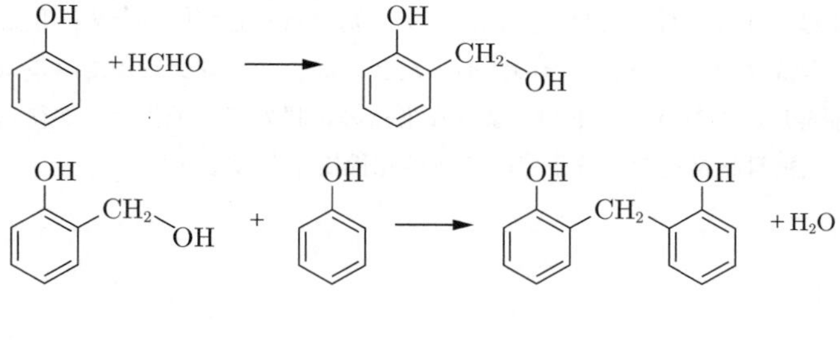

―79―

この反応が，フェノール性ヒドロキシ基のオルト位とパラ位で起こりやすいので，2分子のフェノールとホルムアルデヒドから生成するレゾールは，下図の3種が可能である。

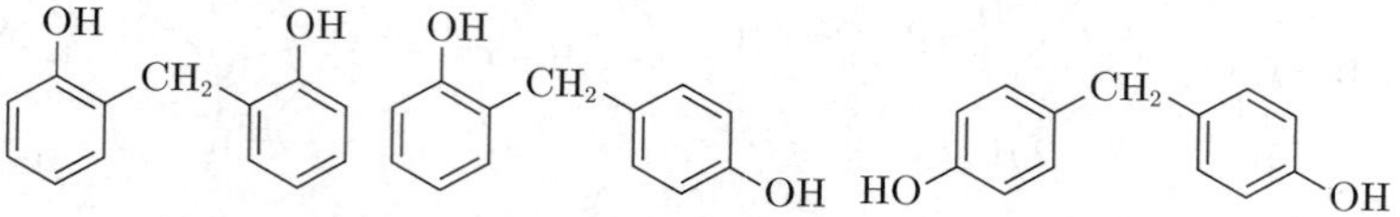

ク　フェノールとホルムアルデヒドを2：3の物質量比で混合してフェノール樹脂とすると，フェノールの反応しやすいC−H結合とホルムアルデヒドの物質量比は6：3となる。この縮合反応は2個のC−Hと1個のホルムアルデヒドの間で起こるので，両者は過不足なく反応する量的な関係となっている。この反応を，たとえばフェノール2molとホルムアルデヒド3molで行ったとすると，分子間で水3molが取れて下式のようにフェノール樹脂が生成する。

$$2C_6H_5OH + 3HCHO \longrightarrow フェノール樹脂 + 3H_2O$$

よって，この反応で得られるフェノール樹脂中のC原子とH原子の物質量比はC：H = 15：12 = 5：4である。よって，このフェノール樹脂を完全燃焼すると，二酸化炭素と水がCO_2：H_2O = 5：2の物質量比で生成する。したがって，両者の質量比は以下の通りである。

$$CO_2：H_2O = 44 × 5：18 × 2 = 6.11：1$$

ケ　3種のクレゾールの構造式は下図の通りである。

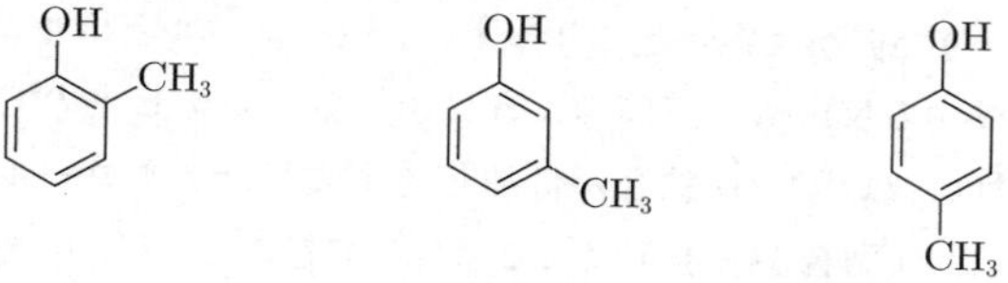

この3種のクレゾールの中で，中央のm−クレゾールはフェノール性ヒドロキシ基のオルト位とパラ位の反応性の高いC−H結合が3つとも残っていて，フェノールと同様のホルムアルデヒドとの縮合反応が可能である。しかし，残り2つのクレゾールは，オルト位またはパラ位にメチル基が結合しているため，反応性の高いC−H結合は2つしかない。そのため，たとえばp−クレゾールでホルムアルデヒドとの縮合反応を行うと，下図のような構造の鎖状の高分子化合物が得られるのみで，3次元網目状構造の高分子である熱硬化性樹脂とはならない。

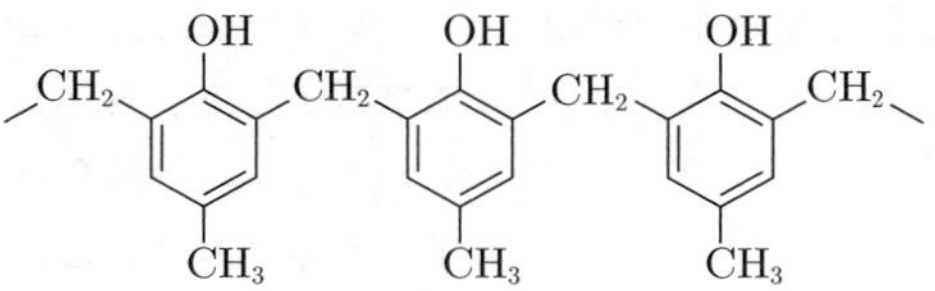

解答

ア

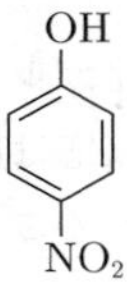

イ

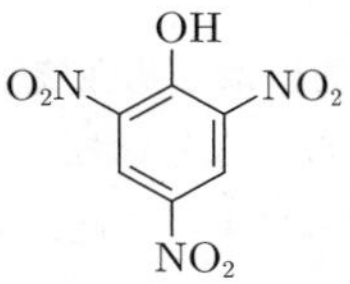

ウ

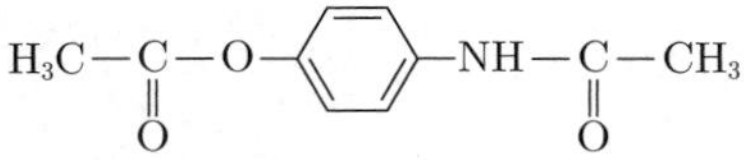

エ

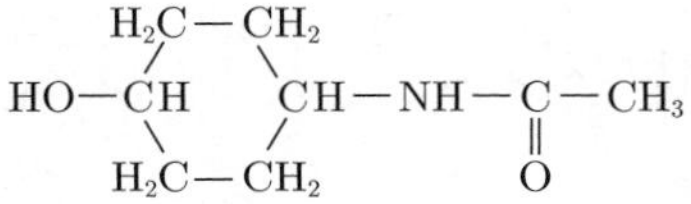

可能な立体異性体：2 種

オ　X：無水酢酸　　Y：水酸化ナトリウム　　Z：水素

カ　C はフェノール類であり水酸化ナトリウムにより中和され塩を形成して水溶液中
　　に溶け出すが，D は中性物質のアルコールで水酸化ナトリウムとは反応せずエーテ
　　ル中に残るため。

キ

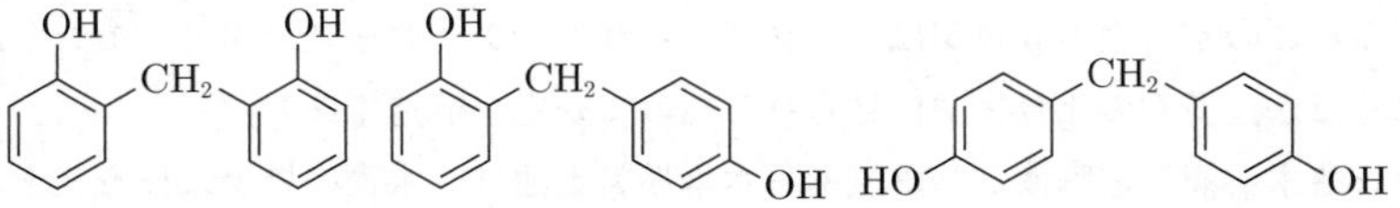

ク　6.1

ケ

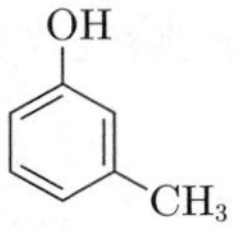

　　硬化した理由：m−クレゾールはフェノール性ヒドロキシ基に対しオルト位とパ
　　　　　　　　　ラ位の 3 ヵ所の C−H 結合が残っていて，フェノールと同様に
　　　　　　　　　ホルムアルデヒドと縮合して 3 次元網目状構造を持つ熱硬化性樹
　　　　　　　　　脂となれるため。

他の異性体が硬化しなかった理由：$o-$クレゾールおよび$p-$クレゾールは，ホルムアルデヒドと反応しうる C–H 結合が 2 つしかなく，この縮合反応によって鎖状の高分子となるのみであるため。

第 2 問

[解説]

Ⅰ　ア　リン酸カルシウム $Ca_3(PO_4)_2$ は，形式的には塩基性酸化物の酸化カルシウム CaO と酸性酸化物の十酸化四リン P_4O_{10} からなる塩であり，全体の反応は成分の酸化物に分解して，生じた十酸化四リンが炭素によって還元されたと見ることができる。

$$2Ca_3(PO_4)_2 \longrightarrow 6CaO + P_4O_{10}$$
$$P_4O_{10} + 10C \longrightarrow P_4 + 10CO$$

イ　十酸化四リン P_4O_{10} の分子構造は下図の通りである。

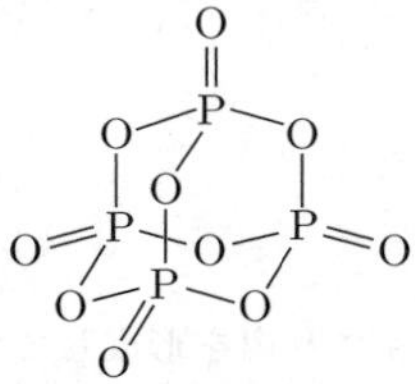

各 P 原子は自身を中心とする正四面体の頂点に位置する 4 つの O 原子と結合し，P 原子 3 個と O 原子 3 個からなるイス型の 6 員環が 4 つ組み合わさった構造を作っている。このイス型の 6 員環は，シクロヘキサンやグルコース，ダイヤモンドにも表れるほか，多くの化合物中に見られる極めて安定な構造である。

ウ　リン酸水溶液を電解液とした酸素－水素燃料電池は，水素の燃焼に伴う化学エネルギーを電気エネルギーに変換する装置で，酸素が供給される電極 A で O_2 が還元され，水素が供給される電極 B で H_2 が酸化され，下式の電極反応が進行して外部回路に電子の流れが生み出される。

電極 A　$(+)O_2 + 4H^+ + 4e^- \longrightarrow 2H_2O$
電極 B　$(-)H_2 \longrightarrow 2H^+ + 2e^-$

また，燃料電池の内部では H^+ が負極から正極の方へ移動して電荷を運び，回路が閉じている。なお，電解液がリン酸水溶液なので，負極で生じた H^+ はそのままの状態で存在し，正極で O_2 が還元されて生じると考えられる O^{2-} は H^+ によって OH^-，さらに H_2O に中和されるので，上記の電極反応となる。

エ，オ　この燃料電池を 10 時間作動させる間に水が 90 kg 生成したので，各電極で

授受され，外部回路に流れた電子の物質量 n_{e^-} は，正極の電極反応から次のように計算される。

$$n_{e^-} = 2n_{H_2O} = 2 \times \frac{90 \times 10^3 \mathrm{g}}{18\,\mathrm{g/mol}} = 1.0 \times 10^4\,\mathrm{mol}$$

0.50 V の電圧で作動したので，この間に燃料電池から供給された電気エネルギーは，以下の通りである。

$$q_e = 0.50\,\mathrm{V} \times 9.65 \times 10^4\,\mathrm{C/mol} \times 1.0 \times 10^4\,\mathrm{mol}$$
$$= 4.825 \times 10^8\,\mathrm{J} \fallingdotseq 4.8 \times 10^5\,\mathrm{kJ}$$

一方，水素が水に酸化される間のエネルギーの減少は，水 1 mol が生成する間に286 kJ である。したがって，この燃料電池を作動させて 90 kg の水が生成する間のエネルギー減少 q_T は次の通りである。

$$q_T = 286\,\mathrm{kJ/mol} \times 5.0 \times 10^3\,\mathrm{mol} = 1.43 \times 10^6\,\mathrm{kJ}$$

よって，この電池のエネルギー変換効率，すなわち発電効率 q_e/q_T は以下の通りである。

$$\frac{q_e}{q_T} \times 100 = \frac{4.83 \times 10^5\,\mathrm{kJ}}{1.43 \times 10^6\,\mathrm{kJ}} \times 100 = 33.8\,\% \fallingdotseq 34\,\%$$

Ⅱ　カ　黄銅鉱 $CuFeS_2$ は CuS と FeS の複塩と見ることができ，酸素共存下で強熱すると，いずれも酸化物に変化する。もちろん，その過程で生成する気体 D は二酸化硫黄 SO_2 である。気体 D が二酸化硫黄であることは，その水溶液が亜硫酸となることと矛盾しない。問題文に試料 C に不純物としてニッケルおよび金が含まれるとあるが，ニッケルが単体として存在することは考えにくく，銅や鉄と同様に硫化物 NiS として含まれると推定される。したがって，こららの不純物を含む試料 C を酸素とともに強熱したときに生成する酸化物は，CuO，Cu_2O，Fe_2O_3，Fe_3O_4，NiO と考えられる。このいずれかは，反応温度や酸素分圧によって決まり，この段階では確定することはできない。また，実験 6 の銅の電解精錬に用いられている固体 G には銅，ニッケル，金が含まれているとあるので，試料 C に未反応で残っていた硫化物が酸化物と下式のように反応して金属の単体が生成したと考えられる。

$$2Cu_2O + Cu_2S \longrightarrow 6Cu + SO_2$$
$$2NiO + CuS \longrightarrow 2Ni + Cu + SO_2$$

銅の鉱石から銅の単体を得る過程で，硫化物となっている銅は極めて安定であり，そのまま還元することは難しく，酸化物に変えた後に還元する方法が用いられている。

キ　実験 2 で金属酸化物と金属の単体の混合物の固体 E を強熱したときに融解する
　　のは金属の単体で，上層に金属酸化物の固体 F と下層に融解した金属の単体に分
　　離する。上述したように，高温で酸化物と硫化物が接触して金属の単体が生じるが，
　　このとき含まれる金属元素の中で最もイオン化傾向の大きい Fe の酸化物は還元さ
　　れにくく，酸化物となって固体 F に分離される。また，主成分の一つである Cu の
　　酸化物も，すべてが過不足なく反応する関係とはならず一部が酸化物のままで残
　　り固体 F に分離されたと考えられる。したがって，固体 F を希硝酸と加熱すると，
　　Cu および Fe の種々の酸化物が以下のように反応して Cu^{2+} および Fe^{3+} の溶液と
　　なる。

$$CuO + 2HNO_3 \longrightarrow Cu(NO_3)_2 + H_2O$$
$$Fe_2O_3 + 6HNO_3 \longrightarrow 2Fe(NO_3)_3 + 3H_2O$$
$$3Cu_2O + 14HNO_3 \longrightarrow 6Cu(NO_3)_2 + 2NO + 7H_2O$$
$$3Fe_3O_4 + 28HNO_3 \longrightarrow 9Fe(NO_3)_3 + NO + 14H_2O$$

　　Cu^{2+} および Fe^{3+} を含む水溶液に適切な金属を加えて Cu^{2+} のみを還元するために
　　は，Cu よりイオン化傾向が大きく Fe よりイオン化傾向が小さい金属を用いる必
　　要がある。この条件に Ni，Sn，Pb は適しているが，K は Fe よりもイオン化傾向
　　が大きく，Cu^{2+} のみを還元することができない。また，K はイオン化傾向が極め
　　て大きく，水と反応して水素を発生させてしまうので，不適切である。なお，問題
　　文に Cu^{2+} のみを還元するとあるが，Fe^{3+} は Cu^{2+} よりも還元されて Fe^{2+} になり
　　やすいので，実際はこの設問自体に誤りがある。したがって，ここでは Cu^{2+} およ
　　び Fe^{3+} を含む水溶液にある金属を加えて Cu の単体のみを得るために適切な金属
　　と解釈することにする。

ク，ケ　Cu^{2+} および Fe^{3+} を含む水溶液 H に塩基の水溶液を加えると，Cu^{2+} も
　　Fe^{3+} も水酸化物の沈殿を生じる。しかし，塩基の水溶液としてアンモニア水を用
　　いると，Cu^{2+} はアンミン錯イオンを形成して沈殿せず，水酸化鉄(Ⅲ) $Fe(OH)_3$ の
　　みが沈殿する。

$$Cu^{2+} + 2NH_3 + 2H_2O \longrightarrow Cu(OH)_2 + 2NH_4{}^+$$
$$Cu(OH)_2 + 2NH_4{}^+ + 2NH_3 \longrightarrow [Cu(NH_3)_4]^{2+} + 2H_2O$$
$$Fe^{3+} + 3NH_3 + 3H_2O \longrightarrow Fe(OH)_3 + 3NH_4{}^+$$

　　よって，固体 I は水酸化鉄(Ⅲ) $Fe(OH)_3$ である。これを強熱すると，下式のよう
　　に酸化鉄(Ⅲ) Fe_2O_3 が得られる。

$$2Fe(OH)_3 \longrightarrow Fe_2O_3 + 3H_2O$$

コ　酸化鉄(Ⅲ)をメタンで還元すると二酸化炭素と水が生成するので，その反応は次

式で表される。

$$4Fe_2O_3 + 3CH_4 \longrightarrow 8Fe + 3CO_2 + 6H_2O$$

したがって，1.0 mol の鉄の単体を得るためには，3/8 mol = 0.375 mol のメタンが必要である。

サ　不純物として Ni，Au を含む粗銅を硫酸銅(II)を電解液として電解精錬すると，両極で下式の電極反応が進行する。

$$陽極　　Cu \longrightarrow Cu^{2+} + 2e^-$$
$$Ni \longrightarrow Ni^{2+} + 2e^-$$
$$陰極　　Cu^{2+} + 2e^- \longrightarrow Cu$$

電極で授受された電気量が 3.96×10^5 C なので，その電子の物質量 n_{e^-} は次の通りである。

$$n_{e^-} = \frac{3.96 \times 10^5 \, C}{9.65 \times 10^4 \, C/mol} = 4.10 \, mol$$

電解精錬の前後で，固体 G 中の金属の物質量比は変わらなかったとあるので，陽極で溶け出した Cu と Ni の物質量比は 94.0：5.00 であり，溶け出した Ni の物質量は電子の物質量の 1/2 の 5.00/99.0 である。よって，その物質量は次のように計算される。

$$n_{Ni} = \frac{4.10 \, mol}{2} \times \frac{5.00}{99.0} = 0.104 \, mol$$

これが 1.00 L の溶液中に溶けているので，その濃度は以下の通りである。

$$58.7 \, g/mol \times 0.104 \, mol/L = 6.08 \, g/L$$

解 答

ア　$2Ca_3(PO_4)_2 \longrightarrow 6CaO + P_4O_{10}$

　　$P_4O_{10} + 10C \longrightarrow P_4 + 10CO$

イ

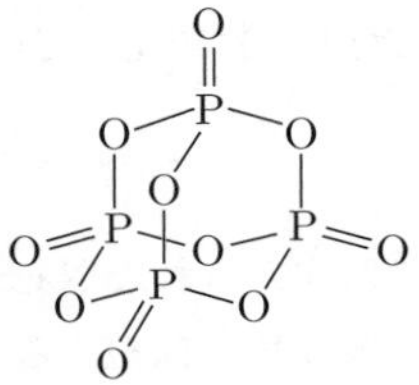

ウ　電極 A　$O_2 + 4H^+ + 4e^- \longrightarrow 2H_2O$

　　電極 B　$H_2 \longrightarrow 2H^+ + 2e^-$

　　正極は電極 A

エ　$4.8 \times 10^8\,\mathrm{J}$

オ　34 %

Ⅱ　カ　SO_2

キ　カリウム

　　理由：① K はイオン化傾向が非常に大きく，水と容易に反応して水素を発生さ
　　　　　せながら酸化される。

　　　　　② K は Fe，Cu の両者よりイオン化傾向が大きく，Cu^{2+} だけでなく，Fe^{3+}，
　　　　　Fe^{2+} をも還元する。

ク　アンモニア水

ケ　$Fe(OH)_3$

コ　$0.38\,\mathrm{mol}$

サ　$6.08\,\mathrm{g/L}$

第 3 問

(解説)

ア　ヨウ素滴定は最終的にヨウ素 I_2 とチオ硫酸ナトリウム $Na_2S_2O_3$ の酸化還元滴定
　　に帰着させる物質の定量法で，他の物質が共存しても下記の酸化還元反応が定量的
　　に進行する。そのため，広く用いられている酸化還元滴定である。

$$I_2 + 2Na_2S_2O_3 \longrightarrow 2NaI + Na_2S_4O_6$$

　　この滴定では，指示薬としてデンプンが用いられ，微量でも I_2 が残っていれば，
　　ヨウ素デンプン反応による青紫色を呈するので，それが無色となった点を終点とす
　　る。

イ　硫化鉄(Ⅱ)と希硫酸を反応させると，下式のように硫化水素が発生する。

$$FeS + H_2SO_4 \longrightarrow FeSO_4 + H_2S$$

　　したがって，気体 C は H_2S であり，これがヨウ素によって酸化される変化は下式
　　で表される。反応式中で下線を施した元素の酸化数が付記したように変化している。

$$\underline{H_2S} + \underline{I_2} \longrightarrow \underline{S} + 2H\underline{I}$$
$$\quad -2 \quad\ 0 \qquad\ 0 \quad -1$$

ウ　アで求めた酸化還元滴定の反応式から，滴定の終点までに加えられた $Na_2S_2O_3$
　　の物質量は，反応した I_2 の物質量の 2 倍である。よって，溶液 B を調整するとき
　　に溶かした I_2 の物質量を $x\,\mathrm{mol}$ とすると，下式が成立する。

$$x \, \text{mol/L} \times 0.250 \, \text{L} \times \frac{100 \, \text{mL}}{1000 \, \text{mL}} \times 2 = 0.100 \, \text{mol/L} \times 15.7 \times 10^{-3} \, \text{L}$$

$$\therefore x = 3.14 \times 10^{-2} \, \text{mol}$$

エ　実験2では，硫化水素を過剰量のヨウ素と反応させ，残ったヨウ素をチオ硫酸ナトリウム水溶液で滴定している。このとき反応させた硫化水素の物質量を $y \, \text{mol}$ とすると，溶液Bの $250 \, \text{mL}$ に溶けているヨウ素の物質量は $3.14 \times 10^{-2} \, \text{mol/L} \times 0.250 \, \text{L} = 7.85 \times 10^{-3} \, \text{mol}$ なので，未反応で残っているヨウ素の物質量は $(7.85 \times 10^{-3} - y) \, \text{mol}$ である。このヨウ素とチオ硫酸ナトリウム水溶液との酸化還元滴定となるので，ウと同様に下式が成立する。

$$(7.85 \times 10^{-3} - y) \, \text{mol} \times \frac{100 \, \text{mL}}{1000 \, \text{mL}} \times 2 = 0.100 \, \text{mol/L} \times 10.2 \times 10^{-3} \, \text{L}$$

$$\therefore y = 2.75 \times 10^{-3} \, \text{mol}$$

オ　滴定における誤差を少なくするためには，ビュレットから滴下するチオ硫酸ナトリウム水溶液の体積の読み取り誤差 $0.05 \, \text{mL}$ に含まれる物質量が小さい方が良い。また，全体の滴下量が大きい方が，相対誤差が小さくなる。したがって，誤差の範囲が小さくなるのは(2)と(3)である。これらについて，具体的に相対誤差を以下に検討する。

　(2)のチオ硫酸ナトリウム水溶液の濃度を0.5倍にすると，実験2の滴下量は $10.2 \, \text{mL}$ から $20.4 \, \text{mL}$ となり，$0.05 \, \text{mL}$ の誤差に含まれるチオ硫酸ナトリウムの物質量も $5 \times 10^{-6} \, \text{mol}$ から $2.5 \times 10^{-6} \, \text{mol}$ となり，相対誤差は $1/4$ となる。一方，(3)のヨウ素の濃度を2倍にすると，実験2の滴下量 $v \, \text{mL}$ は以下のようになる。

$$(1.57 \times 10^{-2} - 2.75 \times 10^{-3}) \, \text{mol} \times \frac{100 \, \text{mL}}{1000 \, \text{mL}} \times 2 = 0.100 \, \text{mol/L} \times v \times 10^{-3} \, \text{L}$$

$$\therefore v = 25.9 \, \text{mL}$$

したがって，滴下量の読み取り誤差 $0.05 \, \text{mL}$ の相対誤差は $\dfrac{0.05 \, \text{mL}}{10.2 \, \text{mL}} \times 100 = 0.49 \, \%$ から $\dfrac{0.05 \, \text{mL}}{25.9 \, \text{mL}} \times 100 = 0.19 \, \%$ となる。よって，滴下量の読み取り誤差 $0.05 \, \text{mL}$ による誤差は(2)の方がより小さくなる。

II　カ　単位格子の内部に含まれる実質の粒子数は，M_A が1個，M_B が $1/8 \times 8 = 1$ 個，X が $1/4 \times 12 = 3$ 個で組成式は $M_A M_B X_3$ である。

キ　この単位格子の図から M_A の配位数が12であることは自明である。このままでは，M_B の配位数は見えにくいが，単位格子が結晶中の粒子配列の繰り返しの最小単位の平行六面体であることから，M_A が立方体の頂点に位置するように単位格子

を取り直すと下図となり，M_B がこの立方体の中心に位置して，面心に位置する 6 個の X に取り囲まれている様子が見える。よって，M_B は 6 配位である。この結晶構造はペロブスカイトと呼ばれる。

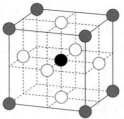

ク　問題文に指示されたように作業すると，下図が得られる。上述したように，結晶中ではこの粒子配列が無数に繰り返されているので，Y が頂点に位置するように単位格子を取り直すとそれは面心立方格子となっていることがわかる。

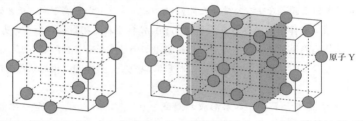

原子 Y

ケ　問題文に指示されたように作業すると，下図が得られる。この結晶は NaCl 型である。この単位格子の内部には実質 4 個ずつの M_B と Z が含まれ，組成式は M_BZ である。

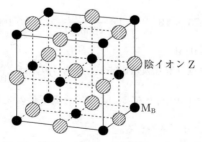

陰イオン Z

M_B

この結晶構造を取るイオン結晶には NaCl の他に MgO，CaO，NaBr，KBr など多数が知られている。

コ　結晶中で陽イオンと陰イオンが接していると仮定すると，単位格子の一辺の長さ a は M_B と O^{2-} のイオン半径の 2 倍なので，M_B のイオン半径を x nm とすると，下式が成立する。

$$(x + 0.140)\,\text{nm} \times 2 = 0.391\,\text{nm}$$

$$\therefore x = 0.0555\,\text{nm} \fallingdotseq 0.056\,\text{nm}$$

また，M_A と O^{2-} は立方体の各面と平行の正方形の対角線上で接しているので，M_A のイオン半径を $y\,\text{nm}$ とすると，下式が成立する。

$$(y + 0.140)\,\text{nm} \times 2 = \sqrt{2} \times 0.391\,\text{nm}$$

$$y = 0.1356\,\text{nm} \fallingdotseq 0.136\,\text{nm}$$

サ，シ　イオン結晶では構成イオンの電荷の総和は必ず 0 となる。図 3 − 1 の結晶の組成式は $M_A M_B X_3$ なので，X が O^{2-} のとき M_A と M_B のイオンの価数の総和は ＋6 となる。この条件を満たす組み合わせは，Cs^+ と Ta^{5+}，Ca^{2+} と Zr^{4+}，La^{3+} と Fe^{3+} の 3 組である。

　ペロブスカイトの結晶において，M_A と O^{2-} の距離と M_B と O^{2-} の距離の比は $\sqrt{2}:1$ である。パラメータ u の値がちょうど $\sqrt{2}$ のとき，2 種の陽イオンはいずれも O^{2-} と接していて最も安定である。実際はどちらかの陽イオンが最適の条件より大きくなると，もう一つの陽イオンが O^{2-} と接しなくなり，不安定となる。したがって，パラメータ u の値が $\sqrt{2}$ に近い構造ほど安定である。具体的に $CsTaO_3$，$CaZrO_3$，$LaFeO_3$ についてパラメータ u の値を計算してみると以下の通りである。

$$CsTaO_3 : u = \frac{0.188\,\text{nm} + 0.140\,\text{nm}}{0.064\,\text{nm} + 0.140\,\text{nm}} = 1.61$$

$$CaZrO_3 : u = \frac{0.134\,\text{nm} + 0.140\,\text{nm}}{0.072\,\text{nm} + 0.140\,\text{nm}} = 1.29$$

$$LaFeO_3 : u = \frac{0.136\,\text{nm} + 0.140\,\text{nm}}{0.065\,\text{nm} + 0.140\,\text{nm}} = 1.35$$

よって，$LaFeO_3$ のパラメータ u の値が最も $\sqrt{2} \fallingdotseq 1.41$ に近く，無理のない結晶構造であり最も安定であると予想される。

　実際の結晶中では，このパラメータ u の値が $\sqrt{2}$ より小さいときは M_A と O^{2-} が接触しなくなり，$\sqrt{2}$ より大きいときは M_B と O^{2-} が接触しなくなる。イオン間に働く静電気力はイオンの価数が大きくイオン間の距離が短いほど強いので，M_B が O^{2-} と接触しなくなる構造は特に不安定となる。そのため，この 3 種の結晶では $CsTaO_3$ が Ta^{5+} と O^{2-} が接触せず最も不安定となる。$CaZrO_3$ も $LaFeO_3$ も Ca^{2+} と O^{2-} および La^{3+} と O^{2-} が接触しなくなるが Zr^{4+} と O^{2-}，Fe^{3+} と O^{2-} は接していて，パラメータ u の値が $\sqrt{2}$ に近い $LaFeO_3$ の方が接触していないイオン間の距離が短く，より安定である。

解答

I　ア　$I_2 + 2Na_2S_2O_3 \longrightarrow 2NaI + Na_2S_4O_6$

イ　$H_2S + I_2 \longrightarrow S + 2HI$

　　酸化数の変化する元素とその酸化数

　　　　$S：-2 \rightarrow 0$

　　　　$I：0 \rightarrow -1$

ウ　3.14×10^{-2} mol（答えに至る過程は解説参照）

エ　2.75×10^{-3} mol（答えに至る過程は解説参照）

オ　(2)

　　理由：0.05 mL の読み取り誤差が(2)では滴定値が 2 倍となりそれに含まれるチオ
　　　　　硫酸ナトリウムの物質量が $1/2$ になるので，全体で相対誤差が $1/4$ となる。
　　　　　(3)でも相対誤差は小さくなるが，滴定値が 10.2 mL から 25.9 mL となる
　　　　　ことによる約 $2/5$ になるだけなので，(2)の方がより相対誤差が小さくなる。
　　　　　(1)および(4)は逆に誤差が大きくなる。

II　カ　$M_A M_B X_3$

キ　$M_A：12$ 配位　　　$M_B：6$ 配位

ク　面心立方格子

ケ　$M_B Z$

　　物質の例：NaCl

コ　$Sr^{2+}：0.136$ nm

　　$Ti^{4+}：0.056$ nm

サ　Cs^+ と Ta^{5+}，Ca^{2+} と Zr^{4+}，La^{3+} と Fe^{3+} の 3 組

シ　$LaFeO_3$

　　理由：3 種の結晶構造についてパラメータ u の値を計算すると，$CsTaO_3$ では
　　　　　$u=1.61$，$CaZrO_3$ では $u=1.29$，$LaFeO_3$ では $u=1.35$ となり，$LaFeO_3$
　　　　　の u の値が最も $\sqrt{2}$ に近く，接していない La^{3+} と O^{2-} の距離が近いため。

2018年

第 1 問

[解説]

ア　ナトリウムの単体は酸化されやすく，アルコールに含まれるヒドロキシ基と下式
のように酸化還元反応をして水素を発生しながらアルコキシドを生成する。

$$2CH_3CH_2OH + 2Na \longrightarrow 2CH_3CH_2ONa + H_2$$

イ，エ　実験 2 は a - アミノ酸の側鎖に S が含まれていると起こる呈色反応である。
①のシステインと⑥のメチオニンがこの呈色反応に陽性で，ナトリウムの単体に
よって $-CH_2-SH$ および $-CH_2-S-CH_3$ の部分が還元されながら分解して S^{2-}
を生じ，これが Pb^{2+} と難溶性の PbS の黒色沈殿を生じる。なお，Pb^{2+} の塩とし
て酢酸鉛(II)が用いられているのは，Pb^{2+} が多くの陰イオンと難溶性の塩を形成
する中で，水溶液とすることが出来るのが硝酸塩や酢酸塩であるためで，硝酸塩を
用いると，S^{2-} を酸化する可能性があり，この沈殿形成反応には不適であるためで
ある。よって，ジケトピペラジン A と C にはシステインまたはメチオニンが構成
アミノ酸として含まれている。

　　システインに含まれる $-CH_2-SH$ の部分は S のアルコールという意味でチオー
ルと呼ばれ，下式のように酸化されてシスチンになる。システインを $R-SH$ で表
すと，この反応は以下の半反応式で表される。

$$2R-SH \longrightarrow R-S-S-R + 2H^+ + 2e^-$$

この反応で新たに形成される結合は，2 つの S からなる結合という意味でジスルフィ
ド結合と呼ばれ，構成アミノ酸としてシステインを含むタンパク質のペプチド鎖に
架橋構造を形成し，タンパク質の立体構造を保持する上で重要な働きをしている。
この反応は可逆的に進行し，適当な還元剤を作用させればジスルフィド結合は切断
されて，もとのシステインとなる。よって，A の構成アミノ酸の 1 つはシステイン
である。なお，問題文にシスチンが生成すると二量体となるとあるが，厳密には上
式で示したように水素が取れてシスチンとなるので，この表現は正しくない。

ウ　実験 3 および実験 4 は芳香族アミノ酸に見られる呈色反応で，実験 3 はキサン
トプロテイン反応と呼ばれるベンゼン環のニトロ化，実験 4 はフェノール類の呈色
反応である。キサントプロテイン反応に陽性のアミノ酸は，側鎖が④のチロシンと
⑤のフェニルアラニンであり，B のみがフェノール類の呈色反応を示したので，B
の構成アミノ酸の 1 つがチロシンと決まる。また，実験 2，3 の結果から A の構成

アミノ酸の1つがシステインと分かっているので，Aはシステインとフェニルアラニンが縮合したジケトピペラジンと決まる。

オ，カ　実験1および実験3，4の結果からBはチロシン同士が縮合したジケトピペラジンである。また，Aは上述したようにシステインとフェニルアラニンが縮合した下図の構造式で表されるジケトピペラジンである。

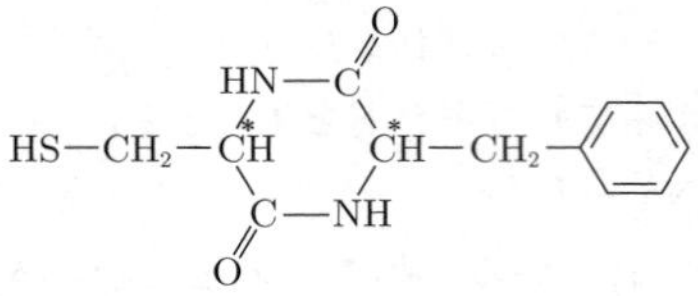

構造式中に付記した＊は不斉炭素原子である。A，Bともに分子内に不斉炭素原子が2つずつあるので，それぞれの不斉炭素原子の周りの立体配置について偏光面を回転させる方向が互いに反対のL体とD体が可能であり，分子全体では構造式中で左のアミノ酸，右のアミノ酸の順に立体配置についてLL，LD，DL，DDの4種の立体異性体がある。しかし，Bは同じアミノ酸同士が縮合していて，6員環の中心を軸として180°回転させると同一の形となるため，LDとDLは区別できない。したがって，A，BはいずれもLLの立体異性体であり，これ以外にAには3種，Bには2種の立体異性体が存在する。

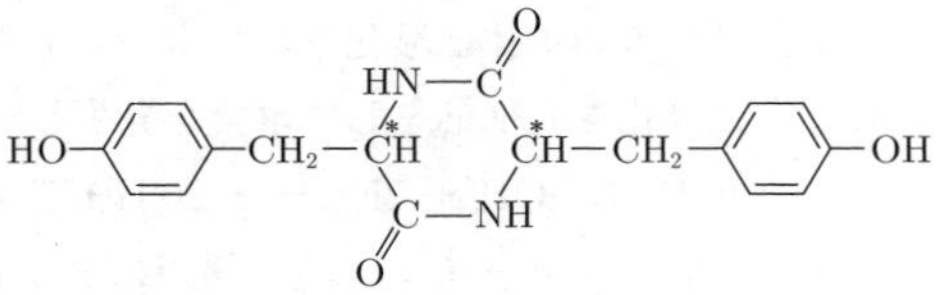

Bを加水分解すると，チロシンのみが生成する。チロシンにはフェノール性ヒドロキシ基があり，フェノール性ヒドロキシ基のオルト位とパラ位は置換反応を受けやすい性質がある。よって，チロシンに臭素を作用させると，下式のように2ヶ所のオルト位が臭素と置換され，化合物Eとなる。

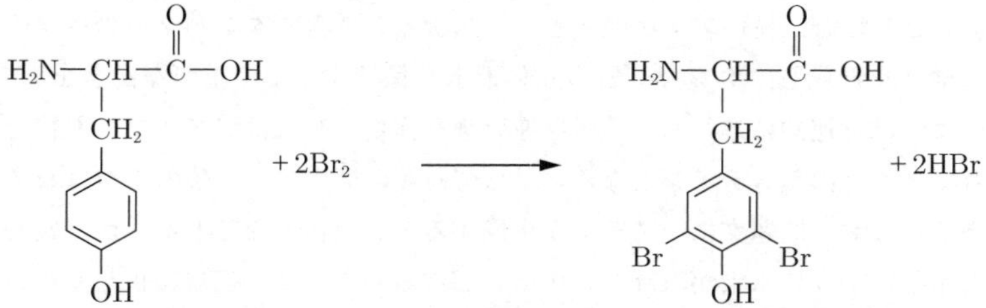

キ，ク　ジケトピペラジンCを完全燃焼すると，二酸化炭素が66.0mgと水が24.3mg生じたので，Cに含まれるC原子とH原子の物質量比は次式で計算される。

$$C : H = \frac{66.0}{44} : \frac{24.3}{18} \times 2 = 5 : 9$$

ジケトピペラジンに共通の6員環部分にC原子が4個とH原子が4個含まれる

ので，アミノ酸の側鎖 R_1, R_2 に含まれる C 原子数と H 原子数を x 個、y 個とすると次式が成立する。

$$(x + 4) : (y + 4) = 5 : 9$$

これを満たす最小の整数の組は $x = 6$、$y = 14$ である。C 原子数がこれより大きくなると，2 つの側鎖に含まれる H 原子数の最大値が $(2x + 2)$ 個であるので，条件に適する組み合わせは存在しない。また，実験 2，5 の結果から C には構成アミノ酸として側鎖⑥のメチオニンが含まれているので，もう 1 つの構成アミノ酸は側鎖⑦のバリンである。

ケ，コ　　無水酢酸と反応するのは，ヒドロキシ基を有する②トレオニン，④チロシンとアミノ基を有する⑧リシンである。また，実験 9 の D，F の電気泳動の結果から，両者とも塩基性条件下で陽極側に大きく移動したので，塩基性溶液中で陰イオンとなっている。よって，両者とも酸性の原子団を有していて，構成アミノ酸の 1 つは側鎖が③のアスパラギン酸である。一方，中性条件下では D は移動しなかったが，F は陽極側に大きく移動したので，D は全体で電荷は 0 となっているが，F は陰イオンとなっていることがわかる。中性付近の溶液中で，カルボキシ基およびアミノ基はそれぞれ $-COO^-$，$-NH_3^+$ になっているので，中性条件下での電気泳動の結果は，無水酢酸と反応させる前の D は，分子内にカルボキシ基とアミノ基を併せ持つ化合物であり，F は無水酢酸とアミドを形成した化合物であることがわかる。よって，D の構成アミノ酸は側鎖が③のアスパラギン酸と⑧のリシンと決まる。D，F の構造式は下図の通りである。

D

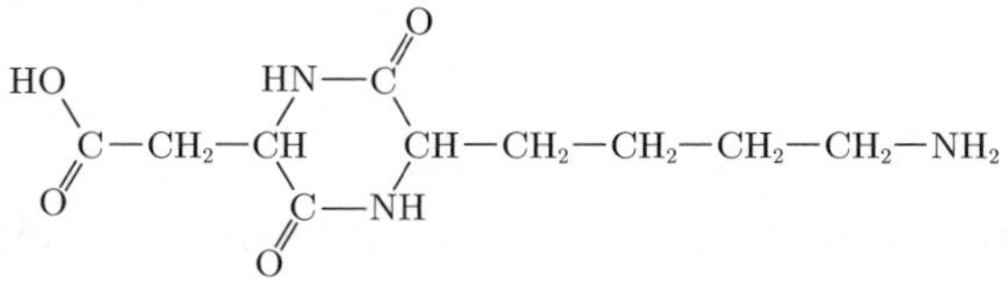

F

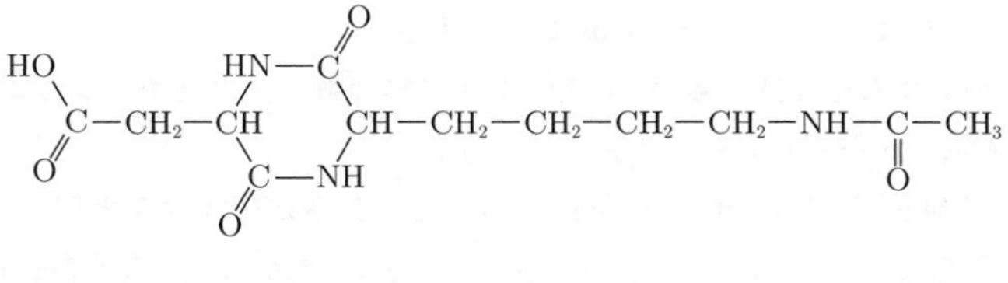

解答

ア　$2CH_3CH_2OH + 2Na \longrightarrow 2CH_3CH_2ONa + H_2$

イ　①，⑥

ウ　④

エ　a：ジスルフィド　　b：還元

オ　A：3　　B：2

カ

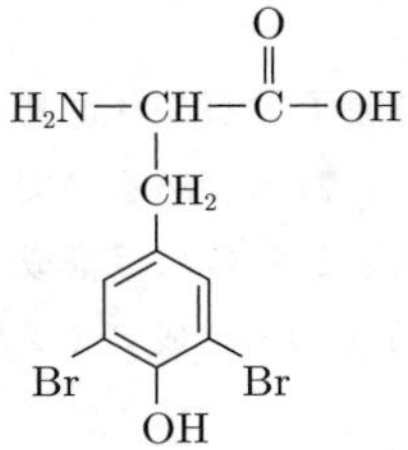

キ　C：H＝5：9（答えに至る過程は解説参照）

ク　⑥，⑦

ケ　③，⑧

　　Dが中性条件下で移動しなかった理由：Dは分子内にカルボキシ基とアミノ基を併せ持っていて，中性付近の溶液中でそれらの大部分が−COO⁻，−NH₃⁺となって分子内で塩を形成し，電荷の総和がほぼ0となっているため。

コ

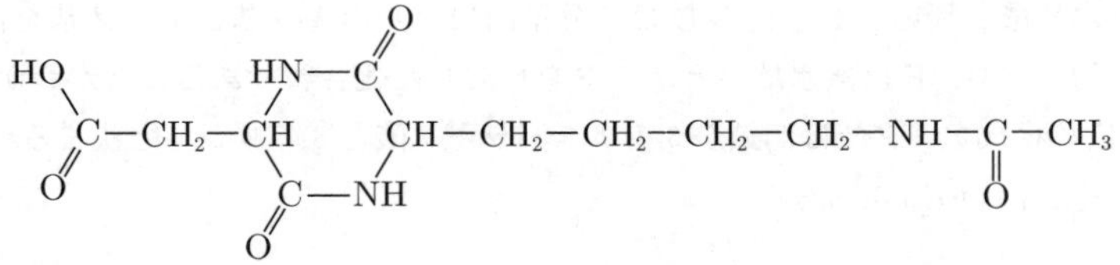

第2問

【解説】

ア　消石灰に二酸化炭素を吹き込むと，下式のように炭酸カルシウムの白色沈殿が生成する。

$$Ca(OH)_2 + CO_2 \longrightarrow CaCO_3 + H_2O$$

炭酸カルシウムを強熱すると，下式のように熱分解して酸化カルシウムが生成する。

$$CaCO_3 \longrightarrow CaO + CO_2$$

イ　NaCl型の結晶構造では，単位格子の一辺の長さが陽イオンと陰イオンのイオン半径の和の2倍となっている。よって，MgOの結晶の単位格子の一辺の長さからO^{2-}のイオン半径をx〔nm〕とすると，下式が成立する。

$$2(x + 0.086) = 0.42$$
$$\therefore x = 0.124 \text{ nm}$$

よって，CaO の結晶の単位格子の一辺の長さは，以下の通りである。

$$a = 2 \times (0.114\,\text{nm} + 0.124\,\text{nm}) = 0.476\,\text{nm} \fallingdotseq 0.48\,\text{nm}$$

ウ　イオン結晶では，構成粒子間に働く静電気力が最も重要な引力である。静電気力はイオンの価数が大きいほど強く，イオン間の距離が短いほど強い。MgO，CaO，BaO の結晶では，いずれもイオンの価数は ＋ 2 と － 2 で等しいので，これらのイオン結晶におけるイオン結合の強さは，イオン間の距離で決まる。O^{2-} は共通なので，陽イオンのイオン半径が最も小さい MgO が最もイオン結合が強く，融点が高い。ちなみに，これらの融点は MgO が 2800 ℃，CaO が 2572 ℃，BaO が 1923 ℃である。

エ　Al の単体から酸化物へ変化するときの体積比は，初めの Al の物質量に依らないので，2 mol の Al から 1 mol の Al_2O_3 が生成する場合の体積変化を計算する。与えられた物質の密度から，2 mol の Al の体積 v_1 は，

$$v_1 = \frac{54.0\,\text{g}}{2.70\,\text{g/cm}^3} = 20.0\,\text{cm}^3$$

一方，1 mol の酸化物の体積 v_2 は，

$$v_2 = \frac{102.0\,\text{g}}{3.99\,\text{g/cm}^3} = 25.56\,\text{cm}^3$$

である。よって，両者の体積比は $\dfrac{v_2}{v_1} = 1.278$ で約 1.3 である。

オ　Al の単体は Al_2O_3 の融解塩電解で得られるが，Al^{3+} を含む水溶液の電気分解を行うと，Al はイオン化傾向の大きい金属なので Al^{3+} より水の還元が先に起こり，水素が発生する。

カ　ボーキサイトから電気分解に用いる純粋な Al_2O_3 を取り出すために，Al_2O_3 が両性酸化物であることを応用して，濃水酸化ナトリウム水溶液を作用させる。ボーキサイトに含まれる不純物である他の金属の酸化物は，塩基性酸化物なので濃水酸化ナトリウム水溶液には溶解しない。これ以外の不純物は二酸化ケイ素であり，これも濃水酸化ナトリウム水溶液に溶解しない。よって，ボーキサイトに濃水酸化ナトリウム水溶液を作用させると，Al_2O_3 のみが下式のように溶解し，他と分離される。

$$Al_2O_3 \cdot 3H_2O + 2NaOH \longrightarrow 2Na\,[Al(OH)_4]$$

キ　6 配位の $[Al(H_2O)_m(OH)_n]^{(3-n)+}$ の錯イオンで，$n = 2$ の場合には 2 つの OH^- が Al^{3+} に対してどの位置に配位子となって結合するかで，下図の 2 通りの立体異性体が可能である。

$$\begin{array}{c} OH^- \\ | \\ H_2O\cdots Al^{3+}\cdots OH_2 \\ | \\ H_2O\quad\quad OH_2 \\ | \\ OH^- \end{array} \qquad \begin{array}{c} OH_2 \\ | \\ H_2O\cdots Al^{3+}\cdots OH^- \\ | \\ H_2O\quad\quad OH^- \\ | \\ OH_2 \end{array}$$

これらは，左側がトランス体，右側がシス体と呼ばれる。

ク，ケ　Al_2O_3 の融解塩電解は，問題文にあるように黒鉛を両極として行われ，陽極では O^{2-} が共存する状況で電極の黒鉛が下式のように酸化されて CO と CO_2 が生成する。

$$C + O^{2-} \longrightarrow CO + 2e^-$$
$$C + 2O^{2-} \longrightarrow CO_2 + 4e^-$$

陰極では Al^{3+} が下式のように還元されて Al の単体が生成する。

$$Al^{3+} + 3e^- \longrightarrow Al$$

この間に CO が $x\,mol$，CO_2 が $y\,mol$ 生成したとすると，C 原子の保存および電極で授受された電子の物質量について下式が成立する。

$$x + y = \frac{72.0 \times 10^3}{12.0} = 6.00 \times 10^3$$
$$2x + 4y = \frac{180 \times 10^3}{27.0} \times 3 = 2.00 \times 10^4$$

これを解いて $x = 2.00 \times 10^3\,mol$，$y = 4.00 \times 10^3\,mol$ である。よって，電極反応によって生成する CO_2 の質量は

$$44.0\,g/mol \times 4.00 \times 10^3\,mol = 1.76 \times 10^5\,g = 176\,kg$$

である。なお，融解塩電解の条件では装置は 2000℃ 以上の高温となっているので，黒鉛の表面では C，CO_2，CO が共存して平衡状態となっていると考えられ，さらに空気中の酸素によって，CO が酸化されて CO_2 になる熱反応も起こっていると考えられるので，ここでは電極反応で生成する CO_2 のみを考えることにする。

解答

ア　$Ca(OH)_2 + CO_2 \longrightarrow CaCO_3 + H_2O$
　　$CaCO_3 \longrightarrow CaO + CO_2$

イ　$0.48\,nm$

ウ　MgO
　　理由：イオン間に働く静電気力は，イオンの価数が大きくイオン間の距離が短いほど強い。3 種の酸化物のイオンの価数は等しく，O^{2-} は共通なので陽イ

　　　オンのイオン半径が最も小さい MgO のイオン結合が最も強いため。

エ　1.3

オ　Al はイオン化傾向の大きい金属であり，水溶液の電気分解では，Al^{3+} より水の
　　還元の方が起こりやすいため。

カ　$Al_2O_3 \cdot 3H_2O + 2NaOH \longrightarrow 2Na[Al(OH)_4]$

キ

ク　$C + O^{2-} \longrightarrow CO + 2e^-$

　　$C + 2O^{2-} \longrightarrow CO_2 + 4e^-$

ケ　176 kg

第3問

【解説】

I　ア　$t = 10$ 分までに導入されたアンモニアの物質量は，次の通りである。

$$n_{NH_3} = \frac{1.0 \times 10^5\,Pa \times 2.0\,L/min \times 10\,min}{8.3 \times 10^3\,Pa \cdot L/(mol \cdot K) \times 300\,K}$$

$$= 8.03 \times 10^{-2}\,mol \fallingdotseq 8.0 \times 10^{-2}\,mol$$

このアンモニアによって塩酸の一部が下式のように中和される。

　　　　$HCl + NH_3 \longrightarrow NH_4Cl$

反応前にあった HCl の物質量は $9.0 \times 10^{-2}\,mol/L \times 2.0\,L = 1.8 \times 10^{-1}\,mol$ なので，
このとき未反応で残っている HCl は $1.0 \times 10^{-1}\,mol$ である。この HCl が 2.0 L の
溶液中に溶けているので，このときの水素イオン濃度は $5.0 \times 10^{-2}\,mol/L$ である。

イ　アンモニウムイオンは下式のように電離するので，弱酸として作用する。

　　　　$NH_4^+ \leftrightarrows NH_3 + H^+$

よって，アンモニウムイオンの電離定数は下式で定義される。

$$K_a = \frac{[NH_3][H^+]}{[NH_4^+]}$$

この式の分母・分子に $[OH^-]$ をかけて整理すると下式が得られる。

$$K_a = \frac{[NH_3][H^+] \times [OH^-]}{[NH_4^+] \times [OH^-]} = \frac{K_W}{K_b} = \frac{1.0 \times 10^{-14}\,mol^2/L^2}{1.8 \times 10^{-5}\,mol/L}$$

$$= 5.6 \times 10^{-10}\,\text{mol/L}$$

ウ　$t = 40$ 分までに導入されたアンモニアの物質量はアと同様に計算でき，アの 4 倍量の $3.21 \times 10^{-1}\,\text{mol}$ である。初めにあった HCl の物質量が $1.8 \times 10^{-1}\,\text{mol}$ なので，これと等しい物質量の NH_4Cl が生成し，過剰分の $1.41 \times 10^{-1}\,\text{mol}$ の NH_3 が未反応で残っている。よって，このとき溶液内の NH_3 および NH_4^+ の濃度は以下の通り。

$$[NH_3] = 7.05 \times 10^{-2}\,\text{mol/L}$$
$$[NH_4^+] = 9.0 \times 10^{-2}\,\text{mol/L}$$

これらと平衡にある H^+ の濃度はイで求めた電離定数から，以下のように計算される。

$$[H^+] = K_a \times \frac{[NH_4^+]}{[NH_3]} = 5.6 \times 10^{-10}\,\text{mol/L} \times \frac{9.0 \times 10^{-2}\,\text{mol/L}}{7.05 \times 10^{-2}\,\text{mol/L}}$$
$$= 7.09 \times 10^{-10}\,\text{mol/L} \fallingdotseq 7.1 \times 10^{-10}\,\text{mol/L}$$

エ　反応前の HCl と導入される NH_3 の物質量が等しくなるのが $t = 22.4$ 分であり，この直前・直後で大きな pH 変化が起こる。この事情はすべてのグラフで表現されている。その後，NH_3 が過剰となり，NH_3 と NH_4Cl の混合溶液となると，この両者の濃度比で pH が決まり，その変化が小さい範囲ではウで求めたように pH ＝ 9 前後の緩衝液となる。その後，水酸化ナトリウム水溶液を加えると，溶液内の NH_4Cl が酸として作用して，下式のいわゆる弱塩基の遊離が進行する。

$$NH_4Cl + NaOH \longrightarrow NaCl + NH_3 + H_2O$$

この反応が起こっている間も NH_3 と NH_4Cl の混合溶液となるので，pH ＝ 9 前後の緩衝液だが，NH_3 に対する NH_4^+ の濃度比が少しずつ小さくなり，pH が増大する。$t = 22.4$ 分の時点で NH_4Cl が $1.8 \times 10^{-1}\,\text{mol}$ 生成しているので，これと等しい物質量の NaOH を加えるまで弱塩基の遊離の反応が進行し，それ以後は NaOH が過剰となって pH が急に増大する。$1.0\,\text{mol/L}$ の NaOH 水溶液を $0.18\,\text{L}$ 加えるまで，弱塩基の遊離が起こるので，その時間は 18 分で，$t = 58$ 分のときである。よって，これらの一連の変化を正しく表しているグラフは(4)である。

オ　$t = 40$ 分までに導入された NH_3 は $3.21 \times 10^{-1}\,\text{mol}$ である。この一部は，最初に用意した HCl によって中和されるが，$t = 40$ 分〜 80 分の間に加えられた NaOH によって，もとの NH_3 に戻っている。加えられた NaOH の全物質量は

$$1.0\,\text{mol/L} \times 0.40\,\text{L} = 0.40\,\text{mol}$$

なので，このとき過剰となって溶液内に残っている NaOH は $2.2 \times 10^{-1}\,\text{mol}$ である。ここに，$0.22\,\text{mol}$ より多い $x\,\text{mol}$ の NH_4Cl を加えると，弱塩基の遊離の反応が進

行し，反応後に溶液内に共存する NH_3 と NH_4^+ の物質量は，それぞれ以下の通り
となる。

$$n_{NH_3} = 3.21 \times 10^{-1}\,mol + 2.2 \times 10^{-1}\,mol = 5.4 \times 10^{-1}\,mol$$

$$n_{NH_4^+} = x\,mol - 2.2 \times 10^{-1}\,mol$$

$[H^+] = 1.0 \times 10^{-9}\,mol/L$ となるとき，K_a の式から NH_4^+ の濃度は NH_3 の濃度の 1.8
倍となる。同じ溶液中に溶けているので，この濃度比は物質量比と一致するので，
$1.8\,n_{NH_3} = n_{NH_4^+}$ となっている。よって，

$$1.8 \times 5.4 \times 10^{-1}\,mol = x\,mol - 2.2 \times 10^{-1}\,mol$$

が成立し，$x = 1.19\,mol$ と求まる。

II　カ　実在気体では厳密に理想気体の状態方程式は成立しないが，高温・低圧の条
件では良い近似で理想気体の状態方程式が成立する。しかし，温度が低くなると，
分子の運動エネルギーが小さくなり，分子間引力に基づくポテンシャルエネルギー
が無視できなくなり，圧力と体積の積 PV の値が理想気体より小さくなる。したがっ
て，圧力一定の下で温度を下げていくと，理想気体の場合より体積が小さくなり，
このズレは温度が低いほど大きい。この圧力の下で沸点 T_1 に達すると，メタンの
液化が始まり，気体の体積は激減する。液化が完了するまで，温度は T_1 のまま一
定に保たれ，液化が完了すると体積は約 1/600 になり，ほぼ 0 となる。さらに温
度を下げると液体の体積は少しずつ減少するが，その割合は極めて小さく，体積は
ほぼ一定である。さらにこの圧力の下で凝固点 T_2 に達すると，メタンの凝固が始
まり温度が一定のまま凝固が進行する。固体の状態では，分子が最も強く分子間引
力が働くように規則正しく配列して結晶となるので，液体よりも体積が小さくなり，
温度が下がると分子の熱運動も抑えられるので，さらに体積は小さくなる。しかし，
気体の体積と比べて約 1/600 の体積の中での体積変化なので，同じ縮尺のグラフ
上では，液体と固体の体積はほぼ 0 として良い。したがって，一定圧力の下でのメ
タンの体積変化は下図となる。

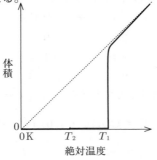

なお，液体や固体の体積，およびそれらの体積変化は極めて小さいので，この図中に表すことは困難であり，それを表すとすれば，別に縦軸の縮尺を約 100 倍に拡大した図を用意する必要がある。参考までに，その図を紹介すると下図の通りである。

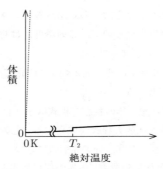

キ　高温でメタンと水蒸気から一酸化炭素と水素が生成する反応が，メタンの水蒸気改質反応なので，原子の保存からそれは下式で表される。

$$CH_4 + H_2O \longrightarrow CO + 3H_2$$

形式的には，メタンが酸化され水が還元される反応である。

ク　CO と H_2 からメタノールが合成される反応は，Cu と ZnO などを触媒として起こる下式で表される可逆反応である。

$$CO + 2H_2 \leftrightarrows CH_3OH$$

この反応は，高圧下で行われるが，その理由の一つはメタノールが合成される反応が気体分子数の減少する方向であり，より平衡時のメタノールの収率が高くなるためである。もう一つは，高圧にすると反応物の濃度が大きくなり，反応速度が大きくなるためでもある。

ケ　反応式とともに，各物質の物質量の変化を示すと以下の通りである。

	CO	+	2H₂	⟶	CH₃OH
反応前	1.56		2.72		0
変　化	−1.24		−2.48		＋1.24
反応後	0.32		0.24		1.24

コ　与えられた反応熱を熱化学方程式で表すと以下の通りである。

$$C(黒鉛) + \frac{1}{2}O_2(気) = CO(気) + 110\,kJ$$

$$C(黒鉛) + \frac{1}{2}O_2(気) \longrightarrow CO(気) \qquad \Delta H = -110\,kJ$$

$$C(黒鉛) + O_2(気) = CO_2(気) + 394\,kJ$$

$$C(黒鉛) + O_2(気) \longrightarrow CO_2(気) \qquad \Delta H = -394\,kJ$$

$$H_2(気) + \frac{1}{2}O_2(気) = H_2O(液) + 286\,kJ$$

$$H_2(気) + \frac{1}{2}O_2(気) \longrightarrow H_2O(液) \qquad \Delta H = -286\,kJ$$

$$CH_3OH(液) + \frac{3}{2}O_2(気) = CO_2(気) + 2H_2O(液) + 726\,kJ$$

$$CH_3OH(液) + \frac{3}{2}O_2(気) \longrightarrow CO_2(気) + 2H_2O(液) \qquad \Delta H = -726\,kJ$$

$$CH_3OH(液) = CH_3OH(気) - 38\,kJ$$

$$CH_3OH(液) \longrightarrow CH_3OH(気) \qquad \Delta H = 38\,kJ$$

式1のメタノール合成反応に関するエネルギー変化を単体を基準にし，求める反応熱を $Q\,[kJ/mol]$ の発熱と仮定してエネルギー図で表すと下図の通りである。

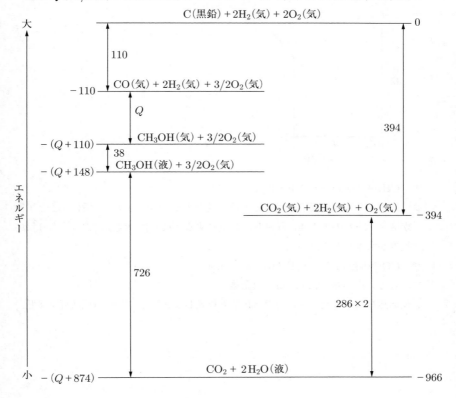

図から下式が成立する。

$$110 + Q + 38 + 726 = 394 + 286 \times 2$$

$$\therefore Q = 92\,\text{kJ/mol}$$

Q が正の値で求まったので，発熱の仮定が正しかったことがわかる。これは，式1のメタノール合成反応が気体分子数の減少する反応であり，乱雑さが減少する反応なので，初めから予想されたことである。

解答

I　ア　$5.0 \times 10^{-2}\,\text{mol/L}$（答えに至る過程は解説参照）

　　イ　$5.6 \times 10^{-10}\,\text{mol/L}$

　　ウ　$7.1 \times 10^{-10}\,\text{mol/L}$（答えに至る過程は解説参照）

　　エ　(4)

　　オ　$1.2\,\text{mol}$

II　カ

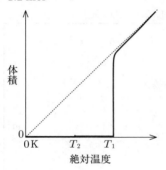

　　キ　$CH_4 + H_2O \longrightarrow CO + 3H_2$

　　ク　メタノール合成反応が気体分子数の減少する反応であり，高圧にすると平衡がメタノールの生成側に移動し，高圧にすると反応物の濃度が大きくなり反応速度が大きくなるため。

　　ケ　$CO : 0.32\,\text{mol}$　　　$CH_3OH : 1.24\,\text{mol}$

　　コ　式1の反応熱：$92\,\text{kJ/mol}$ の発熱

　　　反応熱を求めるために必要な熱化学方程式および答えに至る過程は解説参照

2017年

第1問

〔解説〕

ア　有機化合物の元素分析で、その完全燃焼で生じる水と二酸化炭素を水は塩化カルシウム $CaCl_2$ に、二酸化炭素はソーダ石灰 $CaO \cdot NaOH$ に吸収させるのが一般的である。その際に、ソーダ石灰は乾燥剤でもあるので、それを入れたU字管を先に通じると、それに二酸化炭素だけでなく水も吸収され、両者の個別の質量が求められなくなる。よって、先に塩化カルシウムを詰めたU字管に燃焼後の気体を通じて水のみを吸収させ、次いでソーダ石灰を詰めたU字管に二酸化炭素を吸収させる。水と二酸化炭素が吸収される変化は下式で表される。

$$CaCl_2 + H_2O(気) \longrightarrow CaCl_2 \cdot H_2O(固)$$

$$CaO + CO_2(気) \longrightarrow CaCO_3(固)$$

$$2NaOH + CO_2(気) \longrightarrow Na_2CO_3(固) + H_2O(液)$$

　ソーダ石灰は酸化カルシウムと水酸化ナトリウムの混合物で、二酸化炭素との反応で生じた水も炭酸ナトリウムの結晶の水和水となったり、下式のように酸化カルシウムと反応して水酸化カルシウムに変化したりして吸収される。

$$CaO + H_2O \longrightarrow Ca(OH)_2(固)$$

　それなら、ソーダ石灰ではなく、酸化カルシウムだけでも十分と考えられるが、その固体のみでは二酸化炭素の気体が固体の酸化カルシウムと接触せずに通り過ぎる心配があり、潮解性があって表面が濃厚な水酸化ナトウム水溶液で覆われているソーダ石灰を用いて確実に二酸化炭素を吸収するようにしている。

　なお、問題文では化合物名を答えるように要求されているので、ソーダ石灰は厳密には不適切であり、酸化カルシウムと水酸化ナトリウムの混合物と答えるべきかもしれないが、出題者もソーダ石灰を正解と考えているものと推察される。

イ　Aの分子式を $C_xH_{2y}O_z$ とおくと、その完全燃焼は下式で表される。

$$C_xH_{2y}O_z + wO_2 \longrightarrow xCO_2 + yH_2O$$

したがって、Aの物質量と二酸化炭素、水の物質量について下式が成立する。

$$\frac{43.0 \times 10^{-3}\,\mathrm{g}}{86.0\,\mathrm{g/mol}} \times x = \frac{88.0 \times 10^{-3}\,\mathrm{g}}{44.0\,\mathrm{g/mol}} \qquad \therefore \quad x = 4$$

$$\frac{43.0 \times 10^{-3}\,\mathrm{g}}{86.0\,\mathrm{g/mol}} \times y = \frac{27.0 \times 10^{-3}\,\mathrm{g}}{18.0\,\mathrm{g/mol}} \qquad \therefore \quad y = 3$$

　　よって，Ａの分子式は $C_4H_6O_z$ と表され，その分子量は $M_A = 12.0 \times 4 + 1.0 \times 6 + 16z = 86.0$ となるので，$z = 2$ と決まり，Ａの分子式は $C_4H_6O_2$ である。

ウ　化合物Ｂの分子式もＡと同じ $C_4H_6O_2$ であり，加水分解されて炭素原子数が3のカルボン酸を生じることから，Ｂはそのカルボン酸のメチルエステルである。Ｂの分子式から，Ｂは鎖式飽和の化合物より H 原子数が 4 つ少なくエステル結合の他に二重結合または環状構造を 1 つ持っている。Ｂの加水分解を分子式の変化で考えると下式となり，加水分解で生じるカルボン酸はカルボキシ基以外の C 原子数は 2 であり環状構造はありえないので，Ｂは不飽和脂肪酸であるアクリル酸とメタノールのエステルである。

　　　$C_4H_6O_2 + H_2O \longrightarrow C_3H_4O_2 + CH_3OH$

　　よって，Ｂは下図の構造式で表されるアクリル酸のメチルエステルと決まる。

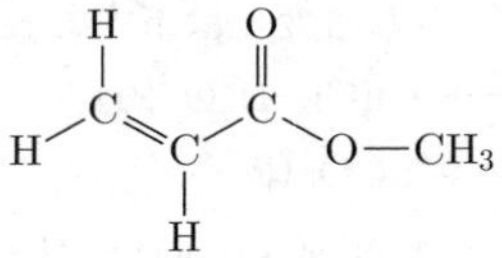

エ　化合物Ｄは分子式が $C_4H_6O_2$ のカルボン酸なので，カルボキシ基の部分以外は C_3H_5- の炭化水素基である。これに該当する骨格はプロペンまたはシクロプロパンから H 原子を 1 つ取った構造を持つので，下記の 5 つの異性体が可能である。

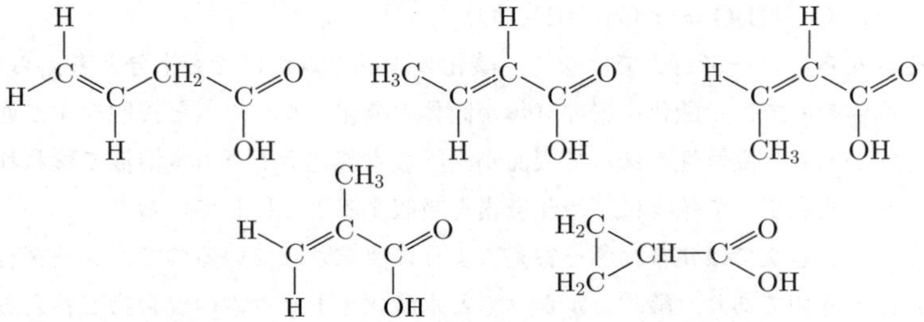

オ　化合物Ａは加水分解されると不安定な化合物Ｆを生じ，すみやかにＧに変化したので，Ｆは C＝C 二重結合にアルコール性ヒドロキシ基が直接結合した構造のエノールで，それがアルデヒドまたはケトンに異性化したと推定される。また，化合物Ａにはホルミル基が存在しないことから，ギ酸エステルではないので，Ａは下図の構造式で表される酢酸ビニルである。これが加水分解され，生じたビニルアルコールが異性化してアセトアルデヒドが生成する一連の変化を反応式で示すと以下の通りである。

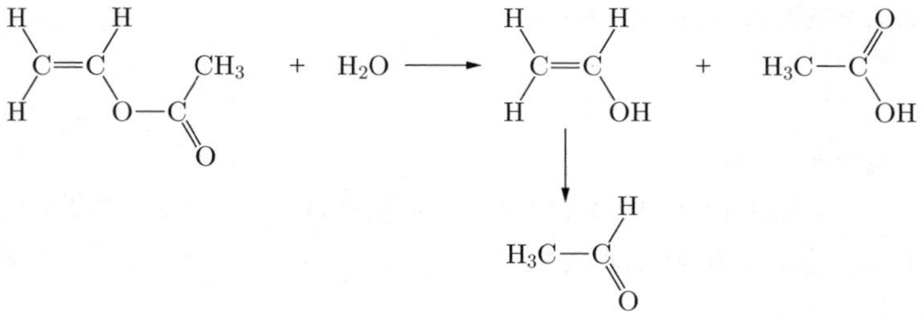

カ　アクリロニトリルと酢酸ビニルを 2：1 の物質量比で共重合させて得られた高分子化合物の平均分子量が 9.60×10^4 なので，その 1 分子が $2x$ 個のアクリロニトリルと x 個の酢酸ビニルから生じたとすると，下式が成立する。

$$53.0 \times 2x + 86.0 \times x = 9.60 \times 10^4$$

$$\therefore \quad x = 500$$

よって，高分子化合物Cの 1 分子中には平均して 1000 個のアクリロニトリル由来の構造単位が含まれ，その単位に 1 個の N 原子が含まれるので，その数も 1000 個である。

キ　化合物Bはアクリル酸メチルであり，その付加重合体はポリアクリル酸メチルである。これを加水分解すると，下式のようにポリアクリル酸が生成する。

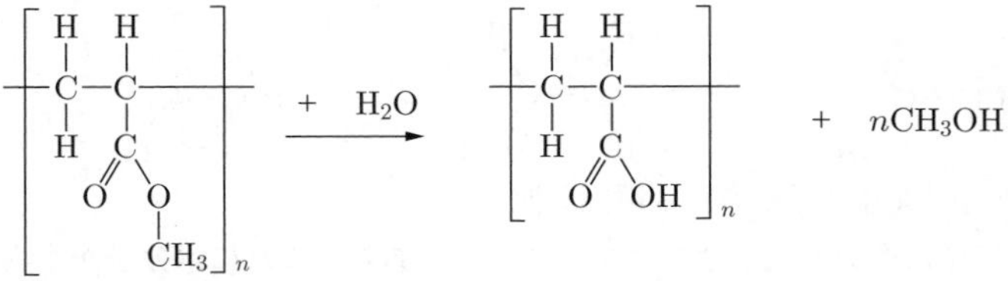

こうして得られるポリアクリル酸は高分子鎖の炭素原子の 2 つに 1 つの高い割合で親水性のカルボキシ基を有し，これに水分子が水素結合で強く水和して吸収される。

　問題文には付加重合を行った後に，高分子化合物を架橋するように示されているが，実際は付加重合を行うときに，p-ジビニルベンゼンとアクリル酸メチルを共重合させて架橋構造を持つポリマーを合成する。次いで，水酸化ナトリウムを加えてけん化すると架橋構造を持つポリアクリル酸ナトリウムが得られる。実際に吸水性ポリマーとして用いられているのはこのナトリウム塩となったポリマーで，そのイオンの部分に水を取り込んで水和イオンとなるとともに，Na^+ が解離し架橋構造を持つポリマー中に高濃度の水溶液を保持して膨らみ，その水溶液の浸透圧が大きいのでさらに水を吸い込むようになる。その結果，ポリマーの重量の 100 ～ 1000

倍もの水を吸収できるそうである。

解答

ア　a：塩化カルシウム

　　b：ソーダ石灰（または　酸化カルシウムと水酸化ナトリウムの混合物）

イ　$C_4H_6O_2$（答に至る過程は解説参照）

ウ

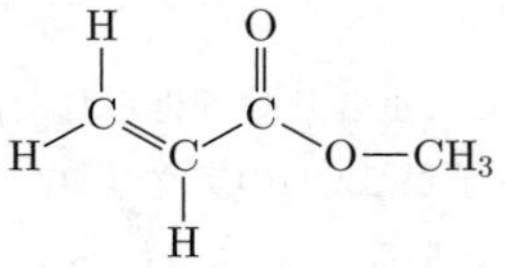

$$\underset{H}{\overset{H}{C}} = \underset{H}{\overset{}{C}} - \overset{O}{\overset{\|}{C}} - O - CH_3$$

エ

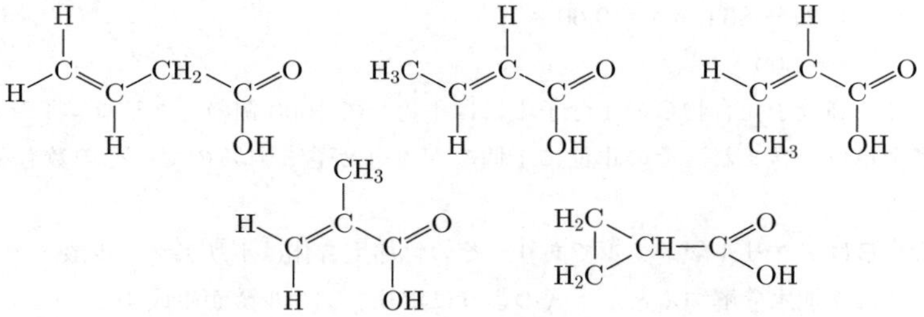

$$\underset{H}{\overset{H}{C}} = \underset{H}{\overset{}{C}} - CH_2 - \overset{O}{\overset{\|}{C}} - OH \qquad H_3C - \underset{H}{\overset{H}{C}} = \overset{}{C} - \overset{O}{\overset{\|}{C}} - OH \qquad \underset{CH_3}{\overset{H}{C}} = \overset{H}{C} - \overset{O}{\overset{\|}{C}} - OH$$

$$\underset{H}{\overset{}{C}} = \underset{}{\overset{CH_3}{C}} - \overset{O}{\overset{\|}{C}} - OH \qquad \underset{H_2C}{\overset{H_2C}{>}} CH - \overset{O}{\overset{\|}{C}} - OH$$

オ　E

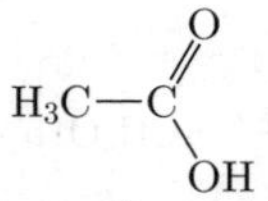

$$H_3C - \overset{O}{\overset{\|}{C}} - OH$$

F

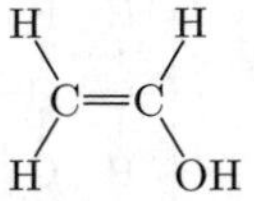

$$\underset{H}{\overset{H}{C}} = \underset{H}{\overset{H}{C}} - OH$$

G

$$H_3C - \overset{H}{\overset{|}{C}} = O$$

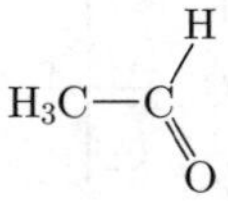

カ　1.0×10^3（答に至る過程は解説参照）

キ　高分子鎖に多数の親水性のカルボキシ基があり，これに水分子が水素結合で水和するため。

第2問

【解説】

I　Zn^{2+}，Cu^{2+}，Pb^{2+}，Fe^{3+}，Ag^+，Ba^{2+}，Al^{3+}，Li^+を含む水溶液から実験1〜4の操作でイオンを分離する一連の流れを下図に示す。

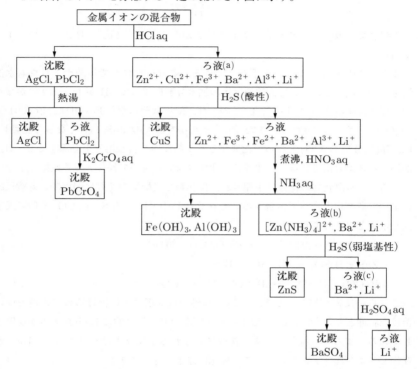

ア　上に示した分離操作から，実験1で最終的にろ紙上に残った沈殿は塩化銀 AgCl である。

　(1)　塩化銀は可視光をあてると下式のように容易に光分解して Ag の単体を生じる。

　　　　$2AgCl \longrightarrow 2Ag + Cl_2$

　この原理は，臭化銀 AgBr を用いて写真に応用されている。

　(2)　硝酸銀水溶液にアンモニア水を加えると，いったん酸化銀 Ag_2O の褐色沈殿を生じるが，アンモニアを過剰に加えるとジアンミン銀(Ⅰ)イオン $[Ag(NH_3)_2]^+$ となって溶解する。この溶液はアンモニア性硝酸銀と呼ばれ，還元性物質の検出反応である銀鏡反応に用いられる。脂肪酸は鎖式のカルボン酸で通常は還元性を示さ

ないが，下図の構造式で表されるギ酸はホルミル基（アルデヒド基）を併せ持っているので還元性を示し，銀鏡反応にも陽性である。

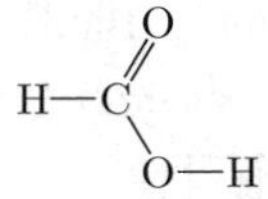

$$H-C \begin{matrix} O \\ \\ O-H \end{matrix}$$

イ　実験 2 でろ液(a)に含まれる金属イオンは Zn^{2+}, Fe^{3+}, Fe^{2+}, Ba^{2+}, Al^{3+}, Li^+ である。

　　また，この溶液には H_2S も溶解している。これに操作 x で炭酸ナトリウム水溶液を十分に加えると，この水溶液は塩の加水分解によって pH が 11 ～ 12 のかなり強い塩基性を示すので，Fe^{3+}, Fe^{2+} の一部，Al^{3+} はそれぞれ $Fe(OH)_3$, $Fe(OH)_2$, $Al(OH)_3$ となって沈殿する。また，Zn^{2+} と残りの Fe^{2+} は ZnS，FeS となって沈殿し，Ba^{2+} は炭酸塩 $BaCO_3$ となって沈殿する。この沈殿を含む溶液を煮沸すると，H_2S が溶液から追い出されるが，沈殿には変化はない。次いで操作 z で希硫酸を十分に加えると，水酸化物の沈殿は中和され，硫化物や炭酸塩の沈殿は弱塩基の遊離反応によって硫酸塩となって溶解する。それぞれ $Fe(OH)_3$，ZnS，$BaCO_3$ を例に反応式を示すと以下の通りである。

$$2Fe(OH)_3 + 3H_2SO_4 \longrightarrow Fe_2(SO_4)_3 + 6H_2O$$

$$ZnS + H_2SO_4 \longrightarrow ZnSO_4 + H_2S$$

$$BaCO_3 + H_2SO_4 \longrightarrow BaSO_4 + H_2O + CO_2$$

　　これらの反応が起きたとき，$BaSO_4$ 以外の硫酸塩は水に溶けるので水溶液中に溶けた状態となるが，$BaSO_4$ は水に難溶性なので，最終的に $BaSO_4$ のみが沈殿として残る。よって，操作 z の後に沈殿に含まれる金属元素はバリウムで，Ba^{2+} が操作 x および操作 z において起こす変化は以下の通りである。

$$Ba^{2+} + CO_3^{2-} \longrightarrow BaCO_3$$

$$BaCO_3 + H_2SO_4 \longrightarrow BaSO_4 + H_2O + CO_2$$

ウ　本来の操作 a ～ c は解説のはじめに記した分離の流れ図に示した通りで，操作 a まずろ液を煮沸して硫化水素を追い出す。次いで操作 b 希硝酸を加えて加熱して H_2S によって還元されて Fe^{2+} となっていたものを Fe^{3+} に酸化し，次の水酸化物の沈殿生成反応をより完璧に進むようにする。その後，操作 c アンモニア水を加える。操作 c ではアンモニアと塩化アンモニウムの混合溶液を加えることもある。それによって，pH ＝ 9 前後の緩衝液として，極めて沈殿しやすい水酸化物の $Fe(OH)_3$ と $Al(OH)_3$ のみを沈殿させるようにしている。ここでは，操作 b で硝酸を加えているので，アンモニアのみを加えてもある程度の濃度で NH_4^+ も共存するようにな

るので，同様の効果を期待できる。

エ　ろ液(c)にはここまでの操作で沈殿を作らない Li^+ のみが含まれている。Li^+ の炎色反応は赤である。

オ　H_2S を飽和させた水溶液では，その溶液のpHによらず $[H_2S] = 1.0 \times 10^{-1}$ mol/L でほぼ一定である。よって，H_2S の2段階の電離平衡から $[H^+]$ を調節することによって，以下のように $[S^{2-}]$ を広い範囲で自由に調節することができる。K_1, K_2 の積を取ると，下式が得られる。

$$K_1 \cdot K_2 = \frac{[H^+][HS^-]}{[H_2S]} \times \frac{[H^+][S^{2-}]}{[HS^-]} = \frac{[H^+]^2[S^{2-}]}{[H_2S]} = 1.2 \times 10^{-21} \, mol^2/L^2$$

ここに $[H_2S] = 1.0 \times 10^{-1}$ mol/L を代入して $[S^{2-}]$ について解くと下式が得られる。

$$[S^{2-}] = \frac{[H_2S]}{[H^+]^2} \times 1.2 \times 10^{-21} \, mol^2/L^2 = \frac{1.2 \times 10^{-22} \, mol^3/L^3}{[H^+]^2}$$

また，CuS や ZnS が沈殿しているとき，それと接している溶液中では沈殿の量の多少に依らず，溶解度積の関係が成立しているので，ZnS が沈殿し始めるとき，すなわち極微量の ZnS が沈殿したときの $[S^{2-}]$ を求めると，Zn^{2+} はほとんど溶液中に存在しその濃度ももとのままと見なして良いので，以下のように計算できる。

$$[S^{2-}] = \frac{K_{sp(ZnS)}}{[Zn^{2+}]} = \frac{3.0 \times 10^{-18} \, mol^2/L^2}{1.0 \times 10^{-1} \, mol/L} = 3.0 \times 10^{-17} \, mol/L$$

よって，$[S^{2-}] = 3.0 \times 10^{-17}$ mol/L となるときの $[H^+]$ は，以下の通りである。

$$[H^+] = \sqrt{\frac{1.2 \times 10^{-22} \, mol^3/L^3}{3.0 \times 10^{-17} \, mol/L}} = 2.0 \times 10^{-3} \, mol/L$$

もちろん，このとき CuS は沈殿していて，この濃度の S^{2-} のとき $[Cu^{2+}]$ は CuS の溶解度積から以下のように計算され，ほとんど全てが CuS となって沈殿している。

$$[Cu^{2+}] = \frac{K_{sp(ZnS)}}{[S^{2-}]} = \frac{6.5 \times 10^{-30} \, mol^2/L^2}{3.0 \times 10^{-17} \, mol/L} = 2.2 \times 10^{-13} \, mol/L$$

Ⅱ　カ　窒素原子の電子配置は K(2)L(5) であり，最外殻電子5個がより電気陰性度の大きい元素との結合に全て使われたときに最大の酸化数 +5 の化合物を作り，最外電子殻にさらに3個の電子を受け取るように結合を作ると最小の酸化数の -3 の化合物を作る。窒素より電気陰性度の大きい元素には酸素とフッ素があるが，フッ素は価電子が7個あり，N とは単結合でしか結合できないので，酸化数が +5 の N と F からなる化合物は実在しない。窒素と酸素の結合を含む化合物では，下図の

構造式で示されるように N 原子が 3 個の O 原子と結合した酸化数が +5 の化合物の五酸化二窒素 N_2O_5 や硝酸が実在する。これ以外にも，種々の硝酸塩も可能である。

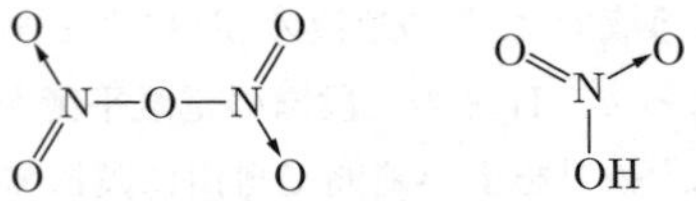

また，酸化数が −3 の窒素の化合物は分子式が NH_3 のアンモニアである。これ以外に，種々のアンモニウム塩も可能である。

キ　NO_2 が水に吸収されて硝酸を生じる反応は，酸化数が +4 の NO_2 自身が酸化剤，還元剤となる不均化反応で，下式で表される。

$$2NO_2 + H_2O \longrightarrow HNO_3 + HNO_2$$

ただし，この反応は教科書では紹介されておらず，この反応で生じる不安定な亜硝酸 HNO_2 が，これも不均化反応により硝酸と一酸化窒素に下式のように分解して，最終的に硝酸と一酸化窒素を生じる反応が示されている。この亜硝酸の不均化反応は温度が高くなると起こりやすい。

$$3HNO_2 \longrightarrow HNO_3 + 2NO + H_2O$$
$$3NO_2 + H_2O \longrightarrow 2HNO_3 + NO$$

ここでの解答は，雨水に二酸化窒素が溶け込んで硝酸が生成する変化を示すという条件なので，亜硝酸の不均化反応が起こらない状態となっていると推定され，はじめに示した反応式が最適と考えられるが，オストワルト法による硝酸の製造における反応の 1 つの段階で起こる硝酸と一酸化窒素となる反応も正解となったと推定される。

ク　二酸化窒素が水に吸収されて硝酸と一酸化窒素を生じる反応を，化学平衡の視点で見直してみると，硝酸は一酸化窒素に対して酸化剤として作用することがわかる。

$$3NO_2 + H_2O \rightleftarrows 2HNO_3 + NO$$

この平衡は硝酸の濃度が大きいときは左に移動し，小さいときは右に移動する。つまり，仮に濃硝酸との反応で一酸化窒素が生成しても，それは共存する硝酸によって二酸化窒素に酸化されるので，濃硝酸との反応では二酸化窒素が生成することになる。一方，希硝酸との反応で一酸化窒素が生成しても，酸化剤の硝酸の濃度が低いので二酸化窒素へ酸化される反応が起こりにくく，仮に二酸化窒素が生成してもそれが不均化によって硝酸と一酸化窒素に変化しやすいので，希硝酸との反応では主に一酸化窒素が生成することになる。

ケ　硝酸カリウムに濃硫酸を加えて加熱すると，硝酸イオンと水素イオンから硝酸の

分子が生じ，下式のように硝酸が得られる。

$$KNO_3 + H_2SO_4 \longrightarrow KHSO_4 + HNO_3$$

　濃硫酸は不揮発性なので，こうして得られる硝酸は不純物を含まないが，濃硫酸の代わりに濃塩酸を用いると，硝酸に必ず塩化水素が混入する。

コ　二酸化窒素分子には N 原子上に不対電子があり，これから四酸化二窒素が生成する際には，この不対電子を出し合って N 原子間に共有結合が形成される。一般に，粒子間に結合が形成される変化は発熱反応であり，乱雑さが減少する反応である。逆に言えば，系のエネルギーが減少するので結合が形成されるのであり，この反応は発熱反応である。

解 答

I　ア　(1)　光を照射する。　　　(2)　ギ酸

イ　操作 x：$Ba^{2+} + CO_3{}^{2-} \longrightarrow BaCO_3$

　　操作 z：$BaCO_3 + H_2SO_4 \longrightarrow BaSO_4 + H_2O + CO_2$

ウ　操作 a：煮沸して H_2S を追い出す。

　　操作 b：硝酸を加えて加熱する。

　　操作 c：アンモニア水を加える。

エ　炎色：赤　　元素：リチウム

オ　$2.0 \times 10^{-3}\,mol/L$（答に至る過程は解説参照）

II　カ　最大の酸化数：$+5$　化合物：HNO_3

　　　　最小の酸化数：-3　化合物：NH_3

キ　$2NO_2 + H_2O \longrightarrow HNO_3 + HNO_2$

　　$3NO_2 + H_2O \rightleftarrows 2HNO_3 + NO$ も可

ク　HNO_3 が NO に対して酸化剤として働き，下式の平衡が HNO_3 の濃度の大きい濃硝酸では左に，小さい希硝酸では右に移動するため。

　　　$3NO_2 + H_2O \rightleftarrows 2HNO_3 + NO$

ケ　反応式：$KNO_3 + H_2SO_4 \longrightarrow KHSO_4 + HNO_3$

　　濃塩酸を使わない理由：濃塩酸は塩化水素の濃い水溶液であり，蒸留される硝酸に塩化水素の気体が混入するため。

コ　発熱反応

　　理由：NO_2 分子には N 原子上に不対電子があり，N_2O_4 が生じるときはこの不対電子を出し合って共有結合を形成する。粒子間に結合が形成される変化は乱雑さが減少するので，結合が形成される変化は必ず系のエネルギーが

減少する発熱反応であり，この反応も例外ではない。

第3問

(解説)

Ⅰ　ア，イ　鉛蓄電池を放電すると，両極で下式で示される電極反応が進行する。

$$負極：Pb + SO_4^{2-} \longrightarrow PbSO_4 + 2e^-$$

$$正極：PbO_2 + 4H^+ + SO_4^{2-} + 2e^- \longrightarrow PbSO_4 + 2H_2O$$

したがって，鉛蓄電池の放電では電池全体で下式の酸化還元反応が進行し，電子2 mol の放電の間に電極および電解液の質量は以下のように変化する。

$$Pb + PbO_2 + 2H_2SO_4 \longrightarrow 2PbSO_4 + 2H_2O$$

負極：$Pb \longrightarrow PbSO_4$ より 96.1 g 増加

正極：$PbO_2 \longrightarrow PbSO_4$ より 64.1 g 増加

電解液：$2H_2SO_4 \longrightarrow 2H_2O$ より 160.2 g 減少

よって，(6)の直線で示される電解液の重量の減少が起こるとき，負極はその $\dfrac{96.1}{160}$ 倍の重量増加，正極はその $\dfrac{64.1}{160}$ 倍の重量増加があるので，負極は(2)，正極は(3)の直線で示される重量変化が起こる。

ウ　水酸化ナトリウム水溶液を電解液とする電解槽では，両極で下式の電極反応が進行して陽極で酸素，陰極で水素が発生し，全体で水の電気分解が進行する。

$$陽極（電極B）：4OH^- \longrightarrow O_2 + 2H_2O + 4e^-$$

$$陰極（電極A）：2H_2O + 2e^- \longrightarrow H_2 + 2OH^-$$

図3-2の(6)の直線から，1000 秒間電気分解したときの電解液の重量減少は0.32 g と読める。よって，この間に回路を流れ，各電極で授受された電子の物質量を x mol とすると，イでの考察から下式が成立する。

$$\frac{0.32 \, g}{160.2 \, g} = \frac{x \, mol}{2 \, mol} \qquad \therefore \quad x = 4.0 \times 10^{-3} \, mol$$

(ⅰ)　鉛蓄電池の正極に接続され常に高い電位に保たれている陽極では，物質が強制的に酸化される。水酸化ナトリウム水溶液を電解液とし，白金を電極として電気分解を行うと，上に示したように酸素 O_2 の気体が発生する。

(ⅱ)　陽極の電極反応の式から授受された電子の物質量の 1/4 の物質量の O_2 が発生する。よって，この電気分解では 1.0×10^{-3} mol の O_2 が発生する。

(ⅲ)　水上置換で酸素を捕集すると，水蒸気で飽和された酸素が捕集される。したがって，このときの酸素の分圧は $1.013 \times 10^5 \, Pa - 4.3 \times 10^3 \, Pa = 0.970 \times 10^5 \, Pa$

である。よって，この気体の体積は，気体の状態方程式から以下のように求められる。

$$V = \frac{1.0 \times 10^{-3}\,\text{mol} \times 8.3 \times 10^3\,\text{Pa·L·K}^{-1} \times 300\,\text{K}}{0.970 \times 10^5\,\text{Pa}} = 2.57 \times 10^{-2}\,\text{L}$$

Ⅱ　エ　窒素と水素からアンモニアが生成する下式で表される可逆反応は，正反応が発熱反応であり，気体分子数が減少する反応なので，ルシャトリエの原理から，温度を低くし圧力を高くすると，平衡が右に移動してアンモニアの生成量が増大する。

$$N_2 + 3H_2 \rightleftharpoons 2NH_3$$

オ　触媒は，活性化エネルギーの小さい新しい反応経路で反応が進むようにする役割を持つが，反応熱や平衡移動には影響を与えない。したがって，触媒のないときの NH_3 の生成率の時間変化を表す(1)の曲線に比べ，触媒があるときの生成率の時間変化は，反応初期には反応速度が大きくなるので傾きが急になり，平衡時はアンモニアの生成率は変わらない(3)の変化を示す。

カ　温度と体積が一定に保たれている容器内の気体では，物質量と分圧が比例するので，平衡時の H_2 の物質量は $6.0\,\text{mol} \times 0.9 = 5.4\,\text{mol}$ である。よって，この間に反応した H_2 の物質量は $0.6\,\text{mol}$ で，反応式の係数からこの間に生成したアンモニアの物質量は $0.4\,\text{mol}$ である。

キ　実験 2 の平衡状態において，N_2，H_2，NH_3 の分圧はそれぞれ以下の通りである。

$$P_A = \frac{4.0\,\text{mol}}{7.0\,\text{mol}} \times P$$

$$P_B = \frac{2.0\,\text{mol}}{7.0\,\text{mol}} \times P$$

$$P_C = \frac{1.0\,\text{mol}}{7.0\,\text{mol}} \times P$$

よって，T_2 における圧平衡定数 K_P は下式で表される。

$$K_P = \frac{(P_C)^2}{(P_A) \cdot (P_B)^3} = \frac{\left(\dfrac{1.0\,\text{mol}}{7.0\,\text{mol}} \times P\right)^2}{\left(\dfrac{4.0\,\text{mol}}{7.0\,\text{mol}} \times P\right) \times \left(\dfrac{2.0\,\text{mol}}{7.0\,\text{mol}} \times P\right)^3} = \frac{49}{32P^2}$$

実験 2 の平衡状態に全圧と温度を一定に保ちながら N_2 を $3.0\,\text{mol}$ 加えると，混合気体の気体の全物質量が $10.0\,\text{mol}$ になるので，この直後の各成分気体の分圧は以下のように表される。

$$P_A = \frac{7.0\,\text{mol}}{10.0\,\text{mol}} \times P$$

$$P_B = \frac{2.0\,\text{mol}}{10.0\,\text{mol}} \times P$$

$$P_C = \frac{1.0\,\text{mol}}{10.0\,\text{mol}} \times P$$

よって，このときの Q_1 の値は以下の通りとなる。

$$Q_1 = \frac{\left(\dfrac{1.0\,\text{mol}}{10.0\,\text{mol}} \times P\right)^2}{\left(\dfrac{7.0\,\text{mol}}{10.0\,\text{mol}} \times P\right) \times \left(\dfrac{2.0\,\text{mol}}{10.0\,\text{mol}} \times P\right)^3} = \frac{25}{14P^2}$$

　　N_2 を加えた直後の Q_1 とこの温度における圧平衡定数 K_P を比べると，$Q_1 > K_P$ である。平衡定数は温度のみの関数で，平衡時には Q の値は必ず K_P に達するが，N_2 を加えた直後には $Q_1 > K_P$ なので NH_3 の分圧が減少し，N_2 と H_2 の分圧が増大する方向，すなわち逆反応が進行する方向に平衡が移動する。

[解] [答]

Ⅰ　ア　負極：$Pb + SO_4{}^{2-} \longrightarrow PbSO_4 + 2e^-$

　　　　正極：$PbO_2 + 4H^+ + SO_4{}^{2-} + 2e^- \longrightarrow PbSO_4 + 2H_2O$

イ　負極：(2)

　　正極：(3)

ウ　(ⅰ) 酸素　　(ⅱ) $1.0 \times 10^{-3}\,\text{mol}$　　(ⅲ) $2.6 \times 10^{-2}\,\text{L}$

　　（答に至る過程は解説参照）

Ⅱ　エ　a：(a－2)　　　b：(b－1)

オ　(3)

カ　0.40 mol

キ　$Q_1 = \dfrac{25}{14P^2}$　　　$K_P = \dfrac{49}{32P^2}$

　　平衡移動の説明：平衡定数は温度のみの関数で，平衡時には Q の値は必ず K_P に達するが，N_2 を加えた直後には $Q_1 > K_P$ なので，NH_3 の分圧が減少し，N_2 と H_2 の分圧が増大する方向，すなわち逆反応が進行する方向に平衡が移動する。

2016年

第1問

[解説]

Ⅰ ア 溶解度の温度変化を利用して，高温度で不純物を含む物質を完全に溶かした後，溶液を冷却して主成分については飽和溶液，不純物については不飽和溶液となるようにして，主成分のみの固体を析出させて物質を精製する操作は再結晶と呼ばれる。

イ 各操作における溶液の組成を，最終的な化合物Aの析出量をxgとして順に確かめると，以下の通りである。

80℃の不飽和溶液

$$\begin{cases} A & 70\,g \\ B & 15\,g \\ 水 & 100\,g \end{cases}$$

$\xrightarrow[\text{30℃に冷却}]{\text{水を50g蒸発させ，}}$

30℃のAの飽和溶液

$$\begin{cases} A & (70-x)\,g \\ B & 15\,g \\ 水 & 50\,g \end{cases}$$

化合物Aが析出し，それと接している溶液はAの飽和溶液となっているので，溶解度の関係が成立する。よって，化合物Aの質量と水の質量について下式が成立する。

$$\frac{化合物A}{水} : \frac{74\,g}{100\,g} = \frac{(70-x)\,g}{50\,g}$$

$$\therefore \quad x = 33\,g$$

このとき，化合物Bについては不飽和溶液となっていることを確かめると以下の通り，溶解度より小さく，Bは析出しない。

$$\frac{化合物B}{水} : \frac{38\,g}{100\,g} > \frac{15\,g}{50\,g}$$

純粋な化合物A，すなわち化合物Bを含まないAの固体を析出させるために温度をT〔℃〕まで冷却し，その温度における化合物Bの溶解度をS〔g/100g水〕とすると，このとき化合物Bについては次の不等式が成立する。

$$\frac{化合物B}{水} : \frac{S\,g}{100\,g} > \frac{15\,g}{50\,g}$$

$$\therefore \quad S > 30\,g/100\,g\,水$$

化合物Bの溶解度が30g/100g水のときの温度を図1−1から読むと$T=10$℃である。よって，10℃における化合物Aの溶解度はグラフから57g/100g水と読

— 115 —

めるので，このときの化合物 A の析出量を y g とすると，A の飽和溶液について溶解度の関係が満たされるので，下式が成立する。

$$\frac{化合物\ A}{水} : \frac{57\,\mathrm{g}}{100\,\mathrm{g}} = \frac{(70-y)\,\mathrm{g}}{50\,\mathrm{g}}$$

$$\therefore\quad y = 41.5\,\mathrm{g}$$

ウ　硫酸ナトリウム十水和物 $x \times \dfrac{322.1}{142.1}$ g と水 y g で水溶液 X を作ったとする。硫酸ナトリウム十水和物 $x \times \dfrac{322.1}{142.1}$ g には Na_2SO_4 が x g，水和水が $x \times \dfrac{180}{142.1}$ g 含まれているので，水溶液 X の組成は以下の通りである。

$$\begin{cases} Na_2SO_4 & x\,\mathrm{g} \\ 水 & \left(y + x \times \dfrac{180}{142.1}\,\mathrm{g}\right) \end{cases}$$

(1)より，60℃でこの水溶液 X に 10 g の Na_2SO_4 を加えると飽和溶液となったので，Na_2SO_4 の 60℃における溶解度から下式が成立する。

$$\frac{Na_2SO_4}{水} : \frac{45\,\mathrm{g}}{100\,\mathrm{g}} = \frac{(x+10)\,\mathrm{g}}{\left(y + x \times \dfrac{180}{142.1}\right)\mathrm{g}}$$

また(2)より，水溶液 X を 20℃まで冷却したとき，析出した十水和物 32.2 g には Na_2SO_4 が 14.2 g，水和水が 18.0 g 含まれ，それと接している溶液が 20℃の飽和溶液となったので，下式が成立する。

$$\frac{Na_2SO_4}{水} : \frac{20\,\mathrm{g}}{100\,\mathrm{g}} = \frac{(x-14.2)\,\mathrm{g}}{\left(y + x \times \dfrac{180}{142.1} - 18.0\right)\mathrm{g}}$$

これを解いて $x = 27.1$ g，$y = 48.2$ g と求まる。問われているのは十水和物の質量なので，それは $27.1\,\mathrm{g} \times \dfrac{322.1}{142.1} = 61.4\,\mathrm{g}$ である。

エ　32.4℃より高温における硫酸ナトリウムの溶解平衡は下式で表される。

$$Na_2SO_4(固) + aq \rightleftharpoons 2Na^+aq + SO_4^{2-}aq$$

この平衡が，温度を高くすると左に移動するので，溶解度が減少している。したがって，硫酸ナトリウム無水物の水への溶解は発熱反応と判断される。

一方，32.4℃より低温では接している固体が十水和物である。この溶解平衡は下式で表される。

$$Na_2SO_4 \cdot 10H_2O(固) + aq \rightleftharpoons 2Na^+aq + SO_4^{2-}aq$$

　　結晶中でもイオンの水和熱が大きな寄与をしていて，溶解においてさらに水和熱を得る割合が小さいため，イオン間の結合を切るためのエネルギーの方が大きく，全体で吸熱反応となり，温度を高くすると平衡は右に移動する。

Ⅱ　**オ**　一般に分子間に働くファンデルワールス力は，分子量の大きい分子ほど強い。よって，これだけを考えると，水とヘキサンではヘキサンの方が沸点が高くなりそうだが，水分子間にはファンデルワールス力以外に強い分子間引力である水素結合が形成されるため，水の沸点は異常に高い。

カ　水が液化するまでは容器内の物質はすべて気体で存在している。また，水の液化が始まるときは，極微量の水滴が生じているものの，水蒸気の物質量は $0.10\,\mathrm{mol}$ と見なすことができ，$0.10\,\mathrm{mol}$ のヘキサンおよび $0.031\,\mathrm{mol}$ の窒素も気体で存在して，この混合気体の全圧が $1.0 \times 10^5\,\mathrm{Pa}$ となっている。したがって，このときの水蒸気の分圧は，ドルトンの分圧の法則から下式で表される。

$$p_{H_2O} = \frac{0.10\,\mathrm{mol}}{(0.10 + 0.10 + 0.031)\,\mathrm{mol}} \times 1.0 \times 10^5\,\mathrm{Pa} = 4.33 \times 10^4\,\mathrm{Pa}$$

　　水の蒸気圧曲線から，水の気液平衡が成立してその蒸気圧が $4.33 \times 10^4\,\mathrm{Pa}$ となるときが，水の液化が始まる温度で，77℃と読める。

キ　55℃でヘキサンの液化が始まったときは，ヘキサンの蒸気の物質量は $0.10\,\mathrm{mol}$ とみなすことができ，水蒸気の分圧は水の蒸気圧曲線から $1.5 \times 10^4\,\mathrm{Pa}$ である。よって，ヘキサンの蒸気と窒素の分圧の和は $8.5 \times 10^4\,\mathrm{Pa}$ となっている。よって，ヘキサンの蒸気と窒素について気体の状態方程式を適用すると，気体の体積は次のように計算される。

$$V = \frac{0.131\,\mathrm{mol} \times 8.3 \times 10^3\,\mathrm{Pa \cdot L \cdot mol^{-1} \cdot K^{-1}} \times 328\,\mathrm{K}}{8.5 \times 10^4\,\mathrm{Pa}} = 4.196\,\mathrm{L}$$

　　よって，このとき水蒸気で存在する水の物質量は，以下の通りである。

$$n_{H_2O(g)} = \frac{1.5 \times 10^4\,\mathrm{Pa} \times 4.196\,\mathrm{L}}{8.3 \times 10^3\,\mathrm{Pa \cdot L \cdot mol^{-1} \cdot K^{-1}} \times 328\,\mathrm{K}} = 2.3 \times 10^{-2}\,\mathrm{mol}$$

　　なお，混合気体においては各成分気体の物質量と分圧が比例するので，ヘキサンの蒸気と窒素の合計と水蒸気について下式が成立する。これを用いて求めても良い。

$$\frac{n_{H_2O(g)}}{n_{ヘキサン} + n_{N_2}} = \frac{n_{H_2O(g)}}{0.131\,\mathrm{mol}} = \frac{1.5 \times 10^4\,\mathrm{Pa}}{8.5 \times 10^4\,\mathrm{Pa}}$$

ク　容器内の物質がすべて気体で存在しているときは，ヘキサンの蒸気の分圧は一定である。次いで，水の一部が液化すると，水蒸気の分圧は水の蒸気圧曲線にしたがって減少し，ヘキサンの蒸気と窒素の分圧の和は増大する。さらに温度が下がって，

ヘキサンも液化すると，ヘキサンの蒸気の分圧はヘキサンの蒸気圧曲線にしたがって減少する。よって，ヘキサンの蒸気の分圧の変化は(1)または(2)となる。水が液化しヘキサンの液化が始まるまでは，水の蒸気圧曲線は下に凸なので，ヘキサン蒸気と窒素の分圧の和は上に凸となり，それらの物質量は不変なので，ヘキサンの蒸気の分圧も上に凸となる。したがって，この間のヘキサンの蒸気の圧力の変化は(1)のグラフで表される。

解 答

I　ア　再結晶

イ　aの値：33g　　　冷却温度：10℃

ウ　十水和物　61g　　　水　48g（答に至る過程は解説参照）

エ　発熱反応

　　理由：32.6℃より高温では温度が高くなると溶解度が減少していて傾きは負である。これは硫酸ナトリウムの溶解平衡が固体の方に移動していることを意味し，ルシャトリエの原理から溶解反応は発熱である。

II　オ　ヘキサン分子間にはファンデルワールス力のみが働いているのに対し，水分子間には強い分子間引力の水素結合が形成されるため。（59字）

カ　77℃

キ　2.3×10^{-2} mol（答に至る過程は解説参照）

ク　(1)

　　理由：容器内の物質がすべて気体で存在している間は，ヘキサンの蒸気の分圧は一定である。水の一部が液化すると，水蒸気の分圧は水の蒸気圧曲線にしたがって減少し，ヘキサンの蒸気と窒素の分圧の和は増大する。水の蒸気圧曲線は下に凸なので，ヘキサン蒸気の分圧の変化は上に凸となる。ヘキサンの一部が液化すると蒸気圧曲線にしたがってヘキサン蒸気の分圧は変化する。（169字）

第2問

(解説)

I　ア　アンモニア，二酸化炭素，三フッ化ホウ素の電子式と分子形状は以下の通りである。

化学式	電子式	分子形状
NH_3	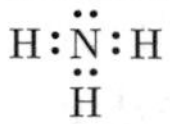 H:N̈:H 　　H	三角すい
CO_2	 :Ö::C::Ö:	直線
BF_3	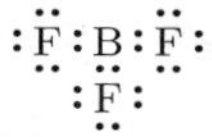 :F̈:B:F̈: 　:F̈:	正三角形

イ　ダイヤモンドの結晶の単位格子の内部に炭素原子の数は以下のように計算される。各頂点に位置する原子は8個の立方体に等価に含まれているので単位格子内部には1/8個分，各面の中心に位置する原子は2つの立方体に等価に含まれているので単位格子内部には1/2個分，それと図で4つの原子に囲まれている内部に含まれる原子がある。よって，それらを数えると，以下の通りである。

頂点　1/8 × 8 = 1 個分

面心　1/2 × 6 = 3 個分

内部　1 × 4 = 4 個

合計　8 個分

結晶中で原子間の最短距離は，単位格子に補助線として描かれている破線で示された小立方体の頂点と中心間の距離で，これは単位格子の体対角線の長さの1/4に相当する。したがって，単位格子の一辺の長さを l とすると，原子間距離は $\dfrac{\sqrt{3}\,l}{4}$ と表され，原子半径は $\dfrac{\sqrt{3}\,l}{8}$ となる。よって，ダイヤモンドの結晶中で，球形の炭素原子が互いに接しているとしたときの炭素原子の占める体積の割合は下式で表される。

$$\frac{\dfrac{4}{3}p\left(\dfrac{\sqrt{3}\,l}{8}\right)^3 \times 8}{l^3} = \frac{\sqrt{3}\,p}{16} \fallingdotseq 0.34$$

ここに得られた結果は，たとえば金属結晶中で原子の占める体積の割合等と比べてかなり小さい。実際は，ダイヤモンドにおいて炭素原子は共有結合を形成しているので，それを互いに接する球と考えたことが不適切だったことを意味する。

ウ　13 族のホウ素には価電子が 3 個，15 族の窒素には価電子が 5 個あるので，どちらの原子も 3 本の共有結合をつくることができ，六方晶窒化ホウ素を作ることができる。この化合物において，B 原子には他に電子はなく，B 原子のまわりの原子配置は平面的である。これに対し，N 原子には 1 組の非共有電子対が存在し，N 原子のまわりの立体配置はアンモニアと同様に三角錐形である。したがって，h-BN シートはでこぼこした板状であり，グラフェンのように平面分子ではない。また，h-BN 分子の N 原子上の非共有電子対は N 原子上に存在し移動できず，電気伝導性を示さない。これは，グラフェンの各炭素原子上に残った電子がすべての炭素原子上を移動でき電気伝導性を示すことと大きく異なる。

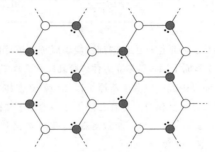

エ　(1)　塩化スズ(Ⅱ) $SnCl_2$ は酸化されて塩化スズ(Ⅳ) $SnCl_4$ となれるので，ニトロベンゼンに対して還元剤となり得る。ニトロベンゼンが還元される反応は下式で表され，この記述は正しい。

$$C_6H_5NO_2 + 3SnCl_2 + 7HCl \longrightarrow C_6H_5NH_3Cl + 3SnCl_4 + 2H_2O$$

(2)　過マンガン酸カリウムの酸性水溶液は強い酸化作用を示し，塩化スズ(Ⅱ)を加えると，下式のように自身は還元されて Mn^{2+} となり塩化スズ(Ⅳ)を生じる。よって，おそらく酸化マンガン(Ⅳ) MnO_2 を想定していると推察される黒色の沈殿は生じない。よって，この記述は誤っている。

$$2KMnO_4 + 5SnCl_2 + 16HCl \longrightarrow 2KCl + 2MnCl_2 + 5SnCl_4 + 8H_2O$$

(3)　金属のイオン化傾向を Sn と Zn で比較すると Zn ＞ Sn であり，Zn に対して Sn^{2+} は酸化剤となり得る。よって，下式の酸化還元反応が進行するので，この記述も正しい。

$$SnCl_2 + Zn \longrightarrow Sn + ZnCl_2$$

(4)　Sn と Fe ではイオン化傾向は Fe ＞ Sn であり，スズをメッキした鉄板に傷がついて，鉄が露出すると，鉄の方が酸化されやすい。よって，空気中の酸素によって鉄が酸化され，水酸化鉄(Ⅲ)や酸化鉄(Ⅲ)が生じると，赤色のさびとなる。よっ

て，この記述も正しい。

　(5)　酢酸銀に含まれる Ag^+ は，ある程度の強さの還元剤に対して酸化剤となる。Sn^{2+} に対しても酸化剤となって下式のイオン反応式のように Sn^{2+} を Sn^{4+} に酸化し，自身は Ag の単体となる。

$$2Ag^+ + Sn^{2+} \longrightarrow 2Ag + Sn^{4+}$$

　しかし，Cl^- に対しては酸化剤として働かない。Cl_2 自体が強い酸化剤であり，Cl^- を酸化できるのは，過マンガン酸カリウムや二クロム酸カリウムのような非常に強い酸化剤に限られる。よって，この記述は誤りである。

オ　スズが溶媒，鉛が溶質となった溶液で，溶媒のスズのみが析出すると残りの溶液中の鉛の濃度が大きくなり，凝固点降下度が増大する。

　過冷却の現象が起こらなかったとすると，領域 A の直線部分を外挿してスズの凝固が始まる温度は 228.0℃ である。

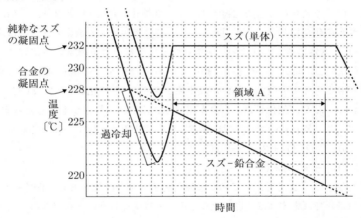

　したがって，スズ 1.0 kg に 23 g の鉛が溶けた溶液の凝固点降下度 DT は，純粋なスズの融点と比べ，以下の通りである。

$$DT = 232.0℃ - 228.0℃ = 4.0 K$$

　よって，融点が 220℃ のスズと鉛の合金とするためには溶液の凝固点降下度が 12.0 K とすれば良い。よって，スズ 1.0 kg にもとの合金中の 3 倍の 69 g の鉛を溶かせば良い。

Ⅱ　カ　金属結合は，金属原子が多数集まったときに，金属原子の最外殻電子が自由電子となり，金属結晶中で規則正しく配列した陽イオンの間を自由に動き回るようになり，金属イオンの間に電子が存在する確率が高くなったとき，陽イオンと自由電子の間に働く静電気力によって形成される化学結合である。アルカリ金属の単体

における金属結合は，各原子当たり自由電子になり得る電子が 1 個しかなく，他の金属元素より少ないので，その金属結合は比較的弱い。そのため，アルカリ金属の単体の融点は低い。また，アルカリ金属同士の金属結合を比べると，1 原子当たりの自由電子になり得る電子数が 1 個であることは共通で，金属結合半径すなわち金属原子の原子半径が周期表で下に位置する原子の方が大きいので，結晶中で陽イオンと自由電子の距離が大きくなるため，両者の間に働く静電気力が弱くなるので，金属結合も弱くなる。よって，a，b，c に適する語句は選択肢から選ぶと以下の通りである。

a：金属結合　　b：低い　　c：原子半径

キ　超酸化物については，ここで初めて見る人がほとんどだと思う。しかし，与えられた超酸化カリウムの化学式 KO_2 から，これが K^+ と O_2^- からなるイオン性物質であることは判断できる。これが二酸化炭素と反応して酸素を放出する性質を持つので，O_2^- で表される超酸化物イオンが一部酸化されて O_2 となり，一部が還元されて酸素の化合物となったと判断できる。ここで生成する酸素の化合物は炭酸イオン CO_3^{2-} 以外に考えられない。超酸化物イオンにおける酸素の酸化数は，平均すると -0.5 となるが，負の電荷を担っている方の O 原子の酸化数が -1，電荷が 0 の方が 0 と考えても良い。これが酸化数が 0 の O_2 と酸化数が -2 の CO_3^{2-} に変化するので，自身が酸化され，自身が還元される不均化反応が起こると考えられる。よって，この酸化数の変化に対応する半反応式を書くと以下の通りである。

$$O_2^- + 2CO_2 + 3e^- \longrightarrow 2CO_3^{2-}$$
$$O_2^- \longrightarrow O_2 + e^-$$

したがって，還元剤として働く超酸化物イオンと酸化剤として働くそれが 3：1 の物質量比で反応すれば，過不足なく電子の授受を行うことができる。よって，そのイオン反応式は下式となる。

$$4O_2^- + 2CO_2 \longrightarrow 2CO_3^{2-} + 3O_2$$

よって，超酸化カリウムと二酸化炭素との反応は下式で表される。

$$4KO_2 + 2CO_2 \longrightarrow 2K_2CO_3 + 3O_2$$

O 原子には電子が 8 個含まれているので，超酸化物イオン O_2^- には $8 \times 2 + 1 = 17$ 個の電子が含まれる。

ク　水素化ナトリウム NaH は，Na^+ と H^- からなるイオン性の化合物である。水素が化合物を作るとき，多くの場合は非金属元素と共有結合を形成し，様々な分子を作る。さらに，その際に相手の元素は水素より電気陰性度が大きい場合がほとんどであるため，化合物中の水素は電子の一部を失って正に帯電していることが普通で

—122—

ある。しかし，アルカリ金属のようにイオン化傾向が小さい元素を相手に化学結合を形成する場合は，自身が K 殻にもう 1 個の電子を受け取って水素化物イオン H^- を作り，相手の陽イオンと静電気力で引きつけ合ってイオン結合を形成した方がより安定となれる。

　水素化物イオンはイオン結晶の固体の中では安定に存在するが，非常に強い還元剤であり，たとえば安定な化合物である水とも以下のように反応して水素の気体を発生させながら，水酸化物に変化する。

$$NaH + H_2O \longrightarrow NaOH + H_2$$

ケ　分子を形成している各原子は，原子間距離が原子半径の和で表されるだけでなく，分子間が接するようになったときにどれ位の空間を占めるかも，ほぼ決まっている。この分子同士が接するときの原子が占める大きさをファンデルワールス半径という。ここで考察しているクラウンエーテルにおいても，アルカリ金属イオンのイオン半径と O 原子のファンデルワールス半径の和が最適のときに，その錯イオンが最も安定となると考えられる。クラウンエーテル A とアルカリ金属イオンの場合は，K^+ のときに平衡定数が他のイオンに比べて 100 倍から 5 倍程度で最も安定な錯イオンを形成し，そのときの原子間距離が 0.28 nm となっている。よって，K^+ のイオン半径が 0.13 nm なので，O 原子のファンデルワールス半径は 0.28 nm － 0.13 nm ＝ 0.15 nm と推定される。

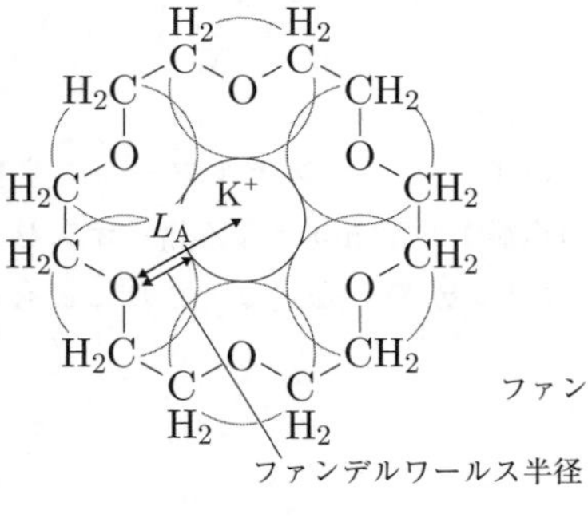

クラウンエーテル A 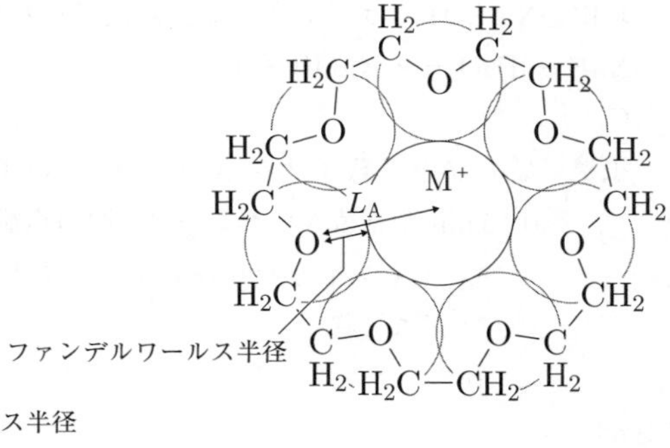　　　　　　　　　　　クラウンエーテル B

　クラウンエーテル B においても O 原子のファンデルワールス半径が 0.15 nm で変わらないとすると，この錯イオンでは中心間の距離が 0.33 nm となるので，これに最適となる金属イオンのイオン半径は 0.33 nm － 0.15 nm ＝ 0.18 nm である。これに最も近いアルカリ金属イオンは Cs^+ であり，クラウンエーテル B は Cs^+ と最も安定な錯イオンを形成すると予想される。

解　答

I　ア

	化学式	電子式	分子形状
(1)	NH_3	H:N:H 　　H	三角すい
(2)	CO_2	:O::C::O:	直線
(3)	BF_3	:F:B:F: 　　:F:	正三角形

イ　34%（答に至る過程は解説参照）

ウ　h-BN では N 原子上の非共有電子対が分子内で移動できないため。（28字）

エ　(2), (5)

オ　温度が下がる理由：スズが析出し溶液中の鉛の濃度が増し，溶液の凝固点降下度
　　　　　　　　　　　　が増大するため。（35字）

　　溶かす鉛の質量：69 g（答に至る過程は解説参照）

II　カ　a：金属結合　　　b：低い　　　c：原子半径

キ　反応式：$4KO_2 + 2CO_2 \longrightarrow 2K_2CO_3 + 3O_2$

　　含まれる全電子数：17個

ク　Na の方が陽イオン性が強い。

　　理由：Na と H では H の方が電気陰性度が大きいため。（21字）

　　$NaH + H_2O \longrightarrow NaOH + H_2$

ケ　Cs^+

　　根拠：最も安定な錯イオン A・K^+ から，O 原子のファンデルワールス半径は
　　　　　0.15 nm と見積もられる。中心間の距離が 0.33 nm となる錯イオン B・M^+
　　　　　では，イオン半径が 0.18 nm の陽イオンが最も安定で，これに最も近い
　　　　　のが Cs^+ である。

第3問

解説

I　ア　実験2における下線部①～④の一連の操作は，水酸化ナトリウム水溶液の希
　釈とエステルのけん化で，反応後の溶液の pH を正確に測定してけん化で消費され
　た水酸化ナトリウムの物質量を求めようとしているので，前段の水酸化ナトリウム
　水溶液の希釈も正確に行うことが要請されている。したがって，目的とする操作に
　用いられる水酸化ナトリウムの物質量は，正確に測定されている必要がある。その

ためには，溶液を測り取る際に溶液の濃度が変わらずに体積を正確に測定する必要がある。(1), (3)の操作は溶液の濃度が変わらないようにする操作であり，ホールピペットが溶液の体積を正確に測り取るための器具なので，正しい操作である。また，(2)のメスフラスコをぬれたまま用いる操作も，0.250 mol/L の水酸化ナトリウムを10.0 mL 測り取って，それに水を加えて一定体積に希釈するので，問題ない。しかし，(4)の操作は，反応容器の三角フラスコを共洗いすると，それを流してもその溶液が少量残ってしまい，ホールピペットで測り取った水酸化ナトリウム以外の水酸化ナトリウムが加わることになり，目的を達成できなくなる。よって，(4)が不適切な操作である。

イ　化合物Aは分子式が $C_{10}H_{10}O_4$ の芳香族化合物で，実験 1 から銀鏡反応に陽性の化合物なので，ホルミル基(アルデヒド基)を有する。また，実験 2 で水酸化ナトリウム水溶液には溶けなかったが，加熱すると完全に溶解したとあるので，化合物Aにはカルボキシ基やフェノール性ヒドロキシ基のような酸性の原子団はなく，エステル結合が存在しそのけん化が起こったことが分かる。

化合物Aの分子量は 194 なのでその 19.4 mg の物質量は 1.00×10^{-4} mol である。これのけん化に用いられた水酸化ナトリウムは，0.250 mol/L の溶液を正確に 50 倍に希釈した水溶液の 50.0 ml に含まれる量で，2.50×10^{-4} mol である。化合物Aのけん化が完結したとき，溶液の体積が 50.0 mL で変わらないとすると，このときの溶液の pH が 11.0 であったので，$[OH^-] = 1.0 \times 10^{-3}$ mol/L である。したがって，反応後に未反応で残っていた水酸化ナトリウムの物質量は 5.0×10^{-5} mol である。よって，この間に消費された水酸化ナトリウムの物質量は 2.00×10^{-4} mol で，化合物Aの物質量の 2 倍である。

化合物Aに含まれるエステル結合がカルボン酸とアルコールの縮合によるものとすると，下式のようにエステル結合のけん化にそれと等しい物質量の水酸化ナトリウムが消費される。

$$RCOOR' + NaOH \longrightarrow RCOONa + R'OH$$

また，カルボン酸とフェノール類の縮合によるものとすると下式のようにエステル結合のけん化にその 2 倍の物質量の水酸化ナトリウムが消費される。

ただし，反応後の溶液の pH が 11.0 だったので，フェノール類が完全に中和されることはないので，カルボン酸とアルコールが縮合した構造のエステル結合が 2

個含まれていると判断できる。したがって，化合物Aに含まれる4個のO原子は
すべてエステル結合に含まれ，実験1からホルミル基（アルデヒド基）があることか
ら，その中の一つはギ酸エステルであることがわかる。

〔参考〕フェノール類の中和とpH

　フェノールの酸解離定数K_aは，室温で1.0×10^{-10} mol/Lである。よって，pH
$= 11.0$すなわち$[H^+] = 1.0 \times 10^{-11}$ mol/Lのときフェノールの分子と陰イオンの
濃度比はK_aから下式で求められ，陰イオンとなっているのはフェノールの90%
程度である。

$$\frac{[C_6H_5O^-]}{[C_6H_5OH]} = \frac{K_a}{[H^+]} = \frac{1.0 \times 10^{-10}\,\text{mol/L}}{1.0 \times 10^{-11}\,\text{mol/L}} = 10$$

ウ　実験2の反応後には水酸化ナトリウムが5.0×10^{-5} mol残っていて，二酸化炭
素を吹き込むとこれが中和される。通じた二酸化炭素の物質量は$\dfrac{1.12 \times 10^{-3}\,\text{L}}{22.4\,\text{L/mol}} =$
5.00×10^{-5} molなので，この中和は下式で表され，反応後の溶液はpH＝8程度
となる。

$$NaOH + CO_2 \longrightarrow NaHCO_3$$

エ　化合物Aに含まれるエステル結合がカルボン酸とアルコールの縮合によるもの
で，その一方がギ酸エステルなので，そのけん化によって生成した$C_8H_7O_3Na$の
化学式で表される化合物Bは，ベンゼン環に$-CH_2OH$と$-COONa$が結合した構
造の化合物に決まる。実験4で二酸化炭素を通じたときに，化合物Bがナトリウム
塩のままであったことも，この結果と矛盾しない。

　実験5で，濃硫酸を含むエーテル溶液中で化合物Bを穏やかに加熱すると同じ炭
素原子数の化合物Cになったので，まず濃硫酸との反応で弱酸が遊離し，そのカル
ボキシ基とアルコール性ヒドロキシ基の間で水が取れて下式のように環状エステル
が生成したと推定される。したがって，この2つの原子団は互いにオルト位に結合
している。

　化合物Aは，分子式と比較するとC原子数が2つ大きいだけなので，上の化合
物のギ酸エステルとメタノールのエステルと決まり，その構造式は次図の通りであ
る。

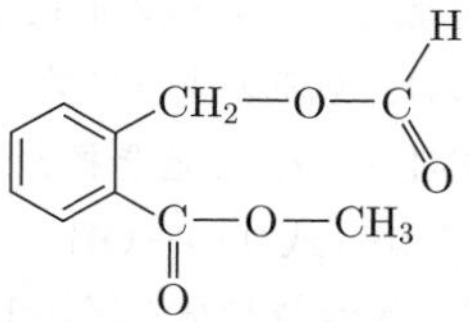

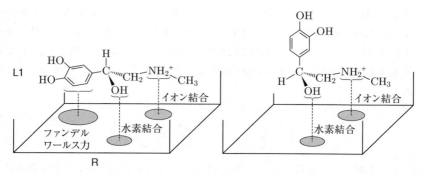

オ　実験の報告書は，後から実験を再現したり再検討したりするときのために，実験中に起こったことを正確に書くことが必須である。(2)のように実験で起こったことではなく，参考書の記述内容を書くのは決してしてはいけない。また，(4)のように，3回の実験結果のうち，1回は明らかに失敗であったとしても，この事実を記載しなければ，後にその失敗の原因を考察することも不可能となるので，それをそのまま記載しなければいけない。

Ⅱ　**カ**　アドレナリン(L1)とアドレナリン受容体(R)が結合する際には，イオン結合，水素結合，ファンデルワールス力が重要な役割をする。L1 の鏡像異性体と R が複合体を形成するときも，イオン結合，水素結合は同様に形成できるとすると，下図のように不斉炭素原子に結合する－H とベンゼン環の位置が逆になるので，ファンデルワールス力はほとんど働かなくなる。よって，鏡像異性体と R の結合は弱くなる。

　　　実験 10 の詳しい内容は後に考察するとして，事実として L2 および L1 と R の複合体を形成する反応の平衡定数 K_{L2} は K_{L1} の 1000 倍なので，L2 との複合体の方がより生成しやすいので，L2 の方が強く結合すると判断できる。

キ　受容体 R のタンパク質を構成するアミノ酸で，pH ＝ 7.4 の水溶液中で L1 の－NH$_2$$^+$－とイオン結合を形成できるのは，この溶液中で陰イオンとなるものである。それは，側鎖にカルボキシ基を有する酸性アミノ酸の(2)グルタミン酸と(4)アスパラギン酸である。

ク　化合物Eの下線を引いた水素原子を4種の置換基で置き換えたときの異性体で，不斉炭素原子が存在するものは，以下のように数えられる。まず，どちらか1つの水素を置き換えるとき，$-CH_2-NH_2$ で置き換えた構造は元の化合物Eにもこの原子団があるので条件に適さず，残りの $-OH$，$-CH_3$，$-CH_2C_6H_5$ で置換された3種は不斉炭素原子がある。鏡像異性体を区別するので，その数は6通りである。次いで，2つを置き換える場合は，同じ置換基で置き換えた異性体は不斉炭素原子がないので，必ず異なる置換基で置き換えることになる。ここでも，$-CH_2-NH_2$ で置き換えた構造は不斉炭素原子がないので，残り3通りの置換基のどれか2つで置き換えるので，その組み合わせは $_3C_2 = 3$ 通りで，それぞれ1対の鏡像異性体が存在する。よって，こちらも6通りが可能である。よって全体で12通りとなる。

ケ　実験6から，Dの完全燃焼で生じる二酸化炭素と水の物質量から，Dに含まれるCとHの物質量比は以下の通り。

$$C : H = \frac{165.0 \times 10^{-3}\,g}{44.0\,g/mol} : \frac{27.0 \times 10^{-3}\,g}{18.0\,g/mol} \times 2 = 5 : 4$$

Dに塩化鉄(Ⅲ)の水溶液を加えると，紫色に呈色したので，Dはフェノール類である。また，Dの炭素原子はすべてベンゼン環の炭素原子なので，C原子数は6より大きい。この条件に適する化合物はベンゼン環が2つ縮合した構造を持つ分子式が $C_{10}H_8$ のナフタレンにヒドロキシ基が結合したナフトールである。Dの分子量が144.0なので，フェノール性ヒドロキシ基は1個の分子式が $C_{10}H_8O$ のナフトールに決まる。これに可能な構造は下図の2種のみだが，水素原子が結合していない炭素原子が3つ連続して並んだ構造があることより，Dは左図の1-ナフトールである。

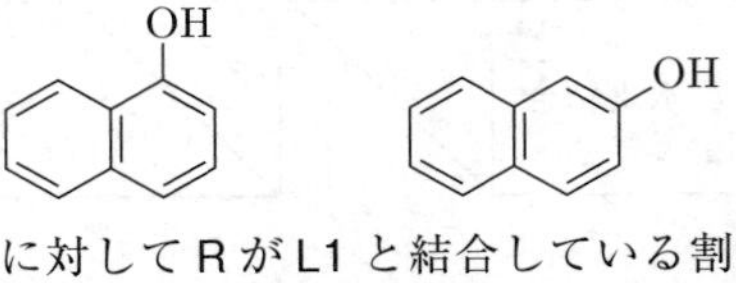

コ　結合率がすべてのRに対してRがL1と結合している割合を表すと定義されていて，RはL1と結合しているものと結合してないものの合計なので，下式で表される。

$$結合率 = \frac{[R \cdot L1]}{[R] + [R \cdot L1]} \times 100$$

よって，結合率が80%のときは下式が成立する。

$$\frac{[R \cdot L1]}{[R] + [R \cdot L1]} \times 100 = 80$$

$$\therefore \quad \frac{[R \cdot L1]}{[R]} = 4$$

また，下式で表される R と L1 の複合体の形成反応の平衡定数は下式で定義されている。

$$R + L1 \rightleftharpoons R \cdot L1$$

$$K_{L1} = \frac{[R \cdot L1]}{[R][L1]}$$

ここに結合率 80%のときの R と R·L1 の濃度比を代入すると，下式となる。

$$K_{L1} = \frac{[R \cdot L1]}{[R][L1]} = \frac{4}{[L1]}$$

よって，このときの[L1]は以下のように表される。

$$[L1] = \frac{4}{K_{L1}}$$

実験 10 では，R とより強く結合する L2 を加えて，L1 と R の結合を阻害する状況で，L2 の効果を見積もっている。ここでは R はいずれとも結合していないものと L1 と結合して R·L1 となっているもの，L2 と結合して R·L2 となっているものの合計が結合率を考察するときの全濃度となるので，結合率は下式で表される。

$$結合率 = \frac{[R \cdot L1]}{[R] + [R \cdot L1] + [R \cdot L2]} \times 100$$

ここで，L2 の妨害を受けずどちらとも結合していない R と L1 の結合を考えると，L2 がないときと同様に L1 の濃度が変わらなければ 80%の結合率になっているので，ここでも $\frac{[R \cdot L1]}{[R]} = 4$ が成立している。よって，このときの結合率を表す式の分母・分子を[R]で割って整理すると下式が得られる。

$$結合率 = \frac{[R \cdot L1]}{[R] + [R \cdot L1] + [R \cdot L2]} \times 100 = \frac{\dfrac{[R \cdot L1]}{[R]}}{1 + \dfrac{[R \cdot L1]}{[R]} + \dfrac{[R \cdot L2]}{[R]}} \times 100$$

$$= \frac{4}{1 + 4 + \dfrac{[R \cdot L2]}{[R]}} \times 100$$

この結合率が 10%のときなので，これを代入して整理すると次式が得られる。

$$\frac{[\text{R·L2}]}{[\text{R}]} = 35$$

また，R と L2 から複合体が形成される反応の平衡定数 K_{L2} が下式で定義される。

$$K_{\text{L2}} = \frac{[\text{R·L2}]}{[\text{R}][\text{L2}]}$$

ここに結合率が 10％ のときの R と R·L2 の濃度比を代入して整理すると下式となる。

$$[\text{L2}] = \frac{35}{K_{\text{L2}}} = \frac{35}{1000\,K_{\text{L1}}} = \frac{3.5 \times 10^{-2}}{K_{\text{L1}}}$$

ここに得られた結果は，極めて少量の L2 によって，R への L1 の結合が阻害されることを示している。

解 答

Ⅰ　ア　(4)

　　理由：三角フラスコは反応容器であり，測り取った水酸化ナトリウム以外に，共洗いの後に残った水酸化ナトリウムが加わるため。

イ　エステル結合が 2 つ

ウ　$NaOH + CO_2 \rightarrow NaHCO_3$

エ　化合物 A　　　　　　　　　　　　化合物 C

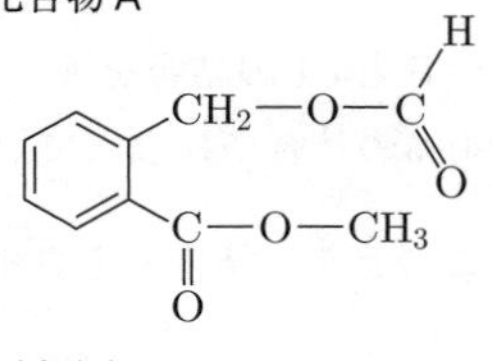

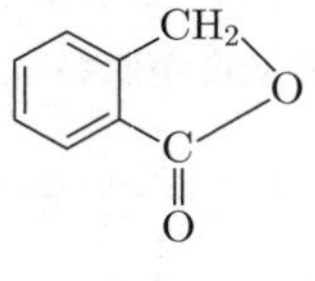

オ　(2)と(4)

Ⅱ　カ　a：(3)　　　d：(1)

キ　(2)と(4)

ク　12 通り

ケ　D の構造式(答に至る過程は解説参照)

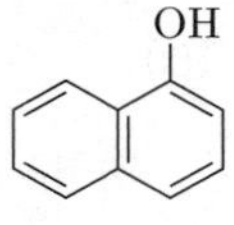

コ　c：$\dfrac{4}{K_{\text{L1}}}$　　　e：$\dfrac{3.5 \times 10^{-2}}{K_{\text{L1}}}$(答に至る過程は解説参照)

2015年

第1問

(解説)

I ア 二酸化炭素 CO_2 の固体はドライアイスと呼ばれる分子結晶で，分子間に働く主な引力はファンデルワールス力である。二酸化炭素は $O=C=O$ の構造式で表される直線形の分子であり，C と O の間は二重結合で結合し，OCO の結合角は 180 度である。一酸化炭素 CO の融点は $-205℃$，沸点は $-191.5℃$ と非常に低く，たとえば二酸化炭素の大気圧下での昇華点の $-78℃$ での蒸気圧を比べると，二酸化炭素の方がはるかに小さい。それは分子間に働くファンデルワールス力が分子量の大きい分子ほど大きいという性質によっている。

イ 二酸化炭素の状態図から，$1.0 \times 10^5 \, Pa$ において昇華が起こる温度は $-78℃$ である。また，液体の状態をとることができる最低の圧力は三重点の $5.2 \times 10^5 \, Pa$ で，そのときの温度は $-56℃$ である。

ウ ドライアイスを $-78℃$ で昇華させて，0.50 L の容器内を気体で満たすと，その物質量は以下の通りである。

$$n = \frac{1.0 \times 10^5 \, Pa \times 0.50 \, L}{8.3 \times 10^3 \, Pa \cdot L \cdot mol^{-1} \cdot K^{-1} \times 195 \, K} = 3.09 \times 10^{-2} \, mol$$

その質量は $44 \, g/mol \times 3.09 \times 10^{-2} \, mol = 1.36 \, g$ であり，残っているドライアイスの質量は $2.7 \, g - 1.36 \, g = 1.34 \, g$ である。

エ ドライアイスがすべて昇華したときの温度が T 〔K〕，圧力が P 〔Pa〕になったとすると，その二酸化炭素の気体について下式が成立する。

$$\frac{P \times 0.50 \, L}{8.3 \times 10^3 \, Pa \cdot L \cdot mol^{-1} \cdot K^{-1} \times T} = \frac{2.7 \, g}{44 \, g/mol}$$

よって，このときの T と P の間に下式が成立する。

$$P = 1.02 \times 10^3 \, Pa \cdot K^{-1} \times T = 1.02 \times 10^3 \, Pa \cdot K^{-1} \times (t + 273)$$

状態図にこの直線のグラフを書き加えると，下図の通りである。この直線と昇華曲線の交点が求める温度と圧力である。

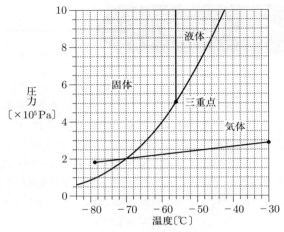

グラフから $T = 203\,\mathrm{K} = -70\,℃$，$P = 2.0 \times 10^5\,\mathrm{Pa}$ である。

さらに温度を上げて 0℃ になったときの圧力は，上の式に $T = 273\,\mathrm{K}$ を代入した下式が成立するので，これを解いて，

$$\frac{P \times 0.50\,\mathrm{L}}{8.3 \times 10^3\,\mathrm{Pa \cdot L \cdot mol^{-1} \cdot K^{-1}} \times 273\,\mathrm{K}} = \frac{2.7\,\mathrm{g}}{44\,\mathrm{g/mol}}$$

$$P = 2.78 \times 10^5\,\mathrm{Pa} \fallingdotseq 2.8 \times 10^5\,\mathrm{Pa}$$

オ　バルブを開けて十分に時間が経過して二酸化炭素の溶解平衡が成立したときの二酸化炭素の圧力を $x \times 10^5\,\mathrm{Pa}$ とすると，気体で存在する二酸化炭素の物質量は以下のように表される。

$$n_{気} = \frac{x \times 10^5\,\mathrm{Pa} \times 0.75\,\mathrm{L}}{8.3 \times 10^3\,\mathrm{Pa \cdot L \cdot mol^{-1} \cdot K^{-1}} \times 273\,\mathrm{K}}$$

また，水に溶解している二酸化炭素の物質量はヘンリーの法則から下式で表される。

$$n_{溶} = 0.080\,\mathrm{mol \cdot L^{-1}} \times \frac{x \times 10^5\,\mathrm{Pa}}{1.0 \times 10^5\,\mathrm{Pa}} \times 0.25\,\mathrm{L}$$

この両者の合計が二酸化炭素 2.7 g の物質量となるので，下式が成立する。

$$\frac{x \times 10^5\,\mathrm{Pa} \times 0.75\,\mathrm{L}}{8.3 \times 10^3\,\mathrm{Pa \cdot L \cdot mol^{-1} \cdot K^{-1}} \times 273\,\mathrm{K}} + 0.080\,\mathrm{mol \cdot L^{-1}} \times \frac{x \times 10^5\,\mathrm{Pa}}{1.0 \times 10^5\,\mathrm{Pa}} \times 0.25\,\mathrm{L}$$

$$= \frac{2.7\,\mathrm{g}}{44\,\mathrm{g/mol}}$$

$$\therefore \quad x = 1.16$$

よって，溶解平衡が成立したときの気体の圧力は $1.2 \times 10^5 \, \mathrm{Pa}$ で，溶解した CO_2 の物質量は以下のように求められる。

$$n_溶 = 0.080 \, \mathrm{mol \cdot L^{-1}} \times \frac{1.2 \times 10^5 \, \mathrm{Pa}}{1.0 \times 10^5 \, \mathrm{Pa}} \times 0.25 \, \mathrm{L} = 2.4 \times 10^{-2} \, \mathrm{mol}$$

II　カ　溶質が酢酸のみの水溶液では，酢酸が電離していなければ CH_3COO^- の濃度は 0 なので，そのままでは電離平衡が成立しない。よって，酢酸の一部が電離して CH_3COOH，CH_3COO^-，H^+ が共存して電離平衡に達する。このときの CH_3COOH の電離度を α とすると，溶液中の平衡に関与する分子，イオンの濃度は下式で表される。

$$[CH_3COOH] = c(1 - \alpha)$$
$$[CH_3COO^-] = [H^+] = c\alpha$$

これらを電離定数の定義式に代入すると，下式が得られる。

$$K_a = \frac{[CH_3COO^-][H^+]}{[CH_3COOH]} = \frac{(c\alpha)^2}{c(1-\alpha)} = \frac{c\alpha^2}{1-\alpha}$$

$\alpha \ll 1$ で $1 - \alpha \fallingdotseq 1$ と近似できるとき，上式は下式のように近似できる。

$$K_a = \frac{c\alpha^2}{1-\alpha} \fallingdotseq c\alpha^2$$

よって，$\alpha \fallingdotseq \sqrt{\dfrac{K_a}{c}}$ となり $[H^+] = c\alpha \fallingdotseq \sqrt{cK_a}$ と表される。

キ　$0.10 \, \mathrm{mol/L}$ の酢酸水溶液の水素イオン濃度は，カで求めた近似式を用いて以下のように計算される。

$$[H^+] \fallingdotseq \sqrt{cK_a} = \sqrt{0.10 \, \mathrm{mol \cdot L^{-1}} \times 2.7 \times 10^{-5} \, \mathrm{mol \cdot L^{-1}}} = \sqrt{2.7} \times 10^{-3} \, \mathrm{mol \cdot L^{-1}}$$

よって，この酢酸水溶液中の酢酸の電離度は $\alpha = \sqrt{2.7} \times 10^{-2} \fallingdotseq 1.6 \times 10^{-2}$ で $1 - \alpha \fallingdotseq 1$ の近似は妥当だったことがわかる。よって，その pH は

$$pH = 3 - \frac{1}{2}\log_{10} 2.7 = 3 - \frac{0.43}{2} = 2.79 \fallingdotseq 2.8$$

ク　$0.10 \, \mathrm{mol/L}$ の酢酸水溶液 $1000 \, \mathrm{mL}$ に $0.10 \, \mathrm{mol/L}$ の水酸化ナトリウム水溶液 $500 \, \mathrm{mL}$ を加えると，下式の中和反応が進行し，$0.050 \, \mathrm{mol}$ の酢酸ナトリウムが生成し $0.050 \, \mathrm{mol}$ の酢酸が残る。

$$CH_3COOH + NaOH \longrightarrow CH_3COONa + H_2O$$

したがって，反応後の溶液内では $[CH_3COOH] = [CH_3COO^-]$ となっている。電離定数の定義式を $[H^+]$ について解くと，次式が得られる。

$$[H^+] = \frac{[CH_3COOH]}{[CH_3COO^-]} \times K_a$$

この式に $[CH_3COOH] = [CH_3COO^-]$ の関係を代入すると，$[H^+] = K_a = 2.7$ $\times 10^{-5}\,mol/L$ である。よって，pH $= 5 - \log_{10} 2.7 = 4.57 \fallingdotseq 4.6$

ケ　1500 mL の溶液 C に 1.0 mol/L の水酸化ナトリウム水溶液 10 mL を加えると，さらに酢酸の中和が進み，反応後に溶液内には 0.060 mol の酢酸ナトリウムと 0.040 mol の酢酸が共存する。同じ溶液中なので，$[CH_3COOH]$ と $[CH_3COO^-]$ の比はそれらの物質量の比と等しい。よって，上式にこの関係を代入すると，この混合溶液の水素イオン濃度は次のように計算される。

$$[H^+] = \frac{0.040\,mol}{0.060\,mol} \times 2.7 \times 10^{-5}\,mol/L = \frac{2}{3} \times 2.7 \times 10^{-5}\,mol/L$$

よって，この溶液の pH は以下の通りで，緩衝作用が確かめられる。

$$pH = 5 - \log_{10} 2.7 - \log_{10} 2 + \log_{10} 3 = 5 - 0.43 - 0.30 + 0.48 = 4.75 \fallingdotseq 4.8$$

コ　1000 mL ずつの 0.10 mol/L 酢酸水溶液と 0.10 mol/L 水酸化ナトリウム水溶液を混合すると，両者の間で過不足なく中和反応が進行して酢酸ナトリウムの水溶液となる。このとき，溶液中には 0.050 mol/L の CH_3COO^- と水の電離で生じた微量の H^+ が共存しているので，CH_3COOH の濃度が厳密に 0 であれば，酢酸の電離平衡は成立しない。よって，問題文に示されているように塩の加水分解が起こって，塩基性を示す。この加水分解が起こっていない状態を始状態として選んで，加水分解度を β として平衡状態の各分子，イオンの濃度を表すと下式の通りである。

$$CH_3COO^- + H_2O \rightleftharpoons CH_3COOH + OH^-$$

| | 加水分解前 | c | 多 | 0 | 0 |

加水分解前　　　c　　　　多　　　　　　0　　　　　0
加水分解後　　$c(1-\beta)$　　多　　　　　$c\beta$　　　$c\beta$

これらの濃度を下式で定義される加水分解の平衡定数 K_h に代入すると，

$$K_h = \frac{[CH_3COOH][OH^-]}{[CH_3COO^-]} = \frac{(c\beta)^2}{c(1-\beta)}$$

ここで，この加水分解の平衡定数が酢酸の電離平衡と水の電離平衡が同時に成り立っていることを表していると考え，この平衡定数の分母，分子に $[H^+]$ をかけて整理すると次式が得られる。

$$K_h = \frac{[CH_3COOH][OH^-] \times [H^+]}{[CH_3COO^-] \times [H^+]} = \frac{K_w}{K_a} = \frac{1.0 \times 10^{-14}\,mol^2/L^2}{2.7 \times 10^{-5}\,mol/L}$$

よって，加水分解の平衡定数は $10^{-9}\,mol/L$ の桁で K_a より小さく，β も α より小さい。よって，$1 - \beta \fallingdotseq 1$ の近似も良く成立するので，以下のように近似できる。

$$K_h = \frac{K_w}{K_a} = \frac{(c\beta)^2}{c(1-\beta)} \fallingdotseq c\beta^2$$

したがって，加水分解度 β の近似値は以下のように計算される。

$$\beta \fallingdotseq \sqrt{\frac{K_w}{cK_a}} = \sqrt{\frac{1.0 \times 10^{-14}\,\mathrm{mol^2/L^2}}{0.050\,\mathrm{mol/L} \times 2.7 \times 10^{-5}\,\mathrm{mol/L}}} = \sqrt{\frac{2}{2.7}} \times 10^{-4} \fallingdotseq 8.6 \times 10^{-5}$$

この結果，β も 1 に比べて十分に小さく，この近似は良い近似であったことが分かる。よって，この水溶液の水酸化物イオンの濃度は以下のように計算される。

$$[\mathrm{OH^-}] = c\beta = \sqrt{\frac{cK_w}{K_a}} = \sqrt{\frac{0.050\,\mathrm{mol/L} \times 1.0 \times 10^{-14}\,\mathrm{mol^2/L^2}}{2.7 \times 10^{-5}\,\mathrm{mol/L}}}$$

$$= \sqrt{\frac{1}{5.4}} \times 10^{-5}\,\mathrm{mol/L}$$

よって，水のイオン積から水素イオン濃度および pH は以下の通りである。

$$[\mathrm{H^+}] = \frac{K_w}{[\mathrm{OH^-}]} = \sqrt{2 \times 2.7} \times 10^{-9}\,\mathrm{mol/L}$$

$$\mathrm{pH} = 9 - \frac{1}{2}\log_{10}2.7 - \frac{1}{2}\log_{10}2 = 9 - \frac{0.43}{2} - \frac{0.30}{2} = 9 - 0.37 = 8.63 \fallingdotseq 8.6$$

解 答

I　ア　a：ファンデルワールス　　b：二　　c：180　　d：分子量

イ　昇華する温度：$-78\,℃$

　　液体が生成する最低の圧力：$5.2 \times 10^5\,\mathrm{Pa}$

ウ　1.3 g

エ　すべて気体になる温度：$-70\,℃$

　　0℃における圧力：$2.8 \times 10^5\,\mathrm{Pa}$

オ　溶解した CO_2 の物質量：$2.4 \times 10^{-2}\,\mathrm{mol}$

　　容器内の圧力：$1.2 \times 10^5\,\mathrm{Pa}$（答に至る過程は解説参照）

II　カ　e：$\dfrac{c\alpha^2}{1-\alpha}$　　f：$\sqrt{cK_a}$

キ　pH $= 2.8$（答に至る過程は解説参照）

ク　pH $= 4.6$（答に至る過程は解説参照）

ケ　pH $= 4.8$（答に至る過程は解説参照）

コ　pH $= 8.6$（答に至る過程は解説参照）

第 2 問

解説

Ⅰ　ア　下線部①の反応は，Cu^{2+} が酸化剤，I^- が還元剤として働く酸化還元反応で，反応式は以下の通り。

$$2CuSO_4 + 4KI \longrightarrow 2CuI + 2K_2SO_4 + I_2$$

イ，ウ　銅の粉末を空気中で加熱すると，銅が酸化されて酸化銅（Ⅱ）または酸化銅（Ⅰ）が生成し，それにともなって固体の質量が増加することは自明である。酸化銅（Ⅱ）が高温で不安定で，酸素の一部を失って酸化銅（Ⅰ）になることを知っていれば，T_1 で酸化銅（Ⅱ）の生成反応が始まり，T_2 を過ぎると酸化銅（Ⅱ）の分解反応が始まったと容易に判断でき，図 2-1 に示される質量変化も上手く説明できる。しかし，この酸化銅の性質を知らなくても，T_2 を過ぎると質量が減少する変化が起こった原因を考察すれば，酸化銅（Ⅱ）の分解反応が起こり酸素の一部を失ったと判断するほかない。したがって，以下の変化が起こったと判断できる。すなわちある温度で下式で表される酸化銅（Ⅱ）が生成する反応が始まり，それが完結すると質量は一定となる。

$$2Cu + O_2 \longrightarrow 2CuO$$

さらに加熱すると，下式で表される高温で安定な酸化銅（Ⅰ）と酸素に分解する反応が起こり，質量が減少する。

$$4CuO \longrightarrow 2Cu_2O + O_2$$

もし，この分解反応が完全に進行して，CuO がすべて Cu_2O に変化したとすれば，T_2 までの質量増加の半分の質量の減少がみられることになる。しかし，実際の質量の減少は 10% 程度で，CuO の一部が分解したと判断できる。よって，下線部②で質量が一定になったときに生成している物質は CuO であり，固体Ａは CuO と Cu_2O の混合物である。

エ　固体Ａを酸で溶解するときに，酸化作用のある硝酸を用いると，Cu^+ や I^- が下式のように酸化される。

$$3Cu^+ + NO_3{}^- + 4H^+ \longrightarrow 3Cu^{2+} + NO + 2H_2O$$
$$6I^- + 2NO_3{}^- + 8H^+ \longrightarrow 3I_2 + 2NO + 4H_2O$$

この実験の目的は，固体Ａに含まれる CuO を過剰量の KI と反応させて I_2 として定量することであり，それ以外の反応で I_2 が生成すると実験の目的をかなえられなくなる。

オ，カ　実験 5 では，様々な現象が起きているので，それらと関連する実験 1，2，4 と結びつけて解説する。固体Ａに含まれる CuO は実験 1 と同様の反応が起こり，

定量的に CuI と I_2 に変化する。I_2 が生成したことは，デンプンを加えたときにヨウ素デンプン反応によって青紫色（問題文では紫色）となったことで確かめられる。なお，この反応は CuO が酸化剤，KI が還元剤となって起こる酸化還元反応であり，下線を施した元素の酸化数が以下のように増減する。

$$2\underset{+2}{\underline{Cu}}O + 4K\underset{-1}{\underline{I}} + 4HCl \longrightarrow 2\underset{+1}{\underline{Cu}}I + \underset{0}{\underline{I_2}} + 4KCl + 2H_2O$$

　　固体Aに含まれる Cu_2O は実験2と同様に CuI に変化するが下式のように I_2 は生じない。

$$Cu_2O + 2KI + 2HCl \longrightarrow 2CuI + 2KCl + H_2O$$

　　実験4は，実験5でヨウ素滴定に用いるチオ硫酸ナトリウム水溶液の濃度の決定である。この酸化還元反応は，溶液内に様々な物質が共存していても，ほとんどそれらに妨害されることなく下式のように定量的に進行し，デンプンを指示薬に用いてヨウ素がすべて反応した点，すなわち滴定の終点を溶液が青紫色から無色になることで明確に判定できる。

$$I_2 + 2Na_2S_2O_3 \longrightarrow 2NaI + Na_2S_4O_6$$

　　よって，この酸化還元滴定の終点では $n_{I_2} \times 2 = n_{Na_2S_2O_3}$ の関係が成立する。この量的な関係を確かめるのが実験4であり，両者の物質量の関係は以下の通りである。

$$n_{I_2} \times 2 = \frac{0.115\,g}{254\,g/mol} \times 2 = 9.06 \times 10^{-4}\,mol$$

$$n_{Na_2S_2O_3} = 0.10\,mol/L \times 9.0 \times 10^{-3}\,L = 9.0 \times 10^{-4}\,mol$$

　　よって，誤差の範囲で酸化還元滴定の際に起こる変化は上式で表されるとして良い。

　　実験5で溶液の色が褐色となったのは，CuO との反応で生じた I_2 が KI 水溶液中で KI_3 となって溶けているためである。

　　0.30 g の固体Aに x mol の CuO が含まれていたとすると，実験1と同様の反応が起こり，$\frac{x}{2}$ mol の I_2 が生成する。これが x mol のチオ硫酸ナトリウムと定量的に反応する。よって，下線部④で反応後の溶液中に含まれるヨウ素の物質量及び固体Aに含まれていた CuO の物質量は次の通りである。

$$n_{I_2} = \frac{n_{Na_2S_2O_3}}{2} = 0.10\,mol/L \times 24.0 \times 10^{-3}\,L \times \frac{1}{2} = 1.2 \times 10^{-3}\,mol$$

$$n_{CuO} = 0.10\,mol/L \times 24.0 \times 10^{-3}\,L = 2.4 \times 10^{-3}\,mol$$

この結果，固体Aに含まれる CuO の質量は $79.5\,\text{g/mol} \times 2.4 \times 10^{-3}\,\text{mol} = 0.19\,\text{g}$ で，残りが Cu_2O でその質量は $0.30\,\text{g} - 0.19\,\text{g} = 0.11\,\text{g}$ である。これらの銅の酸化物中の Cu の質量は以下の通りである。

CuO：$63.5\,\text{g/mol} \times 2.4 \times 10^{-3}\,\text{mol} = 0.152\,\text{g}$

Cu_2O：$0.11\,\text{g} \times \dfrac{63.5 \times 2}{(63.5 \times 2 + 16.0)} = 0.098\,\text{g}$

よって，固体Aの中の銅の含有率は

$$\dfrac{0.152\,\text{g} + 0.098\,\text{g}}{0.30\,\text{g}} \times 100 = 83.3\%$$

Ⅱ　キ，ケ　一般に非金属元素は電気陰性度が大きく，それらの単体は相手の物質から電子を奪って陰イオンになりやすいので，酸化力を有する。問題文中に示されている反応からそれらの酸化力の強さを考察することができるものを反応式とともに以下に示す。まず，F_2 についての記述では，フッ素は天然にはフッ化物イオンとして存在し，水と激しく反応するとある。この前半の記述は，F_2 がもし天然に存在すれば，それは他のすべての物質と反応して相手の物質を酸化し自身はフッ化物イオンになることを示している。また，後半の記述はケの解答となるが以下の反応式で表される。

$$2F_2 + 2H_2O \longrightarrow 4HF + O_2$$

この反応では，F_2 が酸化数 -2 の酸素の化合物を酸化して O_2 にしていて，この逆反応は起こらないのだから，F_2 の方が O_2 より酸化力が強いことを示している。Br_2 は適切な条件で O_2 が Br^- を酸化できることを利用して Br_2 を発生させることができるとある。具体的には示されていないが，この反応は下式で表される。

$$4Br^- + O_2 + 4H^+ \longrightarrow 2Br_2 + 2H_2O$$

よって，O_2 の酸化力は Br_2 の酸化力より強い。また，酸性溶液中で Br^- および I^- を Cl_2 によって酸化することによって Br_2 や I_2 を得ることができるとある。これらを反応式で示すと以下の通りである。

$$2Br^- + Cl_2 \longrightarrow Br_2 + 2Cl^-$$
$$2I^- + Cl_2 \longrightarrow I_2 + 2Cl^-$$

問題文中には示されていないが，ハロゲンの電気陰性度は原子番号が小さい方が大きく，その単体の酸化力が強い。よって，下式の反応も進行する。

$$2I^- + Br_2 \longrightarrow I_2 + 2Br^-$$

問題文中に S と I_2 の酸化力についての具体的な記述はないが，I_2 に関する記述の中に様々な滴定に用いられると述べられている。これはヨウ素滴定を指していて，

不安定な還元剤を一定量の I_2 と反応させたのちに，残っている I_2 をチオ硫酸ナトリウム水溶液で酸化還元滴定を行って，還元剤の定量を行う方法のことである。その一例として，硫化水素を定量するときに，次式の硫化水素とヨウ素の反応が用いられる。

$$H_2S + I_2 \longrightarrow S + 2HI$$

　この反応が進行することから I_2 の方が S より酸化力が強いことが言える。硫黄の単体が酸化力を示すのは，金属の単体との反応の場合のように，ある程度強い還元剤を相手にするときに限られ，その酸化力は強くない。以上より，酸化力の強さは $F_2 > O_2 > I_2 > S$ の順である。

ク　ハロゲン化水素の沸点は，HF 以外は分子量の増大につれて高くなっていて，分子間引力がその順に強くなっていることを示している。しかし，HF は分子量が最も小さいにもかかわらず，沸点が最も高い。それは，HF には他のハロゲン化水素とは異なる分子間引力が働いていることを意味する。具体的には，F の電気陰性度が非常に大きいので，H－F 結合の分極が大きく，ファンデルワールス力より桁違いに強い分子間引力である水素結合が形成されるためである。

コ　酸化マンガン（Ⅳ）と濃塩酸を反応させると，下式のように塩素が発生する。

$$MnO_2 + 4HCl \longrightarrow MnCl_2 + Cl_2 + 2H_2O$$

　濃塩酸は塩化水素の水溶液とみることもでき，塩素の発生に伴って必ず塩化水素の気体が混入する。塩化水素は非常に水に溶けやすい気体なので，水を入れた洗気瓶に発生した気体を通し，塩化水素を除去する。こうして得られた塩素には水蒸気が混入しているので，次いで濃硫酸を入れた洗気瓶に通じて水蒸気を除去して純粋な塩素を得る。塩素は分子量が 71 で，空気より密度の大きい気体なので下方置換で捕集する。

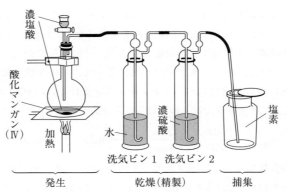

サ　C 原子数が 20 の直鎖の炭化水素に x 個の二重結合が含まれているとすると，その分子式は $C_{20}H_{42-2x}$ で表される。これに十分量の臭素が反応すると下式のように炭化水素 1 mol には x mol の Br_2 が付加する。

$$C_{20}H_{42-2x} + xBr_2 \longrightarrow C_{20}H_{42-2x}Br_{2x}$$

よって，10.0 g の炭化水素に十分量の臭素が付加するとき，下式が成立する。

$$\frac{10.0\,g}{(282-2x)\,g/mol} \times x = \frac{23.3\,g}{79.9 \times 2\,g/mol}$$

$$\therefore \quad x = 4$$

シ　ヨウ化物イオンと SO_2 を含むメタノール溶液に電極を浸し電流を流すと，陽極で下式の電極反応が進行してヨウ素が生成する。

$$2I^- \longrightarrow I_2 + 2e^-$$

この溶液中に水が十分にあれば SO_2 が I_2 によって下式のように硫酸に酸化される。

$$SO_2 + I_2 + 2H_2O \longrightarrow H_2SO_4 + 2HI$$

しかし，本問の条件では水が極少量しかないので，問題文に示された下式で表される(1)式の反応によって，I_2 は共存する SO_2 を酸化しながらメタノールの硫酸エステルに変化し，自身は HI に還元される。

$$I_2 + SO_2 + CH_3OH + H_2O \longrightarrow 2HI + HSO_4CH_3 \qquad (1)$$

この溶液中に水がなければ，溶液内に共存する SO_2 との酸化還元反応が起こりにくく，電極反応によって生成した I_2 が消失しないので，電流を流し始めた直後に I_2 の色が観測される。これが，エタノールを加えずに実験を行ったときの状況である。(1)式の反応は速やかに進行し，かつ完全に進行するとあるので，H_2O が共存する間は陽極で生成した I_2 は，すぐに(1)式の反応によって消失する。しかし，H_2O がすべて反応してしまうと，(1)式の反応は起こらず，共存する SO_2 の還元が起こりにくくなって I_2 の生成が確認されるようになる。したがって，100 mA の電流を 120 秒間流した間は(1)式の反応が起こり，その直後に(1)式の反応が起こらなくなって I_2 の生成が確認されたのである。よって，I_2 の生成が確認されるまでに電極で生成した I_2 の物質量が，エタノールに含まれていた H_2O の物質量である。よって，電極で授受された電子の物質量から下式が成立する。

$$n_{I_2} = n_{H_2O} = \frac{0.100\,A \times 120\,s}{9.65 \times 10^4\,C/mol} \times \frac{1}{2} = 6.22 \times 10^{-5}\,mol$$

この水の質量は $18.0\,g/mol \times 6.22 \times 10^{-5}\,mol = 1.12 \times 10^{-3}\,g$ である。10.0 mL のエタノールの質量は $0.789\,g/mL \times 10.0\,mL = 7.89\,g$ なので，含水率は以下の通

りである。

$$含水率 = \frac{1.12 \times 10^{-3}\,g}{7.89\,g} \times 100 = 1.42 \times 10^{-2}\%$$

解 答

Ⅰ　ア　$2CuSO_4 + 4KI \longrightarrow 2CuI + 2K_2SO_4 + I_2$

イ　CuO

ウ　CuO と Cu_2O または 酸化銅（Ⅱ）と 酸化銅（Ⅰ）

　　理由：銅の酸化物が生成して質量が増えるが，高温で質量が減るのはその一部が
　　　　　分解したため。（40 字）

エ　硝酸には酸化作用があり，CuO との反応以外で I_2 が生じるため。（28 字）

オ　$1.2 \times 10^{-3}\,mol$（答に至る過程は解説参照）

カ　83％（答に至る過程は解説参照）

Ⅱ　キ　F_2, O_2, I_2, S

ク　HF は分子間に水素結合を形成できるため。（19 字）

ケ　$2F_2 + 2H_2O \longrightarrow 4HF + O_2$

コ　$MnO_2 + 4HCl \longrightarrow MnCl_2 + Cl_2 + 2H_2O$

　　精製装置：水を入れた洗気瓶，濃硫酸を入れた洗気瓶に順に通じ，まず塩化水素，
　　　　　　　次いで水蒸気を除去する。

　　捕集装置：下方置換

サ　4（答に至る過程は解説参照）

シ　$1.4 \times 10^{-2}\%$（答に至る過程は解説参照）

第３問

解説

Ⅰ　ア　2-ペンタノールの脱水反応は下式のように起こり，1-ペンテンと 2-ペンテ
ンが生成する。なお，2-ペンテンには幾何異性体が存在する。

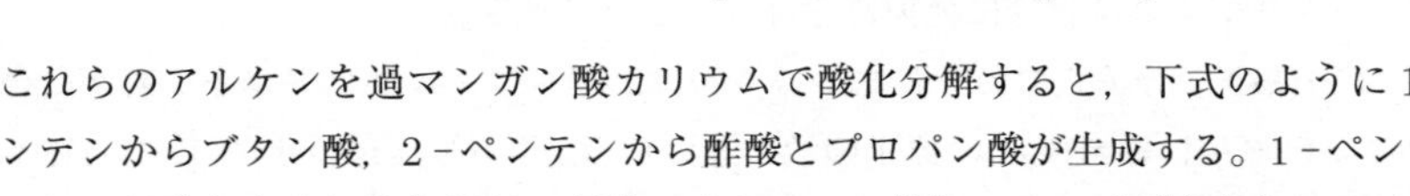

$$H_3C-CH-CH_2-CH_2-CH_3 \underset{OH}{} \longrightarrow \begin{array}{l} H_2C=CH-CH_2-CH_2-CH_3 \\ H_3C-CH=CH-CH_2-CH_3 \end{array} + H_2O$$

イ　これらのアルケンを過マンガン酸カリウムで酸化分解すると，下式のように 1-
ペンテンからブタン酸，2-ペンテンから酢酸とプロパン酸が生成する。1-ペンテ
ンからはギ酸も生成しそうだが，ギ酸にはホルミル基（アルデヒド基）があるのでさ

らに酸化され二酸化炭素と水になってしまう。

$$H_2C=CH-CH_2-CH_2-CH_3 \xrightarrow{\text{KMnO}_4,\ \text{H}_2\text{SO}_4} H_3C-CH_2-CH_2-COOH$$

$$H_3C-CH=CH-CH_2-CH_3$$

$$\xrightarrow{\text{KMnO}_4,\ \text{H}_2\text{SO}_4} CH_3-COOH + CH_3-CH_2-COOH$$

ウ　過マンガン酸カリウムによるアルケンの酸化分解において，二重結合の部分が酸化されて一方がカルボン酸，他方がケトンに酸化される場合の半反応式は以下の通りである。

$$\begin{array}{c} R-CH=C-R' \\ | \\ R'' \end{array} + 3H_2O \longrightarrow R-COOH + R'-CO-R'' + 6H^+ + 6e^-$$

　よって，取り上げられている $C_{13}H_{26}$ の分子式のアルケンは 1 分子当たり，6 個の電子を与える還元剤として作用する。27.3 g のこのアルケンの物質量は以下の通り。

$$n = \frac{27.3\,\text{g}}{182\,\text{g/mol}} = 0.150\,\text{mol}$$

　したがって，酸化剤が受け取る電子の物質量は $0.150\,\text{mol} \times 6 = 0.900\,\text{mol}$ である。このアルケンの酸化に必要な過マンガン酸カリウムの物質量を x mol とすると，その 25% は式(4)で止まり，残りの 75% が式(3)まで反応するので，下式が成立する。

$$0.25x\,\text{mol} \times 3 + 0.75x\,\text{mol} \times 5 = 0.900\,\text{mol}$$

$$\therefore \quad x = 0.200\,\text{mol}$$

　よって，その質量は $158\,\text{g/mol} \times 0.200\,\text{mol} = 31.6\,\text{g}$ である。

エ　問ウの反応によって生成するカルボン酸とケトンは C 原子数が 6 および 7 であり，水には溶けにくくジエチルエーテルのような有機溶媒に溶けやすい。よって，まず反応後の酸性の水溶液にジエチルエーテルを加えて振り混ぜて両者を抽出し，水溶液と分離する。次いで，カルボン酸は水酸化ナトリウム水溶液には塩を形成して良く溶け，ジエチルエーテルには不溶性となるので，このジエチルエーテル溶液に水酸化ナトリウム水溶液を加えて振り混ぜ，カルボン酸のみを水溶液中に抽出して分離する。次いで，水溶液に希塩酸を加えて中和した後，ジエチルエーテルを加えて抽出すれば，カルボン酸もケトンもジエチルエーテル溶液として分離され，これらを蒸留すれば容易に純物質を得ることができる。

オ　$C_7H_{16}O$ の分子式の第 3 級アルコールは，アルコール性ヒドロキシ基が結合している C 原子に結合する C 原子の数の違いから，その組み合わせが (1, 1, 4)，(1, 2, 3) および (2, 2, 2) の 3 通りがあり，C_4H_9- のアルキル基には 4 種，C_3H_7- のア

ルキル基には 2 種の構造異性体があるので，下図の構造式で表される 7 種類である。

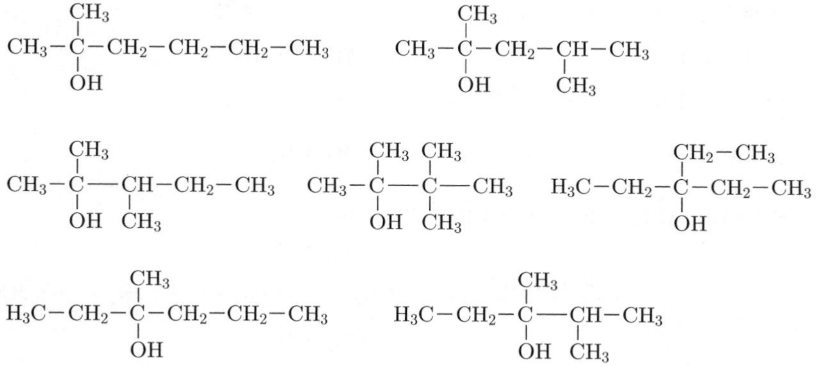

$$CH_3-\underset{\underset{OH}{|}}{\overset{\overset{CH_3}{|}}{C}}-CH_2-CH_2-CH_2-CH_3$$

$$CH_3-\underset{\underset{OH}{|}}{\overset{\overset{CH_3}{|}}{C}}-CH_2-\underset{\underset{CH_3}{|}}{CH}-CH_3$$

$$CH_3-\underset{\underset{OH}{|}}{\overset{\overset{CH_3}{|}}{C}}-\underset{\underset{CH_3}{|}}{CH}-CH_2-CH_3$$

$$CH_3-\underset{\underset{OH}{|}}{\overset{\overset{CH_3}{|}}{C}}-\underset{\underset{CH_3}{|}}{\overset{\overset{CH_3}{|}}{C}}-CH_3$$

$$H_3C-CH_2-\underset{\underset{OH}{|}}{\overset{\overset{CH_2-CH_3}{|}}{C}}-CH_2-CH_3$$

$$H_3C-CH_2-\underset{\underset{OH}{|}}{\overset{\overset{CH_3}{|}}{C}}-CH_2-CH_2-CH_3$$

$$H_3C-CH_2-\underset{\underset{OH}{|}}{\overset{\overset{CH_3}{|}}{C}}-\underset{\underset{CH_3}{|}}{CH}-CH_3$$

これらを脱水して得られるアルケンで，酸化分解によってケトンのみが得られるのは，$C=C$ 二重結合に H 原子が結合していない異性体である。ただし，炭素骨格の末端に二重結合を持つ $CH_2=C$ の部分構造を持つ異性体を酸化分解すると，この部分は CO_2 と H_2O に酸化されるので，得られる有機化合物がケトンのみの条件に適する。したがって，条件に適するアルケンは，中段左から 2 種と中段中央および下段右から得られる次の 3 種である。

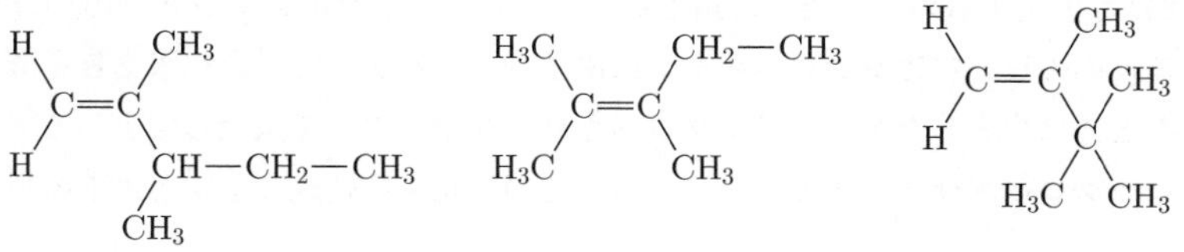

$$\underset{H}{\overset{H}{}}C=\underset{\underset{CH-CH_2-CH_3}{|}\ \underset{CH_3}{}}{\overset{\overset{CH_3}{}}{C}}$$

$$\underset{H_3C}{\overset{H_3C}{}}C=\underset{\underset{CH_3}{}}{\overset{\overset{CH_2-CH_3}{}}{C}}$$

$$\underset{H}{\overset{H}{}}C=\underset{\underset{H_3C}{\overset{|}{C}}\underset{CH_3}{}}{\overset{\overset{CH_3}{}}{C}}\overset{CH_3}{}$$

ただし，上図中央のアルケンは中段左からと下段右から生成するが，下段右からは同時に下図のアルケンも生成するので，下段右のアルコールは条件に適さない。

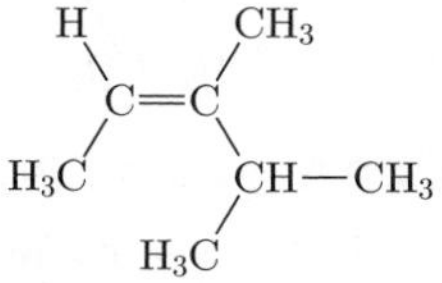

$$\underset{H_3C}{\overset{H}{}}C=\underset{\underset{H_3C}{\overset{|}{CH-CH_3}}}{\overset{\overset{CH_3}{}}{C}}$$

よって，化合物Aに適するのは下図の 2 種のアルコールである。

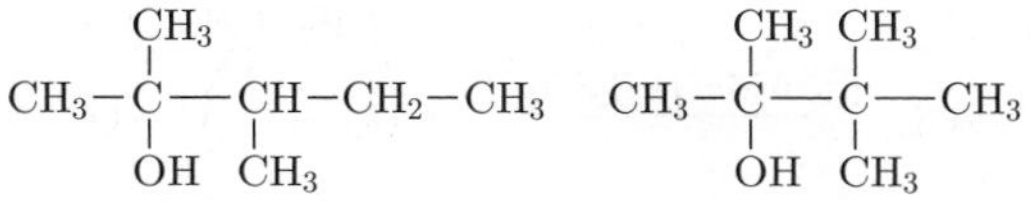

$$CH_3-\underset{\underset{OH}{|}}{\overset{\overset{CH_3}{|}}{C}}-\underset{\underset{CH_3}{|}}{CH}-CH_2-CH_3$$

$$CH_3-\underset{\underset{OH}{|}}{\overset{\overset{CH_3}{|}}{C}}-\underset{\underset{CH_3}{|}}{\overset{\overset{CH_3}{|}}{C}}-CH_3$$

カ　ナイロン 66 の原料となるジカルボン酸は $HOCO(CH_2)_4COOH$ の示性式で表さ

れるアジピン酸である。アルケンの酸化分解でアジピン酸のみが生成するのは，下図の構造のシクロヘキセンまたは 1, 7-オクタジエンである。

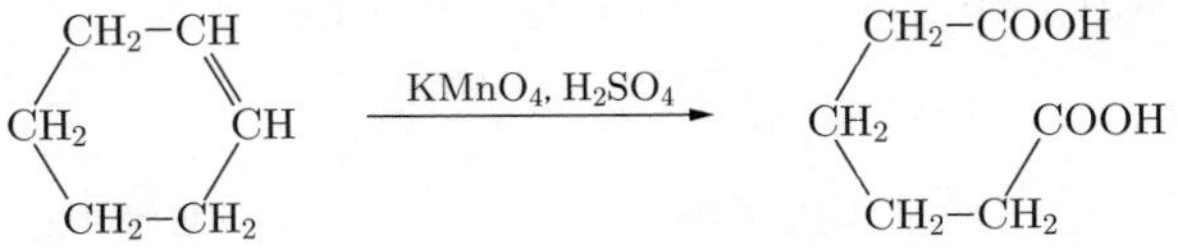

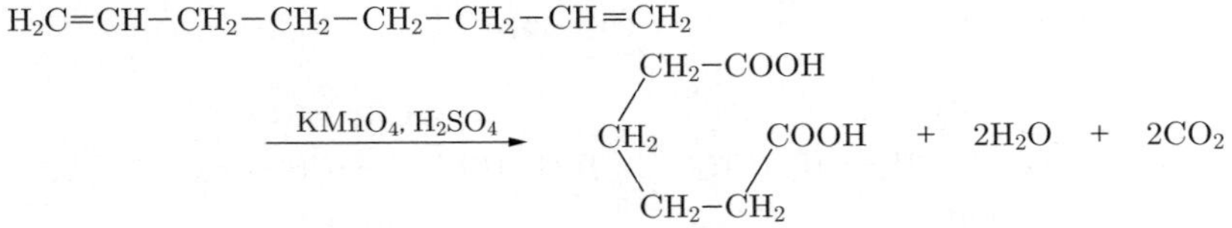

$$\begin{array}{c} CH_2-CH \\ CH_2 \qquad CH \\ CH_2-CH_2 \end{array} \xrightarrow{KMnO_4,\ H_2SO_4} \begin{array}{c} CH_2-COOH \\ CH_2 \qquad COOH \\ CH_2-CH_2 \end{array}$$

$$H_2C=CH-CH_2-CH_2-CH_2-CH_2-CH=CH_2$$

$$\xrightarrow{KMnO_4,\ H_2SO_4} \begin{array}{c} CH_2-COOH \\ CH_2 \qquad COOH \\ CH_2-CH_2 \end{array} + 2H_2O + 2CO_2$$

　　しかし，この二重結合を有する炭化水素の中で，下の鎖式のオクタジエンは 1 位または 2 位および 7 位または 8 位にヒドロキシ基を有するジオールの脱水で生じるが，これがケトンの還元で得られたので，末端の 1 位，8 位にヒドロキシ基の結合したジオールは条件に合わない。そうすると，2 位と 7 位にヒドロキシ基を有するジオールの脱水で生じたことになるが，その際には二重結合の位置が 2 位と 3 位の間や 6 位と 7 位の間にも形成され，その酸化分解では酢酸やブタン二酸（コハク酸）も生成するので，条件に適さない。よって，最終的にアジピン酸のみが生成する反応の反応物はシクロヘキセンに決まる。したがって，炭化水素 B を酸化分解したときに生成したケトンはシクロヘキサノンで，これを還元して生じるアルコールはシクロヘキサノールである。この一連の変化を構造式で示すと以下の通りである。

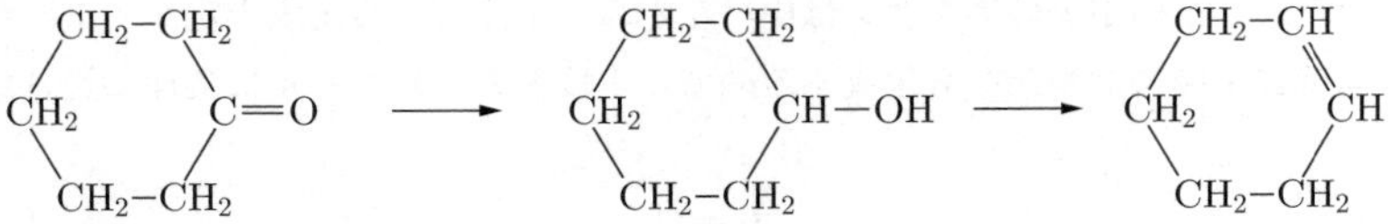

$$\begin{array}{c} CH_2-CH_2 \\ CH_2 \qquad C=O \\ CH_2-CH_2 \end{array} \longrightarrow \begin{array}{c} CH_2-CH_2 \\ CH_2 \qquad CH-OH \\ CH_2-CH_2 \end{array} \longrightarrow \begin{array}{c} CH_2-CH \\ CH_2 \qquad CH \\ CH_2-CH_2 \end{array}$$

　　二重結合を 1 つ持つ炭化水素 B を過マンガン酸カリウムで酸化分解したときにシクロヘキサノンを生じるのは，シクロヘキサン環を有する 2 種のアルケンである。これらが酸化分解される変化とともに示す。

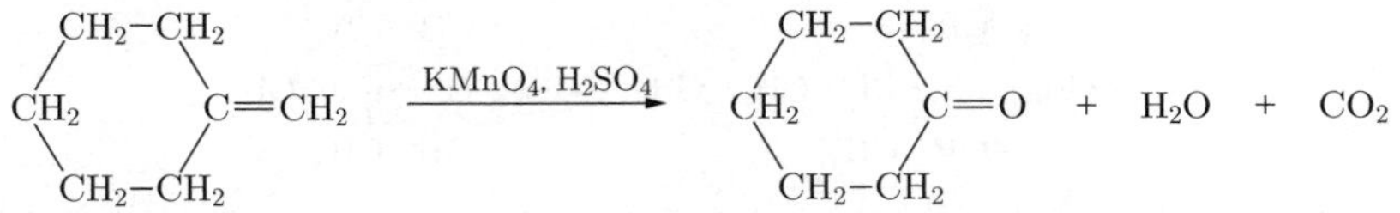

$$\begin{array}{c} CH_2-CH_2 \\ CH_2 \qquad C=CH_2 \\ CH_2-CH_2 \end{array} \xrightarrow{KMnO_4,\ H_2SO_4} \begin{array}{c} CH_2-CH_2 \\ CH_2 \qquad C=O \\ CH_2-CH_2 \end{array} + H_2O + CO_2$$

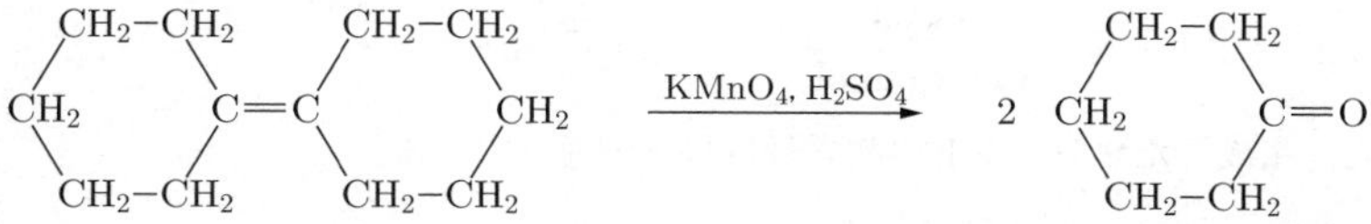

II　キ　アゾベンゼン分子中で結合に極性があるのは C-N 結合である。これが，分子に対称心のあるトランス形では互いに反対方向を向いているので，ほぼ極性を打ち消し合うのに対し，シス形は CNN の結合角が約 120° なので，C-N 結合同士は約 60° の角度をなしていてその極性は打ち消されず，分子全体で極性が残る。

ク　トランス-アゾベンゼンがシス-アゾベンゼンに異性化すると，2 つのベンゼン環の距離が変わり，それらに結合している原子の位置も近くなる。したがって，別々のベンゼン環に 2 つの塩素原子が置換した化合物は条件に適さない。

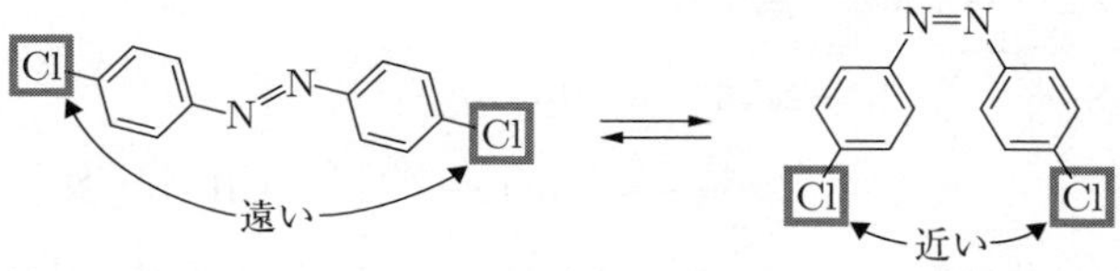

　よって，シス形に異性化しても 2 つの塩素原子の距離が変わらないのは，同一のベンゼン環にそれらが置換したものである。それらは，アゾ基の N 原子が結合した C 原子を 1 位としたとき，1 つ目の Cl 原子を 4 位につけると，2 位と 6 位および 3 位と 5 位は等価なので 2 種類，1 つ目の Cl 原子を 2 位につけると，3 〜 6 位はすべて環境が異なるのですでに調べた 4 位を除き 3 種類，1 つ目の Cl 原子を 3 位につけると，これまでに調べていないのが 4 位のみで 1 種類の合計 6 種類である。具体的に構造式で示すと下図の通りである。

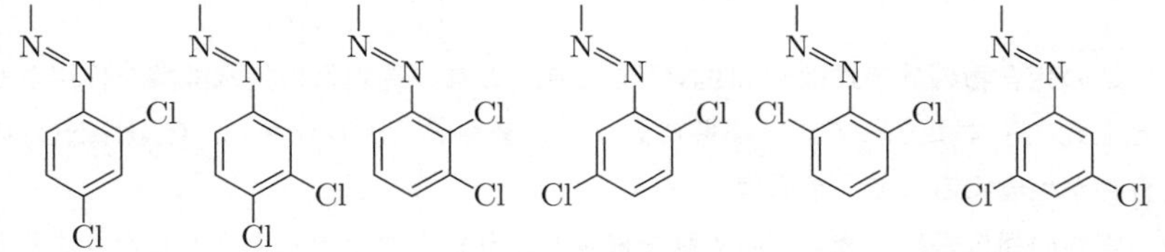

ケ　式(7)の上段はスルファニル酸のジアゾ化であり，生成したジアゾニウム塩と 2-ナフトールのカップリングによってアゾ化合物のオレンジ II が合成される。出発物質のスルファニル酸と 2-ナフトールの物質量はそれぞれ以下の通りである。

$$\text{スルファニル酸}:\frac{3.98\,\text{g}}{173.1\,\text{g/mol}}=2.30\times10^{-2}\,\text{mol}$$

$$2\text{-ナフトール} : \frac{2.88\,\mathrm{g}}{144.0\,\mathrm{g/mol}} = 2.00 \times 10^{-2}\,\mathrm{mol}$$

また，生成したオレンジⅡの物質量は以下の通りである。

$$\text{オレンジⅡ} : \frac{4.83\,\mathrm{g}}{350.1\,\mathrm{g/mol}} = 1.38 \times 10^{-2}\,\mathrm{mol}$$

　よって，不足している 2-ナフトールが消失するまで反応したとするので，収率は以下のように計算される。

$$収率 = \frac{1.38 \times 10^{-2}\,\mathrm{mol}}{2.00 \times 10^{-2}\,\mathrm{mol}} \times 100 = 69.0\%$$

コ　ジアゾニウム塩は非常に不安定で，少し温めただけで N_2 の気体を発生させながら分解してフェノールになる。スルファニル酸のジアゾニウム塩でも同様で，下式のようにフェノール類が生成する。

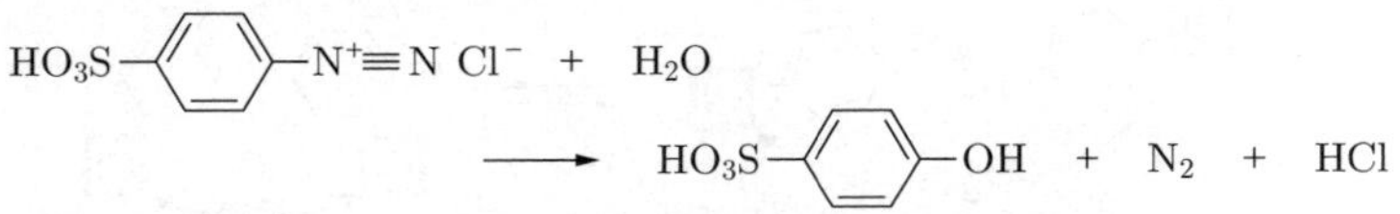

$$HO_3S\text{—}\bigcirc\text{—}N^+\equiv N\ Cl^- + H_2O$$
$$\longrightarrow HO_3S\text{—}\bigcirc\text{—}OH + N_2 + HCl$$

サ　式(8)はアゾ基の還元である。アゾ基が還元される反応は高校では学ばないが，問題文中にオレンジⅡのアゾ基の部分が還元されてスルファニル酸ナトリウムが生成すると与えられているので，$-N=N-$ の部分が 2 つの $-NH_2$ に変化すると判断できる。したがって，化合物Cは下図の構造式の 1-アミノ-2-ナフトールと推定される。

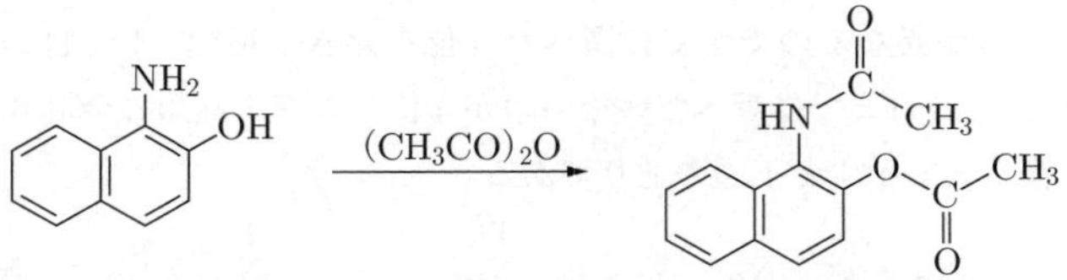

　この化合物の分子式は $C_{10}H_9NO$ であり，これに過剰量の無水酢酸を作用させると上式に示すようにアミノ基もヒドロキシ基もアセチル化され，$C_{14}H_{13}NO_3$ の化合物が生成するので，矛盾はない。

シ　実験の報告書は，後でこの実験を検証したり他人が再現しようとしたりするときに必要となる。したがって，実験事実をそのまま記録することは必須のことである。したがって，(1)のように実際に行ったことと違うことを報告することは不適切である。また，(4)も理論的には収率が 100% を超えるはずはないが，何か見逃している事実があって見かけ上，収率が 110% と計算されることもあり得るので，これも決して行ってはいけない。

解答

I　ア　$CH_2=CH-CH_2-CH_2-CH_3$,　$CH_3-CH=CH-CH_2-CH_3$

イ　$CH_3-CH_2-CH_2-COOH$,　CH_3-COOH,　CH_3-CH_2-COOH

ウ　32g（答に至る過程は解説参照）

エ　両者をジエチルエーテルで抽出して水溶液と分離し分液漏斗に移し，水酸化ナトリウム水溶液を加えて振り混ぜカルボン酸を水溶液中に抽出して分離する。この操作でケトンはジエチルエーテル溶液中に分離される。塩となったカルボン酸の水溶液に希塩酸を加えた後，ジエチルエーテルを加えて振り混ぜ，カルボン酸を抽出する。

オ

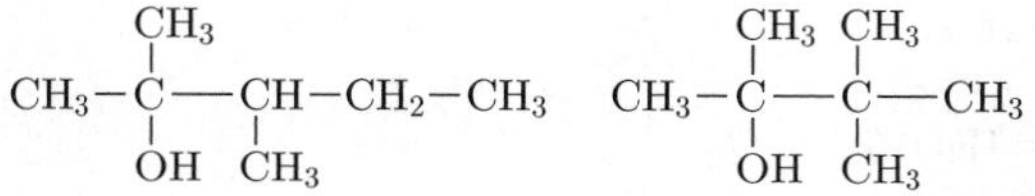

$$CH_3-\underset{\underset{OH}{|}}{\overset{\overset{CH_3}{|}}{C}}-CH-CH_2-CH_3 \quad\quad CH_3-\underset{\underset{OH}{|}}{\overset{\overset{CH_3}{|}}{C}}-\underset{\underset{CH_3}{|}}{\overset{\overset{CH_3}{|}}{C}}-CH_3$$

カ

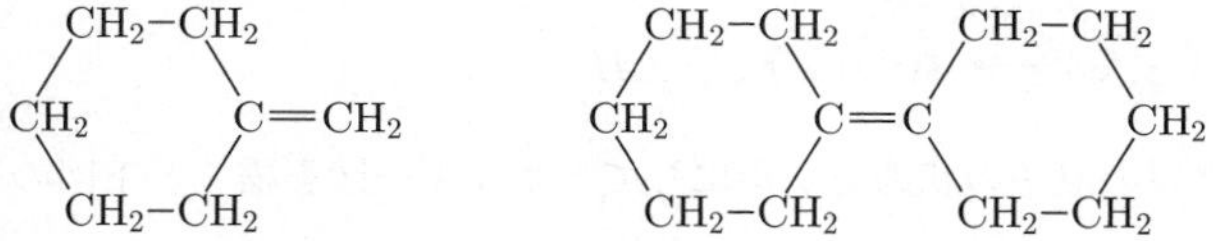

II　キ　シス形の極性が高い。

　　　理由：2つのC-N結合の極性が，トランス形は打ち消し合うが，シス形は打ち消されないから。（39字）

ク　6通り

ケ　69%

コ

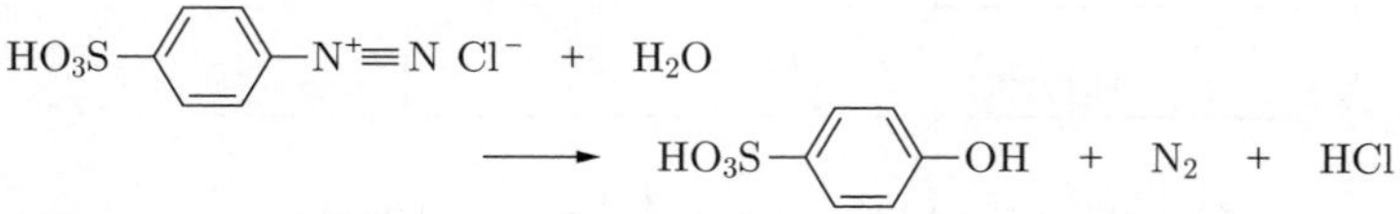

$$HO_3S-\!\!\!\bigcirc\!\!\!-N^+\!\!\equiv\!N\ Cl^- \ + \ H_2O$$
$$\longrightarrow \ HO_3S-\!\!\!\bigcirc\!\!\!-OH \ + \ N_2 \ + \ HCl$$

サ　化合物C 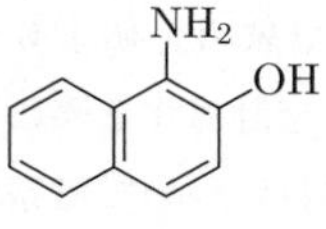　　　　　　　　　化合物D

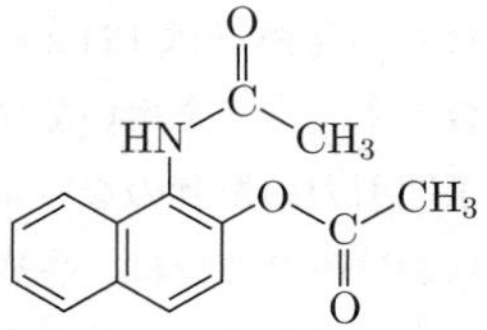

シ　(1)と(4)

2014年

第1問

解説

I ア 水素の燃焼熱 $286\,\mathrm{kJ/mol}$ は $2.0\,\mathrm{g}$ の水素が燃焼して液体の水となるときに発生する熱量なので，$1\,\mathrm{g}$ あたりで発生する熱量は $143\,\mathrm{kJ}$ である。

イ 結合エネルギーは気体状態にある物質中の共有結合 $1\,\mathrm{mol}$ を切断するために必要なエネルギーなので，それを用いて計算される水素の燃焼によって発生する熱量 Q 〔kJ/mol〕は，下式で表される。

$$\mathrm{H_2(気)} + \frac{1}{2}\mathrm{O_2(気)} = \mathrm{H_2O(気)} + Q$$

$$\mathrm{H_2(気)} + \frac{1}{2}\mathrm{O_2(気)} \longrightarrow \mathrm{H_2O(気)} \qquad \Delta H = -Q$$

反応に関係する物質の原子の状態を基準にしてエネルギー図を描くと下図の通りである。

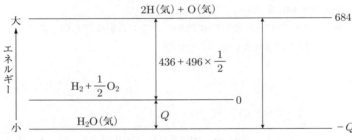

$$\therefore \quad Q = 463 \times 2 - \left(436 + 496 \times \frac{1}{2}\right) = 242\,\mathrm{kJ/mol}$$

よって，水素ガス $1\,\mathrm{g}$ 当たりの発熱量は $121\,\mathrm{kJ}$ となり，アで求めた値よりかなり小さい。その理由は，結合エネルギーを用いて発生する熱量を計算する際に，条件として述べたように，分子間引力の影響のない気体状態の物質について考察するためである。すなわち，アにおける計算では，生成する水が液体の状態であるのに対し，イでの計算は水蒸気が生成する際の発熱量を求めているためであり，液体の水が生成する際には分子間引力が働いて水分子が集合し，水の蒸発熱の分だけエネルギーがより小さい状態の水が生成しているため発熱量が大きくなるのである。

ウ (2)式によって生じる水素を燃料として，これを燃焼してエネルギーを得るので，

その燃焼に必要な酸素を加えてエネルギー図を描くと次図の通りである。

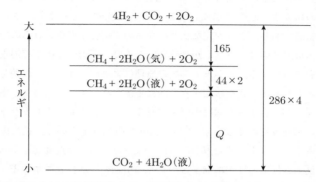

　図中の Q はメタンの燃焼熱となる。図からこれを求めると，$Q = 891\,\mathrm{kJ/mol}$ である。よって，(2)式の反応を用いて製造した水素の燃焼で得られるエネルギーは，図からわかるように $2\,\mathrm{mol}$ の水の蒸発熱を加えて，メタン $1\,\mathrm{mol}$ あたり $891 + 44 \times 2 = 979\,\mathrm{kJ/mol}$ である。したがって，メタン $1\,\mathrm{g}$ あたりの発熱量は $\dfrac{979\,\mathrm{kJ/mol}}{16\,\mathrm{g/mol}} = 61.2\,\mathrm{kJ/g}$ である。

エ　LiH において負電荷を帯びているのは H の方である。両原子とも最外電子殻に 1 個の電子を収容しているが，その電子は Li では K 殻までの Li^+ に引きつけられているのに対し，H は原子核の陽子に引きつけられていて，最外殻電子と Li^+ または陽子に働く静電引力はよりその距離の小さい H 原子の方が強い。したがって，H 原子の方がこの最外殻電子を失いにくく，両者の電気陰性度は H＞Li となる。実際，H と Li の最外殻電子が原子核からどれくらいの距離にあるかを原子半径で見積もると，H は $0.037\,\mathrm{nm}$，Li は $0.134\,\mathrm{nm}$ であり，その結果両者の第 1 イオン化エネルギーも H が $1312\,\mathrm{kJ/mol}$，Li が $520\,\mathrm{kJ/mol}$ とはるかに H の方が大きい。

オ　LiH は Li^+ と H^- からなるイオン結晶と見なすことができ，問題文に与えられているように塩化ナトリウム型の結晶構造を取っている。図 1-1 に与えられている単位格子の内部には Li^+ と H^- が 4 個ずつ含まれていて，その体積は $(0.40\,\mathrm{nm})^3 = 0.40^3 \times 10^{-27}\,\mathrm{m}^3$ である。結晶中で，単位体積当たりの粒子数は結晶の大きさに依らないので，水素 $1\,\mathrm{g}$ すなわち H 原子 6.0×10^{23} 個を含む結晶の体積を $V\,[\mathrm{m}^3]$ とすると，下式が成立する。

$$\frac{4}{0.40^3 \times 10^{-27}\,\mathrm{m}^3} = \frac{6.0 \times 10^{23}}{V}$$

$$\therefore \quad V = 9.6 \times 10^{-6}\,\mathrm{m}^3 = 9.6\,\mathrm{mL}$$

Ⅱ　カ　(6)式の正反応は I_2 分子中の共有結合を切る反応であり吸熱反応である。2つの I 原子の状態より結合を形成して I_2 となった状態の方がよりエネルギーの小さい安定な状態であり，より安定な状態になるので結合が形成されるのである。

キ　反応(6)の可逆反応は，正反応が吸熱反応なので，圧力一定の下で温度を高くすると平衡は右に移動する。ルシャトリエの原理によれば，化学平衡に関与する条件を変化させると，その変化を緩和する方向に平衡が移動する。よって，温度を高くすれば吸熱反応が進行する方向に平衡が移動する。これをもう少し掘り下げて考察すると，この可逆反応の正反応が $150\,\mathrm{kJ/mol}$ の吸熱反応なので，正反応と逆反応の活性化エネルギーは正反応の方がはるかに大きく，同じ温度変化があったとき，正反応も逆反応も反応速度が増加するが，その増加率は活性化エネルギーの大きい正反応の方が大きい。よって，正反応と逆反応の反応速度が等しかったところから温度を高くすると，その直後には正反応の反応速度の方が逆反応の反応速度よりも大きくなるので，右方向に平衡が移動することになる。

ク　単に反応物同士が衝突しても反応は起こらず，十分に大きなエネルギーを持って衝突して，反応物の中の結合が弱まり生成物が生じるための新しい結合ができかかった状態に達したときにはじめて反応が起こる。このエネルギーの大きな状態は活性化状態(遷移状態)と呼ばれ，この状態に達するために必要なエネルギーが活性化エネルギーである。

ケ　(4), (6), (7)からこれらの変化が起こる間のエネルギー変化を(7)の反応熱を Q_7 〔kJ/mol〕の発熱として図示すると以下の通りである。

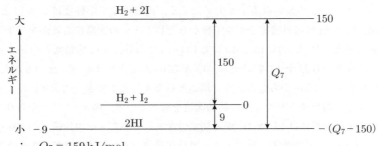

$$\therefore \quad Q_7 = 159\,\mathrm{kJ/mol}$$

コ　反応(6), (7)は H_2 と I_2 から HI が生成する際の素反応であり，それらの反応速度はそれぞれ反応物の濃度の積に比例し，最終的に HI が生成する過程の反応速度は(9)式に与えられているように $[H_2]$ と $[I]^2$ の積に比例する。また，反応(6)の正反応，逆反応の反応速度は反応(7)に比べて十分に速く，反応(7)が進行しているときでも反

応(6)は平衡が成立していると近似できる。よって，反応(7)が進行しているときでも(8)式が成り立ち，下式が成立する。

$$[I]^2 = K[I_2]$$

これを(9)式に代入すると，下式となり実験事実と一致する。

$$v_{HI} = k_2[H_2][I]^2 = Kk_2[H_2][I_2]$$

これと実験から求められた速度式の(5)式と比較すると，$k_1 = Kk_2$である。

サ　反応(7)の反応速度が反応(6)の反応速度より圧倒的に速いとき，HI の生成速度は反応(6)の正反応である I の生成速度で決まる。この過程は全体の反応速度を決める段階という意味で律速段階と呼ばれる。よって，HI の生成速度は$[I_2]$に比例し，$[H_2]$には依らず，下式のように表される。

$$v_{HI} = k[I_2]$$

解 答

I　ア　$1.4 \times 10^2\,kJ$

イ　$1.2 \times 10^2\,kJ$ で一致しない

理由：アでは生成する水が液体となっている場合の発熱量であるのに対し，イではそれが気体であるため。(45 字)

ウ　$61\,kJ$

エ　H 原子

理由：Li 原子，H 原子の最外殻電子は順に L 殻，K 殻に収容されていて，正電荷との距離が H 原子の方が短いため。(49 字)

オ　$9.6\,mL$

II　カ　吸熱

理由：共有結合を形成するのは，原子の状態よりエネルギーが減少するからであり，反応(6)の正反応はその逆反応である。(52 字)

キ　I_2 が解離する右方向に移動する。

理由：ルシャトリエの原理より，圧力を一定にして温度を高くすると吸熱反応が進行する方向に平衡が移動するため。(50 字)

ク　活性化状態（遷移状態）

ケ　$159\,kJ/mol$

コ　反応(6)は平衡が成立しているので，(8)式から$[I]^2 = K[I_2]$が成立する。これをHI の生成速度を与える(9)式に代入すると下式となり，反応速度は$[H_2]$と$[I_2]$の積に比例する。

$$v_{HI} = k_2[H_2][I]^2 = Kk_2[H_2][I_2]$$

$k_1,\ k_2,\ K$ の間に成り立つ関係式：$K = \dfrac{k_1}{k_2}$

サ　$[H_2]$には依らず$[I_2]$に比例する。

第 2 問

解説

I　ア　二クロム酸イオンを含む水溶液を塩基性にすると，$Cr-O-Cr$ の部分が加水分解され，下のイオン反応式のように黄色のクロム酸イオンを生じる。

$$Cr_2O_7{}^{2-} + 2OH^- \longrightarrow 2CrO_4{}^{2-} + H_2O$$

強塩基として水酸化カリウムを用いたときの反応式は下式となる。

$$K_2Cr_2O_7 + 2KOH \longrightarrow 2K_2CrO_4 + H_2O$$

イ，ウ　実験 1 は硫酸酸性の二クロム酸カリウムによる 2-プロパノールの酸化であり，下線部②の生成物は下図の構造のアセトンである。

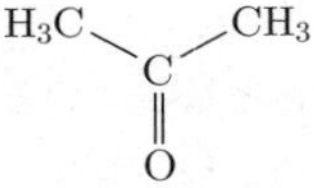

$$\underset{\underset{O}{\|}}{\overset{H_3C}{\diagdown}} \underset{\diagup}{\overset{}{C}} \overset{CH_3}{}$$

アセトンが生成する反応は下式で表される。

$$3CH_3CH(OH)CH_3 + K_2Cr_2O_7 + 4H_2SO_4$$
$$\longrightarrow 3CH_3COCH_3 + K_2SO_4 + Cr_2(SO_4)_3 + 7H_2O$$

反応後の溶液の色が緑色になったのは，橙色の二クロム酸イオンがすべて Cr^{3+} に還元されたことを意味し，生成したアセトン（58 g/mol）の物質量の $\dfrac{1}{3}$ の二クロム酸カリウムが反応したので，二クロム酸カリウム水溶液の濃度を $x\,mol/L$ とすると下式が成立する。

$$x\,mol/L \times \frac{2.0}{1000}\,L \times 3 = \frac{0.3\,g}{58\,g/mol}$$

$$\therefore\quad x = 0.862\,mol/L$$

エ　実験 2 は酸化マンガン（Ⅳ）が触媒として作用する過酸化水素の分解であり，触媒の量を 2 倍にしても発生する熱量は反応する過酸化水素の物質量で決まるので，発熱量は変わらない。よって，98 kJ の熱が発生する。

オ　実験 3 の硫化鉄（Ⅱ）と書かれた試薬瓶に入っている試薬を希硫酸に加えると，下式のように弱酸の硫化水素が遊離する。

$$FeS + H_2SO_4 \longrightarrow FeSO_4 + H_2S$$

　よって，下線部③で発生する気体は硫化水素であり，その化学式は H_2S である。よって，後に固体物質は残らない。

　硫化水素は 0.1 mol/L 程度まで水に溶け，水溶液中で 2 段階に電離する弱酸である。よって，選択肢の中の記述の(1)は正しく(2)は誤っている。また，その分子量は 34 で空気の平均分子量 29 より大きいので，下方置換で捕集するので，(3)の記述も正しく(4)は誤りである。硫化水素は無色の腐卵臭の気体であり，(5)にある黄緑色の気体でも(6)の褐色の気体でもない。黄緑色の気体は塩素 Cl_2，褐色の気体は二酸化窒素 NO_2 が典型例である。

カ　硫化鉄(Ⅱ)と希硫酸を反応させた後の溶液中には硫化水素が溶けているので，煮沸せずに過マンガン酸カリウム水溶液で適定すると，Fe^{2+} の酸化だけではなく，下式の硫化水素の酸化も同時に起こり，滴定値が大幅に増え，純度が 100% を超える結果となる。

$$5H_2S + 8KMnO_4 + 7H_2SO_4 \longrightarrow 4K_2SO_4 + 8MnSO_4 + 12H_2O$$

　なお，ここでは硫化水素が硫酸まで酸化される場合の反応式を示したが，硫黄の単体まで酸化される反応も起こる。

キ　溶液を煮沸して硫化水素を追い出し，過マンガン酸カリウム（158 g/mol）によって酸化されるのが Fe^{2+} のみにして滴定すると，下式のイオン反応式で表される酸化還元反応のみが起こる。

$$5Fe^{2+} + MnO_4^- + 8H^+ \longrightarrow 5Fe^{3+} + Mn^{2+} + 4H_2O$$

対のイオンを補って化学反応式にすると，下式の通りである。

$$10FeSO_4 + 2KMnO_4 + 8H_2SO_4$$
$$\longrightarrow 5Fe_2(SO_4)_3 + K_2SO_4 + 2MnSO_4 + 8H_2O$$

　よって，この酸化還元滴定の終点で $n_{Fe^{2+}} = 5n_{MnO_4^-}$ の関係が成立する。したがって，瓶の中の試薬 1.0 g に含まれる硫化鉄(Ⅱ)（87.9 g/mol）の物質量は下式で表される。

$$n_{FeS} = \frac{1.6\,g}{158\,g/mol} \times \frac{5.4\,mL}{25\,mL} \times 5 = 1.09 \times 10^{-2}\,mol$$

　この硫化鉄の質量は 87.9 g/mol $\times$ 1.09 $\times 10^{-2}$ mol = 0.961 g なので，純度は 96.1% である。

Ⅱ　ク，ケ　空欄 a, b を含む文章は，金属のイオン化傾向と金属の単体の反応性に関する記述であり，問題文に単体についての記述であることが明示されていないが，そう判断せざるを得ない。イオン化傾向が大きいアルカリ金属の単体は，常温で激

しく水と反応して下式のように水素を発生する。たとえば Na の単体の場合は以下の通りである。

$$2Na + 2H_2O \longrightarrow 2NaOH + H_2$$

　これに対し，イオン化傾向が水素より小さい金属は，その単体は水とも通常の酸とも反応しないが，酸化力のある酸である希硝酸には下式のように一酸化窒素を発生させながら溶解する。

$$3Cu + 8HNO_3 \longrightarrow 3Cu(NO_3)_2 + 2NO + 4H_2O$$

コ　問題文に示されているように，(1)式に示されている MX の水へ溶解するときの反応熱である溶解熱 Q が大きい程，溶解度が大きい。MX の水への溶解の過程は，(2)式で示されるイオン化と(4)，(5)式で示されるイオンの水和に分けて考察することができる。なお，(2)式で表される過程の反応熱は，イオン結晶の格子エネルギーと呼ばれるが，これは多数の陽イオン，陰イオンからイオン結晶が生成する過程を考察しているため，結晶構造が異なるイオン結晶では，イオン間の距離のみの関数にはならないことから，その効果を無視できるように，$Q_{イオン化}$ に昇華熱が含まれるとしたものと推定される。さて，(2)式で定義されるイオン化熱 $Q_{イオン化}$ は，静電気力によって引きつけ合っているイオンをバラバラにする過程であり，エネルギーの増大する吸熱過程である。これに対し，(4)，(5)式で示されるイオンの水和の過程は，陽イオンに水分子の負に帯電した O 原子が，陰イオンには正に帯電した H 原子が接近して水和イオンを形成する過程であり，静電気力によるエネルギーが減少する発熱過程である。これをエネルギー図に描くと下図の通りである。

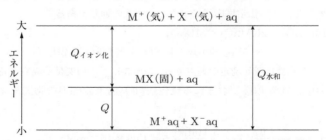

　一般に，エネルギーの減少する発熱反応は起こりやすく，その絶対値が大きい程起こりやすい。したがって，$Q_{イオン化}$ が小さく $Q_{水和}$ が大きいと溶解熱が大きくなり溶解度が大きい。

サ　塩 A，B について(3)式および(6)式にイオン半径を代入して $Q_{イオン化}$ および $Q_{水和}$ を計算すると以下の通りである。

　A について $r_M = r_X$ より

$$Q_{イオン化} = -\frac{\alpha}{r_M + r_X} = \frac{\alpha}{2r_M}$$

$$Q_{水和} = \beta\left(\frac{1}{r_M} + \frac{1}{r_X}\right) = \frac{2\beta}{r_M}$$

Bについて $0.5r_M = r_X$ より

$$Q_{イオン化} = -\frac{\alpha}{r_M + r_X} = -\frac{\alpha}{1.5r_M}$$

$$Q_{水和} = \beta\left(\frac{1}{r_M} + \frac{1}{r_X}\right) = \beta\left(\frac{1}{r_M} + \frac{1}{0.5r_M}\right) = \frac{3\beta}{r_M}$$

よって，イオン化のエネルギー差の空欄 e は以下の通り。

$$e : -\frac{\alpha}{1.5r_M} - \left(-\frac{\alpha}{2r_M}\right) = -\frac{\alpha}{6r_M}$$

また，水和の過程のエネルギー差の空欄 f は以下の通りである。

$$f : \frac{3\beta}{r_M} - \frac{2\beta}{r_M} = \frac{\beta}{r_M}$$

なお，f は M^+ への水和エネルギーは共通なので，X^- への水和エネルギーの差となっている。

シ　NaF について与えられた数値を用いて α，β の数値を求めると以下の通りである。

$$Q_{イオン化} = -\frac{\alpha}{(0.12\,nm + 0.12\,nm)} = -\frac{\alpha}{0.24 \times 10^{-9}\,m} = -923\,kJ/mol$$

$$\therefore \quad \alpha = 2.22 \times 10^{-7}\,kJ \cdot m \cdot mol^{-1} = 2.22 \times 10^{-4}\,J \cdot m \cdot mol^{-1}$$

$$Q_{水和} = \beta\left(\frac{1}{0.12\,nm} + \frac{1}{0.12\,nm}\right) = \frac{2\beta}{0.12 \times 10^{-9}\,m} = (406 + 524)\,kJ/mol$$

$$\therefore \quad \beta = 5.58 \times 10^{-8}\,kJ \cdot m \cdot mol^{-1} = 5.58 \times 10^{-5}\,J \cdot m \cdot mol^{-1}$$

ス　サで得られた結果に基づいて塩A，Bの溶解熱の差を計算すると，以下の通りである。

$$Q_B - Q_A = -\frac{\alpha}{6r_M} + \frac{\beta}{r_M}$$

ここに $\alpha = 2.22 \times 10^{-4}\,J \cdot m \cdot mol^{-1}$ と $\beta = 5.58 \times 10^{-5}\,J \cdot m \cdot mol^{-1}$ を代入して数値を求めると，以下のように差は正の値となる。

$$Q_B - Q_A = -\frac{2.22 \times 10^{-4}\,J \cdot m \cdot mol^{-1}}{6r_M} + \frac{5.58 \times 10^{-5}\,J \cdot m \cdot mol^{-1}}{r_M}$$

$$= \frac{1.88 \times 10^{-5}\,\mathrm{J\cdot m\cdot mol}^{-1}}{r_{\mathrm{M}}}$$

　　したがって，塩Ａ，Ｂの溶解熱はＢの方が大きく，ＡよりＢの溶解度が大きい。

セ　$Q_{\text{イオン化}}$はイオン半径の和，$Q_{\text{水和}}$はイオン半径に反比例する量なので，それらの
　和である溶解熱が最大または最小となるのは LiF または LiI の場合であるので，そ
　れを具体的に計算してみると以下の通りである。

LiF の溶解熱

$$Q_{\mathrm{LiF}} + (Q_{\mathrm{Li}} + Q_{\mathrm{F}})$$

$$= -\frac{2.22 \times 10^{-4}\,\mathrm{J\cdot m\cdot mol}^{-1}}{(0.09 + 0.12) \times 10^{-9}\,\mathrm{m}}$$

$$+ 5.58 \times 10^{-5}\,\mathrm{J\cdot m\cdot mol}^{-1}\left(\frac{1}{0.09 \times 10^{-9}\,\mathrm{m}} + \frac{1}{0.12 \times 10^{-9}\,\mathrm{m}} \right)$$

$$= -1.057 \times 10^{6}\,\mathrm{J/mol} + 1.085 \times 10^{6}\,\mathrm{J/mol} = 2.8 \times 10\,\mathrm{kJ/mol}$$

LiI の溶解熱

$$Q_{\mathrm{LiI}} + (Q_{\mathrm{Li}} + Q_{\mathrm{I}})$$

$$= -\frac{2.22 \times 10^{-4}\,\mathrm{J\cdot m\cdot mol}^{-1}}{(0.09 + 0.21) \times 10^{-9}\,\mathrm{m}}$$

$$+ 5.58 \times 10^{-5}\,\mathrm{J\cdot m\cdot mol}^{-1}\left(\frac{1}{0.09 \times 10^{-9}\,\mathrm{m}} + \frac{1}{0.21 \times 10^{-9}\,\mathrm{m}} \right)$$

$$= -7.4 \times 10^{5}\,\mathrm{J/mol} + 8.86 \times 10^{5}\,\mathrm{J/mol} = 1.46 \times 10^{2}\,\mathrm{kJ/mol}$$

　　よって，溶解熱の大きい LiI がハロゲン化リチウムの中では最も溶解度が大きく，
LiF の溶解度が最も小さいと考えられる。

　　ここに得られた結果は，イオン半径の小さいイオン結晶ではイオン化熱も水和熱
も大きいが，溶解熱の違いには吸熱過程であるイオン化の過程の寄与の方が大きい
ことがわかる。なお，水和熱の見積もりでは，(6)式を用いて陽イオンと陰イオンを
区別せずに扱ったが，シの設問中に与えられた水和熱のデータでは，イオン半径が
等しい Na^{+} と F^{-} の水和熱が異なっている。それは，陽イオンに対する水和と陰イ
オンに対する水和を区別すべきであることを示唆する。そうであっても，水和熱が
イオン半径に反比例することは成り立つとすると，Li^{+}，F^{-}，I^{-} の水和熱は以下
のように計算される。

$$Q_{\mathrm{Li}} = Q_{\mathrm{Na}} \times \frac{r_{\mathrm{Na}}}{r_{\mathrm{Li}}} = 406\,\mathrm{kJ/mol} \times \frac{0.12\,\mathrm{nm}}{0.09\,\mathrm{nm}} = 541\,\mathrm{kJ/mol}$$

$$Q_{\mathrm{F}} = 524\,\mathrm{kJ/mol}$$

$$Q_I = Q_F \times \frac{r_F}{r_I} = 524 \, \text{kJ/mol} \times \frac{0.12 \, \text{nm}}{0.21 \, \text{nm}} = 299 \, \text{kJ/mol}$$

また，イオン化熱もイオン半径の和で同様に考察できるので，以下のように計算できる。

$$Q_{LiF} = Q_{NaF} \times \frac{r_{Na} + r_F}{r_{Li} + r_F} = -923 \, \text{kJ/mol} \times \frac{0.12 \, \text{nm} + 0.12 \, \text{nm}}{0.09 \, \text{nm} + 0.12 \, \text{nm}}$$

$$= -1054 \, \text{kJ/mol}$$

$$Q_{LiI} = Q_{NaF} \times \frac{r_{Na} + r_F}{r_{Li} + r_I} = -923 \, \text{kJ/mol} \times \frac{0.12 \, \text{nm} + 0.12 \, \text{nm}}{0.09 \, \text{nm} + 0.21 \, \text{nm}}$$

$$= -738 \, \text{kJ/mol}$$

よって，溶解熱は以下のように求められる。

LiF：$(541 + 524) \, \text{kJ/mol} - 1054 \, \text{kJ/mol} = 11 \, \text{kJ/mol}$

LiI：$(541 + 299) \, \text{kJ/mol} - 738 \, \text{kJ/mol} = 102 \, \text{kJ/mol}$

この計算結果も LiI の溶解熱の方が大きく，溶解度が大きいことを示している。

解 答

I　ア　$K_2Cr_2O_7 + 2KOH \longrightarrow 2K_2CrO_4 + H_2O$

イ

ウ　0.86 mol/L（答に至る過程は解説参照）

$3CH_3CH(OH)CH_3 + K_2Cr_2O_7 + 4H_2SO_4$

$\longrightarrow 3CH_3COCH_3 + K_2SO_4 + Cr_2(SO_4)_3 + 7H_2O$

エ　98 kJ

オ　H_2S　　(1), (3)

カ　Fe^{2+} 以外に溶液中に溶けていた H_2S も酸化され，過マンガン酸カリウム水溶液の滴下量が多くなったため。（46 字）

キ　96%（答に至る過程は解説参照）

$10FeSO_4 + 2KMnO_4 + 8H_2SO_4$

$\longrightarrow 5Fe_2(SO_4)_3 + K_2SO_4 + 2MnSO_4 + 8H_2O$

II　ク　a：(3)　　b：(4)

ケ　$3Cu + 8HNO_3 \longrightarrow 3Cu(NO_3)_2 + 2NO + 4H_2O$

コ　c：(2)　　d：(1)

サ　e：$-\dfrac{\alpha}{6r_{\mathrm{M}}}$　　f：$\dfrac{\beta}{r_{\mathrm{M}}}$

シ　$\alpha = 2.2 \times 10^{-4}\,\mathrm{J\cdot m\cdot mol^{-1}}$　　　$\beta = 5.6 \times 10^{-5}\,\mathrm{J\cdot m\cdot mol^{-1}}$

ス　塩B

　　理由：$Q_{\text{イオン化}}$と $Q_{\text{水和}}$の絶対値はいずれもイオン半径の増大にともなって減少
　　　　　するが，その溶解熱への寄与は $Q_{\text{水和}}$の方が大きいため。（52字）

セ　最高：LiI　　最低：LiF

第3問

【解説】

I　ア　α-D-グルコースを水に溶かしたときの平衡状態は，下図のように表される。

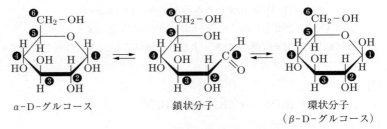

グルコース水溶液中の平衡混合物
（簡略化のため，環を構成する C 原子および鎖状分子中の❷〜❺の C 原子は省略してある）

　　したがって，下線部①の環状分子とは，α-D-グルコースの炭素❶についた水素
H 原子とヒドロキシ基（❶OH 基）の上下関係が逆になっている β-D-グルコースの
ことである。よって，これと同じものを表している構造式は，選択肢中の(1)，(2)だ
けであり，他はすべて異なる。

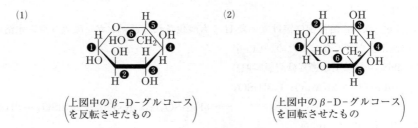

　　ただし，ここで注意しておきたいのは，選択肢中の(5)は β-D-グルコースと鏡像
関係にはあるが重ね合わせることのできない，光学異性体（鏡像異性体）の β-L-グ

ルコースである。

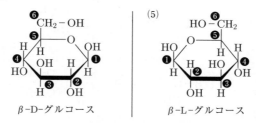

β-D-グルコース 　　　　β-L-グルコース

(互いに鏡像異性体の関係にある)

　また，(4)は(5)の 1 位の立体配置が逆になっている α-L-グルコース，(3)は 2 位，3 位の立体配置がグルコースとは異なる立体異性体，(6)は 4 位の立体配置が逆になっている β-ガラクトースである。

イ　室温付近でグルコースは α-D-グルコース，鎖状グルコース，β-D-グルコースの 3 種の構造の化合物の平衡混合物となっているが，アルデヒド基を有する鎖状グルコースの割合はきわめて小さい。そのため，アルデヒド基を有する化合物より酸化剤であるアンモニア性硝酸銀と反応する構造のグルコースの濃度が小さく，反応速度が小さくなる。もちろん，この鎖状グルコースが酸化されて消失すれば，環状の α-D-グルコースまたは β-D-グルコースから平衡移動が起こって鎖状グルコースを生じるので，十分量の酸化剤と反応させれば，グルコースはすべて反応する。

ウ　アンモニア性硝酸銀によるアルデヒドの酸化は下式で表される。

$$R-CHO + 2[Ag(NH_3)_2]^+ + 2OH^-$$

$$\longrightarrow R-COONH_4 + 2Ag + 3NH_3 + H_2O$$

鎖状グルコースに含まれるホルミル基(アルデヒド基)も同様にカルボキシ基に酸化されるので，その構造は下式の通りである。

$$CH_2-OH \qquad \qquad CH_2-OH$$

（図）または（図）

エ　一般にアルデヒド基やケトン基の C＝O 二重結合には下式のようにアルコールが可逆的に付加をする。この反応で生成した化合物には，結果として一つの C 原子にヒドロキシ基とエーテル結合の O 原子が結合した構造を含んでいる。この構造の化合物はヘミアセタールと呼ばれ，さらに次式のようにアルコールと縮合して 2 つのエーテル結合を持つ化合物のアセタールとなることができる。

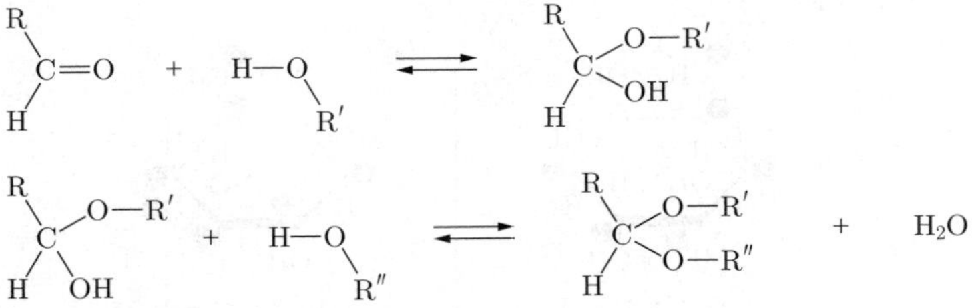

$$\underset{H}{\overset{R}{C}}=O \quad + \quad \underset{R'}{\overset{H-O}{}} \quad \rightleftharpoons \quad \underset{H}{\overset{R}{C}}\overset{O-R'}{\underset{OH}{}}$$

$$\underset{H}{\overset{R}{C}}\overset{O-R'}{\underset{OH}{}} \quad + \quad \underset{R''}{\overset{H-O}{}} \quad \rightleftharpoons \quad \underset{H}{\overset{R}{C}}\overset{O-R'}{\underset{O-R''}{}} \quad + \quad H_2O$$

　この付加反応が鎖状グルコースのアルデヒド基に❺OH基の間で起こると6員環が形成され，αまたはβ-D-グルコースとなる。このとき，❶位にはヒドロキシ基とエーテル結合のO原子が結合し，ヘミアセタールとなる。このヘミアセタール構造のヒドロキシ基が他の糖のヒドロキシ基と縮合すると様々な二糖類となる。

　このヘミアセタールの性質を考えると，二糖類を構成する単糖の一方はアセタールとなっているとしても，他方の単糖にヘミアセタール構造が残っていれば，そこで環を開いてホルミル基(アルデヒド基)を持つ鎖状構造に変化することができる。よって，構成単糖にヘミアセタール構造が残っているかどうかを確かめると，(1)，(2)，(4)，(6)の二糖類は，右側の構成単糖にこの構造が残っている。これに対し，(3)と(5)の二糖類はヘミアセタール構造のヒドロキシ基同士で縮合しているため開環できず，還元性を示さない。

オ　ポリマーP1のα-1,6-グリコシド結合を加水分解すると，図3-2に示される構造単位から，グルコース単位E，Dからなる二糖類のマルトースとグルコース単位Cから生じるグルコースおよびグルコース単位A，Bを含むアミロース鎖が生成する。したがって，1分子のポリマーP1が加水分解されると，$2n$個の水と反応してn個のマルトースとn個のグルコースと1個のアミロースが生成する。よって，その反応式は次図で表される。

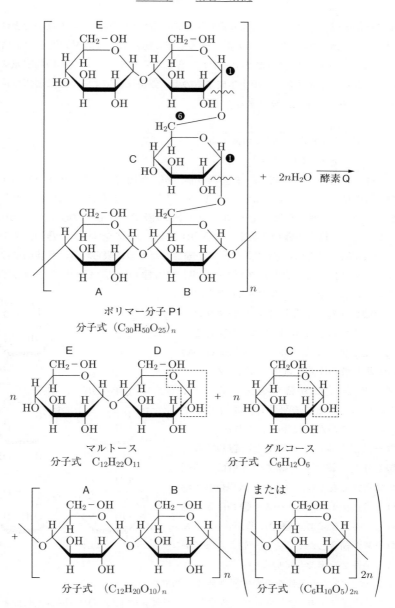

ポリマー分子 P1
分子式 $(C_{30}H_{50}O_{25})_n$

マルトース
分子式 $C_{12}H_{22}O_{11}$

グルコース
分子式 $C_6H_{12}O_6$

分子式 $(C_{12}H_{20}O_{10})_n$

分子式 $(C_6H_{10}O_5)_{2n}$

カ　エで解説したように，環状構造の糖類の還元性はヘミアセタール構造を含むかど
うかで決まる。したがって，ポリマー P1 の繰り返し単位 1 個から 2 個の還元性を

示す糖が生成し，ポリマーの繰り返し単位には5個のグルコース単位が含まれるので，この加水分解によって，グルコース単位の総数の2/5の還元性を示す糖が生成する。よって，8.1gのポリマーP1に含まれるグルコース単位の物質量の2/5倍の物質量の還元性を示す糖が生成するので，銀鏡反応によって生じる銀の質量をw〔g〕とすると，下式が成立する。

$$\frac{w}{107.9\,\mathrm{g/mol}} = \frac{8.1\,\mathrm{g}}{162\,\mathrm{g/mol}} \times \frac{2}{5} \times 2$$

$$\therefore \quad w = 4.316\,\mathrm{g} \fallingdotseq 4.3\,\mathrm{g}$$

キ　α-D-グルコースからなる五糖の異性体だが，問題文に示された3つの条件を満たすものは，三糖A－B－Cにα-1, 4-グリコシド結合またはα-1, 6-グリコシド結合でグルコース単位Cとα-D-グルコースが2個縮合したものである。したがって，グルコース単位Cの❹OH基または❻OH基とα-D-グルコースの❶OH基が縮合した四糖に，さらにα-D-グルコースが縮合したものに限られる。具体的には，グルコース単位Cに縮合したグルコース単位にも❹OH基と❻OH基が残っているので，これらがもう1つのα-D-グルコースの❶OH基と縮合してα-1, 4-グリコシド結合またはα-1, 6-グリコシド結合を形成した五糖およびグルコース単位Cの❹OH基と❻OH基の両方にα-D-グルコースが縮合した五糖である。よって，2＋2＋1＝5種類の異性体がありそうである。ところが，最後の2つのα-D-グルコースがグルコース単位Cの❹OH基と❻OH基と縮合した構造の五糖は，右図の構造式で表され，グルコース単位Bの❶OH基とα-D-グルコースの❻OH基で縮合し，さらにこれの❹OH基がα-D-グルコースが縮合したものと同一物となっていて，条件2を満たしていない。

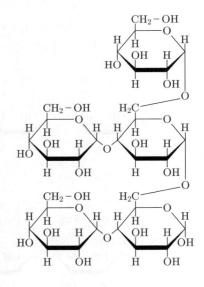

　　よって，3つの条件を満たす異性体は4種である。

Ⅱ　ク　ナイロン66はジカルボン酸であるアジピン酸$\mathrm{HOCO(CH_2)_4COOH}$とジアミンのヘキサメチレンジアミン$\mathrm{H_2N(CH_2)_6NH_2}$を縮合重合させて得られるポリアミドである。よって，Xはアジピン酸であり，その酸塩化物の構造は次図の通りで

ある。

$$Cl - \overset{\overset{\displaystyle O}{\|}}{C} - \overset{\overset{\displaystyle H_2}{}}{\underset{\underset{\displaystyle H_2}{}}{C}} - \overset{\overset{\displaystyle H_2}{}}{C} - \overset{\overset{\displaystyle H_2}{}}{\underset{\underset{\displaystyle H_2}{}}{C}} - \overset{}{\underset{\underset{\displaystyle O}{\|}}{C}} - Cl$$

ケ　アジピン酸の酸塩化物とヘキサメチレンジアミンからナイロン 66 が生成する変化は下式で表される。

$$n\,ClCO(CH_2)_4COCl + n\,H_2N(CH_2)_6NH_2$$

$$\longrightarrow Cl \left[\underset{O}{\overset{\|}{C}} (CH_2)_4 \underset{O}{\overset{\|}{C}} - N \underset{H}{} (CH_2)_6 \underset{H}{N} \right]_n H \quad + \quad (2n-1)HCl$$

　　反応式に示されているように，酸塩化物を用いてナイロン 66 を合成すると，塩化水素が副生する。よって，水溶液中に水酸化ナトリウムを加えておくと，この塩化水素を反応系から除去することができ，反応速度が低下しない。よって，(4)が最も適当である。

コ　この縮合重合反応を 2 つの溶液の界面で進行させるので，溶媒 S1，S2 は，互いに混じり合わないことが必要である。また，操作(iii)の条件から水溶液が上層となる溶媒の組み合わせとなっている。したがって，S1 がジクロロメタン，S2 が水の組み合わせの(1)が適当である。アセトンと水の組み合わせやエタノールとジエチルエーテルの組み合わせは，両者が任意の割合で溶け合い均一な溶液となるので不適当である。また，水とジエチルエーテルは 2 層分離するが，アジピン酸の酸塩化物は水に溶けにくく有機溶媒に溶けやすいので，これをジエチルエーテルに溶かすとすれば，これが上層となるので不適である。

サ　ヘキサメチレンジアミンを過剰にして縮合重合を行い，カルボキシ基がすべて反応したときには，ナイロン 66 の両端はアミノ基になっている。よって，種々の重合度のナイロン 66 が N 個生成したとすると，反応せずに残っているヘキサメチレンジアミンのアミノ基の数は $(N_y - N_x - 2N)$ である。よって，未反応で残っているヘキサメチレンジアミンの分子数はこの 1/2 で，反応後の全分子数はこのヘキサメチレンジアミンと N 分子のナイロン 66 である。よって，その総数は以下の通りである。

$$全分子数 = \frac{(N_y - N_x - 2N)}{2} + N = \frac{(N_y - N_x)}{2} = \frac{N_x}{2}\left(\frac{1}{r} - 1 \right)$$

シ　平均重合度が反応後の全分子数と反応前の全分子数の比で計算されるとするとある。反応後の全分子数はサで求めてあり，反応前の全分子数は $(N_y + N_x)$ の 1/2 で

ある。これを N_x と r で表すと以下の通りである。

$$\frac{(N_x + N_y)}{2} = \frac{N_x}{2}\left(1 + \frac{1}{r}\right)$$

よって，平均重合度は以下のように計算される。

$$\frac{(最初の全分子数)}{(反応後の全分子数)} = \frac{\dfrac{N_x}{2}\left(\dfrac{1}{r} + 1\right)}{\dfrac{N_x}{2}\left(\dfrac{1}{r} - 1\right)} = \frac{1 + r}{1 - r}$$

ス　平均重合度を 200 以上にする条件は下式で表される。

$$\frac{1 + r}{1 - r} \geqq 200$$

$$\therefore \quad r \geqq \frac{199}{201} = 0.990$$

よって，このときのヘキサメチレンジアミンの過剰分 $\dfrac{N_y}{2} - \dfrac{N_x}{2}$ は r を用いて以下のように表される。

$$\frac{N_y}{2} - \frac{N_x}{2} = \frac{N_x}{2}\left(\frac{1}{r} - 1\right)$$

よって，アジピン酸に対する過剰分の割合は $\left(\dfrac{1}{r} - 1\right)$ であり，$r \geqq \dfrac{199}{201}$ のとき

$$\left(\frac{1}{r} - 1\right) \leqq \left(\frac{1}{\dfrac{199}{201}} - 1\right) = 0.01005$$

したがって，ヘキサメチレンジアミンの過剰分は 1.0％以下にする必要がある。

セ，ソ　2-アミノプロパンとアクリル酸の酸塩化物は下式のように反応してモノマー M となる。

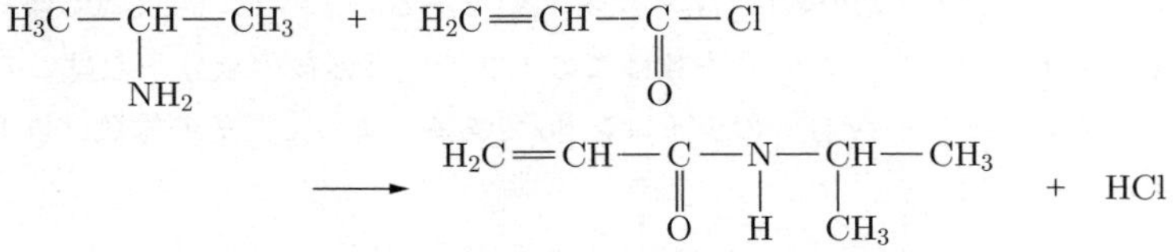

$$H_3C - \underset{\underset{NH_2}{|}}{C}H - CH_3 \quad + \quad H_2C = CH - \underset{\underset{O}{\|}}{C} - Cl$$

$$\longrightarrow \quad H_2C = CH - \underset{\underset{O}{\|}}{C} - \underset{\underset{H}{|}}{N} - \underset{\underset{CH_3}{|}}{C}H - CH_3 \quad + \quad HCl$$

このモノマー M にはビニル基があるので，付加重合によって，次左図の構造が繰り返されるポリマー P2 となる。また，アミノメタンとアクリル酸の酸塩化物から得られた化合物を付加重合させて得られる化合物の構造は次右図で表される。

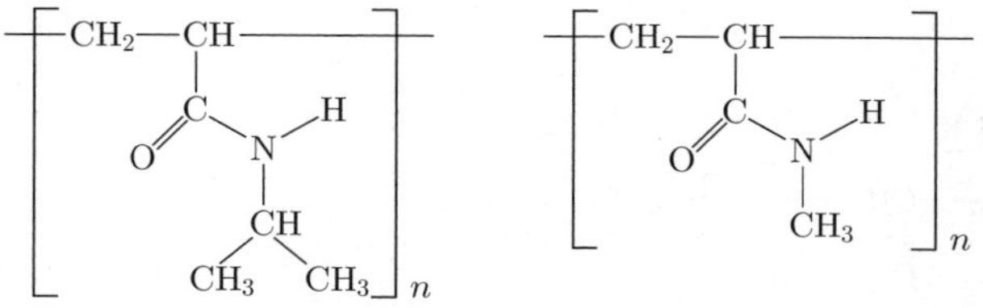

　これらのポリマーに含まれるアミド結合は親水性であり，極性の大きい C＝O
や N−H 結合の部分が水分子と水素結合を形成でき，高分子鎖を形成する C 原子
2 個に対して十分に大きな寄与をしているので，水に可溶となる。これらの 2 つの
ポリマーの違いは N 原子に結合している炭化水素基のみで，ポリマー P2 はイソ
プロピル基であるのに対し，アミノメタンから得られたポリマーはメチル基である
だけであるが，この違いがポリマー P2 が示す温度に応答する性質となっている。

解答

I　ア　(1)，(2)

イ　アルデヒド基を有する鎖状構造のグルコースの濃度が小さいため。（30 字）

ウ

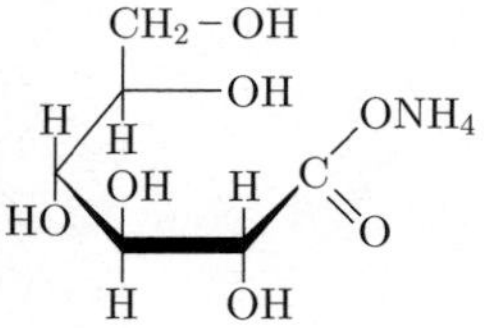

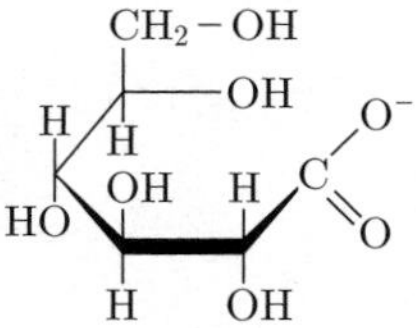

エ　(3)，(5)

オ　$(C_{30}H_{50}O_{25})_n + 2nH_2O \longrightarrow nC_{12}H_{22}O_{11} + nC_6H_{12}O_6 + (C_{12}H_{20}O_{10})_n$

カ　4.3 g

キ　4 つ

II　ク

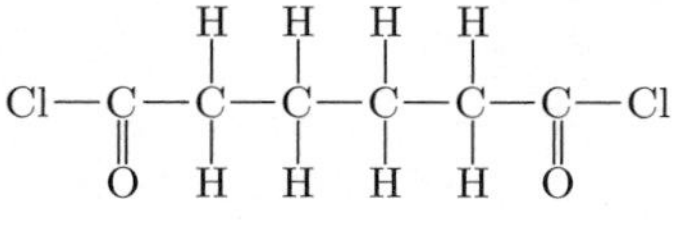

ケ　(4)

コ　(1)

サ　$\dfrac{N_x}{2}\left(\dfrac{1}{r}-1\right)$

シ　$\dfrac{1+r}{1-r}$

ス　1.0％以下

セ

ソ　a：アミド　　b：イソプロピル

2013年

第1問

〔解説〕

I　ア　水酸化ナトリウムの固体のように，空気中に放置するとその表面が濡れてくる性質を潮解性と言う。これは固体表面にできた水酸化ナトリウムの飽和溶液の蒸気圧が空気中の水蒸気圧より小さいので起こる現象である。

イ　水酸化ナトリウムを空気中に放置すると，空気中の二酸化炭素と下式のように反応して，一部が炭酸ナトリウムに変化する。

$$2NaOH + CO_2 \longrightarrow Na_2CO_3 + H_2O$$

したがって，保存状態が悪い水酸化ナトリウムには炭酸ナトリウムが混入していることが多く，不純物を含まない水酸化ナトリウム水溶液を調整する際には，これを除去する必要がある。そのために下線部②の水酸化バリウム飽和水溶液を沈殿が生じなくなるまで加える操作を行う。ここで起こる変化は下式の通りである。

$$Na_2CO_3 + Ba(OH)_2 \longrightarrow BaCO_3 + 2NaOH$$

この操作によって炭酸ナトリウムを完全に除去する。できた直後の沈殿は結晶性が悪く，粒子が小さいため，ろ過の際にろ紙の目を通り抜けることがあるので，密栓して二酸化炭素が入らないようにして24時間放置し，$BaCO_3$の沈殿が互いに集まってある程度の大きさになるのを待って，これをろ過で除く。この操作は沈殿の熟成と呼ばれ，下線部②に24時間放置しとあるので，その理由を説明することが要求されていると思われる。$BaCO_3$の沈殿をろ過で除去したろ液には極微量の$Ba(OH)_2$が含まれているが，このろ液は誤差の範囲で純粋な$NaOH$水溶液と見なすことができる。

ウ　アミド硫酸（97.1 g/mol）と水酸化ナトリウムの中和は下式で表され，滴定の終点で両者の物質量は等しい。

$$NH_2SO_2OH + NaOH \longrightarrow NH_2SO_2ONa + H_2O$$

よって，水酸化ナトリウム水溶液の濃度を $x\,mol/L$ とすると，下式が成立する。

$$\frac{1.444\,g}{97.1\,g/mol} = x\,mol/L \times \frac{15.20}{1000}\,L$$

$$\therefore \quad x = 0.9784\,mol/L \fallingdotseq 0.978\,mol/L$$

エ　酢酸と水酸化ナトリウムの中和は下式で表される。

$$CH_3COOH + NaOH \longrightarrow CH_3COONa + H_2O$$

　　濃度が未知の酢酸水溶液 100 mL が 0.978 mol/L の水酸化ナトリウム水溶液 20 mL で中和されたので，酢酸の濃度は 0.196 mol/L である。また，水酸化ナトリウム水溶液を 10 mL 滴下したときは，ちょうど酢酸の半分が中和されたときなので，その溶液中では CH_3COOH と CH_3COONa の物質量は等しく，濃度も等しい。よって，このときの溶液の水素イオン濃度は酢酸の電離定数から下式で表される。

$$[H^+] = \frac{[CH_3COOH]}{[CH_3COO^-]} \times K_a = 1.8 \times 10^{-5} \, mol/L$$

$$\therefore \quad pH = 5 - \log_{10}1.8 = 5 - \log_{10}\frac{2 \times 3^2}{10} = 6 - 0.30 - 2 \times 0.48 = 4.74$$

オ　弱酸型の指示薬 HA の電離定数の定義式を HA と A^- の濃度比について解くと下式となる。

$$\frac{[A^-]}{[HA]} = \frac{4.0 \times 10^{-4} \, mol/L}{[H^+]}$$

　　よって，この濃度比が 0.1 と 10 のとき，水素イオン濃度は以下の通りである。

　　0.1 のとき　　　　$[H^+] = 4.0 \times 10^{-3} \, mol/L$

　　　　　　　$\therefore \quad pH = 3 - \log_{10}4 = 3 - \log_{10}2^2 = 3 - 2 \times 0.30 = 2.4$

　　10 のとき　　　　$[H^+] = 4.0 \times 10^{-5} \, mol/L$

　　　　　　　$\therefore \quad pH = 5 - \log_{10}4 = 4.4$

　　したがって，この pH 指示薬の変色域は 2.4 ～ 4.4 である。

カ　下線部③の中和滴定は，弱酸の酢酸を強塩基の水酸化ナトリウム水溶液で中和するので，中和点の直前・直後の pH 変化は 7 → 10 程度であり，この指示薬を用いると中和点よりはるかに前に変色が完了するので，不適当である。

Ⅱ　キ　平衡状態においては正反応と逆反応の反応速度が互いに等しいので，そのときの反応物と生成物の濃度比について，一定の関係が成立する。この関係は化学平衡の法則と呼ばれる。具体的に $A + 2B \rightleftharpoons 2C$ の可逆反応が平衡にある場合には，下式で表される濃度比が一定となり，それは正反応と逆反応の速度定数 k_f, k_r の比と一致する。

$$K = \frac{[C]^2}{[A][B]^2} = \frac{k_f}{k_r}$$

ク　操作 1 を行った直後は，A，B，C の平衡混合気体に 1 mol の A と 2 mol の B が加えられた状態であり，反応箱の中の気体は A および B の濃度が増大し，平衡状態からずれている。よって，(1)式の反応は右方向に進行して新たな平衡状態に向かう。

ケ　操作 1 の終了後，十分長い時間が経過すれば，反応箱の中の気体は新たな平衡状態に達する。その後，平衡状態を保ちながらシリンダ C に 2 mol の気体を取り込む操作 2 を行った。このとき，反応箱の中の気体を構成する元素の種類と数を確かめると，操作 1 によって 1 mol の A と 2 mol の B が加えられ，操作 2 によって 2 mol の C が取り去られているが，これらの物質量は(1)式の反応の係数比と等しく，始めの状態と等しい。具体的に，これと等しい係数となる SO_2 の酸化を例にして確かめると以下の通りである。

$$O_2 + 2SO_2 \rightleftharpoons 2SO_3$$

始めの状態では O_2，SO_2，SO_3 の平衡混合気体である。ここに操作 1 で O_2 が 1 mol，SO_2 が 2 mol 加えられたので，反応箱の中の物質の増減をこれらの成分元素の原子で表すと，O 原子が 6 mol，S 原子が 2 mol 増加しているが，操作 2 が終了したときには SO_3 が 2mol 取り去られるので，O 原子が 6 mol，S 原子が 2 mol 取り去られ，反応箱の中にある成分の原子数は変化がない。よって，操作 2 が終了したときは始めの状態と等しい物質量の O_2，SO_2，SO_3 の混合気体となっていて，同じ平衡状態となっている。

コ　半透膜の両側の気体の分圧は各成分気体について等しく保たれるので，反応箱中の各成分気体の分圧は，シリンダ中の圧力と等しい。よって，反応箱における各気体の分圧を P_A 等で表すと，各成分気体のモル濃度は以下のように表される。

$$[A] = \frac{1\,\text{mol}}{V_A} = \frac{P_A}{RT}$$

$$[B] = \frac{2\,\text{mol}}{V_B} = \frac{P_B}{RT}$$

$$[C] = \frac{2\,\text{mol}}{V_C} = \frac{P_C}{RT}$$

これらのモル濃度を平衡定数の定義式に代入すると以下の通りである。

$$K = \frac{[C]^2}{[A][B]^2} = \frac{\left(\dfrac{2}{V_C}\right)^2}{\left(\dfrac{1}{V_A}\right)\left(\dfrac{2}{V_B}\right)^2} = \frac{V_A V_B{}^2}{V_C{}^2}$$

$$\therefore \quad V_C = \sqrt{\frac{V_A V_B{}^2}{K}}$$

サ　(1)式で表される可逆反応が平衡状態にあるとき，温度を上昇させると反応が左向きに進行して新たな平衡状態となったので，ルシャトリエの原理より(1)式の正反応

は発熱反応である。

解答

I ア　潮解

イ　$Na_2CO_3 + Ba(OH)_2 \longrightarrow BaCO_3 + 2NaOH$

　不純物の炭酸ナトリウムを炭酸バリウムに変え，ろ過でこれを完全に除くために，二酸化炭素の混入を避けて密栓して 24 時間放置して沈殿の粒子径を大きくする。（74 字）

ウ　0.978 mol/L

エ　pH = 4.74

オ　2.4 ～ 4.4

カ　不適当

　理由：この滴定の中和点の直前・直後の pH 変化は 7 → 10 程度であり，この指示薬を用いると中和点よりはるかに前に変色が完了するため。（61 字）

II キ　化学平衡の法則

ク　右向き

　理由：操作 1 の直後に，反応箱内の気体の濃度は平衡状態から A および B が増加し，C は不変なので，ルシャトリエの原理により右向きに平衡移動する。それは，左向きの反応速度は変わらず右向きの反応速度は増大するため。（99 字）

ケ　(ii)

　理由：操作 1 によって反応箱に加えられた物質を構成する元素の種類と数は，操作 2 によって反応箱から取り去られた物質のそれと等しく，操作 1 の前と操作 2 の後の反応箱中の各気体の物質量は不変であるため。（93 字）

コ　$V_C = \sqrt{\dfrac{V_A V_B^2}{K}}$（答に至る計算過程は解説参照）

サ　発熱反応

　理由：ルシャトリエの原理より，温度を高くすると吸熱反応が進行する左向きに平衡が移動したため。（43 字）

第2問

解説

Ⅰ　ア　銀は下式のように濃硝酸に溶解する。

$$Ag + 2HNO_3 \longrightarrow AgNO_3 + NO_2 + H_2O$$

これにアンモニア水を加えると，下式のように褐色の酸化銀の沈殿を生じる。

$$2AgNO_3 + 2NH_3 + H_2O \longrightarrow Ag_2O + 2NH_4NO_3$$

金は濃硝酸にも溶解しないが，濃塩酸と濃硝酸の 3：1 の混酸である王水には，下式のようにクロロ金酸を生じて溶解する。

$$Au + 3HNO_3 + 4HCl \longrightarrow HAuCl_4 + 3NO_2 + 3H_2O$$

イ　酸化銀はアンモニアと下式のように反応してジアンミン銀（Ⅰ）イオンを生じて溶解する。

$$Ag_2O + 2NH_3 + 2NH_4{}^+ \longrightarrow 2[Ag(NH_3)_2]^+ + H_2O$$

ウ　8-キノリノールの電離定数 K_1 は下式で定義される。

$$K_1 = \frac{[Q^-][H^+]}{[HQ]}$$

また，HQ の水層と有機層の分配係数 K_2 は問題文に与えられている通り下式で表される。

$$K_2 = \frac{[HQ]_{有機層}}{[HQ]_{水層}}$$

イオン構造となっている Q^-，H^+ は水溶液中にのみ存在するので，電離定数 K_1 における各成分の濃度は水層におけるものである。よって，$[Q^-]_{水層}$ は K_1 と $[HQ]_{水層}$，$[H^+]_{水層}$ を用いて以下のように表される。

$$[Q^-]_{水層} = \frac{[HQ]_{水層}}{[H^+]_{水層}} \times K_1$$

よって，In^{3+} が存在しないときの HQ の有機層への分配比 D は，以下の通りである。

$$D = \frac{[HQ]_{有機層}}{[HQ]_{水層} + [Q^-]_{水層}} = \frac{[HQ]_{有機層}}{[HQ]_{水層}\left(1 + \dfrac{K_1}{[H^+]_{水層}}\right)} = \frac{K_2}{\left(1 + \dfrac{K_1}{[H^+]_{水層}}\right)}$$

よって，整理すると，D は以下の通りである。

$$D = \frac{K_2[H^+]_{水層}}{K_1 + [H^+]_{水層}}$$

エ　In^{3+} は 2 座配位子である 8-キノリノールの陰イオンと 1：3 の組成で錯イオンを形成する。In^{3+} と配位結合を形成するのは 8-キノリノールの陰イオンの非共有

電子対を持つ O^- の部分と N であり，In^{3+} を中心とする正八面体の 6 ヶ所の頂点にこれらが位置した下図の構造の錯イオンが形成される。問題の要求は，立体構造を示す必要はないとあるので，これらの配位結合を示せば良いが，ここでは立体構造も示す。

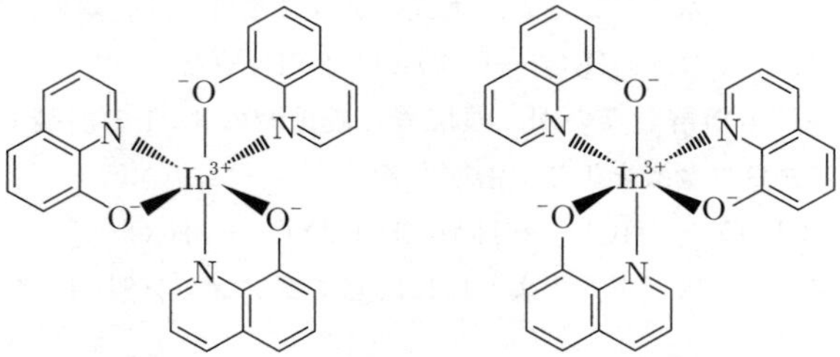

　図には 2 種類の立体構造を示したが，これらは互いに立体異性体の関係にあり，これ以外にも O^- と N の位置関係が反対になっているものも可能である。問題文にもあるように，この錯イオンは全体で電荷がなくなり，有機溶媒に溶けやすい。その性質を応用して，溶液の pH を調節して目的の金属イオンのみを錯イオンにして抽出することによって分離することが可能となる。

オ　不純物として Al，Ag，Fe を含む粗銅を電解精錬すると，両極で下式で示される電極反応が進行し，陰極に高純度の銅が得られる。

陽極　$Cu \longrightarrow Cu^{2+} + 2e^-$

　　　$Al \longrightarrow Al^{3+} + 3e^-$

　　　$Fe \longrightarrow Fe^{2+} + 2e^-$

陰極　$Cu + 2e^- \longrightarrow Cu$

　粗銅中の Al は電解液と直接反応するものもあるが，いずれにしても Cu よりイオン化傾向が大きい金属の単体は Cu より酸化されやすいので，電解液中に溶け出す。それに対し，Cu よりイオン化傾向が小さい Ag は，Cu が残っている間は Cu の方が先に酸化されるので，酸化されない。したがって，まわりの Cu が酸化されると Ag だけが残って陽極の下に陽極泥となってたまる。一方，陰極では電解液中に溶け出した Fe^{2+} も還元される可能性があるが，Cu^{2+} の還元の方が起こりやすいので，Fe^{2+} の還元は起こらず電解液中に溶けたままとなり，陰極に高純度の Cu が得られる。

カ　電解精錬の前後で電解液中の Cu^{2+} の物質量は $0.020\,mol/L \times 2.0\,L = 0.040\,mol$ 減少している。また，陰極で析出した純銅の物質量は次の通りである。

$$n_{Cu} = \frac{110.0\,\text{g}}{63.5\,\text{g/mol}} = 1.732\,\text{mol}$$

よって，陽極で溶け出した Cu の物質量は 1.692 mol である。陽極全体で 112.0 g 質量が減少しているが，その中の 63.5 g/mol × 1.692 mol = 107.4 g が Cu の酸化によっていて，残りの 4.6 g が溶け出した Al，Fe と陽極泥となった Ag の質量の合計である。

なお，銅の溶解と析出の差が電解液中の Cu^{2+} の濃度変化に対応するという点に着目して，以下のように求めることもできる。0.040 mol の Cu^{2+} が電解液から消失しているので，それが陽極で溶け出した Cu と陰極で析出した Cu の物質量の差となる。したがって，陽極で溶け出した Cu の質量は以下の通りである。

110.0 g − 63.5 g/mol × 0.040 mol = 107.46 g ≒ 107.5 g

よって，陽極で溶け出した Al，Fe と陽極泥となった Ag の質量は

112.0 g − 107.5 g = 4.5 g

Ⅱ　キ　太陽系の元素の存在度に関する知識の有無を問う設問だが，元素の生成過程についての知識もある程度は知っていたい。また，太陽が強く光り輝いている原因が太陽における水素の核融合であることも，理系の諸君は知っていても良いだろう。もし，太陽のエネルギーが水素の燃焼であるとすると，そこで発生するエネルギーが水素 1 mol あたり 286 kJ で，それも見積もられている太陽の質量からすると，長くても 1 万年で燃え尽きると推定され，また，その燃焼に必要な酸素の供給も限られているので，化学反応に基づくエネルギーとすることはできない。水素の核融合は下式のように起こり，化学反応とは桁違いに大きなエネルギーが放出される。

$$4\,^{1}\text{H} \longrightarrow \,^{4}\text{He} + 2e^{+} + 2\nu$$

この過程で ^{4}He が 1 個生成する間に約 27 MeV のエネルギーが放出される。なお，式の右辺の e^{+} は陽電子，ν はニュートリノである。また eV はエネルギーの単位で電子ボルトと読み，1.6×10^{-19} C の電荷を持つ電子を 1 V の電位差で加速したときに得られるエネルギーと定義されている。これを J の単位に換算すると，1 eV $= 1.6 \times 10^{-19}$ J である。こう書くと小さい値のように感じるが，化学反応における反応熱と同様に 1 mol あたりにすると，これにアボガドロ定数をかけた値となるので，1.6×10^{-19} J $\times 6.0 \times 10^{23}$ mol$^{-1} = 9.6 \times 10^{4}$ J/mol である。MeV は 10^{6} eV なので，^{4}He が水素の核融合で 1 mol 生成する間に発生するエネルギーは 9.6×10^{4} J/mol $\times 27 \times 10^{6} = 2.6 \times 10^{12}$ J/mol となる。通常の化学反応に基づくエネルギーが数 100 kJ/mol で 10^{5} J/mol の桁であることと比較すると，核反応に基づくエネルギーの大きさが桁違いに大きいことが実感できる。

　話が大分横道にそれてしまったが，太陽系のエネルギー源が水素の核融合であることから，太陽系における元素の存在度で最大が水素 H，2 番目が He であり，これ以降の元素も種々の核反応によって生成する。その結果，3 番目以降が酸素 O，炭素 C，窒素 N となっている。こうしてみると，太陽系は元素の生成過程から見れば，ごく初期の状態にあることがわかる。He は周期表上で第 1 周期，18 族の元素で，K 殻に電子が 2 個収容され，K 殻が完成した電子配置を持っている。

　炭素の放射性同位体は ^{14}C である。^{14}C は ^{14}N と宇宙線に含まれる中性子の核反応によって下式のように陽子を放出して生成する。

$$^{14}N + n \longrightarrow {}^{14}C + p$$

　この過程は，宇宙線の強さが一定とみなされる範囲で，常に一定の速度で生成する。^{14}C は β 壊変により半減期 5730 年で ^{14}N に変化する。この ^{14}C は二酸化炭素となって大気中に拡散され，植物の光合成によって取り込まれ呼吸によって大気中に放出される。したがって，生命活動を行っている植物は，大気中の ^{14}C の割合を反映した同位体組成の炭素で構成される。これが生命活動を停止すると，^{14}C の出し入れがなくなり，半減期 5730 年で減少するので，^{12}C と ^{14}C の同位体組成を調べることにより，その植物が何年前に枯れたかを推定することができる。

ク　第 3 周期，18 族の元素は Ar で，これを 80 K 以下に冷却すると面心立方格子の結晶となる。面心立方格子の単位格子では，各粒子は立方体の頂点と各面の中心に位置しているので，原子半径を r，単位格子の一辺の長さを l とすると $4r = \sqrt{2}\,l$ の関係が成立する。結晶中の原子間距離は $2r$ であり，これに $l = 0.526\,\mathrm{nm}$ を代入すると，$\dfrac{\sqrt{2}}{2} \times 0.526\,\mathrm{nm} = 0.372\,\mathrm{nm}$ である。

ケ　KCl の原子間の結合はイオン結合であり，K^+ と Cl^- のイオン間に働く静電気力によって多数の K^+ と Cl^- が互いに反対符号の電荷のイオンを引きつけて KCl の結晶が形成される。これに対し，Ar の結晶で Ar を引きつける力はファンデルワールス力のみであり，それも球対称な Ar の単原子分子は，分子内の電荷の片寄りを生じにくいので，ファンデルワールス力も弱い。そのため，Ar の結晶は 80 K 以下の低温でのみ存在できる。

コ　オゾンが生成する変化は下式で表されるので，気体の全物質量の減少量は，オゾンの生成量の半分である。

$$3O_2 \longrightarrow 2O_3$$

　気体の全物質量の減少量は 0℃，$1.013 \times 10^5\,\mathrm{Pa}$（標準状態）に換算して 1.4 L なので，オゾンの生成量は標準状態に換算して 2.8 L であり，反応後の気体の全量は

標準状態に換算して 44.8 L − 1.4 L = 43.4 L である。アボガドロの法則から標準状態に換算した気体の体積は物質量と比例するので，反応後の気体中のオゾンのモル分率は以下の通りである。

$$\frac{n_{O_3}}{n_T} = \frac{2.8\,\mathrm{L}}{43.4\,\mathrm{L}} = 6.45 \times 10^{-2}$$

サ　下線部④の影響で，宇宙線の強度が増加すると ^{14}C の生成反応がそれに比例して多く起こるので，大気中の ^{14}C を含む二酸化炭素は増加する。一方，化石燃料にはそれに含まれていた ^{14}C が半減期 5730 年で単調に減少しているので，現在の大気中より ^{14}C の割合は少ない。よって，化石燃料の燃焼によって生成する二酸化炭素に含まれる ^{14}C は現在の同位体組成より少ない。したがって，宇宙線の強度の増加は放射性炭素の比率を増加させ，化石燃料の使用はそれを減少させる。

シ　(1)～(4)の分子，イオンの形を価標および中心原子のまわりの非共有電子対，不対電子を含めて図示すると以下の通りである。

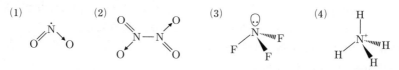

　　異なる原子間の共有結合は，その電子対がより電気陰性度の大きい方の原子に片寄って共有されるので分極する。したがって，その結合の極性を分子の形に沿ってベクトル和を取ったとき，それが 0 にならなければ分子全体で極性がある。逆に，分子に対称心があったり平面正三角形や正四面体形であったりすれば，結合の極性は互いに打ち消され，分子全体は無極性となる。よって，(1)折れ線形の二酸化窒素と(3)三角錐形の三フッ化窒素は極性を持つ。(2)の四酸化二窒素は二酸化窒素の N 原子上の不対電子が共有電子対となって N−N 結合を形成し，対称心のある分子となっているため極性はない。また，(4)正四面体形のアンモニウムイオンも 2 つの N−H 結合の極性のベクトル和が互いに反対方向の同じ大きさのベクトルとなるので，無極性となる。

解 答

I　ア　a：Ag_2O　　b，c：濃塩酸，濃硝酸　（順不同）

イ　$[Ag(NH_3)_2]^+$

ウ　$D = \dfrac{K_2[H^+]_{水層}}{K_1 + [H^+]_{水層}}$

エ

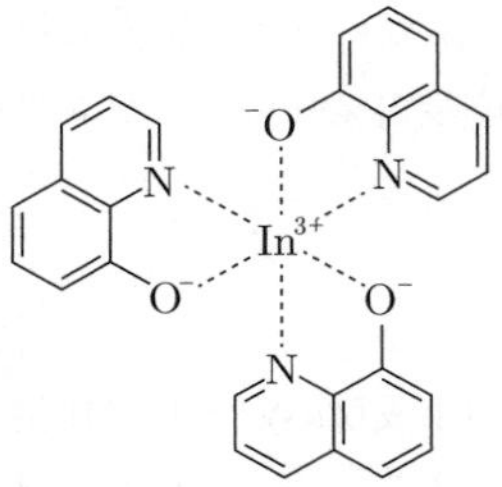

オ　陽極泥は Ag で，Ag よりイオン化傾向が大きい Cu が残っている間は Cu の方
　　が先に酸化されるので，Ag は酸化されないため。

カ　4.6 g または 4.5 g

Ⅱ　キ　d：ヘリウム　　e：18　　　f：14

ク　0.37 nm（計算の過程は解説参照）

ケ　Ar は弱いファンデルワールス力で引きつけあって分子結晶を形成するのに対し，
　　KCl は両原子の間で電子の授受によって生じた K^+ と Cl^- が静電気力で引きつけ
　　合ってイオン結合が形成されるイオン結晶であるため。（94字）

コ　6.5×10^{-2}（計算の過程は解説参照）

サ　宇宙線の強度の増加：増加

　　化石燃料の使用：減少

シ　(1)，(3)

第3問

解説

Ⅰ　ア　テトラメチルベンゼンはベンゼンの H 原子が 4 ヶ所で $-CH_3$ に置き換わっ
　　た構造の化合物であり，H 原子のままのところが 2 ヶ所である。この H 原子となっ
　　ているところの相互の位置関係が互いに $o, m, p-$ の関係の以下の 3 種が可能で
　　ある。

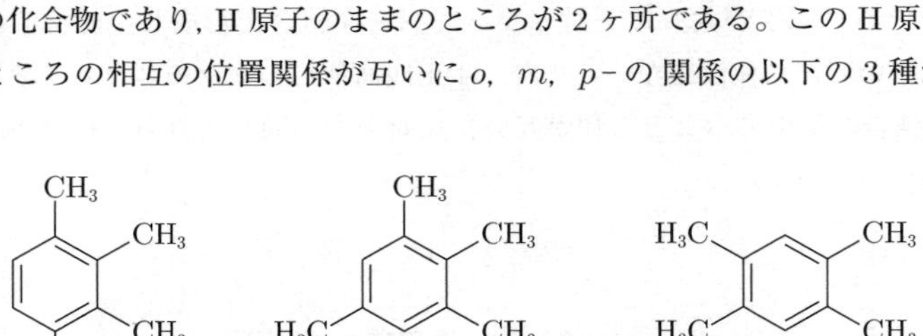

イ，ウ　テトラメチルベンゼンに過マンガン酸カリウムを加えて加熱すると，次式の
　　トルエンの酸化と同様に，メチル基がカルボキシ基に酸化される。

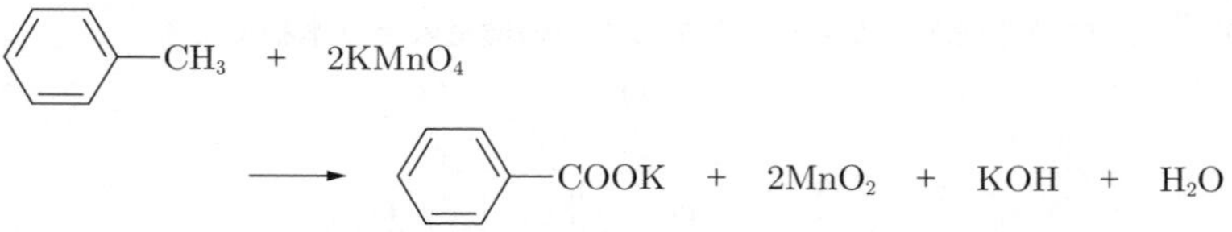

$$\text{(トルエン)CH}_3 + 2KMnO_4$$

$$\longrightarrow \text{(ベンゼン環)COOK} + 2MnO_2 + KOH + H_2O$$

　反応後に酸化マンガン（Ⅳ）の沈殿をろ過で除去し，ろ液を酸性にするとトルエンからであれば安息香酸が得られる。よって，この操作を化合物 A に行うと，ベンゼン環に 4 つのカルボキシ基が結合した化合物が得られる。この化合物を減圧下で200℃に加熱すると，2 分子の水を失ったとあるので，これは下式のようにフタル酸から無水フタル酸が生成する反応と同様の反応が 2 ヶ所で起こったことを意味する。

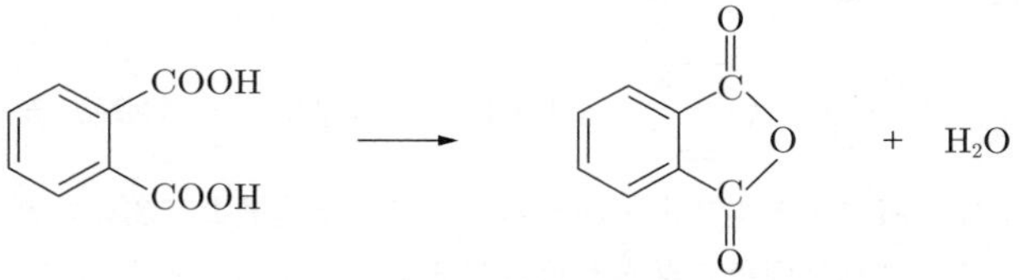

$$\text{(フタル酸)} \longrightarrow \text{(無水フタル酸)} + H_2O$$

　よって，前ページの図の 3 つの構造異性体の中の中央の構造は不適である。無水フタル酸にエタノールを作用させると，下式のようにエステル化が進行する。結果として，2 つのカルボキシ基の一方がエチルエステルとなり他方はカルボキシ基に戻り，他の化合物は生成しないので，問題文ではエタノールが付加したと表現している。

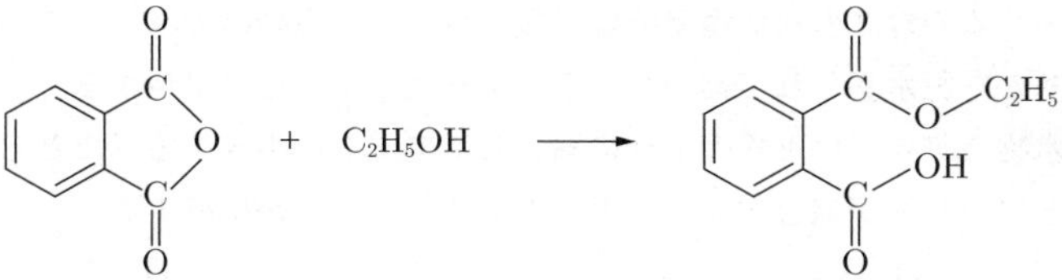

$$\text{(無水フタル酸)} + C_2H_5OH \longrightarrow \text{(エチルエステル)}$$

　さて，このエステル化で生じたジエステルが互いに異性体の関係にある 2 種類の化合物となるのは，前ページの図の右の構造のテトラメチルベンゼンから生じた酸無水物に限られ，それらから生成したエチルエステルの構造は下図の 2 つである。

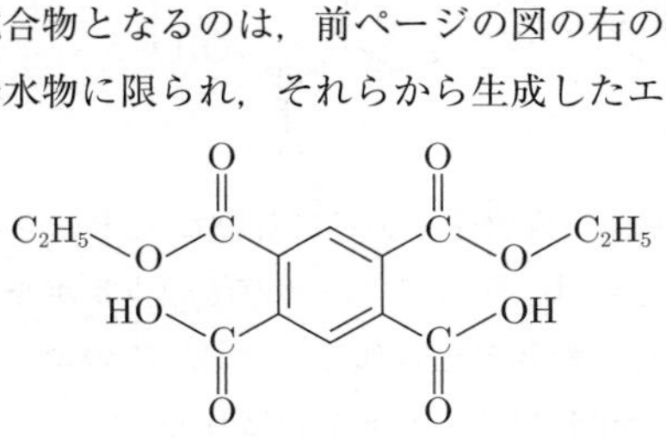

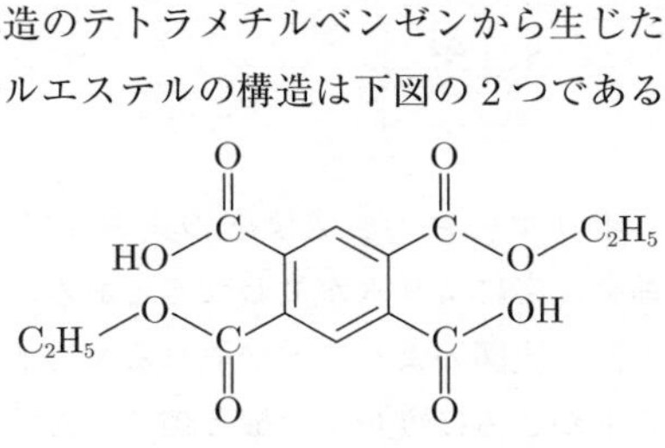

エ　イ，ウの考察からモノマー M1 は下図の構造の酸無水物である。

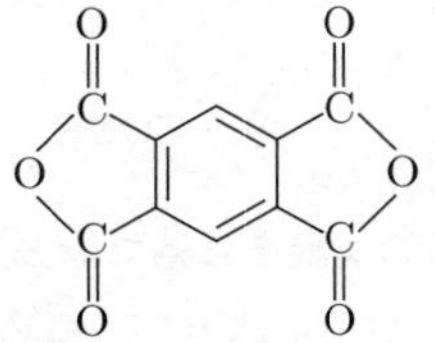

一方，モノマー M2 は，図3-2に与えられている化合物 E のニトロ基を還元して得られる化合物である。ニトロベンゼンの還元を鉄粉を用いて塩化アンモニウム水溶液中で行うと，下式のようにアニリン塩酸塩が生成する。

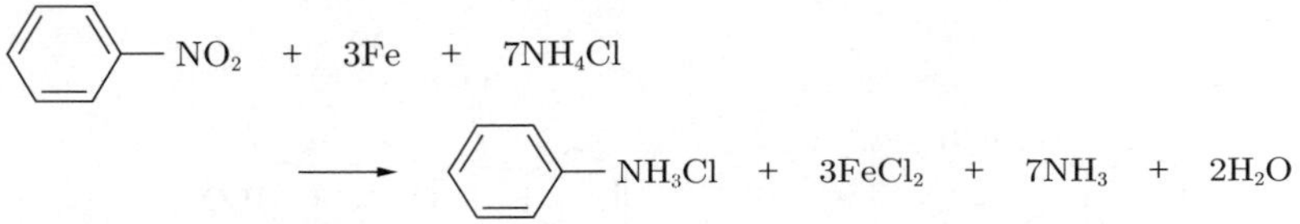

アニリン塩酸塩に濃アンモニア水を加えると，アンモニアより弱い塩基であるアニリンが遊離する。これと同様の反応が化合物 E に対して起こったので，モノマーM2 の構造は下図で表される。

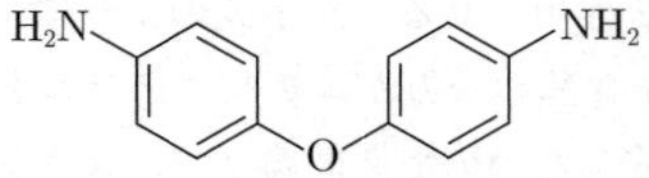

オ　モノマー M2 に含まれる官能基はアニリンと同様のアミノ基であり，(1)〜(5)の記述で該当するのは(3)の次亜塩素酸塩で酸化される反応のみである。この反応によりアミノ基から脱水素されて縮合して高分子を生じて紫色に呈色する。

カ　酸無水物とアミンは下式のように縮合してアミドを生成する。たとえば，無水フタル酸とアニリンが縮合すると，下図の構造のアミドが生成する。

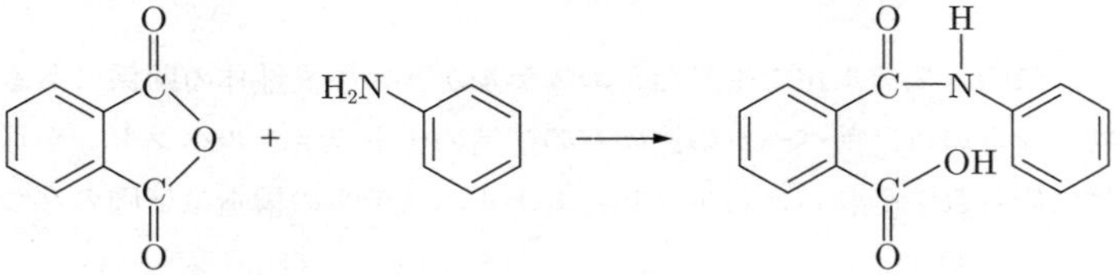

ポリマー P の合成反応の実験3で，重合生成物を230℃に加熱すると，さらに縮合反応により水が失われるとあるが，それは上記のアミドと遊離のカルボキシ基の間で次図のように水が取れる反応が進行したと考えられる。なお，このようにアミドがさらにカルボン酸と縮合した構造の化合物はイミドと呼ばれる。

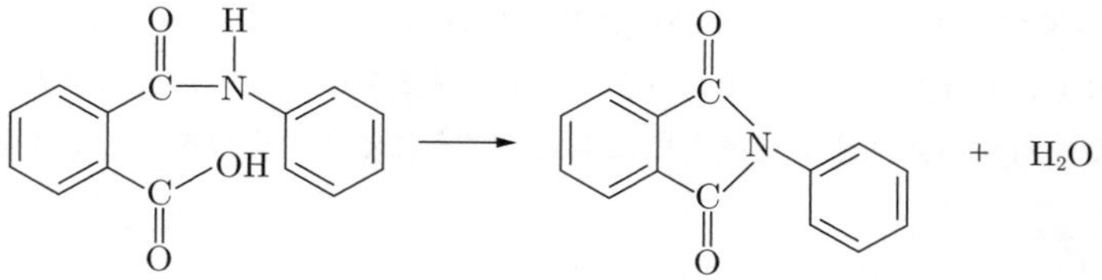

この反応と同様の反応がモノマー M1 とモノマー M2 の間で起こると，下図の構造が繰り返されたポリイミドのポリマーが生成する。

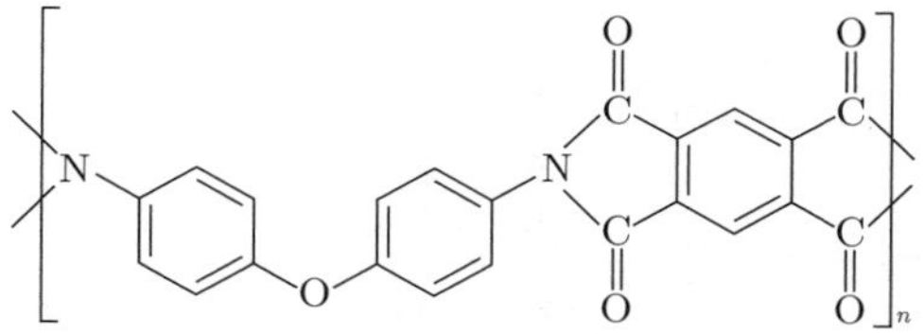

Ⅱ　キ，ク　アミノ酸は RCH(NH₂)COOH の一般式で表される両性電解質で，R の部分に含まれる官能基の違いによって，アミノ酸全体で電荷の総和が 0 となるときの溶液の pH である等電点 pI が異なる。たとえば，R にカルボキシ基を含む酸性アミノ酸のグルタミン酸の等電点は pI = 3.22 であり，R がメチル基のアラニンの等電点は pI = 6.00，R にアミノ基を含むアミノ酸のリシンの等電点は pI = 9.74 である。よって，これらのアミノ酸の混合物を溶液の pH を 6.0 前後に調節して電気泳動を行えば，アミノ酸全体が陰イオンとなっているグルタミン酸は陽極に，陽イオンとなっているリシンは陰極に移動し，電荷が 0 となっているアラニンは移動しないので，アミノ酸を分離することができる。

　アミノ酸 H は中性アミノ酸の一種のセリンで，これの等電点は pI = 5.68 であり，アラニンと似た振る舞いをする。アミノ酸 F，G，H の混合物から F のグルタミン酸のみを電気泳動で分離するには，グルタミン酸のみが他と異なる電荷を持つイオン構造とすれば良い。したがって，グルタミン酸の等電点より pH を大きくし，セリン，リシンの等電点より pH を小さくすると，グルタミン酸のみが陰イオン，セリンとリシンは陽イオンとなり，電気泳動を行うとグルタミン酸のみが陽極に分離される。よって b，c の組み合わせは pH = 4.0 で陽極の(4)である。ここの解説では，それぞれのアミノ酸の等電点の数値を紹介して，ある pH のときの状態を考察したが，もちろん問題文にこれらの数値は与えられていない。しかし，グルタミン酸が酸性アミノ酸，リシンが塩基性アミノ酸，セリンが中性アミノ酸であることから，等電点が順に 3，10，6 程度であることから上記の考察は可能である。

ケ，コ　pH = 2.0 の水溶液中では，アミノ酸 F，G，H はいずれも陽イオンとなって

いるので，陽イオン交換樹脂に吸着される。グルタミン酸は
$HOOCCH_2CH_2CH(NH_3{}^+)COOH$ のイオン構造を取っているものが大部分で，ス
ルホ基を有する陽イオン交換樹脂に下式のようにイオン交換を行って吸着される。

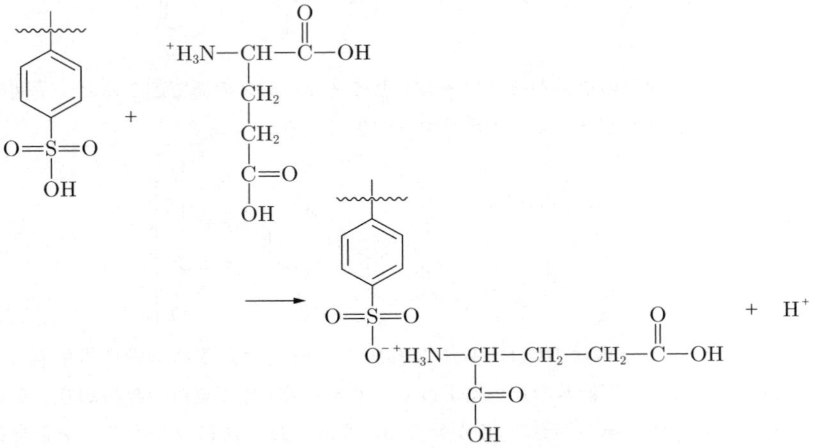

グルタミン酸以外のアミノ酸も pH = 2.0 の水溶液中ではいずれも陽イオンと
なっていて，陽イオン交換樹脂に吸着する。ここに pH = 4.0 の緩衝液を流すと，
等電点が pI = 3.22 のグルタミン酸が電荷を失いさらに一部が陰イオンとなり，陽
イオン交換樹脂に吸着できなくなって流出する。次いで，pH = 7.0 の緩衝液を流
すと，等電点が pI = 5.68 のセリンが電荷を失い一部が陰イオンに変化し，陽イオ
ン交換樹脂に吸着できなくなって流出する。次いで，pH = 11.0 の緩衝液を流すと，
等電点が pI = 9.74 のリシンも電荷を失い一部が陰イオンに変化して陽イオン交換
樹脂から脱離して流出する。よって，三角フラスコ A にはアミノ酸 F のグルタミ
ン酸が，三角フラスコ B にはアミノ酸 H のセリンが，三角フラスコ C にはアミノ
酸 G のリシンが分離される。

サ，シ，ス　出発物質の L-チロシンと最終生成物のアドレナリンの構造は与えられ
ているが，中間で生成する化合物は分子式が与えられているのみであり，その間の
構造の変化も高校化学で学習する反応で簡単には推定できない。よって，手掛かり
は分子式のみである。

　L-チロシンの分子式は $C_9H_{11}NO_3$ であり，これから生じる化合物 I の分子式は
$C_9H_{11}NO_4$ なので，O 原子が 1 個増えている。また，化合物 J から化合物 K が生
成する間の分子式の変化は $C_8H_{11}NO_2$ から $C_8H_{11}NO_3$ で，この間にも O 原子が 1
個増えている。選択肢(1)～(6)でこの変化に該当する反応は，(1)の第二級アルコー

ルを生成する反応と(5)のベンゼン環にフェノール性ヒドロキシ基を導入するベンゼン環を酸化する反応であり，いずれもアドレナリンにも含まれる構造変化である。反応 2 の化合物 I から化合物 J が生成する間の分子式の変化は $C_9H_{11}NO_4$ から $C_8H_{11}NO_2$ であり，この間に二酸化炭素 CO_2 が取れていることがわかる。この反応が起こると，L-チロシンのアミノ基が結合している炭素は不斉炭素原子ではなくなるので，ベンゼン環に結合している $-CH_2-$ が変化していなければ，化合物 J には不斉炭素原子はない。もし，反応 1 が(1)の第二級アルコールを生成する反応であれば，化合物 I から化合物 J が生成する反応 2 は下式で表され，化合物 J にも不斉炭素原子が存在することになる。

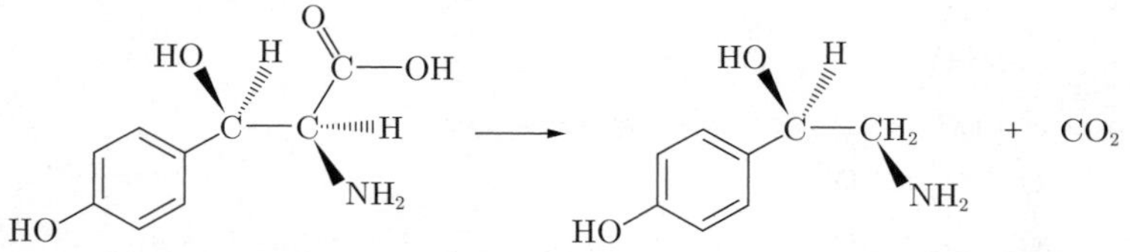

　これに続いて反応 3 は化合物 J のベンゼン環にフェノール性ヒドロキシ基が導入される反応となるので，化合物 K にも不斉炭素原子が存在し，化合物 I，J，K のいずれにも不斉炭素原子が存在することになる。しかし，問題文には化合物 I，J，K のうち少なくとも 1 つは不斉炭素原子を持たないとあるので，反応 1 は(1)の第二級アルコールを生成する反応ではなく，(5)のベンゼン環にフェノール性ヒドロキシ基を導入するベンゼン環を酸化する反応である。よって，酵素 E1 は(5)のベンゼン環を酸化する反応，酵素 E3 は(1)の第二級アルコールを生成する反応の触媒として働いている。一連の変化を構造式で表すと以下の通りである。

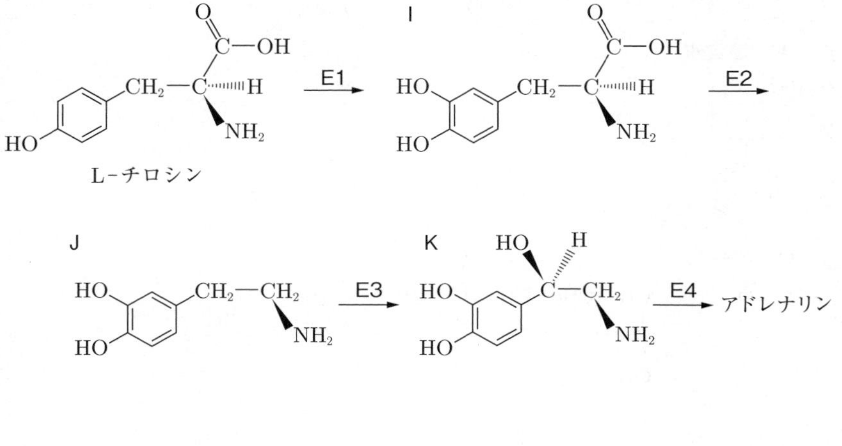

解答

I　ア　3つ

イ

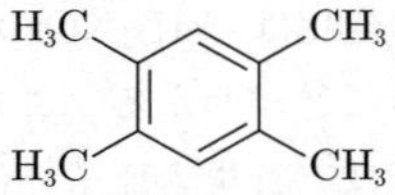

ウ　化合物 C, D（順不同）

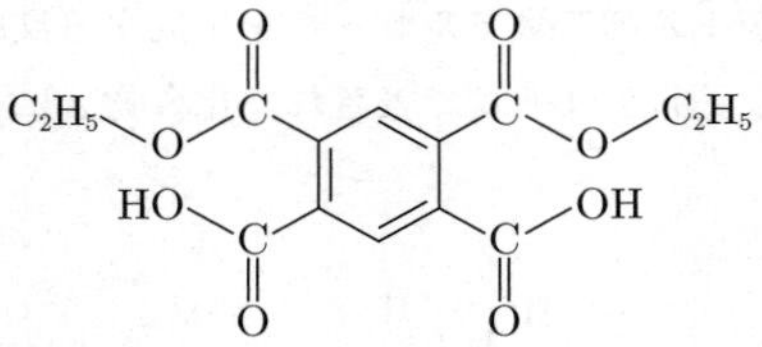

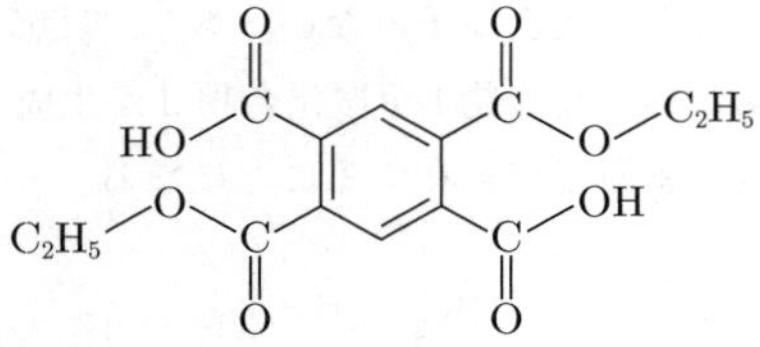

エ　モノマー M1　　　　　　モノマー M2

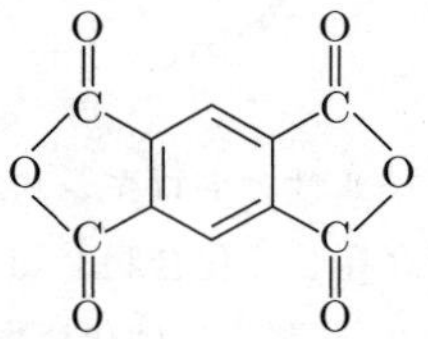

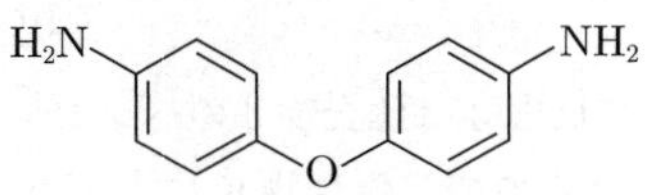

オ　(3)

カ

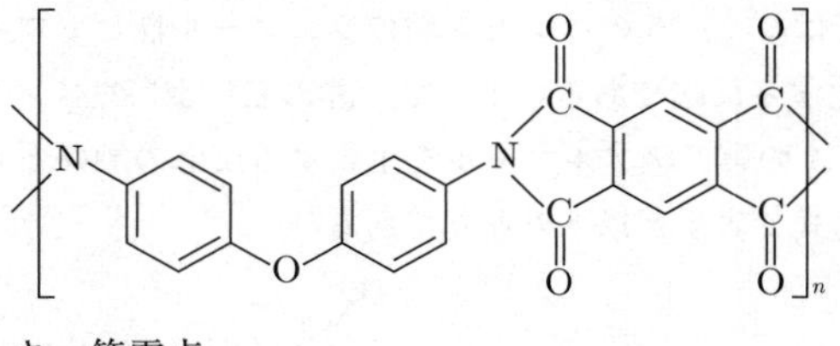

II　キ　等電点

ク　(4)

ケ

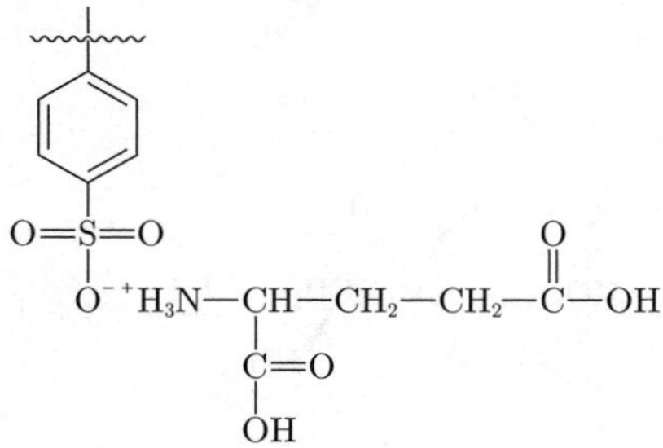

コ　三角フラスコ B：アミノ酸 H　　三角フラスコ C：アミノ酸 G

サ　酵素 E1：(5)　　酵素 E3：(1)

シ　二酸化炭素

ス　化合物 J

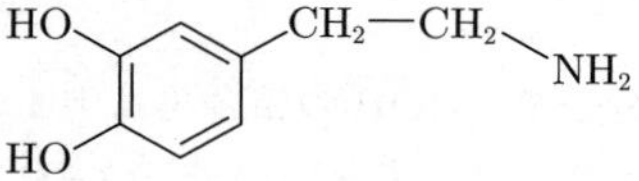

2012年

第1問

［解説］

I　ア　水はO原子を頂点とする折れ線形の分子で，HOHの結合角は104.5°であ
ることが知られている。HよりOの方が電気陰性度が大きいので，O−H結合は
下図のようにOが $\delta -$，Hが $\delta +$ に帯電している。

イ　水溶液中でNa$^+$は水分子に囲まれて水和イオンとなっている。水分子全体では
電荷はないが，アに示したようにOが $\delta -$，Hが $\delta +$ に帯電しているので，負に帯
電しているO原子がよりNa$^+$に接近し，正に帯電しているH原子が少し離れた位
置を取るため，静電気力に基づくエネルギーが減少し，安定な状態となる。Na$^+$
の水和イオンの様子を模式的に表すと下図の通りである。

$$\delta + \quad \underset{\delta +}{\overset{\delta +}{H}}\ \underset{\delta -}{\overset{}{O}}\ \underset{}{H}\ \delta +$$

図では水和イオンを平面的に表したが，実際はNa$^+$を中心とする正四面体の頂
点にO原子が位置するように接し（第1水和圏），さらにそのまわりを10数個の水
分子が取り囲んでいる（第2水和圏）ことが知られている。

ウ　この食塩水の質量モル濃度を m〔mol/kg〕とすると，NaClが完全電離して粒子
濃度が $2m$ となり，その凝固点降下度が3.0Kなので，下式が成立する。

$$3.0\,\mathrm{K} = 1.85\,\mathrm{K \cdot kg/mol} \times 2m$$

$$\therefore \quad m = 0.81\,\mathrm{mol/kg}$$

よって，水1.00kgにNaClが0.81mol溶けている溶液について質量パーセント
濃度を計算すると以下の通りである。

$$\frac{58.5\,\mathrm{g/mol} \times 0.81\,\mathrm{mol}}{1000\,\mathrm{g} + 58.5\,\mathrm{g/mol} \times 0.81\,\mathrm{mol}} \times 100 = 4.5\%$$

エ　図1−2で，溶媒の水の凝固が始まるA点からB点の間では，水のみが凝固す

るので，残りの食塩水の濃度は次第に増加し，溶液の凝固点降下度もそれに比例して増大するため，冷却曲線は右下がりとなる。

オ　B点からC点までは温度が一定となっているが，これは溶液の濃度が変わらなくなったことを意味し，−21℃の飽和溶液となり溶媒が凝固すると同時にNaClの析出も起こっていることを示している。このときの飽和食塩水の質量パーセント濃度が23％である。

Ⅱ　カ　溶液の濃度差がなくなるように，溶媒のトルエンが溶液中に浸透するので，左側のPS-Xのトルエン溶液の液面が高くなる。

キ　浸透圧は溶質の種類には無関係で，溶液のモル濃度と絶対温度の積に比例する。したがって，溶質の質量は同じでも，スチレンとそれが付加重合したポリスチレンに官能基Xが結合したPS-Xでは，溶質の物質量はPS-Xの方が桁違いに小さいため，浸透圧もスチレンに比べPS-Xの溶液の方がはるかに小さくなる。

ク，ケ　PS-Xをトルエンに溶かした溶液では，その一部が会合して下式の平衡が成立している。

$$2PS\text{-}X \rightleftarrows (PS\text{-}X)_2$$

問題文には具体的な官能基は示されていないが，カルボキシ基が導入され，それがトルエンに溶解したときに下式のように水素結合で会合するものと推定される。

Rが H の安息香酸であれば，トルエン溶液中で低い濃度であっても大部分が会合して二量体を形成していることが知られているが，ここではRがポリスチレンからなる大きな炭化水素基なので，一部が会合して平衡が成立している。

27℃において，上記の会合体を形成する平衡の平衡定数が0.25 L/molと与えられているが，PS-Xを1mol溶かした溶液の体積が与えられていないので，平衡時の会合体の物質量を求めることはできない。また，後述するようにPS-Xの分子量が2.1×10^4となるので，1mol/Lの溶液とすると，トルエン1Lに21kgのPS-Xが溶けることになり，現実的ではない。よって，ここでは10gのPS-Xを1Lのトルエンに溶かした溶液における会合度を考察することにする。

このPS-Xをトルエンに溶かして1Lとした溶液の浸透圧が27℃において1.2×10^3Paだったので，この溶液中のPS-Xおよび$(PS\text{-}X)_2$のモル濃度の和をx mol/Lとすると，下式が成立する。

$$1.2 \times 10^3 \text{ Pa} = 8.3 \times 10^3 \text{ Pa·L/(mol·K)} \times x \text{ mol/L} \times 300 \text{ K}$$

$$\therefore \quad x = 4.82 \times 10^{-4}\,\text{mol/L}$$

また，この溶液中の PS-X および (PS-X)$_2$ のモル濃度の間で平衡が成り立ち，次式が成立する。

$$K = \frac{[(\text{PS-X})_2]}{[\text{PS-X}]^2} = 0.25\,\text{L/mol}$$

また，これらの濃度の和が $4.82 \times 10^{-4}\,\text{mol/L}$ であることから，平衡時の $[\text{PS-X}]$ $= y\,\text{mol/L}$ とおくと，次の 2 次方程式が得られる。

$$0.25y^2 - (4.82 \times 10^{-4} - y) = 0$$

これを $y > 0$ の範囲で解を求めると，$y = 4.82 \times 10^{-4}\,\text{mol/L}$ と求まり，誤差の範囲で会合体は存在しないことが分かる。このときの会合体の濃度を計算してみると，$5.8 \times 10^{-8}\,\text{mol/L}$ となっていて，会合前の PS-X 1 mol に対して形成された会合体 (PS-X)$_2$ の物質量は以下の通りである。

$$\frac{5.8 \times 10^{-8}\,\text{mol}}{4.82 \times 10^{-4}\,\text{mol}} = 1.2 \times 10^{-4}$$

この溶液では PS-X の濃度が小さくカルボキシ基同士が出会う確率が小さいため，実質的に会合体は存在しないことがわかる。

したがって，10 g の PS-X の物質量が $4.82 \times 10^{-4}\,\text{mol}$ なので，そのモル質量は次の通りである。

$$M = \frac{10\,\text{g}}{4.82 \times 10^{-4}\,\text{mol}} = 2.1 \times 10^4\,\text{g/mol}$$

解 答

ア

イ　Na$^+$ は負に帯電した O 原子と静電気力により引きつけあい，正に帯電した H 原子を遠ざけるように配置し，水分子に囲まれて水中で安定になっている。

ウ　4.5%（求める過程は解説参照）

エ　溶媒の水の凝固が始まる A 点から B 点の間では，水のみが凝固するので，残りの食塩水の濃度は次第に増加し，溶液の凝固点降下度もそれに比例して増大するため。

オ　$-21℃$

　　理由：B 点から C 点までは $-21℃$ の飽和溶液となり溶媒の水が凝固すると同時に NaCl の析出も起こるので，溶液の濃度が一定となっている。

Ⅱ　カ　左側の PS-X のトルエン溶液

キ　溶液の浸透圧は，溶質の種類には無関係で溶液のモル濃度に比例する。同じ質量
　　濃度のスチレンと高分子化合物となった PS-X のモル濃度は，後者の方がはるか
　　に小さいため。

ク　1.2×10^{-4} mol（解答に至る過程は解説参照）

ケ　2.1×10^4（解答に至る過程は解説参照）

第2問

解説

Ⅰ　ア　NaCl の結晶において，Na^+ と Cl^- は単位格子の辺上で接しているので，こ
れらのイオン半径の和の2倍が単位格子の一辺の長さと等しい。これに対し，
CsCl の結晶においては，Cs^+ と Cl^- は単位格子の体対角線上で接しているので，
両者のイオン半径の和の2倍は単位格子の一辺の長さの $\sqrt{3}$ 倍と等しい。よって，
イオン半径を r_{Na^+} 等と表すと，下式が成立する。

$$2r_{Na^+} + 2r_{Cl^-} = 0.564 \, \text{nm}$$
$$2r_{Cs^+} + 2r_{Cl^-} = \sqrt{3} \times 0.402 \, \text{nm}$$

ここで，$r_{Cs^+} = 0.181$ nm を代入して Cl^- および Na^+ のイオン半径を計算すると，
以下の通りである。

$$r_{Cl^-} = 0.167 \, \text{nm}, \quad r_{Na^+} = 0.115 \, \text{nm}$$

イ　Na の結晶の単位格子は体心立方格子であり，単位格子の内部に含まれる実質の
原子数は2個なので，単位格子の一辺の長さを l〔cm〕，アボガドロ定数を N_A とす
ると，結晶の密度について下式が成立する。

$$\frac{23.0 \, \text{g/mol} \times 2}{l^3 \cdot N_A} = \frac{23.0 \, \text{g/mol} \times 2}{l^3 \times 6.02 \times 10^{23} \, \text{mol}^{-1}} = 1.00 \, \text{g/cm}^3$$

$$\therefore \quad l^3 = 7.64 \times 10^{-23} \, \text{cm}^3 = 76.4 \times 10^{-24} \, \text{cm}^3$$

$$\therefore \quad l = \sqrt[3]{76.4} \times 10^{-8} \, \text{cm}$$

76.4 の立方根を求めることは難しいが，その概数は $4^3 = 64$，$5^3 = 125$ より4と
5 の間の数であることは容易にわかる。よって，$4 \times 10^{-8} \, \text{cm} < l < 5 \times 10^{-8} \, \text{cm}$ で
ある。一方，体心立方格子ではその単位格子の体対角線上で粒子が接しているので，
Na の金属結合半径を r とすると下の不等式が成立する。$r = \dfrac{\sqrt{3}}{4} l$　より

$$\frac{\sqrt{3}}{4} \times 4 \times 10^{-8} \, \text{cm} < r < \frac{\sqrt{3}}{4} \times 5 \times 10^{-8} \, \text{cm}$$

∴　$1.73 \times 10^{-8}\,\mathrm{cm} < r < 2.16 \times 10^{-8}\,\mathrm{cm}$

　アで求めた Na^+ のイオン半径は $0.115\,\mathrm{nm} = 1.15 \times 10^{-8}\,\mathrm{cm}$ であり，Na の金属結合半径の方が Na^+ のイオン半径より大きい。

ウ　イでは，結晶構造に基づいて金属結合半径とイオン半径を比較して，金属結合半径の方が大きいことを確かめたが，Na 原子の M 殻の電子の役割を考えると，この結果は自明である。すなわち，イオン半径では M 殻の電子は取りさられ，L 殻の大きさがそのままイオン半径を決めているのに対し，金属結合半径では M 殻の電子が自由電子となって結晶全体の金属原子を金属結合で結びつける役割をしていて，多くの Na 原子の M 殻が重なり合って，この電子が動きまわっているので，金属結合半径は Na 原子の L 殻そのものより大きい。

エ　与えられたエネルギー図および種々のデータから，CsCl の格子エネルギーは以下のように計算できる。

$$U_B = 433\,\mathrm{kJ/mol} + 79\,\mathrm{kJ/mol} + \frac{1}{2} \times 242\,\mathrm{kJ/mol} + 376\,\mathrm{kJ/mol} - 354\,\mathrm{kJ/mol}$$

$$= 655\,\mathrm{kJ/mol}$$

オ　AgCl の結晶構造は NaCl と同様であることが知られている。よって，AgCl がイオン結合のみからできているとすると，その格子エネルギーは U_A と同程度になることが期待される。さらに，Na^+ と Ag^+ のイオン半径を比べると，Ag^+ の方が大きいので，AgCl と NaCl ではイオン間の距離の短い NaCl の方が格子エネルギーが大きいはずである。AgCl の格子エネルギーの実測値 U_B が理論値 U_A に比べて大きく異なるのは，AgCl の結晶がイオン結合のみからできているという考え方が成り立たないことを意味している。Ag は遷移金属の一種で，典型的な金属元素とは異なり共有結合を形成することもできる。具体的には，NH_3 や CN^-，$S_2O_3{}^{2-}$ を配位子とする安定な錯イオンを形成することが知られていて，Ag^+ とこれらの配位子の間に形成される結合は共有結合である。したがって，AgCl の結晶においても Ag と Cl の間の結合に共有結合の寄与があると考えられる。

Ⅱ　カ　直線形の 2 配位の錯イオンを形成するのは，選択肢の中のイオンでは Ag^+ である。また，正四面体形の 4 配位の錯イオンを作るのは，選択肢の中のイオンでは Zn^{2+} である。

　このような形の錯イオンを作るのは，中心金属が配位結合に使う軌道とイオンの価数によっていて，1 価の陽イオンである Ag^+ は引きつけ得る配位子が 2 個で，4d 軌道まで電子が満たされているので，その際に配位子の非共有電子対を受け入れる軌道は 5s 軌道と 1 つの 5p 軌道から作られる等価な 2 つの軌道である sp 混成

軌道である。また，2価の陽イオンである Zn^{2+} は4個の配位子を引きつけることができるが，3d 軌道まで電子が満たされているので，その際に使われる軌道は 4s 軌道と3つの 4p 軌道から作られる等価な4つの軌道である sp^3 混成軌道である。ここでは問われていないが，2価の陽イオンである Cu^{2+} も4配位の錯イオンを作るが，これは平面4配位の正方形の錯イオンとなる。4配位の錯イオンでも，その形が異なるのは，Cu^{2+} には満たされていない 3d 軌道が残っているので，この1つの 3d 軌道と 4s 軌道と2つの 4p 軌道から4つの等価な軌道である dsp^2 混成軌道を作ると，正方形の頂点に向かう軌道が形成され，これに配位子の非共有電子対が収容されるためである。また，正八面体形の6配位の錯イオンでは，中心金属が d 軌道2つと s 軌道と3つの p 軌道から形成される d^2sp^3 混成軌道が配位子との結合に使われる。

キ　正八面体形の6配位の錯イオンで，2種類の配位子が2個と4個結合する場合に，2つの配位子が中心金属を中心にして反対側に結合した形と，隣り合った位置に結合した形が可能である。具体的に $[Co(NH_3)_4Cl_2]^+$ で図示すると下図の通りである。

ク　ヒトの血液中に含まれるヘモグロビンは Fe の錯体である。

ケ　平面4配位の錯イオンで2種類の配位子が2個ずつ結合したものには，下図のようにそれらが互いに隣り合う構造と向かい合う構造が可能である。参考までに，抗がん剤として用いられているのは左側の構造の錯イオンである。

コ　Ca^{2+} と EDTA から Ca-EDTA 錯体が生成する反応は，下式のように可逆反応であり，その平衡定数は 3.9×10^{10} L/mol と非常に大きい。

$$Ca^{2+} + EDTA^{4-} \rightleftharpoons [Ca\text{-}EDTA]^{2-}$$

　Ca^{2+} と EDTA は1：1の物質量比で錯体を形成するので，Ca^{2+} を含む水溶液に EDTA 水溶液を滴下していって，両者の物質量が等しくなった点がこの滴定の終点である。終点をわずかに過ぎて，EDTA が微過剰となって錯体を形成していない EDTA のモル濃度が 10^{-5} mol/L となったとすると，そのときの Ca^{2+} と

Ca-EDTA 錯体の濃度比は Ca-EDTA 錯体の濃度が Ca^{2+} の濃度の 3.9×10^5 倍となっていて，実質的にすべて錯体となっている。よって，この滴定の終点では Ca^{2+} の物質量と EDTA の物質量が等しいので，$[Ca^{2+}] = x\,mol/L$ とすると，下式が成立する。

$$x\,mol/L \times 0.10\,L = 0.010\,mol/L \times 5.0 \times 10^{-3}\,L$$

$$\therefore\quad x = 5.0 \times 10^{-4}\,mol/L$$

　問題文にある指示薬の説明がわかりにくいので，補足しておこう。EDTA が Ca^{2+} へ配位すると色が変化する指示薬を用いて滴定を行うとあるが，これをそのまま読むと，EDTA を滴下すれば終点に達することとは無関係に Ca-EDTA 錯体が生成すれば色の変化が起こるように考えられる。これでは，指示薬の役割がまったく分からない。問題文にはきちんとした説明がないが，指示薬も Ca^{2+} と錯体を形成できる物質で，その錯体を Ca-Ind と表すと，この錯体に比べ EDTA の方がより強く Ca^{2+} と結合するので，Ca-Ind より Ca-EDTA の方が安定である。よって，終点までは Ca-Ind が存在するが，終点を過ぎると下式のように Ca-Ind は分解し，Ca-EDTA になり，指示薬の Ind が遊離する。

$$\text{Ca-Ind} + \text{EDTA} \rightleftarrows \text{Ca-EDTA} + \text{Ind}$$

　このとき，Ca-Ind の色調と Ind の色調が異なるので，Ca^{2+} が実質的にすべて Ca-EDTA となった点を検出できるのである。

サ　金属錯イオンの中には触媒として作用するものもある。触媒は，反応物と結びついて活性化エネルギーの小さい反応経路を通って反応が進行するようにする物質である。結果として，同じ温度でも活性化状態に達する反応物の割合が増大し，反応速度が増加する。

解 答

I　ア　0.115 nm

イ　Na^+ の方が小さい。

　　計算式：Na の結晶の単位格子の一辺の長さを l とすると，結晶の密度は

$$\frac{23.0\,g/mol \times 2}{l^3 \times 6.02 \times 10^{23}\,mol^{-1}} = 1.00\,g/cm^3$$

$$\therefore\quad l = \sqrt[3]{76.4} \times 10^{-8}\,cm > 4 \times 10^{-8}\,cm$$

　　よって，Na の金属結合半径を r とすると，$4r = \sqrt{3}\,l$ であるので，$r > 1.73 \times 10^{-8}\,cm = 0.173\,nm$ であり，Na^+ のイオン半径の $0.115\,nm$ より大きい。

ウ　Na$^+$はL殻そのものだが，NaはM殻が重なり合って金属結合を形成しているため。（36字）

エ　655 kJ/mol（計算式は解説参照）

オ　AgClの結晶は純粋なイオン結晶ではなく，両原子間の結合に共有結合の寄与があるため。（39字）

II　カ　α：Ag$^+$　　γ：Zn^{2+}

キ

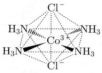 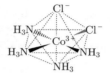

ク　Fe

ケ

コ　5.0×10^{-4} mol/L

サ　活性化エネルギー

第3問

解説

I　L-チロシンから9段階の反応によってホルモンの一種であるL-チロキシンを合成する過程を考察する設定である。一見，難しそうな問題だが，高校化学で学習する様々な反応が応用されているだけなので，落ち着いて考えれば恐れることはない。

ア　(1)〜(16)に与えられている試薬の組み合わせで起こる反応を考え，それぞれの反応で起こっている変化を考察すれば良い。反応1はフェノール性ヒドロキシ基のオルト位で起こる置換反応である。フェノール類の置換反応はベンゼンよりも起こりやすく，それもフェノール性ヒドロキシ基のオルト位とパラ位で起こりやすいので，ベンゼンの置換反応となっているものを探すと(3)の濃硝酸と濃硫酸の組み合わせで起こるニトロ化が該当する。

$$\text{(フェノール)} + 2HNO_3 \longrightarrow \text{(ジニトロフェノール)} + 2H_2O$$

　反応2はアミノ基がアセチル化される反応であり，(4)の無水酢酸と水酸化ナトリウムまたは(13)の酢酸と濃塩酸および(14)の無水酢酸と濃塩酸の組み合わせが適する。

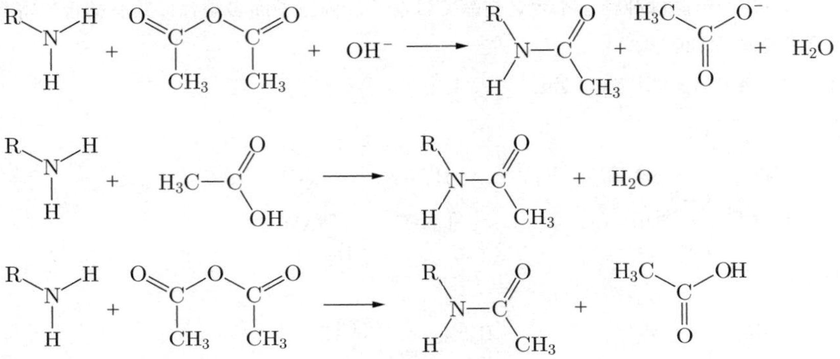

　無水酢酸との反応を行うと，フェノール類のアセチル化も同時に起こる可能性があり，高校化学で学習する範囲で考えれば，(13)の酢酸と濃塩酸の組み合わせが最も良さそうである。ただし，専門書によればフェノール性ヒドロキシ基のアセチル化はアミンのアセチル化より起こりにくく，(4)の無水酢酸と水酸化ナトリウムの組み合わせが最適の条件とされている。ここでは，(4)の塩基性条件下での反応とすると，化合物Bがカルボン酸およびフェノールの塩を形成するが，陰イオンとなっていないので，酸性条件下での反応と判断して，(13)の酢酸と濃塩酸の組み合わせを解答とする。

　反応3はカルボキシ基をエチルエステルとする反応で，(9)のエタノールと濃塩酸の組み合わせが適する。

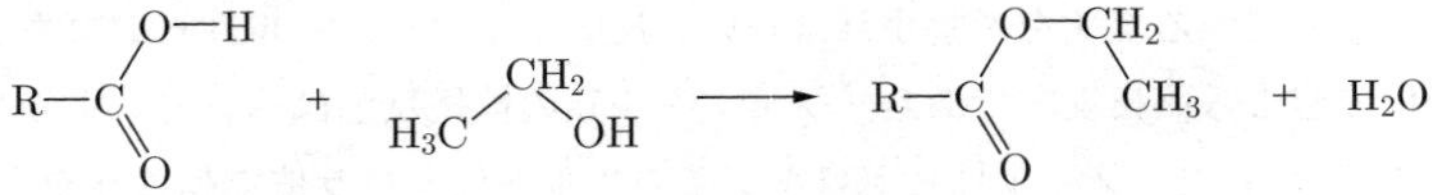

　反応4についてはイで詳述する。

　反応5と反応6はベンゼン環に結合したニトロ基を他の原子団に変える反応である。そういう視点で選択肢を見ると，(8)の水素と触媒はニトロ基の還元，(7)の亜硝酸ナトリウムと濃硫酸が芳香族アミンのジアゾ化がある。高校化学で学ぶ通常の反応条件は，ニトロ基の還元でスズと濃塩酸，ジアゾ化は亜硝酸ナトリウムと塩酸だが，選択肢の試薬の組み合わせでもこれらの反応は可能である。また，反応5で通常の反応条件であるスズと濃塩酸を用いると，化合物Dに含まれるエステル

結合やアミド結合が加水分解されるので，この一連の反応には不適切である。

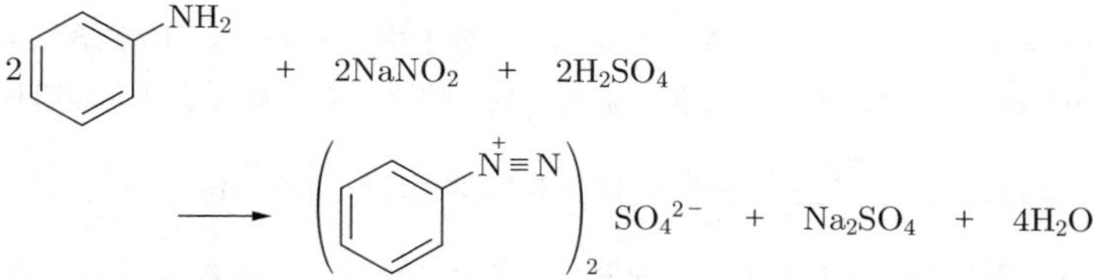

反応 7 はジアゾニウム塩の置換反応である。塩化ベンゼンジアゾニウムは極めて不安定で，その水溶液を加温すると N_2 を放出しながらフェノールが生成する。これと同様の反応を NaI が共存する溶液中で行うと，下式のように N_2 の気体を発生しながらベンゼン環に I が導入される。なお，問題文中に試薬として NaI だけでなく I_2 も記されているが，この役割は不明である。

反応 8，9 については何も記述がないが，フェノール類似化合物のハロゲン置換とエステルおよびアミドの加水分解である。

イ　反応 4 はフェノール性ヒドロキシ基の部分をエーテルに変える反応である。この反応は，決まった構造を持つエーテルを合成する反応で，フェノールの塩と塩化物を反応させる以下の反応が用いられる。

反応 4 の結果，未反応の化合物 C が生成物の化合物 D とともに残ったので，この両者を分離する必要がある。化合物 C にはフェノール性ヒドロキシ基が残っているので，水酸化ナトリウム水溶液に塩を形成して溶けやすい。これに対し，化合物 D には酸性の原子団はないので，有機溶媒に溶けやすい。この溶解性の違いを応用すれば，この両者は溶媒抽出で容易に分離できる。したがって，選択肢の中の(2)の操作を行うと，水溶液中に化合物 C が，クロロホルム溶液中に化合物 D が抽出される。

ウ　L-チロシンの分子量は 181 なので，その 5.43 kg の物質量は，次の通り。

$$\frac{5.43 \times 10^3 \, \text{g}}{181 \, \text{g/mol}} = 30.0 \, \text{mol}$$

各段階の収率が70%なので，得られるチロキシンの物質量は $30.0 \times 0.70^9 \, \text{mol}$ で，その質量は $777 \, \text{g/mol} \times 30.0 \times 0.70^9 \, \text{mol} = 941 \, \text{g}$ である。

エ　L-チロキシンの分子量は777であり，1分子中にC原子が15個含まれるので，その62mgを完全燃焼したときに発生する二酸化炭素の質量は以下の通りである。

$$44 \, \text{g/mol} \times \frac{62 \times 10^{-3} \, \text{g}}{777 \, \text{g/mol}} \times 15 = 5.27 \times 10^{-2} \, \text{g} \fallingdotseq 53 \, \text{mg}$$

オ　不斉炭素原子のまわりの立体配置は，それに結合しているH原子を遠くにおいて，残り3つの原子，原子団に不斉炭素原子に結合している原子の原子番号の大きい順に順番をつけたとき，それが右回りになるか左回りになるかで前者をR体，後者をS体と呼ぶことにする。その規則に従って，$-\text{NH}_2$，$-\text{COOH}$，$-\text{CH}_2-\text{R}$ の順に順番をつけて(1)～(8)の化合物を眺めると，(4)のみがR体で他はS体となっている。合成経路の最終生成物に示されているL-チロキシンもS体なので，(4)がD-チロキシンである。具体的に合成経路の最終生成物に示されているL-チロキシンと(4)の化合物について，H原子を遠くにおいて眺めたときの残りの3つの原子団の配置を図示すると，下図の通りである。なお，(4)に示されている構造式では，H原子が紙面の手前に伸びているので，右側の部分を回転してHが紙面の奥に伸びる結合となるようにして図を書き直してある。下に示したH以外の3つの原子団を $-\text{NH}_2$，$-\text{COOH}$，$-\text{CH}_2-\text{R}$ の順に順番をつけてそれらが右回りか左回りかを確かめると，L-チロキシンは左回り，(4)は右回りとなっていることが確かめられる。

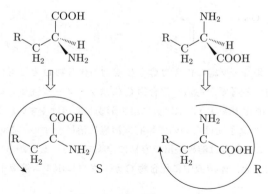

Ⅱ　カ　化合物Hは，C原子数が3で分子量が42の炭化水素で，付加重合によって

熱可塑性のポリマー X になるとあるので，プロペンである。また，ポリマー X は
ポリプロピレンである。プロペンを酸化して得られる分子量が 72 の化合物 I は，
炭酸水素ナトリウムと反応して塩 J を形成し，メタノールと反応して沸点が化合物
I より低い化合物 K と水を生じたとあるので，カルボン酸である。化合物 I および
化合物 H，J，K は，臭素と反応するので，分子内に C＝C 二重結合を有する。し
たがって，化合物 I は下図の構造のアクリル酸である。

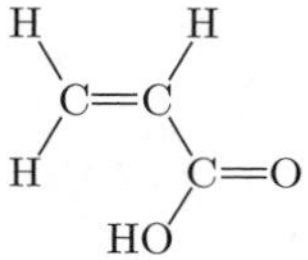

キ　化合物 K はアクリル酸メチルで，その構造式は下図の通りである。

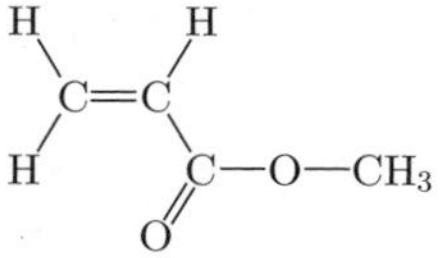

　化合物 I のアクリル酸は液体の状態で下図のようにカルボキシ基同士が水素結合
で会合して二量体を形成しやすく，同程度の分子量の有機化合物に比べて沸点が異
常に高い。エステルを形成して水素結合を形成できない化合物 K は，カルボン酸
のような沸点の異常を示さない。

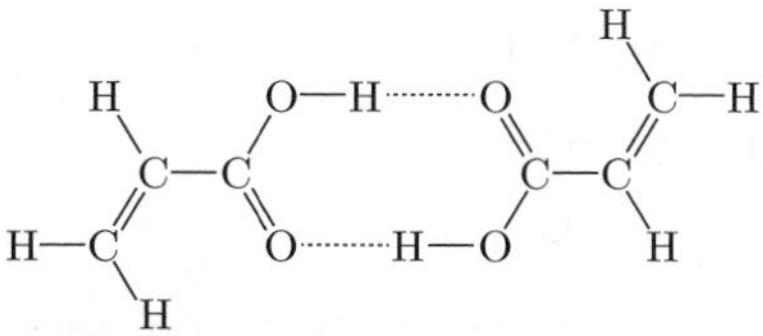

ク　化合物 J はアクリル酸ナトリウムで，架橋剤を加えて付加重合させると網目状構
造を持ち多数の $-COONa$ を有するポリマーとなる。この極性の大きい原子団には
水が水和しやすく，吸水性を示す。このポリマーは，分子の大きさがコロイド粒子
と同じ 10^{-8} m 程度で，水に親水コロイドとなって溶解する。このコロイドが水を
失った状態のゲルとなったものと考えると，この吸水性を理解しやすい。このゲル
が水を取り込むと，$-COO^{-}$ とイオン結合していた Na^{+} が水和イオンとなって離
れ，高分子鎖に結合している $-COO^{-}$ 同士が反発し網目状構造が拡がりさらに多
量の水を取り込める。電解質を含まない水を吸収させると，ポリマーの重量の数百
倍の水を吸収できるものが開発されている。

ケ　水を吸収して膨らんだポリマーに塩化カルシウムを加えると，Ca^{2+}が－COO⁻とイオン結合し－COO⁻同士の反発が弱まり，膨らんだ網目状構造が元の形に戻り，取り込んでいた水を排出して体積が減少する。この現象は，ある程度の濃度の電解質水溶液で起こるが，特にイオンの価数の大きい陽イオンで起こりやすい。

コ，サ　グルコースの分解で生じる$C_3H_6O_3$の分子式の化合物は下図の構造式で表されるα－乳酸である。これが炭酸水素ナトリウム水溶液に溶ける変化は下式で表される。

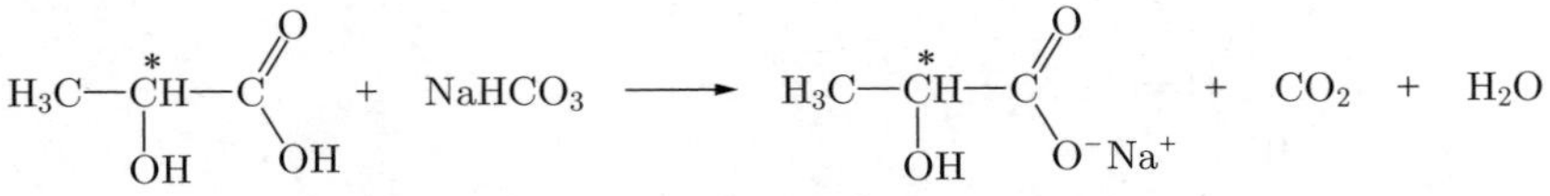

$$H_3C-\overset{*}{C}H-C\overset{O}{\underset{OH}{\|}} + NaHCO_3 \longrightarrow H_3C-\overset{*}{C}H-C + CO_2 + H_2O$$

　　2分子のα－乳酸が縮合すると，下図の環状エステルを形成する。これが化合物Mである。

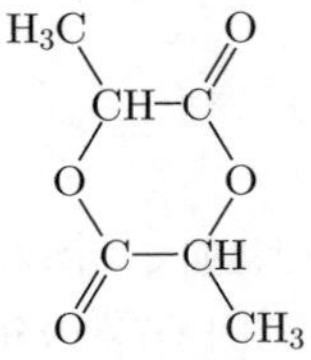

　　この環状エステルを開環重合させると下図の構造のポリ乳酸が得られる。

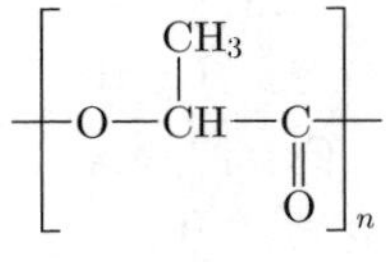

　　このポリマーZは，高分子鎖がエステル結合でできているため，加水分解されるとモノマーの乳酸に戻るので，生分解性ポリマーと呼ばれる。

解　答

Ⅰ　ア　反応1：(3)　　反応2：(13)　　反応3：(9)　　反応5：(8)　　反応6：(7)

イ　(2)

ウ　$9.4×10^2$ g

エ　53 mg

オ　(4)

Ⅱ　カ

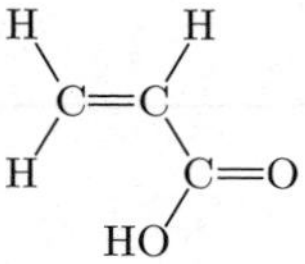

キ

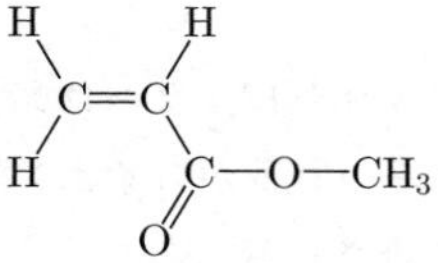

沸点が大きく異なる理由：化合物 I は分子間水素結合を形成し得るため。

（21 字）

ク　(2)

ケ　Ca^{2+} が $-COO^-$ と結合し，膨らんだ網目状構造が収縮するため。（25 字）

コ

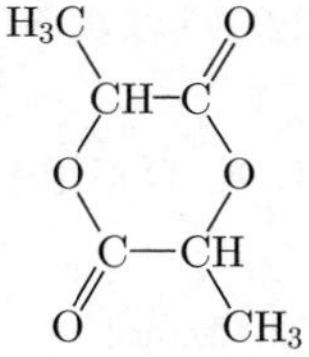

サ　(3)

第1問

【解説】

I ア, イ X^+Z^- と X^-Z^+ でイオン間の距離が変わらないとすれば, クーロン力による安定化エネルギー D は両者で等しい。よって, これらの原子からイオン対が形成される際に放出されるエネルギーの差 x_{XZ} は, 下式で表される。

$$x_{XZ} = (E_Z - I_X + \Delta) - (E_X - I_Z + \Delta)$$
$$= (E_Z - I_X) - (E_X - I_Z) = (E_Z + I_Z) - (E_X + I_X)$$

よって, $(E + I)$ の値の大きい原子ほど, 結合を形成する際に負の電荷を帯びることになる。

ウ 酸素原子の $(E + I)$ の値は表 1 – 1 に与えられた数値から以下の通りである。

$$(E + I)_O = 29.7 \times 10^{-19}\,\text{J} + 5.4 \times 10^{-19}\,\text{J} = 35.1 \times 10^{-19}\,\text{J}$$

なお, ここで求めた値は O 原子 1 個あたりのエネルギーであり, O 原子 1 mol あたりにすると, 以下の通りである。

$$(E + I)_O = 35.1 \times 10^{-19}\,\text{J} \times 6.02 \times 10^{23}\,\text{mol}^{-1} = 2.11 \times 10^6\,\text{J/mol}$$

エ H 原子, C 原子, O 原子, F 原子の電気陰性度を与えられた表の数値から求めると以下の通りである。

$$x_H = \frac{1}{2}(21.8 + 1.2) \times 10^{-19}\,\text{J} = 11.5 \times 10^{-19}\,\text{J}$$

$$x_C = \frac{1}{2}(23.4 + 2.1) \times 10^{-19}\,\text{J} = 12.8 \times 10^{-19}\,\text{J}$$

$$x_O = \frac{1}{2}(29.7 + 5.4) \times 10^{-19}\,\text{J} = 17.6 \times 10^{-19}\,\text{J}$$

$$x_F = \frac{1}{2}(33.4 + 5.6) \times 10^{-19}\,\text{J} = 19.5 \times 10^{-19}\,\text{J}$$

よって, これらの原子の電気陰性度の大きさは F > O > C > H の順であり, ①〜③の 2 原子分子は H が $\delta+$, C, O, F が $\delta-$ に帯電し, その大きさは電気陰性度の差の大きい順で HF > OH > CH となる。

オ HF 分子の双極子モーメント μ は電子が δ 個分 H から F に移動したとして, 以下のように表される。

$$\mu = 9.2 \times 10^{-11}\,\text{m} \times \delta \times 1.6 \times 10^{-19}\,\text{C} = 6.1 \times 10^{-30}\,\text{C·m}$$

$$\therefore \quad \delta = 0.414 \doteqdot 0.41$$

カ　多分子全体の極性は，分子内の各結合の極性を分子の形に沿ってベクトル合成したときに，そのベクトル和が 0 となるかどうかで決まる。二酸化炭素と二酸化窒素の構造式は下図の通りで，分子の形も同時に示す。

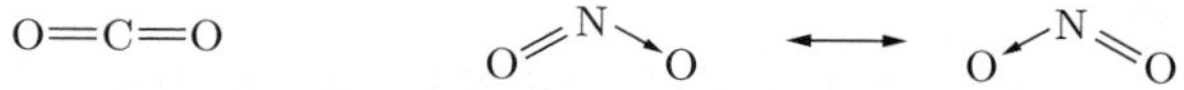

$$O＝C＝O \qquad\qquad O^{\diagdown}\!\!\underset{}{\overset{N}{\diagup}}\!\!{}_{\diagdown}O \quad \longleftrightarrow \quad O^{\diagup}\!\!\underset{}{\overset{N}{\diagdown}}\!\!{}_{\diagup}O$$

　　構造式に示したように，二酸化炭素は直線形の分子だが，二酸化窒素は折れ線形であり，この 2 つの構造に共鳴しているので 2 つの N−O 結合は等価である。これらの分子では，いずれも O 原子の方が電気陰性度が大きく，中心の C 原子，N 原子が正に帯電し，両端の O 原子が負に帯電している。しかし，二酸化炭素は直線形の分子なので，この 2 つの C＝O 結合の極性が互いに等しく反対方向を向いているためそのベクトル和は 0 となる。これに対し，二酸化窒素では，2 つの N−O 結合の極性のベクトル和は下図のように 0 とならず，分子全体で極性を持つことになる。

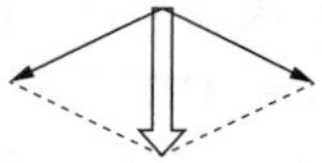

II　キ　酸・塩基反応は非常に速い反応なので，通常は常に平衡が成立しているという扱いをするのだが，ここではそれを可逆反応の一般的な取り扱いで考えてみるという設定である。下式で表されるアンモニア水溶液の電離平衡は，正反応が吸熱反応なので，温度が高くなると平衡が右に移動する。

$$NH_3 + H_2O \rightleftarrows NH_4{}^+ + OH^-$$

　　$[OH^-]$ の時間変化 $\dfrac{\Delta[OH^-]}{\Delta t}$ は上記の可逆反応の正反応と逆反応の反応速度の差となるので，下式で表される。

$$\frac{\Delta[OH^-]}{\Delta t} = v_1 - v_2 = k_1[NH_3] - k_2[NH_4{}^+][OH^-]$$

ク　アンモニアの電離平衡の反応式の係数から，負の値で定義される $[OH^-]$ の平衡濃度からのずれ x は，平衡時のアンモニウムイオンの濃度 $[NH_4{}^+]_{eq}$ とある時点のアンモニウムイオンの濃度 $[NH_4{}^+]$ の差，およびある時点でのアンモニアの濃度 $[NH_3]$ と平衡時のアンモニアの濃度 $[NH_3]_{eq}$ の差に等しい。式で表すと以下の通りである。

$$[OH^-] - [OH^-]_{eq} = x \qquad\qquad \therefore \quad [OH^-] = [OH^-]_{eq} + x$$

$$[NH_4^+] - [NH_4^+]_{eq} = x \qquad \therefore \quad [NH_4^+] = [NH_4^+]_{eq} + x$$

$$[NH_3]_{eq} - [NH_3] = x \qquad \therefore \quad [NH_3] = [NH_3]_{eq} - x$$

ケ　式(1)は，キ，クの結果から以下のように表される。

$$\frac{\Delta[OH^-]}{\Delta t} = k_1[NH_3] - k_2[NH_4^+][OH^-]$$

$$= k_1([NH_3]_{eq} - x) - k_2([NH_4^+]_{eq} + x)([OH^-]_{eq} + x)$$

これを整理すると，次式が得られる。

$$\frac{\Delta[OH^-]}{\Delta t} = -\{k_1 + k_2([NH_4^+]_{eq} + [OH^-]_{eq})\}x - k_2x^2$$

$$+ k_1[NH_3]_{eq} - k_2[NH_4^+]_{eq}[OH^-]_{eq}$$

ここで，定数項の $+k_1[NH_3]_{eq} - k_2[NH_4^+]_{eq}[OH^-]_{eq}$ は正反応と逆反応の平衡時の反応速度の差を表していて，もちろん 0 である。よって，式(1)は下式となる。

$$\frac{\Delta[OH^-]}{\Delta t} = -\{k_1 + k_2([NH_4^+]_{eq} + [OH^-]_{eq})\}x - k_2x^2$$

よって，式(1)の x の 1 次の項の係数 B は以下の通りである。

$$B = -\{k_1 + k_2([NH_4^+]_{eq} + [OH^-]_{eq})\}$$

コ　平衡状態では正反応と逆反応の反応速度が互いに等しいので，平衡定数は平衡時の反応物と生成物の濃度で表すこともできるが，下式のように正反応と逆反応の速度定数の比でも表される。

$$K_b = \frac{[NH_4^+]_{eq}[OH^-]_{eq}}{[NH_3]_{eq}} = \frac{k_1}{k_2} \qquad \therefore \quad k_1 = K_b k_2$$

これを，上で求めた係数 B の式に代入すると，下式が得られる。

$$B = -\{K_b k_2 + k_2([NH_4^+]_{eq} + [OH^-]_{eq})\}$$

これを k_2 について解くと以下の通りである。

$$k_2 = -\frac{B}{\{K_b + ([NH_4^+]_{eq} + [OH^-]_{eq})\}}$$

ところで，アンモニア水溶液では，溶質がアンモニアのみなので水の電離で生じる OH^- を無視すると $[NH_3]_{eq} = [OH^-]_{eq}$ である。よって，k_2 は下式で表される。

$$k_2 = -\frac{B}{(K_b + 2[OH^-]_{eq})}$$

サ　図 1 - 1 から平衡時の OH^- の濃度は $1.319 \times 10^{-4}\,mol/L$ である。また，図 1 - 2 から B の値は $\dfrac{22.0\,mol/(L \cdot s)}{-2.00 \times 10^{-6}\,mol/L} = -1.10 \times 10^7\,s^{-1}$ である。これらと，与

えられているアンモニアの電離定数 $K_b = 1.7 \times 10^{-5}\,\text{mol/L}$ をコで求めた k_2 の式に代入すると，以下の通りである。

$$k_2 = -\frac{-1.10 \times 10^7\,\text{s}^{-1}}{(1.7 \times 10^{-5}\,\text{mol/L} + 2 \times 1.319 \times 10^{-4}\,\text{mol/L})} = 3.92 \times 10^{10}\,\text{L/(mol·s)}$$

解答

Ⅰ　ア　$(E_Z + I_Z) - (E_X + I_X)$

イ　$(E + I)$

ウ　$3.51 \times 10^{-18}\,\text{J}$ または $2.11 \times 10^6\,\text{J/mol}$

エ　③　HF　②　OH　①　CH　（理由は解説参照）

オ　0.41 個分（答に至る過程は解説参照）

カ　二酸化炭素は C 原子を中心とする直線形の分子なので，2 つの C＝O 結合の分極が打ち消されるのに対し，二酸化窒素は N 原子を頂点とする折れ線形の分子なので，2 つの N－O 結合の極性のベクトル和が 0 とならない。

Ⅱ　キ　$\dfrac{D[\text{OH}^-]}{Dt} = k_1[\text{NH}_3] - k_2[\text{NH}_4{}^+][\text{OH}^-]$

ク　$[\text{NH}_4{}^+] = [\text{NH}_4{}^+]_{eq} + x$　　　$[\text{NH}_3] = [\text{NH}_3]_{eq} - x$

ケ　$B = -\{k_1 + k_2([\text{NH}_4{}^+]_{eq} + [\text{OH}^-]_{eq})\}$　（答に至る過程は解説参照）

コ　$k_2 = -\dfrac{B}{(K_b + 2[\text{OH}^-]_{eq})}$　（答に至る過程は解説参照）

サ　$3.9 \times 10^{10}\,\text{L/(mol·s)}$　（答に至る過程は解説参照）

第 2 問

解説

Ⅰ　ア　一定量の溶液を正確に測りとるために使用するガラス器具はホールピペットである。また，溶液の滴下量を正確に測るためのガラス器具はビュレットである。

イ　過マンガン酸カリウムによってシュウ酸は下式のように定量的に酸化される。

$$2KMnO_4 + 5H_2C_2O_4 + 3H_2SO_4 \longrightarrow K_2SO_4 + 2MnSO_4 + 10CO_2 + 8H_2O$$

この反応は，下式の半反応式の組み合わせによって進行し，その間に Mn の酸化数は +7 から +2 に減少し，C の酸化数は +3 から +4 に増加する。

$$MnO_4{}^- + 8H^+ + 5e^- \longrightarrow Mn^{2+} + 4H_2O$$

$$H_2C_2O_4 \longrightarrow 2CO_2 + 2H^+ + 2e^-$$

ウ　この酸化還元滴定では，ビュレットから滴下する $KMnO_4$ 水溶液が赤紫色に強

く着色していて，これが還元されて Mn^{2+} となるとほとんど無色となり，また，他の反応物も生成物も無色なので，特別に指示薬を用いなくても，終点を判定できる。すなわち，終点までは還元剤が残っているので，滴下した $KMnO_4$ が消失して赤紫色が消えるが，終点を過ぎるとそれが反応せずに残り，被滴定液の赤紫色が消えなくなる。

エ　Ca^{2+} を含む水溶液に過剰量のシュウ酸アンモニウムを加えると，下式のようにシュウ酸カルシウムの沈殿を生じる。

$$Ca^{2+} + C_2O_4^{2-} \longrightarrow CaC_2O_4$$

この反応を，小過剰のシュウ酸アンモニウム水溶液を加えて行えば，溶液中の Ca^{2+} はほとんどすべてシュウ酸カルシウムとなって沈殿する。よって，これをろ別した後，強酸を加えると，Ca^{2+} と同じ物質量のシュウ酸が生じるので，それを過マンガン酸カリウム水溶液を用いて酸化還元滴定を行えば，Ca^{2+} の定量ができる。

1回目の滴定では，実験操作にミスがあったため正しい終点を大幅に過ぎてしまったとあるので，これを除外して2回目以降の4回の滴定値の平均を取ると，4.46 mL となる。ここまでに滴下した $KMnO_4$ の物質量と $H_2C_2O_4$ の物質量の比が $2:5$ となるので，水溶液試料中の Ca^{2+} のモル濃度を $x\,mol/L$ とおくと，下式が成立する。

$$x\,mol/L \times \frac{10.0}{1000} \times 2 = 1.00 \times 10^{-2}\,mol/L \times \frac{4.46}{1000}\,L \times 5$$

$$\therefore \quad x = 1.115 \times 10^{-2}\,mol/L$$

よって，1.00 L の試料水溶液中に含まれる Ca^{2+} の質量は以下の通りである。

$$40.1\,g/mol \times 1.115 \times 10^{-2}\,mol/L = 4.47 \times 10^{-1}\,g/L = 447\,mg/L$$

オ，カ　この滴定によって Ca^{2+} が正しく定量されるためには，それがすべてシュウ酸カルシウムとなって沈殿し，その沈殿の物質量が洗浄の操作によって変わらないことが必要である。

この洗浄操作に不備があって，Ca^{2+} の分析値が真の値より小さくなる原因としては，沈殿の洗浄の際に沈殿の一部が溶け出すことが考えられる。手順3において冷水でろ紙上の沈殿を洗浄するとあるように，シュウ酸カルシウムの沈殿はある程度は水に溶解するので，その溶解量が少なくなるように冷水を用いている。問題文には示されていないが，室温付近の CaC_2O_4 の溶解度積は $2.1 \times 10^{-9}\,mol^2/L^2$ で，洗浄操作において $4.6 \times 10^{-5}\,mol/L$ 程度はどうしても溶け出す。もし，このとき洗浄に用いる水の温度がもっと高ければ，さらに溶け出す量が増える。つまり，無

駄に洗浄操作で多くの水を用いると，沈殿の一部が溶け出し，滴定で酸化されるシュウ酸の物質量が少なくなる。

　逆に，不適切な洗浄操作によって Ca^{2+} の分析値が大きくなるのは，シュウ酸カルシウムの沈殿以外にシュウ酸イオンが残っている場合である。エで説明したように，シュウ酸カルシウムの沈殿を作る際には，過剰量のシュウ酸アンモニウムを加える。したがって，沈殿と接している溶液，これを母液といい，母液には余分のシュウ酸アンモニウムが残っている。ろ紙上の沈殿には母液が付着しているので，洗浄が不十分であればそれに含まれるシュウ酸イオンも過マンガン酸カリウム水溶液によって酸化されるので，滴定値が真の値より大きくなる。

Ⅱ　キ　イオン交換膜法による食塩水の電気分解で起こる電極反応は下式の通りである。

　　　　陽極　　　$2Cl^- \longrightarrow Cl_2 + 2e^-$

　　　　陰極　　　$2H_2O + 2e^- \longrightarrow H_2 + 2OH^-$

　陰極で水の還元ではなく，酸素が還元されるようにすると，陰極の電極反応は下式となる。

　　　　陰極　　　$O_2 + 2H_2O + 4e^- \longrightarrow 4OH^-$

　この電極反応が進行すると，陽極で Cl^- の相手のイオンだった Na^+ は相手のイオンが消失するので，電気的中性の原理からイオン交換膜を通って陰極室の方へ移動し，陰極で新たに生成した OH^- の相手のイオンとなる。

　この電気分解において，全体で起こる変化は，通常のイオン交換膜法では下式で表される。

　　　　$2NaCl + 2H_2O \longrightarrow Cl_2 + H_2 + 2NaOH$

　また，陰極で酸素が還元されるように改良された方法では陰極の電極反応が1回起こる間に陽極の電極反応が2回起こり，全体で下式の変化が進行する。

　　　　$4NaCl + 2H_2O + O_2 \longrightarrow 2Cl_2 + 4NaOH$

ク，ケ　陰極室の流出液 $1000\,g$ に含まれる NaCl および NaOH の質量はそれぞれ $176\,g$ および $120\,g$ である。よって，水の質量は $704\,g$ である。これから水が $x\,g$ 蒸発して NaOH の飽和溶液になったとすると，この飽和溶液中の水と NaOH の質量に関して下式が成立する。

$$\frac{NaOH}{水} : \frac{114\,g}{100\,g} = \frac{120\,g}{(704-x)\,g}$$

　　∴　$x = 598.7\,g \fallingdotseq 599\,g$

　よって，このときに溶媒の水の質量は $105\,g$ となっている。この条件で，NaCl

の析出について確かめると，以下の通りである。この間に NaCl が y g 析出して NaCl についても 25℃の飽和溶液になったとすると，下式が成立する。

$$\frac{NaCl}{水} : \frac{35.9\,g}{100\,g} = \frac{(176-y)\,g}{105\,g}$$

$$\therefore \quad y = 138.3\,g$$

したがって，このときの溶液は水 105 g に NaOH が 120 g，NaCl が 37.7 g 溶けてそれぞれに関して飽和溶液となっている。よって，この溶液中の NaOH の質量パーセントは以下の通りである。

$$\frac{120\,g}{(105 + 120 + 37.7)\,g} \times 100 = 45.7\%$$

コ　陰極室の溶液と陽極室の溶液が混合すると下式のように塩素と水酸化ナトリウムが反応する。

$$Cl_2 + 2NaOH \longrightarrow NaCl + NaClO + H_2O$$

この反応において，塩素の単体同士で酸化還元反応が起こり，一部は塩化物イオン Cl^- に還元される間に一部が次亜塩素酸イオン ClO^- に酸化される。このような反応は不均化と呼ばれる。生成物の中で漂白作用を示すのは次亜塩素酸ナトリウム NaClO であり，下の半反応式のように強い酸化作用を示す。

$$ClO^- + 2H^+ + 2e^- \longrightarrow Cl^- + H_2O$$

サ　陰極で酸素が還元される改良型のイオン交換膜法による食塩水の電気分解で全体で起こる変化はキで説明したように下式で表される。

$$4NaCl + 2H_2O + O_2 \longrightarrow 2Cl_2 + 4NaOH$$

これに対し，通常のイオン交換膜法による食塩水の電気分解で起こる反応は全体で以下の通りである。

$$2NaCl + 2H_2O \longrightarrow Cl_2 + H_2 + 2NaOH$$

この反応で 1 mol の NaOH が生成するときの反応熱が 223 kJ/mol の吸熱である。もちろん，このエネルギーは電気エネルギーによって供給されている。

さて，この 2 つの反応式を比較すると，改良型のイオン交換膜法による食塩水の電気分解では，還元される物質が H_2O から O_2 に変わっていて，見かけ上は H_2O の還元で生じる H_2 と O_2 が反応することになっている。この関係を求める反応熱を Q〔kJ/mol〕の吸熱であるとしてエネルギー図で示すと以下の通りである。

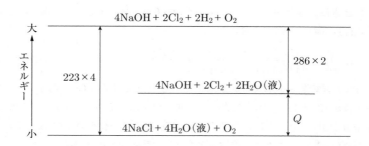

よって，$Q = 223\,\text{kJ/mol} \times 4 - 286\,\text{kJ/mol} \times 2 = 320\,\text{kJ/mol}$ と求まり，その熱化学方程式は次の通りである。

$$4NaCl + 2H_2O(液) + O_2 = 2Cl_2 + 4NaOH - 320\,\text{kJ}$$

$$4NaCl + 2H_2O(液) + O_2 \longrightarrow 2Cl_2 + 4NaOH \qquad \Delta H = 320\,\text{kJ}$$

解 答

I　ア　手順1：ホールピペット　　　手順5：ビュレット

イ　$2KMnO_4 + 5H_2C_2O_4 + 3H_2SO_4 \longrightarrow K_2SO_4 + 2MnSO_4 + 10CO_2 + 8H_2O$

ウ　終点を過ぎると赤紫色が消えなくなる。（18字）

エ　447 mg

オ　洗浄に多くの水を用いると沈殿の一部が溶解するため。（25字）

カ　沈殿に付着した母液が残っているため。（18字）

II　キ　i：2　　ii：1　　iii：2　　iv：1　　v：2　　vi：2　　vii：4

　　viii：4　　A：Cl^-　　B：Cl_2　　C：H_2O　　D：H_2　　E：Na^+

　　F：H_2O

ク　599 g

ケ　45.7%

コ　塩の物質名：次亜塩素酸ナトリウム

　　反応式：$Cl_2 + 2NaOH \longrightarrow NaCl + NaClO + H_2O$

サ　$4NaCl + 2H_2O(液) + O_2 = 2Cl_2 + 4NaOH - 320\,\text{kJ}$

　　（$4NaCl + 2H_2O(液) + O_2 \longrightarrow 2Cl_2 + 4NaOH \qquad \Delta H = 320\,\text{kJ}$）

第3問

解説

I　ア　化合物Aは炭素原子と水素原子のみからなり，ある量の化合物Aを完全燃

焼したときに二酸化炭素が $11.0\,\mathrm{mg}$，水が $3.6\,\mathrm{mg}$ 得られたことから，C と H の原子数比は以下のように求められる。

$$\mathrm{C} : \mathrm{H} = \frac{11.0\,\mathrm{g}}{44.0\,\mathrm{g/mol}} : \frac{3.6\,\mathrm{g}}{18.0\,\mathrm{g/mol}} \times 2 = 5 : 8$$

　よって，A の組成式は C_5H_8 と求まり，その組成式量は 68 である。A の分子量の測定値が 138 ± 3 だったので，A の分子式は $C_{10}H_{16}$ と決まり，分子量は 136 である。C 原子数が 10 のアルカンの分子式は $C_{10}H_{22}$ なので，化合物 A には二重結合と環構造が合わせて 3 つまたは三重結合が 1 つと二重結合または環構造が 1 つ含まれる。

イ　実験 2 の H_2 の付加反応の結果から化合物 A に含まれる不飽和結合の数を x 個とすると，下式が成立する。

$$\frac{50.0 \times 10^{-3}\,\mathrm{g}}{136\,\mathrm{g/mol}} \times x = \frac{16.5 \times 10^{-3}\,\mathrm{L}}{22.4\,\mathrm{L/mol}} \qquad \therefore \quad x = 2\,\text{個}$$

　よって，化合物 A には二重結合が 2 つまたは三重結合が 1 つ含まれ，アの結果と合わせると環構造も 1 つ含まれることが分かる。

ウ　実験 4 のヨードホルム反応は，メチルケトン類の検出反応で，メチルケトンのメチル基の H 原子が次々と I 原子と置換され，$-CO-CI_3$ となり，この過程で副生する HI が NaOH によって中和される。次いで，$-CO-CI_3$ の部分が塩基性溶液中で加水分解され，このときに黄色沈殿のヨードホルム CHI_3 が生成する。よって，全体の反応は下式で表される。

$$R-CO-CH_3 + 3I_2 + 4NaOH \longrightarrow R-COONa + CHI_3 + 3NaI + 3H_2O$$

　モノカルボン酸 C がヨードホルム反応に陽性なので，下図の部分構造を持つカルボン酸 C の波線の少なくとも一方には $-CO-CH_3$ の部分構造が含まれる。

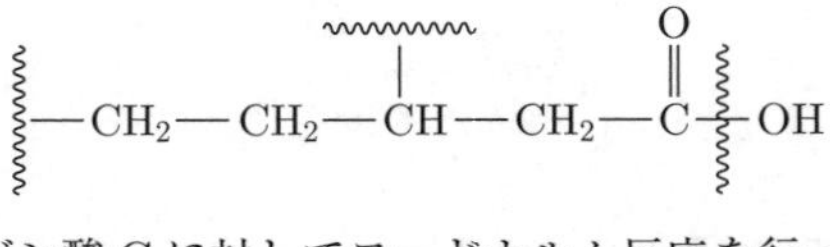

　$0.100\,\mathrm{mol}$ のカルボン酸 C に対してヨードホルム反応を行った結果，この反応で消費されたヨウ素の物質量は $\dfrac{152.4\,\mathrm{g}}{254.0\,\mathrm{g/mol}} = 0.600\,\mathrm{mol}$ であったので，カルボン酸 C には $-CO-CH_3$ の部分構造が 2 つ含まれていることが分かる。

エ　実験 1 ～ 4 の結果から，化合物 A は環構造を持ち，二重結合が 2 つある化合物であり，これが過マンガン酸カリウムによる酸化分解を受けると $-CO-CH_3$ の部分構造を持つカルボン酸となったので，下図の部分構造を持っている。

$$
\begin{array}{ccc}
\text{H}_3\text{C} & & \\
\diagdown & & \\
\text{C}=\text{C} & & \\
\diagup \diagdown & & \\
\end{array}
\qquad
\begin{array}{c}
-\text{CH}_2 \\
\diagdown \\
\text{C}=\text{C} \\
\diagup \diagdown \\
\text{H}
\end{array}
$$

　化合物 A の C 原子数が 10 であり，その酸化分解によって生じる化合物 C に上記の C 原子数が 5 個の部分構造を含み － CO － CH₃ の部分構造を 2 つ持つことから，この部分構造の二重結合に結合する原子，原子団の 1 つは － CH₃ であり，それ以外は － H が結合している以外になく，化合物 A に可能な構造は化合物 C の部分構造中の 2 つの波線部分が上の 2 種の二重結合を含む構造でつながった以下の 3 種に限られる。

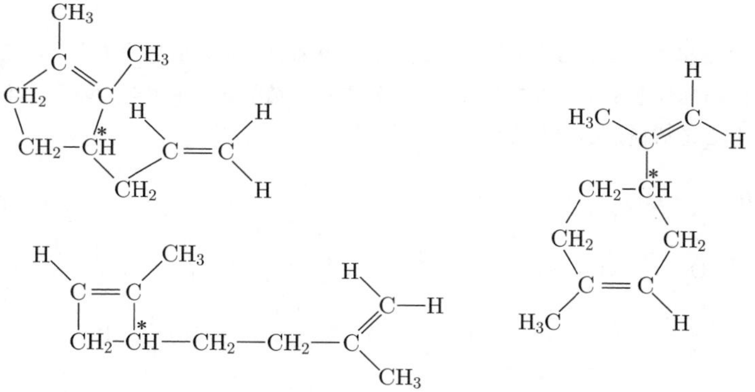

オ　化合物 A に可能な 3 種の構造の化合物に水素の付加が起こるとそれぞれ以下の化合物となる。なお，＊を付記した C 原子は不斉炭素原子である。

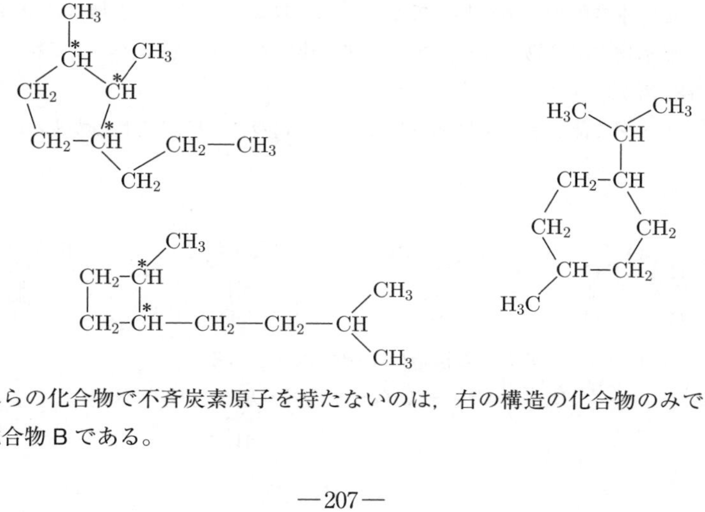

　これらの化合物で不斉炭素原子を持たないのは，右の構造の化合物のみでありこれが化合物 B である。

Ⅱ　カ　酢酸とプロピオン酸が縮合してできる混合酸無水物Ｅの構造式は次図の通りである。

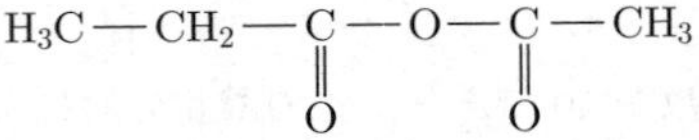

$$H_3C-CH_2-\underset{O}{\overset{}{C}}-O-\underset{O}{\overset{}{C}}-CH_3$$

キ　無水酢酸と２倍量のプロピオン酸カリウムを反応させると，酢酸とプロピオン酸が縮合した混合酸無水物Ｅと酢酸カリウムが生じる。同様の反応が酸無水物Ｅとプロピオン酸の間で起こると，プロピオン酸同士が縮合した構造の下図の構造の酸無水物Ｆが生成する。

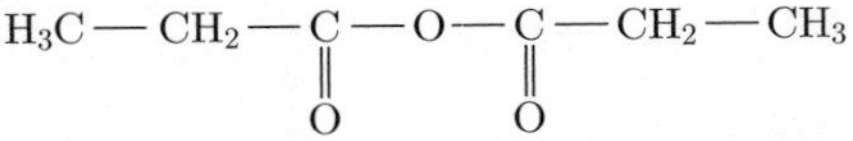

$$H_3C-CH_2-\underset{O}{\overset{}{C}}-O-\underset{O}{\overset{}{C}}-CH_2-CH_3$$

ク　ここで起こっている反応は，下式で表されるカルボン酸の陰イオンが酸無水物のＣ＝Ｏの部分を攻撃することによって始まり，異なるカルボン酸の陰イオンが脱離して起こる置換反応である。

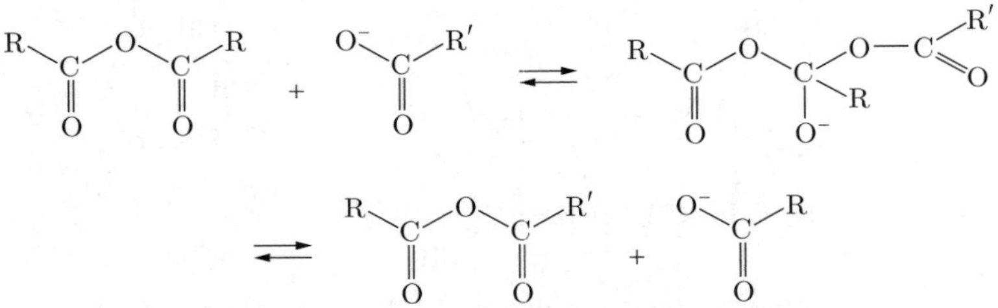

反応式にも示したように，この反応は可逆反応で，反応させるプロピオン酸の陰イオンを無水酢酸の２倍量加えてもすべてプロピオン酸の無水物にはならず，３種類の酸無水物の混合物となり，平衡状態に達する。すなわち，ここで起こる反応では化学平衡が成り立っている。

ケ，コ　アミンと酸無水物を反応させると，下式のようにアミドとカルボン酸を生じる。

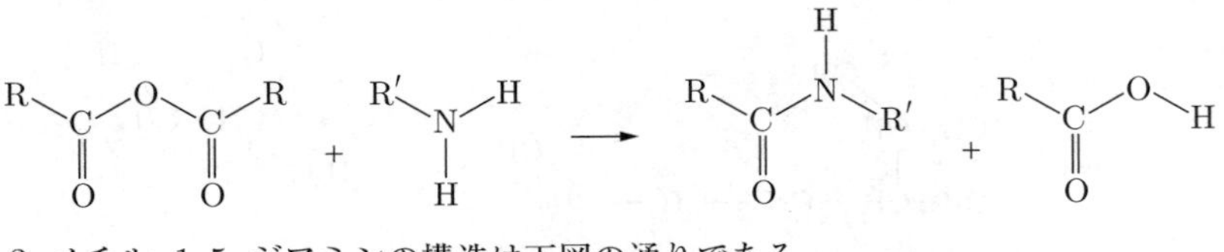

2-メチル-1,5-ジアミンの構造は下図の通りである。

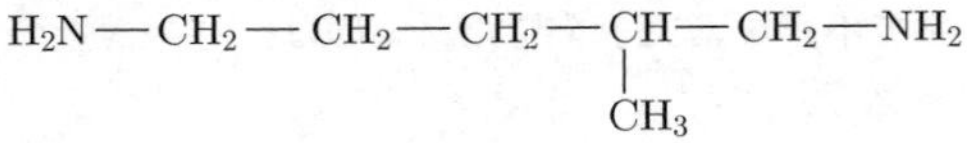

$$H_2N-CH_2-CH_2-CH_2-\underset{\underset{CH_3}{|}}{CH}-CH_2-NH_2$$

よって，このジアミンと過剰量の酢酸とプロピオン酸が縮合した混合酸無水 E を反応させるので，ジアミンのアミノ基はいずれも酢酸またはプロピオン酸とのアミドとなる。よってこの反応で生成するジアミドは以下の４種類である。

$$H_3C-CH_2-\underset{\underset{O}{\|}}{C}-\underset{\underset{H}{|}}{N}-CH_2-CH_2-CH_2-\underset{\underset{CH_3}{|}}{CH}-CH_2-\underset{\underset{H}{|}}{N}-\underset{\underset{O}{\|}}{C}-CH_2-CH_3$$

$$H_3C-\underset{\underset{O}{\|}}{C}-\underset{\underset{H}{|}}{N}-CH_2-CH_2-CH_2-\underset{\underset{CH_3}{|}}{CH}-CH_2-\underset{\underset{H}{|}}{N}-\underset{\underset{O}{\|}}{C}-CH_3$$

$$H_3C-\underset{\underset{O}{\|}}{C}-\underset{\underset{H}{|}}{N}-CH_2-CH_2-CH_2-\underset{\underset{CH_3}{|}}{CH}-CH_2-\underset{\underset{H}{|}}{N}-\underset{\underset{O}{\|}}{C}-CH_2-CH_3$$

$$H_3C-CH_2-\underset{\underset{O}{\|}}{C}-\underset{\underset{H}{|}}{N}-CH_2-CH_2-CH_2-\underset{\underset{CH_3}{|}}{CH}-CH_2-\underset{\underset{H}{|}}{N}-\underset{\underset{O}{\|}}{C}-CH_3$$

その際に副生するカルボン酸は，酢酸とプロピオン酸である。この反応を，有機溶媒と水酸化カリウム水溶液からなる二層の溶媒を用いて行うと，酢酸とプロピオン酸は水酸化カリウムによって中和され塩を形成し水溶液中に溶解する。したがって，G，H は酢酸とプロピオン酸であり，４種のジアミドは有機溶媒中に溶解した状態で得られる。これらの中で分子量が等しいのは，一方が酢酸，他方がプロピオン酸とアミドを形成した下２つのジアミドであり，これらが化合物 J，K である。

解答

I　ア　$C_{10}H_{16}$

イ　二重結合を２つ，または三重結合を１つ

ウ　i：3　　ii：4　　iii：3　　iv：3

エ

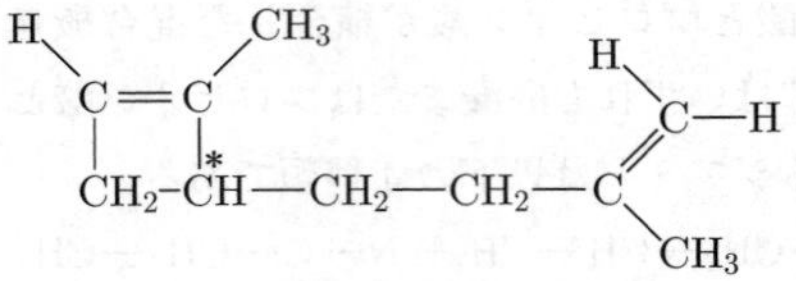

$$
\begin{array}{c}
H \qquad CH_3 \\
C=C \\
| \qquad | \\
CH_2-\overset{*}{CH}-CH_2-CH_2-C
\end{array}
\qquad
\begin{array}{c}
H \\
C-H \\
\end{array}
$$

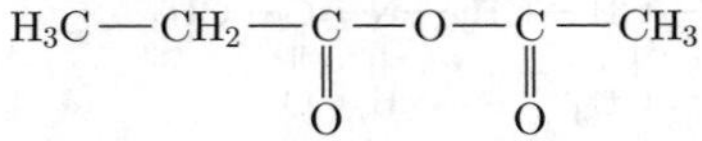

（上部構造式）

オ

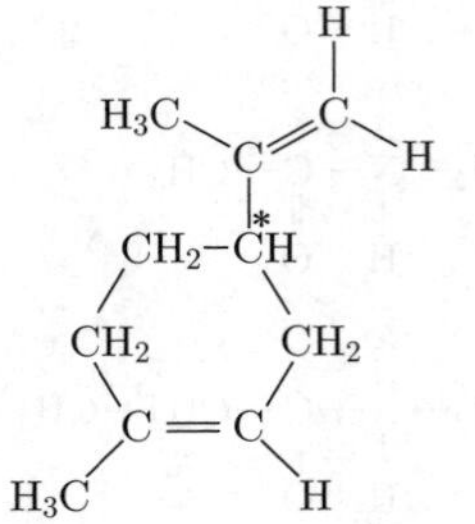

（オ 構造式：環状構造）

カ　$H_3C-CH_2-\underset{O}{\overset{}{C}}-O-\underset{O}{\overset{}{C}}-CH_3$

キ　$H_3C-CH_2-\underset{O}{\overset{}{C}}-O-\underset{O}{\overset{}{C}}-CH_2-CH_3$

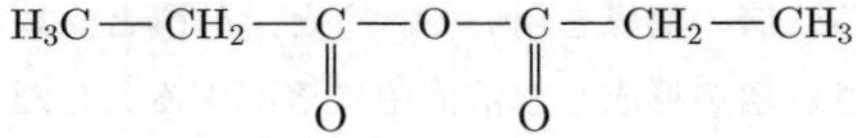

ク　化学平衡

ケ　$H_3C-\underset{O}{\overset{}{C}}-\underset{H}{\overset{}{N}}-CH_2-CH_2-CH_2-\underset{CH_3}{\overset{}{CH}}-CH_2-\underset{H}{\overset{}{N}}-\underset{O}{\overset{}{C}}-CH_2-CH_3$

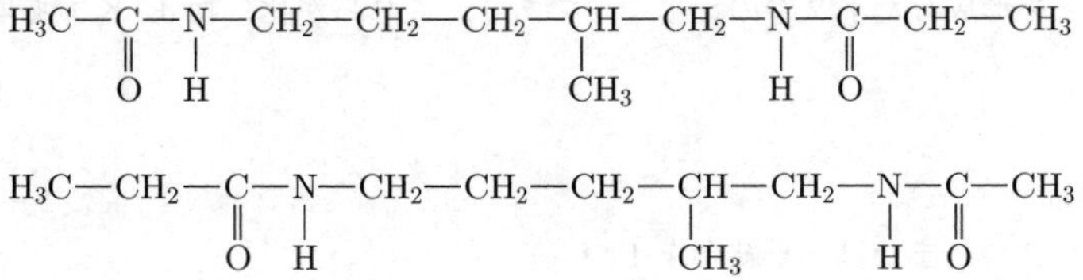

$H_3C-CH_2-\underset{O}{\overset{}{C}}-\underset{H}{\overset{}{N}}-CH_2-CH_2-CH_2-\underset{CH_3}{\overset{}{CH}}-CH_2-\underset{H}{\overset{}{N}}-\underset{O}{\overset{}{C}}-CH_3$　（順不同）

コ　$H_3C-\underset{}{\overset{O}{\overset{\|}{C}}}-OH$ 　　$H_3C-CH_2-\underset{}{\overset{O}{\overset{\|}{C}}}-OH$　（順不同）

第1問

解説

Ⅰ ア メタン分子と水分子からメタンハイドレートが形成される変化は下式で表される。

$$4CH_4(気) + 23H_2O(液) \rightleftharpoons 4CH_4 \cdot 23H_2O(固)$$

　この平衡は，メタンハイドレートが形成されるとき全体としてエネルギーが減少するので，右向きの変化は発熱であり，低温の方が有利である。また，気体のメタンと液体の水から固体のメタンハイドレートが形成されるので，全体で体積が減少する。よって，この過程は高圧の方が有利である。

イ　メタンハイドレートの完全燃焼を表す熱化学方程式は，この反応熱を Q〔kJ/mol〕の発熱として下式の通りである。

$$4CH_4 \cdot 23H_2O(固) + 8O_2(気) = 4CO_2(気) + 31H_2O(液) + Q$$

$$4CH_4 \cdot 23H_2O(固) + 8O_2(気) \longrightarrow 4CO_2(気) + 31H_2O(液) \quad \Delta H = -Q$$

　よって，これに関連する反応におけるエネルギー変化を単体および液体の水の状態を基準にして図示すると，以下の通りである。なお，熱化学方程式(1)で表される変化の逆反応がメタンと水からメタンハイドレートが形成される反応で，それがエネルギーの減少する過程であるとあるので，(1)は吸熱反応であり Q_1 は負の値である。

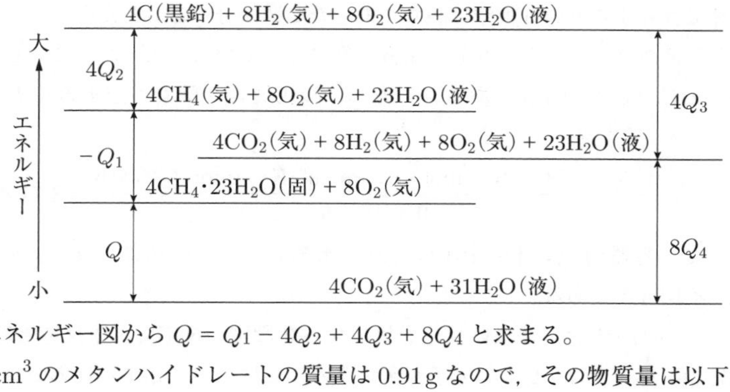

　このエネルギー図から $Q = Q_1 - 4Q_2 + 4Q_3 + 8Q_4$ と求まる。

ウ　$1.0\,\text{cm}^3$ のメタンハイドレートの質量は $0.91\,\text{g}$ なので，その物質量は以下の通りである。

$$n_{MH} = \frac{0.91\,g}{(16\times 4 + 18\times 23)\,g/mol} = 1.9\times 10^{-3}\,mol$$

　このメタンハイドレートを完全燃焼すると，その31倍の水が生成する。よって，燃焼後に容器内に存在する水の物質量は $1.9\times 10^{-3}\,mol \times 31 = 5.89\times 10^{-2}\,mol$ である。

　なお，問題文に完全燃焼させたとあるので，酸素は十分あると考えて良いが，念のために確かめておこう。気体定数が $R = 8.3\,Pa\cdot m^3\cdot K^{-1}\cdot mol^{-1}$ と与えられているので，気体の体積の単位を m^3 に直すと，$1.0\times 10^3\,cm^3 = 1.0\times 10^{-3}\,m^3$ である。よって，酸素の物質量は以下のように計算される。

$$n_{O_2} = \frac{5.1\times 10^4\,Pa \times 1.0\times 10^{-3}\,m^3}{8.3\,Pa\cdot m^3\cdot K^{-1}\cdot mol^{-1}\times 273K} = 2.25\times 10^{-2}\,mol$$

　よって，メタンハイドレートの物質量の10倍以上あり，完全燃焼に必要な8倍より過剰である。

エ　反応後に容器内にある物質は，二酸化炭素が $1.9\times 10^{-3}\,mol\times 4 = 7.6\times 10^{-3}\,mol$，水が $5.89\times 10^{-2}\,mol$，酸素が $2.25\times 10^{-2}\,mol - 1.9\times 10^{-3}\,mol\times 8 = 7.3\times 10^{-3}\,mol$ である。このとき，二酸化炭素と酸素が気体であることは自明だが，水の状態は不明である。そこで，この水が全て気体で存在していると仮定して，その圧力 P_0 を求めてみると，以下の通りである。

$$P_0 = \frac{5.89\times 10^{-2}\,mol\times 8.3\,Pa\cdot m^3\cdot K^{-1}\cdot mol^{-1}\times 300\,K}{1.0\times 10^{-3}\,m^3} = 1.47\times 10^5\,Pa$$

　この値は，27℃における水の蒸気圧の $3.5\times 10^3\,Pa$ より大きく，容器内の水が全て気体で存在するという仮定は誤りであったことが分かる。したがって，水の一部は液化し液体と水蒸気が共存して気液平衡になっている。よって，このときの水蒸気の圧力は $3.5\times 10^3\,Pa$ である。一方，二酸化炭素と酸素の分圧の和 P は以下の通りである。

$$P = \frac{(0.76 + 0.73)\times 10^{-2}\,mol\times 8.3\,Pa\cdot m^3\cdot K^{-1}\cdot mol^{-1}\times 300\,K}{1.0\times 10^{-3}\,m^3} = 3.71\times 10^4\,Pa$$

　よって，容器内の気体の全圧はこれと水蒸気の圧力の和になり，$4.06\times 10^4\,Pa$ ≒ $4.1\times 10^4\,Pa$ である。

Ⅱ　オ　反応(1)～(3)は，多段階反応を構成する各段階の反応で，素反応と呼ばれる。素反応の反応速度は，2つの分子が衝突することによって始まる反応では反応物の濃度の積に，反応物が分解する反応では反応物の濃度に比例するので，それらの反応速度は以下のように表される。

$v_1 = k_1[\text{E}][\text{S}]$

$v_2 = k_2[\text{E·S}]$

$v_3 = k_3[\text{E·S}]$

酵素－基質複合体 E·S が分解する反応は，生成物 P を生じる反応と基質 S に戻る反応があるので，この 2 つの反応速度の和になる。

$v_4 = (k_2 + k_3)[\text{E·S}]$

カ　反応(1)の反応速度と反応(2), (3)の反応速度の和が等しければ，酵素－基質複合体 E·S の濃度は一定となる。よって，下式が成立する。

$k_1[\text{E}][\text{S}] = (k_2 + k_3)[\text{E·S}]$

これを[E]について解くと下式が得られる。

$$[\text{E}] = \frac{k_2 + k_3}{k_1} \times \frac{[\text{E·S}]}{[\text{S}]} = K \times \frac{[\text{E·S}]}{[\text{S}]}$$

$[\text{E}]_\text{T} = [\text{E}] + [\text{E·S}]$ なので，これに上式を代入し，[E·S]について解くと，下式が得られる。

$$[\text{E·S}] = \frac{[\text{E}]_\text{T}}{\left\{ 1 + \dfrac{K}{[\text{S}]} \right\}} = \frac{[\text{E}]_\text{T} \times [\text{S}]}{K + [\text{S}]}$$

$v_2 = k_2[\text{E·S}]$ と表されるので，これに上式を代入すると，式(4)が得られる。

キ，ク　加水分解酵素インベルターゼを触媒とするスクロースの加水分解反応は，カで得られた反応速度とスクロースの濃度との関係式を満たす。あらためてこの関係式を記す。

$$v_2 = \frac{k_2 \times [\text{E}]_\text{T} \times [\text{S}]}{K + [\text{S}]}$$

この式において，分母の K と[S]の大小関係が $K \gg [\text{S}]$ の場合，すなわちスクロースの濃度が非常に小さいときには v_2 は以下のように近似できる。

$$v_2 = \frac{k_2 \times [\text{E}]_\text{T} \times [\text{S}]}{K + [\text{S}]} \fallingdotseq \frac{k_2 \times [\text{E}]_\text{T} \times [\text{S}]}{K}$$

ここで，K, k_2, $[\text{E}]_\text{T}$ は定数なので，スクロースの分解反応はスクロースの濃度に比例する。これは，定常状態における酵素－基質複合体 E·S の濃度がスクロースの濃度によって決まることを意味する。

また，$K \ll [\text{S}]$ の場合，すなわちスクロースの濃度が十分に大きいときには v_2 は以下のように近似でき，スクロースの分解反応の速度は一定となる。

$$v_2 = \frac{k_2 \times [\text{E}]_\text{T} \times [\text{S}]}{K + [\text{S}]} \fallingdotseq \frac{k_2 \times [\text{E}]_\text{T} \times [\text{S}]}{[\text{S}]} = k_2 \times [\text{E}]_\text{T}$$

この場合は，酵素はほとんどすべてが酵素－基質複合体 E・S となっていて，その濃度が一定となっている。

解 答

I　ア　メタンハイドレートが形成される変化は，エネルギーが減少する発熱過程で，気体と液体から固体が生成して体積が減少するので，低温・高圧ほど生成の方向に平衡が移動する。(80字)

イ　$4\text{CH}_4 \cdot 23\text{H}_2\text{O}(固) + 8\text{O}_2(気) = 4\text{CO}_2(気) + 31\text{H}_2\text{O}(液) + (Q_1 - 4Q_2 + 4Q_3 + 8Q_4)\,〔\text{kJ}〕$

（$4\text{CH}_4 \cdot 23\text{H}_2\text{O}(固) + 8\text{O}_2(気) \longrightarrow 4\text{CO}_2(気) + 31\text{H}_2\text{O}(液)$

$$\Delta H = -(Q_1 - 4Q_2 + 4Q_3 + 8Q_4)\,〔\text{kJ}〕）$$

ウ　$5.9 \times 10^{-2}\,\text{mol}$　（答に至る過程は解説参照）

エ　$4.1 \times 10^4\,\text{Pa}$　（答に至る過程は解説参照）

II　オ　a：$k_1[\text{E}][\text{S}]$　　b：$k_2[\text{E·S}]$　　c：$k_3[\text{E·S}]$　　d：$(k_2 + k_3)[\text{E·S}]$

カ　定常状態において $k_1[\text{E}][\text{S}] = (k_2 + k_3)[\text{E·S}]$ が成立するので，このときの[E]は下式で表される。

$$[\text{E}] = \frac{k_2 + k_3}{k_1} \times \frac{[\text{E·S}]}{[\text{S}]} = K \times \frac{[\text{E·S}]}{[\text{S}]}$$

酵素の全濃度 $[\text{E}]_\text{T}$ にこれを代入して，[E・S]について解くと，下式が得られる。

$$[\text{E·S}] = \frac{[\text{E}]_\text{T}}{\left\{1 + \dfrac{K}{[\text{S}]}\right\}} = \frac{[\text{E}]_\text{T} \times [\text{S}]}{K + [\text{S}]}$$

よって，$v_2 = k_2[\text{E·S}]$ の式にこれを代入すると求める式が得られる。

$$v_2 = k_2[\text{E·S}] = \frac{k_2 \times [\text{E}]_\text{T} \times [\text{S}]}{K + [\text{S}]}$$

キ　スクロースの濃度が $1 \times 10^{-6} \sim 1 \times 10^{-5}\,\text{mol/L}$ のとき $K = 1.5 \times 10^{-2}\,\text{mol/L}$ と比較して $K \gg [\text{S}]$ であり，分母の[S]が無視できるので，スクロースの分解反応速度は下式のように近似される。

$$v_2 = \frac{k_2 \times [\text{E}]_\text{T} \times [\text{S}]}{K + [\text{S}]} \fallingdotseq \frac{k_2 \times [\text{E}]_\text{T} \times [\text{S}]}{K}$$

よって，スクロース濃度と反応速度 v_2 の関係は(A)となる。

ク　スクロースの濃度が $1 \sim 2\,\text{mol/L}$ のとき $K = 1.5 \times 10^{-2}\,\text{mol/L}$ と比較して $K \ll$

[S]であり，分母の K が相対的に無視できるので，スクロースの分解反応速度は下式のように近似される。

$$v_2 = \frac{k_2 \times [\mathrm{E}]_\mathrm{T} \times [\mathrm{S}]}{K + [\mathrm{S}]} \fallingdotseq \frac{k_2 \times [\mathrm{E}]_\mathrm{T} \times [\mathrm{S}]}{[\mathrm{S}]} = k_2 \times [\mathrm{E}]_\mathrm{T}$$

よって，スクロース濃度と反応速度 v_2 の関係は(D)となる。

第2問

解説

I　ア　アルカリ金属の単体は常温でも水と下式のように反応して水素を発生する。

$$2\mathrm{Li} + 2\mathrm{H_2O} \longrightarrow 2\mathrm{LiOH} + \mathrm{H_2}$$

イ　同素体は互いに性質の異なる単体で，酸素 $\mathrm{O_2}$ とオゾン $\mathrm{O_3}$，$\mathrm{P_4}$ 分子からなる黄リンと多数の P 原子からなる高分子の赤リン，$\mathrm{S_8}$ の分子からなる結晶でその構造が異なる斜方硫黄と単斜硫黄などが有名である。

ウ　図2－2の(2)に示されている粒子配列は下図の菱形の繰り返しになっている。

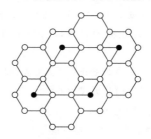

　　この菱形の内部に含まれる実質の粒子数は，Li（●）が $60°$ の頂点の粒子が $1/6$ 個分×2で $1/3$ 個分と $120°$ の頂点の粒子が $1/3$ 個分×2で $2/3$ 個分で合計 1 個分，C（○）が辺上にある粒子が $1/2$ 個分×8で 4 個分と内部に 2 個含まれているので合計 6 個分である。また，(1)に示されているように，黒鉛の層と層の間に Li 原子が位置していて，これが繰り返されているので，(2)の図に基づいて考察した粒子数の比はそのまま成り立つ。したがって，この化合物 X の組成は $\mathrm{LiC_6}$ である。

エ　リチウムイオン電池を放電したときの電極反応は，負極の化合物 X の組成式が $\mathrm{LiC_6}$ とわかったので，これが完全に放電するときは $x = 1$ となり，そのときの変化は以下の通りである。

　　　　負極：$\mathrm{LiC_6} \longrightarrow 6\mathrm{C} + \mathrm{Li^+} + \mathrm{e^-}$

　　　　正極：$\mathrm{CoO_2} + \mathrm{Li^+} + \mathrm{e^-} \longrightarrow \mathrm{LiCoO_2}$

　　この間に，負極の Li 原子が $\mathrm{Li^+}$ に酸化され，正極の $\mathrm{Co^{4+}}$ が $\mathrm{Co^{3+}}$ に還元され，

外部回路に電子の流れが生じている。なお，問題文に与えられている正極活物質の化学式は Li$_{(1-x)}$CoO$_2$ と与えられているが，これに含まれる Co^{3+} と Co^{4+} の物質量の比が $(1-x):x$ となっている。

負極活物質の LiC$_6$ に比べて正極活物質の CoO$_2$ は十分にあるという前提で，考察する。0.60 g の LiC$_6$ の物質量と等しい物質量の電子を授受することができるので，20 mA の電流を流すことのできる時間を t〔秒〕とすると，下式が成立する。

$$n_{e^-} = \frac{0.60\,g}{78.9\,g/mol} = \frac{20 \times 10^{-3}\,A \times t}{9.65 \times 10^4\,C/mol}$$

$$\therefore t = 3.67 \times 10^4\,秒 \fallingdotseq 3.7 \times 10^4\,秒$$

オ　LiCo$_{(1-y)}$Al$_y$O$_2$ および LiCoO$_2$ の式量は，順に $38.9 + 58.9(1-y) + 27.0y = 97.8 - 31.9y$, 97.8 である。LiCo$_{(1-y)}Al_yO_2$ を正極に用いて充電したときにも，Co^{3+} の一部が Co^{4+} に酸化され，それと等しい物質量の Li$^+$ が電解液中に移動する。このときの正極の電極反応は以下の通りである。

$$LiCo_{(1-y)}Al_yO_2 \longrightarrow Li_{(1-x)}Co_{(1-y)}Al_yO_2 + xLi^+ + xe^-$$

この間に充電された電気量が $9.65 \times 10^2\,C$ なので，その電子の物質量は 1.00×10^{-2} mol であり，この間に正極の質量は $6.9\,g/mol \times 1.00 \times 10^{-2}\,mol = 6.90 \times 10^{-2}$ g 減少する。

一方，LiCoO$_2$ を充電したときの変化も下式で表され，Co^{3+} の一部が Co^{4+} に酸化され，それと等しい物質量の Li$^+$ が電解液中に移動する。

$$LiCoO_2 \longrightarrow Li_{(1-x)}CoO_2 + xLi^+ + xe^-$$

よって，ここでも授受された電子の物質量と等しい Li$^+$ が電解液中に移動する。それぞれ 1.96 g の LiCoO$_2$ と LiCo$_{(1-y)}$Al$_y$O$_2$ を正極に用いて充電し，それらが Li$_{(1-x)}$CoO$_2$ および Li$_{(1-x)}$Co$_{(1-y)}$Al$_y$O$_2$ に変化したとき，正極活物質の物質量の x 倍の Li$^+$ が電解液中に移動するので，その物質量は下式で表される。

$$LiCo_{(1-y)}Al_yO_2 ; \frac{1.96\,g}{(97.8 - 31.9y)\,g/mol} \times x = 1.00 \times 10^{-2}\,mol$$

$$LiCoO_2 ; \frac{1.96\,g}{97.8\,g/mol} \times x$$

したがって，モル質量の小さい LiCo$_{(1-y)}$Al$_y$O$_2$ を正極に用いたときの方の質量変化が大きく，x が等しくなるまで充電すると LiCoO$_2$ を用いたときの方の質量変化が 4.3×10^{-2} g だけ少ないので，下式が成立する。

$$\frac{1.96\,g}{97.8\,g/mol} \times x = \frac{6.90 \times 10^{-2}\,g - 4.2 \times 10^{-3}\,g}{6.9\,g/mol}$$

$$\therefore x = 0.469 \fallingdotseq 0.47$$

また，$LiCo_{(1-y)}Al_yO_2$ の物質量の x 倍，すなわち 0.469 倍の物質量の電子が授受され，それが 1.00×10^{-2} mol なので下式が成立する。

$$\frac{1.96\,\mathrm{g}}{(97.8 - 31.9y)\,\mathrm{g/mol}} \times 0.469 = 1.00 \times 10^{-2}\,\mathrm{mol}$$

$$\therefore y = 0.184 \fallingdotseq 0.18$$

Ⅱ　カ　錯イオンを作るとき，中心金属と配位子の間に形成される結合は，配位子のもつ非共有電子対が両者に共有される。このような共有結合は配位結合と呼ばれる。

キ　Pd^{2+} は平面四配位の錯イオンを作りやすいとあり，生成した錯イオン B が負の電荷を持つとあるので，4 つの Cl^- が配位子となった下図の構造の錯イオンである。

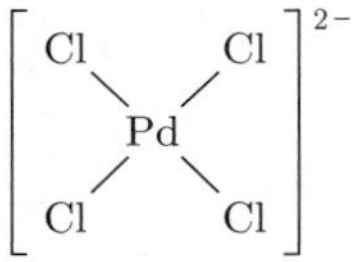

ク　配位子として NH_3 と Cl^- が 2 個ずつ結合した平面四配位の Pd^{2+} の錯イオンは，電荷を持たない。また，配位子の結合の仕方の違いから，この錯イオン C には下図のような 2 種類の立体異性体が存在する。

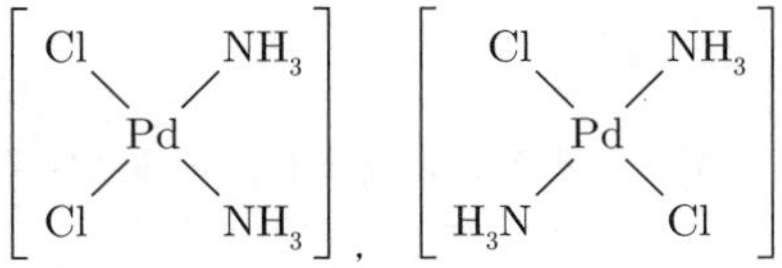

ケ　錯イオン A は +2 の電荷を持つ陽イオンであり，錯イオン B は -2 の電荷を持つ陰イオンである。これを混合したときに生じる沈殿 D の組成が錯イオン C と等しく，式量が 2 倍ということから，沈殿 D はこれらの陽イオンと陰イオンからなる難溶性の塩と考えられる。よって，その構造式は下図の通りである。

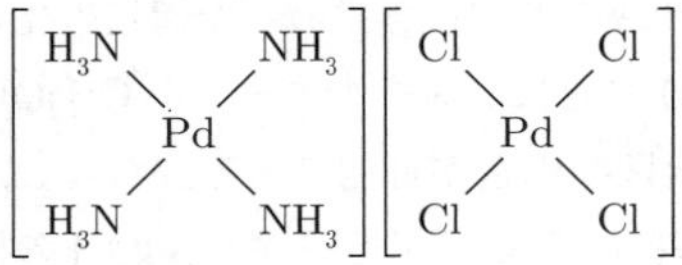

解 答

Ⅰ　ア　$2Li + 2H_2O \longrightarrow 2LiOH + H_2$

イ　酸素とオゾン

ウ　LiC_6

エ　3.7×10^4 秒（途中の計算過程は解説参照）

オ　$x = 0.47$，$y = 0.18$（途中の計算過程は解説参照）

Ⅱ　カ　配位結合

キ
$$\begin{bmatrix} \text{Cl} & & \text{Cl} \\ & \text{Pd} & \\ \text{Cl} & & \text{Cl} \end{bmatrix}^{2-}$$

ク
$$\begin{bmatrix} \text{Cl} & & \text{NH}_3 \\ & \text{Pd} & \\ \text{Cl} & & \text{NH}_3 \end{bmatrix} , \begin{bmatrix} \text{Cl} & & \text{NH}_3 \\ & \text{Pd} & \\ \text{H}_3\text{N} & & \text{Cl} \end{bmatrix}$$

ケ
$$\begin{bmatrix} \text{H}_3\text{N} & & \text{NH}_3 \\ & \text{Pd} & \\ \text{H}_3\text{N} & & \text{NH}_3 \end{bmatrix} \begin{bmatrix} \text{Cl} & & \text{Cl} \\ & \text{Pd} & \\ \text{Cl} & & \text{Cl} \end{bmatrix}$$

第 3 問

【解説】

Ⅰ　ア　分子式が $C_4H_6O_5$ の化合物 A にカルボキシ基が n 個含まれているとすると，中和滴定の結果から，下式が成立する。

$$0.10\,\text{mol/L} \times \frac{10}{1000}\,\text{L} \times n = 0.10\,\text{mol/L} \times \frac{20}{1000}\,\text{L}$$

$$\therefore n = 2$$

　　分子式から 2 つのカルボキシ基の分を差し引くと，残りは C_2H_4O であり，A は分子式が C_2H_6O の化合物の 2 つの H がカルボキシ基に置き換わった構造の化合物である。したがって，エタノール CH_3CH_2OH またはジメチルエーテル CH_3OCH_3 の 2 つの H がカルボキシ基に置き換わった次図の構造が可能である。ただし，エタノールのヒドロキシ基の H がカルボキシ基に置き換わった —O—COOH の構造の化合物は炭酸のエステルとなるので除外する。

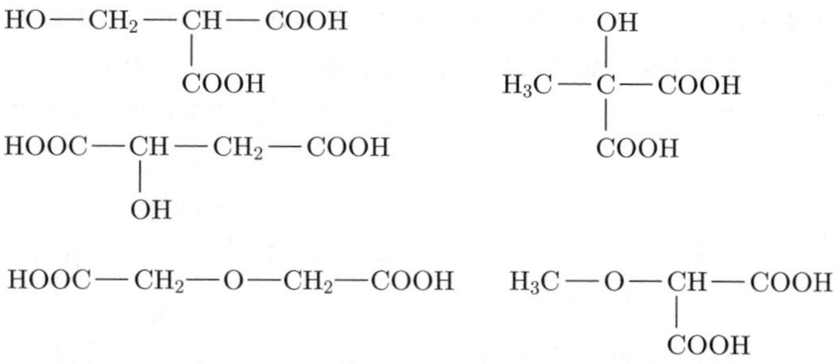

HO—CH₂—CH—COOH
　　　　　|
　　　　COOH

　　OH
　　|
H₃C—C—COOH
　　|
　COOH

HOOC—CH—CH₂—COOH
　　　|
　　　OH

HOOC—CH₂—O—CH₂—COOH

H₃C—O—CH—COOH
　　　　|
　　　COOH

　上図中，上の３つの構造の化合物はエタノールの C—H 結合が C—COOH に置き換わったもので，分子内にアルコール性ヒドロキシ基が残っている。また，下の２つの構造はジメチルエーテルの C—H 結合が C—COOH に置き換わったものである。

　これらをエーテル中で金属ナトリウムと反応させると，アルコール性ヒドロキシ基およびカルボキシ基は，下式のように反応して水素を発生させる。

$$2R-OH + 2Na \longrightarrow 2R-ONa + H_2$$

$$2R-COOH + 2Na \longrightarrow 2R-COONa + H_2$$

　過剰量の金属ナトリウムと反応させたとき，化合物 A 1.0 mol あたり 1.5 mol の水素が発生したとあるので，A には２つのカルボキシ基の他にアルコール性ヒドロキシ基もあることがわかる。よって，この結果から A の構造として，次のエーテル結合を有する構造は不適切である。

H₃C—O—CH—COOH
　　　　|
　　　COOH

HOOC—CH₂—O—CH₂—COOH

イ　アルコール性ヒドロキシ基を持つ残り３つの構造の化合物は，アルコール性ヒドロキシ基の結合している C 原子に結合している原子，原子団の違いから，上から順に第１級アルコール，第２級アルコール，第３級アルコールである。これらのアルコールの中で，第３級アルコールは穏やかな条件では酸化されない。よって，②で除外されるのは下図の構造式のアルコールである。

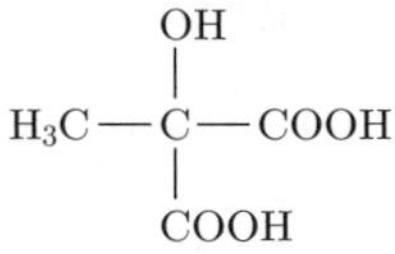

　　OH
　　|
H₃C—C—COOH
　　|
　COOH

　化合物 A に酸を触媒にして脱水反応を行った結果，化合物 C，D の混合物が得

られたとあり，これらはいずれもオゾンおよび臭素と反応したとあるので，炭素骨格に C＝C 二重結合が形成されたと考えられる。よって，③の記述から除外されるのは，下図のように脱水反応によって1種類の化合物のみが生成するアルコールである。

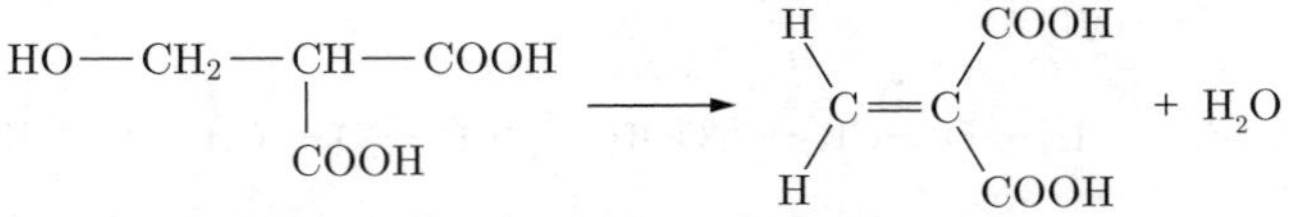

$$
\text{HO—CH}_2\text{—CH—COOH} \longrightarrow \underset{\underset{\text{H}}{|}}{\overset{\overset{\text{H}}{|}}{\text{C}}}=\underset{\underset{\text{COOH}}{|}}{\overset{\overset{\text{COOH}}{|}}{\text{C}}} + \text{H}_2\text{O}
$$
（CH の下に COOH）

ウ　①，②，③の記述から除外された構造の結果から，化合物 A の構造は下図の通りで，これが酸化されて生成する化合物 B の構造は以下の通りである。

A

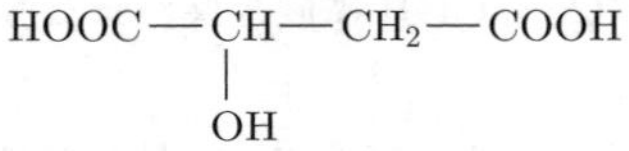

$$
\text{HOOC—CH—CH}_2\text{—COOH}
$$
（CH の下に OH）

B

$$
\text{HOOC—C—CH}_2\text{—COOH}
$$
（C の下に ＝O）

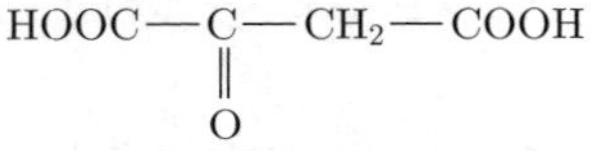

エ　化合物 A の脱水によって生じる化合物 C，D は互いに幾何異性体の関係にあると考えられ，それらの構造は以下の通りである。

$$
\underset{\underset{\text{H}}{|}}{\overset{\overset{\text{HOOC}}{|}}{\text{C}}}=\underset{\underset{\text{H}}{|}}{\overset{\overset{\text{COOH}}{|}}{\text{C}}} \qquad \underset{\underset{\text{H}}{|}}{\overset{\overset{\text{HOOC}}{|}}{\text{C}}}=\underset{\underset{\text{COOH}}{|}}{\overset{\overset{\text{H}}{|}}{\text{C}}}
$$

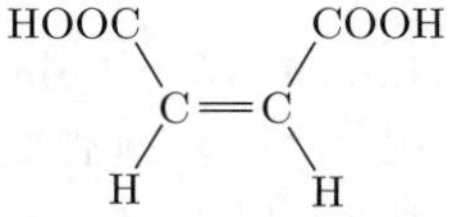

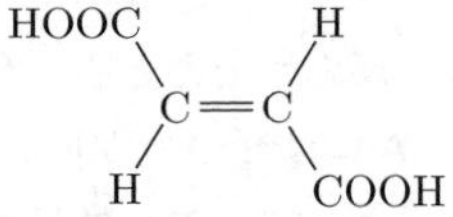

Ⅱ　ここで示されている物質の分離方法は向流分配と言われ，互いに交じり合わない2種類の溶媒への溶解性の僅かな違い，すなわち分配係数の小さな差を，分配を繰り返すことによって有意の差が表れるようにする物質の分離の原理を紹介したものである。

オ　$n＝3$ までの各層に分配された量を具体的に求めると，以下の通りである。

　$n＝1$

　　$1－Ⅰ：a$

　　$1－i：(1－a)$

　$n＝2$ では，たとえば $1－Ⅰ$ に分離された a に対して，新たに緩衝液を入れ $2－Ⅱ$ と $2－i$ に $a：(1－a)$ に分配される。

　　$2－Ⅱ：a^2$

　　$2－i：a(1－a)$

　　$2－Ⅰ：a(1－a)$

　　$2－ii：(1－a)^2$

$n = 3$ でも同様だが，$3 - \text{II}$ と $3 - \text{ii}$ には $2 - \text{i}$ に分配された $a(1-a)$ が $a : (1-a)$ に分配されたものと，$2 - \text{I}$ に分配された $a(1-a)$ が $a : (1-a)$ に分配されたものの合計となる。

$$3 - \text{III} : a^3 = {}_2C_0 a^3$$
$$3 - \text{i} : a^2(1-a) = {}_2C_0 a^2$$
$$3 - \text{II} : 2a^2(1-a) = {}_2C_1 a^2(1-a)$$
$$3 - \text{ii} : 2a(1-a)^2 = {}_2C_1 a(1-a)^2$$
$$3 - \text{I} : a(1-a)^2 = {}_2C_2 a(1-a)^2$$
$$3 - \text{iii} : (1-a)^3 = {}_2C_2 (1-a)^3$$

　さて，$n = 3$ で中央の分液漏斗に分離された化合物 E の質量が $0.18\,\text{g}$ だったので，これが $2a^2(1-a) + 2a(1-a)^2$ となる。整理すると $2a(1-a) = 0.18$ となるが，これは $n = 2$ における $2 - \text{i}$ と $2 - \text{I}$ の合計である。これを解いて $a = 0.10\,\text{g}$ または $a = 0.90\,\text{g}$ である。ところで，実験 b において化合物 E は $n = 9$ においては大部分が①と②の分液漏斗に分離されているので，水溶液中より有機溶媒に溶けやすいことがわかる。したがって，$n = 1$ において化合物 E は有機層に $0.90\,\text{g}$，水溶液中に $0.10\,\text{g}$ に分配されたと判断される。

カ　実験 a では化合物 E は主に pH $= 7$ の緩衝液中に分配されているが，実験 b においては主に有機溶媒中に分配されている。これは，カルボン酸である化合物 E が，pH $= 7$ においては大部分が陰イオンとなっているのに対し，酸性溶液中では分子の状態で存在していることに対応している。よって，この緩衝液は酸性である。

キ，ク　実験 a，b において，化合物 E，F は全く等しい。すなわち，これらが有する官能基は等しい。これに対し，化合物 G の分配され方に実験 a，b で有意の差はなく，化合物 E，F とは異なる官能基を持つことがわかる。よって，図 3 − 2 の中央の化合物が G である。

　実験 c で，これらの混合物に少量の酸を加えて加熱すると，化合物 F は化合物 H に変化したとある。化合物 E，F は，いずれもカルボキシ基とフェノール性ヒドロキシ基を有するが，これらから別の化合物が生成するとすれば，酸を触媒とするエステル化と推定される。そのとき，図 3 − 2 の左の化合物であれば下式のように安定な 5 員環の環状エステルを形成するのに対し，図 3 − 2 の右の化合物では環状エステルの生成は困難である。

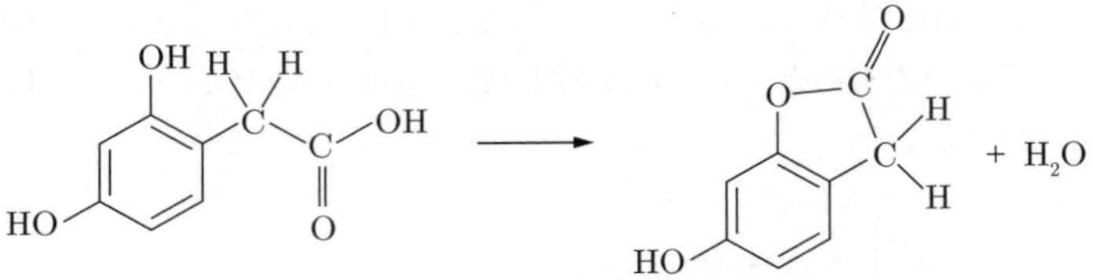

よって，図3－2の左の化合物がＦ，右の化合物がＥである。

ケ　実験ｃでは化合物Ｇは変化しなかったとあるので，反応後の化合物Ｅ，Ｇ，Ｈに含まれる官能基を確かめると，Ｅにはカルボキシ基とフェノール性ヒドロキシ基，Ｇにはフェノール性ヒドロキシ基とアミド結合，Ｈにはフェノール性ヒドロキシ基とエステル結合であり，pH＝7の緩衝液中で主にイオン構造となっているのは，化合物Ｅのみである。また，主に電荷を持たない分子となっているＧとＨでは，フェノール性ヒドロキシ基を2つ持ち比較的極性の強いアンモニアとのアミド結合を持つＧの方が，フェノール性ヒドロキシ基が1つとエステル結合を持つＨより分子全体で親水性が大きい。よって，化合物Ｈの方が有機溶媒への分配率が大きくなる。

　なお，実験ｃで酸を加えて加熱すると，アミド結合を有する化合物Ｇは下式のように加水分解されると考えられるが，ここでは変化しなかったものとして考察を進める。

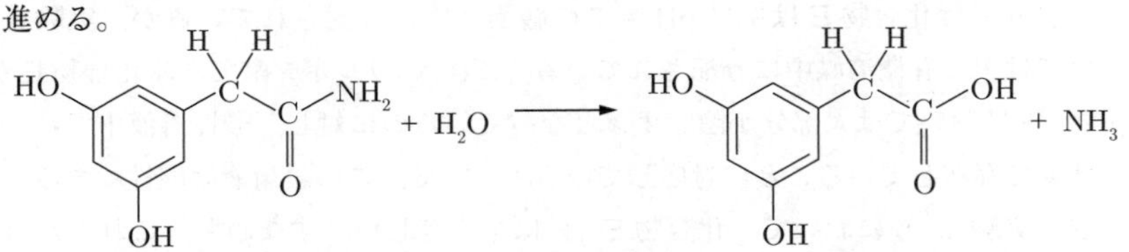

　オでの考察を進めると，操作段階数が n 回のとき，(r) 番目の分液漏斗に分配される化合物の量は，有機層への分配が $(n-r+1)$ 回，水溶液層への分配が r 回となり，その分液漏斗に至る組み合わせが ${}_{(n-1)}C_{(r-1)}$ 通りあるので，有機層に ${}_{(n-1)}C_{(r-1)}a^{(n-r)}(1-a)^{(r-1)}$，水溶液層に ${}_{(n-1)}C_{(r-1)}a^{(n-r)}(1-a)^{r}$ と表される。したがって，たとえば水溶液層と有機層への分配が同程度すなわち $a \fallingdotseq 0.5$ の物質は，二項分布の係数に比例する分布となり，中央付近の分液漏斗に分離される。逆に，水溶液層または有機層への分配が一方に偏っている場合は，水溶液層への分配が大きく $a \fallingdotseq 0$ の物質は番号の大きい分液漏斗に，有機層への分配が大きく $a \fallingdotseq 1$ の物質は番号の小さい分液漏斗に主に分離される。こういう傾向は操作段階数が大きくなればなるほど顕著になる。よって，$n=49$ のときのグラフは，$n=9$ のときの分離の様子が示されたａと同様に分離され，それがより完全に分離されているｃまたはｄのグラフと予想される。このどちらになるかを判定するのは難しいが，①の

分液漏斗に分離される化合物 H の量が最大になるか，②以降の分液漏斗に分離される量が最大になるかを調べれば良い。$n = 49$ のとき①に分離される量は $_{48}C_0 a^{49} + _{48}C_0 a^{48}(1 - a) = a^{48}$ で表される。また，②に分離される量は $_{48}C_1 a^{48}(1 - a) + _{48}C_1 a^{47}(1 - a)^2 = 48a^{47}(1 - a)$ で表される。これを比較すると，$a > 48(1 - a)$ すなわち $a > 0.98$ のとき①に分離される量が最大となる。化合物 H の分配係数が $a = 0.98$ とすると，$n = 9$ のとき①に分離される化合物 H の量は $0.98^8 = 0.85$ となるが，実際は 0.6 g と少ない。すなわち，化合物 H の分配係数は $a < 0.98$ であり，②以降の分液漏斗に分離される量が最大になり，グラフの概形は d となる。

（参考）入試においては，ここに示した考察で十分であるが，参考までもう少し定量的な考察をしてみよう。pH = 7 の緩衝液を用いたとき，図 3 − 4c から化合物 E の分配係数は $a ≒ 0$ であり，化合物 G のそれは $a = 0.5$ よりわずかに大きい値である。これに対し，化合物 H の分配係数は $a ≒ 1$ である。この値をもう少し正確に求めてみると，以下の通りである。$n = 9$ のとき①の分液漏斗に 0.6 g，②の分液漏斗に 0.3 g，③の分液漏斗に 0.1 g 分離されているので，分配係数 a を用いてそれらは以下のように表される。

① $_8C_0 a^9 + _8C_0 a^8(1 - a) = a^8 = 0.6$
② $_8C_1 a^8(1 - a) + _8C_1 a^7(1 - a)^2 = 8a^7(1 - a) = 0.3$
③ $_8C_2 a^7(1 - a)^2 + _8C_2 a^6(1 - a)^3 = 28a^6(1 - a)^2 = 0.1$

①からは $a = 0.94$，②からは $a = 0.95$，③からは $a = 0.93$ と求まるが，③から求めた値は誤差が大きいので，①と②の平均を取って $a = 0.94$ 程度と見積もられる。

この条件で，$n = 49$ のときの①，②，③，④，⑤，⑥の分液漏斗に分離される量を見積もってみると，以下の通りである。

① $_{48}C_0 × 0.94^{49} + _{48}C_0 × 0.94^{48} × 0.06 = 0.94^{48}$
② $_{48}C_1 × 0.94^{48} × 0.06 + _{48}C_1 × 0.94^{47} × 0.06^2 = 48 × 0.94^{47} × 0.06$
③ $_{48}C_2 × 0.94^{47} × 0.06^2 + _{48}C_2 × 0.94^{46} × 0.06^3 = 1.13 × 10^3 × 0.94^{46} × 0.06^2$
④ $_{48}C_3 × 0.94^{46} × 0.06^3 + _{48}C_3 × 0.94^{45} × 0.06^4 = 1.73 × 10^4 × 0.94^{45} × 0.06^3$
⑤ $_{48}C_4 × 0.94^{45} × 0.06^4 + _{48}C_4 × 0.94^{44} × 0.06^3 = 1.95 × 10^5 × 0.94^{44} × 0.06^4$
⑥ $_{48}C_5 × 0.94^{44} × 0.06^5 + _{48}C_5 × 0.94^{43} × 0.06^4 = 1.71 × 10^6 × 0.94^{43} × 0.06^5$

この結果，①〜⑤までは増加しているが⑥は⑤より小さくなり，⑥の分液漏斗に分離される量が極大となることがわかる。

化合物 H の分配係数の $a = 0.94$ は十分に 1 に近い値と考えられるが，さらに分配係数が 1 に近い化合物の混合物であっても，操作段階数を十分に大きくすると，二項分布の係数の違いが表れて，それらを分離できることになる。

解答

Ⅰ ア

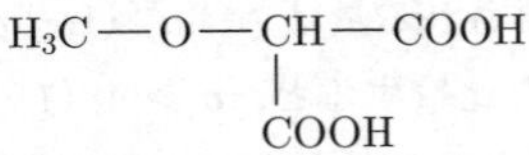

H₃C─O─CH─COOH
　　　　│
　　　　COOH

HOOC─CH₂─O─CH₂─COOH

イ ②で除外された化合物　　**③で除外された化合物**　（理由は解説参照）

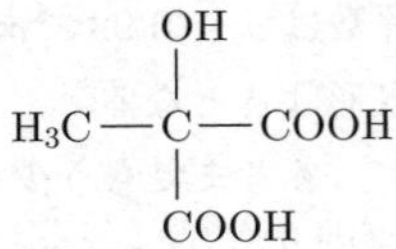

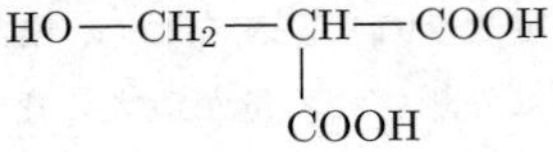

　　　　OH
　　　　│
H₃C─C─COOH
　　　　│
　　　　COOH

HO─CH₂─CH─COOH
　　　　　　│
　　　　　　COOH

ウ A

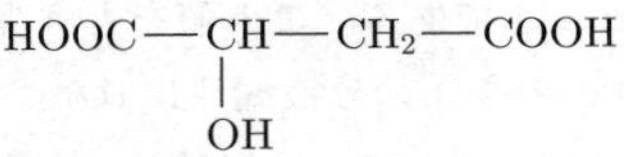

HOOC─CH─CH₂─COOH
　　　　│
　　　　OH

B

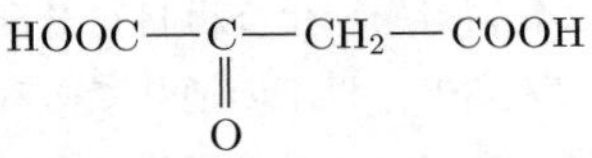

HOOC─C─CH₂─COOH
　　　　‖
　　　　O

エ

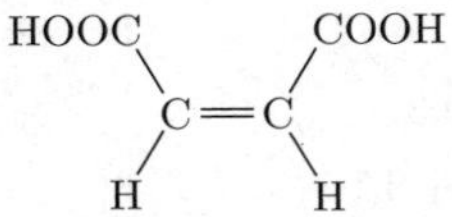

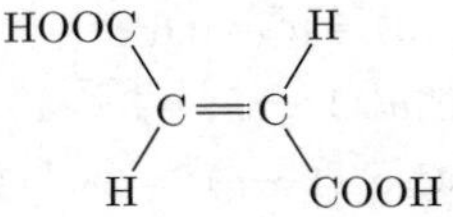

HOOC　　　COOH
　　＼　／
　　 C＝C
　　／　　＼
　H　　　　H

HOOC　　　H
　　＼　／
　　 C＝C
　　／　　＼
　H　　　COOH

Ⅱ オ　0.90 g

カ　酸性（理由は解説参照）

キ E

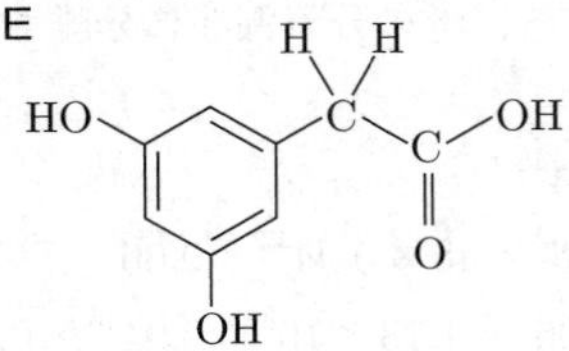

(structure: 3,5-dihydroxyphenyl-CH₂-COOH)

F

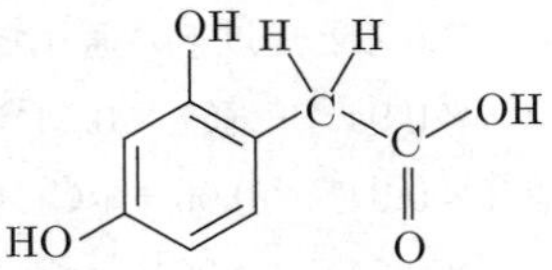

(structure: 2,4-dihydroxyphenyl-CH₂-COOH)

G

(structure: 3,5-dihydroxyphenyl-CH₂-CONH₂)

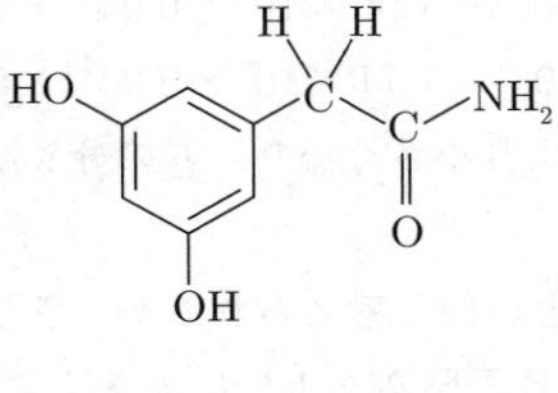

ク

ケ d

第1問

[解説]

Ⅰ ア 原子番号が 26 の Fe の電子配置は $K(2)L(8)M(14)N(2)$ である。Fe_2O_3 において Fe は Fe^{3+} となっているので,その電子配置は $K(2)L(8)M(13)N(0)$ である。

イ たとえば,2.00 mol の Fe が 1.00 mol の Fe_2O_3 となったとすると,それらの質量は順に 111.6 g,159.6 g なので,その体積は次の通りである。

$$V = \frac{111.6\,\mathrm{g}}{7.87\,\mathrm{g/cm}^3} = 14.2\,\mathrm{cm}^3$$

$$aV = \frac{159.6\,\mathrm{g}}{5.24\,\mathrm{g/cm}^3} = 30.5\,\mathrm{cm}^3$$

よって,$a = 2.1$ である。

ウ 水酸化鉄(Ⅲ)から酸化水酸化鉄(Ⅲ)が生成する反応は次の通り。

$$Fe(OH)_3 \longrightarrow FeO(OH) + H_2O$$

また,酸化鉄(Ⅲ)が生成する反応は以下の通り。

$$2Fe(OH)_3 \longrightarrow Fe_2O_3 + 3H_2O$$

エ (1)〜(4)の式を利用して,ということなら(1)×4＋(2)×2＋(3)×4＋(4)および水酸化鉄(Ⅲ)から酸化水酸化鉄(Ⅲ)が生成する反応から,下式が得られる。

$$4Fe + 3O_2 + 2H_2O \longrightarrow 4FeO(OH)$$

この反応は,Fe が O_2 によって酸化される反応であり,その際に Fe は Fe^{3+} になっているので 3 電子を与え,O_2 は化合物となる間に酸化数が 2 減少するので O 原子 1 個当たり電子を 2 個受け取るので O_2 1 分子当たり 4 個の電子を受け取ることから,Fe と O_2 が 4：3 の物質量比で反応する。そう考えれば(1)〜(4)式は不要である。

オ 火星の大気に含まれる酸素が 0.13% なので,火星の大気中の酸素の分圧は以下の通りである。

$$P_{O_2} = 610\,\mathrm{Pa} \times \frac{0.13}{100} = 0.793\,\mathrm{Pa}$$

よって,ヘンリーの法則からこの大気と接している水 1.00 L 中に溶解する酸素の質量は次のように計算される。

$$w_{O_2} = 4.06 \times 10^{-2}\,\mathrm{g/L} \times \frac{0.793\,\mathrm{Pa}}{1.01 \times 10^5\,\mathrm{Pa}} = 3.19 \times 10^{-7}\,\mathrm{g/L}$$

よって，水 1.00×10^3 L へ溶解する酸素の質量は 3.19×10^{-4} g $\fallingdotseq 3.2 \times 10^{-4}$ g である。

カ　オにおける溶解していた酸素の物質量は 1.0×10^{-5} mol である。エで求めた結果からこの 4/3 倍の物質量の FeO(OH)(88.8 g/mol)が生成するので，その質量は以下の通りである。

$$w_{\mathrm{FeO(OH)}} = 88.8\,\mathrm{g/mol} \times 1.0 \times 10^{-5}\,\mathrm{mol} \times \frac{4}{3}$$

$$= 1.18 \times 10^{-3}\,\mathrm{g} \fallingdotseq 1.2 \times 10^{-3}\,\mathrm{g}$$

Ⅱ　キ　アルカンのモル質量は $(14n + 2)$ g/mol なので，アルカン 1 mol が完全燃焼するときの発熱量は $46.0(14n + 2)$ kJ/mol となる。よって，求める熱化学方程式は以下の通りである。

$$\mathrm{C}_n\mathrm{H}_{2n+2} + \frac{3n + 1}{2}\mathrm{O}_2 = n\mathrm{CO}_2 + (n + 1)\mathrm{H}_2\mathrm{O}(液) + 46.0(14n + 2)\,\mathrm{kJ}$$

$$\mathrm{C}_n\mathrm{H}_{2n+2} + \frac{3n + 1}{2}\mathrm{O}_2 \longrightarrow n\mathrm{CO}_2 + (n + 1)\mathrm{H}_2\mathrm{O}(液)$$

$$\Delta H = -46.0(14n + 2)\,\mathrm{kJ}$$

ク　シクロオクタンの燃焼熱を Q_1〔kJ/mol〕とすると，それを表す熱化学方程式は次の通りである。

$$\mathrm{C}_8\mathrm{H}_{16}(液) + 12\mathrm{O}_2 = 8\mathrm{CO}_2 + 8\mathrm{H}_2\mathrm{O}(液) + Q_1\,〔\mathrm{kJ}〕$$

$$\mathrm{C}_8\mathrm{H}_{16}(液) + 12\mathrm{O}_2 \longrightarrow 8\mathrm{CO}_2 + 8\mathrm{H}_2\mathrm{O}(液) \qquad \Delta H = -Q_1\,〔\mathrm{kJ}〕$$

結合エネルギーからこの燃焼熱の近似値を求めよとあるので，シクロオクタンの蒸発熱を Q_{v}〔kJ/mol〕とし，設問コに与えてある水の蒸発熱 44.3 kJ/mol を用い，この反応に関わる元素の原子の状態からのエネルギー差を図示すると，下図の通りである。

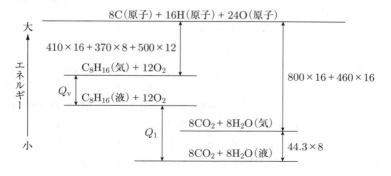

$\therefore \quad Q_1 = (800 \times 16 + 460 \times 16 + 44.3 \times 8) - (410 \times 16 + 370 \times 8 + 500 \times 12 + Q_v)$

$= (4994.4 - Q_v) \, \text{[kJ/mol]}$

シクロオクタンの分子量は 112 なので，シクロオクタン 1 g を完全燃焼したときの発熱量 q_1 は以下の通りである。

$$q_1 = \frac{(4994.4 - Q_v) \, \text{kJ/mol}}{112 \, \text{g/mol}} = \left(44.6 - \frac{Q_v}{112}\right) \text{kJ/g}$$

ここでは，この発熱量の近似値を求めることが要求されているが，シクロオクタンの蒸発熱が与えられていないこと，およびその値が文献によると 30 kJ/mol 程度であり，結合の組み替えに伴うエネルギーに比べて 1 ％程度未満の誤差となるだけなので無視して良いとしているものと考えられる。よって，シクロオクタン 1 g を完全燃焼したときの発熱量の近似値は $4.5 \times 10 \, \text{kJ/g}$ と求められる。

重合度が 10000 のポリエチレンでは，その燃焼に伴うエネルギー変化を考察する際に，分子内にある C－H 結合の総数は 40002 個，C－C 結合の総数は 19999 個であり，末端の 2 個の C－H 結合の寄与は相対的に十分に小さく，C－C 結合も 20000 個と近似できるので，燃焼反応は下式のように近似できる。

$$\text{+CH}_2\text{-CH}_2\text{+}_m + 3mO_2 \longrightarrow 2mCO_2 + 2mH_2O\,(\text{液})$$

重合度が m のポリエチレンの燃焼熱を Q_2〔kJ/mol〕として，シクロオクタンと同様にして燃焼熱を求めよう。やはり原子の状態を基準にして，結合の形成や分子の状態変化に伴うエネルギーの変化を図示すると以下の通りである。なお，このポリエチレンの昇華熱を Q_s〔kJ/mol〕とする。

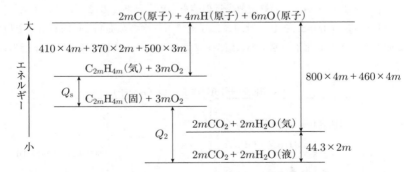

$\therefore \quad Q_2 = (800 \times 4m + 460 \times 4m + 44.3 \times 2m) - (410 \times 4m + 370 \times 2m + 500 \times 3m + Q_s)$

$= (1248.6m - Q_s) \, \text{[kJ/mol]} \fallingdotseq (1.25 \times 10^3 m - Q_s) \, \text{[kJ/mol]}$

ここでも，ポリエチレンの昇華熱は $10^3 m = 10^7 \, \text{kJ/mol}$ に比べて十分に小さいと推定されるので，これを無視すると，$Q_2 \fallingdotseq 1.25 \times 10^3 m \, \text{kJ/mol}$ となる。このポ

リエチレンの分子量は有効数字 3 桁で $2.80 \times 10m$ なので，これが 1 g 完全燃焼するときに発生する熱量 q_2 は次のように計算される。

$$q_2 = \frac{1.25 \times 10^3 m \, \text{kJ/mol}}{2.80 \times 10m \, \text{g/mol}} = 44.6 \, \text{kJ/g}$$

よって，有効数字 2 桁とするとシクロオクタンと等しく $4.5 \times 10 \, \text{kJ/g}$ となる。なお，計算の際に気が付くが，$m = 4$ とすれば上記のエネルギー図はシクロオクタンと全く同じになっているので，当然の結果である。

ケ　炭素数 n および $n-3$ のアルカンの分子量は $14n + 2$ および $14(n-3) + 2 = 14n - 40$ なので，キの結果からそれらの燃焼熱は $46.0(14n+2) \, \text{kJ/mol}$ および $46.0(14n-40) \, \text{kJ/mol}$ である。このプロピレンの生成反応はアルカンの分子内の結合が切れる反応なので，吸熱反応と推定され，求める反応熱を $Q_3 (\text{kJ/mol})$ の吸熱であるとし，これらの炭化水素の燃焼に関するエネルギー図を描くと下図の通りである。

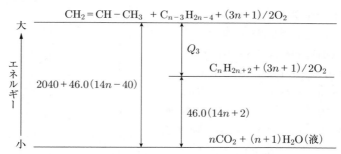

$$\therefore \quad Q_3 = 2040 + 46.0(14n - 40) - 46.0(14n + 2) = 108 \, \text{kJ/mol}$$

よって，長鎖アルカンの分解によってプロピレンが生成する反応の反応熱の近似値は $1.1 \times 10^2 \, \text{kJ/mol}$ の吸熱である。

コ　プロパンの脱水素も吸熱反応と推定されるので，求める反応熱を $Q_4 (\text{kJ/mol})$ の吸熱とし，プロパン，プロピレン，水素の燃焼反応に伴うエネルギー変化を図示すると，下図の通りである。

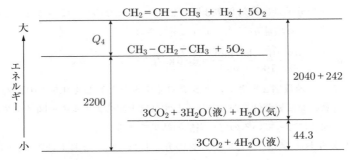

$$\therefore \quad Q_4 = 2040 + 242 + 44.3 - 2200 = 126.3 \, \text{kJ/mol}$$

よって，プロパンの脱水素によってプロピレンが生成する反応の反応熱は $1.3 \times 10^2 \, \text{kJ/mol}$ の吸熱である。

解 答

I　ア　K(2)L(8)M(13)

イ　$a = 2.1$（答に至る過程は解説参照）

ウ　$2Fe(OH)_3 \longrightarrow Fe_2O_3 + 3H_2O$

　　$Fe(OH)_3 \longrightarrow FeO(OH) + H_2O$

エ　$4Fe + 3O_2 + 2H_2O \longrightarrow 4FeO(OH)$

オ　$3.2 \times 10^{-4} \, \text{g}$（答に至る過程は解説参照）

カ　$1.2 \times 10^{-3} \, \text{g}$（答に至る過程は解説参照）

II　キ　$C_nH_{2n+2} + \dfrac{3n+1}{2}O_2 = nCO_2 + (n+1)H_2O(液) + 46.0(14n+2)\,\text{kJ}$

$$\left(C_nH_{2n+2} + \dfrac{3n+1}{2}O_2 \longrightarrow nCO_2 + (n+1)H_2O(液) \right.$$

$$\left. \Delta H = -46.0(14n+2)\,\text{kJ} \right)$$

ク　シクロオクタン：$4.5 \times 10 \, \text{kJ/g}$（答に至る過程は解説参照）

　　ポリエチレン：$4.5 \times 10 \, \text{kJ/g}$（答に至る過程は解説参照）

ケ　$-1.1 \times 10^2 \, \text{kJ/mol}$（答に至る過程は解説参照）

コ　$-1.3 \times 10^2 \, \text{kJ/mol}$（答に至る過程は解説参照）

第2問

解説

I　ア　下線部①はガラスとフッ化水素酸の反応によってヘキサフルオロケイ酸が生

成する段階である。これを白金るつぼに移して加熱するとフッ化物が揮発する。よって，この反応は以下の通りである。

$$SiO_2 + 6\,HF \longrightarrow H_2SiF_6 + 2\,H_2O$$

なお，白金るつぼに入れて加熱すると，以下のように揮発性の SiF_4 が生成する。

$$H_2SiF_6 \longrightarrow SiF_4 + 2\,HF$$

イ　ガラスに含まれる SiO_2 は，過剰量のフッ化水素酸とすべて反応して除去されたと考えられるので，反応後のるつぼに残った物質に蒸留水と希硫酸を加えたときに，溶けずに残っている白色沈殿は硫酸鉛 $PbSO_4$ である。ガラスに含まれていた他の金属イオンは，いずれも硫酸塩では沈殿しない。

ウ　H_2S の 2 段階の電離平衡の平衡定数は下式で定義される。

$$K_{a1} = \frac{[H^+][HS^-]}{[H_2S]}$$

$$K_{a2} = \frac{[H^+][S^{2-}]}{[HS^-]}$$

よって，$[HS^-]$ も $[S^{2-}]$ も $[H_2S]$ と $[H^+]$ および電離定数を用いて以下のように表すことができる。

$$[HS^-] = \frac{[H_2S]}{[H^+]} K_{a1}$$

$$[S^{2-}] = \frac{[HS^-]}{[H^+]} K_{a2} = \frac{[H_2S]}{[H^+]^2} K_{a1} K_{a2}$$

$$\therefore \quad [H_2S]_{\text{total}} = [H_2S]\left\{ 1 + \frac{K_{a1}}{[H^+]} + \frac{K_{a1} K_{a2}}{[H^+]^2} \right\}$$

よって，$[H_2S]_{\text{total}}$ に対する $[S^{2-}]$ の割合は，以下の通りである。

$$a = \frac{[S^{2-}]}{[H_2S]_{\text{total}}} = \frac{K_{a1} K_{a2}}{[H^+]^2 + K_{a1}[H^+] + K_{a1} K_{a2}}$$

エ　$\dfrac{K_{sp}}{a}$ の常用対数と pH の関係は，それが意味する化学的な内容を問わなければ，単にこれらの数的な関係がどうなっているかだけである。溶解度積 K_{sp} は，沈殿が共存している溶液ではそれらの濃度の積が一定となることを表しているが，ここでは単に一定値と扱ってよい。具体的に作業をしてみよう。ウで求めた a を用いて $\dfrac{K_{sp}}{a}$ の表す式を具体的に書くと次の通りである。

$$\frac{K_{sp}}{a} = \frac{K_{sp}([H^+]^2 + K_{a1}[H^+] + K_{a1}K_{a2})}{K_{a1}K_{a2}}$$

これに電離定数の数値を代入すると，

$$\frac{K_{sp}}{a} = \frac{K_{sp}([H^+]^2 + 1.0 \times 10^{-7}[H^+] + 1.0 \times 10^{-7} \times 1.0 \times 10^{-14})}{1.0 \times 10^{-7} \times 1.0 \times 10^{-14}}$$

$$= \frac{K_{sp}([H^+]^2 + 1.0 \times 10^{-7}[H^+] + 1.0 \times 10^{-21})}{1.0 \times 10^{-21}}$$

となり，pH が 1.0 から 6.0，すなわち $[H^+]$ が 10^{-1} mol/L から 10^{-6} mol/L の範囲では，カッコ内の第 3 項は無視でき，第 2 項も $[H^+]$ が 10^{-6} mol/L のときに第 1 項の 1/10 となるのみで，それより $[H^+]$ が大きいときは無視できる。よって，pH が 1.0 から 6.0 のとき，上式は次のように近似できる。

$$\frac{K_{sp}}{a} \fallingdotseq \frac{K_{sp}[H^+]^2}{1.0 \times 10^{-21}}$$

これの両辺の常用対数を取ると，以下の関係式が得られる。

$$\log_{10}(K_{sp}/a) = \log_{10}K_{sp} + 2\log_{10}[H^+] + 21$$
$$= \log_{10}K_{sp} - 2\,\mathrm{pH} + 21$$

よって，$\log_{10}(K_{sp}/a)$ と pH の間には直線関係が成立し，CuS と FeS の溶解度積の値の常用対数だけ平行移動した以下のグラフとなる。

CuS：$\log_{10}(K_{sp}/a) = \log_{10}K_{sp(CuS)} - 2\,\mathrm{pH} + 21$
$$= -38.6 - 2\,\mathrm{pH} + 21 = -2\,\mathrm{pH} - 17.6$$

FeS：$\log_{10}(K_{sp}/a) = \log_{10}K_{sp(FeS)} - 2\,\mathrm{pH} + 21$
$$= -19 - 2\,\mathrm{pH} + 21 = -2\,\mathrm{pH} + 2.0$$

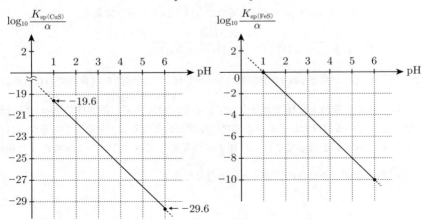

オ　下線部②に，2.0×10^{-3} mol の H_2S を通じたとき，CuS の沈殿が 2.0×10^{-6} mol 得られたとあるので，このとき沈殿生成反応に使われた H_2S は 2.0×10^{-6} mol で，加えた H_2S の 1/1000 のみである。よって，この 20 mL の溶液中の H_2S の全濃度は $\dfrac{2.0 \times 10^{-3} \, \text{mol}}{20 \times 10^{-3} \, \text{L}} = 1.0 \times 10^{-1}$ mol/L と近似できる。このとき，溶液内の $[S^{2-}]$ は，ウで求めたように下式で表される。

$$[S^{2-}] = \frac{K_{a1}K_{a2}}{[H^+]^2 + K_{a1}[H^+] + K_{a1}K_{a2}} \times [H_2S]_{\text{total}}$$

$$= \frac{K_{a1}K_{a2}}{[H^+]^2 + K_{a1}[H^+] + K_{a1}K_{a2}} \times 1.0 \times 10^{-1} \, \text{mol/L}$$

$[Fe^{2+}] = 4.0 \times 10^{-4}$ mol/L で FeS が沈殿しない条件は，FeS の溶解度積から $[S^{2-}]$ が次の不等式を満たすときである。

$$[S^{2-}] < \frac{K_{\text{sp(FeS)}}}{4.0 \times 10^{-4} \, \text{mol/L}} = \frac{1.0 \times 10^{-19} \, \text{mol}^2/\text{L}^2}{4.0 \times 10^{-4} \, \text{mol/L}} = 2.5 \times 10^{-16} \, \text{mol/L}$$

エにおける考察から，pH が 5.0 より小さいときは $[S^{2-}]$ と H_2S の全濃度の関係式の分母の第 2 項と第 3 項は第 1 項に比べて十分に小さく無視できるので，$[S^{2-}]$ は以下のように近似できる。

$$[S^{2-}] = \frac{K_{a1}K_{a2}}{[H^+]^2 + K_{a1}[H^+] + K_{a1}K_{a2}} \times 1.0 \times 10^{-1} \, \text{mol/L}$$

$$\fallingdotseq \frac{1.0 \times 10^{-7} \, \text{mol/L} \times 1.0 \times 10^{-14} \, \text{mol/L} \times 1.0 \times 10^{-1} \, \text{mol/L}}{[H^+]^2}$$

$$= \frac{1.0 \times 10^{-22} \, \text{mol}^3/\text{L}^3}{[H^+]^2}$$

よって，求める条件は次の不等式を満たす pH である。

$$[S^{2-}] \fallingdotseq \frac{1.0 \times 10^{-22} \, \text{mol}^3/\text{L}^3}{[H^+]^2} < 2.5 \times 10^{-16} \, \text{mol/L}$$

これを解くと，以下の通り $[H^+]$ の条件が求まる。

$$[H^+] > 2.0 \times 10^{-3.5} \, \text{mol/L}$$

よって，求める pH の範囲は pH $< 3.5 - \log_{10} 2.0 = 3.2$ である。また，上で行った近似は妥当であったことも分かる。

ここでは，あらためて $[S^{2-}]$ と H_2S の全濃度の関係と FeS の溶解度積に基づいて考察したが，エで求めた関係式から以下のように求めてもよい。FeS について $\log_{10}(K_{\text{sp}}/\alpha)$ と pH の間を求めると，$\log_{10}(K_{\text{sp}}/\alpha) = -2\text{pH} + 2.0$ となっている。

もちろん，この関係式が成立するのは，FeS の沈殿と接している溶液であり，求める条件は FeS が沈殿しないときの pH である。また，K_{sp}/a は以下のように [Fe^{2+}] と [H_2S]$_{total}$ の積を示している。

$$\frac{K_{sp(FeS)}}{a} = \frac{K_{sp(FeS)}}{\left(\dfrac{[S^{2-}]}{[H_2S]_{total}}\right)} = \frac{[Fe^{2+}][S^{2-}]}{\left(\dfrac{[S^{2-}]}{[H_2S]_{total}}\right)} = [Fe^{2+}][H_2S]_{total}$$

ここで，[Fe^{2+}] $= 4.0 \times 10^{-4}\,mol/L$，[$H_2S$]$_{total} = 1.0 \times 10^{-1}\,mol/L$ のとき，これらの積の常用対数は $-5 + 2\log_{10}2 = -4.4$ となり，極微量の FeS が沈殿したとき，下式が成立する。

$$\log_{10}(K_{sp}/a) = \log_{10}[Fe^{2+}][H_2S]_{total} = -4.4 = -2pH + 2.0$$

$$\therefore \quad pH = 3.2$$

この関係を満たすのは，FeS の沈殿と接している溶液で，FeS の沈殿が生じない条件はこの直線より下の領域なので，求める pH の範囲は pH < 3.2 である。

カ　CuS をろ過したろ液には，金属イオンとして Fe^{2+} と Na^+ が含まれる。これに硝酸を数滴加えて加熱すると，Fe^{2+} は Fe^{3+} に酸化され，アンモニア水を加えたときに，完全に $Fe(OH)_3$ となって赤褐色の沈殿を生じる。Fe^{2+} のままで沈殿生成反応を行っても，ほとんど問題ないが，Fe^{3+} として沈殿生成反応を行った方が，分離がより完璧となる。Fe^{2+} が硝酸に酸化される変化および $Fe(OH)_3$ が沈殿する変化は下式で表される。

$$3Fe^{2+} + NO_3^- + 4H^+ \longrightarrow 3Fe^{3+} + NO + 2H_2O$$

$$Fe^{3+} + 3NH_3 + 3H_2O \longrightarrow Fe(OH)_3 + 3NH_4^+$$

よって，$Fe(OH)_3$ の沈殿をろ別したろ液には Na^+ と NH_4^+ が含まれている。なお，アンモニアを加えたときに，溶液中に残っていた硝酸とアンモニアからも NH_4^+ が生じる。これを陽イオン交換樹脂に通すと，この両者がイオン交換を行い，Na^+ の定量ができない。そのため，このろ液を十分に煮沸して，NH_4Cl となっている NH_4^+ を下式のように NH_3 と HCl に分解し，両者とも気体として除去する必要がある。

$$NH_4Cl \longrightarrow NH_3 + HCl$$

キ　陽イオン交換樹脂を R$-SO_3$H で表すと，スルホン酸は強酸なのでスルホ基の部分は完全電離しているが，スルホ基が高分子化合物に共有結合で固定されているため，スルホ基の陰イオンは動けず，それと対になっている H^+ も動けない。これに Na^+ を含む水溶液を通じると，下式のようにイオン交換が起こり，H^+ が移動できるようになる。

$$R-SO_3H + Na^+ \longrightarrow R-SO_3Na + H^+$$

　こうして遊離した H^+ は，すべて溶出液に含まれるので，この H^+ を中和滴定で定量すれば，ろ液に含まれていた Na^+ が定量できる。ろ液に含まれていた Na^+ の物質量を n_{Na^+}〔mol〕とすると，イオン交換によってこれと等しい物質量の H^+ が生じるので，下式が成立する。

$$n_{Na^+} = 1.0 \times 10^{-2}\,\text{mol/L} \times 18.0 \times 10^{-3}\,\text{L} = 1.8 \times 10^{-4}\,\text{mol}$$

　この Na^+ は実験1で得られた $50\,\text{mL}$ の溶液から $10\,\text{mL}$ を用いた実験の結果なので，ガラス $1.0\,\text{g}$ 中に含まれていた Na^+ は，この5倍の $9.0 \times 10^{-4}\,\text{mol}$ である。よって，その質量は，$23.0\,\text{g/mol} \times 9.0 \times 10^{-4}\,\text{mol} = 2.07 \times 10^{-2}\,\text{g} \fallingdotseq 2.1 \times 10^{-2}\,\text{g}$ である。

Ⅱ　ク　銅の原子量は，各同位体の相対質量と存在率から，それらの加重平均で計算されるので，^{63}Cu の存在率を x% とすると，下式が成立する。

$$63.0 \times \frac{x}{100} + 65.0 \times \frac{100-x}{100} = 63.5$$

$$\therefore \quad x = 75\%$$

　よって，各同位体の存在率は ^{63}Cu が 75%，^{65}Cu が 25% である。

ケ　Ag には ^{107}Ag と ^{109}Ag の2種の同位体が，Br には ^{79}Br と ^{81}Br の2種の同位体が存在するので，これらからできる $AgBr$ には以下の4種の同位体組成のものが可能であり，それらの存在率は次の通りとなる。

$$^{107}\text{Ag}^{79}\text{Br} : 0.50 \times 0.50 = 0.25$$
$$^{107}\text{Ag}^{81}\text{Br} : 0.50 \times 0.50 = 0.25$$
$$^{109}\text{Ag}^{79}\text{Br} : 0.50 \times 0.50 = 0.25$$
$$^{109}\text{Ag}^{81}\text{Br} : 0.50 \times 0.50 = 0.25$$

　よって，相対質量が 186，188，190 の3種の $AgBr$ が可能で，それらの存在率は順に 25%，50%，25% である。

　ただし，このような考察が可能となるのは，$AgBr$ が分子性物質であり，上記の組み合わせの4種の $AgBr$ のみが選択的に沈殿すると考えられるときであり，実際は，$AgBr$ はイオン性物質なのでそのような区別は不可能である。問題文の最後にある，臭化銀はその組成式である $AgBr$ として沈殿したものとするというただし書きで，上記のように考察することを要求していると判断するしかない。

コ　硝酸銀水溶液 X に含まれている Ag^+ の物質量を $y\,\text{mol}$ とすると，^{109}Ag のみを含む硝酸銀の物質量が $0.050\,\text{mol/L} \times 10.0 \times 10^{-3}\,\text{L} = 5.0 \times 10^{-4}\,\text{mol}$ なので，^{107}Ag と ^{109}Ag の物質量は順に $0.5y\,\text{mol}$，$(0.5y + 5.0 \times 10^{-4})\,\text{mol}$ である。よって，ケと

同様に 4 種の同位体組成の AgBr の存在率を求めると以下のように表され，相対質量が 186 および 190 の AgBr の存在率が順に 20%，30% である。また，相対質量が 188 の AgBr は 2 種類あり，これらの合計が 50% である。

$$^{107}\mathrm{Ag}^{79}\mathrm{Br} : \frac{0.5y}{(y + 5.0 \times 10^{-4})} \times 0.50 = 0.20$$

$$^{107}\mathrm{Ag}^{81}\mathrm{Br} : \frac{0.5y}{(y + 5.0 \times 10^{-4})} \times 0.50$$

$$^{109}\mathrm{Ag}^{79}\mathrm{Br} : \frac{(0.5y + 5.0 \times 10^{-4})}{(y + 5.0 \times 10^{-4})} \times 0.50$$

$$^{109}\mathrm{Ag}^{81}\mathrm{Br} : \frac{(0.5y + 5.0 \times 10^{-4})}{(y + 5.0 \times 10^{-4})} \times 0.50 = 0.30$$

これを解いて，$y = 2.0 \times 10^{-3}\,\mathrm{mol}$ と求まる。

解 答

I　ア　$SiO_2 + 6HF \longrightarrow H_2SiF_6 + 2H_2O$

イ　$PbSO_4$

ウ　$a = \dfrac{[\mathrm{S}^{2-}]}{[\mathrm{H_2S}]_{\mathrm{total}}} = \dfrac{K_{a1}K_{a2}}{[\mathrm{H}^+]^2 + K_{a1}[\mathrm{H}^+] + K_{a1}K_{a2}}$

エ　$CuS : \log_{10}(K_{sp}/a) = -2\,\mathrm{pH} - 17.6$

　　$FeS : \log_{10}(K_{sp}/a) = -2\,\mathrm{pH} + 2.0$

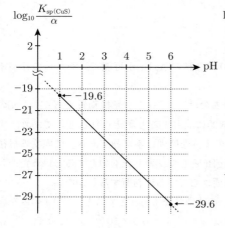

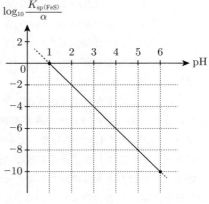

オ　$\mathrm{pH} < 3.2$（答に至る過程は解説参照）

カ　NH_4Cl となっている NH_4^+ を NH_3 と HCl に分解し，気体として除去するため。
　（29字）

キ　$2.1 \times 10^{-2}\,g$（答に至る過程は解説参照）

Ⅱ　ク

元素	同位体	存在率（%）
Cu	^{63}Cu	75
	^{65}Cu	25

ケ

質量	存在率（%）
186	25
188	50
190	25

コ　$2.0 \times 10^{-3}\,mol$（答に至る過程は解説参照）

第3問

（解説）

Ⅰ　ア，イ　操作(3)はエステルの加水分解であり，分子式が $C_8H_{12}O_4$ で十員環を持つ化合物 A 1 mol から 2 mol の化合物 E が生成したことから，この十員環には 2 ヶ所にエステル結合が含まれていると推定される。$C_8H_{12}O_4$ の分子式は，同じ炭素数の鎖式飽和化合物と比べ，H 原子数が 6 個少ないので，二重結合または環状構造を合わせて 3 つ持つので，エステル結合を 2 つ持つ環状化合物であることと矛盾しない。よって，エステル A の加水分解で化合物 E が生成する反応を分子式で表せば下式となる。

$$C_8H_{12}O_4 + 2H_2O \longrightarrow 2C_4H_8O_3$$

したがって，化合物 E は分子内にカルボキシ基とヒドロキシ基を併せ持ち，分子式が $C_4H_8O_3$ のヒドロキシ酸である。化合物 A は不斉炭素原子を持たないので，その加水分解生成物の化合物 E にも不斉炭素原子はない。また，化合物 A がエステル結合を 2 つ持つ十員環の化合物であることから，化合物 E には炭素骨格に枝分かれはなく，その構造は以下の構造式で表される。この構造は 1 mol の化合物 E に金属ナトリウムを作用させると下式のように 1 mol の水素が発生することとも矛盾しない。

$$HO-CH_2-CH_2-CH_2-COOH\ +\ 2Na$$
$$\longrightarrow NaO-CH_2-CH_2-CH_2-COONa\ +\ H_2$$

したがって，化合物Aの構造式は下図の通りである。

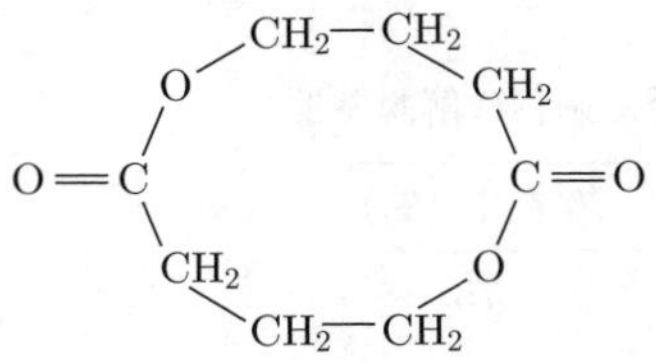

$$
\begin{array}{c}
\text{CH}_2-\text{CH}_2 \\
\text{O} \qquad\qquad \text{CH}_2 \\
\text{O}=\text{C} \qquad\qquad \text{C}=\text{O} \\
\text{CH}_2 \qquad\qquad \text{O} \\
\text{CH}_2-\text{CH}_2
\end{array}
$$

ウ　6, 6-ナイロン(ナイロン 66)はヘキサメチレンジアミンとアジピン酸の縮合重合で下式のように合成される。よって，化合物Fはアジピン酸である。

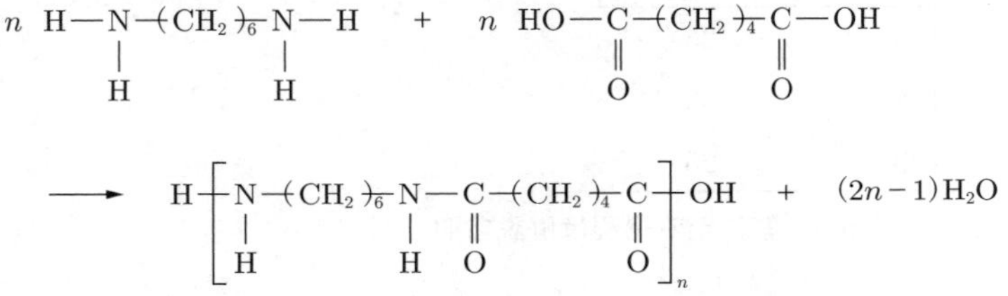

$$
n\ \text{H}-\underset{\underset{\text{H}}{|}}{\text{N}}-(\text{CH}_2)_6-\underset{\underset{\text{H}}{|}}{\text{N}}-\text{H}\ +\ n\ \text{HO}-\underset{\underset{\text{O}}{\|}}{\text{C}}-(\text{CH}_2)_4-\underset{\underset{\text{O}}{\|}}{\text{C}}-\text{OH}
$$

$$
\longrightarrow\ \text{H}\left[\underset{\underset{\text{H}}{|}}{\text{N}}-(\text{CH}_2)_6-\underset{\underset{\text{H}}{|}}{\text{N}}-\underset{\underset{\text{O}}{\|}}{\text{C}}-(\text{CH}_2)_4-\underset{\underset{\text{O}}{\|}}{\text{C}}\right]_n\text{OH}\ +\ (2n-1)\text{H}_2\text{O}
$$

エ　化合物Bの加水分解で生じる化合物Fはアジピン酸なので，Bの分子式と比較して化合物GはC原子数が2のジオールとわかり，それはエチレングリコールである。よって，十員環の構造を持つ化合物Bはアジピン酸とエチレングリコールからなる下図の構造のジエステルである。

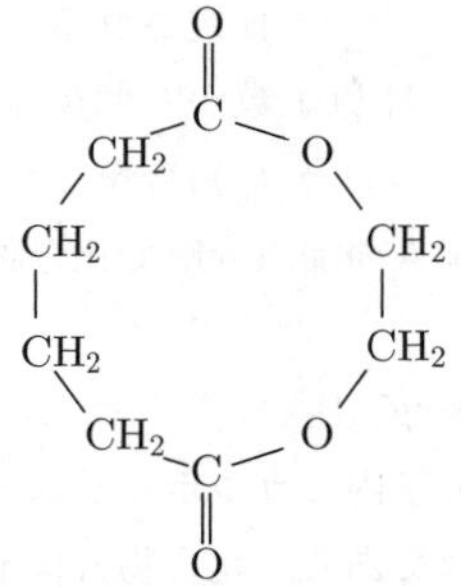

$$
\begin{array}{c}
\text{O} \\
\| \\
\text{CH}_2\quad\text{C}\quad\text{O} \\
\text{CH}_2\qquad\qquad\text{CH}_2 \\
\text{CH}_2\qquad\qquad\text{CH}_2 \\
\text{CH}_2\quad\text{C}\quad\text{O} \\
\| \\
\text{O}
\end{array}
$$

オ　化合物Cの加水分解で生じる化合物Iは，リン酸触媒を用いてエチレンに水蒸気を作用させると得られるのでエタノールである。1 mol の化合物Cの加水分解で 2 mol のエタノールが生成するので，このとき同時に得られる化合物Hは分子式が $\text{C}_4\text{H}_4\text{O}_4$ のジカルボン酸である。これに適する異性体は立体異性体を区別すると下図の3種であるが，下の化合物に臭素が付加しても不斉炭素原子を持つ化合物とはならないので，幾何異性体が存在する上の2つの構造式で表されるマレイン酸またはフマル酸に決まる。

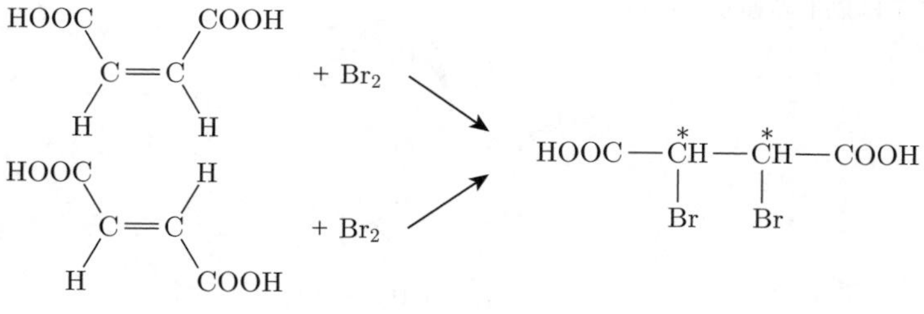

よって，化合物Cはこれらとエタノールとのジエステルで，次図の構造式で表される。

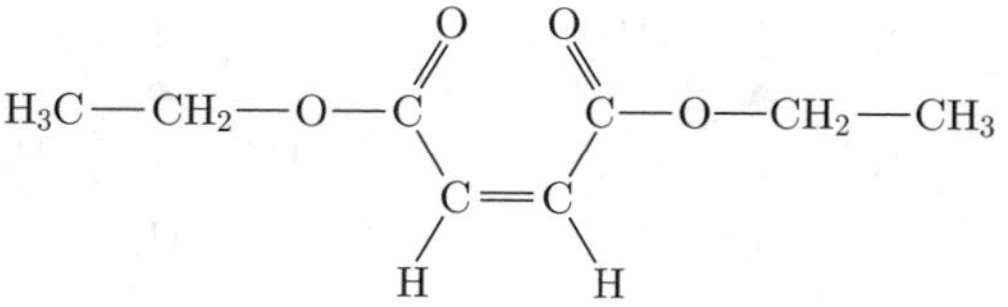

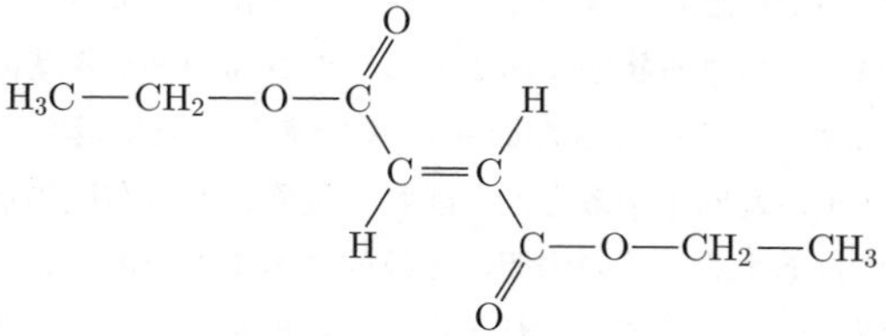

カ　化合物Dの加水分解では互いに鏡像異性体の関係にある化合物J，Kが得られたので，化合物Dの加水分解を分子式で表すと以下の通りで，化合物J，Kは分子式が$C_4H_8O_3$のヒドロキシ酸である。

$$C_8H_{12}O_4 + 2H_2O \longrightarrow 2C_4H_8O_3$$

化合物J，Kには不斉炭素原子があるので，可能な構造式は以下の2種類である。

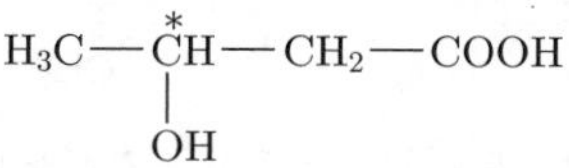

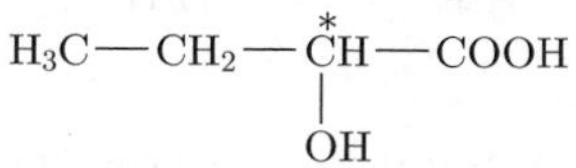

これらから環状エステルを作ったときに六員環となるのは，右の構造のヒドロキシ酸である。互いに鏡像異性体の関係にあるヒドロキシ酸同士の環状エステルの立

体構造は以下の通りである。

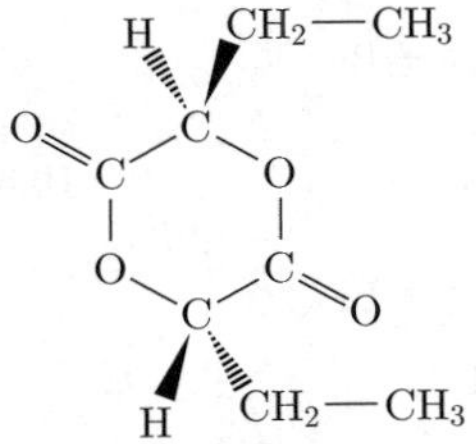

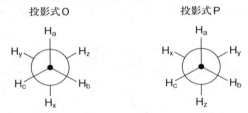

Ⅱ　キ　投影式Ｏ，Ｐで表される構造は，投影式Ｎと同様にエネルギーの低い状態であり，Ｈ原子同士が重ならない分子形となっている。回転角の定義から，投影式Ｏは H_x が H_a と最も離れた位置にあり，投影式Ｐは H_x が H_a と H_c の間に見える位置にあるので，それらの投影式は下図の通りである。

投影式Ｏ　　　　　　　投影式Ｐ

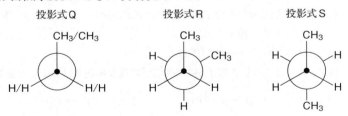

ク　ブタンの分子の形の違いに基づくエネルギー変化で，最もエネルギーの高い状態にある投影式Ｑで示される状態にあるのは，かさ高いメチル基同士が近い位置にある左図の形のときで，このときが回転角 0° である。逆に最もエネルギーの低い状態にあるのはメチル基同士が最も遠く離れた位置にある右図の形のときであり，これが投影式Ｓに対応する。その中間の比較的エネルギーの低い状態がメチル基同士がねじれた位置にあるときで，これが投影式Ｒに対応する。これと同じ比較的安定な状態が回転角 300° のときにも実現している。

投影式Ｑ　　　　　　投影式Ｒ　　　　　　投影式Ｓ

ケ　エチレングリコールの投影式Ｏと投影式Ｎ，Ｐに対応する分子の形を見取り図で表すと下図の通りである。

投影式 O

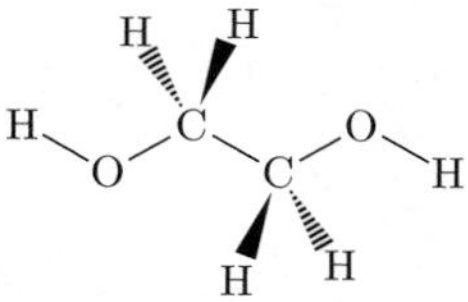

投影式 N, P

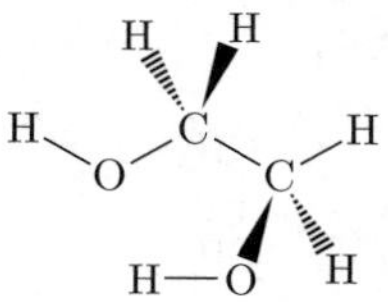

　投影式 O で表される形の分子では，2 つのヒドロキシ基が最も遠い位置にあり，立体的には安定であるが，これらのヒドロキシ基同士で水素結合を形成することはできない。これに対し，投影式 N，P で表される形の分子のときには，上図に示されているように 2 つのヒドロキシ基が接近し，C−O 結合のまわりに回転すると H 原子が隣の O 原子の方に向く形となったとき，これらの間に水素結合を形成し得る。もちろん，−O−H…O−のようにこれらの原子が 1 直線上に並ぶことはできないので，強い水素結合は形成できないが，それでもかなり強い相互作用があり，大きくエネルギーが低下する。

解答

I　ア　$C_4H_8O_3$

イ

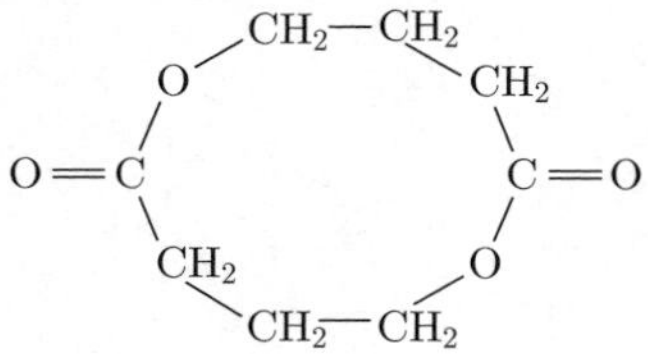

ウ　n H—N$\overset{|}{\underset{H}{}}$—(CH$_2$)$_6$—N$\overset{|}{\underset{H}{}}$—H　　+　　n HO—C—(CH$_2$)$_4$—C—OH

$$\longrightarrow\ H\left[\,N-(CH_2)_6-N-C-(CH_2)_4-C\,\right]_n OH\ +\ (2n-1)H_2O$$

エ

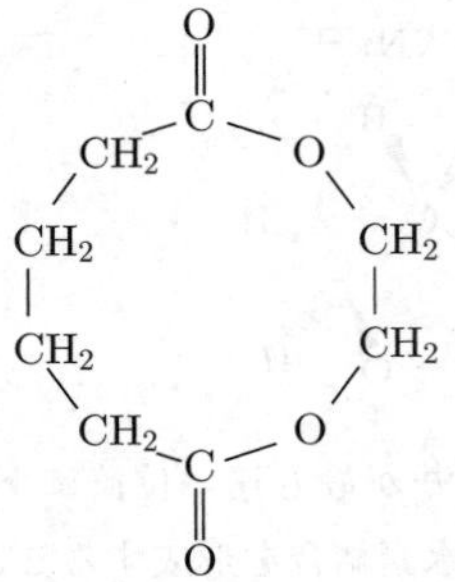

$$
\begin{array}{c}
\text{O} \\
\parallel \\
\text{C} \\
\end{array}
$$

（環状構造：CH₂, CH₂, CH₂, CH₂ と C=O、O、CH₂、CH₂、O を含む大環状ジエステル）

オ

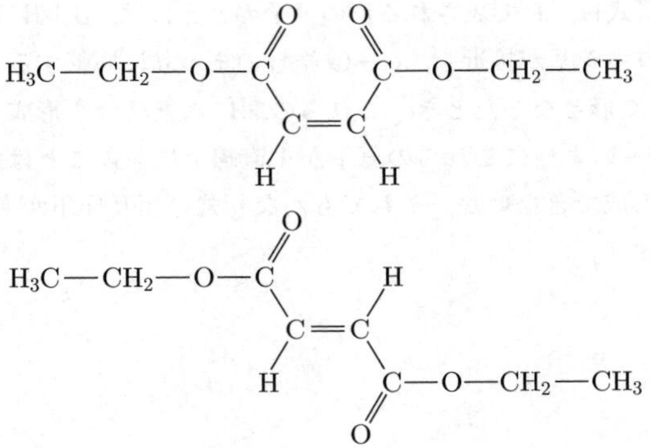

$$H_3C-CH_2-O-\overset{\overset{\displaystyle O}{\parallel}}{C}-\overset{\overset{\displaystyle O}{\parallel}}{C}-O-CH_2-CH_3$$

（シス体：C=C、各Cに H）

$$H_3C-CH_2-O-\overset{\overset{\displaystyle O}{\parallel}}{C}-\underset{\underset{\displaystyle H}{}}{C}=\underset{\underset{\displaystyle \overset{\displaystyle C-O-CH_2-CH_3}{\parallel}}{\displaystyle H}}{C}$$

（トランス体）

カ

$$
\begin{array}{c}
\text{H} \quad \text{CH}_2-\text{CH}_3 \\
\text{O}=\text{C} \quad \text{C} \quad \text{O} \\
\text{O} \quad \text{C} \quad \text{C}=\text{O} \\
\text{H} \quad \text{CH}_2-\text{CH}_3
\end{array}
$$

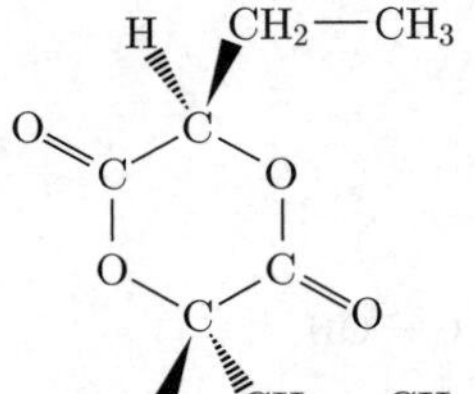

Ⅱ キ 　投影式O　　　　　　　　投影式P

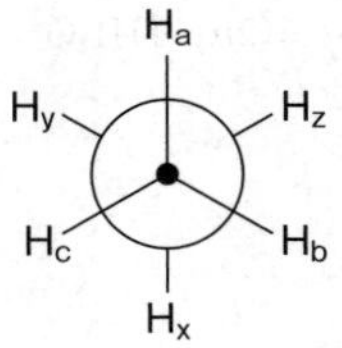

投影式O：
H_a（上）、H_y（左上）、H_z（右上）、H_c（左下）、H_b（右下）、H_x（下）

投影式P：
H_a（上）、H_x（左上）、H_y（右上）、H_c（左下）、H_b（右下）、H_z（下）

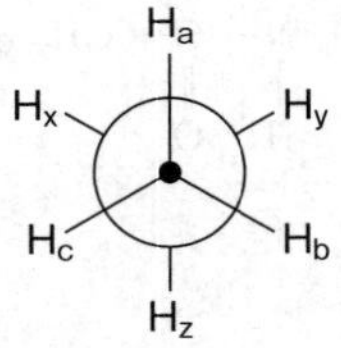

ク

ケ　投影式Nおよび P のときは，2 つのヒドロキシ基の間で水素結合を形成し得るため。(38 字)

第 1 問

(解説)

I ア 氷が $1.00\,\mathrm{g}$ 融解するときにメニスカスが $h\,(\mathrm{cm})$ だけ下降するとすると、そのときの体積の減少 $\Delta V\,(\mathrm{cm}^3)$ は、次のように表される。

$$\Delta V = \frac{1.00\,\mathrm{g}}{0.917\,\mathrm{g/cm}^3} - 1.00\,\mathrm{cm}^3$$

$$= 0.0905\,\mathrm{cm}^3 = 0.0100\,\mathrm{cm}^2 \times h$$

$$\therefore \quad h = 9.05\,\mathrm{cm}$$

塩酸と水酸化カリウム水溶液の中和によって発生した熱によって、メニスカスが $9.05\,\mathrm{cm}$ 下降したので、上で考察したように、この間に氷が $1.00\,\mathrm{g}$ 融解している。したがって、この間に発生した熱量は、求める中和熱を $Q_1\,(\mathrm{kJ/mol})$ とすると、下式で表される。

$$Q_1 \times 6.00 \times 10^{-3}\,\mathrm{L} \times 1.00\,\mathrm{mol/L} = \frac{1.00\,\mathrm{g}}{18.0\,\mathrm{g/mol}} \times 6.00\,\mathrm{kJ/mol}$$

$$\therefore \quad Q_1 = 55.6\,\mathrm{kJ/mol} \fallingdotseq 56\,\mathrm{kJ/mol}$$

よって、求める熱化学方程式は次の通りである。

$$\mathrm{HClaq} + \mathrm{KOHaq} = \mathrm{KClaq} + \mathrm{H_2O(液)} + 56\,\mathrm{kJ}$$

$$\mathrm{HClaq} + \mathrm{KOHaq} \longrightarrow \mathrm{KClaq} + \mathrm{H_2O(液)} \qquad \Delta H = -56\,\mathrm{kJ}$$

イ 硝酸アンモニウムの水への溶解に伴って、メニスカスが $4.40\,\mathrm{cm}$ 上昇したので、この間に凝固した水の質量は、アの考察から次の通りである。

$$\frac{4.40\,\mathrm{cm}}{9.05\,\mathrm{cm/g}} = 0.486\,\mathrm{g}$$

また、硝酸アンモニウムの式量は 80.0 なので、その $0.500\,\mathrm{g}$ の物質量は以下の通りである。

$$\frac{0.500\,\mathrm{g}}{80.0\,\mathrm{g/mol}} = 6.25 \times 10^{-3}\,\mathrm{mol}$$

よって、この間に吸収された熱量は、硝酸アンモニウムの溶解熱を $Q_2\,(\mathrm{kJ/mol})$ とすると、下式で表される。

$$Q_2 \times 6.25 \times 10^{-3}\,\mathrm{mol} = \frac{0.486\,\mathrm{g}}{18.0\,\mathrm{g/mol}} \times 6.00\,\mathrm{kJ/mol}$$

∴　$Q_2 = 25.9\,\mathrm{kJ/mol} \fallingdotseq 26\,\mathrm{kJ/mol}$

よって，硝酸アンモニウムの溶解熱を表す熱化学方程式は次の通りである。

$\mathrm{NH_4NO_3(固)} + \mathrm{aq} = \mathrm{NH_4NO_3\,aq} - 26\,\mathrm{kJ}$

$\mathrm{NH_4NO_3(固)} + \mathrm{aq} \longrightarrow \mathrm{NH_4NO_3\,aq} \quad \Delta H = 26\,\mathrm{kJ}$

ウ　$6.00\,\mathrm{mol/L}$ の塩酸と水酸化カリウム水溶液を $15.0\,\mathrm{mL}$ ずつ混合したときに発生する熱量 $q\,\mathrm{[kJ]}$ は，アの結果から次のように計算される。

$q = 55.6\,\mathrm{kJ/mol} \times 6.00\,\mathrm{mol/L} \times 15.0 \times 10^{-3}\,\mathrm{L} = 5.00\,\mathrm{kJ}$

この熱量が $10\,\mathrm{g}$ の氷の融解と $100\,\mathrm{g}$ の水および $30\,\mathrm{g}$ の反応液の温度上昇に用いられるので，最終的に到達した溶液の温度を $T\,\mathrm{[℃]}$ とすると，下式が成立する。

$$\frac{10\,\mathrm{g}}{18.0\,\mathrm{g/mol}} \times 6.00\,\mathrm{kJ/mol} + 4.20 \times 10^{-3}\,\mathrm{kJ/(g \cdot K)} \times 130\,\mathrm{g} \times T = 5.00\,\mathrm{kJ}$$

∴　$T = 3.05℃ \fallingdotseq 3.1℃$

エ　イでできた溶液の溶質粒子の質量モル濃度 $m\,\mathrm{[mol/kg]}$ は，次の通りである。

$$m = \frac{6.25 \times 10^{-3}\,\mathrm{mol}}{0.0100\,\mathrm{kg}} \times 2 = 1.25\,\mathrm{mol/kg}$$

この溶液の凝固点降下度が $2.3\,\mathrm{K}$ なので，水のモル凝固点降下を $K_\mathrm{f}\,\mathrm{[K \cdot kg/mol]}$ として，下式が成立する。

$2.3\,\mathrm{K} = K_\mathrm{f} \times 1.25\,\mathrm{mol/kg}$

∴　$K_\mathrm{f} = 1.84\,\mathrm{K \cdot kg/mol} \fallingdotseq 1.8\,\mathrm{K \cdot kg/mol}$

オ　一般に液体から固体に状態変化が起こるときには，分子間引力が最も強く働くような配置をとって分子が規則正しく配列して結晶を作る。その際に，ほとんどの物質は分子間の距離をできるだけ短くしてより密に詰まった構造を取るので，固体の方が密度が大きくなる。ところが，水の場合にはできるだけ多くの水素結合を形成した方がより分子間引力が強くなる。その結果，下図のように1つの水分子のまわりを4個の水が囲み，すきまの多い構造を取り，固体の方が密度が小さくなる。

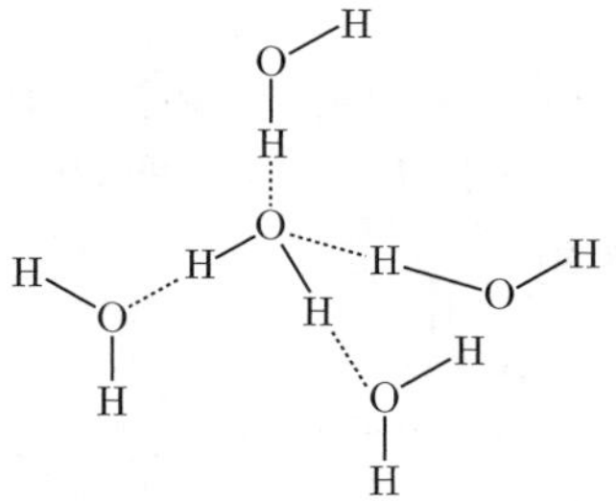

液体の状態でも，水分子間には水素結合が形成されているが，その一部が切れて

いて固体の状態のような分子の規則正しい配列は崩れている。通常の固体では，1
つの分子のまわりには 8 個とか 12 個とかの分子が存在するのが普通であり，水の
固体における 4 個の水分子に囲まれている構造は極めて特異的である。

Ⅱ　カ　$(-)$Zn｜KOH｜$Ag_2O(+)$ の電池式で表される酸化銀電池を放電すると，
正極では酸化銀が還元され，負極では亜鉛が酸化され，さらに電解液と反応してよ
り安定な物質に変化する。これらの電極反応は下式で表される。

$$正極：Ag_2O + H_2O + 2e^- \longrightarrow 2Ag + 2OH^-$$

$$負極：Zn + 4OH^- \longrightarrow [Zn(OH)_4]^{2-} + 2e^-$$

　　　負極の電極反応は，ここに示した通りだが，問題文ではこれを水に難溶性の水酸
化亜鉛が生成し，さらにこれがヒドロキシド錯イオンを形成して電解液に溶けると
して，以下のように 2 段階の反応と考えている。

$$負極：Zn + 2OH^- \longrightarrow Zn(OH)_2 + 2e^-$$

$$Zn(OH)_2 + 2OH^- \longrightarrow [Zn(OH)_4]^{2-}$$

キ　電気量 q〔C〕は電流 I〔A〕と時間 t〔s〕の積で次のように求められる。

$$q = 0.10 \times 10^{-3}\,A \times 500 \times 60 \times 60\,s = 1.8 \times 10^2\,C$$

　　　この間に回路を流れ，各電極で授受された電子の物質量は，以下の通りである。

$$n_{e^-} = \frac{1.8 \times 10^2\,C}{9.65 \times 10^4\,C/mol} = 1.87 \times 10^{-3}\,mol$$

　　　負極の電極反応の式から，この間に消費された Zn の物質量は，この半分であり，
その質量は以下の通りである。

$$n_{Zn} = \frac{n_{e^-}}{2} = \frac{1.8 \times 10^2\,C}{9.65 \times 10^4\,C/mol} \times \frac{1}{2}$$

$$\therefore\ w_{Zn} = 65.4\,g/mol \times \frac{1.8 \times 10^2\,C}{9.65 \times 10^4\,C/mol} \times \frac{1}{2} = 6.1 \times 10^{-2}\,g$$

ク　Ag_2O が過剰量のアンモニア水にアンミン錯イオンを作って溶ける変化は下式で
表される。

$$Ag_2O + 4NH_3 + H_2O \longrightarrow 2[Ag(NH_3)_2]^+ + 2OH^-$$

　　　この錯イオンはジアンミン銀（Ⅰ）イオンと呼ばれ，下図のように Ag^+ を中心と
する 2 配位の直線形である。

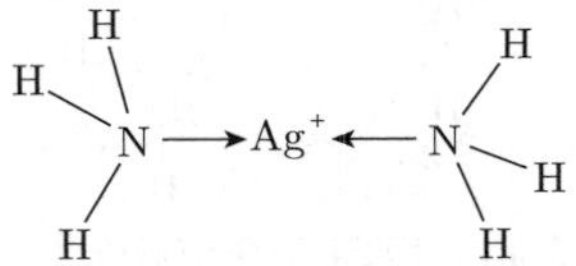

　　また，水酸化亜鉛が過剰量のアンモニア水にアンミン錯イオンを作って溶解する
変化は下式で表される。

$$Zn(OH)_2 + 4NH_3 \longrightarrow [Zn(NH_3)_4]^{2+} + 2OH^-$$

　　この錯イオンはテトラアンミン亜鉛（II）イオンと呼ばれ，下図のように Zn^{2+} を
中心とする正四面体の頂点に配位子のアンモニアの N 原子が位置している。

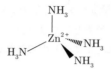

解答

I　ア　反応熱：56 kJ/mol

　　　　HClaq + KOHaq = KClaq + H₂O（液）+ 56 kJ （答に至る過程は解説参照）

　　　　(HClaq + KOHaq $\longrightarrow$ KClaq + H₂O（液）　　$\Delta H = -56\,kJ$)

イ　反応熱：-26 kJ/mol

　　　NH₄NO₃（固）+ aq = NH₄NO₃aq $-$ 26 kJ　（答に至る過程は解説参照）

　　　(NH₄NO₃（固）+ aq $\longrightarrow$ NH₄NO₃aq　　$\Delta H = 26\,kJ$)

ウ　3.1℃　（答に至る過程は解説参照）

エ　1.8 K・kg/mol　（答に至る過程は解説参照）

オ　固体の状態では分子間引力が最も強く働くように分子が配列するので，ほとんど
　　の物質はできるだけ密に詰まった構造となるが，水はできるだけ多くの水素結合を
　　形成するように配列するため，隙間の多い構造を取り，融解すると一部の水素結合
　　が切れるため。（117 字）

II　カ　a：2　　b：2

　　　　A：H₂O　　B：Ag　　C：OH⁻　　D：Zn(OH)₂　　E：$[Zn(OH)_4]^{2-}$

キ　電気量：$1.8 \times 10^2\,C$

　　　消費された亜鉛の質量：$6.1 \times 10^{-2}\,g$（答に至る過程は解説参照）

ク　H₃N → Ag⁺ ← NH₃

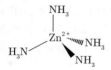

第2問

解説

Ⅰ　ア　ここで行われている操作は，ヨウ素の昇華精製である。ヨウ素の単体は穏やかな酸化剤で，消毒薬などに用いられるが，保存状態が悪いと一部がヨウ化物イオンに変化している。これを，図に示す方法で加熱すると，分子結晶であるヨウ素が昇華し紫色の気体となり，冷却された丸底フラスコの底部に黒紫色の針状結晶となって昇華する。ヨウ素に不純物としてヨウ素のイオン性の化合物が含まれていれば，それはビーカー中に昇華せずに残るのでこれを除去することができ，ヨウ素が精製される。

イ　フッ素はすべての元素の中で最も電気陰性度が大きく，単体は極めて強い酸化作用を示し，下式のように水を酸化して酸素を発生させる。

$$2F_2 + 2H_2O \longrightarrow 4HF + O_2$$

塩素も電気陰性度が大きいが，その単体はフッ素ほど酸化作用は強くない。水と反応すると，下式のように不均化を起こし，塩酸と次亜塩素酸を生じる。

$$Cl_2 + H_2O \longrightarrow HCl + HClO$$

ウ　ヨウ素－ヨウ化カリウム水溶液では，下式の平衡が成立している。

$$I_2 + I^- \rightleftharpoons I_3^-$$

この平衡の平衡定数は，問題文に与えられているように下式の通りである。

$$K = \frac{[I_3^-]}{[I_2][I^-]} = 8.0 \times 10^2 \, \text{L/mol}$$

よって，1.0Lの溶液中のヨウ素およびヨウ化物イオンの濃度がそれぞれ 1.3×10^{-3} mol/L，0.10 mol/L となっているとき，三ヨウ化物イオンの濃度は，平衡定数から次のように計算される。

$$[I_3^-] = K \times [I_2][I^-] = 8.0 \times 10^2 \, \text{L/mol} \times 0.10 \, \text{mol/L} \times 1.3 \times 10^{-3} \, \text{mol/L}$$
$$= 0.104 \, \text{mol/L}$$

よって，溶液の体積が1.0Lなのでヨウ素，三ヨウ化物イオンの物質量は 1.3×10^{-3} mol，0.104 mol である。この合計がヨウ化カリウム水溶液に加えられたヨウ素の物質量なので，それは 0.104 mol + 0.0013 mol = 0.105 mol ≒ 0.11 mol である。

エ　0.10 mol/L のヨウ素の四塩化炭素溶液 100 mL 中に含まれるヨウ素は 0.010 mol である。これを 1.1 L の水と混合し，分配平衡に達した後に，x mol のヨウ素が水層に移動したとすると，平衡時の各層に存在するヨウ素の濃度は以下のように表される。

$$[I_2]_{\text{四塩化炭素層}} = \frac{(0.010 - x)\,\text{mol}}{0.10\,\text{L}} = 10(0.010 - x)\,\text{mol/L}$$

$$[I_2]_{\text{水層}} = \frac{x\,\text{mol}}{1.1\,\text{L}} = \frac{x}{1.1}\,\text{mol/L}$$

分配平衡が成立すると，両層の濃度比が 89 となるので，下式が成立する。

$$K_D = \frac{[I_2]_{\text{四塩化炭素層}}}{[I_2]_{\text{水層}}} = \frac{10(0.010 - x)\,\text{mol/L}}{\left(\dfrac{x}{1.1}\,\text{mol/L}\right)} = 89$$

これを解いて，$x = 1.1 \times 10^{-3}\,\text{mol}$

オ　ヨウ素の四塩化炭素溶液とヨウ化カリウム水溶液を 1.0 L ずつ混合したとして考察を進める。最終的に水溶液中のヨウ素および三ヨウ化物イオンの濃度が x mol/L，y mol/L になったとすると，四塩化炭素溶液から $(x + y)$ mol のヨウ素が水層に移動したので，四塩化炭素溶液中のヨウ素の濃度は下式で表される。

$$[I_2]_{\text{四塩化炭素層}} = \{0.17 - (x + y)\}\,\text{mol/L}$$

ヨウ素の分配平衡および水溶液中の三ヨウ化物イオンの生成反応の平衡から，以下の関係が成立する。

$$K_D = \frac{[I_2]_{\text{四塩化炭素層}}}{[I_2]_{\text{水層}}} = \frac{\{0.17 - (x + y)\}\,\text{mol/L}}{x\,\text{mol/L}} = 89$$

$$K = \frac{[I_3^-]}{[I_2][I^-]} = \frac{y\,\text{mol/L}}{x\,\text{mol/L} \times 0.10\,\text{mol/L}} = 8.0 \times 10^2\,\text{L/mol}$$

$$\therefore\quad y = 8.0 \times 10x$$

よって，$0.17 - (x + y) = 0.17 - 81x = 89x$ が成立し，これを解いて $x = 1.0 \times 10^{-3}\,\text{mol}$，$y = 8.0 \times 10^{-2}\,\text{mol}$ と求まる。したがって，四塩化炭素溶液中には $8.9 \times 10^{-2}\,\text{mol}$ のヨウ素が残っている。ここまで，溶液を 1.0 L ずつ混合するとして考察を進めてきたので，平衡時の四塩化炭素溶液中の濃度は $8.9 \times 10^{-2}\,\text{mol/L}$ である。

Ⅱ　カ　一酸化窒素は空気中の酸素と下式のように反応して赤褐色の二酸化窒素に酸化される。

$$2NO + O_2 \longrightarrow 2NO_2$$

二酸化窒素が水に溶けると，下式のように不均化反応が起こり，硝酸と一酸化窒素を生じる。

$$3NO_2 + H_2O \longrightarrow 2HNO_3 + NO$$

尿素は形式的には炭酸とアンモニアのアミドであり，水の存在下で加水分解する

と，下式のようにアンモニアと二酸化炭素を生じる。

$$CO(NH_2)_2 + H_2O \longrightarrow 2NH_3 + CO_2$$

キ　二酸化窒素と窒素の混合気体を水に通すと，カでも示したように不均化によって硝酸と一酸化窒素が生成する。酸素がない条件なので，このとき副生する一酸化窒素はそれ以上変化しない。この反応で二酸化窒素が完全に消失し，その物質量の2/3 の硝酸が生じる。反応後の溶液の pH が 5.00 となったので，硝酸のモル濃度は 1.0×10^{-5} mol/L となっている。溶液の全量が 10 L のまま変わらないとすると，生成した硝酸の物質量は 1.0×10^{-4} mol であり，はじめの混合気体中にはこの 3/2 倍の物質量の二酸化窒素が含まれていたことになるので，それは 1.5×10^{-4} mol である。この二酸化窒素の標準状態に換算した体積は次のように計算される。

$$22.4 \text{L/mol} \times 1.5 \times 10^{-4} \text{mol} = 3.36 \times 10^{-3} \text{L}$$

混合気体の全量は，標準状態で 1.0 L なので，混合気体中の二酸化窒素のモル分率は 3.36×10^{-3} で，分圧は以下の通りである。

$$1.013 \times 10^5 \text{Pa} \times 3.36 \times 10^{-3} = 3.40 \times 10^2 \text{Pa} \fallingdotseq 3.4 \times 10^2 \text{Pa}$$

ク　カで示した通りで，尿素が炭酸とアンモニアから生じたアミドであることに気が付けば，アミドの加水分解が起こると考えて容易である。

ケ　等しい物質量の一酸化窒素とアンモニアから酸素の共存下で窒素が生成する条件を見つければよい。NO における N の酸化数は $+2$ であり，NH_3 におけるそれは -3 なので，これらから酸化数が 0 の N_2 になる間に NO は 2 電子を受け取り，NH_3 は 3 電子を失うので，これらが 1 mol ずつ反応したとすると全体で 1 mol 電子を失うことになる。酸素の単体が化合物となる間に酸化数は 2 減少するので，この間に酸素 1 分子は 4 電子を受け取る。よって，NO と NH_3 の等しい物質量の混合物から与えられる電子を酸素が受け取る量的な関係は，酸素 1 mol に対してこれらが 4 mol であり，求める反応式は下式となる。

$$4NO + 4NH_3 + O_2 \longrightarrow 4N_2 + 6H_2O$$

解答

Ⅰ　ア　分子結晶であるヨウ素が昇華し紫色の気体となり，冷却された丸底フラスコの底部に黒紫色の針状結晶となって昇華する。(55 字)

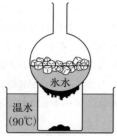

イ　フッ素：$2F_2 + 2H_2O \longrightarrow 4HF + O_2$

　　塩素：$Cl_2 + H_2O \longrightarrow HCl + HClO$

ウ　$0.11\,mol$（答に至る計算過程は解説参照）

エ　$1.1 \times 10^{-3}\,mol$（答に至る計算過程は解説参照）

オ　$8.9 \times 10^{-2}\,mol/L$（答に至る計算過程は解説参照）

II　カ　A：NO_2　　　B：NH_3　　　C：CO_2

キ　$3NO_2 + H_2O \longrightarrow 2HNO_3 + NO$

　　NO_2の分圧 $= 3.4 \times 10^2\,Pa$（答に至る計算過程は解説参照）

ク　$CO(NH_2)_2 + H_2O \longrightarrow 2NH_3 + CO_2$

ケ　$4NO + 4NH_3 + O_2 \longrightarrow 4N_2 + 6H_2O$

第3問

解説

I　ア　元素分析の結果から，化合物 A の C，H，O の原子数比は次の通りである。

$$C : H : O = \frac{63.1}{12.0} : \frac{8.8}{1.0} : \frac{100 - (63.1 + 8.8)}{16.0} = 5.26 : 8.8 : 1.756$$

$$\fallingdotseq 3 : 5 : 1$$

　　よって，化合物 A の組成式は C_3H_5O である。

イ　化合物 A に等しい物質量の重水素が付加したときの質量増加率が 3.5% なので，化合物 A の分子量を M とすると，下式が成立する。

$$\frac{M + 4.0}{M} \times 100 = 103.5$$

$$\therefore \quad M = 114$$

　　よって，A の分子式は $C_6H_{10}O_2$ と決まる。この結果は，化合物 A 〜 L が酢酸エステルであることと矛盾しない。

ウ，エ，オ，カ，キ　酢酸エステルである化合物 A 〜 L を CH_3COOR と表すと，分

子式と比較して R ＝ － C$_4$H$_7$ である。これに該当する炭化水素基は 1 -ブテン，2 -ブテン，メチルプロペン，シクロブタン，メチルシクロプロパンから H 原子が 1 個取れた構造であり，この酢酸エステルを加水分解したときに得られるアルコール，アルデヒド，ケトンの分子式は C$_4$H$_8$O である。また，これらのアルデヒドおよびケトンは C ＝ C 二重結合にアルコール性ヒドロキシ基が結合したエノールが異性化したものである。逆に，この加水分解で得られるアルコールはエノールとは異なる構造を持っている。

化合物 B は，C ＝ C 二重結合を持ち，加水分解で生成するアルコールに不斉炭素原子を有する。このアルコールは次図の構造式で表される。

$$H_3C \overset{*}{-} \underset{\underset{OH}{|}}{CH} - CH = CH_2$$

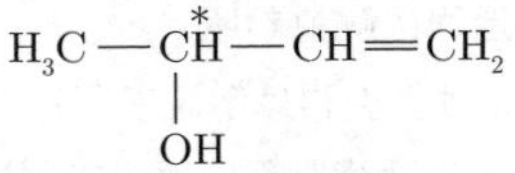

よって，化合物 B およびその鏡像異性体の構造式は下図の通りである。

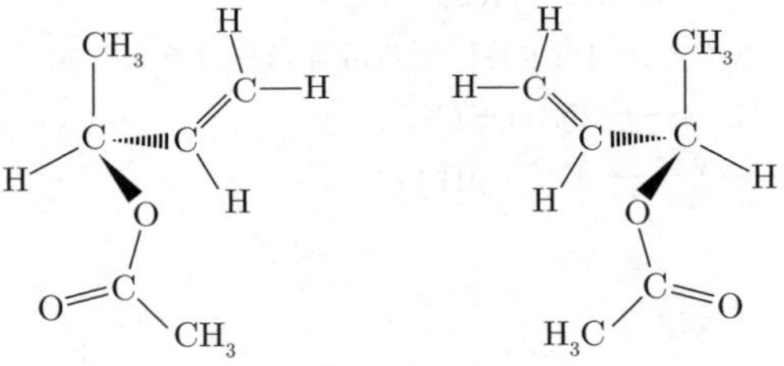

化合物 C と D は互いにシス－トランス異性体の関係にあるので，これらの加水分解で得られるアルコールは下図の構造式で表される。

CH$_3$ － CH ＝ CH － CH$_2$ － OH

よって，化合物 C，D はこれの酢酸エステルなので，その構造式は下図の通りである。

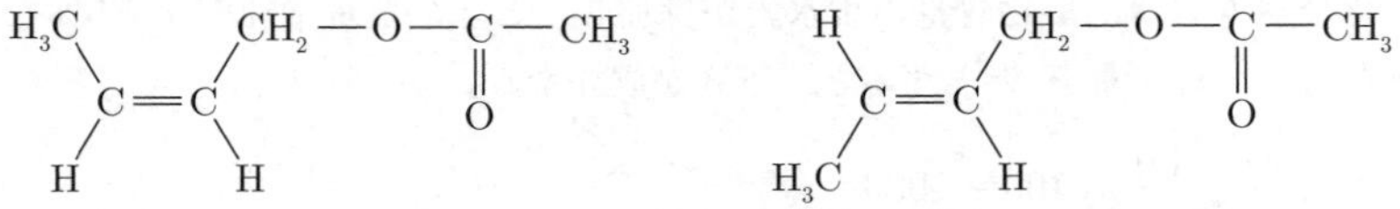

化合物 F ～ H は加水分解により不安定なアルコール，すなわちエノールが生成し，これが異性化してアルデヒドを生ずる酢酸エステルである。これに該当するエノールは下図の構造に示すように末端に C ＝ C 二重結合を持ち，その末端の C 原子にヒドロキシ基が結合したものに限られる。それらを異性化で生じるアルデヒドとと

もに以下に示す。

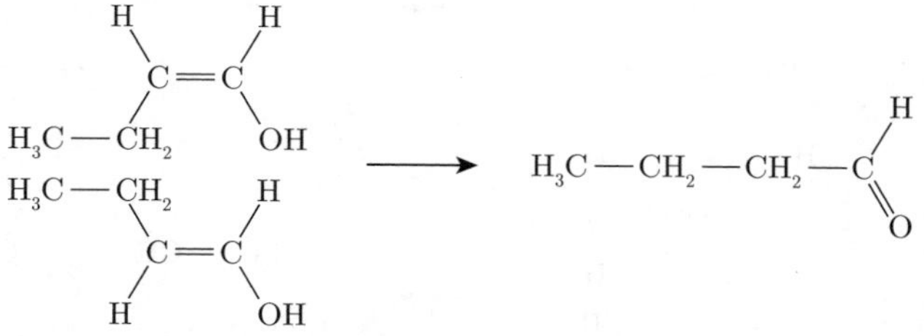

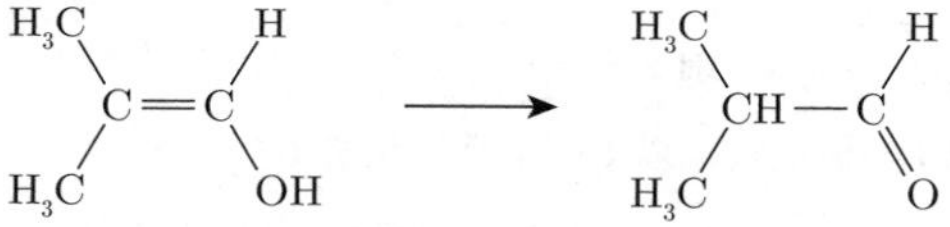

$$H_3C-CH_2-C(OH)=CH-H \longrightarrow H_3C-CH_2-CH_2-CHO$$

$$H_3C-CH_2-C(OH)=CH-H$$

$$(H_3C)_2C=CH-OH \longrightarrow (H_3C)_2CH-CHO$$

　これらのエノールで，シス・トランス異性体が可能なのが前者の２つで，これが F と G から生成する。したがって，化合物 H から生成するのは後者の構造のエノールと決まり，この酢酸エステルが化合物 H である。よって，その構造式は下左図の通りである。また，水素の付加によって同一の化合物となる化合物 E の構造は下右図の通りである。

H　$(H_3C)_2C=CH-O-CO-CH_3$

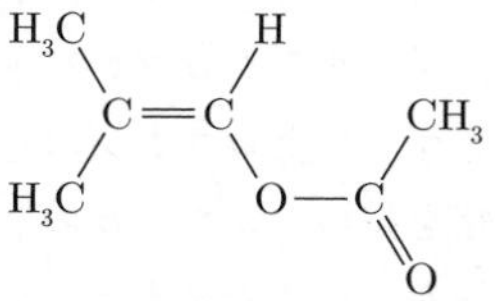

E　$H_2C=C(CH_3)-CH_2-O-CO-CH_3$

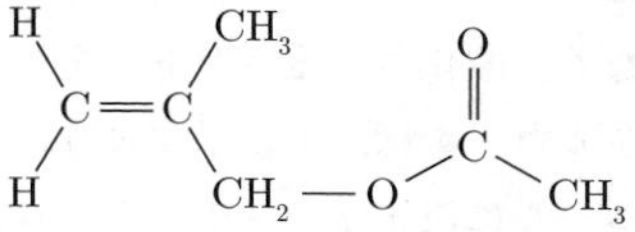

　化合物 I〜K は加水分解するとエノールを経由してケトンを生じる酢酸エステルである。これに該当するエノールは，下図に示すように炭素骨格に C＝C 二重結合を持ち，その C 原子の末端ではない方にヒドロキシ基が結合している。なお，これらのエノールは，下図に示すように異性化すると同一のブタノンを生じる。また，上のエノールにはシス・トランス異性体はないが，下のエノールにはシス・トランス異性体があるので，上が化合物 I から生じ，下は化合物 J，K から生じたことになる。

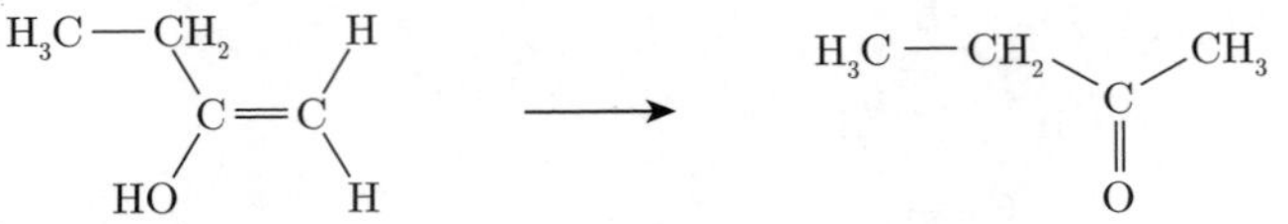

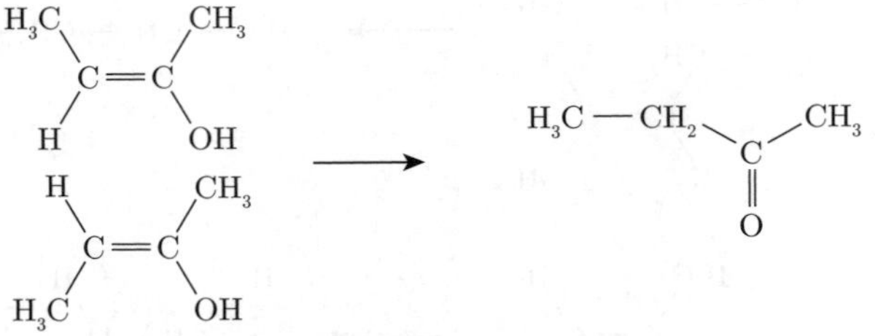

$$H_3C-CH_2 \quad\quad H$$
$$\underset{\underset{HO}{|}}{C}=\underset{\underset{H}{|}}{C}$$

$\longrightarrow$

$$H_3C-CH_2-\underset{\underset{O}{\|}}{C}-CH_3$$

$$\underset{\underset{H}{|}}{\overset{H_3C}{C}}=\underset{\underset{OH}{|}}{\overset{CH_3}{C}}$$

$\longrightarrow$

$$H_3C-CH_2-\underset{\underset{O}{\|}}{C}-CH_3$$

$$\underset{\underset{H_3C}{|}}{\overset{H}{C}}=\underset{\underset{OH}{|}}{\overset{CH_3}{C}}$$

よって，化合物 I の構造式は以下のように決まる。

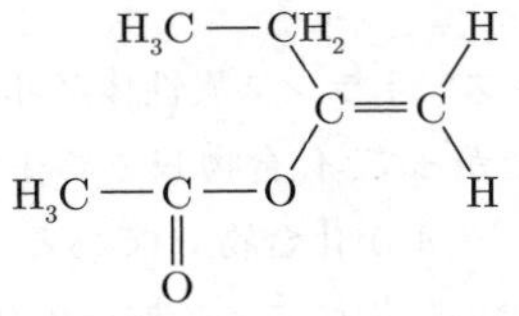

$$H_3C-CH_2 \quad\quad H$$
$$C=C$$
$$H_3C-\underset{\underset{O}{\|}}{C}-O \quad\quad H$$

　化合物 L には水素の付加が起こらなかったので，この加水分解で生じるアルコールはシクロアルカンの骨格を持っている。また，このアルコールには不斉炭素原子はなく，酸化されるとケトンを生じることから，メチルシクロプロパンの骨格を持つアルコールは，下に示すようにこの条件に適さず，シクロブタンの骨格を持つアルコールに決まる。メチルシクロプロパンの骨格を持つアルコールの構造式を具体的に書いてみると以下の通りで，第 2 級アルコールには不斉炭素原子があり，それ以外の構造のアルコールは第 1 級アルコールまたは第 3 級アルコールである。

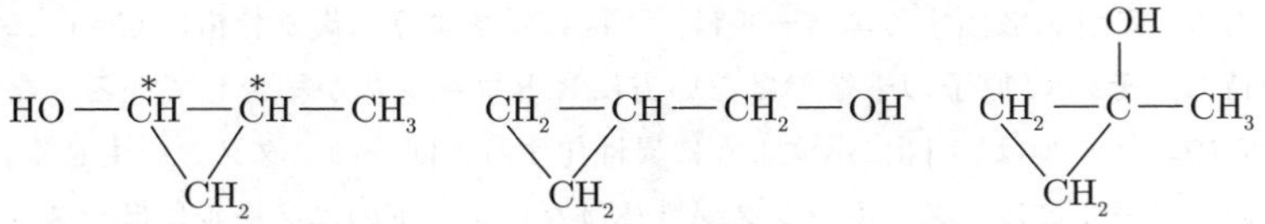

$$HO-\overset{*}{C}H-\overset{*}{C}H-CH_3 \quad\quad CH_2-CH-CH_2-OH \quad\quad CH_2-\overset{\overset{OH}{|}}{C}-CH_3$$
$$\underset{CH_2}{} \quad\quad\quad\quad\quad \underset{CH_2}{} \quad\quad\quad\quad\quad \underset{CH_2}{}$$

　よって，化合物 L の加水分解で生成するアルコールはシクロブタノールに決まり，化合物 L の構造式は下図の通りである。

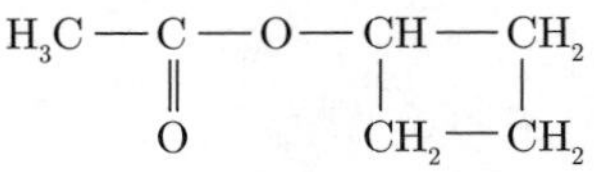

$$H_3C-\underset{\underset{O}{\|}}{C}-O-CH-CH_2$$
$$\underset{CH_2-CH_2}{|\quad\quad\quad|}$$

Ⅱ　ク　N ～ R の 5 つの中間体の中で，無水酢酸によって 3 ヶ所にアセチル基が導

入されるのが化合物 P と R なので，これらはヒドロキシ基を 3 つ持つ化合物である。これを満たすのは 3 のみであり，残りの 1，2，4 の化合物は N，O，Q のいずれかである。1，2，4 の化合物の中で，化合物 M から 1 段階の反応で生じ得るのは C＝O の部分が還元されている化合物 2 のみであり，これが化合物 N である。次いで，化合物 N から 1 段階の反応で生じ得るのはステロイド骨格の側鎖の部分にヒドロキシ基が導入された化合物 4 で，これが化合物 O である。したがって，化合物 1 が化合物 Q に決まる。また，化合物 3 から左下の 6 員環の部分にヒドロキシ基を導入する 1 段階の反応で生成物 S が生成する。したがって，化合物 3 は化合物 R である。もし，化合物 3 が化合物 P であるとすると，化合物 4 の化合物 O から化合物 3 にするためには，ステロイド骨格の側鎖にヒドロキシ基を導入し，左下の 6 員環にあるヒドロキシ基の結合方向を変える 2 つの反応が必要であり，これを 1 段階で行うことはできない。

　　以上の結果を，酵素の触媒作用によって起こった変化とともにまとめると次の通りである。

> M → N（化合物 2）　　E5，6 のどちらかによるカルボニル基の還元
>
> N → O（化合物 4）　　E1，2，3 のどれかによる炭素骨格へのヒドロキシ基の導入
>
> O → P（構造式なし）　E1，2，3 のどれかによる炭素骨格へのヒドロキシ基の導入
>
> P → Q（化合物 1）　　E4 によるヒドロキシ基の酸化
>
> Q → R（化合物 3）　　E5，6 のどちらかによるカルボニル基の還元
>
> R → S（生成物）　　　E1，2，3 のどれかによる炭素骨格へのヒドロキシ基の導入

ケ　化合物 M を酵素を用いずに還元すると，化合物 N の他にその立体異性体 N′ が生成する。具体的にその構造式を示すと，下図の通りである。

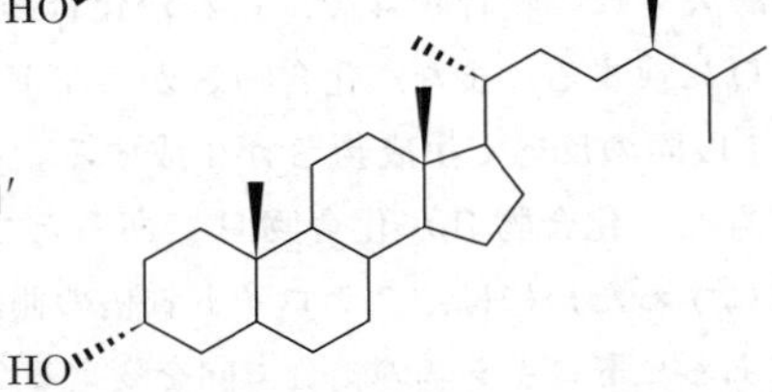

　　両者の違いはヒドロキシ基の結合する方向だけだが，化合物 N を化合物 O に変える酵素はこの違いを認識し，上の構造の化合物 N には作用するが，下の構造の化合物 N′ には作用しない。そのため，化合物 N′ は反応せずにそのまま残る。一方，化合物 N は一連の反応によって生成物 S まで変化する。したがって，最終的には化合物 S と化合物 N′ が溶液中に存在することになる。

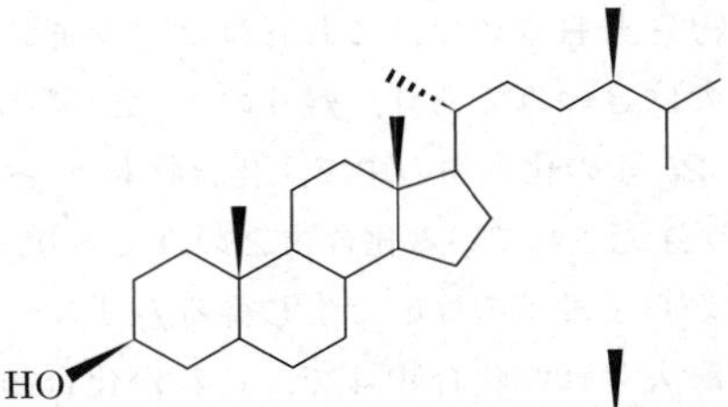

コ　クにまとめたように，酵素 E1 は N→O，O→P，R→S のどこかの段階の触媒となっている。これらのいずれかの過程が起こらなくなるので，化合物 N，O，R のいずれかで反応が進まなくなる。

［解］［答］

I　ア　C_3H_5O

イ　$C_6H_{10}O_2$（答に至る過程は解説参照）

ウ

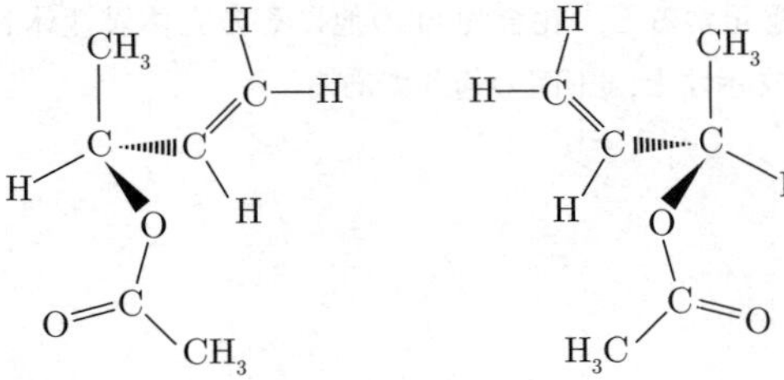

エ

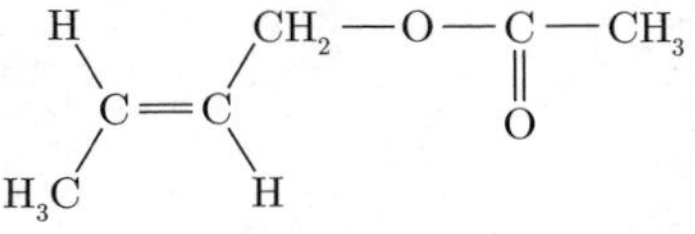

オ

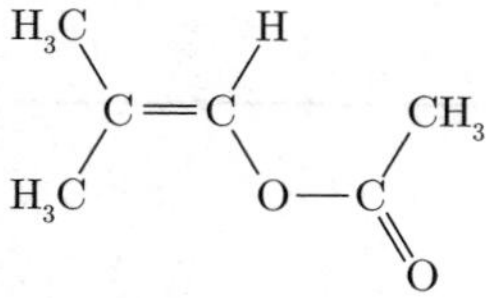

H_3C — C = C — H ... CH_3
H_3C ... O — C = O

カ

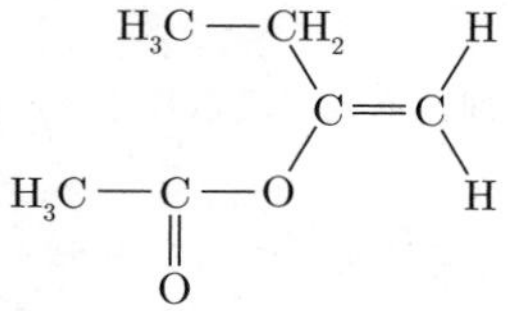

H_3C — CH_2 ... H
C = C
H_3C — C — O ... H
　　O

キ　H_3C — C — O — CH — CH_2
　　　　O　　CH_2 — CH_2

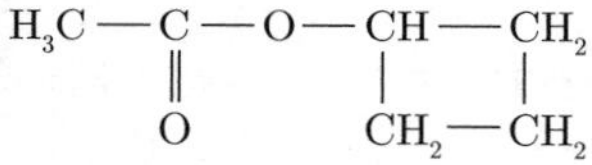

II　ク　N = 2　　O = 4　　Q = 1　　R = 3

ケ

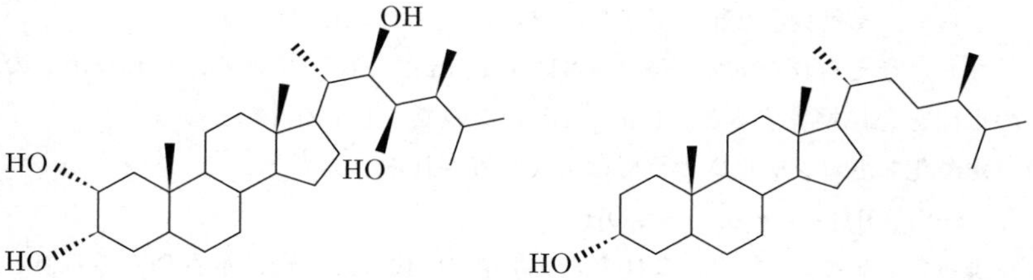

コ　N, O, R

第1問

[解説]

Ⅰ ア 希薄溶液の浸透圧に関するファントホッフの法則は下式で表される。

$$\Pi = CRT$$

イ ショ糖の分子量を M とし，1.2%水溶液 1L について考えて，ファントホッフの法則に数値を代入すると，

$$8.3 \times 10^4 \, \mathrm{Pa} = \frac{\left(\dfrac{12\,\mathrm{g}}{M}\right) \times 8.3 \times 10^3 \, \dfrac{\mathrm{Pa \cdot L}}{\mathrm{mol \cdot K}} \times 285 \, \mathrm{K}}{1 \, \mathrm{L}}$$

$$\therefore \quad M = 342 \, \mathrm{g/mol}$$

よって，有効数字 2 桁で分子量を求めると 3.4×10^2 となる。

なお，与えられた気体定数は $8.3 \, \mathrm{Pa \cdot m^3 \cdot mol^{-1} \cdot K^{-1}}$ であり，これを溶液の体積の単位を L に換算すると，$1 \, \mathrm{m^3} = 10^3 \, \mathrm{L}$ なので，上記の計算となる。

ウ 水酸化ストロンチウムの電離は下式で表される。

$$\mathrm{Sr(OH)_2 \longrightarrow Sr^{2+} + 2OH^-}$$

よって，$k = 3$ である。これを i の計算式に代入し，表に示されている値と比較すると，

$$i = 1 + (3 - 1)\alpha = 2.72$$

$$\therefore \quad \alpha = 0.86$$

また，塩化水素の電離は下式で表されるので，$k = 2$ である。

$$\mathrm{HCl \longrightarrow H^+ + Cl^-}$$

これも i の計算式に代入すると，

$$i = 1 + (2 - 1) \times 0.90 = 1.90$$

なお，係数 i が(4)式で表わされることは，活性度係数の定義式から以下のように容易に導かれる。

$$1 - \alpha = \frac{p + q}{p + q} - \frac{q}{p + q} = \frac{p}{p + q}$$

$$\therefore \quad i = \frac{p + kq}{p + q} = \frac{p}{p + q} + \frac{kq}{p + q} = 1 - \alpha + k\alpha = 1 + (k - 1)\alpha$$

エ この論文以前に例外とされていたものは，強電解質である。すなわち，アレニウ

スの考えた電解質分子の数と溶液の浸透圧が比例するというファントホッフの法則が成り立たない物質は，溶液中でイオンに解離して溶質粒子数が約 2 倍や約 3 倍となり，同じ濃度の溶液の浸透圧と大きく異なることになる。よって，これに該当する物質は水酸化ストロンチウム $Sr(OH)_2$，塩化水素 HCl，塩化カリウム KCl，硝酸カリウム KNO_3 である。

オ　酢酸 CH_3COOH の分子量は 60 なので，その 1g を水に溶かして 1L とした溶液のモル濃度は $1/60$ mol/L である。一般的に C mol/L の酢酸水溶液について考えると，電離度が β のとき，$[CH_3COOH] = C(1 - \beta)$，$[CH_3COO^-] = [H^+] = C\beta$ である。アレニウスの定義した活性度係数における p と q は，i の定義式と比較すると，あくまでも溶質の電解質分子の数であり，解離した後の粒子数ではないことが分かる。よって，C mol/L の酢酸水溶液についての活性度係数は以下のように表され，水溶液中での電離度と一致するので，電離度は α で表して考察を進める。

$$\alpha = \frac{C\beta}{C(1 - \beta) + C\beta} = \beta$$

電離平衡が成立しているときの濃度を電離定数の定義式に代入すると，以下の通りである。

$$K = \frac{[CH_3COO^-][H^+]}{[CH_3COOH]} = \frac{C\alpha \cdot C\alpha}{C(1 - \alpha)} = \frac{C\alpha^2}{1 - \alpha}$$

ここで $\alpha \ll 1$ より $1 - \alpha \fallingdotseq 1$ と近似すると，下式が得られる。

$$K \fallingdotseq C\alpha^2$$

$$\therefore \quad \alpha \fallingdotseq \sqrt{\frac{K}{C}}$$

ここに与えられた数値を代入すると，

$$\alpha \fallingdotseq \sqrt{\frac{K}{C}} = \sqrt{\frac{1.5 \times 10^{-5} \, \text{mol/L}}{1/60 \, \text{mol/L}}} = 3.0 \times 10^{-2}$$

II　カ　問題文に説明されているように，強電解質の水溶液では成分のイオンに完全に電離しているが，それらが独立に運動するという取り扱いはできない。つまり，陽イオンの近くには陰イオンが，陰イオンの近くには陽イオンが存在し，互いに静電気力で引きつけ合っている。もちろん，溶液中ではそれらのイオンの間に極性分子で誘電率の大きな物質である水が存在し，均一な溶液となって分散している。デバイとヒュッケルの理論によれば，このとき，あるイオンに着目すると，そのイオンの電荷を打ち消すために必要な反対電荷は，ある厚みを持つそのイオンを中心とする球の中に大部分が含まれているとみなすことができる。これは逆に言えば，イ

2007

オンはそれに固有の挙動をとることができず，常にこの反対電荷をもつある厚みの球として振る舞うことを意味し，静電気力によるエネルギーの減少が起きている。これが，溶液の電気伝導度や浸透圧が単純にモル濃度に比例しない原因となっている。

問題文に与えられている活量係数の式に見られるように，活量係数はイオンの種類には無関係で，イオンの価数と濃度のみで決まる量である。活量係数は温度と溶媒の誘電率によっても変わるが，室温の水溶液では活量係数 γ はイオンの価数 z と濃度 C の関数として，下式で与えられる。

$$\log_{10} \gamma = -0.508z^3 \sqrt{C}$$

問題文には，この概数を与える式が示されている。1 g の KCl および $MgSO_4$ を水に溶かして 1 L とした溶液のモル濃度は以下の通りである。

$$[\mathrm{KCl}] = \frac{\left(\dfrac{1\,\mathrm{g}}{74.6\,\mathrm{g/mol}} \right)}{1\,\mathrm{L}} = 1.34 \times 10^{-2}\,\mathrm{mol/L}$$

$$[\mathrm{MgSO_4}] = \frac{\left(\dfrac{1\,\mathrm{g}}{120.4\,\mathrm{g/mol}} \right)}{1\,\mathrm{L}} = 8.31 \times 10^{-3}\,\mathrm{mol/L}$$

これらの値を図 1 − 1 に入れて γ の値を読むと，KCl の場合は $z = 1$ なので $\gamma = 0.88$，$MgSO_4$ の場合は $z = 2$ なので $\gamma = 0.43$ と読める。なお，γ の対数を与える式に代入してきちんと数値を求めると，KCl の場合は $\gamma = 0.875$，$MgSO_4$ の場合は $\gamma = 0.432$ となる。もちろん，解答はグラフから求めよということなので，有効数字 2 桁で十分で，読みの誤差も ± 0.02 程度は許容される。

キ　強電解質の水溶液では，溶質は完全に電離しているものの，イオン同士の相互作用によってそれらが独立には振る舞えず，イオン濃度に活量係数をかけた濃度の溶液として振る舞う。この値を活量というので，活量を a と表すとそれは電解質がいくつのイオンに解離するかを示す k を用いて下式で表される。

$$a = Ck\gamma$$

一方 i の定義から浸透圧について下式が成立する。

$$i = \frac{\Pi}{\Pi_0} = \frac{Ck\gamma RT}{CRT} = k\gamma$$

ク　KCl についても $MgSO_4$ についても $k = 2$ なので，表の第 4 列の i の値は $1 + \alpha$ であり，その結果が KCl では 1.86，$MgSO_4$ では 1.40 となっている。しかし，この計算方法は水溶液中に電解質分子が存在し，その一部が解離しているという誤っ

た解釈に基づいているので，正しい数値が得られていない。キで求めたように，これらの電解質は完全に電離しているものの，イオン同士の相互作用のために独立に振る舞えないとして活量という概念を導入すると，これらの溶液の浸透圧が正しく表される。

　図 1 − 1 のグラフから求めた γ の値から i の値を計算すると，以下の通りである。

KCl：$i = 2 \times 0.88 = 1.76$

$MgSO_4$：$i = 2 \times 0.43 = 0.86$

解 答

Ⅰ　ア　$\Pi = CRT$

イ　3.4×10^2 （答に至る計算過程は解説参照）

ウ　B：0.86　　　C：1.90

エ　水酸化ストロンチウム $Sr(OH)_2$　　塩化水素 HCl　　塩化カリウム KCl

　　硝酸カリウム KNO_3

オ　3.0×10^{-2}

Ⅱ　カ　KCl：0.88　　$MgSO_4$：0.43 （答に至る過程は解説参照）

キ　$i = k\gamma$ （答に至る過程は解説参照）

ク　KCl：1.76　　$MgSO_4$：0.86 （答に至る過程は解説参照）

第 2 問

解説

Ⅰ　ア，イ，エ　無電解めっきでは，プラスチックの表面で金属イオンが還元されて金属の単体が生成する反応が起こるので，何らかの還元剤が作用している。銅の無電解めっき液の成分で還元剤となるのはホルムアルデヒドのみである。酒石酸カリウムナトリウム（ロシェル塩）は Cu^{2+} と錯イオンを形成するキレート剤で，塩基性溶液中で Cu^{2+} が水酸化物となって沈殿しないようにする役割を果たしている。量的な関係は示されていないが，このめっき液の成分は，ホルムアルデヒドと炭酸ナトリウム以外はフェーリング液と同じである。したがって，このままこの溶液を加熱すると，下式のように酸化銅（Ⅰ）が生成する。

$$2Cu(C_4H_4O_6) + HCHO + 5OH^-$$

$$\longrightarrow HCOO^- + Cu_2O + 2C_4H_4O_6{}^{2-} + 3H_2O$$

これに対のイオンを補って化学反応式に直すと

$$2Cu(C_4H_4O_6) + HCHO + 5NaOH$$
$$\longrightarrow HCOONa + Cu_2O + 2Na_2C_4H_4O_6 + 3H_2O$$

　フェーリング液中で，Cu^{2+} が酒石酸イオンと錯イオンを形成していることをきちんと示せば上式となるが，酸化剤として働いているのは Cu^{2+} なので，下式でも正解となっていると思われる。

$$2Cu^{2+} + HCHO + 5OH^- \longrightarrow HCOO^- + Cu_2O + 3H_2O$$

　なお，この酸化還元反応は Cu^{2+} の還元と HCHO の酸化からなっていて，それぞれの半反応式は以下の通りである。

$$2Cu^{2+} + 2OH^- + 2e^- \longrightarrow Cu_2O + H_2O$$
$$HCHO + 3OH^- \longrightarrow HCOO^- + 2H_2O + 2e^-$$

　ところが，無電解めっきのときにはプラスチック表面で金属銅が析出し，銅と等しい物質量の水素が発生したとある。つまり，この過程で還元されたのは Cu^{2+} だけではなく，H_2O または OH^- も還元されたことになる。このときの還元剤は HCHO のみで，等しい物質量の Cu と H_2 が生成する反応を考察する必要がある。還元剤の HCHO の半反応式は上述した通りである。このときの酸化剤の半反応式は以下の通りである。

$$Cu^{2+} + 2e^- \longrightarrow Cu$$
$$2H_2O + 2e^- \longrightarrow H_2 + 2OH^-$$

　よって，これらが HCHO によって還元される式は以下の通りである。

$$Cu^{2+} + HCHO + 3OH^- \longrightarrow Cu + HCOO^- + 2H_2O$$
$$HCHO + OH^- \longrightarrow H_2 + HCOO^-$$

　この2つの酸化還元反応は，それぞれ独立に起こり得る反応なので，必ず等しい物質量の Cu と H_2 が生成するときは，両反応が何らかの互いに依存する反応機構の下で起こっているに違いないが，この問題文に与えられた条件だけではその反応機構は不明である。それでも，等しい物質量の Cu と H_2 が生成するとあるので，この2つの酸化還元反応が同時に進行していると判断するしかない。結果として，全体で起こる反応は，この2つの式を足し合わせたもので，下式となる。

$$Cu^{2+} + 2HCHO + 4OH^- \longrightarrow Cu + H_2 + 2HCOO^- + 2H_2O$$

　これに対のイオンを補って化学反応式にすると，以下の通り。

$$Cu(C_4H_4O_6) + 2HCHO + 4NaOH$$
$$\longrightarrow Cu + H_2 + 2HCOONa + Na_2C_4H_4O_6 + 2H_2O$$

ウ　この無電解めっきは，電解液の組成からもわかるように強塩基性の溶液中で進行する。ところが，反応式からわかるように反応に伴って OH^- が消費され溶液の

pH が減少する。無電解めっきは水酸化ナトリウムがないと進行しなかったとあり，反応中は常に pH を高く維持する必要がある。そのために加えられているのが炭酸ナトリウムである。すなわち，ある程度反応が進行して OH^- が消費されると，下式のように $CO_3{}^{2-}$ の加水分解が進行して OH^- を生じさせ，溶液の pH が 12 よりは小さくならないようにしている。

$$CO_3{}^{2-} + H_2O \rightleftarrows HCO_3{}^- + OH^-$$

オ　5.5 g の Cu の物質量は次の通りである。

$$n_{Cu} = \frac{5.5\,g}{63.5\,g/mol} = 8.66 \times 10^{-2}\,mol$$

(1)　結晶中の単位体積当たりの原子数は，結晶の大きさには無関係であり，この薄膜でも単位格子でも等しい。単位格子の内部に含まれる原子数は 4 個分であり，薄膜の厚さを x cm とすると，一辺が 10 cm の立方体の表面にできる薄膜全体の体積は $600x$ cm^3 となるので，下式が成立する。

$$\frac{4}{(3.6 \times 10^{-8}\,cm)^3} = \frac{6.0 \times 10^{23}\,mol^{-1} \times 8.66 \times 10^{-2}\,mol}{600x\,cm^3}$$

$$\therefore \quad x = 1.01 \times 10^{-3}\,cm \fallingdotseq 1.0 \times 10^{-2}\,mm$$

(2)　H_2 はめっきされた Cu と等しい物質量発生するので，その標準状態(0℃, 1.013×10^5 Pa)における体積は以下の通りである。

$$V_{H_2} = 22.4\,L/mol \times 8.66 \times 10^{-2}\,mol = 1.93\,L \fallingdotseq 1.9\,L$$

Ⅱ　カ　図 2 − 2 の鎖状ケイ酸イオンは，オルトケイ酸 Si(OH)$_4$ の分子間で水が取れて縮合した下図の構造のメタケイ酸 H_2SiO_3 の陰イオンである。

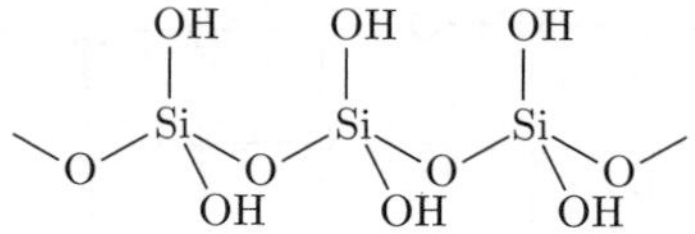

よって，組成式は $SiO_3{}^{2-}$ である。

キ　正四面体の SiO_4 がすべての O 原子を共有して立体的につながった構造の化合物は組成式が SiO_2 の二酸化ケイ素で，その結晶は水晶や石英である。

ク　$M_aAl_bSi_cO_d \cdot eH_2O$ の組成式で表されるアルミノケイ酸塩であるゼオライトにおいて，Si および Al と O の間の結合は共有結合と考えられるが，これを形式的に Si^{4+} および Al^{3+} と O^{2-} のイオン結合のように考えると，M がアルカリ金属の場合は，電荷の保存から下式が成立する。

$$a + 3b + 4c = 2d$$

$$\therefore \quad a = -3b - 4c + 2d$$

　また，アルミノケイ酸塩が SiO_2 の Si の位置を Al が占め，その電荷を補うようにアルカリ金属イオンが入っていると見ることができるので，Al と M の原子数は等しく，SiO_2 と $MAlO_2$ が $c:b$ の個数比でできている。よって，このアルミノケイ酸塩の組成式を c と b を用いて表すと $M_b Al_b Si_c O_{2b+2c}$ となる。もちろん，この組成式は同じアルミノケイ酸塩を表しているので，$2b + 2c = d$ である。

ケ　アルミノケイ酸塩の骨格を作っているのは，$Si-O-Si$ の共有結合である。この Si の一部が Al に置き換わった構造の部分は，Al と O の電気陰性度の差が大きくなるため原子間の結合は共有結合性が小さくなりイオン結合性が増している。そのため，二酸化ケイ素や種々のケイ酸に比べ，無機高分子化合物の骨格が不安定になる。また，Al を多く含むアルミノケイ酸塩は，無機高分子の骨格が負の電荷を持つため，その電荷が大きくなりすぎるとその骨格が不安定になる。特に，それが $b > c$ となると，SiO_4 および AlO_4 の正四面体構造が互いに頂点の O 原子を共有した無機高分子となったとき，負電荷を持つ AlO_4 の部分が必ず隣り合わせになることが起こり，極めて不安定になる。この状況を平面的に図示すると下図の通りである。

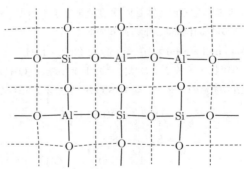

コ　原料のケイ酸ナトリウム $Na_2SiO_3 \cdot 9H_2O$ とアルミン酸ナトリウム $NaAlO_2$ からゼオライトの組成 $Na_{12}Al_{12}Si_{12}O_{48} \cdot 27H_2O$ となるように組み立てるだけである。Al と Si の原子数に着目すると，左辺の係数はいずれも 12 となり，形式的に Na は Na_2O となっていたと見なして，これが水と反応して NaOH となると考えると，以下のように決まる。

$$12\,Na_2SiO_3 \cdot 9H_2O + 12\,NaAlO_2$$
$$\longrightarrow Na_{12}Al_{12}Si_{12}O_{48} \cdot 27H_2O + 24\,NaOH + 69\,H_2O$$

サ　ゼオライトは $Na_{12}Al_{12}Si_{12}O_{48} \cdot 27H_2O$ の 1 組成式あたり，無機高分子の骨格が

－12 の電荷を持ち，これが高分子鎖に固定されている。その電荷を打ち消すように Na$^+$ が対のイオンとなっているが，これは負の電荷を持つ部分から移動できない。これに電解質の水溶液が加えられると，それに含まれる陽イオンが Na$^+$ の代わりをして負電荷を持つ高分子鎖の対イオンとなれば，Na$^+$ が水溶液中に移動できるようになる。この現象がイオン交換である。したがって，Ca^{2+} とのイオン交換ではゼオライトの物質量の 6 倍量のイオン交換が可能である。よって，交換される Ca^{2+} の質量を w〔mg〕とすると，ゼオライトの式量が 23.0 × 12 + 27.0 × 12 + 28.1 × 12 + 16.0 × 48 + 18.0 × 27 = 2191.2 より下式が成立する。

$$\frac{1.0\,\text{g}}{2191.2\,\text{g/mol}} \times 6 = \frac{w \times 10^{-3}}{40.1\,\text{g/mol}}$$

$$\therefore \quad w = 109.8\,\text{mg} \fallingdotseq 1.1 \times 10^2\,\text{mg}$$

シ　水溶液中に Ca^{2+} や Mg^{2+} が含まれていると，これらと石けんの主成分である高級脂肪酸の陰イオンが水に難溶性の塩を形成し，石けんの洗浄作用が著しく低下する。ゼオライトは，これらの陽イオンを取り込み，水溶液中の陽イオンを Na$^+$ に変える働きがあるので，難溶性の塩の形成が起こらず石けんの洗浄効果が維持される。

解 答

I　ア　Cu(C$_4$H$_4$O$_6$) + 2HCHO + 4NaOH

$$\longrightarrow \text{Cu} + \text{H}_2 + 2\text{HCOONa} + \text{Na}_2\text{C}_4\text{H}_4\text{O}_6 + 2\text{H}_2\text{O}$$

イ　Cu^{2+} と水に対する還元剤（10 字）

ウ　反応に伴って消費される水酸化物イオンの濃度を加水分解によって一定に保つ。（36 字）

エ　2Cu(C$_4$H$_4$O$_6$) + HCHO + 5NaOH

$$\longrightarrow \text{HCOONa} + \text{Cu}_2\text{O} + 2\text{Na}_2\text{C}_4\text{H}_4\text{O}_6 + \text{H}_2\text{O}$$

オ　(1)　1.0×10^{-2} mm（導く過程は解説参照）

　　(2)　1.9 L（導く過程は解説参照）

II　カ　$m = 3$　　$n = 2$

キ　水晶，石英

ク　$a = -3b - 4c + 2d$

　　$d = 2b + 2c$

ケ　Al と O の電気陰性度の差が大きく，両原子間の結合のイオン結合性が強まるため。（37 字）

コ　12Na$_2$SiO$_3$·9H$_2$O + 12NaAlO$_2$

$$\longrightarrow \text{Na}_{12}\text{Al}_{12}\text{Si}_{12}\text{O}_{48}·27\text{H}_2\text{O} + 24\text{NaOH} + 69\text{H}_2\text{O}$$

サ　1.1×10^2 mg

シ　水溶液中の Ca^{2+} や Mg^{2+} を取り込み，石けんの洗浄作用を維持する。(28 字)

第 3 問

【解説】

I　ア　A 75 mg 中に含まれる C，H の質量は，以下の通りである。

$$\text{C}：198\,\text{mg} \times \frac{12}{44} = 54\,\text{mg}$$

$$\text{H}：45\,\text{mg} \times \frac{2}{18} = 5.0\,\text{mg}$$

よって，A 75 mg に含まれる O の質量は，75 mg − (54 + 5) mg = 16 mg である。したがって，化合物 A の C，H，O の原子数比は，以下の通りである。

$$\text{C}：\text{H}：\text{O} = \frac{54}{12} : \frac{5.0}{1.0} : \frac{16}{16} = 4.5 : 5.0 : 1.0 = 9 : 10 : 2$$

よって，A の組成式は C$_9$H$_{10}$O$_2$ と決まり，この式量は 150 である。A は分子量が 250 以下のエステルであることから，分子式も C$_9$H$_{10}$O$_2$ と決まる。

イ，ウ　エステルのけん化で生成する化合物は，アルコールまたはフェノール類とカルボン酸と推定され，反応後も強アルカリ性となっているとき，フェノール類とカルボン酸は塩を作っている。したがって，操作(2)の結果からジエチルエーテルに抽出された化合物 D は中性物質でありアルコールである。また，操作(3)の結果から化合物 E は炭酸より弱い弱酸であるフェノール類と分かり，操作(4)の結果から化合物 F はカルボン酸と分かる。

操作(5)の結果と合わせると，化合物 D は CH$_3$CH(OH)− の原子団を持ちベンゼン環を有するヨードホルム反応に陽性のアルコールと決まり，これが C$_9$H$_{10}$O$_2$ の分子式のエステルの加水分解で得られたので，下図の構造式で表される化合物である。

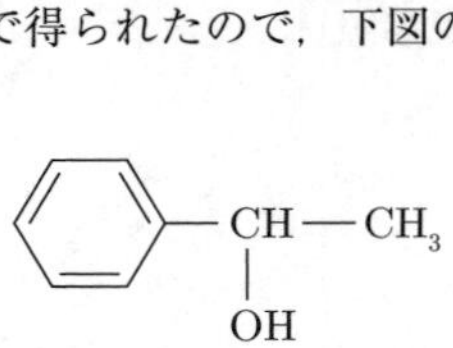

よって，A はこのアルコールとギ酸のエステルで，その構造式は下図の通りである。

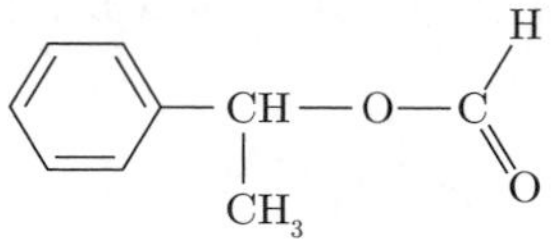

$$\text{C}_6\text{H}_5-\overset{\displaystyle |}{\underset{\displaystyle \text{CH}_3}{\text{CH}}}-\text{O}-\overset{\text{H}}{\underset{\displaystyle \text{O}}{\text{C}}}$$

　操作(6)の結果から，フェノール類である化合物 E に水素を付加して得られるアルコールの分子式が $\text{C}_7\text{H}_{14}\text{O}$ なので，化合物 E はクレゾールである。また，このアルコールを酸化して得られるケトンには不斉炭素原子が存在しなかったことから，このケトンの構造は下図と分かり，化合物 E は p-クレゾールと決まる。この一連の変化を構造式で示すと以下の通りである。

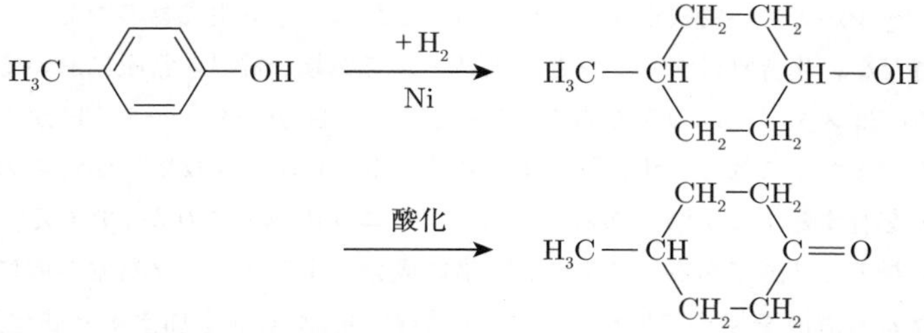

$$\text{H}_3\text{C}-\!\!\left\langle\bigcirc\right\rangle\!\!-\text{OH} \xrightarrow[\text{Ni}]{+\text{H}_2} \text{H}_3\text{C}-\text{CH}\begin{array}{c}\text{CH}_2-\text{CH}_2\\ \\ \text{CH}_2-\text{CH}_2\end{array}\text{CH}-\text{OH}$$

$$\xrightarrow{\text{酸化}} \text{H}_3\text{C}-\text{CH}\begin{array}{c}\text{CH}_2-\text{CH}_2\\ \\ \text{CH}_2-\text{CH}_2\end{array}\text{C}=\text{O}$$

　なお，他のクレゾールを還元すると，メチル基が結合した C 原子が不斉炭素原子になり，それが酸化されたケトンに不斉炭素原子が存在する。

　よって，B は分子式から p-クレゾールと酢酸のエステルで構造式は下図で表される。

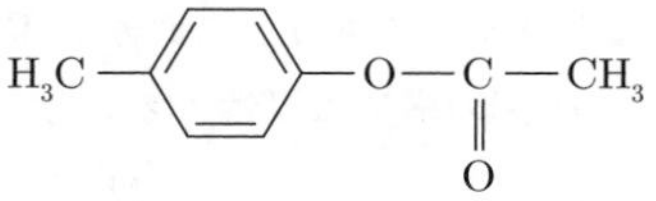

$$\text{H}_3\text{C}-\!\!\left\langle\bigcirc\right\rangle\!\!-\text{O}-\overset{\displaystyle |}{\underset{\displaystyle \text{O}}{\text{C}}}-\text{CH}_3$$

　操作(7)にある化合物 F を酸化して得られた化合物を 180℃ 以上に加熱すると脱水が起こり，分子式が $\text{C}_8\text{H}_4\text{O}_3$ の化合物が得られたという記述は，フタル酸が無水フタル酸となる変化である。化合物 F も $\text{C}_9\text{H}_{10}\text{O}_2$ の分子式のエステルの加水分解で得られたカルボン酸であることから，F は $-\text{CH}_3$ と $-\text{COOH}$ が互いにオルト位に結合した下図の構造の化合物と決まり，この一連の変化は以下の構造式で表される。

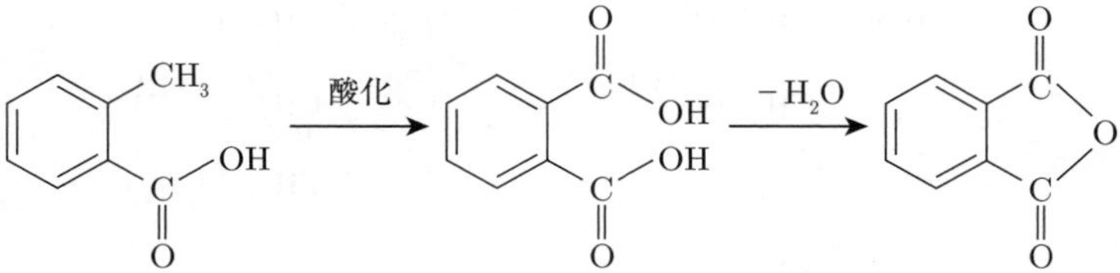

　　よって，Cは下図の構造式で表されるこのオルトトルイル酸とメタノールのエステルと決まる。

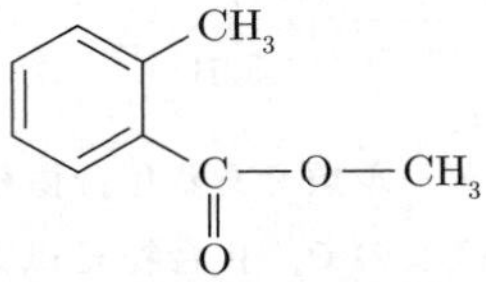

Ⅱ　グルタチオンとアスパルテームの等しい物質量の混合物を完全に加水分解すると，アミド結合およびエステル結合が分解され，グルタチオンからグルタミン酸，システイン，グリシンが，アスパルテームからアスパラギン酸，フェニルアラニン，メタノールが等しい物質量ずつ生成する。これらの分解生成物の中で，不斉炭素原子を持たない化合物はグリシンとメタノールであり，常温・常圧において液体で存在するのはメタノールのみである。したがって，Gがメタノール，Hがグリシンと決まる。また，これらの化合物の中でキサントプロテイン反応に陽性なのは，ベンゼン環を有するアミノ酸であるフェニルアラニンのみでこれがIである。また，硫黄を含むアミノ酸であるシステインを構成成分とするタンパク質水溶液に水酸化ナトリウム水溶液を加えて加熱した後，酢酸鉛(Ⅱ)水溶液を加えると硫化鉛 PbS の黒色沈殿を生じるので，Jがシステインである。よって，残りのK，Lがグルタミン酸とアスパラギン酸である。

エ　K，Lは酸性アミノ酸であり，これらの等電点は pH = 3 付近である。これに対し，これ以外のアミノ酸は中性アミノ酸で，それらの等電点は pH = 6 付近である。上述したように化合物Hはグリシンであり，これが等電点にあるときはほとんどすべてが分子内で塩を作って下図の構造の双性イオンとなっている。

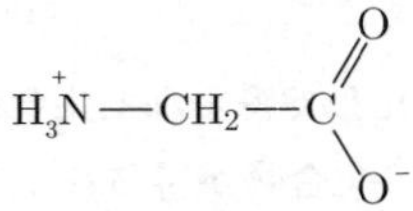

オ，カ　上述したように化合物Iはフェニルアラニン，Jはシステインで，その構造式は下図の通りである。

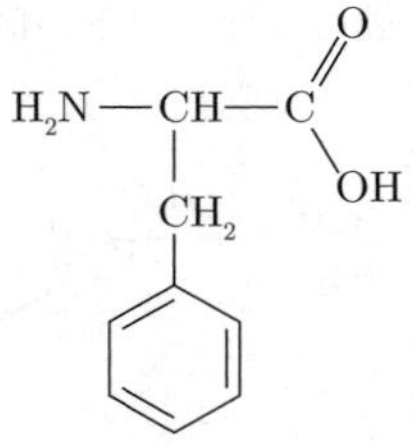

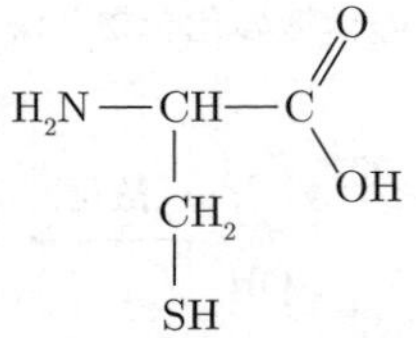

―268―

キ　化合物 K はグルタミン酸またはアスパラギン酸であり，これらの分子量は順に 147，133 である。よって，グルタミン酸およびアスパラギン酸を 1.00 g を完全燃焼させたときの二酸化炭素の生成量を求めると以下の通りである。

$$\frac{1.00\,\text{g}}{147\,\text{g/mol}} \times 5 = \frac{w}{44\,\text{g/mol}} \qquad \therefore \quad w = 1.50\,\text{g}$$

$$\frac{1.00\,\text{g}}{133\,\text{g/mol}} \times 4 = \frac{w'}{44\,\text{g/mol}} \qquad \therefore \quad w' = 1.32\,\text{g}$$

実際に発生した二酸化炭素の質量は 1.32 g なので，K はアスパラギン酸であり，その構造式は下図の通りである。

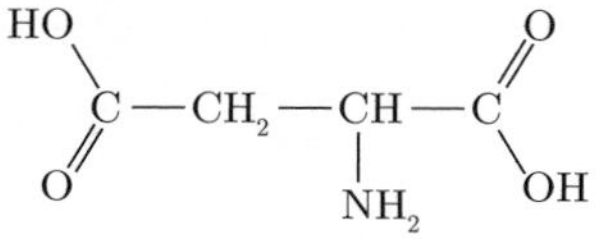

解答

I　ア　$C_9H_{10}O_2$　（求める過程は解説参照）

イ　D　　　　　　　　　E 　　　　　　　　　F

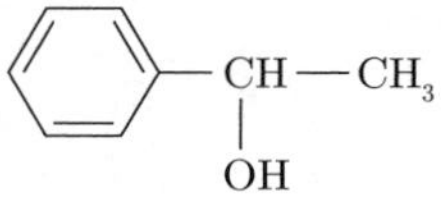

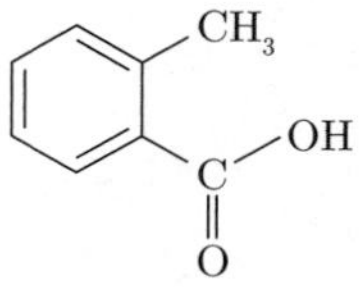

ウ　A 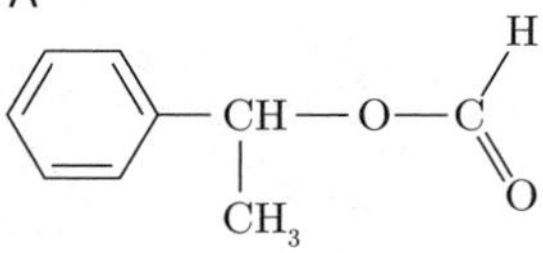　　　　　　　　　B

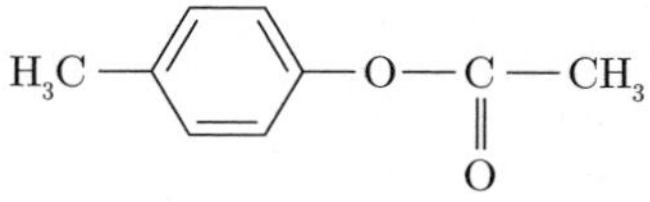

C

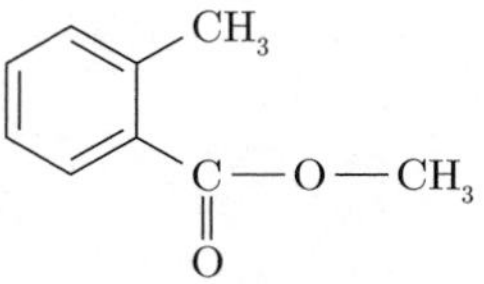

II　エ

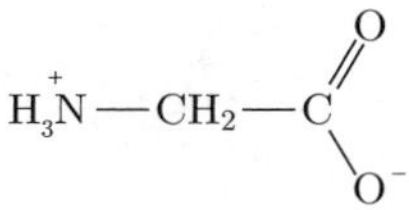

オ

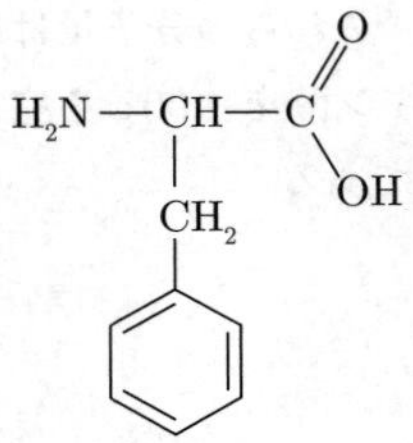

$$H_2N-CH-C\begin{smallmatrix}O\\\\OH\end{smallmatrix}$$
CH$_2$
（ベンゼン環）

カ

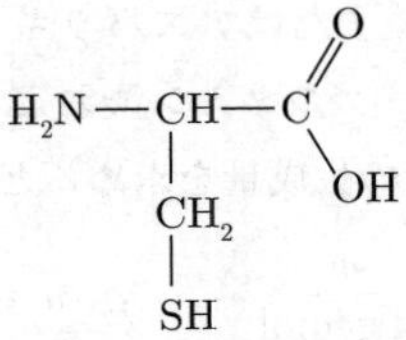

$$H_2N-CH-C\begin{smallmatrix}O\\\\OH\end{smallmatrix}$$
CH$_2$
SH

キ

HO
$C-CH_2-CH-C$
O　　　　NH$_2$　OH

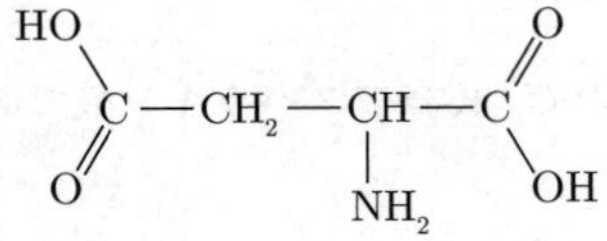

2006年

第1問

[解説]

Ⅰ ア Aの発光は金属イオンが炎の中で加熱されて励起状態になり，それが基底状態に戻るときにそのエネルギー差に対応する光を放出する現象で，炎色反応と呼ばれている。励起状態と基底状態のエネルギー差は金属の種類によって決まっているので，金属の種類に固有の波長で光る。よって，これの説明は(4)である。これに対し，Bの発光は黒体幅射と呼ばれ，高温に加熱された物体がその温度に対応する波長分布の光を発する現象である。よって，これの説明は(2)である。

イ 分子式が $C_{26}H_{52}O_2$ のセロチン酸の完全燃焼は下式で表される。

$$C_{26}H_{52}O_2 + 38O_2 \longrightarrow 26CO_2 + 26H_2O$$

セロチン酸の分子量は396なので，その99gの物質量は0.25molである。よって，その燃焼によって生成する水の物質量は $0.25\,\text{mol} \times 26 = 6.5\,\text{mol}$ である。したがって，その質量は $18\,\text{g/mol} \times 6.5\,\text{mol} = 117\,\text{g} \fallingdotseq 1.2 \times 10^2\,\text{g}$ である。

ウ 石灰石の主成分は炭酸カルシウム $CaCO_3$ なので，これに希塩酸を加えれば下式のように二酸化炭素の気体が発生する。

$$CaCO_3 + 2HCl \longrightarrow CaCl_2 + H_2O + CO_2$$

この反応は弱酸である炭酸の塩に強酸を加えると，$CO_3{}^{2-}$ が H^+ を受け取って弱酸である炭酸が遊離し，これが直ちに分解することによって起こる。

また，石灰石を強熱しても，下式のように熱分解が起こって二酸化炭素の気体が発生する。

$$CaCO_3 \longrightarrow CaO + CO_2$$

この反応は，低温では起こらないが，高温にするとより乱雑な状態に変化しやすく，気体の発生する反応が起こりやすくなることによっている。

エ 標準状態(0℃，1.013×10^5 Pa)における気体のモル体積は 22.4 L/mol なので，表1-1に与えられている数値から窒素および二酸化炭素のモル質量を計算すると，以下の通りである。

$$N_2 : 35.0\,\text{g} \times \frac{22.4\,\text{L/mol}}{28.0\,\text{L}} = 28.0\,\text{g/mol}$$

$$CO_2 : 57.0\,\text{g} \times \frac{22.4\,\text{L/mol}}{28.0\,\text{L}} = 45.6\,\text{g/mol}$$

　よって，表の数値から計算される窒素および二酸化炭素の分子量は 28.0 および 45.6 である。また，与えられた原子量から計算される両者の分子量は 28.0 および 44.0 である。

　窒素の分子量はよく一致しているが，二酸化炭素の分子量は明らかに表の数値から求めた分子量の方が原子量から求めた分子量より大きい。この違いは，窒素と二酸化炭素における分子間引力の大きさに起因する。すなわち，窒素分子は同じ元素の原子からなっていて共有電子対が片寄りなく共有されている無極性分子であるのに対し，二酸化炭素分子では炭素と酸素で電気陰性度に差があるため C＝O 結合が分極し，C が正，O が負に帯電している。そのため，窒素より二酸化炭素の方が分子間引力が強く働き，同温・同圧で理想気体より体積が小さくずれ，標準状態の質量から求めた分子量が大きめにずれた結果となったと推察される。

Ⅱ　オ　PbO の生成熱が 219 kJ/mol と与えられているので，これを熱化学方程式で表すと以下の通りである。

$$Pb(固) + \frac{1}{2}O_2(気) = PbO(固) + 219\,kJ$$

$$Pb(固) + \frac{1}{2}O_2(気) \longrightarrow PbO(固) \qquad \Delta H = -219\,kJ$$

カ　1 mol の Pb が PbO となるとして考察する。PbO の 25℃ の固体が融点の 885℃ まで加熱される間に吸収される熱量 Q_1〔kJ/mol〕は

$$Q_1 = 55\,J/(mol \cdot K) \times 860\,K = 4.73 \times 10^4\,J/mol = 47.3\,kJ/mol$$

融点において完全に融解するまでに吸収される熱量 Q_2〔kJ/mol〕は

$$Q_2 = 26\,kJ/mol$$

885℃ の液体の PbO が沸点の 1725℃ まで加熱されるまでに吸収される熱量 Q_3〔kJ/mol〕は

$$Q_3 = 65\,J/(mol \cdot K) \times 840\,K = 5.46 \times 10^4\,J/mol = 54.6\,kJ/mol$$

　ここまでに吸収される熱量の総和は $Q_1 + Q_2 + Q_3 = 127.9\,kJ/mol$ で，PbO の生成熱より小さい。また，PbO の蒸発熱が 223 kJ/mol であり，PbO の生成熱より大きいので，PbO がすべて気体となることはない。したがって，最終的に PbO の一部は気体になっていて，1725℃ で液体と気体が共存し気液平衡の状態となる。x mol の PbO が気体になっているとすると，この蒸発の間に吸収される熱量 q〔kJ〕は

$$q = 223\,kJ/mol \times x\,mol = 223x\,kJ$$

これと 1725℃ まで加熱される間に吸収される熱量の合計が 219 kJ なので，下式

が成立する。

$$127.9\,\text{kJ} + 223x\,\text{kJ} = 219\,\text{kJ}$$

$$\therefore\ x = 0.409\,\text{mol}$$

よって，液体と気体の物質量の比は 59.1：40.9 となる。

解 答

Ⅰ　ア　A：(4)　　B：(2)

イ　$1.2 \times 10^2\,\text{g}$（答に至る計算過程は解説参照）

ウ　$CaCO_3 + 2HCl \longrightarrow CaCl_2 + H_2O + CO_2$

　　弱酸である炭酸の塩の炭酸カルシウムに強酸を加えると，弱酸が遊離し，それが直ちに分解して二酸化炭素が発生する。

エ　表1－1から計算される分子量

　　　N_2：28.0

　　　CO_2：45.6

　　原子量から計算される分子量

　　　N_2：28.0

　　　CO_2：44.0

　　2つの方法で求められた分子量を比較すると，窒素はよく一致したが二酸化炭素は標準状態の気体の質量から求めた分子量が大きくずれた。これは窒素は分子間引力が無視できるほど小さいのに対し，二酸化炭素は結合に極性があるためにそれが無視できなかったためである。

Ⅱ　オ　$Pb(固) + \dfrac{1}{2}O_2(気) = PbO(固) + 219\,\text{kJ}$

　　$\left(Pb(固) + \dfrac{1}{2}O_2(気) \longrightarrow PbO(固)\qquad \Delta H = -219\,\text{kJ}\right)$

カ　1725℃で液体と気体が共存している。

　　両者の物質量の比は　　液体：気体＝ 59.1：40.9（答に至る計算過程は解説参照）

第2問

解説

Ⅰ　ア　極めて高純度のケイ素の単結晶を得る操作で，二酸化ケイ素を還元しただけでは様々な金属を不純物として含んでいるので，これからケイ素の化合物の分子として蒸留して純度を高め，それを還元することが行われている。トリクロロシラン

の還元は下式で表される。

$$SiHCl_3 + H_2 \longrightarrow Si + 3HCl$$

イ　トリクロロシランの還元で得られるケイ素の結晶は，多結晶と呼ばれる微細な結晶の集まりなので，それから半導体材料とするためには大きな結晶である単結晶とする必要がある。そのため，ケイ素の多結晶を融解し，これに種結晶を入れてそのまわりに結晶を成長させるのだが，この操作において不純物が入ることはあってはならない。そのため，ケイ素を融解する際の容器に金属を用いることはできない。二酸化ケイ素のるつぼであれば，不純物として混入する可能性があるのは酸素のみであり，これはケイ素と分子性の化合物を作るので，容易に除去できる。

ウ　ケイ素の単結晶に微量の3族または5族の元素を加え，結晶中のSiと置き換えると，その部分が電子不足になったり電子が過剰になったりして，結晶の性質を大きく変えることができる。この操作をドーピングという。Siより最外殻電子数が1個多い元素はPであり，これと水素の化合物の分子式はPH_3である。

エ　ケイ素の結晶の単位格子の内部に含まれる実質の粒子数は，立方体の頂点に位置する粒子が$\frac{1}{8}$個分でそれが8ヶ所にあり合計1個分，各面の中心に移置する粒子は$\frac{1}{2}$個分でそれが6ヶ所にあり合計3個分，一辺の長さが単位格子の一辺の半分の小立方体の中心に位置する粒子は完全に含まれこれが4個あるので，全体で8個分である。

オ　基板の上に結晶成長してできた薄膜は同じ結晶構造をしているので，一辺の長さが0.54 nmの立方体1個当たり8個のSi原子を含んでいる。この割合は結晶の大きさに依らない。よって，3.0 cm × 3.0 cmの基板の上に生成した0.90 nmの薄膜に含まれるSi原子の個数をx個とすると，下式が成立する。

$$\frac{8}{(0.54 \times 10^{-9}\,\mathrm{m})^3} = \frac{x}{(3.0 \times 10^{-2}\,\mathrm{m})^2 \times 90 \times 10^{-9}\,\mathrm{m}}$$

$$\therefore x = 4.12 \times 10^{18}\,個$$

一方，流したSiH_4の物質量すなわちSi原子の物質量は

$$n_{SiH_4} = n_{Si} = \frac{5.0 \times 10^{-3}\,\mathrm{L}}{22.4\,\mathrm{L/mol}} = 2.23 \times 10^{-4}\,\mathrm{mol}$$

よって，Si原子数は$6.0 \times 10^{23}\,\mathrm{mol}^{-1} \times 2.23 \times 10^{-4}\,\mathrm{mol} = 1.34 \times 10^{20}\,個$であり，薄膜として堆積したSi原子の割合は以下の通りである。

$$\frac{4.12 \times 10^{18}}{1.34 \times 10^{20}} \times 100 = 3.1\% \fallingdotseq 3\%$$

カ　添加元素の量は微量なので，純粋な Si の結晶とみなして単位体積中の Si 原子数を計算する。オと同様にして，単位体積中の Si 原子の数は結晶の大きさによらず一定なので，結晶 $1\,cm^3$ あたりの原子数を y 個とし，それを単位格子について計算すると，

$$\frac{8}{(0.54 \times 10^{-9}\,m)^3} = \frac{y}{(1.0 \times 10^{-2}\,m)^3}$$
$$\therefore y = 5.08 \times 10^{22}\,cm^{-3}$$

単位体積あたりの余分な電子の数は，Si 原子と置き換わった P 原子の数と等しいので，その原子数比は，以下の通りである。

$$1.0 \times 10^{18}\,cm^{-3} : 5.08 \times 10^{22}\,cm^{-3} \fallingdotseq 2 \times 10^{-5} : 1$$

よって，添加元素の量を無視して求めた単位体積当たりの原子数は，極めて良い近似であったことが分かる。

Ⅱ　キ，ク　ケイ酸塩化合物中に含まれる金属イオンは，酸化物となっているとあるので，これらが希塩酸に溶解する過程は以下の反応式で表される。

$$Al_2O_3 + 6HCl \longrightarrow 2AlCl_3 + 3H_2O$$
$$FeO + 2HCl \longrightarrow FeCl_2 + H_2O$$
$$Fe_2O_3 + 6HCl \longrightarrow 2FeCl_3 + 3H_2O$$
$$MgO + 2HCl \longrightarrow MgCl_2 + H_2O$$
$$CaO + 2HCl \longrightarrow CaCl_2 + H_2O$$

ただし，これらの反応は②の白色固体の生成とは無関係である。ケイ酸塩の岩石試料に炭酸ナトリウムを加えて融解すると Si−O−Si の結合が切断され，比較的重合度の小さいケイ酸ナトリウムとなるので，水溶性となる。これに希塩酸を加えると，Na_2SiO_3 の組成式で表される重合度の小さいケイ酸ナトリウムから下式のように極めて弱い弱酸であるケイ酸が遊離し，縮合が進む。

$$Na_2SiO_3 + 2HCl \longrightarrow H_2SiO_3 + 2NaCl$$

H_2SiO_3 の組成式で表されるケイ酸は下図の構造のメタケイ酸であるが，実際は隣接するヒドロキシ基同士で水が取れて縮合して Si 原子を中心とする正四面体の頂点に O 原子が結合し，Si−O−Si の結合が次々と形成されたり，その一部が Si−OH となっていたりしているので，きっちり H_2SiO_3 の組成式のメタケイ酸となってはいない。いずれにしろ，縮合が進んで高分子となるので，水に不溶性となってゲル状の固体が沈殿する。

$$\begin{array}{ccccccc}
 & \text{OH} & & \text{OH} & & \text{OH} & \\
 & | & & | & & | & \\
\text{O---} & \text{Si} & \text{---O---} & \text{Si} & \text{---O---} & \text{Si} & \text{---O} \\
 & | & & | & & | & \\
 & \text{OH} & & \text{OH} & & \text{OH} &
\end{array}$$

　これを十分に加熱するとさらに縮合が進み，下式のように組成式が SiO_2 の二酸化ケイ素となる。

$$H_2SiO_3 \longrightarrow SiO_2 + H_2O$$

　こうして得られる二酸化ケイ素は，Si を中心とする正四面体の頂点に O 原子が位置する SiO_4 の構造単位が頂点の O 原子を共有して三次元の無機高分子化合物を形成している。ただし，ゲル状のケイ酸から生じた固体なので，多孔質の非晶質となっている。

ケ　ゲル状のケイ酸をろ別したろ液には，Al^{3+}，Fe^{2+}，Fe^{3+}，Mg^{2+}，Ca^{2+} が含まれているので，これに硝酸を加えて加熱して Fe^{2+} をすべて Fe^{3+} に酸化したのちアンモニア水を加えると，下式のように Al^{3+} および Fe^{3+} が水酸化物となって沈殿する。

$$Al^{3+} + 3NH_3 + 3H_2O \longrightarrow Al(OH)_3 + 3NH_4^+$$

$$Fe^{3+} + 3NH_3 + 3H_2O \longrightarrow Fe(OH)_3 + 3NH_4^+$$

　Mg^{2+} も $Mg(OH)_2$ が水に難溶性なので沈殿する可能性があるが，室温における $Mg(OH)_2$ の溶解度積が $10^{-11}\,mol^3/L^3$ の桁で比較的大きく，NH_3 と NH_4Cl の混合溶液中の pH が 9 程度であることを考慮すると，この条件では沈殿しない。また，Ca^{2+} も水酸化物は強塩基であり，この条件では沈殿しない。したがって，溶液(A)から得られた固体(C)は $Al(OH)_3$ と $Fe(OH)_3$ の混合物である。

　一方，溶液(B)から得られた沈殿を水酸化ナトリウム水溶液で洗浄すると，下式のように両性水酸化物である $Al(OH)_3$ はヒドロキシド錯イオンを形成して溶解する。

$$Al(OH)_3 + OH^- \longrightarrow [Al(OH)_4]^-$$

　よって，固体(D)は $Fe(OH)_3$ である。

コ　これらの沈殿を 1000℃ 以上に加熱すると，それぞれ下式のように酸化物になる。

$$2Al(OH)_3 \longrightarrow Al_2O_3 + 3H_2O$$

$$2Fe(OH)_3 \longrightarrow Fe_2O_3 + 3H_2O$$

　固体(C)からは両者の混合物が得られ，固体(D)からは Fe_2O_3 のみが得られるので，得られた酸化物の質量は Fe_2O_3 が 31.9 mg，Al_2O_3 が 47.2 mg － 31.9 mg ＝ 15.3 mg である。よって，この酸化物に含まれる Fe^{3+} および Al^{3+} の物質量は以下の通りである。

$$n_{\mathrm{Fe}^{3+}} = n_{\mathrm{Fe_2O_3}} \times 2 = \frac{31.9 \times 10^{-3}\,\mathrm{g}}{159.6\,\mathrm{g/mol}} \times 2 = 4.00 \times 10^{-4}\,\mathrm{mol}$$

$$n_{\mathrm{Al}^{3+}} = n_{\mathrm{Al_2O_3}} \times 2 = \frac{15.3 \times 10^{-3}\,\mathrm{g}}{102.0\,\mathrm{g/mol}} \times 2 = 3.00 \times 10^{-4}\,\mathrm{mol}$$

これは 250 mL の溶液(A)に含まれていたので，溶液中のこれらの金属イオンのモル濃度は以下の通りである。

$$[\mathrm{Fe}^{3+}] = \frac{4.00 \times 10^{-4}\,\mathrm{mol}}{0.250\,\mathrm{L}} = 1.60 \times 10^{-3}\,\mathrm{mol/L} \fallingdotseq 1.6 \times 10^{-3}\,\mathrm{mol/L}$$

$$[\mathrm{Al}^{3+}] = \frac{3.00 \times 10^{-4}\,\mathrm{mol}}{0.250\,\mathrm{L}} = 1.20 \times 10^{-3}\,\mathrm{mol/L} \fallingdotseq 1.2 \times 10^{-3}\,\mathrm{mol/L}$$

解答

Ⅰ　ア　$SiHCl_3 + H_2 \longrightarrow Si + 3HCl$

イ　Si の単結晶に不純物として金属が混入する可能性をなくすため。

ウ　PH_3

エ　8 個

オ　3%（計算の過程は解説参照）

カ　2×10^{-5}（計算の過程は解説参照）

Ⅱ　キ　$Na_2SiO_3 + 2HCl \longrightarrow H_2SiO_3 + 2NaCl$

　　　　$H_2SiO_3 \longrightarrow SiO_2 + H_2O$

ク　二酸化ケイ素

　　Si を中心とする正四面体の頂点に O 原子が位置する SiO_4 の構造単位が頂点の O 原子を共有して三次元の無機高分子化合物を形成している。ただし，ゲル状のケイ酸から生じた固体なので，多孔質の非晶質となっている。

ケ　固体(C)：$Al(OH)_3$ と $Fe(OH)_3$

　　固体(D)：$Fe(OH)_3$

コ　$[\mathrm{Fe}^{3+}] = 1.6 \times 10^{-3}\,\mathrm{mol/L}$

　　$[\mathrm{Al}^{3+}] = 1.2 \times 10^{-3}\,\mathrm{mol/L}$（計算の過程は解説参照）

第 3 問

解説

Ⅰ　ア　有機化合物の構造を決める手順は以下の通りである。元素分析から組成式を決定し，溶液の沸点上昇度や凝固点降下度の測定から分子量を求め，これらから分

子式を決める。多くの有機化合物には分子式が等しく性質の異なる化合物である異
性体が存在するので，その有機化合物の化学的性質や物理的性質を調べ，含まれて
いる官能基を特定して構造を決定する。

イ　化合物 A の完全燃焼は下式で表される。

$$C_3H_8O_2 + 4O_2 \longrightarrow 3CO_2 + 4H_2O$$

よって，A の物質量の 3 倍の二酸化炭素が生成するので，その質量を w〔g〕と
すると，下式が成立する。

$$\frac{1.0\,\text{g}}{76.0\,\text{g/mol}} \times 3 = \frac{w}{44.0\,\text{g/mol}}$$

$$\therefore w = 1.74\,\text{g} \fallingdotseq 1.7\,\text{g}$$

ウ　C，H，O のみからなる有機化合物で金属ナトリウムと反応して水素を発生する
官能基には，極性の大きいヒドロキシ基およびこれとカルボニル基が結びついたカ
ルボキシ基がある。他の部分を R で表すと，下式のように反応して水素が発生する。

$$2ROH + 2Na \longrightarrow 2RONa + H_2$$

$$2RCOOH + 2Na \longrightarrow 2RCOONa + H_2$$

ただし，$C_3H_8O_2$ の分子式の化合物は鎖式飽和の化合物であり，C＝O 結合を含
むカルボキシ基は該当しないので，条件に適する官能基はアルコール性ヒドロキシ
基に決まる。

エ　1 mol の A，B は金属ナトリウムと反応して 1 mol の水素が発生したので，分子
内にアルコール性ヒドロキシ基を 2 つ持っている。これに適する構造は以下の 2
つである。

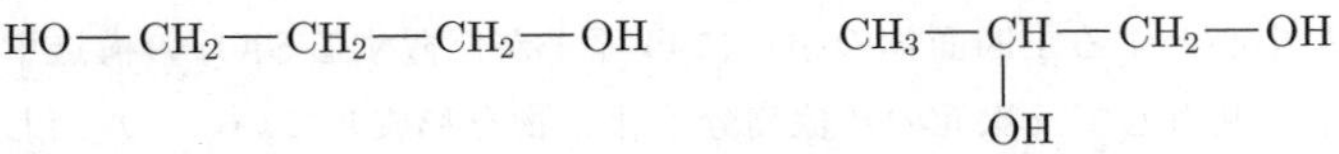

HO―CH₂―CH₂―CH₂―OH　　　　CH₃―CH―CH₂―OH
　　　　　　　　　　　　　　　　　　　　　│
　　　　　　　　　　　　　　　　　　　　OH

なお，同じ C 原子に 2 つのヒドロキシ基が結合した構造も考えられるが，それ
らは下図のように容易に脱水してカルボニル化合物になるので，不適当である。

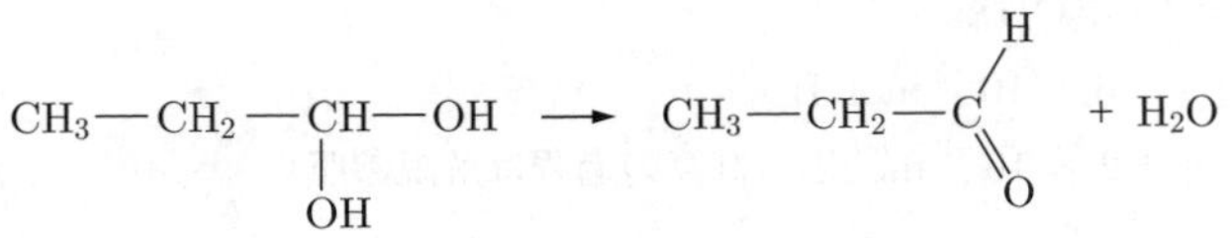

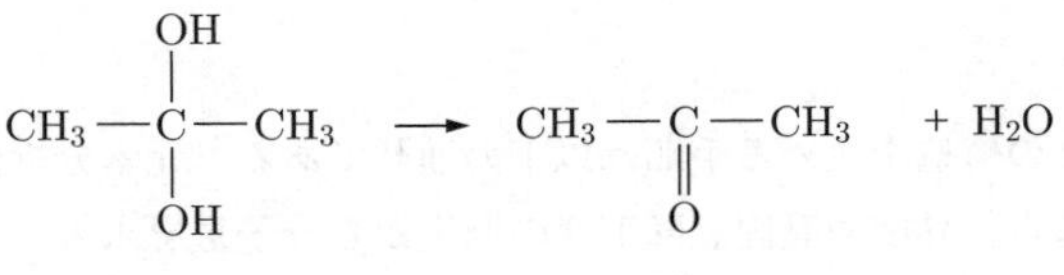

CH₃―CH₂―CH―OH　→　CH₃―CH₂―C（H）＝O　+ H₂O
　　　　　　│
　　　　　OH

CH₃―C（OH）（OH）―CH₃　→　CH₃―C（＝O）―CH₃　+ H₂O

これに対し，$\mathbf{C}$ は $\dfrac{1}{2}$ mol の水素が発生したので，アルコール性ヒドロキシ基は 1 つだけである。よって，$\mathbf{C}$ に含まれるもう一つの O 原子はエーテル結合を形成し，これに可能な構造は以下の 2 つである。

$$H_3C-O-CH_2-CH_2-OH \qquad H_3C-CH_2-O-CH_2-OH$$

また，$\mathbf{B}$ のみが塩基性条件下でヨウ素と反応して黄色沈殿を生じたとあるが，これは $\mathbf{B}$ にヨードホルム反応で酸化されてメチルケトン類となる $CH_3CH(OH)-$ の部分構造が含まれていることを示している。よって，$\mathbf{B}$ が前ページの図の右の構造式で表される 1, 2 - プロパンジオールと決まり，$\mathbf{A}$ が前ページの図の左の構造式の 1, 3 - プロパンジオールと決まる。

これらの化合物を酸化したときに得られ得る化合物 $\mathbf{D}$，$\mathbf{E}$，$\mathbf{F}$ はいずれも酸性を示し，その分子式が $C_3H_4O_4$，$C_3H_4O_3$，$C_3H_6O_3$ であることも，ここまでの考察と矛盾しない。それぞれの化合物を酸化すると，第 1 級アルコールはカルボン酸に，第 2 級アルコールはケトンに酸化されるので，それを具体的に示すと以下の通りである。

A

$$HO-CH_2-CH_2-CH_2-OH \longrightarrow$$

D

$$\underset{O}{\overset{HO}{C}}-CH_2-\underset{OH}{\overset{O}{C}}$$

B

$$H_3C-\underset{OH}{\overset{|}{CH}}-CH_2-OH \longrightarrow$$

E

$$H_3C-\overset{}{C}-\overset{O}{C}-OH$$

C

$$H_3C-O-CH_2-CH_2-OH \longrightarrow$$

F

$$H_3C-O-CH_2-\overset{O}{C}-OH$$

$$H_3C-CH_2-O-CH_2-OH \longrightarrow H_3C-CH_2-O-\overset{O}{C}-OH$$

エーテル結合を含む化合物 $\mathbf{C}$ には，先述したように 2 通りの可能性があるが，酸化されて生じた $\mathbf{F}$ がエステルではないことから，$\mathbf{C}$ は前ページの図の右の構造ではなく，左の構造の 2 - メトキシエタノールと決まる。なお，右の構造の化合物が酸化された化合物は炭酸のエチルエステルである。

　参考までに，A，B が酸化されて生じた化合物の名称は，それぞれマロン酸，ピルビン酸である。また，C が酸化された生じた化合物は，慣用名はなく 2−メトキシエタン酸と呼ばれる。

Ⅱ　オ　C_6H_{12} の分子式の炭化水素には，分子内に C＝C 二重結合を 1 つ持つ鎖式の化合物であるアルケンと環状構造を 1 つ有する飽和炭化水素であるシクロアルカンがある。G，H は臭素と付加反応し，オゾン分解されるので，アルケンである。また，I，J はシス−トランス異性体があり，K にはビニル基を持つことから，これらもアルケンである。これらに対し，L は臭素と反応しないので，シクロアルカンであり，ベンゼンに水素が付加させると生成することからシクロヘキサンである。

　G，H に臭素が付加した化合物には不斉炭素原子がないので，これらの化合物の二重結合には，それぞれ同じ原子または原子団が結合している。よって，G，H は下図の 2−エチル−1−ブテンか 2,3−ジメチル−2−ブテンであり，これらをオゾン分解すると，図に示したように 2−エチル−1−ブテンからホルムアルデヒドと 3−ペンタノンが，2,3−ジメチル−2−ブテンからはアセトン（プロパノン）のみが生成する。よって，G が 2,3−ジメチル−2−ブテン，H が 2−エチル−1−ブテンと決まる。

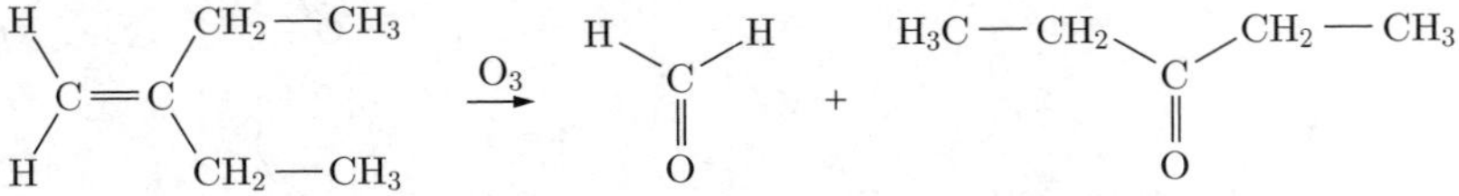

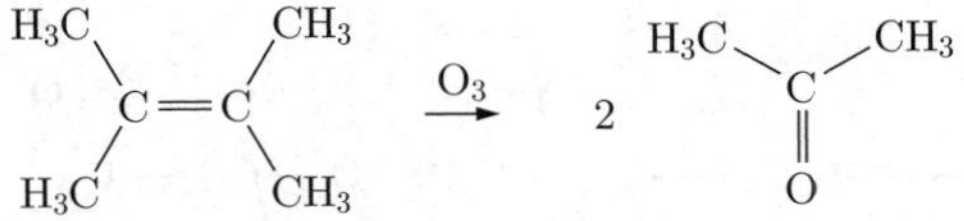

　I，J はイソプロピル基を持ち，シス−トランス異性体の関係にあるので，それらは下図の構造式で表される 4−メチル−2−ペンテンである。左図の構造式で表されるのがシス体の I である。

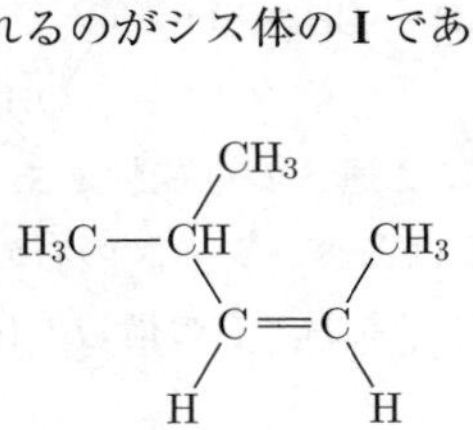

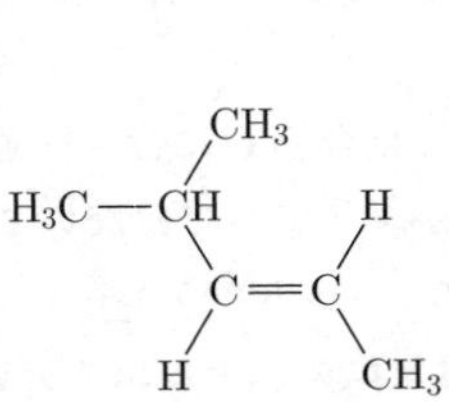

　K はビニル基を持ち，不斉炭素原子が１つあることから，不斉炭素原子に結合している原子，原子団が－H，－CH$_3$，－CH＝CH$_2$，－CH$_2$CH$_3$ の組合わせ以外にはなく，下図の構造式で表される３－メチル－１－ペンテンである。

K

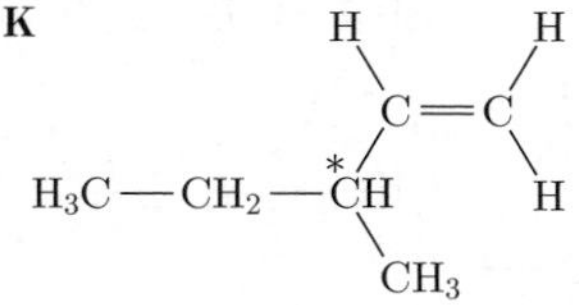

$$H_3C-CH_2-\overset{*}{CH}\underset{CH_3}{\overset{\displaystyle H\atop\displaystyle C=C}{}}\underset{H}{\overset{H}{}}$$

　L は前述したように下図の構造式で表されるシクロヘキサンである。

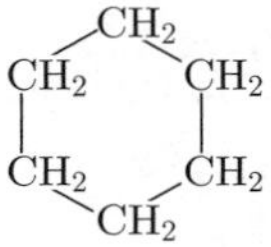

$$\begin{array}{c}CH_2\\CH_2\quad CH_2\\CH_2\quad CH_2\\CH_2\end{array}$$

カ　二重結合で結合している C 原子とこれに直接結合している原子は同一平面内に存在する。したがって，**G** の 2,3－ジメチル－2－ブテンのすべての C 原子は同一平面内に存在する。

キ　**K** の３－メチル－１－ペンテンに臭素が付加した化合物は以下の構造式で表される。

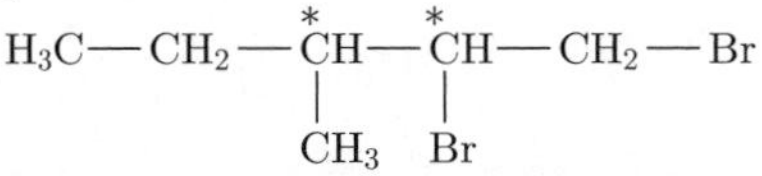

$$H_3C-CH_2-\underset{CH_3}{\overset{*}{CH}}-\underset{Br}{\overset{*}{CH}}-CH_2-Br$$

　この化合物には不斉炭素原子が２つあり，それぞれに独立に R と S の立体配置が可能なので，立体異性体は $2 \times 2 = 4$ 通りの立体異性体が存在する。

[解][答]

I　ア　1：組成式　　2：分子量　　3：異性体

イ　1.7 g（計算式は解説参照）

ウ　（例）　ヒドロキシ基, カルボキシ基

エ　**A**
$$HO-CH_2-CH_2-CH_2-OH$$

　B
$$CH_3-\underset{OH}{CH}-CH_2-OH$$

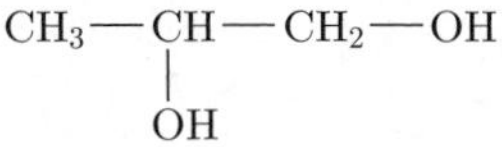

　C
$$H_3C-O-CH_2-CH_2-OH$$

Ⅱ　オ　**G**

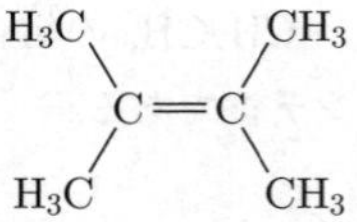

$$H_3C\diagdown \hspace{2em} \diagup CH_3$$
$$C=C$$
$$H_3C\diagup \hspace{2em} \diagdown CH_3$$

H

$$H\diagdown \hspace{2em} CH_2-CH_3$$
$$C=C$$
$$H\diagup \hspace{2em} CH_2-CH_3$$

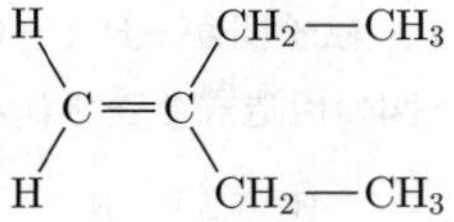

I

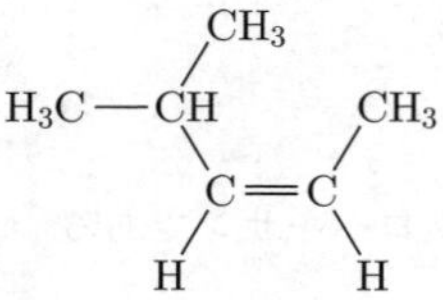

$$CH_3$$
$$H_3C-CH \hspace{2em} CH_3$$
$$C=C$$
$$H \hspace{2em} H$$

J

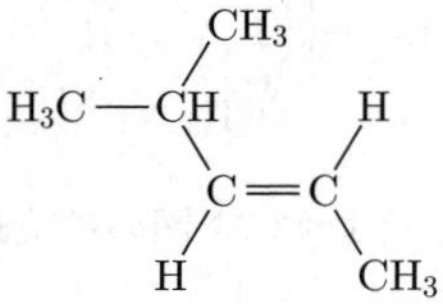

$$CH_3$$
$$H_3C-CH \hspace{2em} H$$
$$C=C$$
$$H \hspace{2em} CH_3$$

K

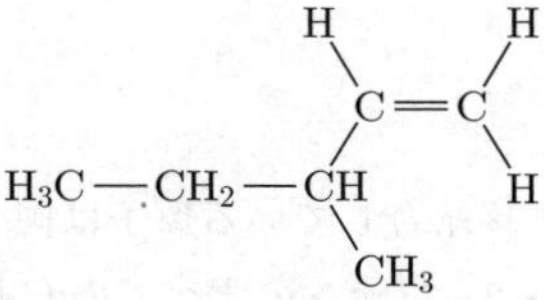

$$H \hspace{2em} H$$
$$C=C$$
$$H_3C-CH_2-CH \hspace{2em} H$$
$$CH_3$$

L

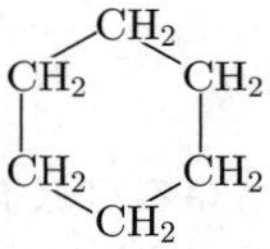

$$CH_2$$
$$CH_2 \hspace{2em} CH_2$$
$$CH_2 \hspace{2em} CH_2$$
$$CH_2$$

カ　**G**

キ　4つ

—282—

2005年

第1問

[解説]

I ア　直鎖状カルボン酸分子において，$CH_3CH_2CH_2$···の部分は疎水性，カルボキシ基の部分は親水性であり，カルボキシ基を水中に炭化水素基の部分を水面の上に向けて直立して水面に規則正しく並ぶ。水面側に向いているという語句が何を指しているのか意味不明でどう答えれば良いか判断に困るが，メチル基が上，カルボキシ基が下を向いて直立していることをそうなる理由とともに表現すれば，正解となったと思われる。

イ　単分子膜中で直鎖状カルボン酸分子がどれくらい密に詰まっているかを表す量が，この設問で与えられている表面圧である。すなわち，分子がより密に詰まっていると，単分子膜中における分子1個が占める面積 A が小さくなり，表面圧が大きくなることが図1－2のグラフに示されている。

　グラフから，表面圧が $0.010\ N\cdot m^{-1}$ のとき，$A = 2.30 \times 10^{-19}\ m^2$ である。このとき単分子膜の面積は $0.50\ m \times 0.50\ m = 0.25\ m^2$ であり，この中に含まれる直鎖状カルボン酸 X の分子の数は，

$$X \text{の分子数} = \frac{0.25\ m^2}{2.30 \times 10^{-19}\ m^2} = 1.09 \times 10^{18} \text{ 個}$$

　一方，この単分子膜は $0.019\ mol$ の直鎖状カルボン酸 X を $1.00\ L$ のベンゼンに溶かして，その $0.100\ mL$ を滴下してできたので，これに含まれる X の物質量 n は以下の通りである。

$$n = \frac{0.019\ mol}{1.00\ L} \times 0.100 \times 10^{-3}\ L = 1.9 \times 10^{-6}\ mol$$

　これらに含まれる X の分子数は等しいので，アボガドロ定数を N_A〔mol^{-1}〕とすると，下式が成立する。

$$X \text{の分子数} = 1.09 \times 10^{18} \text{ 個} = N_A \times 1.9 \times 10^{-6}\ mol$$

$$\therefore N_A = 5.74 \times 10^{23}\ mol^{-1} \fallingdotseq 5.7 \times 10^{23}\ mol^{-1}$$

ウ　イで用いた X の溶液 $0.080\ mL$ 中に含まれる X の分子数は，

$$X \text{の分子数} = 6.0 \times 10^{23}\ mol^{-1} \times \frac{0.019\ mol}{1.00\ L} \times 0.080 \times 10^{-3}\ L = 9.1 \times 10^{17} \text{個}$$

したがって，X の単分子膜中の1分子が占める面積 A_X は，以下の通りである。

$$A_X = \frac{0.25\,\mathrm{m}^2}{9.1 \times 10^{17}} = 2.7 \times 10^{-19}\,\mathrm{m}^2$$

よって，図 1 − 2 のグラフから **X** の単分子膜による表面圧は 0.0025 N·m^{-1} である。

Y についても同様に表面圧 A_Y を求めると，以下の通りである。

$$\textbf{Y の分子数} = 6.0 \times 10^{23}\,\mathrm{mol}^{-1} \times \frac{0.019\,\mathrm{mol}}{1.00\,\mathrm{L}} \times 0.070 \times 10^{-3}\,\mathrm{L} = 8.0 \times 10^{17}\,個$$

$$A_Y = \frac{0.25\,\mathrm{m}^2}{8.0 \times 10^{17}} = 3.1 \times 10^{-19}\,\mathrm{m}^2$$

よって，図 1 − 2 のグラフから **Y** の単分子膜による表面圧は 0.0098 N·m^{-1} である。したがって，仕切り板は左に動く。

エ　表面圧の大きい **Y** の単分子膜の面積が拡がり，**X** の単分子膜の面積が減少し，両者の表面圧が等しくなると，板は静止する。たとえば，板が左に 0.05 m 移動したときの表面圧を計算してみると，このときの **X** および **Y** の単分子膜における 1 分子が占める面積は，以下の通りである。

$$A_X = \frac{0.50\,\mathrm{m} \times 0.45\,\mathrm{m}}{9.1 \times 10^{17}} = 2.47 \times 10^{-19}\,\mathrm{m}^2$$

$$A_Y = \frac{0.50\,\mathrm{m} \times 0.55\,\mathrm{m}}{8.0 \times 10^{17}} = 3.43 \times 10^{-19}\,\mathrm{m}^2$$

このときの表面圧は **X** の単分子膜も **Y** の単分子膜も 0.0060 N·m^{-1} となりほぼ等しくなる。

Ⅱ　オ　$n\,\mathrm{mol}$ の N_2O_4 が解離度 a で解離して平衡にあるとき，下式のように N_2O_4 および NO_2 の物質量は，それぞれ $n(1 - a)\,\mathrm{mol}$，$2na\,\mathrm{mol}$ となり，気体の全物質量は $n(1 + a)\,\mathrm{mol}$ となっている。

	N_2O_4	$\rightleftharpoons$	$2NO_2$	全体
前	n		0	n
後	$n(1 - a)$		$2na$	$n(1 + a)$

よって，このときの混合気体の全圧 P は，気体の状態方程式から下式で表される。

$$P = \frac{n(1 + a)RT}{V}$$

また，NO_2 の分圧は，混合気体中の NO_2 のみに着目して，気体の状態方程式から下式で表される。

$$P_{NO_2} = \frac{2naRT}{V}$$

カ　ドルトンの分圧の法則を用いると，NO_2 の分圧は全圧とモル分率を用いて以下のようにも表される。

$$P_{NO_2} = \frac{2na}{n(1+a)} \times P = \frac{2aP}{(1+a)}$$

よって，NO_2 の物質量は，以下のように表される。

$$n_{NO_2} = \frac{P_{NO_2}V}{RT} = \frac{2a}{1+a} \cdot \frac{PV}{RT}$$

キ，ク　N_2O_4 の解離平衡は，圧力が高くなると気体の分子数が減少するように平衡が左に移動し解離度が小さくなる。したがって，全圧が 0.0100 atm に保たれている円筒形のガラス容器 A 中の混合気体の方が解離度は小さい。もし，解離度が同じであれば，容器 A 中の NO_2 の分圧は容器 B 中の NO_2 の分圧の 2 倍となっているが，容器の体積が半分なので，その物質量は等しく，透過光の強度は同じになるはずである。しかし，事実は全圧が 0.0050 atm に保たれている容器 B の方が解離度が大きく，容器内の NO_2 の物質量は容器 B の方が多い。よって，容器 B に設置された検出器 D_2 の方が透過光の強度が小さくなる。したがって，②の D_1 の方が強いが正解となる。

ケ，コ　温度を高くすると，N_2O_4 の解離平衡は吸熱反応が進行する方向，すなわち NO_2 が生成する方向に平衡が移動し，気体分子数が増加する。体積一定の容器内の気体の圧力は，気体の物質量が不変であれば絶対温度に比例して増大する。これが容器内の気体が一種類の理想気体の場合に予想される圧力の増加である。ところが，N_2O_4 の解離度が大きくなり気体の物質量がより大きくなるので，気体の圧力の増大はより大きくなる。そして，混合気体中の NO_2 の濃度も大きくなり，物質量も大きくなるので，NO_2 による光の吸収が増え，透過光の強度は小さくなる。よって，③の弱くなるが正解となる。

解 答

I　ア　カルボキシ基

　理由：極性の大きいカルボキシ基と極性溶媒の水とは親和性が強いため。（30 字）

イ　$5.7 \times 10^{23} \, mol^{-1}$（導く過程は解説参照）

ウ　左（導く過程は解説参照）

エ　X の単分子膜と Y の単分子膜の表面圧が等しい。（22 字）

Ⅱ　オ　$P = \dfrac{n(1+a)RT}{V}$　　　　$P_{NO_2} = \dfrac{2naRT}{V}$

カ　$n_{NO_2} = \dfrac{2a}{1+a} \cdot \dfrac{PV}{RT}$

キ　②

ク　容器 A，B で N_2O_4 の解離度が等しければ，両容器中の NO_2 の物質量は等しく，透過光の強度は等しい。しかし，この解離平衡は圧力が小さくなると解離度が大きくなるので，容器 B の方が強度の減少が大きい。(92 字)

ケ　③

コ　温度が高くなると吸熱反応である N_2O_4 の解離が進む方向に平衡が移動し，NO_2 の物質量が増大する。(43 字)

第 2 問

【解説】

Ⅰ　ア　過マンガン酸カリウムのような強い酸化剤を用いると，塩化物イオンは下式のように塩素に酸化される。

$$2MnO_4^- + 10Cl^- + 16H^+ \longrightarrow 2Mn^{2+} + 5Cl_2 + 8H_2O$$

その結果，有機物の酸化以外にも過マンガン酸カリウムが消費され，COD が正しい値より大きくなる。

イ　過マンガン酸イオンの酸化剤としての半反応式は，下式の通りである。

$$MnO_4^- + 8H^+ + 5e^- \longrightarrow Mn^{2+} + 4H_2O$$

また，シュウ酸の還元剤としての半反応式は，下式の通りである。

$$H_2C_2O_4 \longrightarrow 2CO_2 + 2H^+ + 2e^-$$

よって，両者は 2：5 の物質量比で過不足なく電子の授受を行うので，そのイオン反応式は下式の通りである。

$$2MnO_4^- + 5H_2C_2O_4 + 6H^+ \longrightarrow 2Mn^{2+} + 10CO_2 + 8H_2O$$

これに，対のイオンを補って化学反応式とすると，下式が得られる。

$$2KMnO_4 + 5H_2C_2O_4 + 3H_2SO_4 \longrightarrow 2MnSO_4 + K_2SO_4 + 10CO_2 + 8H_2O$$

ウ　4.80×10^{-3} mol/L の過マンガン酸カリウム水溶液 1.00 mL に含まれる $KMnO_4$ の物質量は 4.80×10^{-6} mol であり，これが還元剤から受け取り得る電子の物質量は 2.40×10^{-5} mol である。一方，O_2 が酸性溶液中で酸化剤として作用するときの半反応式は以下の通りである。

$$O_2 + 4H^+ + 4e^- \longrightarrow 2H_2O$$

よって，これと同量の還元剤を酸化するために必要な O_2 の物質量は過マンガン酸カリウムの物質量の 1.25 倍の 6.00×10^{-6} mol である。その質量は以下の通りである。

$$w_{O_2} = 32.0 \text{ g/mol} \times 6.00 \times 10^{-6} \text{ mol} = 1.92 \times 10^{-4} \text{ g} = 0.192 \text{ mg}$$

エ　操作5はブランクテストで，操作1〜4の間に起こる避けることのできない過マンガン酸カリウムの分解量を見積もるための操作である。また，操作3および操作5で加えた約 1.2×10^{-2} mol/L のシュウ酸二ナトリウム水溶液 10.0 mL 中に含まれるシュウ酸ナトリウムの物質量は等しく，操作2およびブランクテストの間に分解される可能性のある過マンガン酸カリウムの物質量も等しいので，操作4における滴定値 3.11 mL とブランクテストにおける滴定値 0.51 mL の差 2.60 mL は，試料溶液 100.0 mL 中に含まれる有機化合物を酸化するために消費された過マンガン酸カリウム水溶液の量である。よって，この試料水 100 mL に含まれていた有機化合物の酸化に消費された過マンガン酸カリウムの物質量は，以下の通りである。

$$n_{KMnO_4} = 4.80 \times 10^{-3} \text{ mol/L} \times \frac{2.60}{1000} \text{ L} = 1.248 \times 10^{-5} \text{ mol}$$

ウで求めたように，試料水 100 mL 中に含まれていた有機化合物を O_2 で酸化するためには，この 1.25 倍の物質量が必要である。よって，その O_2 の質量は次の通りである。

$$w_{O_2} = 32.0 \text{ g/mol} \times 1.248 \times 10^{-5} \text{ mol} \times 1.25 = 4.99 \times 10^{-4} \text{ g} = 0.499 \text{ mg}$$

また，ウの結果を用いて $0.192 \text{ mg/mL} \times 2.60 \text{ mL} = 0.499 \text{ mg}$ と求めることもできる。

COD は試料水 1 L あたりで表すので，この試料水の COD は以下の通りである。

$$\text{COD} = 0.499 \text{ mg}/0.100 \text{ L} = 4.99 \text{ mg/L} \fallingdotseq 5.0 \text{ mg/L}$$

Ⅱ　オ　ボーキサイトからアルミニウム成分のみを分離する操作では，酸化アルミニウムが両性を示すことが応用されている。一般に，金属の酸化物は塩基性であり，酸に溶解する。酸化アルミニウム Al_2O_3 も酸に溶解するが，強塩基にも下式のように溶解する。

$$Al_2O_3 \cdot 3H_2O + 2NaOH \longrightarrow 2Na[Al(OH)_4]$$

この過程で，酸化鉄(Ⅲ)などの他の金属の酸化物や水酸化物は除去される。次いで，この溶液に二酸化炭素を吹き込むと，過剰の NaOH および $[Al(OH)_4]^-$ が中和され，溶液の pH が下がり，下式のように純粋な水酸化アルミニウムが析出する。

$$2Na[Al(OH)_4] + CO_2 \longrightarrow 2Al(OH)_3 + Na_2CO_3 + H_2O$$

二酸化炭素を通じ続ければ，溶液の pH はさらに下がり，Na_2CO_3 は $NaHCO_3$

になる可能性があるが，そうすると反応式は以下のようになり，問題の設定とは異なる。

$$2Na[Al(OH)_4] + 2CO_2 \longrightarrow 2Al(OH)_3 + 2NaHCO_3$$

カ　Al はイオン化傾向の大きい金属なので，水溶液中では Al^{3+} の還元よりも水の還元の方が起こりやすい。そのため，Al の単体を得るためには，Al_2O_3 の融解塩電解を行う必要がある。

キ，ク　Al_2O_3 の融解塩電解では，下式の電極反応が進行して陰極に Al の単体が生成する。

　　　陰極　$Al^{3+} + 3e^- \longrightarrow Al$

　　　陽極　$C + O^{2-} \longrightarrow CO + 2e^-$

なお，陽極では電極の黒鉛が O^{2-} の共存下で酸化されて CO が生成する反応が主に進行するが，さらに CO_2 まで酸化される反応も起こる。しかし，Al の単体 1.00 kg を生産するために必要な電気量は，陽極で起こる反応がどちらになるかは無関係である。よって，陰極の電極反応の式に基づいて，必要な電気量を q〔C〕とすると，下式が成立する。

$$\frac{1.00 \times 10^3 g}{27.0 g/mol} \times 3 = \frac{q}{9.65 \times 10^4 C/mol}$$

$$\therefore q = 1.07 \times 10^7 C \fallingdotseq 1.1 \times 10^7 C$$

この電気分解は 4.50 V の電圧で行われるので，Al を 1.00 kg 生産する際に必要なエネルギーは $1.07 \times 10^7 C \times 4.50 V = 4.82 \times 10^7 J$ である。これを kWh に換算すると，以下の通りである。

$$\frac{4.82 \times 10^7 J}{3600 \times 10^3 J/kWh} = 13.4 \text{ kWh} \fallingdotseq 13 \text{ kWh}$$

ケ　銅の電解精錬は，粗銅を陽極，純銅を陰極，電解液を硫酸で酸性にした硫酸銅(II)水溶液で行う。このときに主に起こる電極反応は下式の通りである。

　　　陰極　$Cu^{2+} + 2e^- \longrightarrow Cu$

　　　陽極　$Cu \longrightarrow Cu^{2+} + 2e^-$

陽極では，Cu よりイオン化傾向の大きい金属，たとえば Fe や Zn が不純物として含まれていれば，それも酸化される。不純物の金属の酸化を無視すれば，銅の電解精錬全体では，陽極で Cu が酸化され陰極で Cu^{2+} が還元されるので，陽極の Cu が陰極に移動することになり，全体で物質の変化はなく，電解精錬の前後でエネルギーの増減はない。したがって，銅の電解精錬では電解液等の電気抵抗に対して電流を流すために必要な電圧の 0.3 V 程度の低い電圧で電気分解を行うことがで

きる。

　これに対し，Al_2O_3 の融解塩電解では全体で下式の大きな吸熱反応が進行する。

　　　$Al_2O_3 + 3C \longrightarrow 2Al + 3CO$

　参考までに Al_2O_3 および CO の生成熱を紹介すると，前者が $1610\,kJ/mol$，後者が $110\,kJ/mol$ なので，上の反応の反応熱は $1280\,kJ/mol$ の大きな吸熱である。このエネルギーを電気エネルギーで供給して，はじめて Al_2O_3 の融解塩電解が進行する。そのため，問題文にもあるように $4.50\,V$ もの大きな電圧が必要となり，消費される電力量も大きくなる。

　単位質量あたりに必要な電力量を比較すると，金属の原子量の違いおよびイオンの価数の違いも Al の生産に大きな電力が必要となる原因である。原子量が Cu は 63.5，Al は 27.0 なので，同じ質量で比較すると Al の物質量が 2.35 倍であり，これらが還元される前のイオンが Al^{3+} と Cu^{2+} なので同じ物質量の金属を得るためには Al の方が 1.5 倍の電子を必要とする。

解 答

Ⅰ　ア　過マンガン酸カリウムに対し塩化物イオンが還元剤として働くので，COD の測定値がより大きくなる。(47 字)

イ　$2KMnO_4 + 5H_2C_2O_4 + 3H_2SO_4 \longrightarrow 2MnSO_4 + K_2SO_4 + 10CO_2 + 8H_2O$

ウ　$0.19\,mg$（計算の過程は解説参照）

エ　$5.0\,mg/L$（計算の過程は解説参照）

Ⅱ　オ

n_A	A	n_B	B	n_C	C	n_D	D
2	NaOH	2	Na[Al(OH)$_4$]	1	CO_2	1	Na_2CO_3

カ　水溶液の電気分解では Al^{3+} の還元より水が還元されて水素を生じる反応の方が起こりやすいため。(44 字)

キ　$1.1 \times 10^7\,C$（求める過程は解説参照）

ク　$13\,kWh$（求める過程は解説参照）

ケ　Cu の電解精錬は低電圧で起こるが Al の生産では高電圧が必要であり，イオンの価数は Al の方が大きく原子量は Cu の方が大きいため。(59 字)

第3問

【解説】

Ⅰ　ア，イ　硫酸を触媒としてプロピオン酸とエタノールとのエステル化を行うと，

下式のように平衡に達する。

$$CH_3CH_2COOH + CH_3CH_2OH \rightleftharpoons CH_3CH_2COOCH_2CH_3 + H_2O$$

　エステル化の効率を高めるため，すなわちこの可逆反応の平衡を右に移動させるためには，一方の反応物の濃度を大きくしたり，生成物を系から除去したりする方法がある。プロピオン酸を基準にしてエステル化の効率を考えると，エタノールを大過剰に加えて反応を行えば，プロピオン酸のエステル化の割合が大きくなる。エタノールとプロピオン酸を比べると，プロピオン酸の方が分子量が大きく水素結合により二量体を形成しやすいので沸点が高い。よって，沸点のより低いエタノールを溶媒としても用い，反応後にこれを蒸留で回収するのは容易であり，エタノールを大過剰にしてエステル化を行うことは，その効率を高める方法として有力である。また，エステルと同時に生成する水を何らかの方法で除去しても，エステル化の効率を高めることができる。

　カルボン酸ではなく酸無水物を反応物として用いると，下式のようにエステルと同時に副生するのがカルボン酸で，水は生成しない。したがって，エステルの加水分解が起こらず，エステル化が不可逆的に進行し，エステル化の効率が高くなる。

$$(CH_3CH_2CO)_2O + CH_3CH_2OH$$
$$\longrightarrow CH_3CH_2COOCH_2CH_3 + CH_3CH_2COOH$$

　エステルの加水分解でも，多量に水を加えて平衡を移動させることも可能であるが，水酸化ナトリウムを小過剰に加えて行うと，下式のように生成するカルボン酸が中和されるので，ほぼ不可逆的に加水分解が進行し，エステルを完全に加水分解することができる。

$$CH_3CH_2COOCH_2CH_3 + NaOH \longrightarrow CH_3CH_2COONa + CH_3CH_2OH$$

　酸無水物はエステル化だけでなく，アミンとの縮合反応でアミドを効率的に合成するためにも用いられる。アニリンとプロピオン酸の酸無水物との反応は下式で表され，同時に副生する化合物が水ではなくプロピオン酸なので，アミドの加水分解は起こらず効率的にアミドが合成される。

$$C_6H_5NH_2 + (CH_3CH_2CO)_2O \longrightarrow C_6H_5NHCOCH_2CH_3 + CH_3CH_2COOH$$

以上より，化合物 **A**，**B** の構造式は以下の通りである。

A　　　　　　　　　　　　　　　　　　　　**B**

Ⅱ　ウ　化合物 C 12.2 mg に含まれる C，H，O の質量は，

C：$30.8\,\text{mg} \times \dfrac{12}{44} = 8.40\,\text{mg}$

H：$5.4\,\text{mg} \times \dfrac{2}{18} = 0.60\,\text{mg}$

O：$12.2\,\text{mg} - (8.40 + 0.60)\,\text{mg} = 3.2\,\text{mg}$

よって，化合物 C の C，H，O の原子数比は以下の通りである。

C：H：O $= \dfrac{8.40}{12} : \dfrac{0.60}{1} : \dfrac{3.2}{16} = 7 : 6 : 2$

よって，化合物 C の組成式は $C_7H_6O_2$ である。

エ　化合物 C 0.25 g をラウリン酸 8.00 g に溶かした溶液の凝固点降下度から，化合物 C の分子量を M とすると，下式が成立する。

$$1.00\text{K} = 3.90\,\text{K·kg/mol} \times \dfrac{\left(\dfrac{0.25\,\text{g}}{M} \right)}{8.00 \times 10^{-3}\,\text{kg}}$$

$\therefore M = 121.9 \fallingdotseq 122$

よって，ウの結果とあわせて，化合物 C の分子式は $C_7H_6O_2$ と決まる。

オ　実験3より，化合物 C はカルボン酸と分かり，分子式と比較すると安息香酸である。安息香酸に炭酸水素ナトリウム水溶液を作用させたときに気体が発生した変化は下式の通りである。

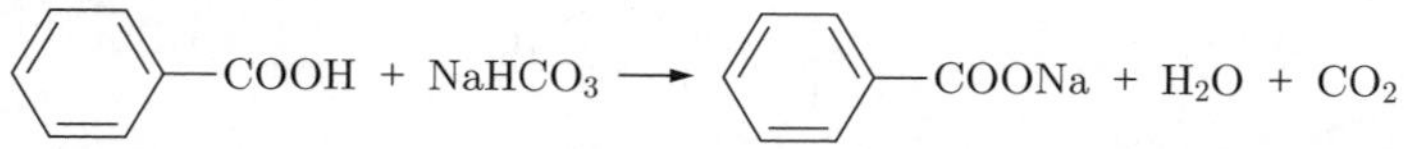

実験4はエステルのけん化であり，分子式と比較すると化合物 D はギ酸とフェノールのエステルであり，加水分解で生じた化合物 H と I はギ酸とフェノールである。さらに，実験5から化合物 H がギ酸と決まる。化合物 D の加水分解は下式で表される。

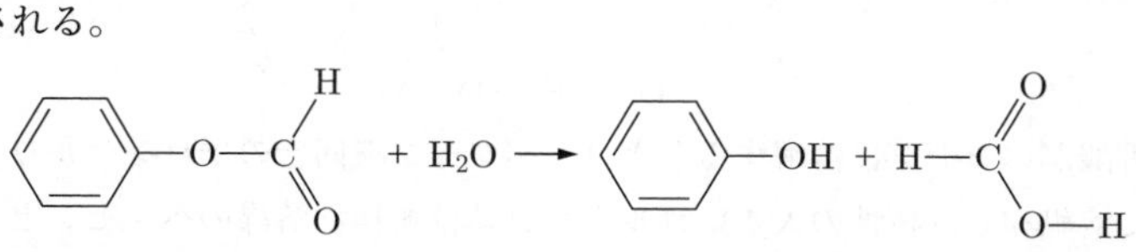

カ　実験6から化合物 E，F，G はフェノール類である。分子式と比較すると，可能な構造は下図の3種である。

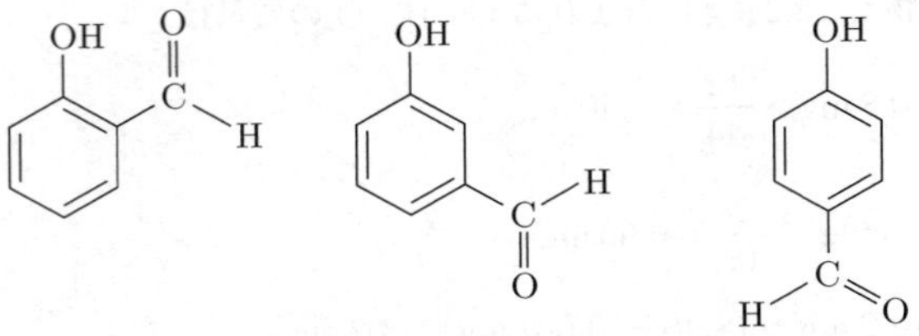

キ　フェノール類はヒドロキシ基同士で水素結合を形成できるので，比較的沸点が高い。化合物 E, F, G は，フェノール性ヒドロキシ基の他にホルミル基（アルデヒド基）も併せ持った化合物であり，このホルミル基とヒドロキシ基が分子内で水素結合を形成すれば，分子間水素結合は形成しにくく，分子間引力が小さくなるので，他の異性体に比べて沸点が著しく低くなる。それが可能な異性体は，ヒドロキシ基とホルミル基が互いにオルト位に結合した下図の化合物で，分子内で水素結合を形成した様子を図に示す。大きく分極した −O−H 結合がホルミル基の負の電荷を帯びている O 原子との間に水素結合を形成できる。正の電荷を帯びている H 原子をはさんで一直線状に O−H⋯O という配置を取ったときに最も強い水素結合を形成するので，それに比べれば弱い水素結合となるが，他の水素結合を形成できない異性体と比べれば，このヒドロキシ基は分子内水素結合を形成した分，分子間水素結合を形成しにくくなっている。

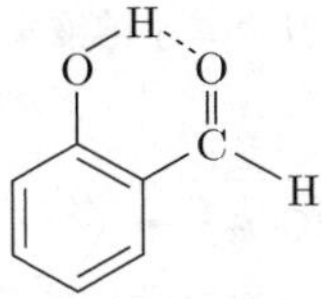

ク　化合物 C は安息香酸であり，これがベンゼンに溶解すると，下図のようにカルボキシ基同士で水素結合を形成し，二量体を形成しやすい。

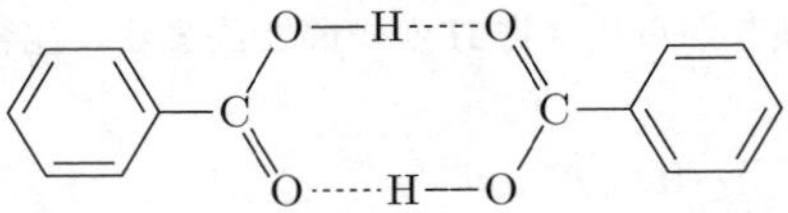

　安息香酸がベンゼンに溶解するときは，ベンゼン環同士のファンデルワールス力によって溶媒和し，極性の大きいカルボキシ基は無極性溶媒のベンゼンとは親和性が極めて小さい。そのため，ベンゼン中で安息香酸同士が出会うと，極性の大きいカルボキシ基同士が強い相互作用をして，高い確率で上図の二量体を形成する。

　これに対し，安息香酸をラウリン酸に溶かした溶液では，溶媒のラウリン酸と安息香酸の間で水素結合を形成するので，安息香酸同士が会合して二量体を形成する

ことはなく，実験 2 の結果からほぼ正しい安息香酸の分子量を求めることができた
のである。したがって，ベンゼン中で安息香酸は 2 倍の分子量を持つ物質のように
ふるまうので，凝固点降下度は実験 2 の場合の約 0.5 倍となる。

解 答

Ⅰ　ア　1 平衡　　　2 エタノール　　　3 水

　　　　4，5 プロピオン酸ナトリウム，エタノール(順不同)

イ　A

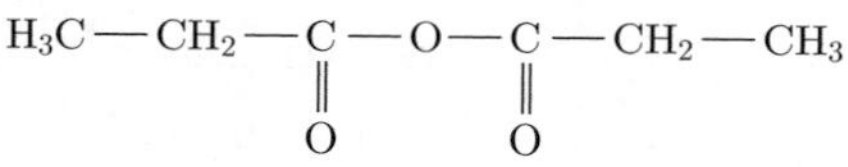

$$H_3C-CH_2-\underset{O}{C}-O-\underset{O}{C}-CH_2-CH_3$$

B

$$\overset{H}{\underset{O}{C_6H_5-N-C-CH_2-CH_3}}$$

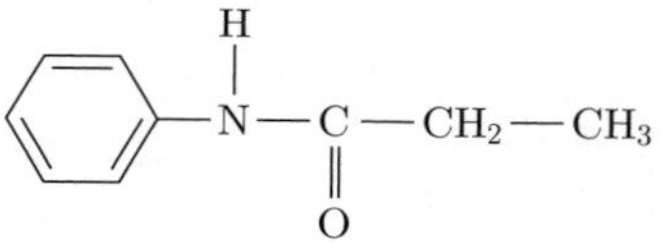

Ⅱ　ウ　$C_7H_6O_2$

エ　122（計算式は解説参照）

オ　C

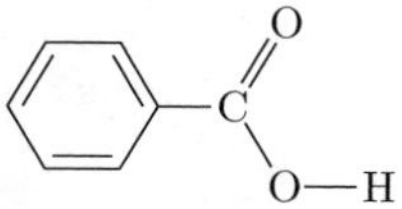

$$C_6H_5-\underset{O}{C}-O-H$$

D

$$C_6H_5-O-\underset{O}{C}-H$$

H

$$H-\underset{O-H}{\overset{O}{C}}$$

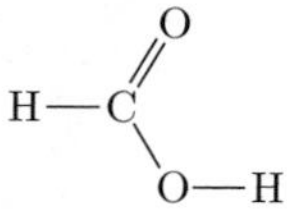

I

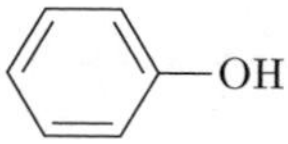

$$C_6H_5-OH$$

カ

$$\begin{array}{ccc} \text{(o-OH)} & \text{(m-OH)} & \text{(p-OH)} \\ & \text{ベンズアルデヒド} & \end{array}$$

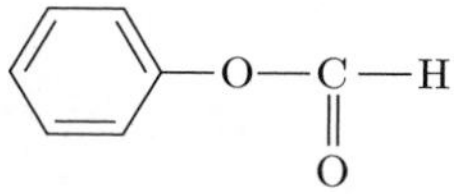

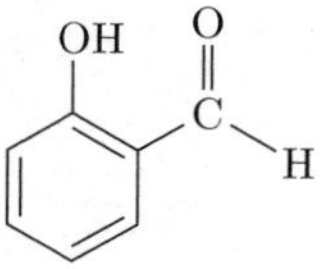

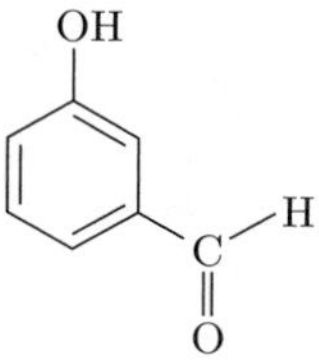

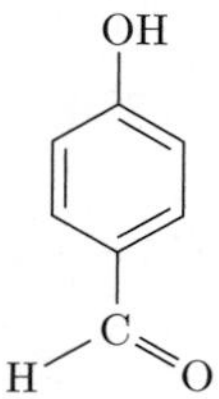

キ

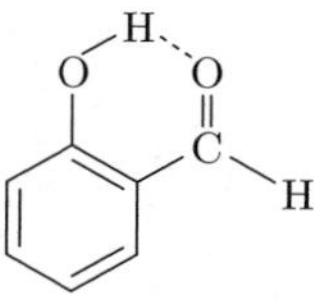

理由：フェノール性ヒドロキシ基の間で分子内水素結合を形成でき，その分他の化

合物より分子間水素結合を形成しにくいため。(55 字)

ク　(d)

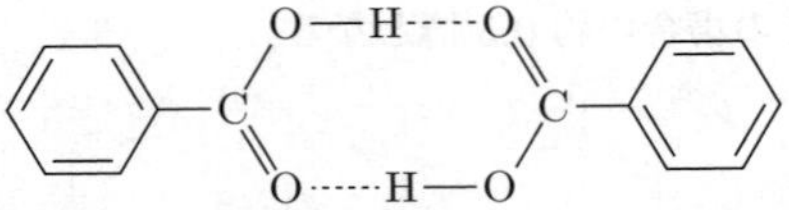

注）問題文中に構造式は例にならって解答せよとあって，ベンゼン環に H 原子をあ
　　らわに示した構造式が例示されているが，この構造式は通常の表記法と異なり，現
　　在使用されていないので，本書では通常の表記法を用いた。

第1問

[解説]

Ⅰ　ア，イ　気体に関する物理量の圧力や体積，温度は，気体分子運動に基づいて，次のような意味を持っている。まず圧力 P は，気体が容器の壁に衝突する前後の運動量変化の総和であり，単位時間内に単位面積当たりに衝突する気体分子の数とその速度と質量の積に比例する。また，体積 V は気体分子が運動するための空間の体積を表している。温度 T は絶対温度で分子の運動エネルギーに比例し，分子の平均の並進速度を v とすると T は v^2 に比例する。

　　理想気体は気体の状態方程式 $PV = nRT$ が常に厳密に成立する仮想的な気体であり，実在気体との比較から，分子間引力が働かず，分子自身の体積がない気体と解釈されている。したがって，理想気体では圧力が無限大のときにはその体積は 0 になる。

　　低圧といっても $200 \sim 400\,\mathrm{atm}$, すなわち $2 \sim 4 \times 10^7\,\mathrm{Pa}$ において，$Z < 1$ となっているが，これは実在気体では分子間引力が無視できないためである。分子間引力が働くと，器壁に衝突する直前の分子は容器の内側にある分子によって引っ張られるため，器壁への衝突は弱まる。そのため，測定される気体の圧力は理想気体の場合より小さくなる。したがって，PV の値は理想気体よりも小さくなる。

　　これに対し，$500\,\mathrm{atm}$ を超える高圧になると，$Z > 1$ となるが，これは分子自身の体積が 0 でないため，本来の気体の体積である分子が運動する空間の体積に比べて分子自身の体積が無視できなくなるためである。もし，実在気体でもボイルの法則が成立するならば，その体積は大気圧のときの約 $\dfrac{1}{500}$ になるわけで，液体となったときの体積と同程度である。すなわち，高圧になると気体の体積が小さくなり，分子同士が接触する程度まで接近し，それ以上に圧縮しようとしても体積が変化できなくなるので，PV の値は圧力に比例して増大することになる。

　　実在気体の振る舞いを良く説明する状態式として，ファンデルワールスの状態式が知られている。これは，分子間引力と分子自身の体積の効果を見積もって，2つの分子に固有の定数を用いた次式である。理想気体では $PV = nRT$ が常に厳密に成立するが，実在気体の圧力 P_r と体積 V_r を分子間引力と分子自身の体積を用いて理想気体の圧力 P_i と体積 V_i と同じ意味を持つように下式のように補正したもので

ある。

$$P_i = P_r + \frac{n^2}{V^2}a$$

$$V_i = V_r - nb$$

　上で解説したように，体積が一定のある容器に入っている実在気体では，分子間引力のために器壁への衝突が弱まるため，理想気体より圧力は小さくなる。これを補正したのが，$+\frac{n^2}{V^2}a$ である。$\frac{n}{V}$ は単位体積当たりの分子数に比例する量で，分子同士が出会う確率がその 2 乗に比例することからこの式が導かれる。また，分子自身がその分子に固有の体積を持つことから，気体全体の体積から分子自身が占める体積を引けば，残りの空間は分子が運動するための空間，すなわち理想気体の体積の意味を持つことになるので，2 つ目の式が導かれる。具体的に 1 mol の実在気体についてファンデルワールスの状態式を書き下してみると，以下の通りである。

$$\left(P + \frac{a}{V^2}\right)(V - b) = RT$$

　これを展開して整理すると，以下の通りである。

$$PV + \frac{a}{V} - bP - \frac{ab}{V^2} = RT$$

　ここで，$\frac{1}{V} \doteqdot \frac{P}{RT}$ の関係を用い，$Z = \frac{PV}{RT}$ の形に P の関数として整理すると，下式が得られる。

$$Z = \frac{PV}{RT} = 1 - \frac{a}{(RT)^2}P + \frac{b}{RT}P + \frac{ab}{(RT)^3}P^2$$

　この式の右辺の第 2 項は分子間引力による補正の効果であり，これが $Z < 1$ となる原因である。また，第 3 項以降は分子自身の体積を補正した効果で，これが $Z > 1$ となる原因である。実際，分子間引力が非常に小さい実在気体である He や H_2 では $a \doteqdot 0$ となるため，Z は y 切片が 1 の単調に増加する直線となることが知られている。

ウ　装置の試料空間に封入された酸素の物質量は不変であり，300 K，10 atm においては理想気体とみなすとあるので，試料空間の断面積を $S(\text{mm}^2)$ とし，封入された酸素の物質量を $n(\text{mol})$ すると，このときの Z の値は下式で表され，それが 1.0 である。

$$Z = \frac{10 \, \text{atm} \times 0.40 \, \text{mm} \times S}{nRT} = 1.0$$

一方，300 K，800 atm においては，図 1 − 2 から $Z = 1.4$ である。よって，このときの対向する 2 つのダイヤモンド面間の距離を d 〔mm〕とすると，下式が成立する。

$$Z = \frac{800 \, \text{atm} \times d \times S}{nRT} = 1.4$$

この 2 つの式を nRT について解いて，それらを等しいと置くと，下式が得られる。

$$\frac{10 \, \text{atm} \times 0.40 \, \text{mm} \times S}{1.0} = \frac{800 \, \text{atm} \times d \times S}{1.4}$$

$$\therefore d = 7.0 \times 10^{-3} \, \text{mm}$$

エ　試料空間に封入された酸素の物質量は，理想気体として振る舞う 300 K，10 atm のときの体積から，以下のように計算される。

$$n = \frac{PV}{RT} = \frac{10 \, \text{atm} \times \pi \times (0.20 \times 10^{-3} \, \text{m})^2 \times 0.40 \times 10^{-3} \, \text{m} \times 10^3 \, \text{L/m}^3}{0.082 \, \text{atm} \cdot \text{L/(mol} \cdot \text{K)} \times 300 \, \text{K}}$$

$$\fallingdotseq 2.04 \times 10^{-8} \, \text{mol}$$

一方，この酸素が結晶となったときの体積 V' は，以下の通りである。

$$V' = \pi \times (0.20 \times 10^{-3} \, \text{m})^2 \times 0.0020 \times 10^{-3} \, \text{m}$$

また，酸素の結晶の単位格子に含まれる実質の分子数は，頂点に位置する分子が $\frac{1}{8}$ 個分で 8 ヶ所にあるので合わせて 1 個分と面心に位置する分子は 2 つの単位格子に等価に含まれているので $\frac{1}{2}$ 個分でこれが 6 ヶ所にあるので合わせて 3 個分なので，全体で 4 個分である。

　結晶では分子が規則正しく配列していて，単位体積当たりに含まれる分子の数はその結晶に固有であり，結晶の大きさに依らない。すなわち，結晶全体でも単位格子でもその数は等しい。したがって，単位格子の体積を V_{unit} 〔m^3〕とすると，下式が成立する。

$$\frac{4}{V_{\text{unit}}} = \frac{6.0 \times 10^{23} \, \text{mol}^{-1} \times 2.04 \times 10^{-8} \, \text{mol}}{\pi \times (0.20 \times 10^{-3} \, \text{m})^2 \times 0.0020 \times 10^{-3} \, \text{m}}$$

$$\therefore V_{\text{unit}} = 8.2 \times 10^{-29} \, \text{m}^3$$

なお，この計算にあたっては，試料空間に封入された酸素の物質量もそれが結晶

となったときの体積も，直径が 0.40 mm の円柱の体積に比例する量なので，酸素の物質量も具体的な数値を求めないで，以下のように計算すると少し楽に V_{unit} を求められる。

$$\frac{4}{V_{unit}} = \frac{6.0 \times 10^{23}\,\mathrm{mol}^{-1} \times \left(\dfrac{10\,\mathrm{atm} \times \pi \times (0.20 \times 10^{-3}\,\mathrm{m})^2 \times 0.40 \times 10^{-3}\,\mathrm{m} \times 10^3\,\mathrm{L/m}^3}{0.082\,\mathrm{atm \cdot L/(mol \cdot K)} \times 300\mathrm{K}} \right)}{\pi \times (0.20 \times 10^{-3}\,\mathrm{m})^2 \times 0.0020 \times 10^{-3}\,\mathrm{m}}$$

Ⅱ　オ，カ　反応(1)によって生成した OH は，直ちに反応(2)によって水分子になるとあるので，水分子の生成速度 v は反応(1)の反応速度 v_1 に等しい。よって，水分子の生成速度 v は下式で表される。

$$v = v_1 = k_1[\mathrm{O}][\mathrm{H}]$$

これに，与えられた数値を代入すると，水分子の生成速度 v は以下のように求まる。

$v = 5.4 \times 10^6\,\mathrm{cm}^2/(\mathrm{mol \cdot s}) \times 6.2 \times 10^{-10}\,\mathrm{mol/cm}^2 \times 2.5 \times 10^{-9}\,\mathrm{mol/cm}^2$
$\quad = 8.4 \times 10^{-12}\,\mathrm{mol/(cm}^2 \cdot \mathrm{s})$

このとき，水の生成速度は反応(2)の反応速度 v_2 でもあるので，$v_1 = v_2$ である。よって，下式が成立する。

$$k_1[\mathrm{O}][\mathrm{H}] = k_2[\mathrm{OH}][\mathrm{H}]$$

これを [OH] について解いて，与えられた数値を代入すると，

$$[\mathrm{OH}] = \frac{k_1[\mathrm{O}]}{k_2} = \frac{5.4 \times 10^6\,\mathrm{cm}^2/(\mathrm{mol \cdot s}) \times 6.2 \times 10^{-10}\,\mathrm{mol/cm}^2}{1.0 \times 10^{12}\,\mathrm{cm}^2/(\mathrm{mol \cdot s})}$$

$\quad = 3.34 \times 10^{-15}\,\mathrm{mol/cm}^2 \fallingdotseq 3.3 \times 10^{-15}\,\mathrm{mol/cm}^2$

キ　低温では，反応(1)の速度定数が極めて小さく，実質的に白金表面に OH が生成しないので，水の生成反応は起こらない。しかし，少量でも水を容器内に加えると，白金表面に吸着していた O と H_2O から反応(3)によって白金表面に OH が生じる。

$$\mathrm{O} + \mathrm{H_2O} \longrightarrow 2\mathrm{OH}$$

この OH と H_2 から生じた白金表面に解離吸着した H が反応(2)によって水が生成する。以後，容器内の水の量が次第に増えて，白金表面の OH の濃度が増し，反応(2)の反応速度も増大するので水の生成速度も次第に増大する。

解　答

Ⅰ　ア　実在気体では分子間引力が 0 ではないので，器壁への衝突が弱まるので，理想気体より PV の積が小さくなるため。(52 字)

イ　実在気体では分子に固有の体積があり，高圧になると分子の運動する空間の体積に比べ，分子の体積が無視できなくなるため。(57 字)

ウ　7.0×10^{-3} mm（計算の過程は解説参照）

エ　8.2×10^{-29} m^3（計算の過程は解説参照）

Ⅱ　オ　8.4×10^{-12} mol/(cm$^2 \cdot$ s)（計算の過程は解説参照）

カ　3.3×10^{-15} mol/cm^2（計算の過程は解説参照）

キ　少量の水を追加すると，白金の表面で吸着していた O と H$_2$O から反応(3)によって白金表面に OH が生じ，H$_2$ が解離吸着した H と反応(2)によって水が生成する。以後，容器内の水の量が増えるに伴って白金表面の OH の濃度も増し，水の生成速度も増大する。（112 字）

第 2 問

解説

Ⅰ　ア　ホタル石型構造の単位格子の内部に実質的に含まれる陽イオンは，立方体の頂点に位置するものはそれぞれ $\frac{1}{8}$ 個分，各面の中心に位置するものは $\frac{1}{2}$ 個分なので，8 ヶ所の頂点で合わせて 1 個分と 6 つの面で合わせて 3 個分の合計 4 個分である。また，陰イオンは，4 つの陽イオンの作る正四面体の中心に位置していて，8 個の陰イオンはすべて立方体の内部にあり，単位格子には 8 個の陰イオンが含まれる。

イ　物質量の比で ZrO$_2$ と CaO が 0.85 : 0.15 である酸化物の組成は Zr$_{0.85}$Ca$_{0.15}$O$_{1.85}$ となる。ホタル石型の構造では陽イオンと陰イオンの粒子数比は正確に 1:2 となっているが，この合成された酸化物ではそれが 1 : 1.85 となっている。これを単位格子について考察すると，その内部に 4 個分の陽イオンがあるのに対し，陰イオンは $1.85 \times 4 = 7.4$ 個分が含まれていることになる。すなわち，8 個分の O^{2-} があるべきところに 7.4 個分の O^{2-} があり，0.6 個分が欠損（酸素空孔）となっている。よって，この欠損の百分率は

$$\frac{0.6}{8} \times 100 = 7.5\%$$

ウ　単位格子 1 個当たり 0.6 個分の酸素空孔があり，この単位体積に含まれる酸素空孔の数は，結晶の大きさに依らないので，1.00 cm^3 当たりの酸素空孔の数を x 個とすると，下式が成立する。

$$\frac{0.6}{1.36 \times 10^{-22} \text{cm}^3} = \frac{x}{1.00 \text{cm}^3}$$
$$\therefore x = 4.4 \times 10^{21}$$

エ　この酸化物の隔壁の両側に電極を設け，電極間に数 V の電圧をかけると，陰極
で O_2 の還元が起こり，陽極で O^{2-} の酸化が下式のように起こる。

　　　陰極　$O_2 + 4e^- \longrightarrow 2O^{2-}$

　　　陽極　$2O^{2-} \longrightarrow O_2 + 4e^-$

　　陰極で生じた O^{2-} は酸化物中を移動して陽極で酸化されるので，結果として陰
極側の O_2 が隔壁を通って陽極側へ移動する。この装置を用いると，この酸化物の
隔壁で隔てられた容器の陰極側に酸素とそれ以外の気体の混合気体があるとき，陽
極側に純粋な酸素を取り出すことができる。また，陰極側の低圧の酸素を陽極側へ
濃縮することもできる。これが問題文に記されている酸素ポンプの意味である。

オ　エに示した電極反応から，移動する酸素の物質量は電子の $\dfrac{1}{4}$ である。よって，
下式が成立する。

$$n_{O_2} = \frac{1.93A \times 500\,s}{4 \times 9.65 \times 10^4 \, C/mol} = 2.50 \times 10^{-3}\,mol$$

よって，この O_2 の $1\,atm = 1.013 \times 10^5\,Pa$，$800\,℃$における体積は，次の通り。

$$V_{O_2} = \frac{2.50 \times 10^{-3}\,mol \times 0.082\,atm \cdot L/(mol \cdot K) \times 1073\,K}{1\,atm} \fallingdotseq 0.22\,L$$

$$= 2.2 \times 10^2\,mL$$

$$V_{O_2} = \frac{2.50 \times 10^{-3}\,mol \times 8.31 \times 10^3\,Pa \cdot L \cdot mol^{-1} \cdot K^{-1} \times 1073\,K}{1.013 \times 10^5\,Pa} = 0.22\,L$$

Ⅱ　カ　最終的に反応式(2)によって，直接測定しにくい酸化剤の量を I_2 に変えて
定量する方法はヨウ素滴定と呼ばれる。この方法では，I_2 とチオ硫酸ナトリウム
$Na_2S_2O_3$ が共存する他の成分に影響されずに反応するので，様々な酸化還元滴定
に応用される。また，この滴定では指示薬としてデンプンを用いると，I_2 が残って
いる間はヨウ素デンプン反応により青紫色を呈するが，I_2 がすべて還元されて消失
すると無色となる。ヨウ素デンプン反応は非常に鋭敏な呈色反応であり，微量でも
I_2 が残っていれば検出できるので，高い精度で定量が可能となる。

キ　(1)式から，$Cu^{(2+p)+}$ の物質量の $\dfrac{(1+p)}{2}$ 倍の I_2 が生成する。これと過不足なく
反応する $Na_2S_2O_3$ の物質量は，式(2)からその 2 倍であり，$Cu^{(2+p)+}$ の物質量の
$(1 + p)$ 倍である。

$$\frac{N(Na_2S_2O_3)}{N(Cu^{(2+p)+})} = 1 + p$$

ク　La$_{2-x}$Sr$_x$CuO$_{4-y}$ を酸で溶解すると，これと等しい物質量の Cu$^{(2+p)+}$ が生じる。これを反応式(1), (2)に基づいて Na$_2$S$_2$O$_3$ 水溶液で酸化還元滴定を行うと，消費される Na$_2$S$_2$O$_3$ の物質量はキで求めたように Cu$^{(2+p)+}$ の $(1+p)$ 倍である。よって，下式が成立する。

$$\frac{W}{M} \times (1 + p) = CV$$

$$\therefore\ p = \frac{CMV}{W} - 1$$

ケ　La$_{2-x}$Sr$_x$CuO$_{4-y}$ において，La は 3+，Sr は 2+，O は 2− のイオンとするとあるので，電気的中性の原理から，Cu が $(2 + p)$ + のイオンとすると，下式が成立する。

$$3(2 - x) + 2x + (2 + p) = 2(4 - y)$$

$$\therefore\ y = \frac{1}{2}(x - p)$$

　この酸化物は La$_2$CuO$_4$ の組成の酸化物の La^{3+} の一部が Sr^{2+} に置き換わった構造となっている。これで，結晶中の O 原子の数が不変であれば，全体で正電荷が不足するので，その分 O 原子数が減ることになるか，O^{2-} の一部が O$^-$ となることになる。この La^{3+} の一部が Sr^{2+} に置き換わった構造の酸化物が高温超電導を示すことが知られているが，この問題では，O はすべて O^{2-} となっていることにして，O 原子数が減少から酸化物の性質を考察しようとしている。もし，Cu がすべて Cu^{2+} となっていれば，$y = \dfrac{x}{2}$ となるが，実際の酸化物では，この関係が成り立たないので，その割合を求める方法として，酸化還元滴定が用いられている。

コ　ケの結果から La$_{2-x}$Sr$_x$CuO$_{4-y}$ のモル質量 M〔g/mol〕は，以下の通りである。

$$M = 138.9 \times (2 - x) + 87.6 \times x + 63.5 + 16.0 \times (4 - y)$$

$$= 138.9 \times (2 - x) + 87.6 \times x + 63.5 + 16.0 \times \left(4 - \frac{x - p}{2}\right)$$

$$= 405.3 - 59.3x + 8.0p$$

サ　コの結果をクに代入すると，p は以下のように表される。

$$p = \frac{CMV}{W} - 1 = \frac{C \times (405.3 - 59.3x + 8.0p)\,V}{W} - 1$$

　これを p について解くと，

$$p = \frac{CV(405.3 - 59.3\mathrm{x}) - W}{W - 8.0\,CV}$$

解答

I　ア　陽イオン：4 個　　陰イオン：8 個

　イ　7.5%（解答に至る過程は解説参照）

　ウ　4.4×10^{21} 個（解答に至る過程は解説参照）

　エ　陰極：$O_2 + 4e^- \longrightarrow 2O^{2-}$

　　　陽極：$2O^{2-} \longrightarrow O_2 + 4e^-$

　オ　2.2×10^2 mL（解答に至る過程は解説参照）

II　カ　指示薬：デンプン　　色の変化：青紫色→無色

　キ　$\dfrac{N(\mathrm{Na_2S_2O_3})}{N(\mathrm{Cu}^{(2+\mathrm{p})+})} = 1 + \mathrm{p}$（求める過程は解説参照）

　ク　$\mathrm{p} = \dfrac{CMV}{W} - 1$（求める過程は解説参照）

　ケ　$\mathrm{y} = \dfrac{1}{2}(\mathrm{x} - \mathrm{p})$（求める過程は解説参照）

　コ　$405.3 - 59.3\mathrm{x} + 8.0\mathrm{p}$（求める過程は解説参照）

　サ　$\mathrm{p} = \dfrac{CV(405.3 - 59.3\mathrm{x}) - W}{W - 8.0\,CV}$（求める過程は解説参照）

第3問

解説

I　ア　いろいろな物質中の C 原子のまわりの結合角は，下図のように単結合では
正四面体の頂点の方向に結合が伸びるので 109.5°，二重結合では正三角形の頂点
の方向に伸びるので 120°，三重結合では互いに直線の反対方向に伸びるので 180°
である。

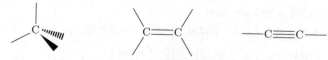

　　よって，スチレンにおいては，$\theta^1 = \theta^2 = \theta^3 = 120°$ である。これが下線部①の付
加重合によってポリスチレンとなると，C_1 はすべて単結合で結合するようになり，
そのまわりの結合角はほぼ 109.5° となる。よって，反応後のこれらの結合角の和

は約 330° となり，反応前よりその和は小さくなる。

イ　溶液の浸透圧は，半透膜を隔てて濃度の異なる溶液が接しているときに，両溶液の濃度が等しくなるように溶媒が半透膜を通って浸透することによって起こる現象であり，下線部②の状況では，左側は溶媒のトルエンのみなので，右側の試料をトルエンに溶かした溶液を薄めるようにトルエンが浸透する。よって，右側の液面が高くなり，溶液の浸透圧と液面差によって生じる液柱の作る圧力が釣り合うまで浸透が続く。

ウ　試料 C はスチレンと p−ジビニルベンゼンが共重合した高分子化合物で，ポリスチレンの鎖状の高分子化合物が，p−ジビニルベンゼンの部分で架橋された下図の構造を持っている。この架橋構造の部分は，分子の変形の自由度が小さく溶媒のトルエンが溶媒和しにくいので，単なる鎖状構造のポリスチレンに比べて溶けにくい。この架橋構造が多くなると，共重合体に網目構造が形成され，さらに共重合体は変形しにくくなり，特に架橋部分には溶媒和が難しくなり，不溶性となる。

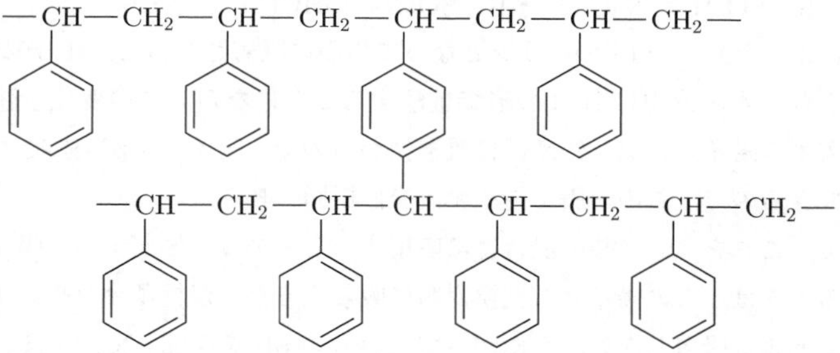

エ　希薄溶液の浸透圧は，溶質の種類には無関係で溶液のモル濃度と絶対温度の積に比例する。試料 A および B をトルエンに溶かした溶液の浸透圧を π_A，π_B とすると，それらは試料 A の分子量を M，気体定数を R，溶液の絶対温度を T として，下式で表される。

$$\pi_A = \frac{\left(\dfrac{50.0 \times 10^{-3}\,\mathrm{g}}{M}\right)RT}{0.100\,\mathrm{L}}$$

$$\pi_B = \frac{\left(\dfrac{50.0 \times 10^{-3}\,\mathrm{g}}{2.00 \times 10^{4}\,\mathrm{g/mol}}\right)RT}{0.100\,\mathrm{L}}$$

溶液の浸透圧と液柱の作る圧力は比例するので，両者の液面差の比は浸透圧の比と一致する。よって，下式が成立する。

$$\frac{\pi_A}{\pi_B} = \frac{5.5\,\mathrm{mm}}{7.5\,\mathrm{mm}}$$

試料 A および B をトルエンに溶かした溶液の浸透圧を表す式と，それらの比を比べると，試料の質量や溶液の体積が等しく温度も等しいので，下式が成立する。

$$\frac{\pi_A}{\pi_B} = \frac{5.5\,\mathrm{mm}}{7.5\,\mathrm{mm}} = \frac{2.00 \times 10^4\,\mathrm{g/mol}}{M}$$

$$\therefore\ M = 2.7 \times 10^4\,\mathrm{g/mol}$$

よって，試料 A の分子量は 2.7×10^4 である。

オ　ポリスチレンに濃硫酸を作用させると，ベンゼン環のスルホン化が起こり，陽イオン交換樹脂となる。スルホン酸は強酸なので，スルホ基は電離しているが，陰イオンが高分子化合物中に共有結合で結合して移動できないため，H^+ も移動できない。陽イオン交換樹脂を $R-SO_3H$ と表し，これに NaCl 水溶液を流したときの変化で陽イオン交換樹脂の働きを示すと以下の通りである。

$$R-SO_3H + NaCl \longrightarrow R-SO_3Na + HCl$$

Na^+ が $-SO_3^-$ の相手のイオンとなって樹脂に吸着されると，H^+ が移動できるようになり，水溶液中に HCl の形で遊離することになる。この変化全体では，樹脂に吸着する陽イオン H^+ が Na^+ に置き換わるので，陽イオンが交換されたと見ることができるので，この樹脂を陽イオン交換樹脂と呼ぶ。

さて，これをアミノ酸の混合物に応用すると，アミノ酸が全体で陽イオンとなっているときは，この陽イオン交換樹脂に吸着するが，双性イオンや陰イオンとなっているときは吸着しない。したがって，溶液の pH を調節して，アミノ酸のイオン構造を変えることによって，陽イオン交換樹脂に吸着させたり遊離させたりすることができ，アミノ酸の種類によって，ある pH においてどういうイオン構造となるかが異なるときは，陽イオン交換樹脂を用いてアミノ酸を分離することができる。選択肢に挙げてあるアミノ酸は，中性アミノ酸のアラニン $CH_3CH(NH_2)COOH$，塩基性アミノ酸のリシン $H_2N(CH_2)_4CH(NH_2)COOH$，酸性アミノ酸のグルタミン酸 $HOOCCH_2CH_2CH(NH_2)COOH$ の 3 種である。これらのアミノ酸を純水に溶かすと，それぞれ下式のように分子内で塩を形成する。さらに，塩基性アミノ酸のリシンおよび酸性アミノ酸のグルタミン酸は，残りのアミノ基およびカルボキシ基が水溶液中で電離し，リシンの水溶液は pH が 10 程度に，グルタミン酸の水溶液は pH が 3 程度になる。また，中性アミノ酸のアラニンは，分子内で酸性のカルボキシ基と塩基性のアミノ基を 1 つずつ持っているので，ちょうど過不足なく反応して，双性イオンとなって，このときの水溶液はほぼ中性でその pH は 6 付近である。

アラニン Ala

$$H_2N-CH-COOH \quad \longleftrightarrow \quad H_3N^+-CH-COO^-$$
$$\qquad\qquad|\qquad\qquad\qquad\qquad\qquad\qquad|$$
$$\qquad\quad CH_3 \qquad\qquad\qquad\qquad\qquad CH_3$$

リシン Lys

$$H_2N-CH-COOH \quad \longleftrightarrow \quad H_2N-CH-COO^-$$
$$\qquad\quad|\qquad\qquad\qquad\qquad\qquad\qquad|$$
$$\quad (CH_2)_4 \qquad\qquad\qquad\qquad\quad (CH_2)_4$$
$$\qquad\quad|\qquad\qquad\qquad\qquad\qquad\qquad|$$
$$\quad NH_2 \qquad\qquad\qquad\qquad\qquad NH_3^+$$

$$H_2N-CH-COO^- + H_2O \quad \longleftrightarrow \quad H_3N^+-CH-COO^- + OH^-$$
$$\qquad\quad|\qquad\qquad\qquad\qquad\qquad\qquad\qquad|$$
$$\quad (CH_2)_4 \qquad\qquad\qquad\qquad\qquad\quad (CH_2)_4$$
$$\qquad\quad|\qquad\qquad\qquad\qquad\qquad\qquad\qquad|$$
$$\quad NH_3^+ \qquad\qquad\qquad\qquad\qquad\qquad NH_3^+$$

グルタミン酸

$$H_2N-CH-COOH \quad \longleftrightarrow \quad H_3N^+-CH-COO^-$$
$$\qquad\quad|\qquad\qquad\qquad\qquad\qquad\qquad|$$
$$\quad (CH_2)_2 \qquad\qquad\qquad\qquad\quad (CH_2)_2$$
$$\qquad\quad|\qquad\qquad\qquad\qquad\qquad\qquad|$$
$$\quad COOH \qquad\qquad\qquad\qquad\quad COOH$$

$$H_3N^+-CH-COO^- \quad \longleftrightarrow \quad H_3N^+-CH-COO^- + H^+$$
$$\qquad\quad|\qquad\qquad\qquad\qquad\qquad\qquad|$$
$$\quad (CH_2)_2 \qquad\qquad\qquad\qquad\quad (CH_2)_2$$
$$\qquad\quad|\qquad\qquad\qquad\qquad\qquad\qquad|$$
$$\quad COOH \qquad\qquad\qquad\qquad\quad COO^-$$

　pH が 3.4 の水溶液中でそれぞれのアミノ酸が主に取っているイオン構造は，ア
ラニンは陽イオン，リシンも 2 価の陽イオン，グルタミン酸は電気的に中性の双
性イオンである。したがって，これらのアミノ酸を陽イオン交換樹脂に吸着させ，
pH 3.4 の緩衝液を流すと，大部分が電気的に中性となっているグルタミン酸が溶
出する。次いで，1 価の陽イオンとなっているアラニンが陽イオン交換を行いな
がら溶出するが，この段階では 2 価の陽イオンとなっているリシンは溶出しない。
pH 9.2 の緩衝液中では，アラニンは陰イオンとなっているので陽イオン交換樹脂
には吸着せず，この緩衝液を流すと，ここまでに溶出せずに残っているアラニンが
あれば，まずこれが溶出する。また，リシンも大部分が双性イオンとなって電荷を
もたなくなるので，陽イオン交換樹脂には吸着せず，溶出する。よって，アミノ酸
D がグルタミン酸，**E** がアラニン，**F** がリシンである。

Ⅱ　カ　$C_4H_{10}O$ の分子式の化合物にはアルコールとエーテルがあり，アルコールは
　　ヒドロキシ基同士で下図のように分子間水素結合を作り得るので，それができない
　　エーテルに比べて沸点が異常に高い。

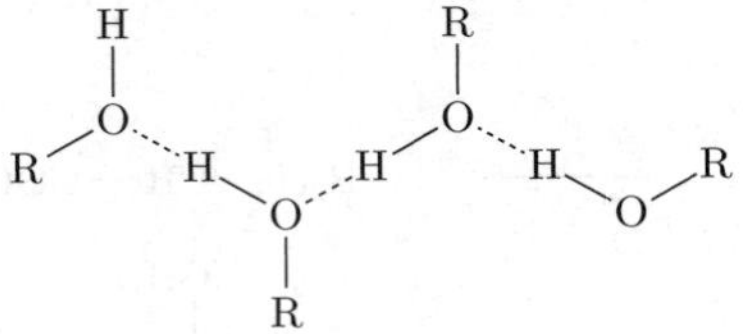

　　したがって，$A_1 \sim A_5$ がアルコール，$A_6 \sim A_8$ がエーテルで，それぞれ下図の
通りである。

$C_4H_{10}O$ のアルコール

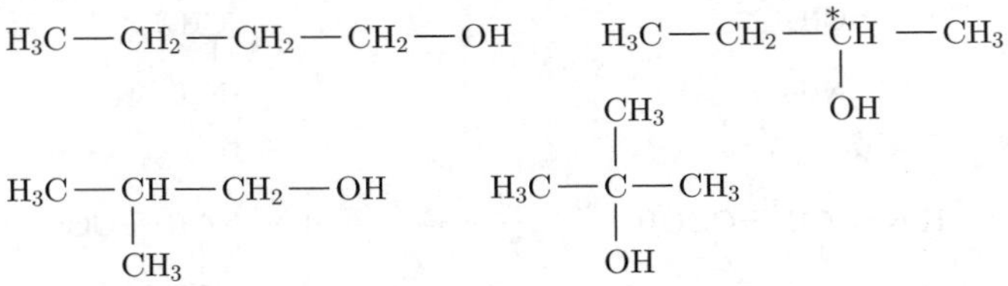

　　なお，アルコールの構造式で上段右の＊を付記した2－ブタノールには不斉炭
素原子があるので，1対の光学異性体が存在する。よって，これが沸点が完全に同
一の A_3 および A_4 である。また，これらのアルコールの異性体の沸点を決めてい
る最も重要な分子間引力は水素結合であり，ヒドロキシ基同士が接近しやすいアル
コールほど沸点が高くなる。したがって，ヒドロキシ基の結合しているC原子の
まわりが比較的空いている第1級アルコールが最も沸点が高く，次いで第2級ア
ルコール，そして3つの炭化水素基に囲まれていて込み合っている第3級アルコー
ルの沸点が最も沸点が低くなる。よって，A_1 と A_2 が第1級アルコール，A_3 と A_4
が互いに光学異性体の第2級アルコール，A_5 が第3級アルコールである。2つの
第1級アルコールの沸点の違いは，炭化水素基同士のファンデルワールス力の差に
なるが，これは非常に難しい。事実として，直鎖の炭化水素基の方が枝分かれのあ
る炭化水素基よりファンデルワールス力が強いので，A_1 が1－ブタノール，A_2 が
2－メチル－1－プロパノールであるが，本問を解答するためにはこれは決まらな
くても影響はない。

$C_4H_{10}O$ のエーテル

$$H_3C—CH_2—CH_2—O—CH_3 \qquad H_3C—CH—O—CH_3$$
$$\qquad\qquad\qquad\qquad\qquad\qquad\qquad\qquad | $$
$$\qquad\qquad\qquad\qquad\qquad\qquad\qquad\qquad CH_3$$

$$H_3C—CH_2—O—CH_2—CH_3$$

キ　実験1はアルコールの酸化で，第1級アルコールおよび第2級アルコールがこの操作で変化する。したがって，この実験操作で酸化されるのは第1級アルコールの1－ブタノール（左上）と2－メチル－1－プロパノール（左下）および第2級アルコールの2－ブタノールで，2－ブタノールは光学異性体を区別しているので2種あり，合計4種類である。

　　これらのアルコールが酸化されると，第1級アルコールはアルデヒドに，第2級アルコールはケトンになるが，これらの化合物には水素結合を作り得るヒドロキシ基がなくなっているので，沸点の異常はなくなる。よって，この反応生成物はいずれも沸点が低くなる。

ク　カで指摘したように，化合物 A_3 と A_4 は互いに光学異性体の関係にある2－ブタノールである。これらが酸化されると，いずれからも下式のブタノン（エチルメチルケトン）が生成する。よって，B_3 と B_4 は同一化合物である。

$$H_3C—CH_2—C—CH_3$$
$$\qquad\qquad\qquad\qquad\ \parallel$$
$$\qquad\qquad\qquad\qquad\ O$$

ケ　試料 B_1 はアルコール A_1 が酸化されて生じたカルボニル化合物で，その分子式は C_4H_8O である。これの構造異性体の中で，不斉炭素原子を有する化合物には，以下の構造式の化合物が考えられる。

$$H_2C=CH—\overset{*}{C}H—CH_3 \qquad H_3C—\overset{*}{C}H—\overset{*}{C}H—OH \qquad H_2C—\overset{*}{C}H—CH_3$$
$$\qquad\qquad\qquad | \qquad\qquad\qquad\qquad\qquad\quad | \qquad\qquad\qquad\ |$$
$$\qquad\qquad\quad OH \qquad\qquad\qquad\qquad\quad CH_2 \qquad\qquad H_2C—O$$

$$H_3C—\overset{*}{C}H—\overset{*}{C}H—CH_3 \qquad H_2C—\overset{*}{C}H—CH_2—CH_3$$
$$\qquad\qquad\quad \diagdown\ O\ \diagup \qquad\qquad\qquad\quad \diagdown\ O\ \diagup$$

　　なお，これらの化合物中で3員環を持つ化合物は，結合角に歪みが大きくきわめて不安定である。

コ　化合物群 A は分子式が $C_4H_{10}O$ のアルコールまたはエーテルで，この中で最も沸点が高いのは A_1 のアルコールである。化合物群 B は $A_1 \sim A_4$ が酸化されて生じたアルデヒドまたはケトンの $B_1 \sim B_4$ と，変化しなかった第3級アルコールの A_5 とエーテルの $A_6 \sim A_8$ と同一の $B_5 \sim B_8$ であり，これらの中では第3級アルコー

ルの $A_5 = B_5$ の沸点が最も高い。

　　また，化合物群 **C** は第 1 級アルコールが酸化されて生じたカルボン酸 C_1，C_2 と
実験 2 で変化しなかった化合物のケトン $B_3 = B_4 = C_3 = C_4$ および実験 1 で変化
しなかった第 3 級アルコール $A_5 = C_5$ とエーテル $A_6 \sim A_8 = C_6 \sim C_8$ である。こ
れらの化合物の中で最も沸点が高いのはカルボン酸 C_1 である。それは，カルボン
酸が液体の状態で下図のように水素結合により二量体を形成しやすいためで，あた
かも分子量が 2 倍の分子のように振る舞うためである。

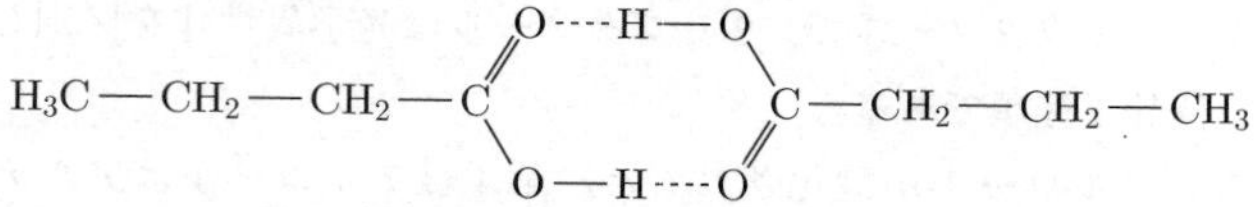

$$H_3C - CH_2 - CH_2 - \overset{\displaystyle O \cdots H - O}{\underset{\displaystyle O - H \cdots O}{C}} \quad \overset{}{\underset{}{C}} - CH_2 - CH_2 - CH_3$$

　　その結果，カルボン酸の沸点は，同じ炭素数のアルコールより高くなる。したがっ
て，これらの化合物群の中で最も沸点の高い化合物の沸点は $T_C > T_A > T_B$ となる。

サ　コで説明したように第 1 級アルコールが酸化されると，アルデヒドを経由してカ
　　ルボン酸となるので，A_1，B_1，C_1 および A_2，B_2，C_2 は異なる化合物である。ま
　　た，第 2 級アルコールが酸化されるとケトンとなるので A_3，B_3 および A_4，B_4 は
　　異なる化合物である。ただし，クで説明したように生じたケトンには光学異性体が
　　ないので $B_3 = B_4$ であり，これらは実験 2 では変化しないので $B_3 = B_4 = C_3 =$
　　C_4 である。また，実験 1，2 で第 3 級アルコールおよびエーテルは変化しないので
　　$A_5 = B_5 = C_5$，$A_6 \sim A_8 = B_6 \sim B_8 = C_6 \sim C_8$ である。したがって，これらの化
　　合物で互いに異なるものは 13 種類である。

シ　カの解説に示した構造式から，ジエチルエーテルおよび 2 - メチル - 2 - プロ
　　パノールの化合物中の H 原子が 2 種類の異なる環境にあることがわかる。すなわち，
　　ジエチルエーテルでは両端の $-CH_3$ と O 原子と結合している $-CH_2-$ の 2 種類の
　　H 原子があり，2 - メチル - 2 - プロパノールでは 3 つの $-CH_3$ は等価でありこ
　　れとヒドロキシ基 $-OH$ の 2 種類の H 原子がある。他の化合物ではそれが 3 種類
　　以上あるので，この 2 つの化合物が条件に適する。

解 答

I　**ア**　小さくなる。　　330°
イ　右側　（理由）溶媒が移動して溶液を薄める。(14 字)
ウ　架橋され溶媒和しにくくなる。
エ　2.7×10^4
オ　(5)

Ⅱ　カ　水素結合

キ　4 種類　(い)

ク　$H_3C-CH_2-\overset{\underset{\|}{O}}{C}-CH_3$

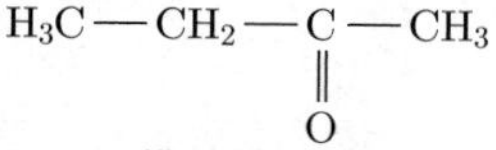

ケ　以下の構造式の中のどれか 1 つ

$H_2C=CH-\overset{*}{\underset{\underset{OH}{|}}{C}H}-CH_3$　　　$H_3C-\overset{*}{\underset{\underset{CH_2}{|}}{C}H}-\overset{*}{C}H-OH$　　　$H_2C-\overset{*}{\underset{\underset{H_2C-O}{|}}{C}H}-CH_3$

$H_3C-\overset{*}{C}H-\overset{*}{\underset{\underset{O}{}}{C}}H-CH_3$　　　$H_2C-\overset{*}{\underset{\underset{O}{}}{C}}H-CH_2-CH_3$

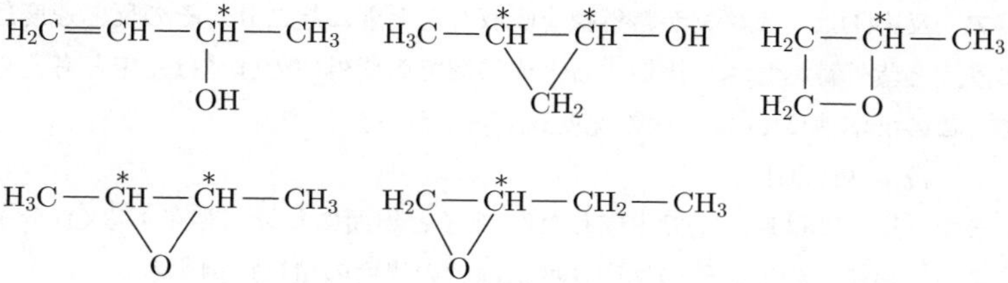

コ　$T_C > T_A > T_B$

サ　13 種類

シ

$H_3C-CH_2-O-CH_2-CH_3$　　　$H_3C-\overset{\overset{CH_3}{|}}{\underset{\underset{OH}{|}}{C}}-CH_3$

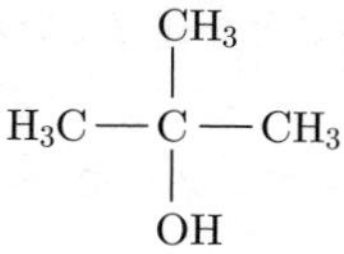

第1問

(解説)

I　ア　反応(1)は，オゾンが紫外線を吸収したときに起こり，その反応速度はオゾン
の濃度と紫外線の強さに比例する。成層圏での紫外線の強さは一定と考えられるの
で，この反応速度 v_1 は，次の速度式で表される。

$$v_1 = k_1[O_3]$$

また，反応(2)は反応(1)で生成した O 原子と周囲に多量に存在する O_2 分子の衝突
によっておこるので，その反応速度は両者の濃度の積に比例する。

$$v_2 = k_2[O][O_2]$$

イ　反応(1)と反応(2)は互いに正反応と逆反応の関係にあり，下線部の記述は下式の可
逆反応が平衡状態にあることを述べている。

$$O_3 \rightleftarrows O_2 + O$$

このとき，$v_1 = v_2$ となっているので，$k_1[O_3] = k_2[O][O_2]$ の関係が成立している。
これを[O]について解くと，

$$[O] = \frac{k_1[O_3]}{k_2[O_2]}$$

ウ　図1-1から，高度 30 km における O_3 および O_2 の濃度はそれぞれ 2.0×10^{-8} mol/L，2.0×10^{-4} mol/L である。なお，ここに与えられたグラフは片対数
グラフなので，数値を読み取るときに間違えないように。これと問題文中に与えら
れた速度定数の値を代入すると，高度 30 km における酸素原子の濃度は，以下の
通りである。

$$[O] = \frac{k_1[O_3]}{k_2[O_2]} = \frac{3.2 \times 10^{-4} s^{-1} \times 2.0 \times 10^{-8} mol \cdot L^{-1}}{3.8 \times 10^5 L \cdot mol^{-1} \cdot s^{-1} \times 2.0 \times 10^{-4} mol \cdot L^{-1}}$$
$$= 8.4 \times 10^{-14} mol/L$$

エ　ウと同様に，アで求めた速度式に数値を代入すると，

$$v_2 = k_2[O][O_2]$$
$$= 3.8 \times 10^5 L \cdot mol^{-1} \cdot s^{-1} \times 8.4 \times 10^{-14} mol/L \times 2.0 \times 10^{-4} mol/L$$
$$= 6.38 \times 10^{-12} mol/(L \cdot s) \doteqdot 6.4 \times 10^{-12} mol/(L \cdot s)$$

オ　(1)式のオゾンの分解は吸熱反応だが，このエネルギーは紫外線の光エネルギーで
供給される。これが成層圏では一定の強さの紫外線が当たるので，一定の反応速度

で進行する。これに対し，(2)式は熱的に進行し，オゾン 1 mol あたり 106 kJ の発熱がある。(1)，(2)式は平衡にあり，全体でエネルギーの出入りはないが，(1)式は光エネルギーで進行するのに対し，(2)式は熱的に進行するので，結果として(2)式の反応量の分だけ熱が発生することになる。エで求めた反応速度は，1 秒間に 1 L 当たり発生するオゾンの物質量を表しているので，一定強度の紫外線が 1 日当たり 10 時間，すなわち 3.6×10^4 秒，照射されるときに，大気 1 L あたり発生する熱量 q 〔J〕は，以下の通りである。

$$q = 106 \times 10^3 \, \text{J/mol} \times 6.38 \times 10^{-12} \, \text{mol/(L·s)} \times 3.6 \times 10^4 \, \text{s} = 2.43 \times 10^{-2} \, \text{J/L}$$
$$\fallingdotseq 2.4 \times 10^{-2} \, \text{J/L}$$

図 1 − 1 から，高度 30 km の O_2 および N_2 の濃度を読み取ると，$[O_2] = 2.0 \times 10^{-4} \, \text{mol/L}$，$[N_2] = 8.0 \times 10^{-4} \, \text{mol/L}$ である。これらのモル熱容量は共に 29 J/(K·mol) で，温度，圧力に依存しないとするとあるので，大気 1 L 当たり $1.0 \times 10^{-3} \, \text{mol}$ の N_2 と O_2 の混合気体を上記のオゾン発生反応によって発生する熱で加熱することになる。よって，温度上昇を ΔT 〔K〕とすると，下式が成立する。

$$q = 2.43 \times 10^{-2} \, \text{J/L} = 29 \, \text{J/(K·mol)} \times 1.0 \times 10^{-3} \, \text{mol/L} \times \Delta T$$
$$\therefore \Delta T = 0.838 \, \text{K} \fallingdotseq 0.84 \, \text{K}$$

Ⅱ　カ　酸素−水素燃料電池は水素が酸化される反応の化学エネルギーを電気エネルギーに変換する装置で，他の電池と同様に負極で物質が酸化され正極で物質が還元される。KOH が電解液となっている酸素−水素燃料電池では，負極で問題文に与えられているように H_2 が塩基性水溶液中で H_2O に酸化され，H の酸化数が 0 から ＋ 1 に変化する。

負極　$H_2 + 2OH^- \longrightarrow 2H_2O + 2e^-$

一方，正極では O_2 が還元されるが，電解液が塩基性なので，下式のように OH^- が生成し，O の酸化数が 0 から − 2 に変化する。

正極　$O_2 + 2H_2O + 4e^- \longrightarrow 4OH^-$

正極の反応が 1 回起こる間に負極の反応が 2 回起こり，外部回路を 4 個の電子が移動すると，全体で下式の H_2 の酸化が進むことになる。

$2H_2 + O_2 \longrightarrow 2H_2O$

本問は，電解液が KOH 水溶液なので，上の電極反応となるが，電解液がリン酸や希硫酸であれば，電極反応は以下のようになる。

負極　$H_2 \longrightarrow 2H^+ + 2e^-$

正極　$O_2 + 4H^+ + 4e^- \longrightarrow 2H_2O$

このように一見すると，まったく異なる電極反応が起こるように見えるが，いず

れでも負極では H_2 が酸化され H の酸化数が 0 から +1 に変化し，正極で O_2 が還元され O の酸化数が 0 から −2 に変化し，外部回路に電子の流れが生じていることは同じである。ただし，電解液が KOH 水溶液であれば，H_2 が酸化されて H^+ が生じたとしてもそれがそのまま安定には存在できず，電解液中の OH^- と中和反応をして H_2O になっているだけである。また，電解液がリン酸であれば，正極で O_2 が還元されて生じた OH^- はそのままでは存在できずただちに中和されて H_2O となっている。

キ　1 mol の H_2 が酸化されて 1 mol の H_2O が生成する間に 2 mol の電子が授受され外部回路を流れる。よって，この間に取り出すことのできる電気エネルギーは，起電力を E〔V〕とすると，下式で表される。

$$E \times 9.6 \times 10^4 \, C/mol \times 2 \, mol = 286 \times 10^3 \, J$$
$$\therefore E = 1.49 \, V \doteqdot 1.5 \, V$$

解 答

I　ア　$v_1 = k_1[O_3]$　　　$v_2 = k_2[O][O_2]$

イ　$v_1 = v_2$ となっているので，$k_1[O_3] = k_2[O][O_2]$ の関係が成立し，これを [O] について解くと，

$$[O] = \frac{k_1[O_3]}{k_2[O_2]}$$

ウ　$8.4 \times 10^{-14} \, mol/L$（途中の考え方・式は解説参照）

エ　$6.4 \times 10^{-12} \, mol/(L \cdot s)$　（途中の考え方・式は解説参照）

オ　発熱量：$2.4 \times 10^{-2} \, J/L$　　　温度上昇：0.84 K（途中の考え方・式は解説参照）

II　カ　$O_2 + 2H_2O + 4e^- \longrightarrow 4OH^-$（途中の考え方・式は解説参照）

キ　1.5 V（途中の考え方・式は解説参照）

第 2 問

解説

ア　試料液には，タンパク質の分解で生じた硫酸水素アンモニウムおよび硫酸と有機化合物が含まれている。これに 10 mol/L の水酸化ナトリウム水溶液を少量ずつ加えながら水蒸気を通じると，硫酸の中和が起こり，これが完了すると，下式の硫酸水素アンモニウムと水酸化ナトリウムの広義の中和反応が進行して，アンモニアの気体が発生する。

$$NH_4HSO_4 + 2NaOH \longrightarrow Na_2SO_4 + NH_3 + 2H_2O$$

イ　シュウ酸は 2 価の酸で，水溶液から再結晶をすると，純粋な二水和物の結晶が得

られる。よって，この結晶を一定量はかりとってメスフラスコを用いて一定体積の溶液とすると，正確な濃度の溶液を調整することができる。3.15 g のシュウ酸二水和物を溶かして正確に 1000 mL とした水溶液のモル濃度は，以下の通りである。

$$[(COOH)_2] = \frac{\left(\dfrac{3.15\,\text{g}}{126.0\,\text{g/mol}}\right)}{1\,\text{L}} = 2.50 \times 10^{-2}\,\text{mol/L}$$

シュウ酸と水酸化ナトリウム水溶液の中和反応は，下式で表されるので，中和点ではシュウ酸の物質量の 2 倍が水酸化ナトリウムの物質量となる。

$$(COOH)_2 + 2NaOH \longrightarrow (COONa)_2 + 2H_2O$$

よって，下式が成立する。

$$2.50 \times 10^{-2}\,\text{mol/L} \times \frac{10.0}{1000}\,\text{L} \times 2 = x\,\text{mol/L} \times \frac{11.1}{1000}\,\text{L}$$

$$\therefore\quad x = 0.0450\,\text{mol/L} \fallingdotseq 4.5 \times 10^{-2}\,\text{mol/L}$$

ウ　試料を加えずに同じ操作を行ったときの水酸化ナトリウム水溶液の滴下量と，試料を分解してアンモニアを吸収させたときの滴下量との差が，アンモニアの発生量となるので，下式が成立する。

$$n_{NH_3} = 4.5 \times 10^{-2}\,\text{mol/L} \times \frac{(21.2-9.2)}{1000}\,\text{L} = 5.4 \times 10^{-4}\,\text{mol}$$

エ　シュウ酸と水酸化ナトリウムの中和反応の終点は，シュウ酸ナトリウムの水溶液となっている。したがって，このときの液性は，問題文にあるように下式で表されるシュウ酸イオンの加水分解として解釈することができる。

$$C_2O_4{}^{2-} + H_2O \rightleftarrows HC_2O_4{}^- + OH^-$$

この加水分解の平衡定数 K_h は下式で表される。

$$K_h = \frac{[HC_2O_4{}^-][OH^-]}{[C_2O_4{}^{2-}]}$$

この式の分母・分子に $[H^+]$ をかけると下式となり，K_h はシュウ酸の 2 段目の電離定数 K_2 と水のイオン積 K_w で表される。

$$K_h = \frac{[HC_2O_4{}^-][OH^-][H^+]}{[C_2O_4{}^{2-}][H^+]} = \frac{K_w}{K_2}$$

この結果は，シュウ酸イオンの加水分解がシュウ酸水素イオンの電離平衡と水の電離平衡が同時に成り立つ条件を求めていることを表している。このときの Na^+ の濃度を Y mol/L とするので，加水分解が起こっていないと考えたときのシュウ

酸イオンの濃度は $\dfrac{Y}{2}$ mol/L である。これが α の割合で加水分解したとすると，平衡時の各成分の濃度は以下の通りである。

$$[\mathrm{C_2O_4}^{2-}] = \dfrac{Y}{2}(1-\alpha)\,\text{mol/L}$$

$$[\mathrm{HC_2O_4}^-] = [\mathrm{OH}^-] = \dfrac{Y}{2}\alpha\,\text{mol/L}$$

また，$\alpha \ll 1$ と考えられるので，$1-\alpha \fallingdotseq 1$ と近似してこれらの濃度を K_h の式に代入すると，

$$K_\mathrm{h} = \frac{[\mathrm{HC_2O_4}^-][\mathrm{OH}^-]}{[\mathrm{C_2O_4}^{2-}]} \fallingdotseq \frac{\left(\dfrac{Y}{2}\alpha\,\text{mol/L}\right)^2}{\dfrac{Y}{2}\,\text{mol/L}} = \frac{Y}{2}\alpha^2\,\text{mol/L} = \frac{K_\mathrm{w}}{K_2}$$

よって，$\alpha \fallingdotseq \sqrt{\dfrac{2K_\mathrm{w}}{K_2 Y}}$ と求まる。問題文中に K_2 の値が示されていないので，上記の近似が妥当かどうか確かめることはできないが，その数値を紹介すると $K_2 = 5.4 \times 10^{-5}$ mol/L であり，イからこのときのシュウ酸イオンのモル濃度が 1.2×10^{-2} mol/L 程度であることから，α の値は 1.2×10^{-4} 程度と見積もられ，$1-\alpha \fallingdotseq 1$ の近似は妥当であったことがわかる。よって，$[\mathrm{OH}^-] = \dfrac{Y}{2}\alpha\,\text{mol/L} \fallingdotseq \sqrt{\dfrac{K_\mathrm{w}Y}{2K_2}}$ と表される。このとき，水のイオン積から，水素イオン濃度は下式で表される。

$$[\mathrm{H}^+] = \frac{K_\mathrm{w}}{[\mathrm{OH}^-]} = \sqrt{\frac{2K_2 K_\mathrm{w}}{Y}}$$

したがって，このときの溶液の pH は，その定義式から下式で表される。

$$\mathrm{pH} = -\log_{10}[\mathrm{H}^+] = -\frac{1}{2}\log_{10}\left(\frac{2K_2 K_\mathrm{w}}{Y}\right)$$

$$= -\frac{1}{2}\log_{10} 2 - \frac{1}{2}\log_{10} K_2 - \frac{1}{2}\log_{10} K_\mathrm{w} + \frac{1}{2}\log_{10} Y$$

最終的な解答は，対数の真数を分数のままにしても対数の和の形にしてもどちらでも良い。具体的にこの溶液の pH を求めてみると，水のイオン積は $K_\mathrm{w} = 1.00 \times 10^{-14}$ mol²/L² であることは周知の事実であり，$K_2 = 5.4 \times 10^{-5}$ mol/L が与えられていれば，下の和の形にすると，その第3項までは具体的にその数値を見積もることができ，その和は 9 程度となり，pH の概数は以下のようになる。

$$\text{pH} \doteqdot 9 + \frac{1}{2} \log_{10} Y$$

Ⅱ　オ　硫黄の単体を燃焼すると，下式のように二酸化硫黄 SO_2 の気体が発生する。

$$S + O_2 \longrightarrow SO_2$$

これを水に溶かすと亜硫酸 H_2SO_3 が生成する。この水溶液に硫化水素を導入すると，H_2S が還元剤，H_2SO_3 が酸化剤となって下式のように硫黄の単体を生じて白濁する。

$$2H_2S + H_2SO_3 \longrightarrow 3S + 3H_2O$$

なお，この反応は硫化水素と二酸化硫黄の間の下式で表される酸化還元反応と同じものと考えてよい。

$$2H_2S + SO_2 \longrightarrow 3S + 2H_2O$$

カ　二酸化硫黄を溶かした水溶液にヨウ素水溶液を加えると，下式のように亜硫酸が酸化されて強酸の硫酸とヨウ化水素が生成する。

$$H_2SO_3 + I_2 + H_2O \longrightarrow H_2SO_4 + 2HI$$

なお，二酸化硫黄が酸化される下式でも正解である。

$$SO_2 + I_2 + 2H_2O \longrightarrow H_2SO_4 + 2HI$$

キ　反応後の溶液の pH が 3.0 となったので，下線部②，③の反応によって生成した H_2SO_4 と HI の濃度について，以下の関係が成立する。

$$[H_2SO_4] \times 2 + [HI] = 1.0 \times 10^{-3} \,\text{mol/L}$$

また，この反応の量的関係から $n_{I_2} = n_{H_2SO_4}$ かつ $2n_{H_2SO_4} = n_{HI}$ である。したがって，滴下した 1.0×10^{-3} mol/L のヨウ素水溶液の物質量および，反応後の溶液の体積から，水素イオンの物質量について下式が成立する。

$$1.0 \times 10^{-3}\,\text{mol/L} \times y \times 10^{-3}\,\text{L} \times 4 = 1.0 \times 10^{-3}\,\text{mol/L} \times (30 + y) \times 10^{-3}\,\text{L}$$

$$\therefore y = 10 \,\text{mL}$$

解答

Ⅰ　ア　$NH_4HSO_4 + 2NaOH \longrightarrow Na_2SO_4 + NH_3 + 2H_2O$

　　イ　4.5×10^{-2} mol/L（求める過程は解説参照）

　　ウ　5.4×10^{-4} mol（求める過程は解説参照）

　　エ　$\text{pH} = -\dfrac{1}{2} \log_{10} \left(\dfrac{2K_2 K_w}{Y} \right)$（求める過程は解説参照）

Ⅱ　オ　a：2　　**A**：H_2SO_3　　**B**：S　　硫化水素の働き：還元剤

　　カ　$H_2SO_3 + I_2 + H_2O \longrightarrow H_2SO_4 + 2HI$

キ　10 mL（求める過程は解説参照）

第3問
解説

I　ア　C 原子 60 個からなるフラーレンの C 原子間の結合は単結合と二重結合から
できているが，各 C 原子は構造式に示されているように，単結合を 2 つと二重結
合を 1 つ形成しながら隣接する 3 個の C 原子と結合している。したがって，フラー
レン 1 分子中の単結合の総数は二重結合の総数の 2 倍になる。また，C 原子は共
有結合を 4 本ずつ作るので，フラーレン 1 分子中の共有結合の総数は $\dfrac{(4 \times 60)}{2} =$
120 本である。この式において，全体を 2 で割っているのは，共有結合は 2 つの C
原子の間に形成されているので，結合の総数を各 C 原子について数えると，2 回
ずつ数えることになるためである。フラーレン 1 分子中の二重結合の総数を z 個と
すると，単結合の総数は $2z$ 個で，共有結合の総数は $4z$ 本となる。これが 120 本
なので，$z = 30$ 個である。

イ　1, 3, 5 – シクロヘキサトリエンは下図の構造式で表される歪な六角形の分子であ
る。

1, 3, 5 – シクロヘキサトリエンに含まれる C = C 二重結合は，通常のアルケン
に含まれる二重結合と同様で，容易に付加反応が起こり，過マンガン酸カリウム水
溶液よって酸化分解される。したがって，アルケンにみられる(2)や(4)の性質を示し，
(1)でも臭素の付加反応が容易に起こり，置換反応は起こらない。また，1, 3, 5 – シ
クロヘキサトリエンでは，二重結合が特定の 3 か所に固定されているので，六員環
が歪な六角形となり隣り合った炭素原子上に置換基を一つずつ持つ化合物には，下
図のようにそれらが単結合をはさんで結合しているのか二重結合をはさんで結合し
ているのかが区別され，構造異性体が 2 つ生じる。よって(3)の記述もあてはまる。

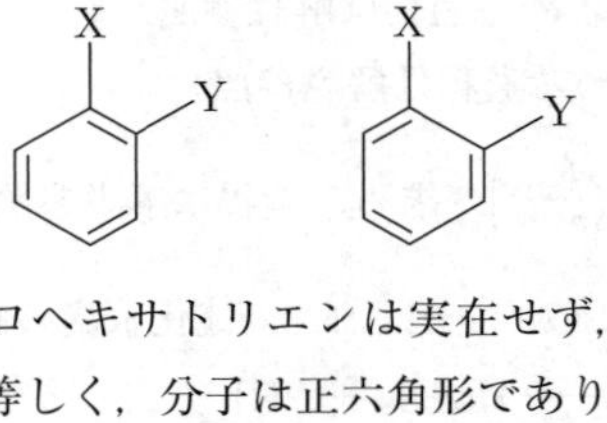

もちろん，1, 3, 5 – シクロヘキサトリエンは実在せず，ベンゼンを構成する C
原子間の結合距離はすべて等しく，分子は正六角形であり，構造式では単結合と二

重結合が交互に繰り返されたように記すが，C 原子間の 2 本目の共有結合（π 結合と呼ばれる）は 6 個の C 原子上に等価に形成されていて，ベンゼン環全体に広がっている。そのため，ベンゼン環は非常に安定で，アルケンにおける二重結合の性質はなく，ベンゼン環が壊れる付加反応は起こりにくく，水素原子が他の原子や原子団に置き換わる置換反応が起こりやすい。

ウ　炭素の単体には，電気伝導性のある黒鉛と電気伝導性のないダイヤモンドがある。黒鉛は平面状の巨大分子で，各炭素原子は 3 つの炭素原子と結合し，残る 1 つの価電子がベンゼンと同じように特定の炭素原子に局在化せず，分子全体に π 結合を形成して電気伝導性を示す。これに対し，ダイヤモンドでは各炭素原子は自身を中心とする正四面体の頂点に位置する 4 つの炭素原子と結合して巨大分子を形成している。したがって，ダイヤモンドにおける炭素原子の価電子は炭素原子間の単結合に使われていて，その 2 つの炭素原子間に局在化していて，他の場所に移動することはなく，ダイヤモンドには電気伝導性はない。

エ　フラーレンを発煙硫酸で処理し水を加えて加熱して合成した $C_{60}(OH)_n$ は，親水性のヒドロキシ基を有するので，ある程度は水に溶けるが，フラーレンは水に不溶性で，有機溶媒に易溶性である。したがって，この反応の後，未反応のフラーレンを除去するためには，選択肢の溶媒の中でトルエンが適する。

オ　$C_{60}(OH)_n$ をヨウ化メチルと反応させてヒドロキシ基をすべて $-OCH_3$ に変えた化合物の分子量は $12 \times 60 + 31n = 720 + 31n$ と表される。よって，この化合物のベンゼン溶液の凝固点降下度から，下式が成立する。

$$0.0110\,\mathrm{K} = 5.12\,\mathrm{K \cdot kg/mol} \times \dfrac{\left(\dfrac{123 \times 10^{-3}\,\mathrm{g}}{(720 + 31n)\,\mathrm{g/mol}}\right)}{0.0500\,\mathrm{kg}}$$

これを解いて，$n = 13.7 \fallingdotseq 14$

Ⅱ　a）　カ，キ　出題者は，互いに鏡像の関係にあり，偏光面を回転させる方向が反対となる立体異性体のことを光学異性体と呼んでいる。不斉炭素原子が 1 つある化合物では，下図の α－乳酸のように互いに鏡像の関係にある 1 対の立体異性体が存在する。

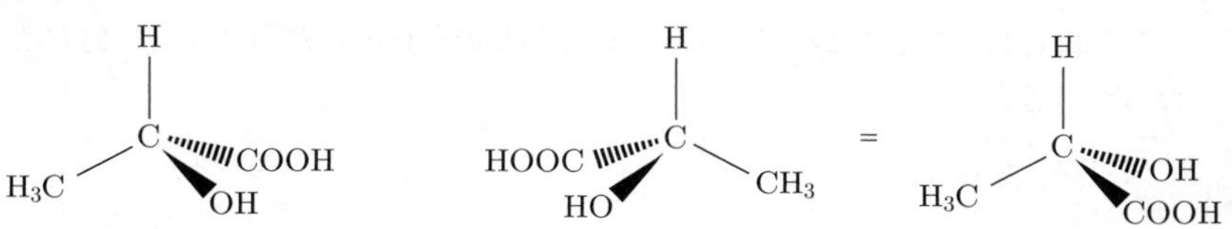

R－乳酸　　　　　　　　　　　　　S－乳酸

　なお，構造式の下に付記したS，Rは立体異性体において，不斉炭素原子に結合する４つの原子，原子団の中で最も原子番号の小さい原子，ここではHを最も遠くに見るように置いたときに，すなわち正四面体の底面の方から不斉炭素原子を見るとき，残りの３つの原子，原子団を原子番号の大きい順に，α－乳酸では－OH，－COOH，－CH₃の順に順位をつけ，それが左回りとなるものをS，右回りになるものをRと呼ぶ立体配置の表し方である。右側のS－乳酸は２つの表し方をしているが，その左側の構造式はR－乳酸と互いに鏡に映した実像と鏡像の関係を表し，右側のそれは－Hと－CH₃を同じ位置に置いたときに，残りの－COOHと－OHが入れ替わっている構造であることを表している。

　問題文に示されたL－トレオニンの２つの不斉炭素原子のまわりの立体配置をこの方法で表すと，左側の不斉炭素原子はR，右側の不斉炭素原子はSとなっている。したがって，これと鏡像の関係にある立体異性体は，左側の不斉炭素原子はS，右側の不斉炭素原子はRの立体配置となっているものである。問題文に示されている構造式では，２つの不斉炭素原子と－CH₃，－COOHの位置は同じになっているので，紙面から手前または裏側へ向かう結合にどの原子，原子団が結合しているかを考察すれば良い。これらが，いずれも入れ替わっていれば，左側がS，右側がRの立体配置である。そうなっているのは２である。また，一方だけが入れ替わっている１と３はジアステレオ異性体である。

ク　４の構造式で表されるD－酒石酸では，２つの不斉炭素原子のまわりの立体配置は両方ともSとなっている。４～７の構造式では，いずれも不斉炭素原子と２つの－COOHの位置は同じにしてあるので，残りの－Hと－OHの位置に着目すると，６の構造式はどちらもこれらが入れ替わっていて，不斉炭素原子のまわりの立体配置は両方ともRとなっている。したがって，下図の４と６は互いに鏡像の関係にある光学異性体である。

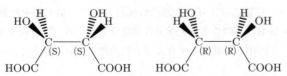

　これに対し，５と７は不斉炭素原子のまわりの立体配置が一方はR，他方はSとなっている。

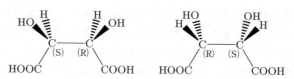

　この2つの構造式を良く見比べてみると，一方を2つの不斉炭素原子の間の共有結合の中心にして左右に回転させると同一物になることに気が付く。別な見方をすると，この分子は対称面を持っているとも言える。このような関係の立体異性体はmeso体と呼ばれる。

ケ　図3－4に示されているα－グルコースには，下図の構造式に＊を付記したように5個の不斉炭素原子が存在する。

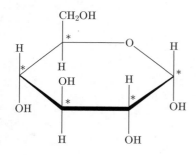

b)　コ　α－グルコースにはヒドロキシ基が5個あり，それらを酢酸とエステル化を行ってアセチル化すると，下式のようにヒドロキシ基1か所あたり，－Hが－$COCH_3$となるので分子量が42増加する。

$$ROH + CH_3COOH \longrightarrow ROCOCH_3 + H_2O$$

　よって，グルコース全体では$42 \times 5 = 210$だけ分子量が増加するので，生成物の分子量は390となる。よって，アセチル化されたグルコースの収率を$x\%$とすると，下式が成立する。

$$\frac{4.5\,\mathrm{g}}{180\,\mathrm{g/mol}} \times \frac{x}{100} = \frac{7.8\,\mathrm{g}}{390\,\mathrm{g/mol}}$$

$$\therefore x = 80\%$$

サ　問題文に示されている一連の反応が，どのように起こるかは分からないが，結果として1か所の酢酸エステルの部分が，以下のように変化したことが分かる。

$$CH_3COO- \longrightarrow Br- \longrightarrow H-$$

　また，この一連の反応の後，エステルの部分を加水分解してヒドロキシ基に戻した化合物が銀鏡反応に陰性であったことから，環状エーテル結合と隣接するC原

子のヒドロキシ基がHとなったことが分かる。グルコースにおけるこのヒドロキシ基は,ヘミアセタールと呼ばれ,形式的にはホルミル基(アルデヒド基)にアルコールが付加した構造を持ち,可逆的にホルミル基(アルデヒド基)とアルコールに戻ることができる。すなわち,環状のα−グルコースが還元性を示すのは,このヘミアセタールの性質によっている。よって,目的化合物の構造式は下図の通りである。

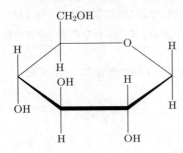

解 答

I　ア　30

イ　(2), (3), (4)

ウ　**A**：黒鉛　　**B**：ダイヤモンド

エ　トルエン

オ　14

II　カ　2

キ　1, 3

ク　5, 7

ケ　5つ

コ　80%

サ

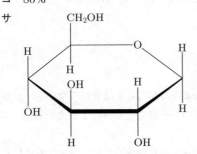

第1問

[解説]

I ア CO および CH_3OH （液）の生成熱が与えられているので，これらの元素の単体を基準にし，求める反応熱を Q 〔kJ/mol〕の発熱と仮定してエネルギー図を描くと下図の通り。

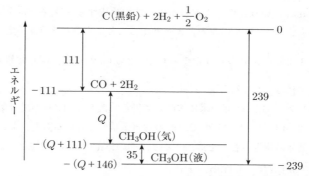

よって，$111\,kJ/mol + Q + 35\,kJ/mol = 239\,kJ/mol$ が成立し，$Q = 93\,kJ/mol$ の発熱である。

イ 下式の可逆反応(2)で，メタノールの生成する方向への変化は，発熱反応であり気体分子数の減少する変化である。

$$CO + 2H_2 \rightleftarrows CH_3OH \qquad (2)$$

したがって，平衡時のメタノールの収率を高めるためには低温・高圧の反応条件が望ましい。ただし，低温にすると正反応も逆反応も反応速度が小さくなるので，十分な反応速度を得られる範囲で低温とするのが良い。

II ウ (1)の反応を $1\,mol$ の CH_4 で行ったとすると，CO が $1\,mol$，H_2 が $3\,mol$ 生成する。このうち $x\,mol$ の H_2 が $y\,mol$ の CO_2 と(3)式のように反応したとすると，最終的に得られる CO および H_2 の物質量は，次の通りである。

$$CO_2（気）+ H_2（気）\rightleftarrows CO（気）+ H_2O（気） \qquad (3)$$

反応前	y	3	1	0
反応後	$(y-x)$	$(3-x)$	$(1+x)$	x

このとき，CO と H_2 の物質量の比が $1:2$ なので，下式が成立する。

$$(1+x):(3-x) = 1:2$$

これを解いて $x = \dfrac{1}{3}$ mol である。(1)で生成した 3 mol の H_2 のうち $\dfrac{1}{3}$ mol が(3)式

の反応に用いられたので，その割合は以下の通り。

$$\dfrac{\dfrac{1}{3}\,\text{mol}}{3\,\text{mol}} \times 100 = 11.1\%$$

エ　(2)式は可逆反応なので，CO がすべてメタノールになるわけではないので，1.0 mol のメタンから得られるメタノールの物質量を求めることはできないが，問題文中の最大で何 mol という条件を，何らかの方法で生成するメタノールを系から除いて CO がすべてメタノールになるときと考えることにする。そうすると，ウで確かめたように(3)式で $\dfrac{1}{3}$ mol の CO が生成して 1.33 mol の CO と同じ物質量のメタノールが合成されることになる。

Ⅲ　オ　CO_2 の一部が 5.0 L の水に溶解して得られた H_2 と CO_2 の混合気体において，H_2 は水に溶解しないとするので，その物質量は 0.3 mol である。混合気体中の H_2 について気体の状態方程式を適用すると，その体積は下式で表される。

$$V = \dfrac{n_{H_2}RT}{p_{H_2}} = \dfrac{0.3\,\text{mol} \times RT}{p_{H_2}}$$

また，この混合気体中の CO_2 の物質量は，次のように求められる。0℃において $p_{CO_2} = 1$ atm のときの溶液中の CO_2 の濃度は，0.08 mol/L である。よって，溶解平衡が成立して CO_2 の分圧が p_{CO_2}〔atm〕となったときの水溶液中の CO_2 の濃度は，ヘンリーの法則から次式で表される。

$$[CO_2] = 0.08\,\text{mol/L} \times \dfrac{p_{CO_2}}{1\,\text{atm}}$$

したがって，このとき 5.0 L の水に溶解した CO_2 の物質量は，次の通りである。

$$n_{CO_2(溶)} = 0.08\,\text{mol/L} \times \dfrac{p_{CO_2}}{1\,\text{atm}} \times 5.0\,\text{L} = 0.40\,\text{mol} \times \dfrac{p_{CO_2}}{1\,\text{atm}}$$

(4)式で生成した CO_2 の全物質量は 0.1 mol なので，気体で存在する CO_2 の物質量は次のように表される。

$$n_{CO_2(気)} = 0.1\,\text{mol} - 0.40\,\text{mol} \times \dfrac{p_{CO_2}}{1\,\text{atm}}$$

混合気体中の CO_2 についても，気体の状態方程式が成り立つので，その体積は下式で表される。

$$V = \frac{n_{CO_2}RT}{p_{CO_2}} = \frac{\left(0.1\,\mathrm{mol} - 0.4\,\mathrm{mol} \times \dfrac{p_{CO_2}}{1\,\mathrm{atm}}\right)RT}{p_{CO_2}}$$

カ 得られた H_2 と CO_2 の混合気体の全圧は $1\,\mathrm{atm}$ なので，このときの H_2 の分圧はドルトンの分圧の法則から次式で表される。

$$p_{H_2} = 1\,\mathrm{atm} - p_{CO_2}$$

オで H_2 および CO_2 について求めた混合気体の体積は共通であり，H_2 の分圧を上式で置き換えて等しいと置くと，以下の通りである。

$$V = \frac{0.3\,\mathrm{mol} \times RT}{1\,\mathrm{atm} - p_{CO_2}} = \frac{\left(0.1\,\mathrm{mol} - 0.4\,\mathrm{mol} \times \dfrac{p_{CO_2}}{1\,\mathrm{atm}}\right)RT}{p_{CO_2}}$$

$0\,\mathrm{atm} < p_{CO_2} < 1\,\mathrm{atm}$ の範囲で解を求めると，

$$p_{CO_2} = 1 - \frac{\sqrt{3}}{2} \fallingdotseq 1 - \frac{1.73}{2} = 0.135\,\mathrm{atm}$$

$$\therefore \quad p_{H_2} = 0.865\,\mathrm{atm}$$

よって，混合気体中の H_2 の純度は

$$\frac{0.865\,\mathrm{atm}}{1\,\mathrm{atm}} \times 100 = 86.5\,\%$$

解答

I **ア** $93\,\mathrm{kJ/mol}$ の発熱（途中の考え方は解説参照）

イ 可逆反応(2)で，メタノールの生成する方向への変化は，発熱反応であり気体分子数の減少する変化なので，平衡時のメタノールの収率を高めるためには低温・高圧の反応条件が良い。

II **ウ** $11\,\%$（途中の考え方は解説参照）

エ $1.3\,\mathrm{mol}$（途中の考え方は解説参照）

III **オ** $V = \dfrac{0.3\,\mathrm{mol} \times RT}{p_{H_2}}$ 　　　$V = \dfrac{\left(0.1\,\mathrm{mol} - 0.4\,\mathrm{mol} \times \dfrac{p_{CO_2}}{1\,\mathrm{atm}}\right)RT}{p_{CO_2}}$

カ $87\,\%$（途中の考え方は解説参照）

第2問

解説

I **ア** 下線部①の反応は，炭酸水素塩の熱分解である。溶液内に Ca^{2+} が共存して

いたので，生成した炭酸イオンが炭酸カルシウムとなって沈殿する。よって，全体で水に溶解していた炭酸水素カルシウムが，加熱によって炭酸塩になって沈殿する下式で表される変化が起こったと考えられる。

$$Ca(HCO_3)_2 \longrightarrow CaCO_3 + H_2O + CO_2$$

イ　a = 2 なので，(1)式の平衡定数 K_1 は次式で表される。

$$K_1 = \frac{p_{CO_2}}{m_{Ca^{2+}}(m_{HCO_3^-})^2} = 9.4 \times 10^5 \frac{atm}{(mol/kg)^3}$$

よって，$p_{CO_2} = 3.3 \times 10^{-4}$ atm のとき，大気と平衡にある海水中の Ca^{2+} および HCO_3^- の質量モル濃度に関する K_{eq} は，以下のように計算される。

$$K_{eq} = m_{Ca^{2+}}(m_{HCO_3^-})^2 = \frac{p_{CO_2}}{K_1} = \frac{3.3 \times 10^{-4} atm}{9.4 \times 10^5 atm \cdot kg^3 \cdot mol^{-3}}$$
$$= 3.5 \times 10^{-10} mol^3/kg^3$$

ウ　表面海水 1.00 kg から $x \times 10^{-3}$ mol の $CaCO_3$ が沈殿して平衡に達したとき，(1)式および表 1 から溶液内の Ca^{2+} および HCO_3^- の質量モル濃度は以下の通りである。

$$m_{Ca^{2+}} = (10.2 - x) \times 10^{-3} mol/kg$$
$$m_{HCO_3^-} = (2.38 - 2x) \times 10^{-3} mol/kg$$

よって，$p_{CO_2} = 3.3 \times 10^{-4}$ atm のときイで求めたように下式が成立する。

$$K_{eq} = m_{Ca^{2+}}(m_{HCO_3^-})^2$$
$$= (10.2-x) \times 10^{-3} mol/kg \times \{(2.38-2x) \times 10^{-3} mol/kg\}^2$$
$$= 3.5 \times 10^{-10} mol^3/kg^3$$

これを解けば良いのだが，x についての 3 次方程式となり，解くのは容易ではなく，3 つの選択肢から適するものを選ぶようになっているので，具体的に選択肢の数値を代入して解を求めよう。$x = 1.5$ とすると，HCO_3^- の濃度が負の値となるので，これは不適である。よって，$x = 0.80$ と $x = 1.1$ について K_{eq} の値を計算してみよう。まず，$x = 0.80$ とすると，

$$K_{eq} = 9.4 \times 10^{-3} mol/kg \times (0.78 \times 10^{-3} mol/kg)^2 = 5.72 \times 10^{-9} mol^3/kg^3$$

また，$x = 1.1$ とすると，

$$K_{eq} = 9.1 \times 10^{-3} mol/kg \times (0.18 \times 10^{-3} mol/kg)^2 = 2.94 \times 10^{-10} mol^3/kg^3$$

と求まり，$x = 1.1$ がより適する解である。ここで，$x = 1.1$ は誤差が大きいと感じるかもしれないので，たとえば $x = 1.05$ として同様の計算を行ってみると，

$$K_{eq} = 9.15 \times 10^{-3} mol/kg \times (0.28 \times 10^{-3} mol/kg)^2 = 7.17 \times 10^{-10} mol^3/kg^3$$

となり，$1.05 < x < 1.10$ の範囲に真の値があることが確かめられる。

エ　海水を X 倍に濃縮して $CaSO_4$ が沈殿し始めるとき，Ca^{2+} と SO_4^{2-} の質量モル濃度の積が(3)式の関係を満たす。濃縮前の Ca^{2+} の質量モル濃度は，$CaCO_3$ の沈殿生成によってウで求めたように 1.1×10^{-3} mol/kg だけ減少したので，9.1×10^{-3} mol/kg であり，SO_4^{2-} の質量モル濃度は表 1 から 28.2×10^{-3} mol/kg である。これを X 倍に濃縮したときに，$CaSO_4$ が沈殿し始める，すなわち極微少量の $CaSO_4$ が沈殿するとき，溶液内の，Ca^{2+} と SO_4^{2-} の物質量はほとんど不変である。また，微少量でも沈殿が生成していれば，その量の多少に関わらず溶解平衡が成立し，(3)式の関係を満たす。よって，次式が成立する。

$$K_2 = m_{Ca^{2+}}\, m_{HCO_3^-}$$
$$= 9.1 \times 10^{-3} X \,\text{mol/kg} \times 28.2 \times 10^{-3} X \,\text{mol/kg} = 3.33 \times 10^{-3}\,\text{mol}^2/\text{kg}^2$$
$$\therefore \quad X^2 = 13.0$$

よって，与えられた平方根の表から $X = 3.6$ 倍である。

オ　硫酸カルシウムの水和物を $CaSO_4 \cdot nH_2O$ と表すと，これが無水物となる変化は次式で表される。

$$CaSO_4 \cdot nH_2O \longrightarrow CaSO_4 + nH_2O$$

　ここで，$CaSO_4 \cdot nH_2O$ の物質量と $CaSO_4$ の物質量は互いに等しい。また，$CaSO_4$ の式量は $40.1 + 32.1 + 16.0 \times 4 = 136.2$ であり，下式が成立する。

$$\frac{0.968\,\text{g}}{(136.2 + 18n)\,\text{g/mol}} = \frac{0.765\,\text{g}}{136.2\,\text{g/mol}}$$
$$\therefore n = 2$$

Ⅱ　カ　下線部①の化合物 **A** が生成する反応において，過酸化水素は酸化剤であり，これと反応する還元剤となり得る物質は塩化コバルト(Ⅱ)以外にはない。化合物 **A** はコバルト原子 1 個に対し，アンモニア分子 5 個と塩化物イオン 3 個を含むイオン性の化合物であるとあるので，この反応において Co^{2+} は Co^{3+} に酸化されていることがわかる。過酸化水素が酸性溶液中で酸化剤として働くときの半反応式は下式の通りなので還元剤の Co^{2+} との間で過不足なく電子の授受が起こるとき，H_2O_2 と Co^{2+} が 1：2 の物質量比で反応する。

$$H_2O_2 + 2H^+ + 2e^- \longrightarrow 2H_2O$$

よって，化合物 **A** が生成する反応は下式で表される。

$$2CoCl_2 + 2NH_4Cl + 8NH_3 + H_2O_2 \longrightarrow 2[CoCl(NH_3)_5]Cl_2 + 2H_2O$$

キ　化合物 **A** に含まれる錯イオンは，Co^{3+} を中心金属とする正八面体型 6 配位の錯イオンで，配位子として NH_3 分子が 5 個と Cl^- が 1 個結合している。よって，錯イオンは $[CoCl(NH_3)_5]^{2+}$ で表される 2 価の陽イオンとなっている。また，この錯

イオンの構造は下図の通りである。

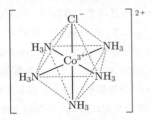

ク　化合物 **A** の水溶液に硝酸銀水溶液を十分に加えると，配位子となっていない
Cl⁻（外圏イオンと呼ばれる）は，下式のように塩化銀 AgCl となって沈殿し，錯イ
オンの外圏イオンは NO₃⁻ に置き換わる。よって化合物 **B** は塩化銀である。

$$[CoCl(NH_3)_5]Cl_2 + 2AgNO_3 \longrightarrow [CoCl(NH_3)_5](NO_3)_2 + 2AgCl$$

よって，化合物 **A** の物質量の2倍の AgCl が沈殿する。また，化合物 **A** および
AgCl の式量はそれぞれ 250.4，143.4 となるので，生じる沈殿の質量を w〔g〕と
すると，下式が成立する。

$$\frac{2.5\,\mathrm{g}}{250.4\,\mathrm{g/mol}} \times 2 = \frac{w}{143.4\,\mathrm{g/mol}}$$

$$\therefore w = 2.86\,\mathrm{g} \fallingdotseq 2.9\,\mathrm{g}$$

ケ　正八面体型の6配位の錯イオンで，3種類の配位子が結合している場合，その結
合位置の違いから異性体を生じる。化合物 **A** に含まれる錯イオンの配位子の中の
2つ NH₃ を **L** に変えた錯イオンの立体異性体で，Cl⁻ の位置を上部に決めること
にする。2つの **L** の結合位置は，1つ目の **L** が Cl⁻ と隣り合う位置か Co³⁺ に対し
て反対側の下部の位置かの2通りが可能である。1つ目の **L** が下部に結合すると，
残りの4ヶ所は等価である。また，1つ目の **L** が Cl⁻ と隣り合う位置に結合すると，
2つ目の **L** の位置はそれらが互いに隣り合うか向き合うかの2通りが可能である。
よって，この立体異性体に可能な構造は下図の3種である。

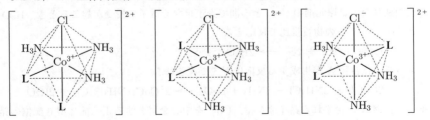

解答

Ⅰ **ア**　a：2　　b：1　　**Y**：HCO_3^-　　**Z**：H_2O

イ　$3.5 \times 10^{-10}\,mol^3/kg^3$

ウ　$(10.2 - x)(2.38 - 2x)^2 = 0.35$,　[2]

エ　3.6倍

オ　2

Ⅱ **カ**　c：2　　d：2　　e：8　　f：2　　g：2

A の化学式：$[CoCl(NH_3)_5]Cl_2$

キ　2価

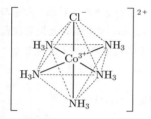

ク　B の化合物名：塩化銀

質量：2.9 g

ケ

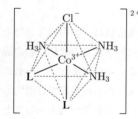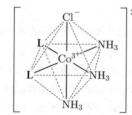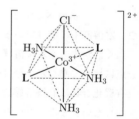

第3問

解説

Ⅰ **ア**　天然の油脂に含まれる不飽和結合は C ＝ C 二重結合のみであることが知られているので，油脂 **A** に二重結合が x 個含まれるとすると，油脂の物質量の x 倍の物質量の水素が付加する。よって，この水素付加反応における油脂 **A** と水素の物質量について下式が成立する。

$$\frac{132.9 \times 10^{-3}g}{886g/mol} \times x = \frac{6.72 \times 10^{-3}L}{22.4L/mol}$$

∴ $x = 2$

　天然の油脂という条件を考慮しなければ，不飽和結合としては二重結合が２つまたは三重結合が１つの可能性がある。

　天然の油脂とすると，その構成脂肪酸に二重結合を２つ含む不飽和脂肪酸１つと飽和脂肪酸２または二重結合を１つ含む不飽和脂肪酸２つと飽和脂肪酸１つの組み合わせが可能である。

イ　油脂の加水分解は，その構成脂肪酸を RCOOH で表すと，下式の通りで，1 mol の油脂から 1 mol のグリセリンと 3 mol の脂肪酸が生成する。

$$C_3H_5(OCOR)_3 + 3H_2O \longrightarrow C_3H_5(OH)_3 + 3RCOOH$$

　油脂 C は分子量が 886 の油脂 A または油脂 B に水素が２ヶ所で付加したものなのでその分子量は 890 である。油脂の加水分解では，油脂の物質量と同じ物質量のグリセリンが生成し，油脂およびそれと反応した水の質量の合計が生成したグリセリンと脂肪酸の質量の合計と一致する。油脂 89.0 mg の物質量は，

$$\frac{89.0 \times 10^{-3}}{890 \text{g/mol}} = 1.00 \times 10^{-4} \text{mol} = 1.00 \times 10^{-1} \text{mmol}$$

であり，生成する脂肪酸の質量の全量を w〔mg〕とすると，下式が成立する。

　89.0 mg + 18.0 g/mol × 1.00×10^{-1} mmol × 3

　　　= 92.0 g/mol × 1.00×10^{-1} mmol + w

∴ $w = 85.2$ mg

ウ　水溶液中に溶けている有機化合物を抽出するための有機溶媒は，①有機化合物を良く溶かす，②水に溶けにくく水と２層に分離する，③抽出される有機化合物の沸点に比べて沸点が十分に低い，という条件が備わっていることが望ましい。一般に有機化合物は有機溶媒に溶けやすいので①の条件はほとんどの有機溶媒では問題とならない。また，③の有機溶媒の沸点の条件は，抽出された有機化合物を純物質として取り出すときに，沸点が大きく異なるとその作業が容易になるので望ましい条件ではあるが必須の条件とまでは言えない。という訳で，ここでは②の条件が最も重要である。

　選択肢にある有機溶媒で，この条件に該当するのはジクロロメタン，ジエチルエーテル，トルエンの３種である。

エ　油脂 C の加水分解で得られた脂肪酸は飽和脂肪酸 D の１種類のみであり，その分子量を M とすると，加水分解における質量保存から次式が成立する。

　890 + 18 × 3 = 92 + 3M

∴ $M = 284$

よって，飽和脂肪酸 D の化学式を $C_nH_{2n+1}COOH$ と表すと，下式が成立する。

$$14n + 46 = 284$$

$$\therefore n = 17$$

したがって，飽和脂肪酸 D の化学式は $C_{17}H_{35}COOH$ である。なお，この高級脂肪酸はステアリン酸であり，分子式は $C_{18}H_{36}O_2$ である。

ここまでは問われていないが，油脂 A，B の構成脂肪酸はすべて C 原子数が 18 の高級脂肪酸で，2 つのステアリン酸と二重結合を 2 つ持つリノール酸 1 つまたは 1 つのステアリン酸と 1 つの二重結合を持つオレイン酸 2 つと推定される。

Ⅱ　オ　炭素原子間の不飽和結合の検出には，ハロゲンの単体の付加がよく用いられる。この中でも，臭素の単体は赤褐色の液体で，適当な溶液中でこれが付加すると無色となるので，その変化がわかりやすく，臭素の付加が最も標準的な方法である。これ以外には，過マンガン酸カリウム水溶液と加熱すると，オゾン分解と同様に酸化分解が起こり，二重結合が切断されて対応するケトンやカルボン酸が生成する。この反応でも，赤紫色の過マンガン酸カリウムが消失し酸化マンガン(Ⅳ)の褐色の固体が生じるので，その変化がわかりやすい。

カ，キ　油脂 A に還元的オゾン分解を行ったとき，$C_6H_{14}O$ の分子式のアルコール E と二価アルコール G およびグリセリンのエステル F が得られ，F を加水分解するとグリセリンの他に飽和脂肪酸である高級脂肪酸 D とヒドロキシ酸 H が得られたので，構成脂肪酸には二重結合を 2 つ有する高級脂肪酸が含まれていたと推定される。すなわち，2 ヶ所の二重結合がオゾン分解されるとき，2 つの二重結合にはさまれた部分から二価アルコール G が生成し，高級脂肪酸の炭素鎖の末端に近いほうの二重結合がオゾン分解されアルコール E が生成し，エステル結合に近い方の二重結合の部分から次の加水分解でヒドロキシ酸 H が得られるアルコールが生成したことがわかる。

化合物 H はヒドロキシ酸であり，分子内に O 原子を 3 個有する。よって，化合物 H の分子量を M_H とすると，O の質量百分率が 27.6％なので，次式が成立する。

$$M_H \times \frac{27.6}{100} = 16.0 \times 3$$

$$\therefore M_H = 174$$

よって，化合物 H の分子式を $C_xH_yO_3$ とおくと，C および H の質量百分率から，次式が成立する。

$$174 \times \frac{62.0}{100} = 12.0x \qquad \therefore x = 9$$

$$174 \times \frac{10.4}{100} = 1.0y \quad \therefore \ y = 18$$

　よって，化合物 **H** の分子式は $C_9H_{18}O_3$ と決まる。

　油脂 **A** の構成脂肪酸の C 原子数はすべて 18 であり，還元的オゾン分解で酸化分解された不飽和脂肪酸から生じたアルコール **E**，ヒドロキシ酸 **H** の C 原子数の合計が 6 + 9 = 15 なので，二価アルコール **G** の C 原子数は 3 と決まり，油脂を構成する高級脂肪酸の炭素骨格には枝分かれがないことを考慮すると，その構造式は下図の通りである。

$$CH_3(CH_2)_4CH = CHCH_2CH = CH(CH_2)_7COOH$$

　この不飽和脂肪酸はリノール酸である。

ク　油脂 **B** に対して還元的オゾン分解を行い，次いで加水分解を行った結果，油脂 **A** と同じ成分が得られたので，油脂 **A**，**B** の構成脂肪酸はステアリン酸 2 つとリノール酸 1 つで同一である。これが油脂中でエステルを形成する際に，グリセリンの中心の C 原子とどちらがエステルを形成するかで，下図の 2 通りの構造が可能である。

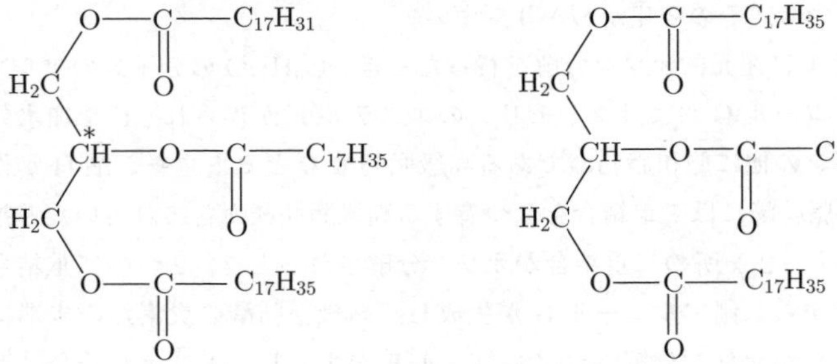

　構造式中に不斉炭素原子に * を付記してあるが，左の油脂ではグリセリンの中心の C 原子にステアリン酸がエステルを形成しているため，両端の C 原子に結合している 4 つの原子，原子団が互いに全て異なり，この中心の C 原子が不斉炭素原子となるので，これは偏光面を回転させる性質を有する。これに対し，右の油脂はグリセリンの中心の C 原子にリノール酸がエステルを形成していて，両端の C 原子にはどちらもステアリン酸がエステルを形成しているので，中心の C 原子には同じ原子団が結合することになり，不斉炭素原子は存在しない。よって，左の構造が油脂 **A**，右の構造が油脂 **B** と決まる。

解 答

Ⅰ　ア　二重結合が 2 つまたは三重結合が 1 つ（求める過程は解説参照）

イ　85.2 mg（求める過程は解説参照）

ウ　有機化合物を良く溶かし，水に溶けにくく 2 層に分離する。さらに，抽出される
　有機化合物の沸点に比べてそれが十分に低いことが望ましい。

　　適する化合物名：ジクロロメタン，ジエチルエーテル，トルエン

エ　$C_{18}H_{36}O_2$（求める過程は解説参照）

II　オ　臭素の付加，過マンガン酸カリウムによる酸化分解

カ　$C_9H_{18}O_3$（求める過程は解説参照）

キ　$CH_3(CH_2)_4CH = CHCH_2CH = CH(CH_2)_7COOH$（求める過程は解説参照）

ク　油脂 A　　　　　　　　　　　　　　　油脂 B

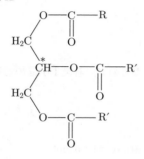

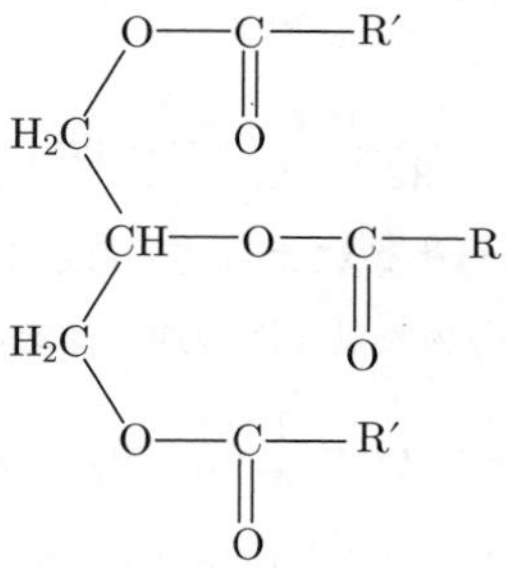

第1問

[解説]

Ⅰ ア 石炭 $1.0\,\mathrm{kg}$ に含まれる炭素，水素，硫黄の物質量は，以下の通りである。

$$n_\mathrm{C} = \frac{840\,\mathrm{g}}{12.0\,\mathrm{g/mol}} = 7.0 \times 10\,\mathrm{mol}$$

$$n_\mathrm{H} = \frac{100\,\mathrm{g}}{1.0\,\mathrm{g/mol}} = 1.0 \times 10^2\,\mathrm{mol}$$

$$n_\mathrm{S} = \frac{16\,\mathrm{g}}{32.1\,\mathrm{g/mol}} = 0.498\,\mathrm{mol} \fallingdotseq 0.50\,\mathrm{mol}$$

これらは燃焼によって CO_2，H_2O，SO_2 になるので，石炭 $1.0\,\mathrm{kg}$ の燃焼に使われる O_2 の物質量は次の通りである。

$$n_{O_2} = n_\mathrm{C} + \frac{1}{4}\,n_\mathrm{H} + n_\mathrm{S}$$

$$= 7.0 \times 10\,\mathrm{mol} + 2.5 \times 10\,\mathrm{mol} + 0.50\,\mathrm{mol} = 95.5\,\mathrm{mol}$$

条件から，この O_2 はすべて石炭の燃焼に使われ，この4倍の N_2 がそのまま排出気体に含まれるとあるので，N_2 の物質量は $95.5\,\mathrm{mol} \times 4 = 382\,\mathrm{mol}$ である。したがって，排出気体中の CO_2 の体積割合は，

$$\frac{n_{CO_2}}{n_\mathrm{T}} = \frac{70\,\mathrm{mol}}{(70 + 50 + 0.50 + 382)\,\mathrm{mol}} = \frac{70\,\mathrm{mol}}{502.5\,\mathrm{mol}} = 0.139$$

と計算され，13.9％である。

イ アで石炭 $1.0\,\mathrm{kg}$ の燃焼について考察したが，石炭 $1000\,\mathrm{kg}$ の燃焼では，その1000倍の気体が排出されるので，$5.025 \times 10^5\,\mathrm{mol}$ の気体が排出される。その $227℃$，$2.0\,\mathrm{atm} = 2.026 \times 10^5\,\mathrm{Pa}$ における体積は，気体の状態方程式から次の通りである。

$$V = \frac{5.025 \times 10^5\,\mathrm{mol} \times 0.082\,\mathrm{atm \cdot L \cdot mol^{-1} \cdot K^{-1}} \times 500\,\mathrm{K}}{2.0\,\mathrm{atm}} = 1.03 \times 10^7\,\mathrm{L}$$

$$= 1.03 \times 10^4\,\mathrm{m}^3$$

$$V = \frac{5.025 \times 10^5\,\mathrm{mol} \times 8.31 \times 10^3\,\mathrm{Pa \cdot L \cdot mol^{-1} \cdot K^{-1}} \times 500\,\mathrm{K}}{2.026 \times 10^5\,\mathrm{Pa}} = 1.03 \times 10^7\,\mathrm{L}$$

ウ 石炭 $1.0\,\mathrm{kg}$ あたりの発熱量が $3.5 \times 10^7\,\mathrm{J}$ でこの36％が電力に変換される。よっ

て，石炭 $1.0\,\mathrm{kg}$ の燃焼によって得られる電力は $3.5 \times 10^7\,\mathrm{J} \times 0.36 = 1.26 \times 10^7\,\mathrm{J}$ である。よって，年間 $3.6 \times 10^{18}\,\mathrm{J}$ の電力を発生させるために必要な石炭は，以下の通り。

$$\frac{3.6 \times 10^{18}\,\mathrm{J}}{1.26 \times 10^7\,\mathrm{J/kg}} = 2.86 \times 10^{11}\,\mathrm{kg}$$

石炭 $1.0\,\mathrm{kg}$ の燃焼で $70\,\mathrm{mol}$ の CO_2 が発生するので，この電力を得るために発生する CO_2 の質量は，次の通りである。

$$44.0\,\mathrm{g/mol} \times \frac{70\,\mathrm{mol}}{1.0\,\mathrm{kg}} \times 2.86 \times 10^{11}\,\mathrm{kg} = 8.81 \times 10^{14}\,\mathrm{g} = 8.81 \times 10^{11}\,\mathrm{kg}$$

Ⅱ　エ　(1), (2)式で表される二酸化硫黄の溶解平衡および水溶液中の電離平衡の平衡定数の積を取ると，以下の通り。

$$K_1 K_2 = \frac{[SO_2 \cdot H_2O\,(aq)]}{p_{SO_2}} \times \frac{[HSO_3^-\,(aq)]\,[H^+\,(aq)]}{[SO_2 \cdot H_2O\,(aq)]}$$

$$= \frac{[HSO_3^-\,(aq)]\,[H^+\,(aq)]}{p_{SO_2}}$$

ここで，二酸化硫黄が溶け込んだ雨水の状況を確かめると，もし，水和した二酸化硫黄が解離していなければ，その雨水には HSO_3^- も H^+ も存在しない。また，(2)式の解離が起こって平衡に達したとき，原理的には HSO_3^- も酸として解離し得るが，(2)式の解離によって生じた H^+ のために，2段目の電離は抑えられ，実質的には起こらない。したがって，この状態から解離が起こるので，雨水中の HSO_3^- と H^+ の濃度は等しい。よって，上式にこの条件を入れると，$[H^+]$ は下式で表される。

$$[H^+] = \sqrt{K_1 K_2 p_{SO_2}}$$

オ　前問で求めた式に与えられた数値を代入すると，

$$[H^+] = \sqrt{1.25\,\mathrm{atm^{-1} \cdot mol \cdot L^{-1}} \times 1.25 \times 10^{-2}\,\mathrm{mol \cdot L^{-1}} \times 6.4 \times 10^{-6}\,\mathrm{atm}}$$
$$= \sqrt{10} \times 10^{-4}\,\mathrm{mol/L}$$

よって，pH $= 4 - 0.5 = 3.5$

解 **答**（途中の考え方・式は解説参照）

Ⅰ　ア　14%
　　イ　$1.0 \times 10^4\,\mathrm{m}^3$
　　ウ　$8.8 \times 10^{11}\,\mathrm{kg}$
Ⅱ　エ　$[H^+] = \sqrt{K_1 K_2 p_{SO_2}}$
　　オ　pH $= 3.5$

第2問

解説

I　ア　乾燥剤は，水蒸気と反応して気体中の水蒸気を除去するための物質であり，水と反応した結果，別の固体物質に変わったり，水と強い相互作用をしたりすることができる物質である。

　A　十酸化四リン P_4O_{10} は水と反応すると，下式のようにリン酸を生じる。

$$P_4O_{10} + 6H_2O \longrightarrow 4H_3PO_4$$

　P_4O_{10} は 4 個の P 原子が自身を中心とする正四面体の頂点に位置する 4 つの O 原子と結合し，その中の 3 つの O 原子は P-O-P で立体的に結合してイス型の 6 員環を形成し，残りの O 原子は配位結合で結合している。これが十分量の水と反応すると，上式のように P-O-P の部分がすべて水と反応して 2 つの P-OH となってリン酸を生じる。水が少ない場合や反応が不十分な場合は，P-O-P の一部が水と反応して，環状構造が残った組成式が HPO_3 のメタリン酸となる。

　B　シリカゲルは，問題文にも示されているように，ケイ酸ナトリウムの水溶液に希塩酸を加えてケイ酸を析出させた後，それを分離し乾燥させたものである。十分に乾燥させたシリカゲルは $SiO_2 \cdot nH_2O$ と表され，表面に多くのヒドロキシ基 -OH を有する多孔質の固体である。そのため，表面積が大きく，水分子と水素結合を形成しやすく，水を強く吸着する。

イ　(1)～(6)の記述を可能な範囲で化学反応式で示す。

　(1)　塩化水素に含まれる水蒸気を除去するためには，無水塩化カルシウムが用いられる。無水塩化カルシウム $CaCl_2$ は水和水を持たない固体であるが，これが水蒸気と接すると，下式のようにこの水を水和水として取り込み 2 水和物の結晶となる。この過程で乾燥剤として作用する。

$$CaCl_2 + 2H_2O(気) \longrightarrow CaCl_2 \cdot 2H_2O(固)$$

酸化カルシウム CaO も乾燥剤として下式のように作用するが，塩基でもあるため，塩化水素と広義の中和反応をするため，塩化水素の乾燥には不適である。

$$CaO + H_2O(気) \longrightarrow Ca(OH)_2(固)$$

$$CaO + 2HCl \longrightarrow CaCl_2 + H_2O$$

　(2)　潮解性は，大気中の水蒸気の分圧が水和した固体物質の蒸気圧より大きいとき，大気中から水蒸気を取りこんで飽和溶液を作り，結果として固体が溶解する現象である。酸化カルシウムは(1)に示したように，水酸化カルシウムに変化するが，潮解性はない。一方，水酸化ナトリウムは水に溶けやすく，飽和溶液の蒸気圧が小さいため，大気中の水蒸気を容易に取り込むので，潮解性がある。

(3) 濃硫酸は化合物中の H と O を水の組成で奪い取る脱水作用を示す。たとえば，ショ糖が主成分の砂糖に濃硫酸を作用させると，下式のように脱水され，炭素が残る。

$$C_{12}H_{22}O_{11} \longrightarrow 12C + 11H_2O$$

(4) Ⅰの A で示したように，十酸化四リンは乾燥剤として作用する。しかし，これを固体試料と混ぜ合わせて使うことはしない。固体試料と混ぜ合わせると，生成したリン酸と反応する可能性もあり，また，乾燥した固体試料と未反応の十酸化四リンやリン酸を分離するのは難しい。したがって，デシケーター中で固体試料と離して十酸化四リンを入れ，容器内の水蒸気の分圧を極めて低く維持することによって，乾燥するのが正しい使い方である。

(5) Ⅰの B で示したように，シリカゲルは $SiO_2 \cdot nH_2O$ と表される固体の乾燥材である。よって，シリカゲル自体は無色である。市販されているシリカゲルには，吸湿したときに赤く着色するように青色の塩化コバルト $CoCl_2$ を少量混合し，乾燥剤として使用可能かどうかを判断できるようにしたものがあるが，この着色はシリカゲルの性質ではない。

(6) 乾燥剤が水蒸気を吸着するときは，水と乾燥剤の間に新たに結合が形成されてより安定な物質となる。逆に，この性質が強いものが乾燥剤であるとも言える。もちろん，この過程は発熱過程である。

ウ　炭酸ナトリウムは Na^+ と CO_3^{2-} からなる Na_2CO_3 の組成式で表されるイオン結晶であり，これらのイオンの大きさは溶媒の水分子のそれと同程度で，水に溶けると成分のイオンに電離して均一な溶液となる。これに対し，ケイ酸ナトリウムは，Na_2SiO_3 の組成式で表される化合物ではあるが，炭酸ナトリウムとは異なり，下図のように $-Si-O-Si-$ で正四面体形の SiO_4 の構造単位が 2 つの頂点の O 原子を共有した構造の陰イオンと Na^+ からなる無機高分子化合物である。

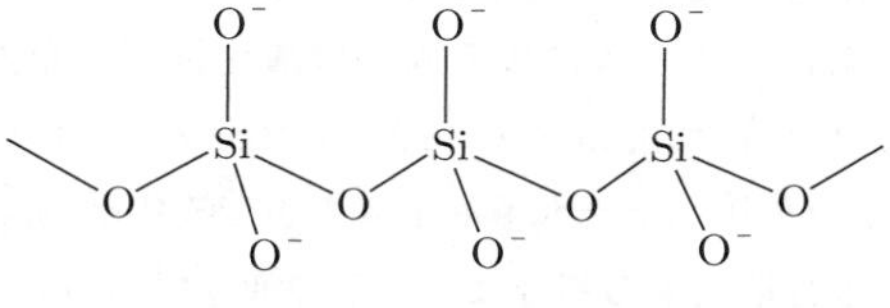

そのため，重合度が小さいケイ酸ナトリウムは水に可溶性だが，重合度が増すにつれて粘性が増し，水に溶けにくくなる。ケイ酸ナトリウムの水溶液を加熱すると，ケイ酸が非常に弱い弱酸であるため，塩の加水分解が起こり，$Si-O^-$ の部分が $Si-OH$ となり，その部分同士で水が取れて縮合し，重合度が増す。こうなって，

粘性が増したものが水ガラスである。

エ　無水塩化カルシウムは潮解性があり，大気中の水蒸気を吸収して飽和溶液を作る。この飽和溶液の蒸気圧が大気中の水蒸気の分圧より小さければ，さらに水蒸気を吸収して不飽和溶液となる。この状態が，数週間後に得られた無色透明の液体である。これを濃縮していくと飽和溶液になり，水和水を持った結晶が析出する。溶媒の水がちょうどなくなったとき，水和水を持った結晶が19.7g得られたことになる。このとき得られた結晶の水和水の数を x とおくと，下式が成立する。

$$\frac{xH_2O}{CaCl_2}\quad \frac{18x\,g/mol}{111.1\,g/mol}=\frac{9.7\,g}{10.0\,g}\quad \therefore\quad x=5.99\fallingdotseq 6$$

よって，このとき得られた結晶の化学式は $CaCl_2\cdot 6H_2O$ である。

Ⅱ　オ　銅の鉱石であるマラカイトの組成式は $CH_2Cu_2O_5$ と与えられているが，Cu^{2+} とある陰イオンからなる化合物であることから，該当する陰イオンを推定すると，$CO_3{}^{2-}$ と2つの OH^- が考えられ，マラカイトは $CuCO_3\cdot Cu(OH)_2$ で表される複塩と推定される。これに対し①の操作を行うと，下式の変化が起こる。

①　$CuCO_3\cdot Cu(OH)_2 \longrightarrow 2CuO + CO_2 + H_2O$

また，銅(Ⅱ)イオン Cu^{2+} の水溶液に水酸化ナトリウム水溶液を加えると，下式のように水酸化銅(Ⅱ)の淡青色沈殿を生じる。

$Cu^{2+} + 2OH^- \longrightarrow Cu(OH)_2$

これを加熱すると，下式のように酸化銅(Ⅱ)の黒色の固体が得られ，これと炭素粉末を混合して加熱すると，銅の単体が生成する。酸化銅(Ⅱ)を還元したときに，得られる赤色固体として酸化銅(Ⅰ)も考えられるが，これは塩基性溶液中で Cu^{2+} をアルデヒド等で還元したときに得られ，このような条件では得られない。

②　$Cu(OH)_2 \longrightarrow CuO + H_2O$

③　$2CuO + C \longrightarrow 2Cu + CO_2$

よって，黒色固体 **A** は CuO，気体 **B** は CO_2，赤色固体 **C** は Cu である。

カ　マラカイトを熱分解したときに残る固体は酸化銅(Ⅱ)なので，それぞれの式量を求めると，マラカイトは $63.5\times 2 + 12.0 + 16.0\times 5 + 1.0\times 2 = 221.0$，$CuO$ は $63.5 + 16.0 = 79.5$ であり，マラカイト1molから酸化銅(Ⅱ)が2mol生じるので，この熱分解における質量減少の割合は，以下の通りである。

$$\frac{221.0 - 79.5\times 2}{221.0}\times 100 = 28.05\% \fallingdotseq 28.1\%$$

キ　銅と鉄を希塩酸に浸すと，水素よりイオン化傾向の大きい鉄のみが下式のように水素を発生させながら溶解する。

$$Fe + 2HCl \longrightarrow FeCl_2 + H_2$$

ク　Cu^{2+} の化合物であるマラカイトや緑青は，希塩酸に溶けて Cu^{2+} の水和イオンを生じ，青色の溶液となる。これに大過剰のアンモニア水を加えると，一旦水酸化銅（Ⅱ）の淡青色沈殿を生じるが，テトラアンミン銅（Ⅱ）イオンを形成して溶解し，深青色の溶液となる。

$$Cu^{2+} + 2NH_3 + 2H_2O \longrightarrow Cu(OH)_2 + 2NH_4^+$$

$$Cu(OH)_2 + 2NH_3 + 2NH_4^+ \longrightarrow [Cu(NH_3)_4]^{2+} + 2H_2O$$

テトラアンミン銅（Ⅱ）イオンは下図のように Cu^{2+} を中心にして正方形の頂点の位置に NH_3 が配位結合した平面4配位の錯イオンである。

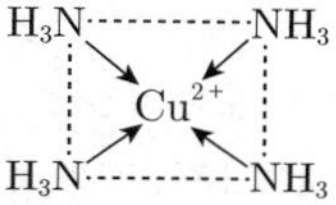

ケ　マラカイトを希硝酸に溶かすと，下式のように二酸化炭素の気体を発生させながら硝酸銅（Ⅱ）の水溶液が得られる。

$$CuCO_3 \cdot Cu(OH)_2 + 4HNO_3 \longrightarrow 2Cu(NO_3)_2 + CO_2 + 3H_2O$$

変質を受けたマラカイトは，CO_3^{2-} または OH^- の一部が Ba^{2+} と水に難溶性で酸にも不溶性の白色沈殿を作る陰イオンに置き換わっている。この条件に該当する陰イオンは SO_4^{2-} である。この現象は，酸性雨に含まれる硫酸によって起こり，文化財の保護の面からも問題となっている。

$$CuCO_3 \cdot Cu(OH)_2 + 2H_2SO_4 \longrightarrow 2CuSO_4 + CO_2 + 3H_2O$$

解 答

Ⅰ　ア　A　$P_4O_{10} + 6H_2O \longrightarrow 4H_3PO_4$

　　　　B　多くのヒドロキシ基を有する多孔質の固体で，表面積が大きいため。

　イ　(3)，(6)

　ウ　ケイ酸ナトリウムは SiO_3^{2-} の組成式で表される無機高分子の陰イオンと Na^+ からなり，コロイド溶液となるのに対し，炭酸ナトリウムは Na^+ と CO_3^{2-} からなり真溶液を作るため。

　エ　$CaCl_2 \cdot 6H_2O$　（求める過程は解説参照）

Ⅱ　オ　①　$CuCO_3 \cdot Cu(OH)_2 \longrightarrow 2CuO + CO_2 + H_2O$

　　　②　$Cu(OH)_2 \longrightarrow CuO + H_2O$

　　　③　$2CuO + C \longrightarrow 2Cu + CO_2$

　カ　28%　（求める過程は解説参照）

　キ　$Fe + 2HCl \longrightarrow FeCl_2 + H_2$

ク　H₃N‥‥‥‥NH₃
　　　　　Cu²⁺
　　H₃N‥‥‥‥NH₃

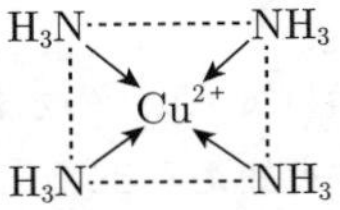

ケ　SO₄²⁻

第3問

解説

Ⅰ　ア　タンパク質の構成単位のα－アミノ酸には，分子内にアミノ基とカルボキシ基を併せ持っている。セルロースの構成単位はβ－グルコースで，これには分子内にヒドロキシ基が5個含まれる。

イ　エタノールにはアルコール性ヒドロキシ基，酢酸エチルにはエステル結合，酢酸にはカルボキシ基が含まれ，電気陰性度の大きいO原子との結合は分極があり，これらの結合の分極が打ち消されなければ，分子全体で極性を持つ。これらの分子の形を構造式で表すと下図の通りである。

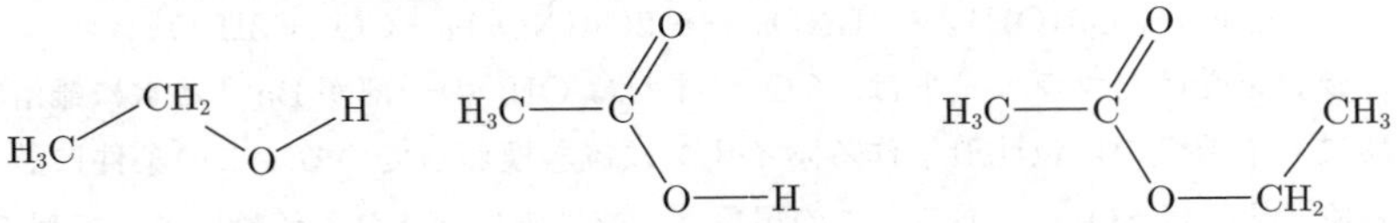

これらの分子の中にある結合で最も分極が大きいのはO－Hであり，次いでC＝O，C－Oなので，これらを併せ持つ酢酸が最も分子全体で極性が大きい。エタノールのヒドロキシ基の極性は打ち消されないが，酢酸エチルのC＝OとC－Oの分極はほぼ打ち消されるので，エタノールの方が分子全体の極性が大きい。これに対し，シクロペンタンは電気陰性度の差がほとんどないCとHからなる化合物で，極性は極めて小さい。よって，分子全体の極性は

　　　酢酸＞エタノール＞酢酸エチル＞シクロペンタン

の順となる。

ウ　低級脂肪酸も高級脂肪酸も，分子内で極性を有するのはカルボキシ基の部分であり，炭化水素基の部分はほとんど極性がない。したがって，分子全体の極性の大小を決めるのは，その寄与が大きいかどうかであり，炭化水素基の寄与の大きい高級脂肪酸の方が分子全体の極性が小さい。

エ　低級脂肪酸と高級脂肪酸からなる油脂をアルカリ性下で加水分解した溶液中には，低級脂肪酸および高級脂肪酸の塩とグリセリンが溶解している。この溶液に希塩酸を十分に加えると，脂肪酸が遊離し有機溶媒に溶けやすくなる。低級脂肪酸，

高級脂肪酸およびグリセリンの水，酢酸エチル，ヘキサンへの溶解性を確かめると，グリセリンは無極性溶媒のヘキサンにはほとんど溶けず，水に易溶性であり，溶媒抽出の操作において常に水溶液中に溶けている。低級脂肪酸は水にも酢酸エチルにもヘキサンにもどんな割合でも溶けあい，均一な溶液となり，分離操作において水溶液にも有機溶媒にも溶け，一定の割合で分配される。これに対し，高級脂肪酸は水には溶けにくく，有機溶媒に溶けやすい。また，抽出溶媒として挙げられている酢酸エチルは，分子全体の極性は小さいが無極性ではないので，水と2層に分かれるものの相互に溶けあい，この分離操作においてあまり有効ではなく，酢酸エチル単独で抽出溶媒として使うことは適切ではない。ただし，ある程度極性の大きい低級脂肪酸を抽出するために，ヘキサンと酢酸エチルの混合溶媒を用いると，水層と有機層への分配で，有機層への分配率が高まると推定される。ただし，この分離操作で混合溶媒を用いるという発想は，高校化学の範囲では不可能である。

　よって，加水分解後の溶液に希塩酸を十分に加えた段階で，ヘキサンで溶媒抽出を行うと，ほとんどすべての高級脂肪酸はヘキサン中に抽出される。また，グリセリンはヘキサンにはほとんど溶けないので，水溶液中に残る。しかし，低級脂肪酸は水溶液中にもヘキサン中にも分配される。よって，ヘキサン溶液に水を加えて低級脂肪酸を水溶液中に溶かし出す操作を数回行えば，ヘキサン中に高級脂肪酸のみを分離できる。低級脂肪酸は，ここまでの操作で，最初にヘキサンで抽出されなかったものが水溶液中に溶けていて，その後にヘキサンに水を加えて溶かし出したものも水溶液中に溶けている。これらの水溶液から低級脂肪酸を抽出するためには，このままでは水溶液中の低級脂肪酸の濃度が低く，有機溶媒を用いて抽出することは難しい。構成脂肪酸に低級脂肪酸が含まれている油脂としてはバターが考えられ，この低級脂肪酸は炭素原子数が4の酪酸と推定されるので，一連の操作で得られた水溶液を集め，濃縮した後にヘキサンで抽出すると，効率良く抽出を行うことができる。仮に低級脂肪酸が酪酸であるとすると，その沸点は164℃なので，水溶液を加熱して濃縮することは可能である。ここで，抽出溶媒としてヘキサンと酢酸エチルの混合溶媒を用いる方が，より効率的に低級脂肪酸が抽出されるかもしれないが，そのような解答は，高校生には不可能である。この一連の操作を3行程度で述べるのは難しいが，試みてみると以下のような解答が考えられる。

　この溶液に希塩酸を十分に加えた後分液漏斗に移し，ヘキサンを加えて振り混ぜ静置した後，下層の水溶液を流出させる。残ったヘキサン溶液に水を加えて低級脂肪酸を水溶液中に溶かし，下層を分離する。この操作をくり返すと高級脂肪酸はヘキサン中に分離される。これらの操作における水溶液を集め濃縮した後，分液漏斗

に移し，ヘキサンで低級脂肪酸を抽出して分離する。

Ⅱ　オ　エステルは水に難溶性なので，水酸化ナトリウム水溶液にも溶けにくく，反応物同士が接触しにくいが，これにエタノールを適量加えると，両者が良く混合して反応しやすくなる。

カ，キ　化合物 B の分子量を M_B とすると，B の水溶液の凝固点降下度から，下式が成立する。

$$0.019\,\text{K} = 1.86\,\text{K}\cdot\text{kg/mol} \times \frac{\left(\dfrac{0.069\,\text{g}}{M_B}\right)}{50.0 \times 10^{-3}\,\text{kg}}$$

$$\therefore \quad M_B = 135$$

また，B のベンゼン溶液の凝固点降下度から求まる見かけの分子量を $M_B{}'$ とすると，下式が成立する。

$$0.071\,\text{K} = 5.12\,\text{K}\cdot\text{kg/mol} \times \frac{\left(\dfrac{0.146\,\text{g}}{M_B{}'}\right)}{40.0 \times 10^{-3}\,\text{kg}}$$

$$\therefore \quad M_B{}' = 263$$

このように，溶媒の違いで分子量の値が大きく異なったのは，問題文にもあるように，酸性化合物 B がカルボン酸で，水溶液中ではほぼ正しい分子量が求まったのに対し，ベンゼン溶液中では大部分が下式のように水素結合で二量体を形成し，見かけの分子量が約 2 倍になったものと考えられる。

化合物 B の分子量は約 135 なので，1 mol の B に含まれる C，H，O の質量は，次の通りである。

$$\text{C}：135\,\text{g} \times \frac{70.5}{100} = 95\,\text{g} \fallingdotseq 12\,\text{g/mol} \times 8\,\text{mol}$$

$$\text{H}：135\,\text{g} \times \frac{5.9}{100} = 8.0\,\text{g} \fallingdotseq 1.0\,\text{g/mol} \times 8\,\text{mol}$$

$$\text{O}：135\,\text{g} \times \frac{23.6}{100} = 32\,\text{g} \fallingdotseq 16.0\,\text{g/mol} \times 2\,\text{mol}$$

よって，B の分子式は $C_8H_8O_2$ であり分子量は 136 である。水溶液の凝固点降

下度から求めた分子量が 135 となったのは，水溶液中でほんのわずかだが，酸として電離している分子があったためである。

　化合物 C は，分子式が $C_{16}H_{16}O_2$ のエステル A の加水分解で分子式が $C_8H_8O_2$ の化合物 B とともに生成したので，その分子式は下式から $C_8H_{10}O$ と求まる。

$$C_{16}H_{16}O_2 + H_2O \longrightarrow C_8H_8O_2 + C_8H_{10}O$$

　この分子式であれば，化合物 C の元素分析の結果と比較すると，分子量が 122 となるので

$$C : \frac{12 \times 8}{122} \times 100 = 78.7\%$$

$$H : \frac{1.0 \times 10}{122} \times 100 = 8.2\%$$

$$O : \frac{16.0}{122} \times 100 = 13.1\%$$

となり，与えられた元素分析の結果と矛盾しない。また，A の加水分解で B，C がそれぞれ 1.07 g，0.82 g 得られたが，これらの物質量は化合物 A のそれと以下のように大体等しく，C の分子式が $C_8H_{10}O$ であることを支持する。

$$n_A = \frac{2.00\,\mathrm{g}}{240\,\mathrm{g/mol}} = 8.33 \times 10^{-3}\,\mathrm{mol}$$

$$n_B = \frac{1.07\,\mathrm{g}}{136\,\mathrm{g/mol}} = 7.87 \times 10^{-3}\,\mathrm{mol}$$

$$n_C = \frac{0.82\,\mathrm{g}}{122\,\mathrm{g/mol}} = 6.72 \times 10^{-3}\,\mathrm{mol}$$

　加水分解で得られた化合物 C の物質量が化合物 B より若干少なくなっているが，これは化合物 B が結晶性の物質で水に溶けにくいのに対し，化合物 C がやや水に溶けやすいため，反応後の溶液から回収された割合が少し低くなったためと考えられる。

ク　化合物 B を過マンガン酸カリウムで酸化すると化合物 D が生成し，これは加熱により容易に脱水して化合物 E を与えたことから，化合物 D はフタル酸と考えられる。化合物 B がカルボン酸であり，その分子式が $C_8H_8O_2$ であることと合わせて考えると，B にはカルボキシ基とメチル基が互いにオルト位に結合していて，B から D を経由して E が生成する変化は下式で表される。

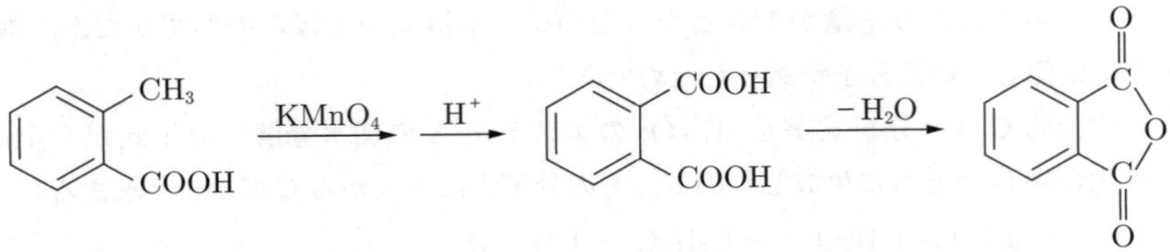

　さて，化合物 A はカルボン酸 B と分子式が $C_8H_{10}O$ の化合物 C が縮合した構造のエステルであるが，C についての情報はベンゼン環を持つということ以外にほとんどない。しかし，化合物 A には光学異性体があるとあり，カルボン酸 B には不斉炭素原子がないので，化合物 C に不斉炭素原子があることになる。よって，化合物 C の構造は下図のように決まる。

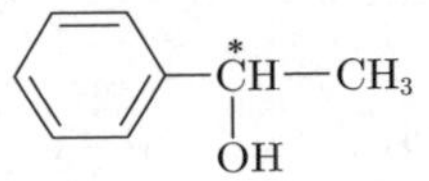

　なお，＊を付記した C 原子が不斉炭素原子である。よって，化合物 A の構造は下図の通りである。

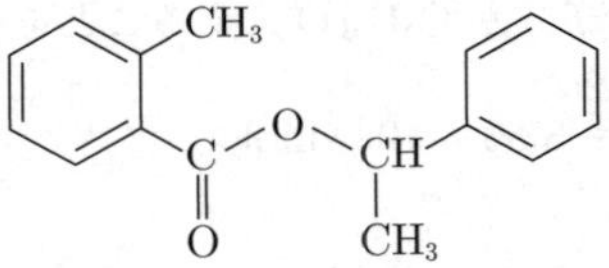

ケ　カの解説にすでに述べてあるが，エステルである化合物 A の加水分解で，その物質量と等しい化合物 B，C が得られるはずであるが，実際に回収できた化合物 B，C の物質量はそれより少ない。それは，反応後に酸性にした溶液中に，生成した化合物 B および C の一部が溶解しているためである。よって，収率は以下のように計算される。

$$\text{化合物 B}: \frac{7.87 \times 10^{-3}\,\text{mol}}{8.33 \times 10^{-3}\,\text{mol}} \times 100 = 94.47\% \fallingdotseq 94\%$$

$$\text{化合物 C}: \frac{6.72 \times 10^{-3}\,\text{mol}}{8.33 \times 10^{-3}\,\text{mol}} \times 100 = 80.6\% \fallingdotseq 81\%$$

解答
I　ア　a　α-アミノ酸　　b，c　アミノ，カルボキシ（順不同）
　　　　d　β-グルコース　　e　ヒドロキシ
　　イ　酢酸，エタノール，酢酸エチル，シクロペンタン
　　ウ　脂肪酸はほとんど極性のない炭化水素基とカルボキシ基からなり，分子の極

　　性は主にカルボキシ基に由来する。そのため，分子全体におけるカルボキシ
　　基の寄与が高級脂肪酸より低級脂肪酸の方が大きいので，低級脂肪酸の方が
　　極性が高い。

エ　反応後の溶液に希塩酸を加え，分液漏斗に移してヘキサンと振り混ぜ静置し，
　　下層の水溶液を流出させる。残ったヘキサン溶液に水を加え振り混ぜ静置し
　　下層を流出させる。この操作を数回繰り返し，ヘキサン中に高級脂肪酸を分
　　離する。水溶液を集め，濃縮し分液漏斗に移しヘキサンと振り混ぜ，ヘキサ
　　ン中に低級脂肪酸を抽出する。

II　オ　エステルは水に溶けにくく水酸化ナトリウム水溶液と接しにくいため。

カ　**B**：$C_8H_8O_2$　　　**C**：$C_8H_{10}O$（求める過程は解説参照）

キ　**f**：2（求める過程は解説参照）　　　**g**：水素結合

ク 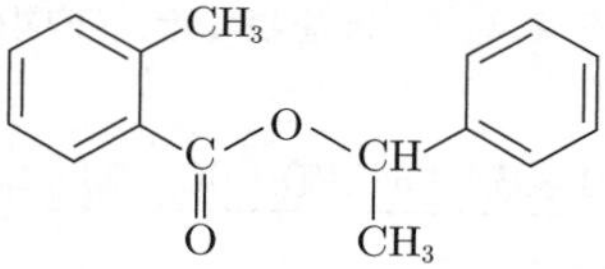
（導いた過程は解説参照）

ケ　**B**：94%　　　**C**：81%（求める過程は解説参照）

2000年

第1問

解説

ア ①ではCが，②では炭素と酸素の反応によって生成するCOが還元剤となって Fe_2O_3 が還元される。よって，それぞれの反応式は以下の通りである。

① $2Fe_2O_3 + 3C \longrightarrow 4Fe + 3CO_2$

② $2Fe_2O_3 + 6C + 3O_2 \longrightarrow 4Fe + 6CO_2$

イ 与えられた熱化学方程式は，単体から酸化物が生成する反応について示されているので，それぞれの化学反応式に対応する反応熱を Q_1〔kJ/mol〕の吸熱，Q_2〔kJ/mol〕の発熱として，単体を基準にしてエネルギー図を描くと，下図の通りである。

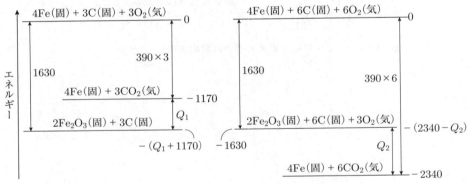

左図から $Q_1 = 460\,\text{kJ/mol}$，右図から $Q_2 = 710\,\text{kJ/mol}$ と求まり，熱化学方程式は以下の通りである。

① $2Fe_2O_3(固) + 3C(固) = 4Fe(固) + 3CO_2(気) - 460\,\text{kJ}$

   $2Fe_2O_3(固) + 3C(固) \longrightarrow 4Fe(固) + 3CO_2(気) \qquad \Delta H = 460\,\text{kJ}$

② $2Fe_2O_3(固) + 6C(固) + 3O_2(気) = 4Fe(固) + 6CO_2(気) + 710\,\text{kJ}$

   $2Fe_2O_3(固) + 6C(固) + 3O_2(気) \longrightarrow 4Fe(固) + 6CO_2(気)$

   $$\Delta H = -710\,\text{kJ}$$

固体の鉄 2232 kg の物質量 n_{Fe} は，次の通り。

$$n_{Fe} = \frac{2232 \times 10^3\,\text{g}}{55.8\,\text{g/mol}} = 4.00 \times 10^4\,\text{mol}$$

　上で求めた熱化学方程式は，Fe が 4 mol 生成する際の反応熱を表しているので，2232 kg の固体鉄が生成するときの発生する，または吸収される熱量は以下の通りである。

　　① 　4.60×10^6 kJ の吸熱

　　② 　7.10×10^6 kJ の発熱

ウ　固体鉄 1.0 mol が生成するとき，反応①によって x mol，反応②によって $(1.0 - x)$ mol 生じたとすると，反応①，②で合わせて発生する熱の 40% が固体鉄の温度を 1500℃ に上昇させるために使われるので，下式が成立する。

$$\{(-460 \text{ kJ/4mol}) \times x \text{ mol} + (710 \text{ kJ/4mol}) \times (1.0 - x) \text{ mol}\} \times 0.40 = 57 \text{ kJ}$$

　これを解いて $x = 0.119$ mol と求まり，下線部①の反応で生成する固体鉄は 11.9% である。

エ　液体の鉄が溶媒となり，これに炭素が溶解した溶液が生じ，溶液の凝固点降下が起こるので，純粋な鉄の融点より低い温度で融解状態が実現する。

オ　銑鉄 1000 kg に含まれる炭素の物質量は，以下の通り。

$$n_C = \frac{1000 \times 10^3 \text{ g} \times 0.040}{12.0 \text{ g/mol}} = 3.33 \times 10^3 \text{ mol}$$

　この炭素が等しい物質量の CO と CO_2 になって完全に除去されたとするので，これに用いられた O_2 の物質量は炭素の物質量の 0.75 倍の 2.50×10^3 mol である。この O_2 の 2.0 atm $= 2.026 \times 10^5$ Pa，27℃ における体積は，気体の状態方程式から以下の通りである。

$$V = \frac{nRT}{P} = \frac{2.50 \times 10^3 \text{ mol} \times 0.082 \text{ L·atm·K}^{-1}\text{·mol}^{-1} \times 300 \text{ K}}{2.0 \text{ atm}}$$

$$= 3.08 \times 10^4 \text{ L}$$

$$V = \frac{2.50 \times 10^3 \text{ mol} \times 8.31 \times 10^3 \text{ Pa·L·mol}^{-1}\text{·K}^{-1} \times 300 \text{ K}}{2.026 \times 10^5 \text{ Pa}} = 3.08 \times 10^4 \text{ L}$$

解　答 （途中の考え方・式は解説参照）

ア　①　$2Fe_2O_3 + 3C \longrightarrow 4Fe + 3CO_2$

　　②　$2Fe_2O_3 + 6C + 3O_2 \longrightarrow 4Fe + 6CO_2$

イ　①　$2Fe_2O_3(固) + 3C(固) = 4Fe(固) + 3CO_2(気) - 460$ kJ

　　　　$(2Fe_2O_3(固) + 3C(固) \longrightarrow 4Fe(固) + 3CO_2(気)$　　$\Delta H = 460$ kJ$)$

　　②　$2Fe_2O_3(固) + 6C(固) + 3O_2(気) = 4Fe(固) + 6CO_2(気) + 710$ kJ

　　　　$(2Fe_2O_3(固) + 6C(固) + 3O_2(気) \longrightarrow 4Fe(固) + 6CO_2(気)$

$$\Delta H = -710 \text{ kJ})$$

固体鉄 2232 kg が生成する場合の発生するまたは吸収される熱量
① 　4.6×10^6 kJ の吸熱
② 　7.1×10^6 kJ の発熱
ウ　12%
エ　液体の鉄が溶媒となりこれに炭素が溶けた溶液が生じ，溶液の凝固点降下が起こったため。
オ　3.1×10^4 L

第2問

【解説】

Ⅰ　ア　アンモニア NH_3 の窒素の酸化数は -3，硝酸 HNO_3 のそれは $+5$ である。
イ　下線部①，③，④，⑤の化学反応式は以下の通りである。

① 　$3\underset{0}{Cu} + 8H\underset{+5}{NO_3} \longrightarrow 3\underset{+2}{Cu}(NO_3)_2 + 2\underset{+2}{NO} + 4H_2O$

③ 　$2\underset{+4}{NO_2} + H_2O \longrightarrow H\underset{+5}{NO_3} + H\underset{+3}{NO_2}$

④ 　$4\underset{-3}{NH_3} + 5\underset{0}{O_2} \longrightarrow 4\underset{+2}{N}\underset{-2}{O} + 6H_2\underset{-2}{O}$

⑤ 　$2\underset{+2}{NO} + \underset{0}{O_2} \longrightarrow 2\underset{+4}{N}\underset{-2}{O_2}$

　なお，それぞれの化学反応式に付記した数字は，下線を施した元素の酸化数を表していて，酸化数の変化が授受された電子数と対応している。たとえば，①式では Cu の酸化数が0から $+2$ と変化する間に電子を2個失い，N の酸化数が $+5$ から $+2$ と変化する間に電子を3個受け取っている。その結果，Cu と NO に変化した HNO_3 が $3:2$ の物質量の比で反応して過不足なく電子の授受を行うので，Cu および $Cu(NO_3)_2$ の係数が3，NO の係数が2となる。また，HNO_3 の係数は，Cu が酸化されて生じる Cu^{2+} の相手のイオンとなっている NO_3^- は電子の授受を行っておらず，反応の前後その酸化数は $+5$ のままで変化せず，溶液中に共存しているのみなので，N 原子の保存から8となり，H 原子の保存から H_2O の係数が4となる。
ウ　下線部⑥の反応は下式で表される。

　$3\underset{+4}{NO_2} + H_2O \longrightarrow 2H\underset{+5}{NO_3} + \underset{+2}{NO}$

この反応において酸化数の変化する元素は N のみで，付記したように NO_2 は

HNO$_3$ に酸化され，NO に還元されている。このように，同じ物質が一方では酸化され，他方では還元される反応は不均化反応と呼ばれる。もちろん，この反応における酸化剤は NO に変化した NO$_2$ であり，還元剤は HNO$_3$ に変化した NO$_2$ である。

エ　排気ガスは，炭化水素を空気中の酸素を用いて燃焼したものであり，これには燃焼生成物の CO$_2$ と H$_2$O の他，空気中の N$_2$ が多く含まれている。また，不完全燃焼が起こると，CO も生成し，高温で N$_2$ と O$_2$ が反応して NO や NO$_2$ も生成する。これらの排気ガスの成分の中で，ヘモグロビンと強く結び付いて毒性を示すのは CO である。

Ⅱ　オ　AgCl は水に極めて溶けにくい塩であり，Ag$^+$ または Cl$^-$ の一方が小過剰となると，下式の沈殿反応が起こり，他方のイオンは実質的に溶液中に存在しない。

$$Ag^+ + Cl^- \longrightarrow AgCl$$

そして，反応後の溶液中では，AgCl の溶解度積が成立する。

具体的に，0.10 mol/L の NaCl 水溶液 100 mL に 0.10 mol/L の AgNO$_3$ 水溶液を加えていくときの，Cl$^-$ の濃度変化を確かめてみよう。加える AgNO$_3$ 水溶液の量が 100 mL 未満のときは，加えた Ag$^+$ は実質的にすべて AgCl となり Cl$^-$ が残るので，加えた AgNO$_3$ 水溶液の量を v mL とすると，Cl$^-$ の濃度は下式で表される。

$$[Cl^-] = 0.10 \, mol/L \times \frac{(100 - v)}{(100 + v)}$$

一方，加える AgNO$_3$ 水溶液の量が 100 mL を超えると，Cl$^-$ は実質的に全て AgCl に変化し，過剰となった Ag$^+$ が残る。その Ag$^+$ の濃度は下式で表される。

$$[Ag^+] = 0.10 \, mol/L \times \frac{(v - 100)}{(v + 100)}$$

よって，このときの Cl$^-$ の濃度は，AgCl の溶解度積から下式で表される。

$$[Cl^-] = \frac{1.2 \times 10^{-10} \, mol^2/L^2}{[Ag^+]} = 1.2 \times 10^{-9} \, mol/L \times \frac{(v + 100)}{(v - 100)}$$

加えた AgNO$_3$ 水溶液の量が $v = 90$ mL，99 mL，99.9 mL となるとき，$[Cl^-]$ は 5×10^{-3} mol/L，5×10^{-4} mol/L，5×10^{-5} mol/L と変化し，$-\log_{10}[Cl^-]$ の値が 2.3，3.3，4.3 となる。また，$v = 100.1$ mL，101 mL，110 mL となるとき，$[Cl^-]$ は 2.4×10^{-6} mol/L，2.4×10^{-7} mol/L，2.4×10^{-8} mol/L と変化し，$-\log_{10}[Cl^-]$ の値が 5.6，6.6，7.6 と変化する。この様子は，強酸と強塩基の中和滴定における中和点の直前・直後の pH 変化と同様で，水のイオン積を AgCl の溶解度積に置き換えたものとなり，グラフは **d** となる。

カ，キ　加えた AgNO$_3$ の物質量が最初の NaCl の物質量と等しいとき，$[Ag^+] =$

$[Cl^-]$ となり，また AgCl の溶解度積の関係も成立している。よって，このときの Ag^+ の濃度は，以下の通りである。

$$[Ag^+] = \sqrt{1.2 \times 10^{-10}\,mol^2/L^2} = \sqrt{1.2} \times 10^{-5}\,mol/L$$

このときは，$v = 100\,mL$ のときであり，溶液の体積は $200\,mL$ となっている。よって，もし Ag_2CrO_4 の沈殿ができていないとすると，CrO_4^{2-} の濃度は $1.0 \times 10^{-2}\,mol/L$ となっている。この濃度で Ag_2CrO_4 の溶解度積と比較すると次の通りで，イオンの濃度の積は溶解度積よりわずかに小さい。

$$[Ag^+]^2[CrO_4^{2-}] = (\sqrt{1.2} \times 10^{-5}\,mol/L)^2 \times 1.0 \times 10^{-2}\,mol/L$$
$$= 1.2 \times 10^{-12}\,mol^3/L^3 < 9.0 \times 10^{-12}\,mol^3/L^3$$

したがって，このときには Ag_2CrO_4 の赤色沈殿は，溶液内で濃度が均一になっていれば生じないはずである。しかし，$AgNO_3$ 水溶液を少量ずつ加えていくとき，溶液内で Ag^+ の濃度がすぐには均一にならず，濃度の大きいところがあると，イオンの濃度の積が Ag_2CrO_4 の溶解度積より大きいところが存在して，その赤色沈殿が生じ，目に見えるようになる。また，問オで確かめたように，$AgNO_3$ 水溶液の量がほんのわずかだけ過剰になったとき，たとえば 0.1% だけ過剰となった $100.1\,mL$ 加えたときには，$0.1\,mL$ 分だけ Ag^+ が過剰となっているので，もし，Ag_2CrO_4 の沈殿ができていないとすると，$[Ag^+] = 5 \times 10^{-5}\,mol/L$ となり，イオンの濃度の積は以下のように Ag_2CrO_4 の溶解度積より大きくなり，平衡時にその赤色沈殿が生じたままとなる。

$$[Ag^+]^2[CrO_4^{2-}] = (5 \times 10^{-5}\,mol/L)^2 \times 1.0 \times 10^{-2}\,mol/L$$
$$= 2.5 \times 10^{-11}\,mol^3/L^3 > 9.0 \times 10^{-12}\,mol^3/L^3$$

このように，はじめて Ag_2CrO_4 の赤色沈殿が生じたままとなるとき，その沈殿の量はごく少量なので，大部分の CrO_4^{2-} は溶液中に存在し，その濃度は $1.0 \times 10^{-2}\,mol/L$ となっている。ごく少量でも Ag_2CrO_4 の赤色沈殿が生じているので，その溶解度積の関係は成立する。よって，このときの Ag^+ の濃度は以下のように計算される。

$$[Ag^+] = \sqrt{\frac{9.0 \times 10^{-12}\,mol^3/L^3}{1.0 \times 10^{-2}\,mol/L}} = 3.0 \times 10^{-5}\,mol/L$$

このとき，AgCl の沈殿も共存しているので，その溶解度積も成立している。よって，このときの Cl^- の濃度は，AgCl の溶解度積から以下の通りである。

$$[Cl^-] = \frac{1.2 \times 10^{-10}\,mol^2/L^2}{3.0 \times 10^{-5}\,mol/L} = 4.0 \times 10^{-6}\,mol/L$$

よって，このとき $-\log_{10}[Cl^-] = 6 - 2\log_{10}2 = 5.4$ である。

ク　Ag^+ は Cl^- とも CrO_4^{2-} とも難溶性の沈殿を作るが，$AgCl$ の白色沈殿の方が Ag_2CrO_4 の赤色沈殿より沈殿しやすい。そのため，指示薬として $K_2Cr_2O_4$ を適量加えておいて未知量の $NaCl$ を含む水溶液に $AgNO_3$ 水溶液を加えていくと，はじめのうち，すなわち Cl^- の濃度が十分に大きい間は，$AgCl$ の白色沈殿が生じる。しかし，実質的に Cl^- がすべて $AgCl$ となって沈殿して溶液中の Cl^- の濃度が0に近づくと，Ag_2CrO_4 の赤色沈殿が生じるようになる。したがって，Ag_2CrO_4 の赤色沈殿が生じ始めるまでに加えた $AgNO_3$ の物質量がはじめの $NaCl$ の物質量と誤差の範囲で等しいことになる。

解　答

I　ア　アンモニア：-3　　　硝酸：$+5$

　　イ　①　$3Cu + 8HNO_3 \longrightarrow 3Cu(NO_3)_2 + 2NO + 4H_2O$

　　　　③　$2NO_2 + H_2O \longrightarrow HNO_3 + HNO_2$

　　　　④　$4NH_3 + 5O_2 \longrightarrow 4NO + 6H_2O$

　　　　⑤　$2NO + O_2 \longrightarrow 2NO_2$

　　ウ　酸化剤：NO_2　　還元剤：NO_2

　　エ　CO

II　オ　d

　　カ　$NaCl$ と $AgNO_3$ の物質量が等しいとき，ほとんどすべての Cl^- は $AgCl$ となって沈殿し，その直後に $[Ag^+]$ が急に増大し CrO_4^{2-} と赤色沈殿を作るため。

　　キ　$[Ag^+] = 3.0 \times 10^{-5}\,mol/L$　　　$-\log_{10}[Cl^-] = 5.4$

　　　　（考え方および求める過程は解説参照）

　　ク　Ag_2CrO_4 の赤色沈殿が生じるときは，溶液内の Cl^- の濃度は実質的に0となっているので，それまでに加えられた $AgNO_3$ の物質量とはじめの $NaCl$ の質量が等しいとみなすことができるため。

第3問

解説

I　ア　カルボン酸を含む有機化合物の混合物が溶けているジエチルエーテル溶液に炭酸水素ナトリウム水溶液を加えると，下式のようにカルボン酸がそれと反応して二酸化炭素の気体が発生する。

　　　　$RCOOH + NaHCO_3 \longrightarrow RCOONa + H_2O + CO_2$

　　そのため，分液漏斗内の圧力が高くなるので，分液漏斗を倒立させてコックを開

いてガスを逃がす必要がある。

イ　安息香酸，フェノール，ナフタレンの混合物のジエチルエーテル溶液に実験
　(a)の手順で分離操作を行うと，下図のようにフラスコ１に安息香酸がナトリウム
　塩となり，フラスコ２にフェノールがナトリウム塩となって分離され，フラスコ３
　にナフタレンのジエチルエーテル溶液が得られる。

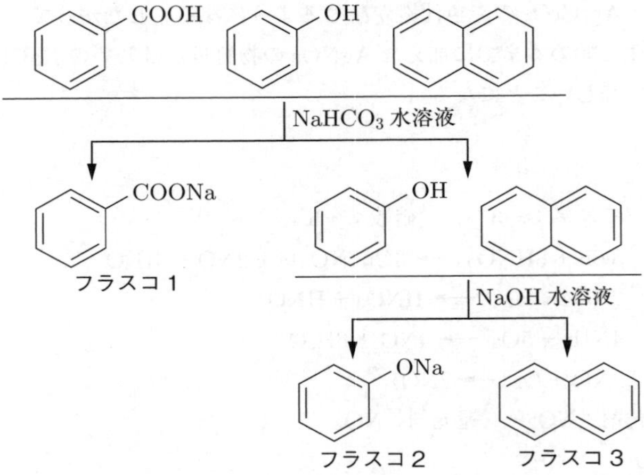

　　フェノールはフラスコ２にナトリウム塩となって水溶液となって分離されてい
　るので，これからフェノールを回収するには，まず，希塩酸を十分に加えて下式の
　ようにフェノールを遊離させ，次いでジエチルエーテルで抽出した後，ジエチルエー
　テルを蒸留して除去すればよい。

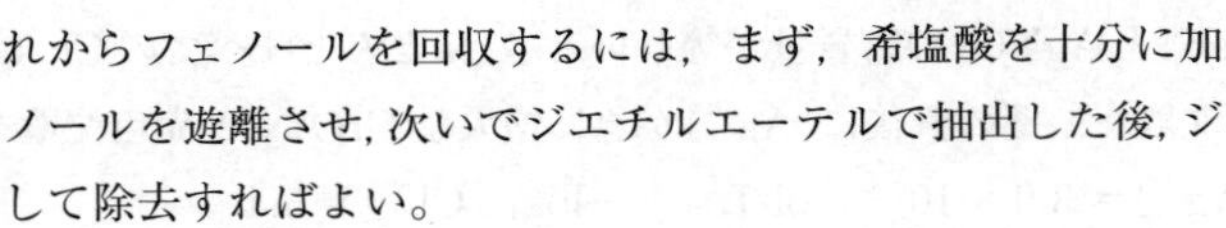

ウ　有機化合物中のC，Hの分析は，試料を完全燃焼させてそれらをCO_2とH_2O
　に変え，その質量を測定することによって行われる。塩化カルシウムを満たした管
　にH_2Oを吸収させ，ソーダ石灰を満たした管にCO_2を吸収させて，それらの質量
　を測定するが，この吸収管の順序を逆にすると，ソーダ石灰は乾燥剤でもあるので，
　CO_2とH_2Oがともにそれに吸収され，それらの質量を別々に求めることができな
　い。

エ　実験(b)はフェノールのニトロ化である。ベンゼンのニトロ化と同様に，濃硝酸
　と濃硫酸の混酸でフェノールのニトロ化を行うことも可能であるが，ここでは，ま
　ず濃硫酸でスルホン化を行い，その後に濃硝酸を作用させてニトロ化を行っている。

フェノールはベンゼンよりも置換反応が起こりやすく，フェノール性ヒドロキシ基に対してオルト位とパラ位で置換反応が起こりやすい。専門書によると，フェノールを通常のニトロ化と同様に，濃硝酸と濃硫酸の混酸で行うと，フェノールが硝酸によって酸化される反応が起こり，収率が著しく低下するので，一旦スルホン化してその後にスルホ基とニトロ基を置き換えることにより，70％以上の収率でピクリン酸を得ることができるそうである。したがって，以下のようにニトロ化が進行したものと推定される。

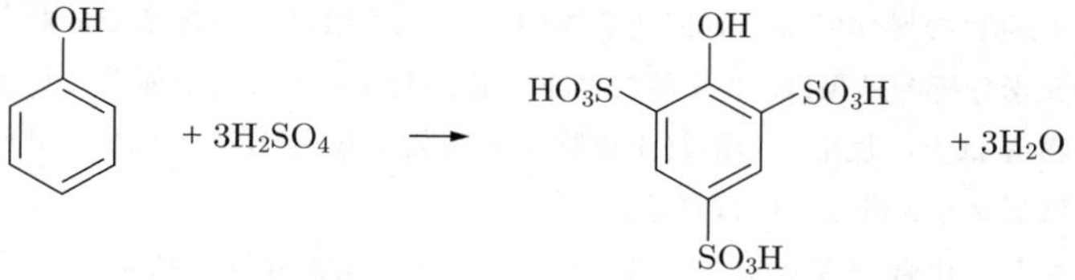

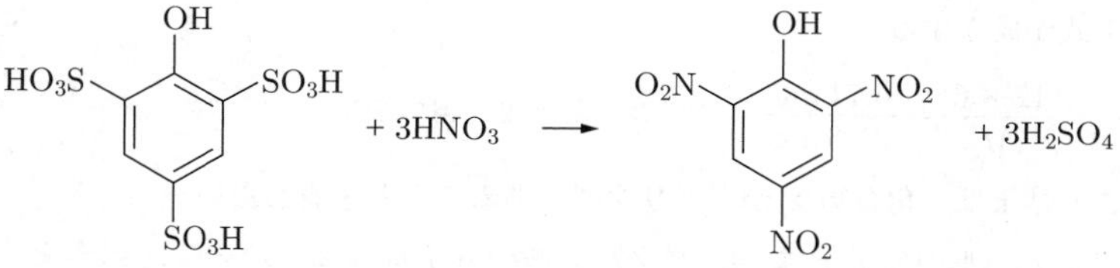

$$+ \ 3H_2SO_4 \longrightarrow \qquad + \ 3H_2O$$

$$+ \ 3HNO_3 \longrightarrow \qquad + \ 3H_2SO_4$$

　上記の反応のみが起これば気体は発生しないはずだが，実際はこの反応の間にさかんに二酸化窒素の気体が発生する。この反応は濃硝酸が酸化剤として作用したことを意味するが，上記の反応は酸化還元反応ではない。したがって，スルホ基とニトロ基の置換の際に，反応の途中で酸化還元反応が起こったと推定される。スルホ基に含まれるSの酸化数は+5であり，これが置換されて生じた硫酸中のSの酸化数は+6である。よって，この過程で硝酸が酸化剤として作用したと推定される。一方，ニトロ基に含まれるNの酸化数は+4でこの過程では硝酸が還元されている。したがって，全体ではスルホ基が触媒として作用して下式の濃硝酸の分解が同時に進行したと推定される。

$$4HNO_3 \longrightarrow 4NO_2 + O_2 + 2H_2O$$

　また，ここでは3ヶ所がニトロ化された化合物が生成したときの反応式を示したが，反応条件によっては1ヶ所または2ヶ所がニトロ化された化合物が生成する可能性もある。

　化合物 X の元素分析の結果から，その 21.3 mg 中に含まれる C および H の質量は，以下の通りである。

$$C：24.6\,\mathrm{mg} \times \frac{12}{44} = 6.71\,\mathrm{mg}$$

$$H：2.5\,\mathrm{mg} \times \frac{2}{18} = 0.278\,\mathrm{mg}$$

よって，C，H の原子数比は以下の通りである。

$$C：H = \frac{6.71}{12} : \frac{0.278}{1} = 0.559 : 0.278 \fallingdotseq 2 : 1$$

　実験(b)の操作では，有機化合物中の C 原子数は 6 のままで変わらないので，上の元素分析の結果は，3 ヶ所でニトロ化が起こったことを示している。よって，化合物 X は上の反応式の最終生成物である 2,4,6-トリニトロフェノールである。これはピクリン酸とも呼ばれる。

　なお，化合物 X の分子量を M とすると，元素分析の結果から C の質量について下式が成立する。

$$\frac{12 \times 6}{M} = \frac{6.71\,\mathrm{mg}}{21.3\,\mathrm{mg}} \qquad \therefore \quad M = 228.6 \fallingdotseq 229$$

　この結果は，化合物 X がピクリン酸であることと矛盾しない。

オ　フェノールの分子量は 94，ピクリン酸の分子量は 229 なので，収率を x %とすると，下式が成立する。

$$\frac{9.5\,\mathrm{g}}{94\,\mathrm{g/mol}} \times \frac{x}{100} = \frac{18.2\,\mathrm{g}}{229\,\mathrm{g/mol}} \qquad \therefore \quad x = 78.6\%$$

カ　ピクリン酸はフェノール類に分類されるが，電気陰性度の大きな元素からなるニトロ基のために，ベンゼン環の電子密度が減少し，フェノール性ヒドロキシ基の分極が大きくなる。そのため，酸の強さはカルボン酸より強い。したがって，アンモニアと下式のように中和反応を行い，アンモニウム塩を形成する。

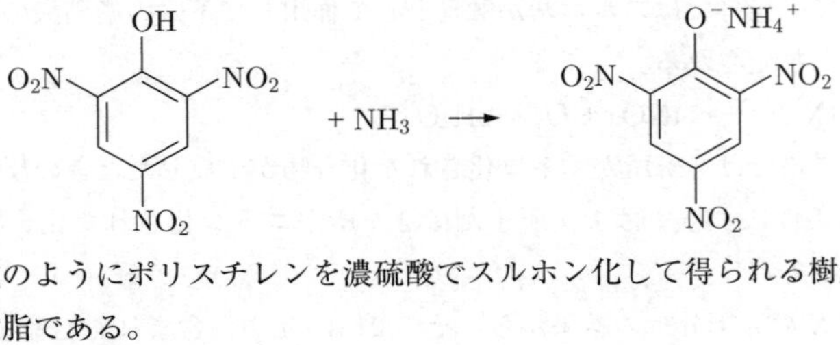

II　キ　下式のようにポリスチレンを濃硫酸でスルホン化して得られる樹脂は，陽イオン交換樹脂である。

$$\text{—CH—CH}_2\text{—} \quad + H_2SO_4 \longrightarrow \quad \text{—CH—CH}_2\text{—} \quad + H_2O$$

$$SO_3H$$

陽イオン交換樹脂では，強酸性のスルホ基が高分子化合物に共有結合で結合しているので，スルホ基は電離していても陰イオン $-SO_3^-$ が移動できないため，H^+ も移動できない。ここに電解質の水溶液が加えられると，水溶液中の陽イオンがスルホ基の陰イオンの対のイオンとなって吸着し，H^+ が移動できるようになる。その様子を，陽イオン交換樹脂を RSO_3H と表し，$NaCl$ の水溶液を加えた場合で示すと下式の通りである。

$$RSO_3H + NaCl \longrightarrow RSO_3Na + HCl$$

結果として，樹脂に吸着していた H^+ と溶液中の Na^+ が入れ替わったことになるので，この樹脂は陽イオン交換樹脂と呼ばれる。よって，（1）は陽，（2）はスルホ基である。

この反応は，可逆反応なので，Na^+ が吸着している樹脂にある程度の濃度の希塩酸を流すと，樹脂はもとの RSO_3H の形に戻る。このとき，樹脂に吸着する陽イオンの吸着が強いものほど，高い濃度の希塩酸を用いなければ，溶出しないので，希塩酸の濃度をだんだん高くしていくことによって，樹脂に吸着した陽イオンを段階的に溶出させることができる。したがって，樹脂への吸着は化合物 **B** が最も弱く，化合物 **C**，**D** の順に強い。

化合物 **B**，**C**，**D** の分子量は，与えられた分子式から順に 133，89，146 なので，500 mg の **A** を加水分解して得られた **B**，**C**，**D** の物質量比は以下の通りである。

$$\mathbf{B} : \mathbf{C} : \mathbf{D} = \frac{200\,\text{mg}}{133\,\text{g/mol}} : \frac{134\,\text{mg}}{89\,\text{g/mol}} : \frac{220\,\text{mg}}{146\,\text{g/mol}}$$

$$= 1.50\,\text{mmol} : 1.51\,\text{mmol} : 1.51\,\text{mmol} \fallingdotseq 1 : 1 : 1$$

よって，（3）は $1:1:1$ である。

なお，与えられた分子式および陽イオン交換樹脂への吸着の強さの違い，化合物 **B** が酸性アミノ酸，化合物 **C** のみにメチル基があること，および，これらの化合物がいずれもタンパク質を構成する α-アミノ酸であり，炭素鎖に枝分かれがないことから，化合物 **B**，**C**，**D** は順に下記の構造のアスパラギン酸（Asp），アラニン（Ala），リシン（Lys）である。

B

$$H_2N-\underset{\underset{\underset{OH}{|}}{\underset{C=O}{|}}{\underset{|}{CH_2}}}{CH}-\overset{\overset{O}{\|}}{C}-OH$$

C

$$H_2N-\underset{\underset{CH_3}{|}}{CH}-\overset{\overset{O}{\|}}{C}-OH$$

D

$$H_2N-\underset{\underset{\underset{CH_2-CH_2-NH_2}{|}}{\underset{CH_2}{|}}{\underset{|}{CH_2}}}{CH}-\overset{\overset{O}{\|}}{C}-OH$$

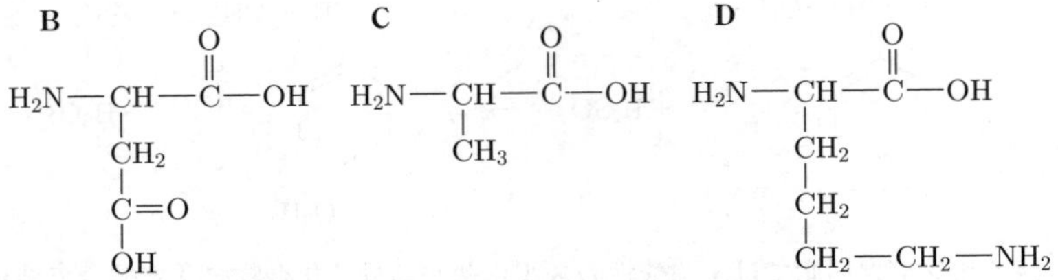

　　これらの α-アミノ酸の中性付近の水溶液中では，アミノ基は $-NH_3{}^+$，カルボキシ基は $-COO^-$ となっているので，酸性アミノ酸のアスパラギン酸は全体で陰イオン，中性アミノ酸のアラニンは双性イオン，塩基性アミノ酸のリシンは陽イオンとなり，陽イオン交換樹脂への吸着の強さが，**B**，**C**，**D** の順に強くなる。

ク　塩酸塩で得られた化合物 **D** から塩酸を除くためには，OH^- が吸着している陰イオン交換樹脂に通すと良い。アミノ酸の一般式を $RCH(NH_2)COOH$ で表し，陰イオン交換樹脂を $RCH_2N(CH_3)_2OH$ と表すと，塩酸塩となっていたアミノ酸から塩酸が除かれる変化は下式で表される。

$$RCH_2N^+(CH_3)_2OH^- + RCH(NH_3Cl)COOH$$
$$\longrightarrow RCH_2N^+(CH_3)_2Cl^- + RCH(NH_2)COOH + H_2O$$

なお，化合物 **D** は塩基性アミノ酸のリシンであり，上記の反応が 2 ヶ所で起こる。

ケ　化合物 **C** は，キで示したように，メチル基があるタンパク質を構成する α-アミノ酸で，その分子式が $C_3H_7NO_2$ と与えられているので，前ページ中央の構造式のアラニンである。

コ　化合物 **A** はトリペプチドであり，これを加水分解して得られる 2 種のジペプチドのいずれにも化合物 **D** のリシンが含まれているので，トリペプチド **A** のアミノ酸配列はアミノ基の末端から Asp-Lys-Ala または Ala-Lys-Asp のどちらかである。また，塩基性アミノ酸のカルボキシ基が形成したアミド結合を加水分解する酵素のトリプシンを用いて加水分解すると，化合物 **C** のアラニンとジペプチド **F** が生成したことから，トリペプチド **A** のアミノ酸配列は Asp-Lys-Ala に決まり，その構造式は下図の通りである。

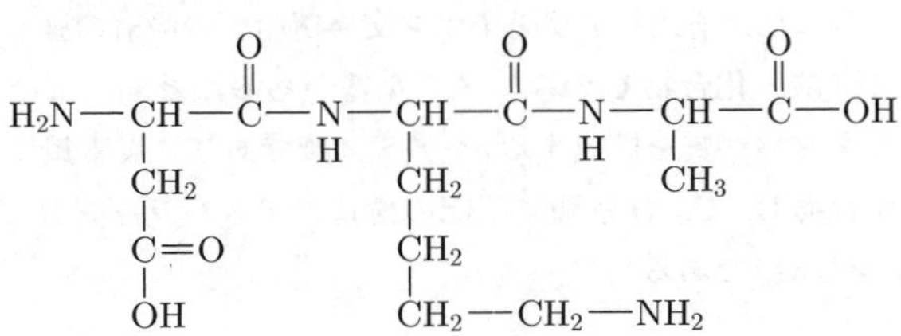

$$H_2N-\underset{\underset{\underset{OH}{|}}{\underset{C=O}{|}}{\underset{|}{CH_2}}}{CH}-\overset{\overset{O}{\|}}{C}-\underset{\underset{H}{|}}{N}-\underset{\underset{\underset{CH_2-CH_2-NH_2}{|}}{\underset{CH_2}{|}}{\underset{|}{CH_2}}}{CH}-\overset{\overset{O}{\|}}{C}-\underset{\underset{H}{|}}{N}-\underset{\underset{CH_3}{|}}{CH}-\overset{\overset{O}{\|}}{C}-OH$$

　なお，リシンには側鎖にアミノ基があるので，そのアミノ基とアスパラギン酸の
カルボキシ基が縮合した次図の構造の化合物も考えられるが，この両者の間に形成
されたアミド結合はペプチド結合とは異なるので，**A** の一部のペプチド結合が加
水分解されずに残ったジペプチド **E**，**F** が得られたという条件から，**A** の構造とし
ては不適切とする。

$$\text{H}_2\text{N}-\underset{\underset{\underset{\text{OH}}{|}}{\underset{\text{C}=\text{O}}{|}}{\underset{\text{CH}_2}{|}}{\overset{\text{O}}{\overset{\|}{\text{CH}-\text{C}}}}-\text{NH}-\text{CH}_2-\text{CH}_2-\text{CH}_2-\text{CH}_2-\underset{\underset{\text{NH}_2}{|}}{\overset{\text{O}}{\overset{\|}{\text{CH}-\text{C}}}}-\text{NH}-\underset{\underset{\text{CH}_3}{|}}{\overset{\text{O}}{\overset{\|}{\text{CH}-\text{C}}}}-\text{OH}$$

解答

Ⅰ　ア　安息香酸と炭酸水素ナトリウムが反応して二酸化炭素の気体が発生し，分液
　　　漏斗内の圧力が高くなるので，その気体をときどき逃がす必要がある。

　　イ　フラスコ2にナトリウム塩となって溶けているので，塩酸を加えジエチル
　　　エーテルで抽出した後，蒸留してジエチルエーテルを除去する。

　　ウ　順番を逆にすると，ソーダ石灰管に水も二酸化炭素も吸収され，それぞれの
　　　質量を求められない。

　　エ

　　　　　　　　　　（求める過程は解説参照）

　　オ　78.6％（求める過程は解説参照）

　　カ　ピクリン酸のアンモニウム塩

Ⅱ　キ　（1）　陽　　　（2）　スルホ　　　（3）　1:1:1

　　ク　OH 型にした陰イオン交換樹脂に塩酸塩となった化合物 D の水溶液を通じ，
　　　蒸留水を流す。

　　ケ

$$\text{H}_2\text{N}-\underset{\underset{\text{CH}_3}{|}}{\overset{\text{O}}{\overset{\|}{\text{CH}-\text{C}}}}-\text{OH}$$

コ

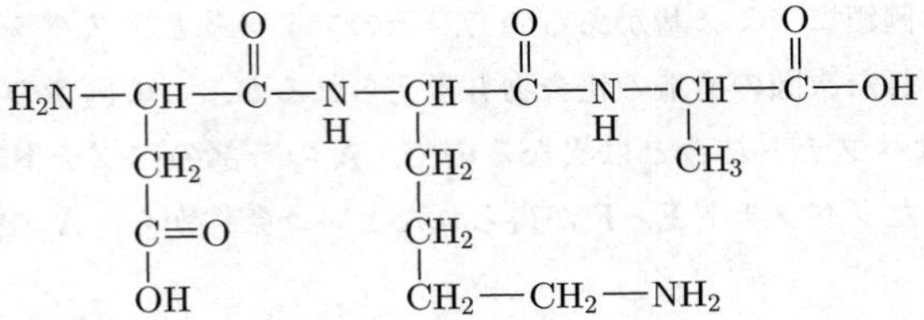

第1問

[解説]

ア　2.0 mol/kg の塩化リチウム水溶液 100 g 中に，x g の LiCl が溶けているとすると，下式が成立する。

$$\frac{\left(\dfrac{x\,\mathrm{g}}{42.4\,\mathrm{g/mol}}\right)}{(100-x)\times10^{-3}\,\mathrm{kg}} = 2.0\,\mathrm{mol/kg} \qquad \therefore \quad x = 7.81\,\mathrm{g}$$

イ　フラスコ I には純水が，フラスコ II には LiCl 水溶液が入っている。LiCl 水溶液では，蒸気圧降下のため，これらと気液平衡にある水蒸気圧は純水の方が大きく，フラスコ II の水銀柱の高さが高い。したがって，$h_{\mathrm{I}} < h_{\mathrm{II}}$ となる。

ウ　ナトリウムはイオン化傾向が非常に大きい金属で，その単体は常温で水と下式のように反応して水素を発生する。

$$2\mathrm{Na} + 2\mathrm{H_2O} \longrightarrow 2\mathrm{NaOH} + \mathrm{H_2}$$

エ　9.2 mg の Na の物質量は，

$$n_{\mathrm{Na}} = \frac{9.2\times10^{-3}\,\mathrm{g}}{23.0\,\mathrm{g/mol}} = 4.0\times10^{-4}\,\mathrm{mol}$$

よって，発生する $\mathrm{H_2}$ の物質量は $2.0\times10^{-4}\,\mathrm{mol}$ である。この $\mathrm{H_2}$ の気体のフラスコ I 内の分圧は，

$$P_{\mathrm{H_2}} = \frac{2.0\times10^{-4}\,\mathrm{mol}\times0.082\,\mathrm{L\cdot atm/(mol\cdot K)}\times300\,\mathrm{K}}{0.40\,\mathrm{L}} = 1.23\times10^{-2}\,\mathrm{atm}$$

$$P_{\mathrm{H_2}} = \frac{2.0\times10^{-4}\,\mathrm{mol}\times8.31\times10^{3}\,\mathrm{Pa\cdot L\cdot mol^{-1}\cdot K^{-1}}\times300\,\mathrm{K}}{0.40\,\mathrm{L}}$$

$$= 1.25\times10^{3}\,\mathrm{Pa}$$

$1\,\mathrm{atm} = 760\,\mathrm{mmHg} = 1.013\times10^{5}\,\mathrm{Pa}$ なので，$\mathrm{H_2}$ の分圧は $1.23\times10^{-2}\,\mathrm{atm}\times$

$760\,\dfrac{\mathrm{mmHg}}{\mathrm{atm}} = 1.25\times10^{3}\,\mathrm{Pa}\times\dfrac{760\,\mathrm{mmHg}}{1.013\times10^{5}\,\mathrm{Pa}} = 9.35\,\mathrm{mmHg} \fallingdotseq 9.4\,\mathrm{mmHg}$ である。この圧力でフラスコ I 側の水銀面を押し下げ，それがフラスコ II の水銀面を押し上げることになり，その液面差がさらに 9.4 mm 広がる。よって，水銀面の高さはフラスコ I 側で 4.7 mm 下がり，フラスコ II 側で 4.7 mm 上がる。

オ　コック B を開けると，フラスコ I と II の水溶液と気液平衡にある水蒸気圧が等

しくなるように，すなわち両者の水溶液の質量モル濃度が等しくなるまで，水蒸気の形で水が移動する。水の移動が起こる前には，フラスコ I には水が 80 g と NaOH がはじめの Na の物質量と等しい 4.0×10^{-4} mol 含まれている。また，フラスコ II には LiCl が 7.81 g，すなわち $\dfrac{7.81\,\text{g}}{42.4\,\text{g/mol}} = 0.184\,\text{mol}$ と水が 92.19 g 含まれている。NaOH も LiCl も強電解質であり，水溶液中で完全電離して，その物質量の 2 倍のイオンを生じる。よって，フラスコ I からフラスコ II に y g の水が移動して，同じ質量モル濃度の溶液になったとすると，下式が成立する。

$$\frac{4.0 \times 10^{-4}\,\text{mol} \times 2}{(80 - y) \times 10^{-3}\,\text{kg}} = \frac{0.184\,\text{mol} \times 2}{(92.19 + y) \times 10^{-3}\,\text{kg}}$$

$$\therefore y = 79.6\,\text{g}$$

よって，水が移動した後のフラスコ II の LiCl 水溶液の質量モル濃度は，

$$m_{\text{LiCl}} = \frac{0.184\,\text{mol}}{(92.19 + 79.6) \times 10^{-3}\,\text{kg}} = 1.07\,\text{mol/kg} \fallingdotseq 1.1\,\text{mol/kg}$$

解 答 （途中の考え方・式は解説参照）

ア　7.8 g

イ　フラスコ I には純水，フラスコ II には LiCl 水溶液が入っていて，これらと気液平衡にある水蒸気圧は，溶液の蒸気圧降下のため LiCl 水溶液の方が小さい。したがって，$h_\text{I} < h_\text{II}$ となる。

ウ　$2\text{Na} + 2\text{H}_2\text{O} \longrightarrow 2\text{NaOH} + \text{H}_2$

エ　4.7 mm

オ　1.1 mol/kg

第 2 問

解説

I　ア，イ，ウ　実験 1 で BaCl_2 水溶液を加えたときに沈殿を生じるのは，Cl^- と沈殿を作る場合と Ba^{2+} と沈殿を作る場合が可能であるが，A ～ E の水溶液では，後者の Ba^{2+} との沈殿生成が該当し，(2) から BaSO_4，(5) から BaCO_3 の沈殿が生成する。よって，A，B は H_2SO_4 または Na_2CO_3 である。実験 2 で AgNO_3 水溶液を加えたときに沈殿を生じるのは，硝酸塩はすべて水に易溶なので，Ag^+ との沈殿である。これに該当するのは (1)，(3)，(4) の Cl^- を含む化合物の水溶液で，生成する沈殿は AgCl である。よって，C，D，E は HCl，NaCl，ZnCl_2 のいずれかである。また，実験 (3) で A，D に B を加えると気泡の発生が認められたとあるが，これは弱酸の

塩である Na_2CO_3 に強酸を加えたときの変化である。すなわち，**B** が Na_2CO_3 で，**A**，**D** が強酸の HCl または H_2SO_4 である。実験1の結果と合わせると，**A** が H_2SO_4 であることも決まり，**D** が HCl とわかる。

以上より，**A** と $BaCl_2$ 水溶液の反応は，

$$H_2SO_4 + BaCl_2 \longrightarrow BaSO_4 + 2HCl$$

B と $BaCl_2$ 水溶液の反応は，以下の通りである。

$$Na_2CO_3 + BaCl_2 \longrightarrow BaCO_3 + 2NaCl$$

実験2で生じた沈殿は AgCl で，沈殿生成は以下のイオン反応式で表される。

$$Ag^+ + Cl^- \longrightarrow AgCl$$

また，実験3の気体発生の反応は以下のイオン反応式の通りで，発生した気体は CO_2 である。

$$CO_3{}^{2-} + 2H^+ \longrightarrow CO_2 + H_2O$$

エ　実験4でアンモニア水を加えると白色沈殿が生成するのは(4)の $ZnCl_2$ 水溶液で，沈殿生成反応は下式で表される。

$$ZnCl_2 + 2NH_3 + 2H_2O \longrightarrow Zn(OH)_2 + 2NH_4Cl$$

さらにアンモニア水を過剰に加えると，水酸化物の沈殿は，下式のようにアンミン錯イオンを形成して溶解する。

$$Zn(OH)_2 + 2NH_3 + 2NH_4Cl \longrightarrow [Zn(NH_3)_4]Cl_2 + 2H_2O$$

この沈殿が溶解する変化は，沈殿が生成するときに副生している NH_4Cl が共存している溶液中で起こるので，上式の反応式が状況を最も正確に表しているが，下式でも許容されると推察される。

$$Zn(OH)_2 + 4NH_3 \longrightarrow [Zn(NH_3)_4](OH)_2$$

オ　実験4で **C** が(4)の $ZnCl_2$ 水溶液と決まったので，残る **E** が(3)の NaCl 水溶液と決まる。

Ⅱ　カ　実験1で起こっている変化は下式の通りである。

$$CuO + H_2SO_4 \longrightarrow CuSO_4 + H_2O$$

硫酸銅(Ⅱ)の水溶液を濃縮し冷却すると，硫酸銅(Ⅱ)の五水和物が析出する。これは知識として知っている人も多いと思う。

キ，ク　実験1で得られた結晶が硫酸銅(Ⅱ)五水和物であることを知っているとすると，その式量は $249.6 \fallingdotseq 250$ であり，結晶 100 mg の物質量は 4.00×10^{-4} mol である。結晶を徐々に加熱したときに，水和水が段階的に取れたと考えられる。50℃付近までに 14.4 mg 質量が減少し，90℃付近までにさらに 14.4 mg 質量が減少しているが，

これが水和水を失ったことによるとすると，50℃付近までに $\dfrac{14.4 \times 10^{-3}\,\mathrm{g}}{18.0\,\mathrm{g/mol}} = 8.00$

$\times 10^{-4}\,\mathrm{mol}$ の水和水が取れ，さらに 90℃付近までに $8.00 \times 10^{-4}\,\mathrm{mol}$ の水和水が

取れたことになる。初めに取った結晶の物質量が $4.00 \times 10^{-4}\,\mathrm{mol}$ なので，50℃付

近までに下式の変化が，

$$CuSO_4 \cdot 5H_2O \longrightarrow CuSO_4 \cdot 3H_2O + 2H_2O$$

次いで 90℃付近までに下式の変化が起こったと判断できる。

$$CuSO_4 \cdot 3H_2O \longrightarrow CuSO_4 \cdot H_2O + 2H_2O$$

　加熱を続け，270℃までにはさらに 7.2 mg 質量が減少しているが，これも水和

水が失われたとすると，$4.00 \times 10^{-4}\,\mathrm{mol}$ の水和水に対応するので，この間に下式

の変化が起こり，水和水がすべて失われたとわかる。

$$CuSO_4 \cdot H_2O \longrightarrow CuSO_4 + H_2O$$

　実験 1 で析出した結晶が硫酸銅(II)五水和物であることが分かっていれば，上の

ような考察が可能であるが，これが不明であるとすると，結晶の物質量を求めるこ

とができない。しかし，加熱に伴う質量の減少が各段階で 14.4 mg，14.4 mg，7.2 mg

であり，同一の分子が 2：2：1 の物質量の比で結晶から取れたことがわかり，

それが水和水であった水が取れたとすれば，ここで起きた現象を矛盾なく説明でき，

五水和物の結晶から最終的に無水物が得られたことが合理的に説明できる。

ケ　硫酸銅(II)五水和物の結晶は，Cu^{2+} のまわりに 4 分子の水が配位結合した平

　面 4 配位の $[Cu(H_2O)_4]^{2+}$ の錯イオンを形成し，その上下に硫酸イオンの 4 つ

　の O 原子の中の 1 個が位置したいびつな八面体の構造がジグザグにつながり，

　$[Cu(H_2O)_4]^{2+}$ の錯イオンと硫酸イオンが交互に繰り返された鎖を形成し，この鎖

　の硫酸イオンと隣接する鎖の硫酸イオンの間に水分子が水素結合を形成して 2 本の

　鎖をつないでいることが知られている。この硫酸銅(II)五水和物の結晶の色は青色

　であるが，その色は硫酸銅(II)の水溶液の色とほとんど同じであり，結晶中に平面

　4 配位の $[Cu(H_2O)_4]^{2+}$ の錯イオンが存在していることを示唆している。このよう

　に水和水を含む結晶中で，それに含まれる水和水は結晶中で決まった位置にあって

　それぞれ決まった役割をはたしている。もちろん，このような事実はこの設問にあ

　るような熱分解の解析ではわからず，X 線構造解析によってはじめて分かること

　であるが，熱分解で水が取れる温度の違いから，結晶中で水和水がどの程度強く結

　合しているかの推定は可能である。

　　この硫酸銅(II)五水和物の熱分解において，100℃未満で 5 個の水和水の中の 4

　個が取れ，残り 1 個は 200℃以上に加熱して初めて取れている。よって，5 個の中

の 4 個の水分子は，残り 1 個に比べて弱く結合していると推定される。Cu^{2+} が平面 4 配位の錯イオンを作りやすいことと合わせると，低温域で失われた水和水がアクア錯イオンを形成していた水分子で，残る一つの水分子が硫酸イオンと水素結合していて高温域で失われたと推定される。ただし，実際は一部の水和水が失われると，結晶構造が変化し，残された水分子と Cu^{2+}，SO_4^{2-} で最も安定な結晶構造となるように再配列が起こるので，このような単純な対応は成り立たない。

解答

I　ア　**A**：$BaCl_2 + H_2SO_4 \longrightarrow BaSO_4 + 2HCl$

　　　　B：$BaCl_2 + Na_2CO_3 \longrightarrow BaCO_3 + 2NaCl$

　イ　$AgCl$

　ウ　CO_2

　エ　$Zn(OH)_2 + 2NH_3 + 2NH_4Cl \longrightarrow [Zn(NH_3)_4]Cl_2 + 2H_2O$

　オ

A	B	C	D	E
(2)	(5)	(4)	(1)	(3)

II　カ　$CuSO_4 \cdot 5H_2O$

　キ　$CuSO_4$

　ク　$CuSO_4 \cdot H_2O$（理由は解説参照）

　ケ　5 個の水和水の中の 4 個は Cu^{2+} と平面 4 配位の $[Cu(H_2O)_4]^{2+}$ の錯イオンを形成し，残りの 1 個は結晶中の硫酸イオンと水素結合を形成し，この結晶は $[Cu(H_2O)_4]SO_4 \cdot H_2O$ と表される錯塩となっていて，結晶中での結合の仕方が異なり，その強さが異なるため。

第 3 問

解説

I　ア　問題文にもあるように，アルカンは化学的に安定で反応性に乏しい。しかし，アルカンと塩素の混合物に紫外光を照射すると，Cl 原子を生じ，アルカンから H 原子を引き抜き HCl 分子を生じるとともに，反応性の大きい遊離基を生じ，これが塩素と反応してアルカンの Cl 置換体が生成し，また Cl 原子が生成する。これがアルカンと反応し，と次々と反応性の大きい遊離基と Cl 原子を生じながら連鎖反応が継続して置換反応が進む。メタンと塩素の反応は，下式で表される。

　　　　$CH_4 + Cl_2 \longrightarrow CH_3Cl + HCl$

　イ　この置換反応をプロパンで行うと，下式のように 2 種類の Cl 置換体が生成する。

$$CH_3CH_2CH_3 + Cl_2 \longrightarrow CH_3CH_2CH_2Cl + HCl$$
$$CH_3CH_2CH_3 + Cl_2 \longrightarrow CH_3CHClCH_3 + HCl$$

　これらの Cl 置換体が塩素と反応するとき，下式のようにそれぞれの一塩素置換体から 2 種類，3 種類の二塩素置換体が生成する。

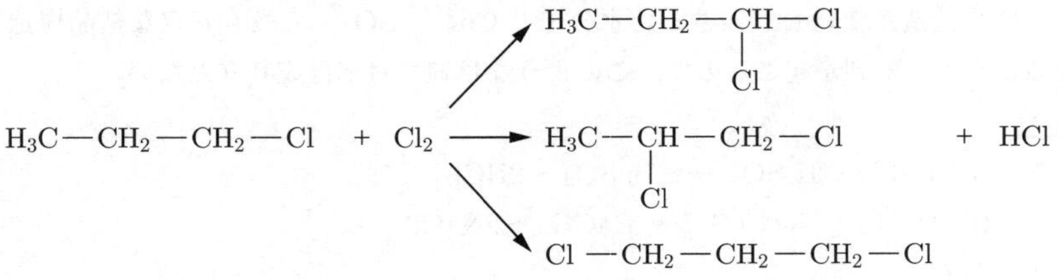

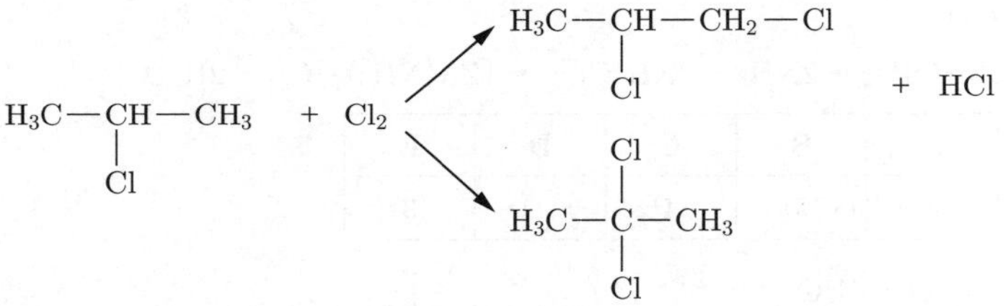

　よって，上の 1-クロロプロパンが **A**，下の 2-クロロプロパンが **B** である。

ウ　塩素との置換反応で **A** を与える水素原子 H_a は，プロパンの両端のメチル基の H であり，**B** を与える水素原子 H_b は中央の炭素原子に結合している H である。よって，プロパン 1 分子中に H_a は 6 個，H_b は 2 個あるので，この両者の反応性が同じであれば，**A** と **B** はこの原子数の比の 6：2＝3：1 で生成すると予想される。

エ　プロパンと塩素の置換反応で実際に生成する A と B の物質量の比は 9：11 なので，H_b が H_a より k 倍反応性が高いとすると，次式が成立する。

$$3 : k = 9 : 11 \qquad \therefore \quad k = 3.67 \doteqdot 3.7$$

オ　実験室で塩素を発生させるときは，下式で表される酸化マンガン（Ⅳ）に濃塩酸を加えて加熱する方法がよく用いられる。

$$MnO_2 + 4HCl \longrightarrow MnCl_2 + Cl_2 + 2H_2O$$

　濃塩酸は塩化水素 HCl の濃い水溶液なので，この反応で発生する塩素には必ず塩化水素の気体も含まれる。したがって，乾燥した不純物をできるだけ含まない塩素の気体を得るためには，塩化水素と水蒸気を除去する必要がある。そのためには，まず塩化水素が極めて水に溶けやすい気体であることを応用して，水を入れた洗気ビンに通じ，次いで乾燥剤となる濃硫酸を入れた洗気ビンに通すのが良い。塩化水素が酸性の気体であるから水酸化カルシウム水溶液に通じる方が完全に HCl を除

去できるが，塩素も水酸化カルシウムと下式のように反応するので，これを用いることはできない。

$$2Cl_2 + 2Ca(OH)_2 \longrightarrow CaCl_2 + Ca(ClO)_2 + 2H_2O$$

　洗気ビンに気体を通すときは，気体発生装置から水や濃硫酸中に気体が吹き込まれるように通じ，それぞれの液体に不純物を吸収させた後の気体を次の装置に送るようにする。したがって，①から出た気体は水を入れた洗気ビンの⑦に接続し，⑥からHClを除去した気体を濃硫酸を入れた洗気ビンの③に接続し，②から出た気体を捕集容器に接続する。塩素は水に少し溶け，分子量が71.0の空気より重い気体なので，下方置換で捕集する。したがって，②は⑩に接続する。

Ⅱ　カ　実験(a)は，ベンゼンのスルホン化である。ベンゼンの置換反応で可能な反応は，スルホン化，ニトロ化，ハロゲン化，アルキル化および高校では学ばないアシル化の5種類のみであり，ベンゼンと無機試薬 X を反応させてSを含む化合物 P が得られたので，この反応は下式で表されるスルホン化で，X は濃硫酸である。

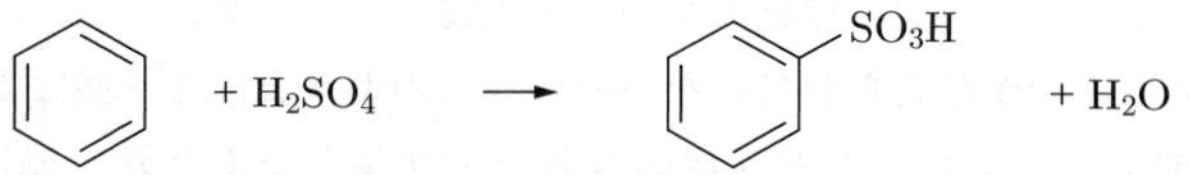

　化合物 P がベンゼンスルホン酸であるとすると，その分子式は $C_6H_6O_3S$ であり，元素分析の結果と比較すると，以下のように矛盾しない。

$$C : \frac{72.0}{158.1} = 45.5\%$$

$$H : \frac{6.0}{158.1} = 3.8\%$$

$$S : \frac{32.1}{158.1} = 20.3\%$$

$$O : \frac{48.0}{158.1} = 30.4\%$$

　スルホン酸は強酸であり，弱酸の塩である酢酸ナトリウムとは下式のように反応して弱酸である酢酸を遊離する。

$$C_6H_5SO_3H + CH_3COONa \longrightarrow C_6H_5SO_3Na + CH_3COOH$$

　この反応は，弱酸の陰イオンが塩基として作用し，強酸の電離で生じた水素イオンを受け取ることによって起こる。

キ，ク，ケ　実験(b)はベンゼンのニトロ化およびその還元によるアニリンの生成である。上述したように，ベンゼンの置換反応で可能な反応で，濃硫酸ともう一つの

無機試薬 **Y** の混合物で考えられるのは下式のニトロ化で，無機試薬 **Y** は濃硝酸，化合物 **Q** はニトロベンゼン $C_6H_5NO_2$ である。

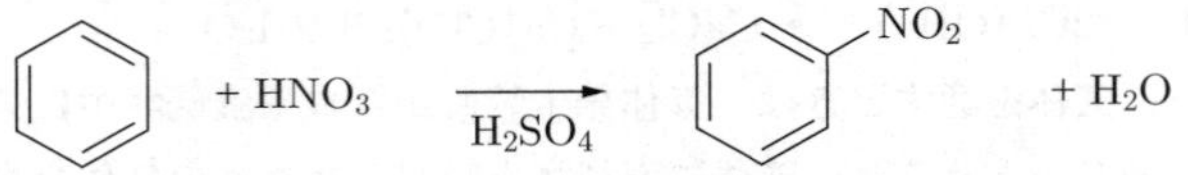

ニトロベンゼンに金属スズと濃塩酸を加えて穏やかに加熱すると，下式のようにニトロ基が還元され，アニリン塩酸塩が生成する。

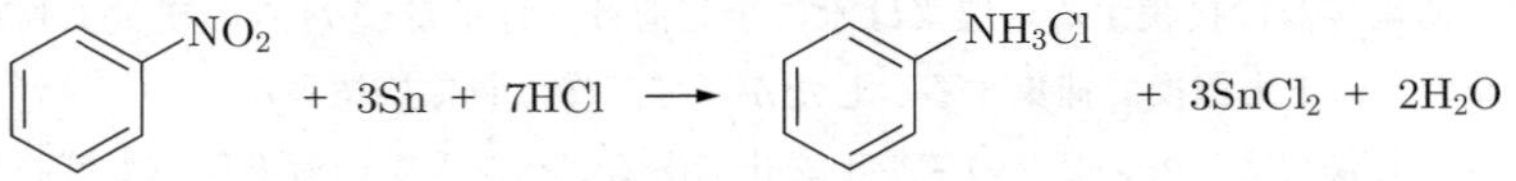

なお，このニトロ基の還元において，金属スズが塩化スズ(II)となる反応式ではなく，塩化スズ(IV)になる反応式も考えられるが，問題文にある条件では，ニトロベンゼンの物質量が $0.033\,mol$，スズの物質量が $0.118\,mol$ であり，スズが過剰となっているので，上記の塩化スズ(II)が生成する反応が起こる。ただし，問題文中にスズの原子量が与えられていないので，このような量的考察はできない。

下線部(1)で，ニトロベンゼンは淡黄色の油状物質であり水に難溶性であるが，ニトロ基が還元されると，生成するアニリンは塩基性物質なので，反応液中に共存する塩酸と塩を形成しアニリン塩酸塩となって水に易溶性となる。したがって，ニトロベンゼンの還元が完了すると，淡黄色の油状物質が消失し，均一な水溶液となる。

下線部(2)は，過剰の塩酸を中和するとともに，塩酸塩となっている弱塩基のアニリンを強塩基を加えて下式のように遊離させる操作である。

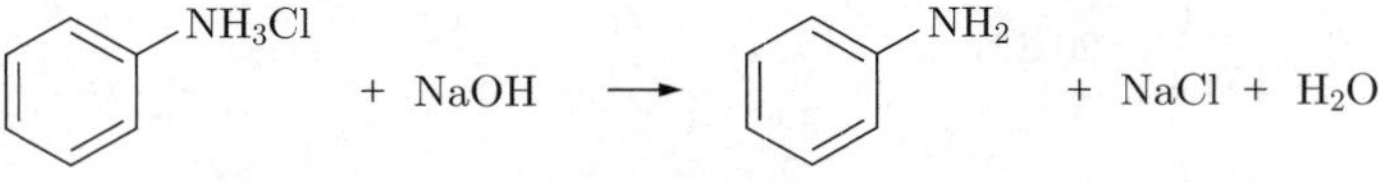

塩となっている有機化合物は水に溶けやすくジエチルエーテルには溶けにくいが，アニリン分子となると水には溶けにくくジエチルエーテルに溶けやすくなるので，ジエチルエーテル層に抽出され，これを分離して蒸留によってジエチルエーテルを除去すると，アニリンが得られる。塩基性化合物 **R** は $C_6H_5NH_2$ の示性式で表されるアニリンである。

解答

I　ア　$CH_4 + Cl_2 \longrightarrow CH_3Cl + HCl$

イ　A
CH₃ーCH₂ーCH₂ーCl

B
CH₃ーCHーCH₃
　　　　｜
　　　　Cl

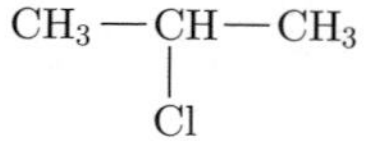

Aから得られた３種類の二塩素置換生成物

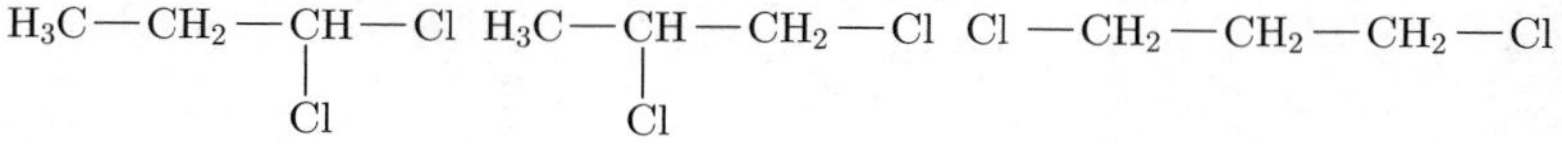

H₃CーCH₂ーCHーCl　　H₃CーCHーCH₂ーCl　　ClーCH₂ーCH₂ーCH₂ーCl
　　　　　　　｜　　　　　　　　　｜
　　　　　　　Cl　　　　　　　　　Cl

ウ　3：1

エ　3.7倍（計算の過程および考え方は解説参照）

オ　(a)　⑦　　(b)　③　　(c)　⑩

Ⅱ　**カ**　**P**の分子式：C₆H₆O₃S

C₆H₅SO₃H ＋ CH₃COONa ⟶ C₆H₅SO₃Na ＋ CH₃COOH

理由：スルホン酸は強酸であり，弱酸である酢酸の陰イオンは塩基として働
　　　くため。

キ　**Q**：C₆H₅NO₂　　**R**：C₆H₅NH₂

ク　淡黄色の油状物質が消失し，均一な水溶液となる。

ケ　水に易溶性のアニリン塩酸塩からアニリンを遊離させ，ジエチルエーテルに
　　　易溶性にする。

— MEMO —

— MEMO —

東大入試詳解25年　化学〈第3版〉

著　　　者	大　川　　　忠
発　行　者	山　崎　良　子
印刷・製本	三 美 印 刷 株 式 会 社
発　行　所	駿 台 文 庫 株 式 会 社

〒101 - 0062　東京都千代田区神田駿河台 1 - 7 - 4
小畑ビル内
TEL. 編集　03（5259）3302
販売　03（5259）3301
《第 3 版①－680 pp.》

ⒸTadashi Okawa 2018

落丁・乱丁がございましたら，送料小社負担にてお取
替えいたします。

ISBN978 - 4 - 7961 - 2417 - 1　　　Printed in Japan

駿台文庫 Web サイト
https://www.sundaibunko.jp